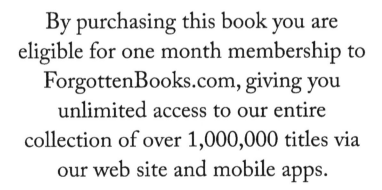

ISBN 978-0-666-67929-1
PIBN 10611042

ZEITSCHRIFT

FÜR

ANATOMIE

UND

ENTWICKELUNGSGESCHICHTE.

UNTER MITWIRKUNG VON

PROF. CHR. AEBY IN BERN, PROF. AL. ECKER IN FREIBURG, PROF. JOS. GERLACH
IN ERLANGEN, PROF. W. HENKE IN TÜBINGEN, PROF. V. HENSEN IN KIEL, PROF.
C. LANGER IN WIEN, PROF. NATH. LIEBERKÜHN IN MARBURG, PROF. FR. MERKEL
IN ROSTOCK, PROF. HERM. MEYER IN ZÜRICH, DR. G. RETZIUS IN STOCKHOLM,
PROF. NICOLAS RÜDINGER IN MÜNCHEN, PROF. G. SCHWALBE IN JENA,
PROF. A. W. VOLKMANN UND PROF. HERM. WELCKER IN HALLE.

HERAUSGEGEBEN

VON

DR. WILH. HIS UND DR. WILH. BRAUNE,

PROFESSOREN DER ANATOMIE AN DER UNIVERSITÄT LEIPZIG.

ZWEITER BAND.

MIT 27 HOLZSCHNITTEN UND 20 TAFELN.

LEIPZIG,
VERLAG VON F. C. W. VOGEL.
1877.

Inhalt des zweiten Bandes.

Drittes und viertes (Doppel-) Heft
(ausgegeben am 30. November 1876).

Fünftes und sechstes (Doppel-)Heft

(ausgegeben am 13. April 1877).

Die Nebenhöhlen der menschlichen Nase

in ihrer Bedeutung für den Mechanismus des Riechens.

Von

W. Braune und **F. E. Clasen.**

(Hierzu Tafel I u. II.)

———

Unter den Organen des menschlichen Körpers, deren Untersuchung und Kenntniss weitaus noch nicht abgeschlossen ist, stehen mit in erster Linie die Nebenhöhlen der Nase. Ihre histologischen Verhältnisse sowohl, wie ihre Funktion sind wenig aufgeklärt, selbst ihre Form und Grösse mangeln noch erschöpfender Behandlung.

Die vorliegende Arbeit behandelt die Histologie der Nebenhöhlen nicht; sie beschränkt sich auf die Darstellung der Lage- und Grösse derselben, namentlich aber auf ihre Bedeutung für den Mechanismus der Luftströmung beim Riechen.

Ehe die Präparate und Versuche beschrieben werden, erscheint es wünschenswerth, einen Ueberblick über die vorhandene Literatur zu geben, um den dermaligen Stand der Frage zu kennzeichnen.

Die Lehrbücher von AEBY, ARNOLD, BUDGE, BRÜCKE, DONDERS, FICK, GRAY, HERMANN, KRAUSE, QUAIN-HOFFMANN, RANKE, WUNDT enthalten nichts über die Funktion dieser Gebilde; JOH. MÜLLER dagegen erwähnt einige Versuche, die auf die Geruchsempfindlichkeit ihrer Schleimhautauskleidung Bezug haben, (Handbuch der Physiologie des Menschen. Coblenz 1840, Bd. II. S. 487): „Die Nebenhöhlen der Nase scheinen nicht zum Geruche zu dienen. Mit Kampherdünsten geschwängerte Luft wurde von DESCHAMPS, riechende Substanzen von

Richerand in die Highmorshöhle eingespritzt, ohne dass sie gerochen wurden."

Auch Hyrtl spricht sich in diesem Sinne aus, (Systematische Anatomie. 12. Auflage, S. 532): „Versuche haben hinlänglich constatirt, dass die Schleimhaut der Nebenhöhlen für Gerüche unempfindlich ist. Ich selbst habe bei einem Mädchen, welches an Hydrops antri Highmori litt, 4 Tage nach gemachter Punktion durch 10 Tropfen Aceti aromatici, welche durch eine Kanüle in die Höhle eingeträufelt wurden, keine Geruchsempfindung entstehen sehen. Deschamps und Andere haben dieselben Erfahrungen an der Stirnhöhle gemacht."

Derselbe Autor erwartet dagegen von den Nebenhöhlen eine der Nase zu Gute kommende Schleimproduction, (Topogr. Anat. Bd. I. S. 281. IV. Aufl.): „Die Lage dieser Höhlen an der obern hintern und äussern Wand sichert der Nase bei jeder Lage eine gewisse Schleimzufuhr, welche der Austrocknung ihrer Schleimhaut durch die Luftströmung vorbeugt. Bei Blennorrhöen dieser Höhlen wird es nicht schwer sein, aus einer vermehrten Ausflussmenge bei einer gewissen Kopfrichtung die kranke Höhle zu bestimmen, wenn auch keine anderen Zeichen die Diagnose stützen."

Engel scheint gleicher Meinung zu sein. Wenigstens bezeichnet er in seinem Compendium der topographischen Anatomie (Wien, 1859, S. 155) die sämmtlichen Nebenhöhlen der Nase als Schleimhöhlen. Er spricht von Keilbeinschleimhöhlen, Oberkieferschleimhöhlen, Stirnbeinschleimhöhlen etc. Nur ist ihm nicht verständlich, „wie bei dem Mangel an Flimmerepithel [?], die Oberkieferschleimhöhle und die Keilbeinschleimhöhle, deren Mündungen beträchtlich über der tiefsten Stelle des Bodens liegen, sich entleeren sollen."

Als Hauptleistung wird den Höhlen ziemlich allgemein die Erleichterung des Gesichtsskelets zugeschrieben. Joh. Müller sagt (l. c.): „Es scheint der Natur ziemlich gleichgültig zu sein, ob sie die Räume in den Knochen mit Luft oder mit Fett füllt; durch beide werden die Knochen leichter, als wenn sie ganz fest sein würden. Bei den Vögeln werden viele Knochen des Stammes durch die Lungen, des Kopfes durch die Tuba mit Luft gefüllt, beim Menschen nur einzelne Kopfknochen: die Zellen des processus mastoideus und die Nebenhöhlen der Nase. Die Schleimhaut der Nase, auch die der Nebenhöhlen zeigt Wimperbewegung bei allen Thieren."

Aehnlich Hyrtl, bei Beschreibung des Oberkiefers (l. c. p. 265, 12. Aufl.): „Um mit Aufrechthaltung seiner Form und Grösse eine gewisse Leichtigkeit zu verbinden, musste er hohl sein."

Ebenso Henle, (Anatomie II. Bd. 1875. S. 856): „Die Nebenhöhlen der Nase sind wahrscheinlich weder für die Athmungs- noch für die Geruchsfunktion von Bedeutung. Die Entwicklung derselben hat zunächst nur den Erfolg, das Gewicht des Kopfes zu vermindern."

LUSCHKA (Anatomie des Menschen. Tübingen 1867, S. 358) schreibt: „Die wohl nur architektonischen Zwecken dienenden Nebenhöhlen stehen weder mit den Vorgängen des Riechens noch des Athmens in einer wesentlichen Beziehung und können höchstens als Reservoirs erwärmter und feuchter Luft von Einfluss sein."

Der Aufsatz von VERGA (Sui meandri nasali. Annal. univers. di med. Vol. 30. Novb. 1874) enthält nichts über die Funktion der Nebenhöhlen. Er behandelt in populärer Weise die Verhältnisse der Nasenhöhlen überhaupt.

Nur HILTON (Notes of the developmental and functional relations of certain portions of the cranium. London, Churchill 1855) bringt die Nebenhöhlen in direkte Beziehung zu dem Mechanismus des Riechens und behauptet, dass die mit besonders feinem Geruchsinn ausgestatteten Wilden auch durch besondere Grösse der Nebenhöhlen der Nase sich auszeichneten, ebenso wie EDUARD WEBER in seinen Vorlesungen die Vermuthung aufstellte, dass die Highmorshöhle wegen ihrer Einmündung in die regio olfactoria in Beziehung zum Riechen stehen müsse. Die Angaben von HILTON, p. 12, lauten folgendermassen: „Indeed, it is thus seen, that the same cause which leads to the increasing perfection of the nasal apparatus, leads also to the formation of supplementary or accessory cavities, by which the functional capacity of the the organ is again proportionately augmented. If facts were wanting to strenghten this functional association of the frontal cells, and the relation of their development with the olfactory organ, other considerations might be adduced which tend to confirm the same conclusion. In the skulls of savages belonging to the African race, the nasal eminence is observed to be more prominent, and the frontal sinuses more fully developed than in European subjects. In this specimen, for instance, which is the skull of a man belonging to one of the African tribes, you will notice that the frontal cells have been enormously developed. They extend fully an inch and a half upwards along the forehead, and an inch backwards over the orbits, and are half an inch in depth, opposite the centre of the nasal eminence, where a horizontal section of them has been made.

Now, in accordance with this anatomical observation, it is well known that savages — whose instinctive predominate over their reasoning faculties — have their senses, especially that of smell, far more acute than the ordinary civilised races of people.

In the cranium of the flat-skulled Indian, inhabiting the neighbourhood of the Columbia River, the frontal cells present a remarkable contrast to those of the African negro. It is customary with these people to apply artificial compression, during the early part of life, so as to prevent the normal expansion of the summit of the cranium. The result of this strange and unnatural habit is a skull almost flat, instead of highly convex; and an extremely receding or shallow forehead, with scarcely any development of the frontal cells or sinuses, which, you will observe, are barely traceable in the specimen before me, of which a section has been made. The influence of

Fig. 1·

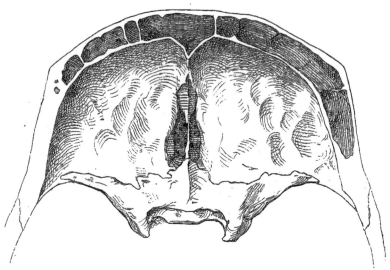

Querschnitt eines Negerschädels mit colossalen Stirnhöhlen.
Copie einer Abbildung in Barkow's comparativer Morphologie.

the compression seems not only to have interfered with, but almost to have completely arrested, the development of these accessory cavities to the nasal apparatus. It would, therefore, form an extremely interesting subject of inquiry to ascertain if these flatskulled Indians possessed the sense of smell in a less degree of functional perfection than other humain beings. Certain it is, that in ordinary individuals, where the frontal cells exist, but have become invaded by disease, the function of smell is confiderably deteriorated."

Mit diesen Angaben über die Grösse der Stirnhöhlen bei den Afrikanischen Negern stimmt Barkow (Comparative Morphologie,

1. Th.), der eine Reihe von Negerschädeln beschreibt, nur zum Theil überein, indem er unter den beschriebenen Schädeln solche mit kleinen und grossen Stirnhöhlen gibt, ohne dass man sagen könnte, die mit grossen bildeten die Mehrzahl, was man nach HILTON doch erwarten müsste; einer allerdings zeichnet sich aus durch seine grossen Stirnhöhlen, und ist im Holzschnitt, Fig. 1., verkleinert beigegeben an Stelle des insignificanten HILTON'schen Bildes.

Auch BIDDER (Artikel „Riechen" in Wagner's Handwörterbuch der Physiologie Bd. II. S. 916), sowie FUNKE (Lehrbuch der Physiologie. Leipzig 1865, II. Bd. S. 81) schreiben den Nebenhöhlen keine Bedeutung für den Mechanismus des Riechens zu. BIDDER erwähnt dagegen, dass direkt gegen die regio olfactoria eingespritzte Luft zu keinen Geruchswahrnehmungen geführt habe. Seine Angaben werden so eingehend von FUNKE citirt, dass es genügt, gleich die FUNKE'sche sehr ausführliche Auseinandersetzung hier anzuführen: „Auf welche Weise die Bewegung des riechbaren Luftstromes durch die Saugwirkung der Inspiration zur Bedingung der Geruchsempfindungen wird, ist noch nicht so vollständig klar, als es auf den ersten Blick scheinen möchte. Das nächstliegende Erforderniss ist natürlich, dass der Luftstrom so bewegt wird, dass er wirklich zur oberen mit Geruchsinn begabten Provinz der Nasenhöhle gelangt; dass dies aber nicht allein genügt, geht aus der interessanten Beobachtung BIDDER's hervor, dass keine oder nur sehr schwache Geruchsempfindung entsteht, wenn man mittelst eines in die Nase eingeführten Röhrchens die riechbare Luft direkt gegen die Riechschleimhaut bläst. Es muss demnach die natürliche, durch verstärkte Inspiration eingeleitete Bewegung des Stromes noch eine andere Eigenthümlichkeit haben, welche bedingend für die Geruchsempfindung ist; und zwar weisen einige Thatsachen darauf hin, dass die untere Muschel hierbei eine wichtige Rolle spielt. Fehlt die untere Muschel, so ist auch das Riechvermögen beträchtlich abgestumpft oder fehlt gänzlich. Dass dieselbe besonders geeignet ist, den Inspirationsstrom nach den oberen Muscheln hinzuleiten, davon überzeugt uns die Betrachtung ihrer anatomischen Verhältnisse. Der durch die Nase inspirirte Luftstrom erhält durch die Form der Nasenlöcher, welche zwei von unten und vorn schräg nach oben und hinten gehende Trichter darstellen, dieselbe Richtung; je kräftiger die Inspiration, desto länger wird er in der Nasenhöhle diese Richtung beibehalten, um auf dem nächsten Wege den Choanen sich zuzuwenden. In derselben Richtung steht aber dem Luftstrome der nach unten und vorn gerichtete Rand der Nasenmuschel entgegen, an welchem er sich brechen muss, um theils an der unteren concaven Fläche der Muscheln hin, den Choanen, theils an der oberen schrägen und convexen Fläche hin, den oberen Muscheln zuzuströmen. Wären die Nasenlöcher grade von vorn nach hinten gerichtet, so würde auch bei den kräftigsten Inspirationen der gesammte Luftstrom zwischen dem Boden der Nasenhöhle und der untern Fläche der unteren Muschel, die ihm wie ein Schirm von den oberen Regionen abhielte, nach den Choanen strömen. Bei den schnellen stossweisen Inspirationen, mit welchen wir zum Zweck des Spürens die Luft in die Nase treiben, verändern wir die Form des Naseneinganges so, dass der Luftstrom eine noch günstigere Richtung erhält und zum grösseren Theil auf die obere schiefe Ebene der unteren Muschel geleitet wird. Man gibt gewöhnlich an, dass bei dem Schnobern die Nasenlöcher erweitert würden, um mehr riechbare Luft einzulassen; dies scheint mir aber nicht richtig. An mir selbst und Hunden bemerkte ich im Moment der stossweisen Inspiration eine Verengung der Nasenlöcher und zwar besonders im hinteren Theile, während zugleich die Nasenflügelwand eingezogen wird. — — Fehlt die untere Muschel, so fällt das Hinderniss, welches dem Luftstrom sich entgegenstellt, und derselbe wird auch bei kräftiger Inspiration nur in dem unteren weiten Theile der Nasenhöhle seinen Weg zu den Choanen nehmen. So plausibel nun auch diese mechanische Funktion der unteren Muschel erscheint, so macht doch die erwähnte Thatsache, dass direkt gegen die oberen Muscheln geblasene Riechströme keinen Geruch erzeugen, zweifelhaft, ob ihre Funktion ausschliesslich die eines einfachen Zuleitungsapparates ist. Welche anderweite Veränderung indessen dieselbe an dem eingezogenen Strome bewirken möge, ist nicht sicher eruirt." —

Es wird also angenommen, dass die mit Riechstoffen erfüllte Luft die regio olfactoria bestreichen muss, um Geruchsempfindungen hervorzurufen, und ferner behauptet, dass die untere Muschel eine bestimmte Stromesrichtung erzeuge, die zum Zustandekommen des Riechens nöthig sei.

Warum gerade Verlust der unteren Muschel das Riechvermögen beeinträchtigt hatte, ist nicht recht begreiflich, da nicht zugleich angegeben wird, ob die regio olfactoria sonst intakt war. Wenn die untere Muschel aber dadurch wirken soll, dass sie den Strom nach oben führt, so ist dann erst recht unverständlich, warum die direkt nach aufwärts geleiteten Gerüche nicht gut wahrgenommen wurden. Beides steht mit einander in direktem Widerspruch. Nicht völlig von der Hand zu weisen ist dagegen der Einfluss, welchen die Erwärmung der Luft durch die untere Muschel haben kann (Henle, a. a. O. S. 856).

Fasst man das Gegebene zusammen, so ergibt sich, dass ausser den Vermuthungen von EDUARD WEBER und JOHN HILTON nur zwei Leistungen den Nebenhöhlen zugeschrieben werden. Die Nebenhöhlen sollen erstens durch Erleichterung des Gesichtsskelets das Balancement des Schädels unterstützen und zweitens durch ihre Schleimproduction die Wandungen der Nasenhöhle feucht erhalten.

Die Erleichterung des Gesichtsskelets erscheint in der That auf den ersten Anblick ausserordentlich wichtig. Sagt doch auch JOH. MÜLLER ausdrücklich, dass das ligamentum nuchae bedeutend stärker sein müsste, wenn die betreffenden Höhlen mit solider Knochenmasse ausgefüllt wären.

Es ist keine Frage, dass diese Verhältnisse für die Mechanik der Kopfhaltung von Bedeutung sind. Man wird sich aber zu hüten haben, diese Leistung zu überschätzen. Nimmt man den Cubikinhalt sämmtlicher Nebenhöhlen beim Erwachsenen, wie die nachfolgenden Messungen ergeben werden, zu etwa 45 Cubikcentimeter an, und das spezifische Gewicht compakter menschlicher Knochensubstanz nach WERTHEIM und AEBY, (Annales de chimie et de physique. T. 21. 1847. — Vergleichende Untersuchungen der Knochen. Med. Centralblatt. 1872) reichlich zu 2,0, so würde die Ausfüllung der Nebenhöhlen der Nase mit solider (compacter) Knochenmasse eine Gewichtsvermehrung des Schädels an seiner Vorderseite von 90 Gramm. ergeben. Nach HARLESS (Plastische Anatomie. II. Auflage. 1876. S. 18) beträgt das Gewicht des Kopfes 8—10 % des Körpergewichts, würde also bei einem erwachsenen Körper von 150 Pfund Gewicht, 12—15 Pfund betragen = 6000—7500 Gramm, es würde demnach eine solche Belastung der Nebenhöhlen der Nase das Gewicht des Kopfes um 1,3 % — 1,5 % an seiner vorderen Seite vermehren.

Da man aber doch nur mit spongiöser Substanz zu rechnen hat, die nach angestellten Untersuchungen am frischen Oberschenkelknochen ein spez. Gewicht etwa von 1,25 haben würde, so müsste sich die Belastung des Vorderkopfes bei den gegebenen Verhältnissen nur um 56 Gramm vermehren, was für einen Kopf von 7500 Gramm Gewicht eine Vermehrung um 0,76 %, von 6000 Gramm dagegen um 0,93 % ergeben würde.

Die Vermehrung der Belastung des Kopfes würde demnach etwa 1 % betragen, was immerhin von Bedeutung für das Balancement wäre, da die Belastung nicht den gesammten Kopf gleichmässig betreffen, sondern ziemlich weit nach vorn zu liegen kommen würde.

Fraglicher ist die zweite Leistung der Nebenhöhlen, die der Schleimproduction und Feuchterhaltung der Nase. Wenn schon die

hohe Lage der Ausführungsgänge der Keilbein- und Highmorshöhlen
bei aufrechter Stellung und Rückenlage für einen Abfluss des flüssigen
Inhaltes in die Nasenhöhle möglichst ungünstig sind, so ergibt auch
schon die oberflächliche Betrachtung von Durchschnitten, dass die
Schleimhaut beim Uebergang in die Nebenhöhlen alsbald sehr dünn,
periostähnlich wird, und auffallend wenig Gefässe zeigt. Eine genaue
Untersuchung ihres Baues soll noch vorgenommen werden. Aber auch
die bekannten Angaben der Autoren sprechen nicht für eine reichliche Schleimproduction. Die Schleimhaut der Nebenhöhlen der Nase
scheint ausserordentlich drüsenarm, auf jeden Fall viel weniger zur
Schleimproduction geeignet, als die Schleimhaut der Nasenhöhle selbst
zu sein. Nach Henle (a. a. O. S. 866) „kommen in den Nebenhöhlen
der Nase traubenförmige Drüschen nur ganz vereinzelt und von geringen Dimensionen vor. Nach Sappey enthält von den Nebenhöhlen
der Nase nur die Kieferhöhle am Boden einige Drüsen und auch
Virchow suchte vergebens in der Schleimhaut der Wespenbeinhöhlen
nach Drüsen; sie waren auf die nächste Umgebung der Mündung
beschränkt. Dagegen gibt C. Krause an, dass die Wespenbeinhöhlen
spärliche und kleine einfache Schleimdrüsen (von 0,05 — 0,3 mm.
Durchmesser) enthalten. Luschka beschreibt die Drüsen der Wespenbeinhöhlen und Siebbeinzellen genauer. Die einfachsten sind kolbige
Schläuche mit alternirenden, runden, länglichen oder ästigen Ausläufern. Andere zeigen längliche, an ihren Anfängen dicke, kolbige, aber
nur lose aneinander hängende Acini, die durch mehr oder weniger
verjüngte Enden zu einem langen gemeinschaftlichen Ausführungsgang zusammenfliessen. Hieran schliessen sich acinöse Drüsen, die
zum Theil in die Länge gezogen, gekerbt, rankenartig gebogen sind.“

Bei diesem Thatbestand kann kaum noch ernstlich daran
gedacht werden, die Schleimproduction als hauptsächliche
Leistung der Nebenhöhlen anzusehen, wenigstens kann sie
keine Bedeutung für die Function der Riechschleimhaut
der Nase haben.

Es bleibt somit übrig, die Angaben von Ed. Weber und
Hilton genauer zu prüfen und auf Grund der Formverhält-
nisse der Nase und ihrer Nebenhöhlen die Luftströmung
in der Nase bei der Athmung, wie sie beim Riechen ausgeführt wird, zu untersuchen.

Die Nebenhöhlen der Nase werden gebildet von den Highmorshöhlen, Stirnhöhlen, Siebbeinzellen und Keilbeinhöhlen. Von diesen
zeigen die Stirnhöhlen am meisten Wechsel in der Grösse und

Form, wie die Ausgüsse, die an macerirten Schädeln sich leicht machen lassen, genügend erläutern.

In ähnlicher Weise, wenn auch nicht so bedeutend, variiren die Keilbeinhöhlen, die wie die Stirnhöhlen beim Erwachsenen zwar regelmässig vorhanden sind, aber ihrer Form nach nur mit einer Blase verglichen werden können. Das sie trennende Septum steht sehr oft soweit diesseit oder jenseit der Mittellinie, dass die eine Höhle die vier- bis sechsfache Grösse der andern erreichen kann. Beide, Stirn- und Keilbeinhöhlen, gleichen darin in etwas den Siebbeinzellen, dass in höchst unregelmässiger Weise von Knochenblättchen getragene Schleimhauteinstülpungen weit in das Lumen hineinragen, ohne freilich jemals die gegenüberliegende Wand zu erreichen und dadurch zur Bildung von abgeschlossenen für sich bestehenden Höhlungen zu führen. Die in ihrer Grösse ausserordentlichem Wechsel unterworfene Ausmündungsstelle der Stirnhöhle befindet sich an der tiefsten Stelle, und führt mit den vorderen Siebbeinzellen in die als Infundibulum bezeichnete Rinne, welche der proc. uncinatus unter der mittleren Muschel mit bilden hilft. Ebenso hat die Keilbeinhöhle als Ausmündung in die Haupthöhle der Nase eine einfache Lücke ihrer dünnen vorderen Wandung, aber von ziemlich constantem Durchmesser, 1,5 — 2 mm., welcher jedoch mit der Grösse der Höhle zu wachsen scheint; sie findet sich immer in der oberen Hälfte der Wandung, nicht selten unmittelbar unter ihrer höchsten Stelle.

· Bemerkenswerth ist es, dass der Zugang zu den Keilbeinhöhlen und hinteren Siebbeinzellen in allen darauf untersuchten Fällen ein ganz bestimmtes Verhältniss zur oberen Nasenmuschel zeigte. Der Zugang setzte sich nämlich in der Weise in den oberen Nasengang fort, dass eine Luftströmung von oder nach den betreffenden Höhlen die ganze Fläche der oberen Nasenmuschel bestreichen müsste. Fig. 1, Taf. II. erläutert dieses Verhältniss.

Die Siebbeinzellen bilden einen Complex von Höhlen, die, durch dünne Knochenlamellen geschieden, allesammt mit der Nasenhöhle zusammenhängen, indem ein Theil in den oberen, ein Theil in den mittleren Nasengang mündet. Sie liegen in der Höhe der Nasenwurzel zu beiden Seiten der Mittellinie, und nehmen etwa einen Raum nach Länge und Breite von der Grösse eines starken männlichen Daumens ein. Einen guten Ueberblick über ihre Lage und Ausbreitung gewinnt man durch einen Horizontalschnitt des Schädels unmittelbar unter der lamina cribrosa, Tafel II, Fig. 1. Ihre Lage ist für die Beurtheilung von Verletzungen nicht unwichtig, da man

leicht bei der Betrachtung von aussen die vordere Schädelgrube zu
tief setzt, und Verletzungen des Gehirns annimmt, wo nur diese Höhlen mit der Ausbreitung des olfactorius getroffen sind. Nach münd-
licher Mittheilung von Keith in Aberdeen trug ein Freiwilliger, dem
das Gewehr geplatzt war, die Schwanzschraube desselben an dieser
Stelle nahe ein Jahr lang mit sich herum, und zeigte eine Stirnwunde,
die beim ersten Anblick direct nach der Schädelhöhle zu führen schien.

Von allen Nebenhöhlen weitaus die grössten und auch in Bezug
auf ihre Form die regelmässigsten sind die Oberkiefer- oder Highmorshöhlen. Ihre Gestalt gleicht im Allgemeinen einer umgestürz-
ten dreiseitigen unregelmässigen Pyramide, deren grösste Seitenfläche.
der Nase zugewendet ist. Die vordere kleinste Fläche setzt sich ohne
scharfe Winkelbildung in die schwach convexe äussere, dagegen scharfkantig in die innere Nasenfläche fort. Die Basis (Orbitalfläche), mit
ihrer Spitze nach hinten gerichtet, ist etwas nach aussen geneigt und
zeigt an ihrem vorderen Rande eine durch den nach der Highmorshöhle stark vorspringenden Infraorbitalkanal hervorgebrachte Einker-
bung. Etwa in der Mitte ihrer inneren Seite zieht nach aufwärts
und medianwärts der Verbindungskanal zur Nasenhöhle, also am höchsten Punkte der Höhlung, (cfr. Tafel I.).

Der Oertlichkeit ihrer Ausmündung nach kann man zwei
Gruppen von Nebenhöhlen unterscheiden, solche nämlich, die in den
oberen und solche, die in den mittleren Nasengang münden. Zu letzteren gehören die Stirn- und Kieferhöhlen, sowie die vorderen und
mittleren Siebbeinzellen; zu ersteren die hinteren Siebbeinzellen und
die Keilbeinhöhlen. Ueber die Weite der Mündungen lässt sich keine
bestimmte Angabe machen, nur so viel steht fest, dass sie wohl kaum
je unter 1,5 — 2 mm. Durchmesser sinkt und dass sie bei den Keilbeinhöhlen im Allgemeinen mit der zunehmenden Grösse der Höhle zu
wachsen scheint.

Eigenthümliche Verhältnisse der Einmündungen der Nebenhöhlen
bietet der mittlere Nasengang. Im höchsten Theile seines von
vorn nach hinten ziehenden Gewölbes läuft an der äusseren Wand
eine Rinne (Infundibulum), schräg nach hinten und unten. Sie beginnt nahe dem vorderen Ansatze der mittleren Muschel und erstreckt
sich in einer ungefähren Länge von 2 Centimeter bis zur Mitte des
Ansatzes der unteren Muschel. Der die Rinne nach oben begrenzende
Wall wölbt sich ebenso über die Höhlung, wie der dieselbe von unten her
begrenzende Rand (proc. uncinatus). Während die vorderen Siebbeinzellen zu beiden Seiten des oberen Walles ihre Ausmündungsstellen
haben, mündet die Stirnhöhle der betreffenden Seite am Anfange der

Rinne. Am Ende derselben hat die Oberkieferhöhle ihre Mündung zur Nasenhöhle hat. Es wird dadurch eine beträchtliche Verengerung des mittleren Nasenganges gesetzt; Die Rinne wirkt, wie eine gemeinsame Saugöffnung der Stirn-, Oberkiefer- und eines Theiles der Siebbeinhöhlen, welche bei etwaiger Ansaugung die Luftmenge des mittleren Nasenganges in grosser Ausdehnung wegnimmt.

Zur Erläuterung der Raumverhältnisse der Nebenhöhlen wurde eine Anzahl von Ausgüssen angefertigt, die mittels Corrosion von ihren Wandungen befreit wurden. Der Werth solcher Darstellungen ist schon von RAUBER (Med. Centralblatt, No. 31. 1873.) klar gelegt worden, so dass nichts weiteres darüber hinzuzufügen ist.

Aus der Reihe dieser Präparate sind auf Tafel II., Fig. 3. und 4. zwei verschiedene Stücke abgebildet, von denen Fig. 3. die Ansicht von vorn, Fig. 4. die von unten bietet. Beide sind in verkleinertem Massstabe wiedergegeben und stellen die Raumverhältnisse der Nasenhöhle mit ihren Nebenhöhlen dar, wie sie sich unter normalen Bedingungen beim Erwachsenen finden. Nur ist hierbei zu beachten, dass die Gefässe nicht injicirt waren, also die Räume der Nasenhöhle etwas zu gross erscheinen. Die Stirnhöhlen bei dem einen Präparate waren ausserordentlich klein.

Fig. 1. und 2. auf derselben Tafel geben Horizontalschnitte am Schädel eines Erwachsenen, welche die Höhlen und ihre Mündungen, von oben her betrachtet in Fig. 1. und von unten her in Fig. 2. darstellen.

Auf Tafel I. hat man 2 Frontalschnitte von Schädeln Erwachsener, am gefrorenen Präparat ausgeführt, im verkleinerten Massstabe vor sich, und in Fig. 5. und 6. Tafel II. Sagittalschnitte am Erwachsenen und Neugeborenen (gefrorene Präparate), welche eine seitliche Betrachtung und Vergleichung der Nasenhöhlen gestatten.

Der in Fig. 1, Tafel I. abgebildete Schnitt stellt die hintere Fläche eines Frontalschnittes dar und stammt von einem Manne in mittleren Jahren. Die Schnittebene, 4,5 ctm. über der Nasenwurzel beginnend, läuft parallel der Gesichtsfläche zunächst durch die in grosser Ausdehnung eröffneten Stirnhöhlen und die Mitte der Augäpfel, weiter unten durch die erwähnte Rinne und in der Mundhöhle durch den ersten Molarzahn. Die Schnittebene zieht unmittelbar hinter der hinteren Wand der Stirnhöhlen herunter, so dass vom Gehirn nichts mehr zu sehen war. Die dünne, noch mit dura mater bekleidete Knochenplatte, welche einen Theil der Stirnhöhlen von hinten her bedeckte, wurde abgemeisselt, um die Stirnhöhlen möglichst in ihrer ganzen Ausdehnung sichtbar zu machen. Dieselben zeigen eine ungewöhnliche Ausdehnung; die linke misst 3,5 ctm., die rechte 3,4 ctm. im queren Durchmesser, die Entfernung von der höchsten bis zur tiefsten Stelle beträgt 5 ctm. Auffallend ist die stark ausgesprochene Symmetrie der beiden Stirnhöhlen und der genau mediane Stand des Septum. Die Ausmündungen in den mittleren Nasengang wurden durch den Schnitt nicht eröffnet, sie lagen vor der Abmeisselung, von der vorderen Wand einer Siebbeinzelle gedeckt, ungefähr 2 mm. vor der Schnittebene.

Bei Betrachtung der Nasenhöhle fällt zunächst die Asymmetrie der Scheidewand auf, die in diesem Fall in ihrer halben Höhe einen nach links vorspringenden Winkel bildet. Das entschieden bei weitem häufigere Vorkommen ist das Abweichen, das winkelige Vorspringen der Scheidewand nach rechts und zwar in der Weise, dass man auf der linken Seite des Septum eine Grube bemerkt, auf der rechten Seite desselben aber dieser Grube entsprechend einen spitzen Zapfen, welcher die gegenüberliegende Muschel in vielen Fällen erreicht. Die Maasse der Nasenhöhle stellen sich folgendermassen: Grösste Höhe vom Boden bis zum Dach 5,8 ctm. auf der linken Seite, rechts etwas weniger; grösste Breite im Bereich des unteren Nasenganges 3,8 ctm., im mittleren 1,3 — 2,7 ctm.; Abstand der unteren Muschel von der Scheidewand, resp. vom Boden oder der Aussenwand der Nasenhöhle 4 — 6 mm. Der Spalt zwischen mittlerer Muschel und Scheidewand 2 mm., zwischen Muschel und äusserer Nasenwand 1 — 1,5 mm.

Von den Siebbeinzellen sind nur einzelne kleinere, zwischen beiden Augen eröffnet. Ausgezeichnet zu sehen sind dagegen an dem Durchschnitte die Oberkieferhöhlen. Ihre grösste Breite beträgt rechts 2,1 ctm., links 1,9 cm., grösste Höhe rechts 3,0 ctm., links 2,8 ctm., so dass die rechte Oberkieferhöhle grösser ist, als die linke. Erstere reicht hier, wie das in der Regel beide thun und wie man an Fig. 3 u. 4, Tafel II, welche Ausgüsse der Gesammthöhle darstellen, sehen kann, unter das Niveau der Nasenhöhle herab, so dass man für die Punktion des antrum Highmori, wenn man sie nicht von der fossa canina aus machen will, den processus alveolaris, resp. einen alveolus zu wählen hat, da man vom harten Gaumen aus in die Nasenhöhle gelangen würde. Ueber der Mitte der sinus maxillares sieht man die Durchschnitte der Infraorbitalgefässe und -nerven und ihnen entsprechend links deutlicher ausgeprägt als rechts eine in das Lumen vorspringende, nach unten ziehende, allmählich verschwindende Knochenleiste, von der schon oben bei Beschreibung der Form der Oberkieferhöhle die Rede war. Am oberen inneren Winkel öffnet sich die Höhle in die tiefste Stelle der besprochenen Rinne. In der Abbildung täuscht der Querschnitt der inneren Rinnenwandung (an dem Knochendurchschnitt kenntlich) und der nach oben und vorn verlaufende obere Raum der Rinne einen ziemlich langen Ausführungsgang vor.

Die Schleimhaut der Nasenhöhle besitzt in ihrer ganzen Ausdehnung ein mächtiges Venennetz, welches aber nach O. KOHL-RAUSCH nur an der unteren Muschel den Charakter des „cavernösen Netzwerkes" annimmt und je nach dem Reichthum an diesen Venen zeigt die Schleimhaut auffallende Differenzen bezüglich ihrer Dicke. Am Boden der Nasenhöhle kaum 1 mm. stark, erreicht sie an den tiefsten Stellen der Muscheln eine Mächtigkeit von 3 mm. und bekleidet dann in etwas geringerer Stärke die übrigen Theile der Nasenhöhle, die Seitenwände und die Muscheln, und was besonders betont werden muss, sie geht in dieser Stärke durch die Communications-öffnungen der Oberkiefer- und Stirnhöhlen hindurch, um in der ersteren noch einen grossen Theil der oberen Wandung zu überziehen, bis sie ganz plötzlich an Mächtigkeit verliert und jene blasse, nur wenige Gefässe führende Auskleidungsmembran der Nebenhöhlen der Nase darstellt, welche aus HENLE's Beschreibung bereits bekannt ist.

Um diese Verhältnisse sichtbar zu machen, wurde in Fig. 2, Tafel I. ein zweiter ähnlicher Frontalschnitt abgebildet, der von einer injicirten Leiche genommen wurde. Und zwar waren die Venen vollständig mit blauer Leimmasse von den Arterien aus injicirt worden, letztere nachträglich mit Wachs, so dass die Schleimhaut nicht im Alkohol so schrumpfen konnte, wie dies bei dem ersten Präparate der Fall war, bei dem die Nasengänge eine so unnatürliche Weite zeigen. Die Schnittebene liegt im oberen Theil fast gleich wie beim ersten Schnitte, so dass sie durch die Mitte des Augapfels geht und ausser der Ausmündung der Kieferhöhle auch noch die der Stirnhöhlen eröffnet. Die Stirnhöhlen sind hier wie in den weitaus meisten Fällen ausserordentlich unregelmässig angelegt. Im unteren Theile entfernt sich der Schnitt mehr und mehr von der Gesichtsfläche. Der Schnitt durch die Orbita zeigt auch hier sehr sehr deutlich durch die fast kreisförmige Begrenzung, dass die Orbita keine Pyramide, sondern einen kegelförmigen Raum darstellt. Was aber diesen Frontalschnitt so besonders werthvoll macht, sind die durch die Injektion in ausserordentlich vollkommener Weise zur Darstellung gebrachten Verhältnisse des Gefässreichthums der von dem Schnitt betroffenen Theile des Kopfes, vor Allem aber der Nase; und hier fällt sofort der Gegensatz auf, welchen die Nebenhöhlen im Verhältniss zur Haupthöhle der Nase bieten. Während am Präparat die Schleimhaut jener nur weisslich blau schimmert, zeigt die eigentliche Nasenhöhle die strotzend gefüllten Durchschnitte der hier befindlichen Venennetze. Die Schleimhaut ist zu einer Dicke von 4—5 mm. angeschwollen, an dem unteren Saume der mittleren Muschel aber, und noch mehr an dem der unteren zeigt sie eine Mächtigkeit bis zu 7 mm. Die Schleimhaut des Bodens der Nasenhöhle betheiligt sich wegen ihrer Gefässarmuth nur wenig an dieser Volumszunahme.

Die Injektion bringt ferner sehr glücklich die oben erwähnten an den Uebergängen von Haupt- und Nebenhöhlen obwaltenden Verhältnisse zur Ansicht. Es ist leicht verständlich, wie durch dieses Anschwellen der Schleimhaut das Lumen der Nasenhöhle beträchtlich verengert wird; und bei einem Schnupfen mag es sich verhalten wie hier, wo im Bereich der unteren Muschel das Lumen auf 2 mm. reducirt ist, während es im Bereich der mittleren fast völlig verschwunden und nur mit der eingeführten Sonde sicher zu constatiren ist.

Bildet man sich auf Grund dieser Präparate (und Fig. 5, Tafel II, Sagittalschnitt eines Erwachsenen) ein schematisches Bild von dem Wege, den die Athmungsluft bis zu den Lungen zu nehmen hat, so erhält man ein Rohr von ziemlich starkem Kaliber, welches nach vorn zu, in der Mund- und Nasenhöhle, zwei Ansätze hat. Denkt man sich den Mund geschlossen, so erhält man ein Rohr mit einem Ansatzstücke im Nasenraume à double courant, welches in seinem oberen Theile 2 mal nahezu rechtwinklig umgebogen ist. Die erste Biegung liegt beim Uebergang des Schlundkopfes zu den Choanen, die zweite am vorderen Ende der Nasenhöhle, da, wo dieselbe sich in die kurzen Kanäle fortsetzt, die fälschlich Nasenlöcher genannt werden, so dass diese Kanäle wieder nahezu parallel dem Anfangstheile in der trachea liegen. Man hat also ein gebogenes Spritzenrohr vor sich, das in zwei kleine Ansatzstücke ausläuft, die mit kurzen Kautschuckansätzen verglichen werden können (s. Fig. 2, S. 15). Wie bei starkem und heftigem Zurückziehen des Stempels die biegsamen Röhrchen von der gewaltig anströmenden Luft zusammen gepresst werden können, so können auch bei kurzen und heftigen Inspirationen die Nasenlöcher fast bis zum völligen Verschluss gebracht werden, wenn sie die Muskeln nicht feststellen.

Bei Dyspnoë kann man die Aktion dieser Muskeln sehen (Nasenflügelathmen). Die Richtung der Nasenlöcher ist aber auch für die Erwärmung der Luft wichtig; man merkt sofort den kalten Luftstrom im Schlunde, wenn man bei starken Inspirationen die Nasenspitze gewaltsam aufgebogen hält.

Im Nasentheile ist auf die relativ weite regio respiratoria am oberen Rand der unteren Muschel die enge Bucht der regio olfactoria mit den Ausbreitungen der Riechnerven aufgebaut, an und hinter welcher angehängt die Nebenhöhlen als grosse Blindsäcke in das Kopfskelet hineinragen. An dem Nasenwege des Luftweges, der durch das septum narium zweigetheilt ist, ist also ein System grosser blind endigender starrwandiger Räume angefügt, dessen Eingang zu der regio olfactoria mit der Ausbreitung des nervus olfactorius führt.

Fig. 2.

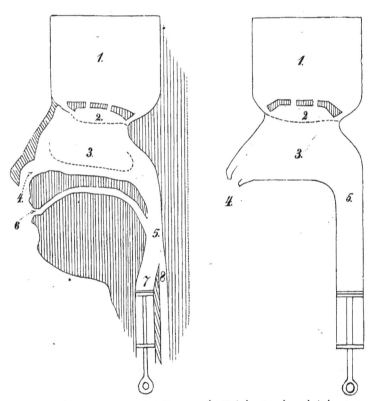

Schema der Nasenhöhle. 1. Nebenhöhlen. 2. regio olfactoria. 3. regio respiratoria. 4. Nasenlöcher. 5. Schlund. 6. Mundöffnung. 7. Trachea. 8. Oesophagus.

Es lässt sich schon von vornherein erwarten, dass bei gewöhnlichem Athmen mit offenem Munde die Spannung der Luft, welche Mund- und Nasenhöhle passirt, in den Luftwegen nur geringe Veränderungen erfahren wird, da bei dem grossen Querschnitte, den die Lichtung der Mundhöhle und des Nasenweges zusammen ergeben, die

Luft gleichmässig und ruhig strömen kann. Nach Donders (Physiologie, übersetzt von Theile, 1856. S. 399) beträgt die Spannung beim
Ausathmen in der trachea höchstens 2—3 mm. Quecksilber, beim Einathmen nur — 1 mm. Quecksilber. Anders wird dagegen dieses Verhältniss, wenn entweder schnell und kräftig geathmet wird, oder der
Zugang der Luft an irgend einer der verengerungsfähigen Stellen
ein Hinderniss findet. Die Spannung wird sich mit der Schnelligkeit der Strömung ändern müssen, da wir es hier mit einer strömen-
den Flüssigkeit zu thun haben, die in hohem Grade compressibel ist
und es ist klar, dass die grössten Spannungsveränderungen eintreten
werden, wenn zugleich mit schneller und kraftvoller Athembewegung
eine Verengerung an irgend einer Stelle des Luftkanals, am Nasen-
und Mundeingange oder im Kehlkopfe hervorgebracht wird: beim
Singen, Sprechen, Husten, Niesen und wie wir sehen werden, auch
beim „Schnüffeln" (Spüren, Schnobern), einer kurzen kräftigen Inspirationsbewegung mit Verengerung der Nasenlöcher. Das Charakteristische
aller dieser Bewegungen ist eine starke schnell eintretende Gleichgewichtsstörung der Spannung der auf beiden Seiten der verengten
Stelle befindlichen Luftmassen, so dass eine Strömung resultirt, welche
das Gleichgewicht wieder herzustellen sucht. Die Grösse der Strom-
geschwindigkeit ist proportional dem Grade der Gleichgewichtsstörung.

Es lässt sich demnach erwarten, dass bei gewöhnlichem, ruhigem
Athmen, bei geschlossenem Munde, durch die Nase allein die
Spannung der Luft beträchtlicher verringert wird, als bei geöff-
netem Munde, da das Kaliber der Eingänge zwar noch weit genug
bleibt, aber doch durch den Wegfall der Mundpassage eine Verengerung erfährt. Entsprechend der geringen Spannungsänderung wird
die Luft in der regio olfactoria und den Nebenhöhlen nur wenig
Bewegung zeigen können. Die Athmungsluft wird durch die regio
respiratoria der Nase streichen, an der Wand des darüberstehenden
Luftsackes vorbei, sowie bei der Ventilation eines Zimmers, welches
durch Oeffnen zweier Fenster über Eck ventilirt werden soll, die Luft
wohl den Raum, der zwischen beiden Fenstern liegt, durchströmt,
aber den übrigen todten Raum des Zimmers wenig berührt, da die
dort befindliche Luft eine Wand für den Luftstrom bildet. Daher
werden wir auch bei ruhigem Athmen verhältnissmässig nur wenig
Luftwechsel in der regio olfactoria erhalten, also auch nur schwer
Gerüche wahrnehmen, da die Riechstoffe nur durch Diffusion nach oben
gelangen könnten. Schwache Riechstoffe werden sich also bei dieser
Passage durch den unteren Theil der Nase der Wahrnehmung durch
den olfactorius fast vollständig entziehen können. Anders wird das

Verhältniss aber werden, wenn wir bei geschlossenem Munde kräf. tige Inspirationen machen und zugleich eine Verengerung der Nasenlöcher eintritt. Jetzt wird die Spannungsverminderung der Luft im Nasenraume grösser. Je stärker und schneller die Ansan. gungsbewegung des Thorax ausgeführt wird und je grösser die Ver. engerung am Nasenloche, um so mehr muss der Druck in den Luft. wegen sinken, zugleich aber auch in den Lufträumen der regio ol. factoria und der damit frei communicirenden Nebenhöhlen. Die Luft der Nebenhöhlen wird ausgepumpt. Bei dem Nachströmen der allmählich eindringenden und das Gleichgewicht wieder her. stellenden Luft wird in Folge der Lage der Verbindungs. gänge der Nebenhöhlen die gesammte regio olfactoria be. strichen, eine Strömung, die noch durch die gerade nach aufwärts führende Richtung der Nasenlöcher begünstigt wird.

Die darauf hin angestellten Versuche bestätigen diese Voraus. setzungen. Schon der bekannte Versuch von DONDERS (l. c. p. 399) zeigte, dass die grössten Veränderungen der Spannung der Athmungs. luft eintreten, wenn Nase und Mund geschlossen, und eine mög. lichst tiefe Inspiration oder Exspiration ausgeführt wird. Wurde in dem einen Nasenloche ein Manometer befestigt und das andere zugehalten, so ergab sich als stärkster Inspirationsdruck — 57 mm. Quecksilber (im Mittel), als stärkster Exspirationsdruck + 87 mm. Quecksilber (im Mittel). Der gleiche Versuch, von einem kräftigen Manne ausgeführt, ergab nach unseren Beobachtungen ziemlich gleiche Werthe für In- und Exspiration, nämlich — und + 60 bis 80 mm. Quecksilberdruck.

Da es darauf ankam, zu untersuchen, wie die Spannung der Luft in der Nasenhöhle sich verhält bei verschiedenen Arten der Inspira. tion und verschiedenem Verhalten der Zugänge an Mund und Nase, so wurde von demselben kräftigen Manne noch eine weitere Ver. suchsreihe vorgenommen. Das Manometer wurde luftdicht abwech. selnd an beide Nasenlöcher angefügt, um beide Nasenhöhlen zu prüfen, und aus diesen Beobachtungen die Mittelwerthe genommen. Die Eigen. schwankungen der Flüssigkeit blieben ausgeschlossen, da nur dann eine Beobachtung gemacht wurde, wenn sich die Flüssigkeit vorher in Ruhe gestellt hatte.

1. Tiefe allmähliche Inspi. ration durch den wenig geöffneten Mund und das freie Nasenloch zugleich . . . . ergab — 2 mm. Quecksilberdruck

2. Tiefe allmähliche Inspiration durch den Mund allein,
bei Verschluss des freien Nasen-
loches . . . . ergab — 4 mm. Quecksilberdruck

3. Tiefe allmähliche Inspiration durch das freie Nasenloch allein bei geschlossenem
Munde.

    a. bei Anspannung der Nasen-
    muskulatur . . . . . . „ — 10 mm.

    b. bei Erschlaffung der Nasen-
    muskulatur . . . . . . „ — 40 mm.   „

4. Schnelle und kräftige
Inspiration durch das freie
Nasenloch allein bei geschlosse-
nem Munde und Anspannung der
Nasenmuskulatur . . . . . . „ — 40 mm.

5. Schnelle und sehr kräftige Inspiration durch das
freie Nasenloch allein bei geschlossenem Munde, aber mit Erschlaffung der Nasenmuskulatur, so
dass eine Compression der Nasen-
öffnung zu Stande kam wie beim
„Schnüffeln“ und „Spüren“ . . . „ — 50 bis — 60 mm.   „

Es ergab sich also aus diesen Versuchen, die mehrfach wiederholt
wurden, wie man von vornherein schon erwarten konnte, dass die
Spannung der Luft in der Nasenhöhle um so mehr herab-
gesetzt wird, je kräftiger und auch je schneller die Inspiration ausgeführt wird, und je enger die Zugangs-
öffnungen der Luft an den Nasenlöchern sind.

Natürlich haben die Zahlen nur einen ungefähren Werth, da man
nicht im Stande ist, die Reihe von Bewegungen nach einander immer
mit gleicher Kraft auszuführen.

Bemerkenswerth, betreffs der Vermuthungen über die Funktionen
der Nebenhöhlen der Nase, ist besonders Versuch Nr. 2. Das Verhältniss der vorn verschlossenen Nasenhöhle zu Mundhöhle und Schlund-
raum bildet ein gutes Analogon für die an der Nasenhöhle anhängenden Blindsäcke der Nebenhöhlen. Es ist leicht ersichtlich, dass
beim Athmen durch den Mund allein, bei Verschluss beider Nasen-

löcher, die Gesammthöhle der Nase einen an den Anfang der Luftröhre
seitlich angehängten, durch die Oeffnungen der Choanen mit ihr communicirenden Luftsack darstellt. Wenn nun in diesem angehängten
Luftsack der Luftdruck gleichzeitig mit dem in der Mundhöhle und
in der Luftröhre sinkt, so wird beim Athmen durch die Nase der
Luftdruck auch in den Nebenhöhlen sinken, die sich ja ähnlich zur
Nase verhalten wie die vorn verschlossene Nase zur Trachea.

    Direkte hierauf bezügliche Controlversuche bestätigten diese
Vermuthung.

    Es wurde die obere Hälfte einer frischen Leiche eines 60jährigen
Mannes, dessen Nebenhöhlen der Nase etwa $1^1/_2$ mal so gross waren
als die Höhlung der Nase allein (siehe Volumbestimmungen S. 25,
Nr. 4), also normale Verhältnisse boten, wie sie dem Kopfe des Erwachsenen zukommen, abgeschnitten und am Kopfe aufgehängt, so
dass von der Brusthöhle aus mittelst eines in die Trachea eingesetzten,
mit derselben nahezu gleiches Lumen besitzenden Kautschukrohres,
Inspirations- und Exspirationsbewegungen eingeleitet werden konnten.
Der Schnitt ging etwa in der Höhe der Brustwarzen quer durch den
Thorax, so dass weder am Halse noch oben an den Pleurakuppeln
eine Verletzung stattfinden konnte. Nachdem der Mund luftdicht verschlossen war, wurden in das rechte Nasenloch und in die linke Oberkieferhöhle Manometer eingesetzt. Die Haut des Halses in der Gegend
des Kehlkopfes und Zungengrundes würde durch senkrecht auf sie ein-
gesetzte Häkchen, an welchen über Rollen geführte mit Gewichten
beschwerte Schnuren einen Zug ausübten, dauernd abgezogen erhalten.
Der Grund davon wird später angegeben werden. Da die vorhandenen
Aspiratoren sich als ungenügend erwiesen, so ward das in die trachea
eingebundene dickwandige und weite Kautschukrohr von einem gesunden kräftigen Manne in den Mund genommen und daran kräftig
in- und exspirirt. Es ward also mit der trachea ein lebendiger gut
arbeitender Thorax in Verbindung gesetzt, so dass mit natürlichen
Athmungsgrössen operirt werden konnte. Die Manometer bestanden
aus gleichweiten, U förmig gebogenen Röhren, welche gefärbtes Wasser enthielten. Die angegebenen Zahlen bezeichnen die Wasser-
säule in ihrer gesammten Länge, sind also nicht zu verdoppeln. Das
weit offenstehende Nasenloch des Cadavers wurde gleichmässig offen
erhalten.

    Bei längeren, etwa 8 Sekunden andauernden Inspirationen stell-
ten sich die Wassersäulen in beiden Manometern auf gleiche Höhe,
und wiesen Druckwerthe einmal von — 20 mm., ein anderes Mal
von — 40 mm. auf.

Bei gewöhnlichem Athmen dagegen, bei welchem die Dauer der Inspiration etwa $1^1/_2$ Sekunden betrug, zeigte das Nasenmanometer. etwa 5 unter 0, also einen Druck von — 10 mm. bei der Inspiration, während das Oberkiefermanometer nur 4 unter 0, also einen Druck von etwa — 8 mm. zeigte. Das geringe Zurückbleiben der Druckverän-derung in der Oberkieferhöhle findet seine Erklärung in der relativ engen, erst eine allmähliche Druckausgleichung gestattenden Com-municationsöffnung, die bei der späteren Untersuchung sich übrigens von ganz normaler Grösse erwies. Wegen der Eigenschwankungen der Flüssigkeit wurde nur eine Ablesung jedesmal vorgenommen und die Athembewegungen nur nach längeren Pausen, nachdem die Flüssigkeit völlig zur Ruhe gekommen war, wiederholt. Bei möglichst schnellem Ansaugen bis zu etwa — 200 mm. Wasserdruck im Nasenmanometer blieb der Druck im Oberkiefermanometer noch weiter zurück, die Wasser-säule war hier um etwa 5 mm. kürzer, betrug also höchstens — 190.

Es ist also erwiesen, dass mit der Athmung eine Span-nungsveränderung, nämlich mit der Inspiration eine Luft-verdünnung sowie in der Nasenhöhle auch in den Neben-höhlen zu Stande kommt und dass der Grad derselben ab-hängt von der Tiefe und Schnelligkeit der Athembewegung.

Es bleibt noch zu untersuchen, von welcher Bedeutung hierbei die Verengerung des Nasenloches ist, obschon man schon von vornherein mit Sicherheit erwarten kann, dass mit der Verengerung des Nasenloches auch die Spannungsänderung der Luft in den Neben-höhlen proportional zunehmen wird.

Es wurde zu dem Zwecke der Cadaver so mit einer Bunsen'schen Saugpumpe in Verbindung gebracht, dass das ununterbrochen strömende Wasser aus der mit dem Hahn in Verbindung gebrachten trachea die Luft dauernd ansaugte. Hierbei ward durch eine Compressionsvor-richtung das freie Nasenloch allmählich bis auf ein Minimum ver-engert und allmählich wieder erweitert. Der luftdicht verschlossene Mund, dessen Schluss sich dauernd bewährte, blieb dabei unberührt.

Die Druckwerthe (im Wasser), welche bei dieser Manipulation an beiden Manometern abgelesen wurden, gaben folgende Reihe:

1.	zeigte das Nasenmanometer		— 20 mm.,	das Oberkiefermanometer				— 20 mm.
2.	„	„	„	— 220	„	„		„	— 220	„
3.	„	„	„	— 200	„	„			— 200	„
4.				— 60	„	„		„	— 60	„
5.				— 40	„	„		„	— 40	„
6.				— 30	„	„		„	— 30	„
7.			„	— 20	„	„		„	— 20	„

Es ergab sich also, dass bei dauernder Aspiration mit
der Verengerung des Einganges am Nasenloche eine beträchtliche Druckverminderung in den Nebenhöhlen der
Nase stattfindet, die gleichen Schritt hält mit dem Span-
nungsgrade der Luft in der Nasenhöhle selbst.

Es sind demnach die Beobachtungen am Lebenden (S. 17),
welche bei verschiedenen Inspirationsarten die Spannungs-
verhältnisse der Luft im Nasenraume anzeigten, auch gültig
für die Bestimmung der Luftspannung in den Nebenhöhlen,
die nur dann um einige Millimeter geringer ist, wenn die
Inspiration kurz und heftig ausgeführt wird.

Die auf S. 16 auf Grund der architektonischen Verhältnisse der
Nase ausgesprochene Vermuthung wird also durch das Experiment zur
Gewissheit erhoben. Es zeigt auch die tägliche Beobachtung, dass
bei den kurzen kräftigen wiederholten Inspirationsbewegungen, wie
sie beim „Schnüffeln" (Schnobern, Spüren) von Mensch und Hund
ausgeführt werden, die kurzen Eingangskanäle der Nasenlöcher eine
Zusammenpressung, also eine wesentliche Verengerung ihrer
Lichtung erleiden, welche die Auspumpung der Nebenhöhlen wesentlich begünstigt, was auch schon von FUNKE angegeben wurde. Ebenso
wird dabei der Mund geschlossen gehalten. Es ist schon oben auseinandergesetzt worden, dass die direkt nach aufwärts führende Richtung derselben das Nachströmen der äusseren Luft zu den Eingängen
der Nebenhöhlen in der regio olfactoria begünstigt. Die wiederholte
Aktion, wie sie beim „Schnüffeln" und „Spüren" auftritt, dient zur
Summation der Reize, welche die Riechstoffe führende Luft bei der
Passage der regio olfactoria auf die Enden der Riechnerven ausübt.

Gegen die oben hingestellte Funktion der Nebenhöhlen
können zwei Bedenken geltend gemacht werden. Erstens könnte
man sagen: Kinder, die erst allmählich mit der Entwicklung der
Zähne und des Schädels Nebenhöhlen erhalten, also in der ersten Zeit
ihres extrauterinen Lebens keine Nebenhöhlen besitzen, riechen doch
auch.

Zweitens könnte man fragen: Ist denn der cubische Inhalt der
Nebenhöhlen wirklich so bedeutend, dass eine theilweise Auspumpung
und die dadurch hervorgebrachte Strömung der Luft ergiebig genug
ist, um die zum Riechakt erforderliche Luftmenge in die regio olfactoria hinaufzuführen?

Auf den ersten Einwurf lässt sich Folgendes erwidern. Allerdings fehlen bei dem neugeborenen Kinde die Nebenhöhlen fast vollständig. Nach den Untersuchungen von STEINER, (LANGENBECK'S

Archiv für klinische Chirurgie, XIII. Bd., S. 144) entwickeln sich die
Stirnhöhlen sogar ziemlich spät. Um das 6. und 7. Lebensjahr sind
sie etwa erbsengross. Dagegen zeigt der Nasenraum selbst einen Bau,
der wesentlich von dem eines Erwachsenen abweicht. Die Ausbuchtung der regio olfactoria nach oben, die am erwachsenen Schädel so
bedeutend ist, wie Fig. 5. auf Tafel II. zeigt, ist beim neugeborenen
Kinde ausserordentlich gering. Fig. 6. auf der gleichen Tafel zeigt
das Verhältniss. So muss die eingesogene Luft die oberen Muscheln
beim Kinde theilweise mit bestreichen, wenn auch nicht in so ausgiebiger Weise wie bei den Schnüffelbewegungen Erwachsener. Nach
Engel, (Die Schädelform in ihrer Entwicklung von der Geburt bis in
das Alter der Reife. S. 6 f.), liegt das foram. infraorbitale beim Neugeborenen fast in gleicher Höhe mit dem Nasenhöhlenboden, beim
Erwachsenen weit über demselben, d. h. die Nasenhöhle wächst nach
unten und die regio olfactoria entfernt sich dabei vom Boden der
Nasenhöhle. Ebenso gewinnt der untere Theil der regio respiratoria
an relativer Breite und wächst in stärkerem Verhältniss als der obere
Theil, so dass bei Erwachsenen die Luft beim gewöhnlichen Athmen
immer mehr nur den unteren Theil der Nasenhöhle passiren wird.
Der untere (Respirations-) Abschnitt wächst in stärkerem Verhältniss
als der obere. Es wurde gemessen vom Boden der Nasenhöhle bis zum
vorderen Theil der Leiste, woran die Nasenmuschel befestigt ist (Respirationsabschnitt), sodann vom Boden der Nasenhöhle zum hinteren
Ende der Verbindung vom Oberkiefer mit dem Nasenfortsatze des
Stirnbeines (Höhe der Nase). Mittelwerthe waren:

Neugeborene: Respir.-Abschn. 0,415, Nasenhöhe 1,765 = 1 : 4,25,
Erwachsene: „   „   1,280,   „   4,460 = 1 : 3,48.

Es verhält sich danach die Nasenhöhe zum Respirationsabschnitt beim
Erwachsenen wie 1000 : 287, bei neugeborenen Kindern wie 1000 : 235.
Der Respir.-Abschnitt vergrössert sich also von der Geburt an bis zum
Ende der Wachsthumsperiode um das Dreifache, die Gesammthöhe
nur um das $2^1/_2$ fache, der über dem Respir.-Abschnitte gelegene Theil
aber nur um das $2^1/_4$ fache. Viel auffallender ist das Verhältniss des
Breitenwachsthums der beiden in Frage kommenden Abschnitte. Bei
Kindern, die noch keine Nebenhöhlen der Nase besitzen, zeigt der
Respir.-Abschn. in der Breitendimension kaum grössere Maasse, als
der obere Nasenabschnitt, wie die Betrachtung von Frontalschnitten
kindlicher Schädel ergibt. Auch die Abbildung, Fig. 6, Tafel II, ergibt deutlich, in welchem Grade sich dies Verhältniss beim Erwachsenen zu Gunsten des Respirationsabschnittes geändert hat.

Hieraus ergibt sich nun mit Nothwendigkeit, dass bei der relativen ausserordentlichen Engigkeit der regio respirat. des Kindes die Athmungsluft schon unter gewöhnlichen Verhältnissen gezwungen ist, durch die regio olfactoria zu passiren, dass also das Kind nicht, wie der Erwachsene, solcher Vorrichtungen bedarf, um den Contact zwischen Luft und regio olfactoria zu bewerkstelligen. Ferner ist aber auch durch die tägliche Beobachtung kleiner Kinder erwiesen, dass dieselben entschieden weniger empfindlich sind gegen Gerüche als Erwachsene, dass überhaupt bei Kindern im Vergleich zu Gesicht und Gehör der Geruchsinn zurücksteht und erst allmählich mit der Ausbildung des Schädels sich zur Vollkommenheit entwickelt. Die Schnüffelbewegungen, wie sie vom erwachsenen Menschen zum Spüren schwacher Gerüche ausgeführt werden, beobachtet man bei Kindern nicht.

Das zweite Bedenken betraf die Grösse des cubischen Inhaltes der Nebenhöhlen.

Es kommt hier natürlich weniger darauf an, festzustellen, wie gross der cubische Inhalt der Nebenhöhlen überhaupt sei, als wie gross er sei im Verhältniss zu dem spaltförmigen Raume der oberen Nasengänge, wo sich die Ausbreitung der Riechnerven befindet und durch welchen die riechbare Luft streichen muss, um in die Nebenhöhlen zu gelangen. Es trat deshalb die Nothwendigkeit heran, volumetrische Bestimmungen der Nebenhöhlen vorzunehmen. Schon die Corrosionspräparate, welche den gesammten Raum im Zusammenhange zur Darstellung bringen, zeigen, was auch die Betrachtung der Tafel annähernd ergibt, dass der Cubikinhalt der regio respiratoria den der regio olfactoria um ein Vielfaches — etwa das 10fache — übertrifft; ferner dass die wie mächtige Beutel den Seitenwänden der regio olfactoria anhängenden Nebenhöhlen zusammen einen Raum darstellen, der mindestens ebenso gross ist, als der der gesammten Nasenhöhle überhaupt. Genauere Maasse liefern die volumetrischen Bestimmungen.

Die Messungen wurden in folgender Weise vorgenommen. Der auf den Cubikinhalt seiner Nase zu prüfende Kopf wurde durch einen hinter den Choanen verlaufenden Frontalschnitt in zwei Theile zerlegt und die vordere Hälfte mit ihrer Gesichtsfläche so auf eine Unterlage gebracht, dass die Nasenlöcher ohne Compression geschlossen wurden. Nun wurde von den Choanen aus die Nasenhöhle mit erstarrender Masse bis zum Niveau der Choanen erfüllt. Ein Sagittalschnitt zerlegte die Nase in zwei Hälften, so dass sich das Volumen der herausgehölten und wieder geschmolzenen Wachsmasse in einem graduirten Cylinder von geringem Durchmesser gut messen liess. Aehnlich war das Verfahren zur Bestimmung des Cubikinhaltes der Nebenhöhlen. Bis jetzt konnten nur 4 solche Volumsbestimmungen vorgenommen werden.

Nr. 1.

Kopf von einem Erwachsenen stammend, Muskelpräparat vom Secirsaal; soweit die Zähne erkennen lassen, einem älteren Individuum angehörig. Abweichung der Nasenscheidewand nach rechts, soweit dieselbe vom Pflugschaarbein gebildet wird.

1. Nasenhöhlen	rechts	13,0,	links	17,5,	total	30,5 ccm.

2. Stirnhöhlen	rechts	3,1,	links	3,4,	total	6,5 ccm.
3. Keilbeinhöhlen	„	4,0,	„	1,8,	„	5,8 „
4. Siebbeinhöhlen	„	3,1,	„	4,5,	„	7,6 „
5. Oberkieferhöhlen	„	12,5,	„	11,6,	„	24,1 „

rechts 22,7,   links 21,3,   total 44,0 ccm.

$$30,5 : 44,0 = 100 : 144.$$

Das Gesammtvolum der Nasenhöhle wurde also nahe um die Hälfte von dem der Nebenhöhlen übertroffen.

Nr. 2.

Kopf eines älteren Individuums. Septum besonders im vorderen Theile nach rechts abgewichen.

1. Nasenhöhlen	rechts	11,5,	links	14,5,	total	26,0 ccm.

2. Stirnhöhlen	rechts	1,0,	links	1,1,	total	2,1 ccm.
3. Keilbeinhöhlen	„	(0,5,	„	0,5),	„	1,0 „
4. Siebbeinhöhlen	„	5,1,	„	4,4,	„	9,5 „
5. Oberkieferhöhlen	„	11,2,	„	13,3,	„	24,5 „

rechts 17,8,   links 19,3,   total 37,1 ccm.

ad 3. Es war nur eine Keilbeinhöhle vorhanden, das Septum nur durch eine vorspringende Knochenlamelle angedeutet.

$$26,0 : 37,1 = 100 : 143.$$

Also fast gleiches Verhältniss.

Nr. 3.

Kopf von einem Muskelpräparat; Alter unbestimmbar, Zähne abgeschliffen, aber alle vorhanden. Septum nach rechts trichterförmig

convex. Schon bei der blosen Besichtigung der Nasenhöhlen bemerkte
man, dass dieselben auffallend geräumig seien.

1. Nasenhöhlen   rechts 19,5, links 21,5, total 41,0 ccm.

2. Stirnhöhlen	rechts	2,7,	links 2,2,	total 4,9 ccm.
3. Keilbeinhöhlen	„	2,8;	„ 1,6,	„ 4,4 „
4. Siebbeinhöhlen	„	2,2,	„ 3,2,	„ 5,4 „
5. Oberkieferhöhlen	„	11,5,	„ 11,7,	„ 23,2 „

rechts 19,2, links 18,7, total 37,9 ccm.

$$41,0 : 37,9 = 100 : 92.$$

Die Nebenhöhlen erreichten also hier nicht völlig das Volum
der Nasenhöhle.

Nr. 4.

Kopf eines Mannes von 60 Jahren; Grösse über Mittel. Abnormes nicht zu bemerken. Septum nach rechts abbiegend. Dieser Cadaver wurde vorher zu jenen oben mitgetheilten Manometerversuchen
benutzt; vgl. S. 19.

1. Nasenhöhlen   rechts 18,7, links 20,6, total 39,3 ccm.

2. Stirnhöhlen	rechts	4,2,	links 2,2,	total 6,4 ccm.
3. Keilbeinhöhlen	„	6,5,	„ 6,9,	„ 13,4 „
4. Siebbeinhöhlen	„	2,0,	„ 2,3,	„ 4,3 „
5. Oberkieferhöhlen	„	17,3,	„ 18,2,	„ 35,5 „

rechts 30,0, links 29,6, total 59,6 ccm.

$$39,3 : 59,6 = 100 : 152.$$

Das Verhältniss war also hier wie bei Nr. 1. und 2.

Die Asymmetrie des Septums, welches viel häufiger nach rechts,
als nach links convex ist, hat zur Folge, dass die linke Nasenhöhle
etwas geräumiger, 2—4 ccm. in den vorliegenden Fällen, wird, als die
rechte. Aus der Vergleichung der übrigen Zahlen sieht man leicht,
welch grossen Verschiedenheiten der Inhalt der Höhlen überhaupt und
der der linken und rechten desselben Individuums unterliegt. Die Oberkieferhöhle überwiegt die übrigen an Rauminhalt um ein Bedeutendes.

In dem einen Fall, Nr. 3, beträgt der Cubikinhalt der Nebenhöhlen 3,1 ccm. weniger, als der der Nasenhöhle und stellt sich, den
cubischen Inhalt der Nasenhöhle gleich 100 gesetzt, das Verhältniss
zwischen Haupthöhle und Nebenhöhlen wie 100 : 92. In den drei anderen Fällen jedoch (das Alter war nur von Nr. 4. genau bekannt)
überwiegt der cubische Inhalt der Nebenhöhlen beträchtlich den der

Haupthöhle, fast in dem Verhältniss wie 3 : 2, nämlich Nr. 1. 144 : 100, Nr. 2. 143 : 100 und Nr. 4. 152 : 100. Hieraus erhellt, dass der cubische Inhalt der Nebenhöhlen bei einem Erwachsenen den der regio olfactoria, die nur einen kleinen Bruchtheil des Nasenhöhlenraumes beansprucht, um ein sehr Bedeutendes übertrifft. Dazu kommt noch, dass der Cubikinhalt der Nasenhöhle im Lebenden in Folge ihres Reichthums an Blutgefässen bei weitem nicht so gross ist, wie die Messungen an der Leiche ergaben. Die obere Abtheilung der Nase wird hiervon weniger betroffen, da namentlich das Gebiet der unteren Muscheln sehr gefässreich ist. Man kann die Weite der oberen Nasengänge auf 1,5 mm. veranschlagen. Um nun eine Anschauung wenigstens in annähernder Weise zu gewinnen von der Luftquantität, welche beim Schnüffeln über die regio olfactoria hinstreicht, oder davon wie oft die Luftmasse der regio olfactoria beim Schnüffeln wechselt, ward das Verhältniss des Luftraumes der regio olfactoria zu $1/_{10}$ des der regio respiratoria angenommen, was nach angestellten Messungen noch gering gerechnet schien. Es würde danach, wenn wir im Mittel nach den 4 Messungen die Nasenhöhle des Erwachsenen zu 34,2 annehmen, ein Werth für die regio olfactoria von 3,4 ccm. herauskommen. Das Mittel für den gesammten Raum der Nebenhöhlen beträgt aber nach den 4 Messungen 44,6 ccm. Nimmt man nun die Hälfte davon, um blos die eine Seite einer Nase in Betracht zu ziehen, so erhält man als mittleren Werth für den Luftraum der einen regio olfactoria einer Nase 1,7 ccm. und für den der dazu gehörigen Nebenhöhlen 22,3.

Nach den Messungen am Lebenden ergab sich nun bei einer intensiven Schnüffelbewegung ein Spannungswerth der Luft in der Nase von — 60 mm. Quecksilberdruck (S. 18, Nr. 5.). Von der kleinen Differenz des Druckes in den Nebenhöhlen kann wohl hierbei abgesehen werden, da sie sich schwer bestimmen lässt.

Man kann, da die Luftvolumina sich wie ihre Drücke verhalten, leicht berechnen, wie viel Luft bei einer solchen Inspirationsbewegung aus dem Nebenhöhlenraum weggenommen worden ist, und wie viel bei dem Ende der Inspiration von aussen nachgeströmt ist, um das Gleichgewicht in den Nebenhöhlen wieder herzustellen. Nimmt man einen mittleren Barometerdruck von 760 mm. an, so ergibt sich (760 : (760 — 60) = 22,3 : 20,5) bei den genannten Verhältnissen eine Verminderung des Luftinhaltes in den Nebenhöhlen um etwa 2 (1,8) ccm., so dass also mindestens das ganze Luftquantum der regio olfactoria der einen Seite weggenommen wird. Es muss also eine gleich grosse Menge neu eindringender, den Riechstoff tragender Luft den

Raum der regio olfactoria durchströmen. Bei der Engigkeit der Spalten und der günstigen Lage der die Spalten begrenzenden Riechschleimhautflächen wird verhältnissmässig viel von der neu eindringenden Luft diese Flächen bestreichen und zwar wiederholt bestreichen müssen, da es charakteristisch für die schnüffelnden Riechbewegungen ist, dass bei schlaffer Haltung der Nasenflügel eine Reihe von kurzen tiefen Inspirationen ausgeführt wird, auf welche dann eine lange, intensive, ausgleichende Exspiration folgt. Diese schnell auf einander folgenden, Strömung erregenden Bewegungen müssen natürlich durch Summation den Reiz auf den olfactorius verstärken.

Es ist begreiflich, dass durch diesen Mechanismus mehr geleistet wird, als durch direktes Anblasen Riechstoffe tragender Luft gegen die stagnirende Luftmasse in der Sackgasse der regio olfactoria mit den Nebenhöhlen, wie es BIDDER ausführte. Ein solches direktes Andrängen der Luft muss für die Bestreichung der riechenden Schleimhautoberflächen viel ungünstigere Verhältnisse bieten, als ein vorbeiziehender Luftstrom, so dass es erklärlich erscheint, warum bei dem BIDDER'schen Versuch so wenig von den angeblasenen Riechstoffen zur Empfindung kam.

Schliesslich ist noch auf einige Verhältnisse an der Halsmuskulatur aufmerksam zu machen, die bei den Versuchen am Cadaver in überraschender Weise sich herausstellten.

Als das Cadaverstück, dem in die trachea von der Brusthöhle aus eine Röhre eingebunden war, auf den Rücken gelegt wurde und in einer angefügten Spritze der Kolben heftig angezogen ward, stellte sich derselbe plötzlich fest, da die äussere Luft den Hals so stark comprimirte, dass keine Luft durch die Nasenhöhle nachdringen konnte. Die Mundöffnung war vorher durch Vernähen und Verkitten luftdicht verschlossen worden, und der Oesophagus unterbunden. Erst als man das Cadaverstück in aufrechter Lage befestigte und durch Zug mit spitzen Haken an der Haut des Halses diesem Luftdruck entgegenwirkte, hatte man freies Spiel. Das System der vom Kinn und Brustbein zum os hyoideum gehenden Muskeln wirkt bei der Inspiration, ganz besonders aber beim „Schnüffeln", dem äusseren Druck der Atmosphäre entgegen. In ähnlicher Weise wie beim Schlucken das Zungenbein und der Kehlkopf durch die Wirkung dieses digastrischen Muskelsystems gewaltsam von der Wirbelsäule entfernt werden und dadurch ein Saugraum hinter der Zungenwurzel entsteht, der das Hinabtreiben des Bissens durch die nachpressende Luft begünstigt, so werden auch bei den Bewegungen des Riechens Kehlkopf und Zungenbein von der Wirbelsäule abgezogen.

Man braucht nur bei diesen Inspirationsbewegungen, besonders wenn sie energisch ausgeführt werden, den Finger auf das Zungenbein zu setzen, um sich von der Richtigkeit des Gesagten zu überzeugen. Ebenso wie man auch oft die Wirkung des platysma dabei beobachten kann, das wie eine muskulöse Fascie über die Vorderfläche des Halses gelegt ist, und bei seiner Aktion durch Verflachen der nach hinten gerichteten Krümmungsfläche den Druck der von aussen her anpressenden Luft bei der Inspiration überwinden hilft.

Erklärung der Abbildungen.

Taf. I.

Fig. 1. Frontalschnitt des Kopfes eines Erwachsenen (gefroren, nicht injicirt).

Fig. 2. Dasselbe Präparat, an einem injicirten Kopfe hergestellt.

Taf. II.

Fig. 1. Transversalschnitt durch das Siebbein und die Keilbeinhöhlen. Verhältniss der Keilbeinhöhlenmündungen zu den oberen Muscheln.

Fig. 2. Dasselbe Präparat von unten her betrachtet. Der Schnitt läuft unter den mittleren Muscheln. Dieselben sind zur Seite gebogen, um das Infundibulum und die Mündungen der Keilbeinhöhlen sichtbar zu machen.

Fig. 3. u. 4. Zwei Ausgüsse der Nasen- und Nebenhöhlen (Corrosionspräparate). Fig. 3. von vorn, Fig. 4. von unten betrachtet. *aa.* Nasenlöcher. *bb.* Highmorshöhlen. *cc.* Rudimentäre Stirnhöhlen.

Fig. 5. Sagittalschnitt durch den Kopf eines Erwachsenen (gefroren).

Fig. 6. Sagittalschnitt durch den Kopf eines Neugeborenen (gefroren).

II.

Die Adductorengruppe des Oberschenkels und die art. profunda femoris.

Von

Prof. Hermann Meyer in Zürich.

Die Gruppe der Adductoren des Oberschenkels wurde bis in die neueste Zeit und wird theilweise noch vielfach als aus drei Elementen gebildet angesehen, welche bekanntlich die Namen m. adductor longus, brevis und magnus führen. Indessen hat man doch damit begonnen, die früher schon mehrfach als ein Besonderes angesehene „obere Portion" des m. adductor magnus als m. adductor minimus besonders zu beschreiben, und hat damit für die richtige Auffassung der Adductorengruppe einen beachtenswerthen Schritt vorwärts gethan, wie aus dem Späteren wird zu ersehen sein. Es ist jedoch mit dieser Unterscheidung zweier Theile in dem m. adductor magnus noch nicht Befriedigendes geleistet und es erscheint namentlich im Interesse der Topographie dieser Gegend als wichtig, noch eine dritte Portion des m. adductor magnus als etwas Besonderes abzutrennen. Der Name portio perforata, welchen ich hiermit für dieselbe vorschlage, bezeichnet, wie sich weiter unten herausstellen wird, ihre charakteristischsten Nebenbeziehungen.

Ich bin zwar schon seit längerer Zeit auf diesen Gegenstand aufmerksam und habe auch bereits in der dritten Auflage meines Lehrbuches sachbezügliche Notizen S. 254 und 575 gegeben. Neuere wiederholte Untersuchungen, sowie das Interesse dieses auf den ersten Anblick unwichtigen Verhältnisses veranlassen mich indessen, die angedeutete Auffassung des m. adductor magnus noch einmal etwas weiter zu besprechen, wozu auch noch der Umstand auffordert, dass solche Notizen in Lehrbüchern unbeachtet zu bleiben pflegen.

Wenn wir die Muskeln, welche in einziger Wirkung das Hüftgelenk bewegen, untersuchen, so finden wir, dass sie in einer ge-

schlossenen Schichte das Hüftgelenk in seineni ganzen Umfange eng
umschliessen; nur die Einschaltung des m. rectus femoris unterbricht
in kaum erwähnenswerther Weise die Continuität dieser Schichte; —
der m. glutaeus maximus als ein übergelagerter „Wiederholungs-
Muskel" ist hierbei nicht in Rechnung zu ziehen und ebensowenig
der m. tensor fasciae, welche beide Muskeln ja- auch für das Kniegelenk Bedeutung gewinnen und deshalb nicht als reine Hüftgelenk-
Muskeln angesehen werden können.

Untersuchen wir nun zuerst die hintere Seite des Hüftgelenkes,
so sehen wir den m. obturator internus nebst seinen m. gemellis, so
wie auch den m. pyriformis in einfacher Lage das Gelenk decken.
Weiter nach oben finden wir aber eine doppelte Deckung durch den
tieferen m. glutaeus minimus und den oberflächlicheren m. glutaeus
medius. Beide Muskeln zeigen im Wesentlichen die gleiche Anordnung und können somit im Begriff als ein Einheitliches angesehen
werden. Wie sollen wir nun das Verhältniss zwischen diesen beiden
Muskeln auffassen? Man könnte in ihnen einen einzigen flächenhaft
gespaltenen Muskel erkennen und könnte dafür den innigen Zusammenhang beider an ihrem vorderen Rande geltend machen; als accidentelle
Trennungsursache könnte dann die verhältnissmässig mächtige Ausbreitung der vasa glutaea superiora und der gleichnamigen Nerven
angesehen werden. Man kann aber auch andererseits den m. glutaeus
minimus als den eigentlichen typischen äusseren Ileo-Femoral-Muskel
auffassen, —- und muss dann dem m. glutaeus medius die Rolle eines
„Wiederholungs-Muskels" zutheilen, wenn er auch dieser Bedeutung
nur in der bescheidenen Form der Verdoppelung eines einzigen Muskels entspricht.

Wir wählen hier gerne die letztere Auffassung, weil sie das Verständniss für die Anordnung der Adductorengruppe zu erleichtern im
Stande ist.

Von der soeben besprochenen Gruppe der hinteren Hüftgelenk-
muskeln ist die Gruppe der Adductoren vorn und oben nur durch
den m. ileo-psoas getrennt, —· hinten und unten stösst sie unmittelbar an den m. obturator mit seinen gemellis an. Sie beginnt mit
dem m. pectinaeus und endet mit dem m. quadratus. Mit dem Ein-
schlusse dieser beiden Muskeln in die bezeichnete Gruppe soll übrigens
kein Präjudiz gegen ihre Bedeutung als Uebergangsmuskeln gegeben sein.

Bemerkenswerth für diese ganze Gruppe ist der Umstand, dass
von allen den gewöhnlich als Adductoren bezeichneten Muskeln (einschliesslich der beiden vorher genannten) keiner das Hüftgelenk unmittelbar berührt. Dieses kommt nur dem unter den Adductoren ver-

steckten, gewöhnlich als Rotator aufgefassten m. obturator externus zu, indem dieser den ganzen zwischen m. ileo-psoas und m. obturator internus gelegenen Theil des Gelenkes bedeckt. Genau genommen dürfte man also, wenn man die Deckung des Gelenkes maassgebend sein lassen will, den m. obturator externus als eigentlich typischen Muskel ansehen und könnte alsdann den Adductoren nur eine accessorische Bedeutung zukommen lassen. Indessen ist doch die Adductorengruppe durch mancherlei Eigenthümlichkeiten so scharf gezeichnet, dass man sie als etwas Besonderes und Selbstständiges ansehen muss.

Betrachtet man nun die Adductorengruppe als ein Ganzes, so fällt an derselben vor allen Dingen als beachtenswerth auf, dass sie von einem fast linienförmigen Ursprunge zu einem fast linienförmigen Ansatze gehen. Sie entspringen, den Ursprung des m. obturator externus umkreisend, von dem Rande des os pubis und os ischii, beginnend mit dem tuberculum ileo-pectinaeum und endend an dem oberen Ende des tuber ischii zunächst der incisura ischiadica minor, — und sie setzen sich an die linea aspera und deren beide Ausläufer die spina trochanterica major und die spina trochanterica minor, so wie mit der bekannten unteren Sehne noch an den epicondylus internus femoris.

So schmal nun auch die Ursprungslinie an dem Schambeine und dem Sitzbeine ist, so zerfällt sie doch noch in zwei concentrische Linien, eine innere (dem m. obturator externus nähere) und eine äussere (dem freien Knochenrande nähere), — und dadurch zerfällt die ganze Gruppe wieder in eine tiefere und eine oberflächlichere Schichte, deren gegenseitiges Verhältniss demjenigen zwischen m. glutaeus minimus und m. glutaeus medius verglichen werden kann. Wie wir nun den m. glutaeus minimus, weil er dem Gelenke näher liegt, als den typischen Muskel ansehen durften und den m. glutaeus medius als dessen Verdoppelung, so können wir auch die tiefere Schichte der Adductoren als die typische ansehen und die oberflächlichere als die Verdoppelung.

Die tiefere Schichte besitzt eine zusammenhängende Ursprungslinie, welche sich nach den einzelnen von ihr entspringenden Muskeln sehr leicht eintheilt. Von dem pecten pubis kommt der m. pectinaeus, von dem os pubis neben der symphysis ossium pubis der m. adductor brevis, von dem Rande des os pubis und des os ischii zwischen der Symphyse und dem vorderen (zugespitzten) Ende des tuber ischii der m. adductor minimus und von dem äusseren Rande des Sitzbeines längs des tuber ischii der m. quadratus. Der m. pectinaeus setzt sich an die spina trochanterica minor und an dieselbe Linie etwas weiter

nach unten, mit dem oberen Rande seiner Sehne noch hinter dem
unteren Rande der Sehne des m. pectinaeus liegend, setzt sich der
m. adductor brevis an. Der m. quadratus setzt sich an die spina
trochanterica major und unter ihm an dieselbe Linie setzt sich der
m. adductor minimus an. Wo die spina trochanterica major und die
spina trochanterica minor zur Bildung der linea aspera zusammenfliessen, da fliessen auch die Sehnen des m. adductor minimus und
des m. adductor brevis zu einem einzigen Sehnenblatte zusammen, so
dass also diese beiden Muskeln nach unten einen gemeinsamen, nach
oben aber einen getrennten Ansatz haben. — Die vier genannten Muskeln bilden auf diese Weise eine geschlossene Muskellage um die untere Seite des Hüftgelenkes oder vielmehr um den diese zunächst
deckenden m. obturator externus, — und diese Muskellage besitzt eine
vordere Wand (m. pectinaeus und m. adductor brevis) und eine hintere Wand (m. quadratus und m. adductor minimus).

Die oberflächliche Schichte wird gebildet durch den m. adductor longus, den (genau genommen, nicht hierher gehörigen) m. gracilis und den m. adductor magnus. Die Ursprünge dieser drei Muskeln sind der Art angeordnet, dass sie die Lücken zwischen den Ur-
sprüngen der vier Muskeln der tieferen Schichte decken. So entspringt
der m. adductor longus unter dem tuberculum pubis, die Spalte
zwischen m. pectinaeus und m. adductor brevis deckend, — der m. gracilis von der Mitte der Symphyse bis zur crista penis (clitoridis), die
Spalte zwischen m. adductor brevis und m. adductor minimus deckend,
— und der m. adductor magnus von der crista penis (clitoridis) bis
zur Mitte des tuber ischii, die Spalte zwischen m. adductor minimus
und m. quadratus deckend. — Von den Ansätzen dieser Muskeln interessiren uns hier nur diejenigen der beiden Adductoren. — Der
bekannte Sehnenbogen, welcher den sogenannten Schlitz der Adductoren
bildet, ist im Allgemeinen als der gemeinsame Ansatz des m. adductor
longus und des m. adductor magnus zu bezeichnen. An diesem Bogen
ist ein kürzerer oberer und ein längerer unterer Schenkel zu unterscheiden. Den ersteren, welcher ein breites, dünnes Sehnenblatt ist,
bildet vorzugsweise der m. adductor longus, — den letzteren, der in
Gestalt einer rundlichen Sehne auftritt, bildet vorzugsweise der m. adductor magnus. Der obere Schenkel setzt sich an die linea aspera
und zwar bis so weit hinauf, dass sein oberer Rand noch etwas vor
dem unteren Rande des gemeinsamen Ansatzes des m. adductor brevis
und des m. adductor minimus liegt. Der untere Schenkel nimmt noch
einen kleinen Antheil von dem Ende des m. adductor longus in sich
auf und setzt sich an den epicondylus internus; fast seiner ganzen

Länge nach gibt er nach vorn und nach hinten Fasern ab, welche als eine aponeurotische Hülle den m. vastus internus umfassen und sich auf demselben verlieren; das vordere dieser beiden Fasersysteme bildet die vordere Wand des trichterförmigen Raumes, in welchem die art. femoralis verschwindet; — durch beide Fasersysteme aber wird der sehnige Strang so fest an die Oberfläche des m. vastus internus gebunden, dass in dem oberen Theile des „Schlitzes" gerade nur noch genügender Raum für den Durchtritt der Arterie und der Vene übrig bleibt.

Besonderes Interesse gewährt nun noch der obere Schenkel des Bogens. Von vorn gesehen erscheint er als das flach sehnige Anheftungsende des m. adductor longus und an seinem oberen Rande, hart an dem Knochen, verschwindet die art. profunda femoris nach hinten in die Tiefe. Sieht man aber diesen Schenkel von hinten an, so findet man ihn fleischig an die linea aspera angeheftet und man sieht diesen Ansatz unterbrochen von kleinen Sehnenbogen der Art, wie ich sie zuerst als Ergänzungen an solchen Stellen beschrieben habe, wo Muskelansätze durch Gefäss- oder Nervendurchtritte unterbrochen werden; — unter diesen Sehnenbogen treten die art. perforantes nach hinten hervor. Wo findet sich nun der Verlauf der art. femoralis profunda? Wenn man den unteren Rand des oberen Schenkels genauer untersucht, so findet man, oft von einer Vene geleitet, eine Spalte in diesem Rande. Dringt man von dieser Spalte aus in die Tiefe, so zerlegt man der Fläche nach den m. adductor magnus in zwei Portionen; die vordere verbindet sich mit der flachen Sehne des m. adductor longus und geht mit ihrem übrigen Theile in den sehnenartigen unteren Schenkel des „Schlitzes" über; — die hintere Portion aber setzt sich fleischig, nur durch jene Sehnenbogen unterbrochen, an die linea aspera an. Zwischen diesen beiden Portionen verläuft hart auf dem Knochen die art. profunda femoris, bis sie als letzte art. perforans endet; — mit ihr gehen auch ihre Venen; — und hier findet man auch, wenn sie vorhanden ist, die starke anastomotische Vene zwischen der vena poplitaea und der v. profunda femoris. — Die arteria profunda femoris geht also zwischen dem gemeinsamen Ansatze der beiden kleineren Adductoren und dem gemeinsamen flachsehnigen Ansatze (oberer Schenkel des „Schlitzes") des m. adductor longus und des m. adductor magnus nach hinten, um unmittelbar hinter diesem Sehnenblatte hinabzulaufen; von hinten wird sie dabei gedeckt durch den fleischig angehefteten Theil des m. adductor magnus und schickt durch diesen ihre rami perforantes; deshalb habe ich auch für diesen Theil des m. adductor magnus oben den Namen portio perforata vorgeschlagen. — Diese portio perforata manifestirt ihre Selbstständigkeit auch noch dadurch, dass ihr Ansatz viel weiter hinaufreicht, als der Ansatz desjenigen Theiles, welcher sich mit der Sehne des m. adductor longus verbindet; er reicht nämlich so weit hinauf, dass er noch einen namhaften Theil des m. adductor minimus von hinten deckt, und somit auch die Spalte zwischen dem unteren Rande des gemeinsamen Ansatzes der beiden kleinen Adductoren und dem oberen Rande des gemeinsamen Ansatzes des m: adductor longus und des vorderen Theiles des m. adductor magnus, durch welchen Spalt die art. profunda femoris nach hinten tritt.

Auch an dem oberen Ende lassen sich die beiden Portionen des m. adductor magnus als jede für sich bestimmt charakterisirt unterscheiden. Führt man nämlich die Trennung bis zum tuber ischii hinauf fort, so findet man, dass der ganze langgezogene Ursprung, welcher sich äusserlich als der Ursprung des m. adductor magnus darstellt, nur der vorderen Portion desselben angehört. Dieser Ursprung ist in seinem vorderen Theil fleischig, endet aber hinten mit einer Sehne, welche den vorderen (unteren) schmaleren Theil des tuber ischii deckend, sich in den unteren Theil des ligamentum tuberososacrum in ähnlicher Weise fortsetzt, wie die von dem oberen breiteren Theile des tuber ischii kommende gemeinsame Ursprungssehne des m. semitendinosus und des m. biceps in den oberen Theil desselben Bandes übergeht. Die Bedeutung des m. adductor magnus als eines Aufrichters des Beckens, beziehungsweise des Rumpfes, ist durch dieses Verhältniss scharf ausgesprochen. — Zwischen diesem Theile des Ursprunges und dem von ihm gedeckten vorderen Theile des Ursprunges des m. quadratus sieht man die portio perforata des m. adductor magnus mit einer kurzen kräftigen, etwas flachgedrückten Sehne entspringen.

So stellt sich also durch das Verhalten an dem Ursprunge, durch das Verhalten an dem Ansatze und durch die Beziehungen zu der art. profunda femoris, so wie zu der Anastomose der vena poplitaea mit der vena profunda femoris die Nothwendigkeit heraus, sich in Bezug auf den m. adductor magnus (früherer Auffassung) für den Zweck des deutlicheren Verständnisses nicht auf die bereits eingeführte Abtrennung eines m. adductor minimus zu beschränken, sondern in der nach dieser Trennung noch übrig bleibenden grösseren Abtheilung (m. adductor magnus im engeren Sinne) noch einmal zu unterscheiden: eine hintere Portion (portio perforata) und eine vordere Portion, welche man mit Rücksicht auf den unter ihrer Mitwirkung erzeugten Sehnenbogen des „Schlitzes“ als portio tendinosa bezeichnen kann.

Nicht ohne Interesse ist es zu finden, dass durch ihre Vereinigung in dem gestreckten sehnigen unteren Schenkel des Schlitzbogens und durch die Art ihres Ursprunges der m. adductor longus und der m. adductor magnus (portio tendinosa) eine Uebergangsstellung haben, ersterer zu dem m. gracilis und letzterer zu dem m. semitendinosus; welches Verhältniss noch mehr in die Augen springt, wenn man berücksichtigt, wie sich das ligamentum internum genu gewissermassen als Fortsetzung an jenen Sehnenstreifen anreiht.

Zürich im März 1876.

III.

Ueber die Lymphgefässe des Hodens.

Von

Dr. med. R. Gerster.

Aus dem pathologischén Institute des Herrn Professor **Langhans**
in Bern.

(Hierzu Tafel-III u. IV.)

Die Literatur über die Lymphgefässe des Hodens enthält manches
Widerspruchsvolle. LUDWIG und TOMSA geben in ihren Untersuchungen an, dass die kanalförmigen Lymphgefässe der Septa direkt in die
weiten Bindegewebsspalten zwischen den Samenkanälchen übergehen
und letztere als die Wurzeln jener zu betrachten sind.

Die nachfolgenden Untersuchungen von HIS, KÖLLIKER und FREY
haben, soweit sich aus ihren kurzen Angaben und aus der Abbildung von
FREY ersehen lässt, offenbar röhrenförmige Lymphgefässe in der eigentlichen Hodensubstanz gesehen; von keinem scheint mir aber der Gegensatz genügend hervorgehoben zu sein, der zwischen ihren eigenen Befunden und denen von LUDWIG und TOMSA offenbar existirt. So ist
denn MIHALKOWICS [1] in seiner ausführlichen Arbeit über den Hoden
wieder zu der Ansicht jener ersten Forscher zurückgekehrt; ja, er
geht noch weiter und leugnet das Vorhandensein von Lymphgefässen
in den Septis; nach ihm sind die Lymphwurzeln in den Bindegewebsspalten zwischen den die Samenkanälchenwand bildenden Endothell-
lamellen zu suchen und werden die Wandungen durch das mit Endothelzellen bekleidete Bindegewebe gebildet. Es mag deshalb nicht
ungerechtfertigt erscheinen, die Hoden etwas genauer hinsichtlich der
Beziehungen der Lymphgefässe zu den Bindegewebsspalten zu studiren

---

[1] Arbeiten aus der physiol. Anstalt zu Leipzig 1873. Daselbst ist auch die
frühere Literatur angeführt.

und nachzusehen, ob diese wirklich mit ersteren in weitem Zusammen-
hang stehen und die Lymphgefässwurzeln sogar bis in die Wand der
Samenkanälchen reichen, oder ob im Hoden ein in sich geschlossenes,
mit der Umgebung in keiner offenen weiten Verbindung stehendes
Lymphgefässnetz existire. Dass es bezüglich der Saftströmung in den
Drüsen nicht gleichgültig ist, ob das eine oder das andere der Fall
sei, hat Langhans in der Einleitung zu der Abhandlung über die
Lymphgefässe der Brustdrüse erwähnt, und ich werde im Verlaufe der
Untersuchung Gelegenheit nehmen, darauf zurückzukommen.

Bei meinen Injectionen habe ich mich folgender Methode bedient.
Die Lymphgefässe sind auf der Albuginea bekanntlich leicht zu sehen;
ich habe daher immer zunächst diese als Ort des Einstichs gewählt
und von einer Injection in das Parenchym, wie sie noch von Mihalkowics angewandt wurde, ganz abgesehen.

Denn dass bei einem in normalen Verhältnissen so weichen, mit
so lockerem Zwischengewebe versehenen Organ eine Injection, wenn sie
in der zuletzt angegebenen Weise unternommen wird, nicht die Lymphgefässe allein, sondern auch die durch die Kanüle ebenfalls eröffneten
Bindegewebsspalten füllen wird, liegt auf der Hand. Sind dann auch
die Lymphgefässe, wie es gewöhnlich der Fall ist, nicht comprimirt,
so gelingt es doch nicht, dieselben zu sehen, weil die gleichmässig
verbreitete Injectionsmasse alles verdeckt. Es findet bei dem Hoden
eine Analogie mit jenem Befund statt, den Langhans [1] in seinen
Untersuchungen über die Lymphgefässe der Brustdrüse constatirte.
Es gelingen dort die Injectionen vollständig nur bei solchen Drüsen,
in welchen das zwischen den Läppchen befindliche Bindegewebe nach
Ablauf des Puerperiums oder der Lactation eine straffere und festere
Beschaffenheit angenommen hat.

Sind nun auch die Hoden keine traubigen Drüsen, so lassen sie
sich doch hinsichtlich ihrer Lymphgefässe gut mit der Mamma vergleichen. Es sind nämlich diejenigen Hoden, deren Drüsenmasse eine
lockere Anordnung darbietet, wie der des Menschen und der kleinen
Säugethiere nur mit grosser Mühe (bei Kaninchen z. B. gar nicht) zu
injiciren, während solche, die schon von vorne herein eine festere Con-
sistenz besitzen, wie Stier- und Widderhoden, der Injection keine
weiteren Schwierigkeiten entgegensetzen. Allerdings ist es gerade
bei Hoden von so geringer Grösse wie dem des Menschen, der eine
verhältnissmässig dünne Albuginea hat, nicht leicht, einen Einstich
in diese fibröse Hülle zu machen, ohne mit der Spitze der Kanüle

---

[1] Archiv für Gynäkologie VIII.

in die lockere darunter liegende Bindegewebsschichte zu gelangen. Trotzdem ist mir sogar beim Kaninchen die Injection von Lymphgefässen, aber bloss der in der Albuginea verlaufenden geglückt. Man sucht demnach die unter der Serosa auf der Oberfläche des Hodens verlaufenden, durch ihre Füllung und ihren Verlauf leicht erkennbaren Lymphbahnen auf, sticht tangential die Kanäle ein und injicirt unter sehr geringem Druck. Sieht man mit blossem Auge auf der Albuginea keine Lymphgefässe, so sticht man parallel zur Längsaxe des Hodens in dieselbe ein, um die oberflächlich meist quer gegen den Nebenhoden hin verlaufenden grösseren Aeste zu kreuzen und zieht die eine ziemliche Strecke weit unter der obersten Schicht vorgeschobene Kanüle etwas zurück, wobei sich dann der Stichkanal mit Injectionsmasse füllt. Bei vorsichtigem Druck sieht man nun, wie von diesem aus, meist im rechten Winkel abbiegend, die Lymphgefässe erst gegen den Nebenhoden zu und bald auch rückläufig gegen die vordere Seite hin sich füllen.

Man muss dabei genau Acht geben, dass man nicht vorher eine Luftblase hineintreibt, weil sich sonst mit Sicherheit durch Zerreissen der Lymphgefässwände Extravasate bilden und die Injection misslingt. Man erhält dann, wie schon Ludwig und Tomsa und seither andere Autoren beschrieben haben, mitunter so dichte, der injicirten Chorioidea ähnliche Netze, dass man bei farbigen Injectionen auf der weissen Albuginea nichts als dicht aneinander liegende Gefässe sieht. Am reichlichsten sind hier die Lymphgefässe vorhanden beim Hund und bei der Katze, etwas weniger reichlich bei Stier, Widder und Reh, am schwankendsten, bald dichter, bald weniger dicht angeordnet beim Menschen. Der Kaninchenhoden bietet gemäss der geringen Dicke der Albuginea, durch welche man die Läppchen des Parenchyms deutlich durchschimmern sieht, nur ein ein- oder zweischichtiges Netz. Die Verlaufsrichtung der Lymphgefässe ist nur in der oberflächlichsten Schichte, wo sich die grössern Stämme bilden, eine regelmässige, indem sie in meist schräger Richtung gegen den Kopf des Nebenhodens oder auch senkrecht gegen den letzteren hinziehen; in den tieferen Netzen kreuzen sie sich auf die mannigfachste Weise. —

Was die Methode der Injection und die dazu verwendeten Massen anlangt, so habe ich mich bis auf wenige Ausnahmen einer gewöhnlichen Glasspritze bedient, jedoch immer die Vorsicht gebraucht, um keinen zu plötzlichen Druck zu bekommen, eine ziemliche Menge Luft über der Injectionsmasse als elastischen Regulator zu benutzen und dabei mit möglichst geringem Druck die Injection lange fortzusetzen. Die Kanüle wurde durch einen Kautschukschlauch an die

Spritze befestigt. Man hat zwar bei diesem Verfahren keine sichere
Controle über den Druck, bei dem man injicirt, bemerkt aber doch
bei einiger Uebung bald, ob sich das Lymphgefäss- oder das Spalt-
system anfüllt. Von dem constanten Quecksilberdruck, den ich bis
zu 14 Centimeter anwandte (HERING'scher Apparat), hatte ich, zwar
nur beim Menschenhoden, ungenügende Resultate.

Als Injectionsmassen verwandte ich meistens das lösliche Berlinerblau, mit weniger Erfolg farbige Leimmassen und Silberlösungen von
$\frac{1}{2}$ und $\frac{1}{4}$ %.

Wenn man frisches Material hat, so ist es an den Hoden unserer
grösseren Säugethiere, wie Stier, Widder und Reh, bei Berücksichtigung der angegebenen Vorsichtsmaassregeln geradezu eine Kunst,
etwas anderes als die Lymphgefässe zu injiciren; eine Ausnahme
scheint der Pferdehoden zu machen, dessen Injection mir nur sehr
unvollkommen gelang, indem nur ganz kurze Lymphgefässstrecken an
vereinzelten Stellen sich füllten; ob dies bei dem ersten und einzigen
Versuch den mangelhaften Apparaten, die mir damals zu Gebote standen, oder vielleicht dem Vorhandensein von Klappen in den Septis
zuzuschreiben ist, bin ich nicht im Stande zu bestimmen; jedenfalls
wäre es nicht ohne Interesse, den Versuch zu erneuern, indem die
fest-fibröse Beschaffenheit des Zwischengewebes ein besseres Resultat
als das von mir erhaltene erwarten lässt. Am Katerhoden füllte sich
bei sehr sorgfältiger Injection nebst einem sehr hübschen Netz in der
Albuginea nur das Corpus Highmori und einige Gefässe der Septa in
wünschenswerther Weise; das übrige war Extravasat. Beim Kaninchen
erzielte ich negative, bei dem Menschen nach mehr als einem Dutzend
verunglückter Versuche endlich ein wünschbares Resultat. —

Dass nun die Bahnen, die ich bei diesen Methoden im Parenchym
des Hodens zu Gesicht bekam, wirklich Lymphgefässe sind und zwar
ein in sich geschlossenes Gefässnetz mit eigener Membran, das nirgends mit den Spalträumen des Bindegewebes in offener weiter Verbindung steht, beweisen die farbigen Injectionen schon zur Genüge.
Jeder Zweifel aber, der noch gehegt werden könnte, muss bei der
direkten Veranschaulichung des zelligen Baues der Gefässwände durch
die Silberbehandlung dahinschwinden.

Der Verlauf der Lymphgefässe ist bei allen Hoden, die ich untersucht habe, wesentlich derselbe. In die Albuginea treten sie als kleinere und grössere Stämme von der aus sehr lockerem Bindegewebe,
einem eigentlichen lamellösen Fachwerk bestehenden, von A. COOPER
sogen. Tunica vasculosa her, die sie ebenfalls als bald engere, bald
weitere Gefässe in sehr schiefer Richtung, in derselben ein reiches

Netz bildend, durchsetzen. Die grösseren Stämme kommen aus den Septis, die schmäleren Gefässe aus der zwischen diesen gelegenen peripheren Partie des Hodenparenchyms. Jene Stämme folgen dem Verlaufe der Septa und bilden ein langmaschiges Netz von stellenweise, besonders an den Knotenpunkten, wo mehrere Aeste abgehen, sehr weitem Kaliber. Streckenweise verlaufen sie ohne Verzweigung, um dann plötzlich einen wahren Knäuel von abgehenden Aesten in das benachbarte Gewebe auszusenden. Die eigentlichen Lymphcapillaren, deren Vorhandensein weder LUDWIG und TOMSA in den Läppchen, noch in neuester Zeit MIHALKOWICS überhaupt anerkennen, bilden ein reiches Netz um die Samenkanälchen, in sozusagen überall gleichmässiger Vertheilung. Die Dimensionen derselben sind verschieden. Während sie in den Septis weit mehr als den Durchmesser eines Samenkanälchens haben, erreichen sie denselben in den Läppchen selten und verschmälern sich oft bis nahezu der Dicke der Blutcapillaren. Eine allgemeine Regel über das Verhalten des capillaren Lymphgefässnetzes zu geben, ist nicht leicht; es ergibt sich aus dem Bau einer tubulären Drüse, dass einerseits ein langmaschiges Netz dem Verlauf der Interstitien zwischen den Samenkanälchen folgend, anderseits ein engeres die letzteren mehr ringförmig umschlingendes zusammentreten und wir die Eigenthümlichkeiten finden werden, die aus diesem Verhalten resultiren. Die dadurch gebildeten Maschen sind von verschiedener Grösse und können ien bis mehrere Samenkanälchen umschlingen. Daneben findet sich in den Interstitien, wo Blutgefässe kleineren und mittleren Kalibers verlaufen, ein dieselben umschliessendes Netz, dessen Maschen weit kleiner sind als die Querschnitte der Samenkanälchen. Die Lymphgefässe sind im Allgemeinen mehr oder weniger gleichmässig cylindrisch, nirgends bauchig oder rosenkranzförmig. Auch ist die Breite derjenigen Stellen, wo mehrere Lymphgefässe zusammentreten, verhältnissmässig nicht bedeutend, sondern mehr dem Bau der Blutgefässanastomosen entsprechend. Bei Abzweigungen findet man den Ast selten einfach abgehend, sondern sehr oft durch einen queren Verbindungszweig mit der Fortsetzung des Stammes zusammenhängend. Der so gebildete kurze Anastomosenring umgibt dann gewöhnlich ein quer hindurchziehendes Blutgefäss. Weniger regelmässige Bilder zeigt der menschliche Hoden, jedoch ist auch hier die gleichmässig cylindrische Form der Gefässe vorherrschend. Noch unregelmässiger sehen die Lymphgefässe im Hundehoden aus; die Stellen, wo Zweige abgehen, sind dort mehr oder weniger bauchig erweitert.

Die grössern durch die Septa geschiedenen Läppchen des Hodens scheinen unter sich wenig Lymphgefässaustausch zu haben, wenigstens erhielt ich beim Stier mit nicht lange fortgesetzter Injection nur eine Füllung eines keilförmigen Stücks, dessen Basis der Stelle entsprach, wo der Einstich in die Tunica gemacht worden war. Erst bei längerer Fortsetzung der Injection bei mässig steigendem Druck injicirt sich allmälig mehr oder weniger das Lymphgefässsystem des ganzen Parenchyms.

Dass die Lymphgefässe nie, wie MIHALKOWICS angiebt, in unmittelbare Berührung mit der Samenkanälchenwand treten, sondern sich stets in möglichster Entfernung von denselben und in der Mitte der Zwischenräume zwischen denselben halten, beweist in sehr evidenter Weise eine dreifache Injection, nämlich der Blut-, der Lymphgefässe und der interstitiellen Spalträume, der letzteren mit farblosem Leim, der beiden ersteren mit farbigen Injectionsmassen. Man erhält dann ein Bild, wie Fig. 1, aus welchem deutlich ersichtlich ist, wie die Blutcapillaren sowohl Samenkanälchen als Lymphgefässe mit an denselben eng anliegenden Netzen umspinnen, während die Lymphe in Kanälen kreist, die sich möglichst weit von den Drüsenschläuchen entfernt halten. Die Samenkanälchen erscheinen auf der Abbildung stellenweise um mehr als die Hälfte ihres Durchmessers comprimirt. Das Zwischengewebe ist nicht hineingezeichnet, um das Bild nicht zu sehr zu compliciren; es finden, was man wohl vermuthen möchte, keinerlei Zerreissungen statt und die Gewebstheile verhalten sich gegenseitig wie bei starkem Oedem des Organs. Es entspricht das erwähnte Verhalten der Lymphgefässe zu den zuführenden Gefässen und secernirenden Bestandtheilen der Drüse vollkommen den Angaben, welche LANGHANS hinsichtlich der Lymphströmung in der Brustdrüse macht; es ist auch hier nicht wahrscheinlich, dass das Lymphgefässsystem in engerer Beziehung zu den Samenkanälchen stehe als die Blutgefässe.

Nicht bloss durch Injection gefärbter Massen, sondern in ebenso deutlicher, ja für deren Bau noch mehr instructiver Weise lassen sich die Lymphgefässe bei den grösseren Säugethieren mit Silbernitrat veranschaulichen. Ich benutzte hierzu meist Lösungen von $1/4$ bis $1/2$ $^0/_0$, die ich in gleicher Weise injicirte, wie die gefärbten Massen. Dass die so erhaltenen Bilder identisch sind mit denen, die zuerst TOMMASI und HIS, später auch KÖLLIKER gesehen haben, ist sehr wahrscheinlich; einzig die Schlussfolgerungen sind andere. Bis dahin nämlich galten diese „Kanäle, Bahnen", oder wie man die injicirten oder sonstwie sichtbar gemachten Lymphgefässe nannte, nicht für die terminalen Wurzeln derselben, die vielmehr als Lymphsinus um die Samenkanälchen herum (KÖLLIKER) oder als mit Endothelien versehene

Lymphspalten gar in der Wand der Samenkanälchen selbst (MIHAL-
KOWICS) gesucht wurden. Wie diese Schlüsse gezogen werden konn-
ten, erklärt sich einerseits aus dem Vorhandensein einer Lage von
Endothelien auf den Samenkanälchen, deren Zellcontouren auf Silberbehandlung hin sichtbar werden, anderseits aus verunglückten Injec-
tionsversuchen, wie Fig. 2, Taf. I der Abhandlung von MIHALKOWICS
zeigt. Ich fasse die Erklärung dieser Abbildung anders als er. MIHAL-
KOWICS hat die Blutgefässe mit rothem Leim injicirt; wie er durch
Diffusion eine Füllung der Bindegewebsspalten mit Leimmasse von den
Blutgefässen her zu Stande brachte, ist mir unklar; jedenfalls muss dazu
der Druck bei der Injection etwas stark gewesen sein.[1]) Treibt man
nun nach Erstarrenlassen der Leimmasse eine anders gefärbte Flüssigkeit ins Parenchym ein, so werden, da der Leim nicht nachgibt, die
Samenkanälchen comprimirt, und ihr Inhalt theilweise an andere Orte
geschoben, wo die Injectionsmasse nicht hingelangt. Dafür sprechen
auf dem Bilde die seitlich eingedrückten Durchschnitte von Samen-
kanälchenwänden und die gerunzelt hingezeichnete Membrana propria.
Dass sich das lockere bindegewebige Fachwerk um die Samenkanälchen herum und zwar nur dieses injiciren kann, braucht wohl keines
weiteren Beweises. Damit ist auch gesagt, dass jede Schlussfolgerung
betreffend das Vorhandensein von Lymphgefässen in der Wand der
Samenkanälchen aus diesem Bild unzutreffend ist; es beweist dies nur
das Vorhandensein von lockerem Bindegewebe einerseits und die Com-
pressibilität der Samenkanälchen anderseits. — Um auf die Silber-
injectionen zurückzukommen, so sind dieselben insofern belehrender,
als sie, ohne das Lumen der Lymphgefässe zu verdecken, die Struktur
ihrer Wand zur Anschauung bringen, die sehr dünnwandigen Röhren
collabiren nach dem Erhärten der Präparate in Alkohol nicht und
zeigen an ihrer Wandung die charakteristische Zeichnung der Endothelzellen, resp. ihrer Begrenzungslinien. Ihre Form, Grösse u. s. w. ist
schon so ausreichend und richtig von den Histologen angegeben, dass
ich nicht darauf weiter eingehe. Grössere Oeffnungen in ihrer Wandung, wie sie angenommen werden müssen, wenn man der Ansicht
huldigt, es gebe noch fernere mit denselben in weiter offener Verbindung stehende Lymphräume, habe ich nie gesehen. Es finden sich
wohl oft Unregelmässigkeiten in der Silberzeichnung, wohl auch bei
unvorsichtiger Behandlung des Präparates kleine Risse zwischen den

---

[1]) Ich habe nie durch Injectionen der Blutgefässe das Parenchym zu füllen
vermocht, und es ist dies deshalb nicht möglich, weil eine vollständige Injection
der Blutgefässe an und für sich den Hoden bis zur stärksten Prallheit füllt.

Zellen; dieselben sind aber in keiner Weise beweisend für die erwähnte Annahme, da man nirgends, wie TOMMASI zu sehen meinte, Uebergänge der Zellcontouren auch auf das umliegende Gewebe zu constatiren im Stande ist. Bei starker Vergrösserung untersucht, zeigen die Zellen in der Mitte einen ovalen hellen Fleck, der dadurch sichtbar wird, dass die Zellsubstanz um denselben herum durch die Silberwirkung fein granulirt und dunkler und ersterer deshalb blasser erscheint. Ich möchte denselben, den man übrigens erst mit Immersion deutlich erkennen kann, für den Kern halten. An Tinctionspräparaten war ich, zwar bei fehlender Silberinjection, nicht im Stande, an den ganz homogen erscheinenden Wandungen Kerne zu entdecken.

Wenn ich besonders betone, dass das Lymphgefässsystem des Hodens geschlossene Wandungen besitzt, so will ich damit den Zusammenhang seines Lumens mit den Bindegewebsspalten durch feine Poren nicht ausschliessen; gegen die Auffassung, welche die letzteren nach Art der RECKLINGHAUSEN'schen Saftkanäle mit Lymph- und Blutgefässen in direkte Verbindung bringt, sind meine Untersuchungen nicht gerichtet. Dagegen kann ich mich nicht der Ansicht von LUDWIG und TOMSA, sowie von MIHALKOWICS anschliessen, nach welchen die Lymphgefässe der Septa und der Albuginea direkte Fortsetzungen der Zwischenräume zwischen den Samenkanälchen sind und aus ihnen hervorgehen, wie etwa die breite Fläche eines Sees zu dem Bett eines Flusses sich verschmälert. Die Ausnahmsstellung, welche das Lymphgefässsystem des Hodens in Folge davon gegenüber dem anderer Organe einnehmen würde, fällt daher nach den Resultaten meiner Untersuchungen weg. Vielmehr erscheinen die weiten Spalten des lockeren Bindegewebes zwischen Blut- und Lymphgefässen eingeschoben als ein selbständiges Hohlraumsystem, das vielleicht mit beiden communicirt. Dasselbe aber nur dem Lymphgefässsystem unter dem Namen der Wurzeln oder Anfänge desselben zuzurechnen, ist einseitig; mit gleichem Rechte kann man es auch als Enden der Blutgefässe bezeichnen, wie dies auch ARNOLD in neuester Zeit hinsichtlich der Saftkanälchen hervorhebt.

Bezüglich des Verhältnisses der Inhaltsmenge, die das Lymphgefässsystem in sich fasst, zu der Grösse des Hodens lässt sich folgendes erwähnen: Es ist nicht möglich, mehr als eine bestimmte Menge Injectionsmasse in die Lymphgefässe einzubringen, ein Umstand, den wir der durch die starre fibröse Kapsel der Albuginea bedingten Grenze der Volumsschwankungen zu verdanken haben. Die injicirte Menge genügt nun nicht, um das ganze Gebiet zu füllen und

so ziehe ich den Schluss, dass auch während des Lebens das Lymph-
system nie ganz sich füllt, vielmehr die Lymphgefässe immer schlaffe,
mehr oder weniger collabirte Schläuche darstellen. Der übergrosse
Raum, den die Lymphgefässe im Verhältniss zu dem übrigen Gewebe
im Hoden einnehmen, kann, wie schon LUDWIG und TOMSA erwähnten, nie vollständig gefüllt werden und es ist jedenfalls die Gesammt-
fläche der Lymphgefässwände genügend gross, um für die Aufnahme
und Abfuhr der Lymphe vollkommen auszureichen.

Die Injection von Farbmassen oder Silberlösungen in die Lymphgefässe ist nicht der einzige Weg, der zu deren Veranschaulichung
zu Gebote steht. Ich versuchte, einzig aus dem Grunde, weil mir die
Injection menschlicher Hoden mit farbigen Stoffen lange Zeit nur so
ungenügend gelang, dass ich kaum da und dort in einem Septum
oder unter der Albuginea ein vereinzeltes Lymphgefäss sah, durch
Injection von Tinctionsflüssigkeiten (Carmin in concentrirter Lösung
und Hämatoxylin), auch von verschieden concentrirten Silberlösungen
direkt ins Parenchym alle Gewebe gleichmässig zu färben und liess
nach erfolgter Diffusion eine Injection von farblosem Leim, ebenfalls
in die Bindegewebsspalten darauf folgen. Da aber der Leim nie
ganz rein ist, und ausserdem in seinen Lichtbrechungsverhältnissen
dem Bindegewebe zu nahe steht, als dass es möglich wäre, das letztere
selbst bei der besten Tinction genau zu untersuchen, so verwandte
ich zur Ausweitung der Bindegewebsspalten das bei etwa 50° C.
schmelzende Paraffin; dasselbe wurde dann aus dünnen Schnitten, die
man zuvor durch absoluten Alkohol entwässert hatte, durch Chloro-
form oder Terpentinöl ausgezogen und die Präparate in Canadabalsam
eingeschlossen, oder, wenn sie zu stark aufgehellt waren, wieder in
absoluten Alkohol eingelegt und dann in Glycerin aufbewahrt. Sehr
hübsche Bilder erhielt ich von menschlichen Hoden, die mit 1%iger
Silberlösung, nachher mit Paraffin injicirt worden waren, und deren
Schnitte ich mit Carmin färbte, bevor ich sie auf die angegebene
Weise behandelte. An einem derartigen Präparat sah ich in einem
Septum ein Lymphgefäss, das durch den Schnitt schräg durchtrennt
war, so dass man in dessen Lumen hineinsah und die Wand genau
betrachten konnte. Dieselbe bietet bei starker Vergrösserung ein fein-
körniges Aussehen dar und zeigt ähnlich wie die Silberpräparate vom
Stierhoden, sehr schwach tingirte Zellkerne in ihrer Fläche. Eine
Zeichnung der Zellcontouren sah ich an diesem Präparat nicht, wohl
aber an andern vom menschlichen Hoden, wenn auch in unvollkom-
mener Weise. Ohne Silberbehandlung, durch blosse Tinction, habe
ich nur in den Septis (beim Kaninchen nach Hämatoxylintinction in

der Bindegewebsschicht unter der Albuginea) Lymphgefässe sehen
können. Die blassen Membranen werden eben durch das sich stärker
färbende, an dieselben anschliessende Bindegewebe meist vollkommen
verdeckt. Man kann jedoch aus dem Bau des Bindegewebes und dem
Verlaufe der Capillaren an so ausgeweiteten und tingirten Präparaten
die Lymphgefässe an den röhrenförmigen Lücken, die ihre runden
oder ovalen Durchtrittsstellen in den bindegewebigen Lamellen bilden,
erkennen und den Verlauf dieser anscheinend wandungslosen Kanäle
manchmal, besonders wenn der Schnitt etwas dick war, weithin verfolgen. —

Es erübrigt noch, einige Angaben über den Verlauf der Lymphgefässe im Corpus Highmori zu machen. Es findet sich dort ein
zwischen den Maschen des Hodennetzes hinziehendes Kanalsystem, aus
Gefässen sehr weiten Kalibers bestehend (gewöhnlich mehr als von
der Breite der Samenkanälchen). Es injiciren sich auch bei Extravasat
im übrigen Hodenparenchym regelmässig die Bahnen im Corp. Highm.
bei solchen Hoden, die an dieser Stelle ein fast fibröses Gefüge haben,
wie beim Menschen und beim Kater, während z. B. beim Kaninchen,
wo auch dieses Gebiet einen ungemein lockeren Bau darbietet, eine
Injection nie gelingt.

Beim Menschenhoden erhielt ich durch eine, wenn auch unvollständige Injection, ein auffallendes Resultat. Ich hatte die Kanüle
in der Nähe des Nebenhodens in die Albuginea eingebracht und von
dort aus injicirt, wobei sich auf der Oberfläche des Hodens nur geringe Füllung zeigte. Auf dem Längsdurchschnitt des Hodens durch
das Corph. Highm. fand sich, dass hauptsächlich letzteres und die demselben dicht aufliegenden Theile des Hodenparenchyms vollständig injicirt waren, während sich die Injection nur in den Septis weiter zog,
an einigen Stellen auch wieder daraus in die Lymphcapillaren ab-
zweigte und stellenweise die lockere Schicht unter der Albuginea füllte.
Eine bemerkenswerthe Eigenthümlichkeit bestand nun darin, dass,
während das ungemein dichte und feinmaschige Gefässnetz um die
geraden Samenkanälchen vollständig mit der sehr concentrirten Masse
injicirt war, im Corp. Highmori die sehr weiten Lymphgefässe mit
einer helleren Masse sich füllten. Von diesem Gebiet aus sind direkte
Fortsetzungen in die Septa in Form sehr weiter, mehr als den Durchmesser der Samenkanälchen haltender und mit dem übrigen Gefässsystem nicht zusammenhängender Stämme sichtbar. Dieselben verlaufen gestreckt und unverzweigt in den Septis, sind aber leider bei
der unvollständigen Injection nicht bis an die Albuginea hin zu verfolgen. Eine Annahme, die sich hierauf stützen liesse, dass die Lymph-

gefässe des Corp. Highm. eigene, mit denjenigen des Parenchyms nicht
in Verbindung stehende Abzugskanäle haben, muss demnach wegen
mangelnden vollständigen Beweises bloss Annahme bleiben; immerhin
aber entbehrt sie nicht der Wahrscheinlichkeit, da sie auf direkter
Beobachtung und nicht bloss auf theoretischer Voraussetzung basirt.

Samenkanälchenwand.

Die Untersuchungen über den Bau der Wand der Samenkanälchen
haben schon so verschiedene widersprechende Resultate zu Tage gefördert, dass es nicht ungerechtfertigt erscheint, auch hierüber die
Resultate meiner Untersuchung mitzutheilen.

Es sah Valentin darin Muskelkerne, Kölliker elastische Fasern,
während die meisten andern Forscher sie aus faserigem Bindegewebe,
Henle aus Membranen mit platten Kernen bestehen lassen. Letzterem schliesst sich Mihalkowics an mit der Annahme, die Samenkanälchenwand „bestehe aus mehreren Lagen von Häutchen, deren
jedes aus platten Zellen, den sogen. Häutchenzellen oder Endothelien
zusammengesetzt sei"; die einzelnen Lamellen der Wände seien von
grösseren und kleineren Lücken durchbrochen und letztere gestatten
eine Communication der concentrischen Spalträume unter einander.
Er begründet diese Ansicht durch die Resistenz der Samenkanälchen
gegen Säuren, die direkte Beobachtung und jene Injection mit Carmin-
leim und Berlinerblau, deren ich oben schon erwähnte. Was oder
wie viel von dem accessorischen Gewebe man noch zur Samenkanälchenwand zu rechnen hat, ist nur von conventioneller Bedeutung. Für
mich besteht sie nur aus denjenigen Bestandtheilen, die an ihr bleiben, wenn man sie aus ihrer Verbindung herausreisst. Es hat allerdings, wenn man die Samenkanälchenwand menschlicher Hoden, z. B.
von der Kante sieht, den Anschein, als ob man eine dicke fibröse
Haut mit Kernen, die denen der glatten Muskelfasern ähnlich sehen,
vor sich habe; die concentrischen welligen Linien, die man in der
Wand verlaufen sieht, lassen schliessen, dass es sich um viele Schichten eines gleichartigen Gewebes handle. Doch spricht sich schon
Mihalkowics für den Bockhoden in der Weise aus, dass diese Täu-
schung dadurch veranlasst werde, dass die inneren Lamellen sich von
den übrigen in vielen meist mit einander parallelen Querfalten abheben, und ich kann seine Ansicht, wenn auch in etwas modificirter
Weise, bestätigen. Es fiel mir nämlich auf, dass an ausgepinselten

und tingirten Präparaten, diese Membran von der Fläche gesehen,
durchaus nicht so dick erschien, wie von der Kante, d. h. eine ganz
minime Verschiebung der Linse genügte, um die dünne Membran aus
der Focusebene zu bringen. Ferner sieht man auch von der Fläche
die schon beschriebenen Falten und ist an Stellen, wo die Samenkanälchen durchschnitten sind, der Contour der durchgetrennten Wandung meistens eine einfache, feine Linie von unregelmässigem Verlauf,
die nur an tingirten Präparaten deutlich zu erkennen ist. Bis zum
abgerissenen Rand ist die Tinction gleichmässig, nicht etwa schichten-
weise an Intensität abnehmend; nur selten, so z. B. am Pferdehoden,
sah ich eine Lamelle als kaum sichtbaren Saum den Rand der durchschnittenen Wand eine kurze Strecke weit überragen. Bestünde nun
diese Membran aus vielen Schichten von Endothelzellen, die dann
gewiss in einem bestimmten Anordnungsverhältniss zu einander sich
verhielten, so wäre eher vorauszusetzen, dass das durch den Schnitt
getroffene Ende z. B. quer abrisse und einen mehr oder weniger geraden Saum bildete, oder dass die einzelnen Schichten an verschiedenen Stellen rissen und dadurch ein mehrfacher Contour entstünde.
Von der Fläche aus bildet die Wandung eine fein granulirte Membran
mit in derselben zerstreuten Zellkernen. Dieselben sind, beim Menschenhoden wenigstens, blass, oval, birn- oder biscuitförmig und oft von
einer Seite etwas eingedrückt. Sie sind sehr ungleich vertheilt und
ziemlich häufig findet man solche, die sich berühren oder gar zum
Theil decken. An letzteren lässt sich immer eine kleine Niveaudifferenz durch scharfes Einstellen auf deren Ränder oder Kernkörper-
chen nachweisen. Bei starker Vergrösserung sieht man, ebenfalls von
der Fläche, eine feine wellige Streifung, die ihre Hauptrichtung in
die Quere hat und ein dichtes Netz von feinsten Bindegewebsfibrillen
bildet, wie wir es an dem weiter unten zu beschreibenden Zwischengewebe finden. Dieses ungemein zarte Netzwerk bildet die mittlere
Schichte und ist in der Dichtigkeit bei den verschiedenen Thieren
variabel; ja ich fand beim Menschenhoden darin Capillaren verlaufen,
die, soweit ich sie verfolgen konnte, einen mit der Längsaxe des Samenkanälchens gekreuzten, also ringförmigen oder etwas schrägen Verlauf
nehmen. Ihr Verhältniss zur Wand wird besonders dort deutlich, wo
sie zufällig zwischen zwei Zellkernen verlaufen, bei horizontal im Gesichtsfeld liegender Membran, wo dann der eine der beiden Kerne über,
der andere unter der Capillare erscheint. Auf die Kante gestellt haben
die in Rede stehenden Kerne eine flache linsenförmige, fast lineare
Gestalt; der doppelten Zellenlage, sowie der durch erhärtende Agen-
tien bedingten Schrumpfung der fibrillären Mittelschichte ist es zuzu-

schreiben, dass die Membran auf dem wirklichen, wie dem optischen
Durchschnitt dicker erscheint, als sie wirklich ist. Zudem können
zufällig auch noch Kerne von Capillargefässen in oder an der Wand
vorhanden sein und ebenso die Kerne der an die Membrana propria
sich ansetzenden Endothellamellen eine dickere Lage vortäuschen und
das Bild verwirren. —

Nach Vorgang von TOMMASI habe ich die Samenkanälchenwand
auch mit Silberlösungen untersucht und gefunden, dass man zur Er-
zeugung einer genügenden Färbung der Zellgrenzen einer weit con-
centrirteren Lösung bedarf als für die Lymphgefässe. Die besten
Resultate erhielt ich durch momentanes Eintauchen von dünnen Schnitten oder zerzupften Stückchen frischer Hoden in 5—10%ige Lösungen von Silbernitrat. Dass es wirklich Zellen der Bekleidungsmembran
und nicht etwa bloss anhaftende Endothelien sind, lässt sich leicht
an isolirten Kanälchen nachweisen. Die Zellen haben verschiedene
Grösse und Form; sie sind nicht so lang gestreckt, wie an den Lymph-
gefässwandungen, sondern besitzen eine mehr polygonale Gestalt, wie
TOMMASI sie beschrieb. Die Zeichnung der Zellgrenzen ist nie eine
sehr scharfe; es scheinen noch andere Bestandtheile der Wand auf
diese ziemlich intensive Silberwirkung zu reagiren. Gewöhnlich erscheint das netzartige Bild der Zellgrenzen einfach; ich habe jedoch
auch Bilder erhalten, wo man darüber im Unklaren sein kann, ob
man nicht 2 sich gegenseitig durchkreuzende Systeme von Linien vor
sich hat.

Der Schluss, den ich aus den angegebenen Beobachtungen auf
die Beschaffenheit der Membrana propria ziehe, ist der, dass sie aus
einer fibrillär-bindegewebigen Mittelschichte von netzförmiger Beschaffenheit der Hauptsache nach besteht, und auf beiden Seiten, sowohl aussen als innen von einer einschichtigen Lage von Endothelzellen überzogen ist. Ob nun eine Verschiedenheit zwischen den
Kernen der äussern und innern Lamelle besteht, wage ich nach den
bis dahin gesehenen Bildern nicht zu entscheiden, jedoch scheinen
die Kerne der innern Bekleidungsmembran in der Form etwas unregelmässiger zu sein, als die mehr ovalen Kerne der äussern Bedeckung.
Ueberhaupt liessen sich allfällige Unterschiede im Bau der innern
und äussern Bekleidungsmembran nur durch eine sorgfältige Silberbehandlung, verbunden mit Carmintinction, endgültig entscheiden und
wie schwierig es ist, mit dem ersteren nur ganz oberflächlich wirkenden Reagens auch der innern Fläche der Samenkanälchenwand beizu-
kommen, wird wohl ein jeder erfahren, der sich darin versucht.

Blutgefässe.

Der Verlauf der Blutgefässe im Hoden ist durch LUDWIG und TOMSA, sowie durch MIHALKOWICS so eingehend beschrieben worden, dass mir, soweit meine Beobachtungen reichten, wenig mehr nachzutragen bleibt. Es ist einzig dies, dessen schon oben bei den Lymphgefässen erwähnt wurde, dass das bei vollständiger Injection ungemein reiche Capillarnetz sowohl Lymphgefässe als auch Samenkanälchen dicht umspinnt, und zwar auf der Wand der letzteren wenigstens beim menschlichen und beim Pferdehoden nicht bloss aufliegt, sondern an einzelnen Stellen in derselben verläuft. (Die grösseren Gefässe gehen nie an die Samenkanälchen heran, sondern halten sich stets an die Mitte der Septa.) Es ist dieses Verhalten nicht ganz unwichtig für eine richtige Deutung des Säfteflusses, indem es das innige Verhältniss der stoffzuführenden Gefässe mit den secernirenden Theilen der Drüse, gegenüber dem weit weniger unmittelbaren Zusammenhang der letzteren mit dem Lymphgefässsystem beweist. Ueber das Verhältniss der grösseren Blutgefässe zu den Lymphgefässen in den Septis ist zu sagen, dass meist die erstern von einem langmaschigen Netz der letzteren begleitet werden, welches gewöhnlich nur aus 2 Lymphgefässen und deren gegenseitigen Anastomosen besteht. Ueber die Beziehungen der Capillargebiete ist das nöthige schon oben erwähnt.

Zwischengewebe.

Es ist nicht möglich, über den Bau und das gegenseitige Verhalten der einzelnen Bestandtheile des Hodens ins Klare zu kommen, ohne dass man dabei das Zwischengewebe und seine Beziehungen zu Blut- und Lymphgefässen einerseits und zu Samenkanälchen anderseits genau untersucht.

Die gewöhnlichen Untersuchungsmethoden, Zerzupfen frischer Präparate in Serum und Betrachtung tingirter feiner Schnitte von gehärteten Hoden reichen hier nicht aus und so verwandte ich, nach Vorgang von MIHALKOWICS, neben Tinctionsmethoden die Behandlung mit Osmiumsäure ($\frac{1}{4}$ und $\frac{1}{2}$ %), und zwar mit vielem Erfolg. Ausserdem fand ich eine geeignete Silberbehandlung (mit sehr schwachen Lösungen), combinirt mit Tinction sehr empfehlenswerth, besonders für den Menschenhoden. MIHALKOWICS empfiehlt zur Untersuchung des Zwischengewebes den Kaninchenhoden und ich muss ihm vollständig beistimmen. Jedoch lassen sich auch andere Hoden, so z. B. gerade der menschliche, sehr gut verwenden, wenn man das Material

erstens frisch erhält, zweitens die Maschen des eng aneinander ge-
drängten Gewebes durch parenchymatöse Injectionen, am besten von
Paraffin ausweitet und auf die oben angegebene Weise tingirt. Ich
finde nun ebenfalls keine wesentlichen Unterschiede im Bau des Bindegewebes bei den verschiedenen Hoden und werde mich hauptsächlich
an die beim Kaninchen und Menschen gesehenen Bilder halten. Einzig
das Vorhandensein einer mehr oder weniger grossen Menge von sog.
Zwischenzellen, deren Verhältnisse HOFMEISTER [1]) eingehend geschildert hat, bedingt eine gewisse Verschiedenheit. Die Formen des
Bindegewebes an und für sich sind so wechselnd, dass es nicht leicht
ist, eine allgemeine kurze Beschreibung desselben zu geben. Ich halte
mich auch hier, um nicht zu weitläufig zu werden, an die im ganzen
richtige Beschreibung von MIHALKOWICS, indem ich von vorne herein
das Vorhandensein jener von ihm angeführten Endothelien bestätige;
jedoch sehen die Bilder, die ich von gut behandelten Präparaten erhielt, weit mehr denjenigen von AXEL KEY und RETZIUS [2]) ähnlich,
als der von ihm gegebenen etwas schematischen Abbildung.

Man kann im Bindegewebe des Hodens theils einzelne freie
Balken, theils Zusammensetzungen derselben zu dickeren Massen oder
zu flächenartig ausgebreiteten Netzen unterscheiden. Dicke Binde-
gewebsaggregate sah ich nur beim Menschenhoden, in den Septis die
Gefässe begleitend, als grobes Gerüste der Hodensubstanz. Die einzelnen Fibrillenbündel sind bald gröber, bald feiner und verbinden
sich gegenseitig in der verschiedenartigsten Weise, bald einzelne Anastomosen, bald vollständige mehr oder minder dichte Balkennetze bildend, in denen die einzelnen Balken theils sich kreuzen, theils gegenseitig sich Fibrillen abgeben oder sich verflechten. Da, wo die einzelnen Bindegewebsbalken vorherrschen, sieht man sowohl sie selbst,
als besonders ihre Knotenpunkte von eigentlichen Endothelhäutchen
umgeben oder bedeckt. Dieselben sind hauptsächlich kenntlich an
ihrer bei Osmium- und Silberbehandlung körnigen Beschaffenheit und
den durch Carmintinction sichtbar gemachten platten ovalen Kernen.
Um die Kerne herum findet sich eine kleine Zone von Körnern in
äusserst dünner Lage, die auf Anilinbehandlung hin deutlich wird.
Man erhält die schönsten Bilder mit Doppeltinction von Carmin und
Anilinblau, wo die Zellkerne roth, die dieselben umgebenden proto-
plasmahaltigen Partien der Endothelzellen blau gefärbt erscheinen.

---

[1]) Sitzungsberichte der k. Akademie der Wissenschaften. LXV. Band. März-
heft 72.

[2]) MAX SCHULZE's Archiv. 1873.

Die Contouren der Endothelhäutchen sind feine, kaum sichtbare Linien und besonders da deutlich zu sehen, wo ein Fibrillenbündel wellig verläuft, während die umhüllende Membran mehr gestreckt bleibt, so dass, wenn man eine vollständige Scheide annehmen will, das betreffende Fibrillenbündel in derselben gewunden erscheint. An vielen Stellen scheinen die Häutchen auf den Fibrillenbündeln zu fehlen, indem trotz ihres welligen Verlaufes keine in den Einbiegungsstellen sich abhebende Membran, kenntlich durch ihre feine Begrenzungslinie, sichtbar wird. Die Endothellamellen von geringer Ausdehnung, die dort entstehen, wo einige Bindegewebsbündel sich gegenseitig nähern oder zu Anastomosen zusammentreten, bilden das eigentliche Schema des Verhältnisses jener Häutchenzellen zu den Fibrillen, und ich habe deshalb eine Abbildung davon gegeben. Ob nun diese Membranen eigentliche Scheiden bilden, kann ich, da ich bis dahin durch Silberbehandlung keine Veranschaulichung ihrer Zellcontouren erzielen konnte, nicht bestimmt sagen; die grosse Aehnlichkeit, die dies Gewebe mit dem von AXEL KEY und RETZIUS für die Arachnoidea des Hundes beschriebenen Verhältnissen darbietet, lässt allerdings auch hier eine Umscheidung der Bindegewebsbalken mit diesen Membranen vermuthen.

Einen Grund dafür, diese kerntragende Haut doppelt anzunehmen, sehe ich in dem Verhalten der Zellkerne, die oft aneinander treten oder sich zum Theil decken, wobei man dann eine geringe Niveaudifferenz nachweisen kann. An einigen Stellen sind die Kerne, ohne dass gerade viele Bindegewebsbündel vorhanden sind, zu einem förmlichen Nest zusammengehäuft und zwar hält sich dieses Vorkommen an keine bestimmten Stellen, wie etwa die Mitte der Septa u. s. w. Die besprochenen, von Endothelien bedeckten Bindegewebsfibrillen zeigen nun eine grosse Tendenz, zu Netzen zusammenzutreten, die, bald lockerer, bald dichter, mehr oder weniger vollständig von Endothelzellen bedeckt sind und eine grosse Flächenausdehnung gewinnen können. Sind die von den oft sehr dünnen und kaum sichtbaren bandartigen Balken gebildeten Netze weitmaschig und einschichtig, wie es mehr in der Mitte der Septa der Fall ist, so sieht die Membran durchlöchert aus, weil die Endothelien nicht oder nur theilweise über die grösseren Maschen hingehen; diese Lücken sind rund oder oval. Das Balkennetz kann einschichtig bleiben und dichter werden, so dass keine Lücken mehr bestehen, oder es vereinigen sich mehrere Netzlagen, von denen die eine die Oeffnungen der andern bedeckt, so dass ein Bild entsteht, wie Fig. 1. der Abhandlung von AXEL KEY und RETZIUS. Derartige membranartige Gebilde, die man ein System von durchlöcherten aufeinanderliegenden Lamellen nennen könnte, zeigen zahlreichere Kerne und stärkere Tinction und erscheinen an den abgerissenen Stellen bald fetzig, indem einzelne Bindegewebsbündel hervorragen, bald ist die eine Membran weiter aussen abgerissen, als die andern und bildet einen blassen Saum etc. Ein System von solchen Häuten umgibt beim Kaninchenhoden die einzelnen Läppchen und es besitzen erstere dort eine grosse Flächenausdehnung, so dass die Convolute der Samenkanälchen in ihnen wie in einer häutigen Blase eingebettet liegen. Im Innern der Läppchen ist das Bindegewebe spärlicher als in den Septis, dafür die Capillaren zahlreich, während diese in den interlobulären Räumen vollständig fehlen und nur gröbere Aeste zu den Läppchen verlaufen. Die erwähnten Membranen hängen unter sich in ziemlich lockerer Weise zusammen durch einfache Bindegewebsbündel, die sich senkrecht (an ausgeweiteten Präparaten) in die Haut einsetzen und dieselbe manchmal zipfelartig gegen sich zerren. Beim menschlichen Hoden erreichen die Membranen keine so bedeutende Flächenausdehnung wie beim Kaninchenhoden, am meisten jedoch gegen die Samenkanälchen zu, die sie in concentrischen Lagen so umhüllen, wie, um mich dieser Vergleichung zu bedienen, die Blätter einer noch geschlossenen Knospe die in der Mitte befindliche Blüthe. In der Mitte der Septa ist das Gewebe ziemlich dicht, mehr fibrös, um gegen die Samenkanälchen hin eher lockerer und lamellös zu werden; überall sind nur ziemlich dünne Membranen vorhanden; die gleichmässig vertheilten Blutcapillaren verlaufen nie frei, sondern stets in denselben nach der Wand der Samenkanälchen (s. Abbildung). Auch die grösseren Blutgefässe, sowie die Congregate von Zwischenzellen sind von Endothelien umgeben, wie Mihalkowics richtig angiebt. An die Samenkanälchen setzen sich diese Bindegewebslamellen in verschiedener Weise an; man findet an Tinctionspräparaten entweder kleine membranöse Zipfel, die mit verbreiterter Basis aufsitzen, und sich bald in einen Bindegewebsbalken verschmälern, oder es kann auch eine Membran parallel der Längsaxe der Samenkanälchen auf eine weite Strecke hin sich ansetzen. Einfache Bindegewebsbündel sah ich nie sich als solche in die Membrana propria einsenken. Ueber Verbindung der Lymphgefässe mit dem Zwischengewebe bin ich nicht im Stande, etwas näheres anzugeben, da es mir schon Mühe genug kostete, bloss nur die Structur der Wandung an und für sich genau zu erkennen.

Der Zwischenzellen erwähne ich schliesslich nur hinsichtlich ihrer Beziehung zu den Lymphgefässen, da dieselben in erschöpfender Weise von Hofmeister beschrieben worden sind. Ich kann, soweit

meine Beobachtungen reichen, seine Resultate bestätigen, und analog
zu dem Verhalten der Zwischenzellen zu den Blutgefässen im Kaninchenhoden, das er und MIHALKOWICS anführen, eine ähnliche Beobachtung vom Rehhoden angeben. Es finden sich nämlich dort die
Lymphgefässe überall mit einer Schicht rundlicher Zwischenzellen umgeben, so dass eine förmliche Scheide um dieselben entsteht; ebenso
sind im menschlichen Hoden auf der Oberfläche der Lymphgefässe
Zwischenzellen vorhanden; dieselben bilden jedoch keine eigentliche
Schichte, sondern sind nur hie und da zerstreut zu finden. —

Erklärung der Abbildungen.

(Tafel III u. IV.)

1. Lymphgefässe des Widderhodens. Dreifache Injection, Lymphgefässe blau, Blutgefässe
roth, die Interstitien mit farblosem Leim ausgeweitet, der auch die Masse aus den Lymphgefässen zum
grossen Theil verdrängt hat, so dass nur die Wandungen derselben durch den zurückgebliebenen Rest
der ihr anklebenden Injectionsmasse wie tingirt erscheinen. Die Samenkanälchen sind sehr stark comprimirt. Man sieht auf diesem Bilde gut die erwähnten engen Anastomosenringe um die Blutgefässe
herum. Das Zwischengewebe wurde auf der Zeichnung weggelassen. Präparat ziemlich frisch, nach kurzem Verweilen des Hodens in Alkohol angefertigt und in Glycerin aufbewahrt.

2. Lymphgefässe des Menschenhodens. Bei a Rete — testis; bei b ein Septum; die übrige
Partie entspricht dem eigentlichen Hodengewebe.

3. Stierhoden. Injection von $\frac{1}{4}$ %iger Silberlösung und nachheriger Ausweitung des Gewebes mit
farblosem Leim (Zustand des Oedems). Man sieht in dem von links und oben nach rechts und unten
verlaufenden Septum ein sehr ausgedehntes Lymphgefäss, das nach allen Richtungen Aeste abgiebt, die
zum Theil an ihrer Abgangsstelle durchschnitten sind, so dass man sowohl ihre Hinterwand als auch
diejenige des Hauptstammes sieht. Weiter nach rechts und unten, wo der Schnitt den Lymphstamm nicht
mehr getroffen hat, sieht man zwei Blutgefässe verlaufen und nach rechts davon die vordere Hälfte einer
ein Samenkanälchen umschlingenden Lymphgefässschlinge. Besonders deutlich ist an diesem Präparat
der zellige Bau der Lymphgefässwandung sichtbar.

4. Zwischengewebe. Immersionslinie VII von SEIBERT. (HARTNACK X.) a und c aus Kaninchenhoden, b aus dem Menschenhoden. a stellt eine jener als Typus aufgestellten Bedeckungen der Bindegewebsbündel, deren streifiger Bau deutlich zu erkennen ist, mit Endothelhäutchen dar, deren grosse
blasse Kerne durch Carmintinction sichtbar gemacht waren; das Präparat stammt aus einem feinen
Schnitt eines mit $\frac{1}{4}$ %iger Osmiumsäurelösung injicirten Kaninchenhodens, der mit schwacher Carmin-
lösung tingirt wurde. Links ist eine der beschriebenen Formen der Umhüllung einer Bindegewebsfaser,
die in der Scheide gewunden erscheint, rechts ist das Endothelhäutchen hart an einem Zellkern vorbei
abgerissen.

Von einem gleich behandelten Präparat ist c, in sehr deutlicher Weise eine einzelne Endothelzelle
darstellend.

b ist eine Capillare aus dem Menschenhoden mit Endothelscheide, die in der Mitte gesprengt erscheint.
Behandlung des Präparates: parenchymatöse Silberinjection von $\frac{1}{2}$ %, nachher parenchymatöse Paraffin-
injection zur Ausweitung, Tinction in Carmin, Ausziehen des Paraffins, Einschluss in Canadabalsam.
Die dunklen Kerne gehören der Capillarwand, die helleren etwas grösseren der Endothelscheide an. In
der Mitte sieht man einen Kern unter zwei anderen oberflächlicheren liegen.

5. Zwischengewebe vom Kaninchenhoden. 300/1. Haufen von Zellkernen in den Endothellamellen. Behandlung: parenchymatöse Injection von Osmiumsäure $\frac{1}{2}$ % Tinction mit Carmin und bei
bei b Doppeltinction mit Carmin und Anilinblau. Die Kerne sind nicht nur aufeinander, sondern übereinander gelagert.

IV.

Beitrag zur descriptiven und topographischen Anatomie des unteren Halsdreieckes.

Von

Dr. E. Zuckerkandl,
Prosector der Anatomie in Wien.

(Hierzu Tafel V.)

Bei oftmaliger Untersuchung des unteren Halsdreieckes fiel mir schon als Hörer der Anatomie ein Muskel auf, der sich zwischen dem Musculus scalenus anticus et medius einschaltete und die sogenannte Scalenuslücke in zwei völlig von einander geschiedene Spalten (eine vordere und eine hintere) theilte. Ich unterliess damals näher auf die Einzelheiten dieses Muskels einzugehen, weil die Lehr- und Handbücher der Anatomie, die ich zu Rathe zog und welche dieses Muskels als Scalenus minimus Albini Erwähnung thun, ihn entweder als einen abnorm auftretenden Muskel betrachten oder für ein Spaltungsprodukt des vorderen Rippenhalters ansehen. — Späterhin kam mir dieser Muskel aber so häufig zu Gesichte, dass ich an sein abnormes Vorkommen nicht mehr recht glauben konnte, und da ich durch das Studium der einschlägigen Literatur zur Einsicht gelangte, dass eine genaue und alle Umstände erschöpfende Beschreibung dieses Muskels überhaupt nicht vorliegt, und noch viel weniger seine, selbst in praktischer Hinsicht nicht uninteressanten Beziehungen zu dem in das untere Halsdreieck hineingeschobenen Pleurakegel und zur Schlüsselbeinschlagader genügend hervorgehoben wurden, habe ich den Musculns scalenus minimus einer eingehenderen Würdigung, als dies bisher geschehen, werth gehalten.

Im Folgenden theile ich nun die Resultate meiner Untersuchung über den Scalenus minimus mit und will vorher nur noch in Kürze seine Geschichte darlegen.

Bei Durchsicht der Literatur ergibt sich, dass dieser Muskel schon vor ALBIN eine kurze Erwähnung erfahren hatte. WINSLOW führt nämlich in seiner ausgezeichneten Expositio anatomica, die 1732 erschien und 1753 ins Lateinische übersetzt wurde, an, einen kleinen Muskel hinter dem ersten Scalenus gesehen zu haben, der sich an die Pleura fixirte, während er der ersten Rippe nur leicht anhaftete. — WINSLOW, der die Musculi scaleni in ein leichtfasslicheres Schema, als zu seiner Zeit üblich war, zu kleiden trachtete, scheint, nach seiner Description zu schliessen, den Scalenus minimus nicht oft gesehen zu haben; er sah in ihm eine Abnormität, während ALBIN, der um die Myologie so hoch verdiente Anatom, den nach ihm benannten Scalenus, zwei Jahre später als WINSLOW, viel genauer beschrieb und nicht für abnorm ausgab. — In seiner Historia musculorum hominis widmet ALBIN dem Scalenus minimus folgenden Passus: Minimus qui valde parvus, oritur a summo margine costae primae, statim pone priorem[1]). Caudas habet duas, quarum altera inserta inferiori parti spinae, quae in vertebra prima colli est juxta priorem partem processus transversi: altera inferiori parti tuberculi prioris processus transversi secundae. Earum alterutra saepe caret. Collum flectit fere ut prior. — Interdum deest. — Nach meinen Kenntnissen der Literatur ist dies die ausführlichste Beschreibung, die wir bis heute noch über den Scalenus minimus besitzen; immerhin aber ist sie durchaus nicht eine erschöpfende zu nennen, weder für den Muskel an sich, noch betreffs seiner Beziehungen zur Umgebung.

Die Anatomen nach Albin theilen sich, die Beschreibung der Rippenhalter anlangend, in drei Lager. — Einige kennen überhaupt blos die drei allgemein erwähnten Scaleni; andere schliessen sich den Auseinandersetzungen ALBIN's vollinhaltlich an, während ein drittes Lager wohl auch von einem Musculus scalenus minimus und selbst von einem lateralis spricht, in diesen jedoch nur Anomalien sieht, die aus Spaltungen der gewöhnlichen Rippenhalter hervorgegangen sind. Zu den letzteren Autoren gehören: F. ARNOLD[2]), nach welchem nicht selten durch Spaltung des einen oder anderen Rippenhalters zwischen dem vorderen und hinteren Scalenus 1 oder 2, ja selbst 3 überzählige Scaleni gefunden werden, von welchen der Scalenus minimus zumeist vor der Arteria subclavia verläuft; ferner F. MECKEL[3]), der den Scalenus minimus durch Zerfall des vorderen Rippenhalters entstehen

---

[1]) Scalenus prior für Scalenus anticus.
[2]) Handb. der Anat. des Menschen. Freiburg im Breisgau 1845, Bd. I.
[3]) Handb. der menschl. Anat. Halle und Berlin 1816, Bd. II.

und für gewöhnlich vor der Schlüsselbeinschlagader lagern lässt; auch
Hyrtl [1]), nur mit dem Unterschiede, dass nach ihm diesfalls die Arteria subclavia zwischen den Spaltungsprodukten des Scalenus anticus
durchtritt, und auch J. Henle [2]), der neben der Spaltung gleichzeitig
noch eine Vervielfältigung der typischen Scaleni geltend macht.

Die berührten Ansichten basiren wohl alle auf anatomischen Befunden; denn in der That finden sich nicht selten die Musculi scaleni [3]).
vermehrt; aber alle diese Muskelanomalien sind mehr oder minder
unabhängig vom Scalenus minimus und haben eigentlich für die Mehrzahl der Fälle mit ihm Nichts zu thun. — Ich selbst sah zweimal
die Arteria subclavia mitten durch den Scalenus anticus treten, aber
mir konnte nach gründlicher Untersuchung der Regio supraclavicularis
nicht beifallen, die hintere Portion des also getheilten vorderen Rippenhalters für den Scalenus minimus auszugeben; um so weniger, als
ein solcher hinter dem gespaltenen Scalenus anticus sich vorfand. —
Ich unterlasse es im Uebrigen, hier schon auf die Anomalien der einzelnen Scaleni des Weiteren einzugehen, da sich an einer späteren
Stelle gleichzeitig Gelegenheit bieten wird, sie statistisch betrachten
zu können, nnd gehe nun zur Anatomie des Musculus scalenus minimus über.

I. Der Scalenus minimus und sein topographisches Verhalten.

Der Scalenus anticus bildet, wie allbekannt, im Vereine mit
dem mittleren Rippenhalter einen beträchtlichen Muskelschlitz, durch
welchen wir den, auf dem Wege zur oberen Extremität begriff-
enen Plexus brachialis und unter diesem die Arteria subclavia
treten sehen. — Der hintere Scalenus ist am wenigsten als eigenes
Muskelindividuum entwickelt und schliesst sich innig der hinteren
Portion des Scalenus medius an. — Seine Isolirung ist für viele Fälle
blos ein Resultat der Präparation, woher es auch kommt, dass erfahrene Zergliederer wie Winslow [4]), Sappey [5]) u. A. ihn nicht als

---

[1]) Descriptive Anatomie.
[2]) Handb. der system. Anat. des Menschen. Braunschweig 1871. Bd. I.
III. Abthl.
[3]) S. Th. Sömmering (Vom Baue des menschl. Körpers, Frankfurt am Main
1800, Bd. II), nach dem der Scalenus minimus meist fehlt und seltener als der
Scalenus lateralis auftritt, beobachtete zuweilen 6 — 7 Scaleni.
[4]) l. c.
[5]) Traité d'Anatomie. Paris 1869, Tom. II.

selbstständigen Muskel betrachteten, sondern mit dem Musculus scalenus medius zu einem Körper vereinigten [1]).

Verschieden von diesen an Körper und gewiss auch an Funktion, findet sich hinter dem Scalenus anticus, in der Tiefe des unteren Halsdreieckes ein Muskel, der Scalenus minimus Albini, den man nach seiner Lage auch wohl Musculus subscalenus und nach seiner Wirkung Tensor pleurae nennen könnte. Fig. I C. (Taf. V.)

Eine für alle oder doch nur für sehr viele Fälle ausreichende Beschreibung dieses Muskels ist schwer zu geben, so sehr variirt er an Form und Stärke; es wird daher angezeigter sein, die verschiedenen Verhältnisse des Muskels in ein allgemeines Bild zusammenzufassen. Er entspringt, wie auch Albin angegeben, an den Querfortsätzen des 6. und 7. Halswirbels, oder nur an dem des letzteren, und hat seine mehr constante, zweite Knochenanheftung am oberen Rande der ersten Rippe, hart neben dem vorderen Rippenhalter. — Der Muskel ist in gut entwickelter Form halb so stark, als ein wohl ausgebildeter Scalenus anticus, besitzt eine kurze Ursprungs- und Insertionssehne und präsentirt sich ohne weitere Präparation bei Entfernung des vorderen Rippenhalters in seiner Stattlichkeit; oder er ist so schwach und oft noch schwächer als ein Musculus lumbricalis der Hand oder des Fusses und häufig in eine so reichliche Lage von Bindesubstanz gehüllt, dass bei Durchtrennung des Scalenus anticus nichts von ihm gewahr wird. — Zwischen diesen beiden Extremen der Muskelentwicklung zeigen sich natürlich alle denkbaren Zwischenstufen.

Die gegen die erste Rippe gerichtete Sehne des Scalenus minimus ist ganz kurz, oder sie ist halb so lang oder länger als der Muskelbauch, der Form nach cylindrisch, in anderen Fällen wieder mehr aponeurotisch, zuweilen selbst fächerförmig ausstrahlend.

Die wichtigste Verbindung geht der Scalenus minimus mit der Pleura im unteren Halsdreiecke ein, und es ist daher vor Allem jene Fixirung näher zu betrachten, welche die Pleura an dieser Stelle nothwendigerweise erfahren muss.

Mit dem Pleurakegel stehen im unteren Halsdreiecke bindegewebige Ausbreitungen der Fascia praevertebralis und der tiefliegenden

---

[1]) Nach T. Führer (Handb. der chirurg. Anat. Berlin 1857, Abthl. I.) scheint der Scalenus posticus nur dann isolirt zu sein, wenn, wie dies häufig eintritt, die Arteria transversa colli zwischen den Bündeln des mittleren Scalenus durchgeht. — Auch C. Eckhard (Lehrb. der Anat. des Menschen, Giessen 1862) weist auf die geringe Sonderung des Scalenus posticus vom medius hin.

Halsaponeurose in Verbindung, welche denselben an die Halswirbelsäule, an die umgebenden Eingeweïde und an den Hals der ersten
Rippe fixiren.

Die hintere Wand des Rippenfelles wird haúptsächlich an zwei
Punkten befestigt: einerseits an die vordere Seite der Halswirbelsäule,
andererseits an das Collum der ersten Rippe[1]); den zwischen diesen
zwei Punkten gelegenen Theil der knöchernen Grundlage des Halses
überspringt die Pleura, und somit entsteht, zwischen dem mittleren
Abschnitte der hinteren Wand des Pleurakegels und der Wirbelsäule
(das Köpfchen der ersten Rippe mit eingeschlossen), eine rundliche
oder elliptische Lücke, in deren Hintergrunde man den Musculus
longus colli verlaufen sieht und in welcher wir das Ganglion tertium
des Sympathicus eingelagert finden und neben demselben lateral die
Arteria intercostalis suprema in den subpleuralen Brustraum eintreten
sehen. Fig. II A.[2])

So lange sich an den bindegewebigen Befestigungsmitteln des
Pleurakegels kein vornehmlich ausgeprägter Entwicklungsgrad bemerkbar macht, sind ihre anatomischen Verhältnisse schwer zu er-
gründen, da die Exposition von bindegewebigen Ausbreitungen, wie
jeder erfahrene Anatom weiss, durch die Präparation nur allzu häufig
eine gekünstelte wird.

_ Man wird daher, so lange man den Pleurakegel nur in Verbindung mit den Bindegewebstheilen des Halses findet, als einziges
sicheres Ergebniss die oben beschriebene Lücke betrachten und sich
nicht leicht entschliessen, in den genannten Aponeurosen einen Apparat zu sehen, der für die Befestigung des Rippenfelles Nennenswerthes
leisten könnte.

Lässt man aber nicht davon ab, die untere Halsgegend wiederholt zu untersuchen, so wird man bald Fälle zu sehen Gelegenheit
haben, die unmittelbar den Gedanken aufdrängen, dass die bindegewebigen Ausbreitungen dieser Region zur Pleura doch in wichtige
Beziehungen treten. — Wir sehen nämlich, dass an Stelle der Bindesubstanz ein dichteres, fibröses Gewebe tritt, das deutlich in 2 Haupt-
stränge geschieden ist. — Einen in deutliche Bündel geschiedenen
fibrösen Zug bemerken wir von der Wirbelsäule, entsprechend dem 4.
bis 7. Wirbel, herkommen und mehr die Spitze des Pleurakegels ein-
hüllen (Fig. II b); einen zweiten Zug von der, vor der Trachea ge-

---

[1]) Fig. II b und d.
[2]) Diese Lücken an einer Leiche zusammen betrachtet, bilden den Halstheil
des hinteren Mediastinums.

legenen Aponeurose, der mehr in die untere Hälfte des Rippenfelles ausstrahlt. (Fig. II c.) — Hierzu gesellt sich noch häufig eine deutliche Organisation jenes Gewebes, welches den Kegel an das erste Rippenhälschen heftet. (Fig. II d.) — Der von der Wirbelsäule stammende Zug bildet die mediale Begrenzung der oben erwähnten Gefäss- und Nervenlücke.

Die angeführten Aponeurosen umhüllen den Kegel der Pleura oft vollständig, in anderen Fällen nur dessen medianen Antheil, während lateral ein grosses Stück der Pleura frei lagert.

Wir sehen somit die Befestigung des Rippenfelles anlangend am Halse ähnliche Momente obwalten, wie in der Brusthöhle. — Dort fixirt sich die Pleura vermittelst bindegewebiger Ausbreitungen, welche zuweilen fibröse Züge führen, hier durch die von HYRTL [1]) und LUSCHKA [2]) der Anatomie bekannt gewordene Fascia endothoracica.

Kehren wir nun wieder zur Anatomie des Musculus scalenus minimus zurück. — Er verläuft tangential über den lateralen Theil des Pleurakegels von oben nach unten. Ist der Muskel besonders fleischig, mit kurzer Ursprungs- und Insertionssehne versehen, so verbindet sich die hintere Fläche des Muskelbauches mit dem bindegewebigen Involucrum des Rippenfelles, oder gegebenen Falles mit letzterem direkt; ist hingegen der Muskelbauch kurz und passirt den Pleurakegel vielmehr die aponeurotische lange Sehne des Muskels, dann verbindet sich diese mit der Pleura (oder deren Involucrum), ja es zerfährt nicht selten die Sehne gänsefussartig und betheiligt sich in diesem Falle nicht blos als Fixationsmittel, sondern auch als fibröse Verstärkung und Umhüllung des Rippenfelles im unteren Halsdreiecke. — Seitlich gegen den concaven Rand der ersten Rippe bemerkt man, dass der Muskel oder seine Sehne mit einem zarten Häutchen [3]) in Verbindung steht, welches die Vereinigung zwischen Muskel und Pleurakegel an dieser Stelle bewerkstelligt. — In dem zwischen Muskel und erster Rippe (siehe Fig. II B und III e) entstandenen Raume verläuft der erste Brustnerv.

Aus dieser Schilderung geht wohl zur Genüge hervor, dass der Musculus scalenus minimus für die Sicherung der Lage des Pleurakegels nicht Geringes leisten dürfte, ja dass vor allen andern er es ist, der das Rippenfell des Trigonum cervicale inferius in seiner Lage

---

[1]) Descriptive Anatomie.
[2]) Der Herzbeutel und die Fascia endothoracica. Wien 1859.
[3]) Dieses Häutchen stellt man am einfachsten dadurch dar, dass man mit den Fingern den Pleurakegel von dem Muskel ablöst.

erhält und suspendirt. — Er verdiente daher mit Recht Tensor pleurae genannt zu werden. — Hiermit erklärt sich auch seine Funktion. — Zum Synergisten der übrigen mächtigen Scaleni eignet er sich wenig, aber durch seine anatomische Lage und Verbindung wird dem „Einsinken und Ausbauschen" [1] der oberen Brustwand bei den Respirationsbewegungen vorgebaut.

Ferner ist zu bemerken, dass der Scalenusschlitz durch die Einschiebung des Scalenus minimus eine wesentliche Modification erfährt. — Dieser wird hierdurch in eine vordere und hintere Spalte getrennt. — Durch die hintere Spalte (Fig. I A) (Begrenzung: vorne Scalenus minimus, hinten Scalenus medius) — Nervenspalte — verläuft das Paquet des Armnervengeflechtes; durch die vordere Spalte (Begrenzung: vorne Scalenus anticus, rückwärts Scalenus minimus) — Gefässspalte — die Arteria subclavia und eine kleine Vena comitans. (Fig. I B.) Die Schlüsselbeinschlagader ruht somit nicht unmittelbar auf der Pleurakuppel, sondern wird durch die Einschiebung des Musculus scalenus minimus von ihr geschieden; die Pulsationen der Arterie beeinflussen somit nicht direkt die Pleurakuppel und die Lungenspitze.

Ich habe nun, um über das Vorkommen oder Fehlen des Musculus scalenus minimus in Zahlen sprechen zu können, 60 Leichen untersucht, hierunter 17 Kinder, zum Theile Neugeborene. — Aus diesen Untersuchungen ergab sich: dass der Scalenus minimus

in 22 Fällen beiderseits vorhanden war,

„ 12 „ nur rechterseits und

„ 9 „ nur in der linken Körperhälfte;

im Ganzen somit 43 mal [2]).

---

[1] Henle (Handb. der syst. Anat. Braunschweig 1871. Bd. I. Abthl. III) schreibt dem Scalenus anticus und medius diese Verrichtung zu.

[2] Unter diesen Fällen fanden sich folgende Anomalien der übrigen Scaleni:

a) An einer männlichen Leiche. — Die Scaleni minimi sind nicht stärker, als die Lumbricalmuskeln eines Fusses. — Rechterseits zeigen sich überdies hinter der Arteria subclavia folgende accessorische Scaleni u. z.

    α) ein vom Scalenus anticus isolirtes Muskelbündel;

    β) ein vom Scalenus medius stammendes Fascikel, welches sich bei der ersten Rippe mit dem vorigen Bündel vereinigt. Beide inseriren sich hart neben dem Scalenus anticus.

b) An einer männlichen Leiche. — Scaleni minimi gut ausgebildet. Vom Scalenus medius der rechten Seite löst sich ein starkes Bündel ab, welches die erste Rippe überspringt und sich neben der Zacke des Musculus serratus anticus major an die 2. Rippe heftet. — Links dasselbe, nur findet sich an der Insertionsstelle, ähnlich dem Tuberculum Lisfrancii, ein Muskelhöcker. — Analoges beobachtete Theile (Muskellehre. Leipzig. 1841.)

Was den Grad der Entwicklung anlangt, so zeigte sich derselbe
15 mal (10 mal beiderseits, 3 mal rechts, 2 mal links) vornehmlich stark entwickelt,
26 mal mittelstark und
2 mal sehr schwach ausgebildet.
Hieraus folgt, dass der Musculus scalenus minimus unter 60 Leichen.
nur 38 mal fehlte, u. z.:

17 màl beiderseits,
9 „ rechts und
12 „ in der linken Körperhälfte.

Diese statistischen Ergebnisse würden, für sich betrachtet, Grund
genug darbieten, das vorher über die Funktion des Scalenus minimus
Gesagte nicht so hoch anzuschlagen, als es geschehen ist; denn wenn
auch nur in einigen Fällen dieser Muskel nicht angetroffen wird, so
darf demselben höchstens eine bedingte Nothwendigkeit, aber keine
absolute zugeschrieben werden.

Dem ist jedoch nicht also. Wenn wir jene Fälle genau zergliedern, wo entweder auf beiden Seiten oder nur auf einer der Musculus
scalenus minimus fehlt, so wird sich bald ergeben, dass bei dem Fehlen
des Muskels ganz eigene Elemente eintreten, um die Leistung des
ausgefallenen Muskels zu ersetzen. Diese Elemente sind Bänder, welche
ich nach Ursprung und Insertion Ligamentum costo-pleuro-vertebrale
und Ligamentum costo-pleurale nennen will.

II. Das Ligamentum costo-pleuro-vertebrale.

(Fig. II a.)

Wenn man nach Abtragung des Musculus scalenus anticus den
Pleurakegel des unteren Halsdreieckes freilegt und einen Scalenus

---

c) An einer männlichen Leiche. — Scaleni minimi sind beiderseits in trefflicher Ausbildung vorhanden; der linke von ihnen erhält überdies noch einen
zweiten Kopf vom Scalenus medius.

d) An einer männlichen Leiche. — Die Scaleni minimi sind stark entwickelt. Der Musculus scalenus medius ist zweigespalten und sein vorderer
Schenkel inserirt sich so knapp neben dem Scalenus anticus, dass die Scalenuslücke ausserordentlich enge ist.

e) Neugeborenes Kind, weiblich. — Der rechte Scalenus minimus erhält
einen accessorischen Kopf vom Scalenus anticus. Links findet sich ausser dem
Scalenus minimus ein Bündel des Scalenus medius, welcher sich in einer dem
zweiten Falle ähnlichen Weise an die zweite Rippe inserirt.

f) Neugeborenes Kind, weiblich. — Es ist nur rechterseits ein Scalenus
minimus vorhanden und dieser erhält vom Scalenus medius einen accessorischen Kopf.

minimus nicht antrifft, so zeigt sich dafür häufig ein fibröser Strang
von sehr verschiedener Stärke und ganz geringer Breite, der am
6. und 7. Halswirbelquerfortsatze, oder nur an letzterem entspringt,
über die Pleurakuppel verläuft, mit dieser verwebt ist und schliesslich
an der ersten Rippe, hart neben dem Musculus scalenus anticus endigt. — Um sich von der Gegenwart dieses Streifens zu überzeugen,
ist es gar nicht nothwendig, ihn freizulegen; man versuche nur mit
einem Finger die vordere Wand der blosliegenden Pleurakuppel zu
bestreichen und man wird sogleich eine besonders resistente Stelle
entdecken, bei deren Besichtigung sich herausstellen wird, dass
diese ihre Stärke jenem fibrösen Streifen verdankt. Dieser Streifen
ist zuweilen zweigespalten, zuweilen ähnlich der Sehne des Scalenus
minimus gänsefussartig über die vordere Pleurakuppelfläche ausgebreitet. — Dieser fibröse Strang kommt:

a) häufig in beiden Körperhälften vor, wenn der Scalenus minimus fehlt, oder nur auf einer Seite, wenn auf der anderen
   der Muskel gegenwärtig ist;

b) er combinirt sich zuweilen mit dem Bande, dessen Beschreibung gleich folgen wird, in einer, oder auch in beiden
   Körperhälften und erscheint

c) zuweilen selbst neben einem Musculus scalenus minimus;
   diesfalls liegt er hinter dem Muskel und ist mit der Muskel-
   sehne verschmolzen.

Ich füge gleich hier an, wie oft ich unter den 60 Leichen das
Ligamentum costo-pleuro-vertebrale auf beiden Seiten, rechterseits
allein, ebenso linkerseits und in Combination mit dem Scalenus minimus in ein und derselben Hälfte angetroffen habe, während ich
seine Combination mit dem Ligamentum costo-pleurale erst der Beschreibung dieses Bandes anschliessen werde.

Beiderseits fand ich ihn in 10 Fällen;
    nur rechts (weil links Scalenus minimus) 5 mal;
    nur links (rechts Scalenus minimus) 6 mal und auf der rechten
Körperhälfte einmal mit einem Scalenus minimus.

III. Das Ligamentum costo-pleurale.

(Fig. III b.)

Dieses Band, welches nicht so häufig als das Ligamentum costo-
pleuro-vertebrale auftritt, dürfte für eine ganz besondere Entwicklung
jenes Bindegewebes aufgefasst werden, welches die Pleurakuppel an
das Hälschen der ersten Rippe heftet. — Dieses Ligament besitzt

gleich den Gelenksbändern einen metallischen Glanz; es bildet einen
cylindrischen Strang von der Stärke einer schwachen Taubenfeder,
welcher am vorderen Rande des ersten Rippenhälschens entsteht, die
vordere Wand des Pleurakegels tangirt und sich knapp neben dem
Scalenus anticus wieder am inneren Rande der Rippe fixirt, oder es
ist mehr breit als dick. In jedem Falle ist es fest an die Rippenfell-
kuppel geheftet, und häufig sieht man sogar einzelne Bündel von
demselben sich ablösen und strahlenförmig in die Pleura übergehen.
— Solche Bündel trennen sich vom Bande schon oft am Abgange
bei der ersten Rippe. — Ich sah dieses Band in einem Präparate
zweigespalten nach unten verlaufen.

Dieses Ligament ist also brückenartig zwischen dem vorderen
und hinteren Rande der ersten Rippe ausgespannt, und an seine untere Fläche bindet sich das Rippenfell und wird von ihm in Suspen-
sion erhalten.

Nebenbei begrenzt dieses Band nach innen jene Lücke, durch
welche wir den Sympathicus und die Arteria intercostalis suprema
in die Brusthöhle ziehen sehen, und lateral (Fig. III e) mit dem Rippenrande und einer Spange der Pleura eine Lücke, welche der erste
Brustnerv passirt. — Betrachten wir das Vorkommen dieses Bandes
in den 60 Leichen etwas näher, so zeigt sich;

a) das Band tritt für sich allein nur einmal auf beiden
   Seiten auf;

b) nur rechts (links Scalenus minimus) dreimal;

c) nur links (rechts Scalenus minimus) zweimal;

d) neben, und mit dem Musculus scalenus minimus links
   zweimal;

e) neben den kleinen Rippenhaltern nur auf der rechten Seite
   dreimal;

f) neben einem linken Scalenus minimus auf beiden Seiten nur
   einmal;

g) beiderseits neben Ligamenta costo-pleuro-vertebralia einmal;

h) nur rechts mit dem Ligt. c. pl. vt., während links ein Sca-
   lenns minimus sich vorfand, einmal;

i) dasselbe Verhältniss, nur in umgekehrter Ordnung, auch
   einmal;

k) rechts das Band und links das Ligt. c. pl. vt. einmal, und

l) schliesslich das entgegengesetzte Verhältniss des vorigen Falles
   auch einmal.

In den Fällen, wo auf einer Seite das Ligamentum costo-pleurale mit dem Musculus scalenus minimus auftritt, ist es mit der Sehne des letzteren gewöhnlich verschmolzen.

Wir ersehen somit aus Allem, dass die verschiedensten Mittel im unteren Halsdreiecke zusammentreten, um insgesammt oder nur eines und das andere für die Fixation der Pleurakuppel Sorge zu tragen.

IV. Nachtrag.

Da ich bei den Untersuchungen über den Scalenus minimus in 60 Leichen auch Gelegenheit hatte, viermal Bildungsanomalien der ersten Rippenpaare beobachten zu können, so unterlasse ich nicht, deren Beschreibung hier folgen zu lassen. — Die Anomalien fanden sich, mit Ausnahme eines einzigen Falles, wenn auch nicht ganz gleich geartet, stets auf beiden Seiten des Körpers. An dem übrigen Systeme des Skelets liess sich ein abnormer Zustand nicht nachweisen [1].

Im ersten Falle handelte es sich um das erste Rippenpaar einer 3jährigen männlichen Leiche.

Auf der rechten Seite findet sich von einer ersten Rippe nur das Köpfchen, das Tuberculum und von dem freien Theile der Rippe blos ein 3 mm. langes, abgerundetes Stückchen; den übrigen Theil der Rippe bis ans Sternum substituirt ein cylindrischer, metallisch glänzender, fibröser Strang. Da dieser Strang viel schmäler als eine wohlgestaltete Rippe ist, haben der erste Intercostalraum und auch dessen Muskeln eine beträchtliche Vergrösserung erfahren.

Linkerseits ist die Bildungshemmung nicht in so hohem Grade ausgebildet. Ausser dem Rippenköpfchen, dem Collum und Capitulum costae ist ein 10 mm. langer kegelförmiger, in eine abgerundete Spitze auslaufender Antheil des freien Rippenstückes vorhanden, von welchem zur Brustbeinhandhabe ähnlich der nachbarlichen Seite ein fibröser Strang verlief. — Auf den vorderen Antheilen der fibrösen Rippen lagen, weicher als sonst gebettet, die Armnervengeflechte und die Schlüsselbeinschlagadern. Von einem Tuberculum Lisfrancii war natürlich keine Spur vorhanden, und man könnte daher gegebenen Falles bei Aufsuchung der Arteria subclavia, wenn man als Leitpunkt das

---

[1] Beschreibungen von Rippenanomalien und deren Literatur finden sich in Henle's Knochenlehre, Hyrtl's Topographischer Anatomie, in Luschka's Anatomie und in dessen Abhandlung: Die anomalen Articulationen des ersten Rippenpaares. Sitzungsber. der K. Akad. der Wissensch. Wien 1860.

Tuberculum Lisfrancii wählt, leicht irre geführt werden. [1] — Auch die Compression der Arteria subclavia oberhalb des Schlüsselbeines dürfte diesfalls im Effecte der Compression unter normalen Verhältnissen nachstehen.

Den zweiten Fall fand ich in der Leiche eines Mannes. — Auch hier ist die Entwicklungshemmung rechterseits hochgradiger als links. — Die rechte Rippe ist blos 4,5 ctm. lang, um die Hälfte schmäler als eine normale erste Rippe und spitz auslaufend. — Von ihrer Endfläche zieht ein resistenter fibröser Strang von dem Kaliber eines Gänsekieles gegen das Brustbein, ohne sich jedoch, wie im vorigen Falle, ohne weiteres demselben anzuschliessen, sondern es articulirt mit der Handhabe des Sternums ein 2,3 ctm. langes und 8 mm. hohes Rippenknorpelrudiment, an das sich lateral ein mandelförmiges Knochenstück befestigt, welches einem gewöhnlichen Knochen und nicht einem ossificirten Rippenknorpel ähnlich ist. — Zwischen diesem Knochenkerne und dem hinteren Rippenrudimente ist der fibröse Strang brückenartig ausgespannt.

Linkerseits findet sich dasselbe Verhalten; nur ist die Rippe 8,4 ctm. lang, der fibröse Strang ganz kurz, und der Knochenkern am lateralen Ende des Rippenknorpels ist dem nachbarlichen im Dickendurchmesser überlegen.

Der dritte Fall betraf die Leiche eines etwa 14 Tage alten weiblichen Kindes. Hier könnte man die rechte Rippe eine normale nennen, wenn sie nicht in ihrem freien Antheile derart gekrümmt wäre, dass sie nach oben eine tiefe Furche, und gegen den Intercostalraum eine, diesen wesentlich verengernde, convex vortretende Fläche besässe.

Linkerseits ist die erste Rippe blos 2 ctm. lang; ihr vorderes freies Ende ist rundlich aufgetrieben, und von dessen oberer Fläche geht ein fibröser Streifen zu einem verkümmerten Rippenknorpel. Abgesehen hiervon ist an diesem Präparate der interessante Umstand zu verzeichnen, dass der vorderste Antheil des 2. Rippenknochens ausser seiner Verbindung mit dem Rippenknorpel, nach oben (gegen die 1. Rippe) eine Spange sendet, die mit dem freien Ende des ersten Rippenrudimentes gelenkartig verbunden ist. Diese Verbindung besitzt eine Gelenkskapsel und überknorpelte Gelenkskörper.

Durch die Spange der 2. Rippe wird der erste Intercostalraum in zwei Lücken getheilt: in eine hintere, äusserst enge, allseitig von

---

[1] In einem jüngst gesehenen Falle, wo die rechte erste Rippe nur auf kurzer Strecke fibrös war, das freie Stück der linken ersten hingegen bis ans Sternum, fand sich, in dem letzteren für die Insertion des Scalenus anticus, ein rundlicher Knochenkern.

Knochen umschlossene, und eine vordere, die nach oben von dem fibrösen Strange begrenzt wird. — Beide Lücken sind von inselförmigen Muskelmassen ausgefüllt.

Im vierten Falle, die Leiche eines 2 Jahre alten Kindes betreffend, war nur linkerseits ein beträchtliches Stück der verschmälerten Rippe fibrös.

Hieran knüpfe ich noch 2 Fälle von Insertionsanomalien des 2. und 3. Rippenpaares.

Der eine Fall betraf den Brustkorb eines ausgewachsenen jungen Mannes, der andere den eines 5 jährigen Knabens. Beide Fälle wurden von Herrn Professor C. TOLDT gefunden. Der erste Fall zeigt rechts wie links Folgendes: Die zwei ersten Rippenknorpel sind nächst der Brustbeinhandhabe zu einer rechteckigen Platte verschmolzen, deren längerer Durchmesser der Längsachse des Körpers nach gerichtet ist. Vermittelst dieser Platten heften sich die zwei ersten Rippenknorpel an die obere convexe Hälfte des S förmig gebogenen Randes der Brustbeinhandhabe. Hieraus folgt:

1. dass die ersten zwei Rippenknochen sowie Knorpel einander bei Weitem näher stehen als sonst und

2. dass der erste Intercostalraum zu Gunsten des zweiten wesentlich verengt ist.

An die Fuge zwischen Handhabe und Körper des Brustbeines, wo gewöhnlich der Einschnitt zur Aufnahme des 2. Rippenknorpels in den Knochen geschnitten ist, lagert hier der Knorpel der 3. Rippe.

Rechterseits gelangt auch noch der 8. Rippenknorpel in Contact mit dem Corpus sterni; trotzdem darf nicht von einem allgemeinen Hinaufrücken der Rippen gesprochen werden, da linkerseits, wo die 2. und 3. Rippe dieselben anomalen Insertionen eingehen wie rechts, nichtsdestoweniger nur 7 Rippen dem Seitenrande des Sternums sich anfügen.

Der zweite Fall, betreffend den Thorax des 5 jährigen Knabens, zeigt ein ganz analoges Verhalten. Das Manubrium sterni ist lang und besitzt zwei unter einander schon synostosirte Ossificationspunkte. Der Knorpel der linken ersten Rippe ist in seiner Mitte unterbrochen und seine beiden Endtheile hängen durch ein 1 ctm. langes sehniges Band zusammen. Das mediale Ende dieses Knorpels ist vollständig mit dem breiten medialen Ende der 2. Rippe zu einer platten Scheibe verschmolzen, die sich ganz gelenkig mit dem Seitenrande der Brustbeinhandhabe, bis 1 ctm. oberhalb der Fuge des Manubrium sterni mit dem Corpus, verbindet. — Rechts verbindet sich der Knorpel der 1. Rippe in continuo mit der Handhabe des Brustbeins. — Der schief abgeschnittene Rand der 2. Rippe articulirt mit dem Manubrium sterni oberhalb der Fuge mit dem Corpus, welcher gelenkige Contact sich auch noch auf das vorderste Ende des unteren ersten Rippenendes erstreckt. Die 3. Rippe fixirt sich beiderseits dort, wo gewöhnlich die 2. Rippe ruht. — Im Uebrigen sind die sonstigen Verhältnisse der Rippen wie auch der Brustbeine völlig normal, in diesem wie auch in dem vorigen Falle, ausgenommen man wollte eine geringe seitliche Asymmetrie der linken Hälfte des Brustbeinkörpers im ersten Falle unter die Abnormitäten zählen.

Die Aetiologie dieser Insertionsanomalie liesse sich auf zwei Weisen erklären. — Es ist möglich, dass in der frühesten Periode des intrauterinalen Lebens sogleich eine anomale Differenzirung der einzelnen Rippenelemente aufgetreten sei, wodurch zwei Rippen an Stelle der ersten zu liegen kamen und die 3. der Lage der 2. Rippe entspricht; die hohe Insertion der 2. Rippe liesse sich aber auch etwa auf folgende Weise erklären: Wir sehen, dass die knorpeligen medialen Antheile des 1. und 2. Rippenpaares zu Platten verschmolzen sind; im Embryo mag wohl in einem bestimmten Stadium die Stelle, wo heute die 2. Rippe sich dem Brustbeine anschliesst, dem Orte zwischen Manubrium und Corpus sterni entsprochen haben; da aber eine weitere Trennung der Rippenknorpel nicht eintrat, die 2. Rippe mit der Verlängerung der Brustbeinhandhabe nicht Schritt für Schritt abwärts rücken konnte, weil dies durch die Verschmelzung der Rippenknorpel zum grössten Theile verhindert wurde, so konnte die 2. Rippe nur in so weit von der ersten sich entfernen, als dies das Wachsthum der Knorpelscheibe zuliess. — Hierdurch wäre aber die Insertionsanomalie der 3. Rippe nicht erklärt, weil eine Abnormität der 2. Rippe nicht nothwendig die der 3. zu bedingen braucht; ebenso wie die Abnormität der linken 3. Rippe in zwei von unseren Fällen keinen Einfluss auf die Lage der 4. Rippe ausgeübt hat. Die 3. Rippe könnte trotz dem hohen Stande der 2. sehr wohl ihrem gewöhnlichen Orte eingepflanzt sein. — Aus diesen Gründen bin ich der Meinung, dass die vorher angegebene Entstehungsweise mehr Wahrscheinlichkeit für sich habe als die zweite.

Da die beschriebenen eigenthümlichen Anomalien der 1. Rippe häufig vorkommen, während solche an anderen Rippen, unter sonst normalen Verhältnissen, nicht beobachtet wurden, so möchte ich zum Schlusse die Frage aufwerfen, ob die Entwicklung der 1. Rippe sich von der der anderen nicht doch unterscheide?

Erklärung der Abbildungen.

Tafel V.

Fig. 1. Rechte Halshälfte.

I. Erste Rippe.

St. cl. m. Musculus sternocleidomastoideus.

Sc. a. Musculus scalenus anticus.

Sc. m. Musculus scalenus medius.

C. Musculus scalenus minimus.

Durch das Auftreten dieses Muskels wird die Scalenuslücke in eine vordere
(*B*) und hintere (*A*) Spalte getheilt. — Durch die vordere Spalte (*B*) tritt die
Schlüsselbeinschlagader, durch die hintere (*A*) das Armnervengeflecht.

Fig. 2. Unteres Halsdreieck nach Abtragung des Musculus scalenus
anticus, sowie auch der Gefässe und Nerven.

I. Erster Brustwirbel.

VII. Siebenter Halswirbel.

Oe. Oesophagus.

Tr. Trachèa.

I', I'. Erste Rippe.

L. Musculus longus colli.

M. Sc. m. Musculus scalenus medius.

P. Pleurakuppel.

b. b. Fibröses Gewebe, welches von den 4.—7. Halswirbeln ausgeht und in
die Pleura ausstrahlt.

c. Fibröses Gewebe von der Trachealgegend kommend, welches sich dem
vorigen ganz gleich verhält.

a. a. Ligamentum costo-pleuro-vertebrale.

d. Bindegewebsstrang, welcher das Rippenfell an das Hälschen der ersten
Rippe heftet.

A. Lücke, durch welche der Sympathicus und die Arteria intercostalis
suprema in den Thorax eintreten.

B. Lücke für den Verlauf des ersten Brustnerven.

Fig. 3. Linke erste Rippe mit ihrem Wirbelgelenke.

P. Pleurakuppel.

a. Fibröser Strang, der die Pleura an die Wirbelsäule heftet.

b. Ligamentum costa-pleurale.

c. Fibröse Züge, die von dem genannten Bande an der ersten Rippe sich
ablösen und fächerförmig in die Pleura übergehen.

d. und e. die auch in der zweiten Abbildung dargestellten Räume für
Sympathicus, Arteria intercostalis suprema und ersten Brustnerven.

V.

Einiges über die Vena basilica und die Venen des Oberarmes.

Von

Dr. Heinrich Kadyi,

d. Z. Prosector in Krakau.

Ueber den Verlauf der Vena basilica am Oberarme und über ihr Ende findet man in anatomischen Handbüchern sehr abweichende Angaben, offenbar deshalb, weil diese Vene nicht weniger variabel ist, als so viele andere.

Die verschiedenen Beschreibungen der Vena basilica lassen sich auf zwei Auffassungsweisen reduciren. Die älteren Autoren lassen in ihren Beschreibungen diese Vene bis in die Achselhöhle hinauf gehen, wo sie die Achselvene bilden helfe; einige neuere Autoren (HENLE, HYRTL u. A.) lassen sie aber schon in der Mitte des Oberarmes in die s. g. tiefen Oberarmvenen, welche die Arteria brachialis begleiten, münden. Doch die meisten neueren Anatomen (von THEILE angefangen) lassen beide Beschreibungsweisen gleichwerthig neben einander gelten.

Spricht man von der Vena basilica als einem bis in die Achselhöhle selbstständig verlaufenden Gefäss, so ergibt sich daraus, dass dieser Vene zu den übrigen Gebilden des Sulcus bicipitalis eine ganz besondere Lage zukommt; lässt man sie dagegen schon in der Mitte des Oberarmes endigen, so bleibt noch zu erörtern, wie sich der aus der Vereinigung derselben mit der V. brachialis interna hervorgegangene Stamm im oberen Theile des Oberarmes für sich und gegen die übrigen daselbst vorfindlichen Venen verhalte. In dieser Beziehung sind die von den neueren Autoren gegebenen Beschreibungen nicht ganz erschöpfend, da doch der Sulcus bicipitalis nicht blos ein rein anatomisches Interesse bietet. Es ist auch für den Chirurgen von grösster Wichtigkeit, die gegenseitige Lage aller darin

geborgenen Gebilde, auch der Venen genau zu kennen; er soll bei
Unterbindung der Arterie den Venen ausweichen, und wenn er solche
zu Gesicht bekommt, durch sie sich nicht irre führen lassen. Letzteres
geschieht aber nur zu leicht, wenn er über die Zahl und die Lage
derselben nur allzu schematische Begriffe hat.

Diese Umstände bewogen mich, über das Verhalten der Vena
basilica am Oberarme genauere Untersuchungen anzustellen, welche
naturgemäss auch auf die übrigen Venen dieses Theiles ausgedehnt
werden mussten.

Ueber die Venen der oberen Extremität liegt eine ausführlichere
Arbeit von H. Barkow [1] vor. In diesem Werke werden hauptsächlich
die für den Aderlass wichtigen, subcutanen Venen der Ellenbogen-
beuge berücksichtigt, die übrigen, namentlich die tiefen Venen, nur
der Vollständigkeit wegen beschrieben. Von den Venen des Oberarmes werden nur die drei grösseren einer Erörterung unterzogen und
für ihre Vereinigungsweise specielle Schemen aufgestellt und eine besondere Nomenclatur eingeführt. Es wird eine V. brachialis externa, V. brachialis interna, V. brachialis basilica, V. bra-
chialis communis secundaria, V. brachialis communis pri-
maria; ausserdem noch eine V. brachialis infima und V. communicans brachialis profunda suprema und infima unterschieden.

Ich ging an meine Untersuchung mit der Ueberzeugung, dass
auch für Venen, so variabel sie auch sein mögen, doch gewisse Gesetze sich finden lassen werden, welche selbst dem Chirurgen bei
seinen Eingriffen leiten könnten. Es war mir aber von vorne herein
klar, dass man dabei mit der Specialisirung nicht zu weit
gehen dürfe, weil es kaum möglich sein wird, die Zahl, die Grösse
und die Verbindungen der einzelnen venösen Zweige und Stämme
genau vorzuschreiben, und eine etwa der Vereinigungsweise der Venenzweige zu Aesten und Stämmen entnommene, für alle Fälle zulassende
Nomenclatur aufzustellen.

Ich stellte mir daher die Aufgabe zunächst dahin, die Varietäten der Vena basilica mit Rücksichtnahme auf die übrigen Oberarmvenen genauer zu würdigen, und für diese Varietäten einen anatomischen Grund ausfindig zu machen.

Zu diesem Zwecke untersuchte ich eine grössere Anzahl (gegen
fünfzig) frischer Extremitäten; ausserdem habe ich acht Präpa-

---

[1] Dessen Gratulationsschrift: „Die Venen der oberen Extremität des Menschen". Breslau 1868.

rate über die Venen des Oberarmes angefertigt und trocken aufbewahrt, welche sich im Wiener anatomischen Universitätsmuseum befinden. Da diese Präparate die zu untersuchenden Verhältnisse mir fixiren sollten, so habe ich beim Aufstellen und Trocknen derselben meine besondere Aufmerksamkeit auf die Erhaltung der gegenseitigen Lage der Arterien, Venen und Hauptnervenstämme gerichtet. Es ist dies nicht schwer zu erreichen, wenn man die peripheren Zweige, besonders die Muskelzweige der Gefässe, schont, welche die Stämme mit ihrer Umgebung verbinden.

Diese Präparate dienten mir als hauptsächlicher Beleg für die nachfolgenden Erörterungen, für welche ich ausserdem die an frischen Extremitäten gemachten Beobachtungen, sowie auch das, was ich an anderen Präparaten und an Abbildungen gesehen habe, verwerthe.

Um mich bei der Beschreibung all der Varietäten der Oberarmvenen, insbesondere der V. basilica, möglichst übersichtlich fassen zu können, sei es mir gestattet, den ganzen Venencomplex in Gruppen zu scheiden. Ich beginne mit den

Venae comitantes arteriae brachialis. So sollen ohne Präjudiz jene Venen bezeichnet werden, welche die Oberarmarterie in ihrem Verlaufe begleiten. Ihre Zahl, ihre Lage zur Arterie und ihr Kaliber ist allerdings unbestimmt; sie haben nur die eine Eigenthümlichkeit, dass sie der Arterie eng anliegen und durch strafferes Bindegewebe mit deren Wandung verbunden sind. Zwischen ihnen und der Art. brachialis waltet ganz dasselbe Verhältniss ob, wie zwischen der Art. radialis, tibialis, epigastrica etc. und den diese Arterien begleitenden Venen.

Wenn man gewöhnlich von zwei begleitenden Venen einer Arterie spricht und sie ihrer Lage nach mit Namen bezeichnet, so trifft dies nur für die Mehrzahl der Fälle zu. Ich mache auf Abweichungen von dieser Norm ausdrücklich aufmerksam, weil solche gerade bei den V. comitantes arteriae brachialis viel öfter vorkommen, als gewöhnlich angenommen wird.

Allerdings finden sich neben der Art. brachialis am häufigsten zwei Venae comitantes, an gewissen Stücken derselben mitunter nur eine, dafür aber manchmal wieder mehr als zwei, sowohl bei verschiedenen Individuen als auch nach. Abschnitten wechselnd selbst an einer und derselben Extremität.

Wenn sich zwei V. comitantes finden, so liegen sie wieder nicht nothwendig an der medialen und lateralen Seite der Arterie, weil eine und dieselbe Comitans in ihrem Verlaufe ihre Lage zur Arterie wechseln (spiralig verlaufen) kann. Auch ist z. B.

eine mediale Comitans, welche als solche im oberen Theile des Oberarmes sich findet, nicht nothwendig die directe Fortsetzung der medialen Comitans des unteren Stückes der Oberarmarterie.

Ebenso variirt das Kaliber dieser Venen, was hauptsächlich von der Blutmenge abhängt, welche ihnen durch die tiefen Zweige zugeführt wird. Es kann daher auch eine Comitans auf Kosten einer anderen an Kaliber zunehmen und umgekehrt.

Alle diese Varietäten der Venae comitantes arteriae brachialis finden ihre Erklärung in den zahlreichen gegenseitigen Anastomosen dieser Venen, welche die Arterie in querer und schiefer Richtung umgreifen. Solche kommen allenthalben vor, besonders zahlreich jedoch an Stellen, wo periphere Zweige in die Venae comitantes münden oder sich zu ihnen gesellen; sie bilden um die Ursprungsstellen von Arterienzweigen herum sehr oft engmaschige Netze.

Die Venae comitantes folgen also am Oberarme ganz genau der Art. brachialis, und nehmen in Folge dessen an allen Abnormitäten der Lage und der Verzweigung dieser Arterie Theil. Liegt die Art. brachialis vor dem N. medianus (wie dies beim Abgange einer Art. prof. brachii constant der Fall ist[1]), so liegen daselbst neben ihr auch Venen. Nach hoher Theilung der Art. brachialis hat sowohl die ihrer Lage nach als Fortsetzung derselben erscheinende Arterie, als auch die andere abnorm gelagerte (sei es die Radialis, Ulnaris oder Interossea) ihre begleitenden Venen, welche ihnen überall folgen.

Im oberen Drittheil des Oberarmes, manchmal erst in der Achselhöhle, beginnen einzelne Venae comitantes und zwar gerade die stärksten von der Arterie sich zu entfernen, um sie nach und nach zu verlassen, indem sie bald vor, bald hinter dem N. ulnaris hinweg medial aufwärts ziehen als Wurzeln der Vena axillaris. — Diese grosse Vene ist also keine Comitans der Arterie, da sich zwischen sie und die Arterie Bindegewebe und Nervenäste einschalten, höher oben sogar der Musculus scalenus anticus. Dennoch aber hat die Arterie auch in ihrem weiteren Verlaufe noch Venen an der Seite, allerdings nur kleinere, welche sie netzförmig umspinnen, selbst durch die Scalenuslücke begleiten und jenseits dieser sich mit den die A. subclavia überkranzenden Vertebralvenen vereinigen.[2] Diese Venae comitantes der Arteria axillaris und subclavia sind deshalb feiner als die der Arteria brachialis, weil die letzteren das meiste Blut bereits in die

---

[1] F. Führer, Handbuch der chirurg. Anatomie. 1857. 1. Bd. S. 509.

[2] Auf das Vorkommen dieser Venen hat schon Langer hingewiesen und daraus das Vorkommen einer zweiten V. subclavia erklärt. Lehrbuch der Anatomie. S. 367.

selbstständig verlaufende Achselvene abgegeben haben. Sie sind anfangs nichts anderes, als Anastomosenketten peripherisch anlangender grösserer Zweige, welche bald vor, bald auch hinter der Arterie quer weg zur Achselvene ziehen, stehen aber auch mit den Venae comitantes der Arteria brachialis in Zusammenhang, so dass durch sie eine directe Verbindung der Brachialvenen mit den Vertebralvenen hergestellt wird, und zwar auf dem Wege durch die hintere Scalenuslücke.[1]) Ihr Bestand erklärt jene seltenen in der Literatur verzeichneten Fälle, in welchen eine grosse V. subclavia accessoria die Arterie durch die hintere Scalenuslücke begleitete oder gar nur eine Vena subclavia sich vorfand, welche statt vor hinter dem M. scalenus anticus verlief.

Die tiefen Venen des Oberarmes begleiten in der Regel in Zweizahl die entsprechenden Arterienzweige, welche sie mit Anastomosen netzförmig umspinnen. Diese Venae comitantes der Zweige unterliegen ebenso wie die des Stammes verschiedenen Varietäten, in Betreff ihrer Zahl, Lage und ihres Kalibers. Sie ziehen den Arterienzweigen dicht angeschlossen bis zu deren Ursprungsstellen, an welchen sie in Comitantes arteriae brachialis übergehen und mit den übrigen V. comitantes art. brachialis sich verflechten.

Stellenweise und zwar gerade an bestimmten Localitäten kommt es jedoch vor, dass aus den Venae comitantes eines Arterienzweiges, noch entfernt von der Ursprungsstelle des letzteren, eine oder mehrere Venen sich entwickeln, welche diesen Zweig nicht mehr begleiten, sondern zwischen Muskeln und Fascien einen selbstständigen Verlauf nehmen. Solche Vasa aberrantia, welche sich keiner Ar-

---

[1]) Unter den Zweigen, welche zur Bildung dieses Venennetzes beitragen, sind hervorzuheben: Venen, welche die Art. transversa colli begleiten, kleinere aus dem M. subscapularis kommende Venen, Venae nervorum aus dem Plexus brachialis, endlich das Venengeflecht, welches um die Art. vertebralis herum sich findet. Zwischen den Wurzeln und Aesten des Plexus brachialis liegt ein zartes Venengeflecht, welches also mit den V. comitantes subclavia im Zusammenhange steht. Dieses Geflecht, welches zum Theil auch in den Plexus vertebralis mündet, vermittelt mitunter auch die Verbindung zwischen den V. comitantes subclaviae und den Vertebralvenen, indem eine diese Verbindung herstellende Vene, bald an die Art. subclavia, bald mehr an den 8. Halsnerven angeschlossen in die Scalenuslücke sich begibt. Eine solche durch ihre Grösse sich auszeichnende Vene ist mir an einem Präparate noch durch eine Klappe aufgefallen, aus deren Stellung zu entnehmen war, dass diese Vene Blut aus den Vertebralvenen lateralwärts führte. In dieser Richtung verlief sie längs der Art. subclavia, anastomosirte unterwegs mit den Venae transversae colli und lenkte schliesslich nach unten ab, um unter der Clavicula in die Vena axillaris zu münden.

terie angeschlossen haben, gelangen schliesslich nach einem kürzeren
oder längeren Verlaufe auch in die Nähe der Arteria brachialis, aber
nicht mehr an die Ursprungsstelle des entsprechenden Arterienzweiges,
um mit den Comitantes arteriae brachialis sich zu verbinden.
Sie können aber auch in andere Venen sich ergiessen, selbst in die
Venae comitantes eines anderen Arterienastes, in welchem Falle sie
nur als Anastomosen aufzufassen sind.

Solche Venen sind sowohl morphologisch als auch nicht selten
chirurgisch interessant. Ich will daher auf ihr Verhalten genauer eingehen:

1) Sehr oft habe ich gefunden (und an 6 Präparaten dargestellt),
   dass von den Venae comitantes art. collateralis ulnaris
   inferioris, ein Venenstämmchen entspringt, diese Arterie
   schon 1—2 ctm. von ihrer Ursprungsstelle verlässt und auf dem
   M. brachialis internus beiläufig in der Mitte zwischen der
   Arteria brachialis und dem Ligamentum intermusculare mediale
   eine Strecke weit selbstständig hinaufsteigt. Diese Vene, welche
   von Barkow als Vena brachialis infima bezeichnet wurde,
   wird oft durch Zweige aus dem genannten Muskel verstärkt und
   mündet gewöhnlich noch im Bereiche des unteren Drittels des
   Oberarmes in die V. comitantes arteria brachialis. Sie
   kann aber (wie ich an zwei Präparaten sehe) auch in die V. basilica sich ergiessen, oder mit den V. collaterales ulnares
   superiores sich verbinden.

2) Die aus dem langen Kopfe des M. triceps das Blut abfüh-
   renden Venen gelangen wohl auch zum Theil längs der entsprechenden Arterien (welche Zweige der Art. collateralis ulnaris
   superior, und Art. collateralis radialis sind), zu den Venae comitantes arteriae brachialis. Diese Muskelvenen verlassen grösstentheils die entsprechenden Arterienzweigchen und vereinigen sich
   zu einem Stämmchen, welches gewöhnlich ein ganz ansehnliches Kaliber hat, und an der medialen Seite der übrigen
   im Sulcus bicipitalis verlaufenden Gebilde, namentlich
   hinter dem N. cutaneus internus major und medialwärts neben
   dem N. ulnaris oder etwas hinter ihm in die Achselhöhle aufsteigt. Findet sich aber im oberen Drittel des Oberarmes eine
   andere Vene vor, welche die eben bezeichnete Lage inne hat
   (auf solche Venen kommen wir später ausführlicher zu sprechen),
   so münden die erwähnten Tricepsvenen in diese, einzeln oder zu
   einem Stämmchen vereinigt, welches neben dieser Vene noch eine

Strecke lang verlaufen kann. Dieses Verhalten habe ich ganz constant gefunden.

3) Entspringen am Oberarme mehrere sonst getrennte Arterienzweige mittelst eines gemeinsamen Stämmchens, oder sind gar alle zu einem Stamme, einer wahren Art. profunda brachii vereinigt, so gesellen sich die entsprechenden Venen gewöhnlich nur zum Theil zu diesem Zwischenstämmchen, um es bis zu seiner Ursprungstelle zu begleiten und dort mit den V. comitantes arteriae brachialis sich zu verbinden, indem einzelne von diesen Venen schon früher das Arterienstämmchen oder dessen Theilungsstellen verlassen, um geradenwegs zu den V. comitantes arteriae brachialis sich zu begeben und in dieselben gewissermassen entsprechend jenen Stellen sich zu ergiessen, wo sonst die betreffenden Arterienzweige zu entspringen pflegen.

4) Auch Anastomosen zwischen den begleitenden Venen solcher Arterienzweige, welche mit einander gar nicht oder nicht immer anastomosiren, kommen constant vor, und haben gewöhnlich sogar ein nicht unbedeutendes Kaliber. Von solchen Anastomosen glaube ich folgende hervorheben zu sollen:

a) Zwischen den Vv. circumflexae humeri posteriores und den Vv. collaterales radiales findet sich constant eine Anastomose, welche die hintere Fläche der Sehne des M. latissimus + teres kreuzt; sie hat manchmal an ihrer Seite eine durch gewöhnliche makroskopische Injection nachweisbare Arterienanastomose, doch nicht immer. Denselben Weg (d. h. die Latissimussehne hinten kreuzend) nimmt bisweilen eine zu hoch entspringende Art. collateralis radialis[1], oder eine zu tief entspringende Art. circumflexa humeri, um zu ihren Bestimmungsorten zu gelangen.[2]

b) In der Achselhöhle findet sich ebenso constant entsprechend dem lateralen Rande der Scapula eine anastomotische Vene, welche unterhalb der gesammten Gebilde der Achselhöhle wegzieht. Diese Vene verbindet entweder die Vv. subscapulares majores und die Vv. circumflexae humeri posteriores mit einander, oder erstere mit den Vv. comitantes art. axillaris, oder letztere mit der grossen

---

[1] Die Art. collateralis radialis theilt sich bei ihrem Eintritte in den Kanal des M. triceps constant in zwei gleich grosse Zweige. Manchmal entspringen beide gesondert aus der Art. brachialis. Bisweilen entspringt dann der eine höher und nimmt den bezeichneten Verlauf.

[2] Diese abnormen Verlaufsweisen kommen besonders bei Vorhandensein einer Art. profunda brachii vor.

Axillarvene (die Hauptmasse der Vv. subscapulares majores mündet gewöhnlich in die V. axillaris, dagegen die Vv. circumflexae humeri in die Vv. comitantes art. brachialis). Diese Anastomose verläuft quer von hinten nach vorne; manchmal zieht sie mehr schräg, fast longitudinal und erscheint daher als eine längere Vene (wenn z. B. der Ursprung der Art. circumflexa humeri etwas weiter herabgerückt ist).[1]) Diese immerhin nicht unbeträchtliche Vene scheint mir deshalb wichtig, weil bei Operationen, welche in der Achselhöhle von unten her ausgeführt werden, dieselbe leicht verletzt werden könnte, besonders wenn man nur auf das Vorhandensein einer einfachen Achselvene gefasst ist.

Die **Vena basilica** führt nicht blos Blut von der Hand und dem Vorderarme, sondern steht auch mit dem subcutanen Venennetze des Oberarmes in Verbindung, welches von vorne und von hinten den Oberarm umstrickt, und an der lateralen Seite ebenso mit der V. cephalica zusammenhängt. Die V. basilica durchbricht die Fascie unterhalb der Mitte des Oberarmes und verläuft unter dieser als V. basilica profunda (Barkow). Doch habe ich sehr oft nach der ganzen Länge des Sulcus bicipitalis medialis noch eine dem subcutanen Netze angehörige Vene verlaufen gesehen, welche unten mit dem subcutanen Theile der V. basilica, oben mit Venen der Achselhöhle (V. axillaris, thoracica longa) zusammenhing. Manchmal entwickelt sich diese Vene zu einem ganz ansehnlichen Stämmchen, welches einen Theil des Blutes aus der V. basilica subcutan in die Achselhöhle führt, und als V. basilica brachialis accessoria subcutanea bezeichnet werden müsste.

Die V. basilica profunda ist mitunter bis in die Achselhöhle subfascial als selbstständiges Gefäss zu verfolgen. In diesen Fällen liegt sie an der medialen Seite der übrigen im Sulcus bicipitalis verlaufenden Gefässe und Nerven und zwar hinter dem N. cutaneus internus major; sie wird von der Arteria brachialis und deren begleitenden Venen durch eine mächtigere Lage von Bindegewebe im oberen Drittel des Oberarmes, ausserdem durch den N. ulnaris, an dessen medialer Seite sie sich befindet, geschieden. Mit den Venae comitantes art. brachialis hängt sie in diesen Fällen nirgends unmittelbar zusammen. Dagegen nimmt sie in ihrem Verlaufe tiefe Venenzweige auf und namentlich Venen aus dem langen Kopfe des Triceps, wie schon oben angedeutet wurde.

In die Achselhöhle gelangt, wird sie durch Vv. thoracicae, sub-

---

[1]) Eine solche Vene wird von Barkow als V. communicans brachialis profunda suprema bezeichnet.

scapulares etc. verstärkt; es münden ferner in dieselbe auch Venae comitantes art. brachialis, welche in oben geschilderter Weise die Arterie verlassen haben. So entsteht nun die grosse Achselvene, welche ihrer Richtung nach und in diesem Falle auch der Grösse nach als direkte Fortsetzung der V. basilica erscheint. Letztere könnte als das eigentliche Wurzelgefäss der Achselvene am Oberarme mit demselben Rechte als Brachialvene gelten, mit welchem man ihre Fortsetzung als Axillarvene bezeichnet.

In der überwiegenden Anzahl von Fällen nähert sich jedoch die V. basilica profunda im mittleren Theile des Oberarmes der Brachialarterie, wie ein peripherer Zweig, welcher in ihre Venae comitantes einmünden soll.

Ihr weiteres Verhalten kann sich in diesen Fällen auf zwei verschiedene Weisen gestalten: entweder verflicht sie sich mit den Venae comitantes unter Bildung von Anastomosen, Knoten und Netzen in der Weise, dass unter den daraus hervorgegangenen Venen keine als die eigentliche Fortsetzung der V. basilica betrachtet werden kann; oder sie anastomosirt zwar mit den Vv. comitantes art. brachialis, behauptet aber dabei auch in einem gewissen Grade ihre Selbstständigkeit.

Im letzteren Falle geht die V. basilica im mittleren Theile des Oberarmes eine kürzere oder längere Strecke neben der Art. brachialis als eine ihrer Vv. comitantes hinauf und verlässt sie schliesslich verstärkt oder geschwächt wieder, um im oberen Drittel des Oberarmes jene Lage anzunehmen, welche eben als der V. brachialis basilica zukommend präcisirt wurde.

Die Anastomosen reduciren sich manchmal nur auf einen verstärkenden Zweig von den Vv. comitantes, nach dessen Aufnahme die V. basilica ihren selbstständigen Verlauf weiterhin behauptet. In anderen Fällen liegt die V. basilica in und über der Mitte des Oberarmes der medialen Seite der Brachialarterie dicht an (nachdem sie z. B. mit der medialen Comitans sich vereinigt hat) und geht mit den übrigen Comitantes zahlreiche Anastomosen ein. Erst in der Nähe der Achselhöhle verlässt diese aus der Basilica hervorgegangene Comitans die Arterie, um gegen die V. axillaris ganz in derselben Weise zu ziehen, wie es oben von den Vv. comitantes im Allgemeinen gesagt wurde. In diesen Fällen findet man jedoch im oberen Drittel des Oberarmes eine andere Vene (aus dem langen Tricepskopfe hervorgehend), welche medialrückwärts vom N. ulnaris einen selbstständigen Verlauf in die Achselhöhle nimmt.

Endlich gibt es, wie schon erwähnt, Fälle, in welchen die Vena basilica im Netze der Vv. comitantes ganz aufgeht. In solchen Fällen gehen aus den Verflechtungen aller dieser Venen einerseits Vv. comitantes für das obere Stück der Art. brachialis hervor, anderseits entwickelt sich eine oder selbst mehrere Venen nach einander, welche schon im oberen Drittel des Oberarmes die Arterie verlassen haben, hinter dem N. cutaneus internus major medialwärts vom N. ulnaris zur Achselvene aufsteigen, welche daher ihrer Richtung nach als deren Fortsetzung erscheint.

Es kann sogar vorkommen, dass zur Bildung solcher Wurzelvenen der Achselvene am Oberarme die Vena basilica gar nichts beiträgt und eine solche Brachialvene geradezu als Fortsetzung einer V. comitans art. brachialis, welche von der Arterie sich emancipirt, erscheint. Ein diesbezügliches von mir verfertigtes Präparat befindet sich im Wiener Museum.

Uebersicht über das ganze venöse System des Oberarmes. Die Arteria brachialis und alle ihre Zweige werden von netzförmig anastomosirenden Venen begleitet, welche in ihrer Anlage das von den entsprechenden Arterien in der Peripherie vertheilte Blut gegen das Centrum zurückführen.

Die grossen Venen (V. axillaris, subclavia) behaupten gegenüber den entsprechenden Arterien eine gewisse Selbstständigkeit, indem sie von ihnen in Bezug auf Lage und Astfolge abweichen.

Das Blut, welches kleinere Arterien in der Peripherie vertheilen, wird aber auch nicht immer vollständig von ihren Venae comitantes aufgenommen. Man findet nicht nur unter der Haut, sondern auch allenthalben in der Tiefe ausser Vv. comitantes arteriarum noch Venen, welche, ohne irgend einer Arterie zu folgen, für sich zwischen Muskeln und Fascien verlaufen. Je zahlreichere und je grössere solche selbstständige Venen das Blut aus dem Gebiete einer Arterie ableiten, desto kleiner müssen natürlicherweise ihre Vv. comitantes ausfallen. Das differente Verhalten der Venen wird anderseits desto auffallender, je grössere Zweige und Aeste es betrifft, je mehr man also von der Peripherie gegen das Centrum fortschreitet.

Während Abweichungen kleinerer Venen dadurch sich ausgleichen, dass dieselben in Vv. comitantes einer Arterie höherer Ordnung einmünden, so erfolgt dies bei Venenstämmen nicht mehr. Denn wenn Venen, welche einem Arterienhauptstamme entsprechen, einen selbstständigen Verlauf genommen haben, so vereinigen sie sich nicht mehr mit den Vv. comitantes der entsprechenden Arterie, sondern behaupten ihre besondere Lage, erlangen schliesslich auch an Grösse das Uebergewicht und sind als die eigentlichen den Arterienstämmen ent-

sprechenden Venen anzusehen, während die Vv. comitantes dieser
Arterien ganz unbedeutend werden und in Folge dessen leicht zu
übersehen sind.

Auf diese Weise variirt also die Zusammensetzung der V. axill-
laris. Gewöhnlich findet man schon in der oberen Hälfte des Oberarmes, in seinem obersten Theile ganz constant eine oder sogar mehrere
Venen, welche keine Vv. comitantes arteriae brachialis sind und es
auch in ihrem weiteren Verlaufe nicht mehr werden, sondern an der
medialen Seite aller der übrigen im Sulcus bicipitalis verlaufenden
Gebilde, und zwar hinter dem N. cutaneus internus major medialwärts vom N. ulnaris gegen die Achselhöhle hinaufziehen. Sie liegen
nicht mehr in der Gefässscheide der Oberarmarterie, in welcher auch
hier noch ansehnliche Vv. comitantes eingeschlossen sind, darunter gewöhnlich auch eine mediale. Die letztere ist wohl zu unterscheiden
von diesen selbstständig verlaufenden Venen, welche um so mehr als
die eigentlichen Wurzelvenen der V. axillaris zu betrachten sind, da
sie ihrer Richtung nach als deren Verlängerung erscheint.

Diese einfache oder mehrfache Wurzelvene der V. axillaris, welche
zum Unterschiede von den Vv. comitantes art. brachialis, kurz als
V. brachialis bezeichnet werden könnte, ist entweder die direkte Fortsetzung der V. basilica, oder geht aus Verflechtungen derselben mit
den Vv. comitantes art. brachialis hervor, sie kann auch von letzteren allein abstammen, oder aus der Vereinigung von Tricepsvenen
zu einem Stämmchen hervorgehen.

Durch Verstärkung dieser Wurzelvenen kommt nun in der Achselhöhle allmählich eine grosse Vene zu Stande, während die Vv. comitantes der Arterie in demselben Maasse nach und nach kleiner werden, jedoch immer noch bis jenseits der Scalenuslücke verfolgt werden
können. Schon am Oberarme zeigen die Vv. comitantes die Tendenz
von der Arterie nach einer gewissen Richtung hin abzulenken, nämlich dorthin, wo die V. axillaris gebildet wird.

Wenn wir dieses Schema für die Venen des Oberarmes gelten
lassen, so finden die Varietäten der V. basilica leicht ihre Erklärung.

Die V. basilica ist nämlich als ein peripherer Zweig aufzufassen,
welcher in der Mitte des Oberarmes in die Vv. comitantes arteriae brachialis münden soll. Da nun alsbald über der Mitte des Oberarmes
die Bildung einer Brachialvene beginnt, welche als eigentliches Wurzelgefäss der Axillarvene einen von der Arterie unabhängigen Verlauf
in die Axelhöhle nimmt, so steht Nichts im Wege, dass die V. basilica zur Bildung dieser Vene mehr oder weniger beitrage oder sogar
ganz in dieselbe übergehe.

Chirurgisch-anatomische Bemerkungen.

Da unter allen Umständen, sei es, dass die V. basilica in der
Mitte des Oberarmes zu den sog. tiefen Brachialvenen sich gesellt
oder nicht, im obersten Theile des Oberarmes ausser den die Oberarmarterie begleitenden Venen eine immer ziemlich ansehnliche Brachialvene sich findet, welche nicht neben der Arterie liegt, so verdient
dieser Umstand bei Unterbindung der Arteria brachialis im oberen
Drittel des Oberarmes berücksichtigt zu werden.

Die im Sulcus bicipitalis medialis verlaufenden Gefässe und Nerven liegen im oberen Drittel des Oberarmes von der medialen Seite
betrachtet gewissermassen in zwei Schichten. In der oberflächlicheren
Schichte findet man den N. cutaneus internus major und eine Brachialvene (welche jedoch nicht nothwendig Fortsetzung der V. basilica ist);
letztere liegt weiter hinten, d. i. gegen die Streckseite hin, als der
Nerv. In der zweiten Schichte liegt von der Beugeseite gegen die
Streckseite hin gezählt: der N. medianus, die Arteria brachialis mit
ihren begleitenden Venen und der N. ulnaris. Noch tiefer lateralwärts vom N. medianus und gewissermassen in einer dritten Schichte
liegt der N. musculo-cutaneus, welcher sich jedoch bald im M. coraco-
brachialis verbirgt.

Die zweite Schichte wird von der ersten nur zum Theil bedeckt,
indem der N. medianus von der Beugeseite ganz, der N. ulnaris von
der Streckseite her zum Theil blosliegt. Der N. cutaneus internus
liegt gerade auf der Art. brachialis und ihrer venösen Begleitung, die
Vene mehr hinten und verdeckt mehr oder weniger den N. ulnaris.

Die erste Schichte wird von der zweiten durch eine Lage von
Bindegewebe geschieden, wie solches überhaupt zwischen allen im
Sulcus bicipitalis liegenden Gebilden sich befindet, und jedes von ihnen
scheidenartig umhüllt. Nur die Vv. comitantes liegen der Art. bra-
chialis dicht an und sind mit ihr gewissermassen in eine gemeinsame
Scheide eingeschlossen.

Will man also die Art. brachialis sicher treffen, so muss man im
Sulcus bicipitalis zwischen dem N. medianus und N. cutaneus internus
major in die Tiefe dringen. Geht man hinter dem letzteren ein, so
kommt man erstens in eine unangenehme Berührung mit einer grösseren Vene, welche hätte vermieden werden können, und zweitens gelangt man, sobald man diese Vene verschiebt, auf den N. ulnaris; man
kommt zuweit nach hinten, irrt zwischen Gefässen und Nerven umher,
und findet schliesslich die Art. brachialis erst dann, nachdem man alle
Gebilde im Sulcus bicipitalis von einander losgelöst, fast präparirt hat.

Namentlich darf man durch den Ånblick einer grossen Vene im Sulcus bicipitalis, welche gleich nach dessen Eröffnung zum Vorschein kommt, sich nicht verleiten lassen, die Årt. brachialis unter ihr zu suchen — denn diese Vene ist gewiss keine Comitans der Arterie, sondern liegt gewöhnlich sogar ziemlich beträchtlich von ihr entfernt. Wenn man dagegen, nachdem man den N. cutaneus internus nach hinten gezogen hat, zwischen ihm und dem N. medianus eine Vene erblickt, so ist diese eine von den Vv. comitantes und die Arterie liegt dicht neben ihr.

Liegt der N. medianus hinter der Arterie, was ziemlich häufig und zwar bei Vorhandensein einer Art. profunda brachii constant vorkommt, so hat diese V. brachialis zu dem N. medianus dieselbe Lage, wie sonst zur Arterie und ist in Folge dessen von der Brachialarterie und ihren Vv. comitantes noch mehr entfernt. Wenn man also. in einem solchen Falle die Art. brachialis unter dieser·Vene sucht, so rächt sich dieser Missgriff noch empfindlicher als bei normalen Fällen.

VI.

Beobachtungen über die Anastomosen des Nervus hypoglossus.

Von

Moriz Holl.

(Hierzu Tafel VI.)

Unter den Anastomosen, die der Zungenfleischnerv eingeht, sind die am ältesten bekannten die mit den Cervicalnerven, und diese sind erst in neuerer Zeit mittelst anatomischer Präparation oder durch Reizungsversuche der verschiedenen Nervenstämme einer genaueren Bearbeitung unterzogen werden. Die Resultate, die sich ergaben, waren theils übereinstimmender, theils widersprechender Natur. Obgleich man die Anastomosen des Hypoglossus mit den Cervicalnerven schon zu GALEN's [1]) Zeiten kannte, so wurden sie von allen Autoren bis auf die Neuzeit doch nur einer oberflächlichen Behandlung unterzogen, und in Betreff dieser Anastomosen herrschte immer ein Dunkel, bis VOLKMANN [2]) und LONGET [3]) durch ihre schönen Versuche zeigten, dass diese Verbindungen keinestheils Anastomosen im wahren Sinne des Wortes seien, und bis BACH [4]) (der unberücksichtigt blieb), LUSCHKA [5]) und später BISCHOFF [6]) eine genauere Detaillirung der

---

[1]) De usu partium, lib. IX.

[2]) 1. Ueber die motorischen Wirkungen der Kopf- und Halsnerven. 2. Beobachtungen und Reflexionen über Nervenanastomosen. MÜLLER's Archiv. 1840. S. 475 und 510.

[3]) Anatomie und Physiologie des Nervensystems des Menschen und der Wirbelthiere, von F. A. LONGET, übersetzt von Dr. J. A. HEIN. Leipzig 1849. II. Bd. S. 408.

[4]) Annotationes de nervis Hypoglosso et laryngeis. Turici 1834. p. 12.

[5]) Die sensitiven Zweige des Zungenfleischnerven des Menschen. MÜLLER's Archiv 1856. S. 62.

[6]) Mikroskopische Analyse der Kopfnerven. München 1865. S. 32.

Verhältnisse brachten. BACH (l. c.) hat auch vor LUSCHKA (l. c.) das Verdienst, den Ramus descendens hypoglossi, als aus Cervicalisfasern bestehend, entdeckt zu haben.

Die Aeste von Cervicalnerven, welche zu den Zungenfleischnerven treten, kann man (wie später ersichtlich werden wird) füglich in drei Abtheilungen bringen:

Erstens in solche, welche oben an den Stamm treten, centralwärts in der Scheide desselben weiter ziehen, zweitens welche auch oben in den verticalen Stamm eintreten, peripher an der Convexität des Hypoglossus abgehen (Theil des Descendens), und drittens, welche von unten aufsteigen, in den horizontalen Theil eintreten, sich an den unteren Rand des Zungenfleischnerven anlegen, mit ihm gegen die Medianlinie schreiten, dann aber sich von ihm wieder trennen.

Die Aeste der ersten Kategorie gehören dem Musc. rect. capit. ant. major et minor, die der zweiten sind Antheile des Nervus cervicalis descendens HENLE[1]) (Ram. desc. hypoglossi autorum) und die der dritten endlich sind Nervenfasern, von VOLKMANN[2]) und BISCHOFF (l. c. p. 35) erwähnt, die im Ram. descend. aufsteigen, und deren Anatomie von mir einer genaueren Untersuchung unterzogen worden ist. Diese aufsteigenden Nervenfasern könnten den Namen Nervus cervic. ascendens mit vollem Rechte für sich in Anspruch nehmen, indem sie, wie gezeigt werden wird, eine grössere Rolle als der Descendens spielen.

Es wurden gegen fünfzig Präparate angefertigt, um das eigentliche Verhältniss der Cervicalnerven zum Hypoglossus zu erforschen, und das Resultat der Untersuchungen will ich in Folgendem wiedergeben:

Der vordere Zweig des ersten Cervicalis theilt sich, nachdem er zum inneren Rande des Musc. rect. cap. lat., zur vorderen Fläche der Wirbelsäule gekommen ist, benannten Muskel mit einem Aste innervirt und mit dem Sympathicus anastomosirt hat, in zwei Stämmchen, ein oberes und ein unteres; das erstere tritt unter einem beiläufig rechten Winkel an den Hypoglossus heran und senkt sich in dessen Scheide ein (Fig. I a); das andere (Fig. I b) steigt ab und dient zur Verbindung mit dem zweiten Cervicalis; dadurch wird eine bogenförmige Anastomose gebildet, die eine erste Ansa cervicalis darstellt und in

---

[1]) Handbuch der systematischen Anatomie des Menschen. III. Bd. 2. Abtheil. S. 466. Braunschweig 1871.
[2]) Ueber die motorischen Wirkungen der Kopf- und Halsnerven. MÜLLER'S Archiv. S. 502.

den weitaus meisten Fällen angetroffen wird. Der zweite Halsnerv
entsendet einen Ast hinauf zu den in die Hypoglossus-Scheide einge-
tretenen Faden vom ersten Cervicalis; derselbe schmiegt sich enge an
ihn, läuft medialwärts, tritt auch in die Scheide (Fig. I c) und läuft,
mehr oder weniger deutlich sichtbar, am convexen Rande des Zungenfleischnerven herab, durchbricht an dessen Uebergang in den horizontal
verlaufenden Stamm die Scheide (nachdem er noch vor seinem Austritte einen Faden, am Hypoglossus ziehend, gegen die Medianlinie
schickte), und erscheint als Nervus cervicalis descendens auf der vorderen Peripherie der Vena jugularis interna. Er erzeugt dann im
weiteren Verlaufe mit den zweiten und dritten Cervicalnerven durch
anastomotische Verbindungen die sogenannten Ansae cervicales und
innervirt zugleich mit Nervenfäden benannter Cervicalstämme die
Gruppe der Unterzungenbeinmuskulatur.

Vom Hypoglossus tritt kein Faden zu ihm, und der Nervus cervicalis descendens ist in Folge dessen nicht, wie Henle (l. c.) angibt,
aus dem Ramus descendens N. hypoglossi und Cervicalnerven gebildet.
Der bereits erörterte Verlauf des N. cerv. descendens in der Hypoglossus-Scheide lässt sich stets aufs genaueste verfolgen und aufmerksam betrachtet, sieht man recht häufig diesen Nerven durch eine
seichte oder auch tiefe Rinne vom Hypoglossus abgegrenzt. Diesen Sulcus
hat schon Bach (l. c. p. 13) gekannt, welcher vor Luschka (l. c.) den
Descendens seines Charakters als Zweiges eines Hirnnerven entkleidete,
den Eintritt des Cervicalis hoch oben in die Scheide, den Verlauf und seinen Abgang treffend mit folgenden Worten schildert: „Normalis rami
descendens origo ex disquisitionibus meis haec apparuit: Ex Ansa
primi et secundi nervi cervicalis ramus satis crassus nascitur, qui uno
vel pluribus filis e ganglio cervicali supremo receptis, inferiorem mar-
ginem nervi hypoglossi stringit, ita tamen, ut in substantiam ejus non
transgrediatur.

Re etiam obiter inspecta saepissime inter ramum lingualem nervi
hypoglossi et ramum descendentem manifestus, saepius adeo profundus
sulcus conspicitur, unde amborum nervorum disjunctio statim cogno-
scitur.

Postquam nervus hoc modo per spatium nunc longius, nunc bre-
vius juxta arcum nervi hypoglossi decurrit, rursus ab eo sejungitur,
et eodem fere loco, ubi arteriam carotidem facialem supergreditur,
aut unum crassius, aut plura tenuiora fila e trunco nervi hypoglossi
recipit; quo facto, ratione, quam deinceps descripturus sum, dividitur.

Quae rami descendentis origo, jam enarrata, saepissime observatur,
et idcirco normalis aestimanda est.“

LUSCHKA (l. c. S. 70) hat später in Betreff dieses Verhaltens Aehnliches beschrieben, wie soeben von BACH citirt wurde; er schreibt: „In Betreff des Descendens hypoglossi habe ich mich schon früher dahin ausgesprochen, dass er mindestens in manchen Fällen mit dem Ursprung des Zungenfleischnerven in gar keiner Beziehung stehe. Nach einer grösseren Anzahl neuerer, mit aller möglichen Sorgfalt angestellten Untersuchungen bin ich vollends zur Ueberzeugung gekommen, dass der Descendens überhaupt nie vom Hypoglossus abstamme, sondern bald von einem Zweige des ersten Cervicalnerven allein, bald von diesem und einem aus dem zweiten Cervicalnerven herrührenden Fädchen zugleich gebildet werde, welches sich aber schon hoch oben in die Scheide des Hypoglossus einsenke und erst da wieder unter spitzem Winkel abtrete, wo er anfängt, in seinen Bogen überzugehen."

Dass auch VOLKMANN (l. c.) und LONGET (l. c. p. 411) den Descendens für aus Cervicalfasern bestehend erachten, erwähnt BISCHOFF (l. c. S. 33 und 34) genau. Er selbst lässt ihn auch aus Halsnerven bestehen und sagt: „Man findet immer einen oder mehrere Aeste des ersten Halsnerven, welche peripherisch in den Stamm des Hypoglossus übergehen. In der That sieht man dann zuweilen den stärksten dieser Aeste so an dem äusseren Rande des Hypoglossus herablaufen, dass man ihn wenigstens theilweise bis zu dessen R. descendens verfolgen kann, obwohl er sich unterwegs auch mit anderen Fasern des Hypoglossus geflechtartig verbindet."

Ein wichtiges und nicht gar selten anzutreffendes Verhalten ist, dass der Cervicalnerv gar nicht in der Scheide des Hypoglossus herabzieht; statt dessen steigt benannter Nerv bei seinem Ursprunge vom zweiten Cervicalis zum erwähnten Ast des ersten Halsnerven auf, begleitet, an letzteren gelagert, denselben bis zu seinem Eintritte in die Scheide, sendet nun ein feines Filament hinein (das sich später von den Hypoglossusfasern wieder absondert). Er selbst aber tritt gar nicht ein, sondern in einem beträchtlichen Zwischenraume vom Hypoglossus entfernt, läuft er parallel mit ihm herab (Fig. II d), nähert sich ihm an dessen stärkster Convexität und ist an ihn durch Nerven gekettet, die vom zweiten oder dritten Cervicalis, oder gemeinsam aus beiden entspringend in diesem absteigenden Aste aufsteigen (Fig. II a), peripher in den horizontalen Antheil des zwölften Hirnnerven eintreten, mit ihm eine Strecke im Neurilemm eingeschlossen verlaufen und sich dann peripher (in Muskeln) verzweigen, wie später ersichtlich sein wird. Man sieht also an dergleichen Präparaten, wie der Nervus cervicalis descendens abseit vom zwölften Hirnnerven seine eigene Bahn zieht, und

wie dieser Ramus einerseits nur hoch oben und andererseits am convexen Rande mit ihm zusammenhängt. Solche Fälle werden unter
zehn Schädeln (zwanzig Präparaten) ein- oder zweimal angetroffen,
und zwar findet man dies beiderseitig oder unilateral, welch ersteres
jedoch häufiger der Fall ist. Solche Objecte namentlich bieten das
klarste Bild, als Beweis, dass der Ramus descendens hypoglossi autorum ein absteigender Cervicalnerv sei; es bedarf dabei keines
weiteren besonderen Präparirens. Aber auch in anderen Fällen, wo
der Nerv im Neurilemm eingeschlossen liegt, ist es nicht besonders
schwer, seinem Verlaufe im Grossen und Ganzen nachzugehen. So
findet die von Bach (l. c. p. 12) zuerst aufgestellte These abermaligen
Beweis:

„Ramus descendens. Quem nervum, quum adhuc semper ramum
nervi hypoglossi esse et in decursu singula tantum fila e nervis cervi-
calibus vicinis recipere putaverint, ecquidem, qui ejus originem in
permultis cadaveribus accurate investigaverim, perscrutationibus illis
crebris id mihi consecutus esse videor, ut sententiae istae, ex qua ramus
descendens e nervo hypoglosso natus putatur, firmiter contradicere
atque contra affirmare possim, eum e systemate nervorum spinalium
oriri.“ Er nennt ihn auch den Hals-Athmungsnerven, Nervus respira-
torius colli und rechnet ihn zu den Bell'schen Athmungsnerven.

Was nun detaillirter die Verbindung des ersten Halsnerven mit
dem Hypoglossus anbelangt, so findet man bei aufmerksamster und
sehr vorsichtiger Präparation mit Zuhilfenahme der Loupe folgende
Verhältnisse: Der an und für sich schwache Nervenast des ersten
Cervicalis (Fig. I a) theilt sich, nachdem er in das Neurilemm des
zwölften Hirnnerven eingetreten, in einen oberen (Fig. I d) und einen
unteren Ast (Fig. I e). Der untere Ast nimmt einen peripheren Verlauf, tritt im Hypoglossus abwärts, verwebt sich mit den Fasern desselben auf das Innigste, isolirt sich aber, aufmerksam präparirt und
verfolgt, aufs bestimmteste wieder und verstärkt den in der Scheide
decurrirenden Nervus cervicalis descendens. Dieses Reiserchen verlangt
um seinen Verlauf sicher zu wissen, sehr viel Mühe, und man muss
Punkt für Punkt mit der Loupe verfolgen. Anfangs suchte ich den
Weg dieses Aestchens mittelst des Mikroskopes zu verfolgen, indem
einerseits wegen der nothwendigen Quetschung des verhältnissmässig
colossal dicken Hypoglossus diese feinsten Filamente von dem groben
Nervenstamme verdeckt und sie andererseits durch den angebrachten Druck aus ihrer Richtung gebracht werden. (Von der Unter-
suchungsmethode bei mikroskopischer Präparation später.) Ich habe
einen Fall gesehen, wo der vom zweiten Cervicalis herrührende descen-

dens sehr schwach war; da prävalirte dieses Aestchen bedeutend und vertrat gleichsam dessen Stelle. Ferner kann der Fall eintreten, wo beide sehr zart sind und der Cerv. descend. nur als sehr dünnes Filament angetroffen wird und nahe seinem Ende nur deswegen dicker erscheint, weil in ihm cervicale Fasern aufsteigen, die bereits früher oberflächlich erwähnt wurden.

Was das obere Aestchen (Fig. I d) betrifft, so zeigt sich, dass es sich in zwei oder auch in drei Stämmchen spaltet, wovon jedes isolirt im Stamme weiter zieht und centralwärts gerichtet ist. Die Aeste (Fig. I f, g, h) halten aber nicht alle die centrale Richtung aufrecht, sondern ein oder das andere Aestchen biegt, nachdem es kurze Zeit benannten Weg gezogen, um (Fig. I f) und verstärkt abermals den Nervus cervicalis descendens. Von einem andern Aestchen (Fig. I g) mit centraler Verlaufsweise gilt, was LUSCHKA (l. c. S. 71) sagt: „In einem Falle sah ich ein von dem vordersten Aste des ersten Cervicalnerven abgehendes Fädchen, so unter einem mit der Convexität nach abwärts gerichteten Bogen aufsteigen und sich ein Centimeter unter dem Canalis-hypoglossi in den Stamm des Zungenfleischnerven einsenken, dass ohne weitere Nachforschung Niemand daran gezweifelt hätte, es laufe der Wurzel jenes Nerven entlang direct in die Medulla oblongata, bis ich endlich fand, dass ein anscheinend unmittelbar aus dem Stamm des Hypoglossus abtretendes Fädchen, welches sich zum Muscul. rect. capit. antic. minor begab, nichts anderes war, als das von dem Hypoglossus wieder abgelöste Ende eben jenes Cervicalzweiges." Besprochenes Aestchen ist bestimmt dieser bezeichnete Muskelnerv, und ich habe immer sehr deutlich gefunden, dass es sich in der Gegend des Austrittes des Zungenfleischnerven aus dem foramen condyloideum anticum von ihm entfernt, die dura mater, die denselben hinausbegleitet, perforirt und in den an diesen Canal angrenzenden vorderen, geraden, kleinen Kopfmuskel tritt, nachdem es nach der Perforation plötzlich stärker geworden; jedoch nur scheinbar, indem es von dem Neurilemm eine relativ bedeutende Bindegewebsscheide mitgenommen hat. Dieser Nerv beschreibt eine kleine Spiraltour, indem er am äusseren Rande des zwölften Hirnnerven gelegen, um die hintere Peripherie desselben zur inneren aufsteigt. Es kann aber der Fall eintreten, dass dieser Muskelnerv, wie ich an einem Präparate vor mir sehe, bald nach dem Austritte des ersten Cervicalis aus dem for. intervertebr. von ihm abgesandt wird, sehr lose hinter dem Hypoglossus sich anlegend, an dessen innerer Peripherie aufsteigt, und von unten und seitwärts in benannten Muskel sich begibt, ohne mit dem centralen Ende des Hypoglossus in nähere Berührung zu treten.

Ein letztes Aestchen (Fig. I h), (Hyrtl's [1]) Schlinge ohne Ende),
lief in der Scheide auch central, wurde aber in der Nähe des for.
condyl. ant. so fein, dass es mir unmöglich war, dasselbe weiter zu
verfolgen, wollte ich kein falsches Bild erhalten. Dieses Aestchen
nun würde mit der Beschreibung eines central laufenden Fadens von
Bischoff (l. c. p. 32) übereinstimmen, den er jedoch sympathischen Ursprunges und für die dura mater des for. condyl. ant. berechnet hält.
An meinem Präparate fand ich aber, dass der Hypoglossus bei seinem
Ursprunge aus der Medulla oblongata von der motorischen Portion des
ersten Cervicalis ein feines Stämmchen erhält, welches mit ihm durch
den Nervenkanal tritt und sich im Hypoglossus verliert. Nun wirft
sich die Frage auf, ob dieses soeben besprochene centrale Fädchen
nicht authentisch mit diesem sei, von welchem sich nur der Zusammenhang nicht finden liess, und ob nicht jener motorische Faden den
Umweg durch den Canalis hypoglossi genommen, eine Strecke im
Neurilemm dieses Hirnnerven eingebettet verlaufe und dann wieder
austretend, zu seinem Cervicalis zurückkomme; indem ja die Halsnerven die Eigenthümlichkeit zeigen, mit den Hypoglossusfasern scheinbar
zu verschmelzen, dann aber doch wieder ihren eigenen Weg ziehen.

Der Nervenzweig für den Musc. rect. capit. antic. major (Fig. I i)
ist ein Ast des ersten Halsnerven und läuft hinter dem Hypoglossus
zu seinem Muskel. Derselbe kann auch, wie der für den Musc. rect.
capit. antic. minor eine kleine Strecke central im Hypoglossus ziehen,
geht aber sehr bald wieder weg, und ist in diesem Falle sehr locker
mit ihm verbunden. Luschka (l. c. S. 72) erwähnt, dass dieser Nerv
auch im Ramus descendens eingeschlossen verlaufen kann.

Beim Durchtritte durch das vordere Gelenksloch des Hinterhaupt-
beines gibt der Zungenfleischnerv den von dem soeben erwähnten Autor
(l. c. S. 80) und Rüdinger [2]) beschriebenen Zweig für die dura mater
dieses Kanales und den angrenzenden Sinus occipitalis ab. Den Abgang dieses Nervchens fand ich jedoch anders, als Luschka (l. c.) angegeben, der den Faden erst am Ende des Kanales vom Hypoglossus
abzweigen und ihn dann umbiegend in seine Endigungen sich ausbreiten lässt. Dieses Filament fand ich schon im Anfange des Kanales sich vom Zungenfleischnerven isoliren und an einem Objecte war
es bereits vom Ursprunge bis zur Ramification ganz isolirt und erschien
als reine Hypoglossusfaser, die selbstständig verlief, ja sogar in einer
eigenen Scheide eingeschlossen des Weges zog. Nach Rüdinger (l. c.)

---

[1]) Nat. hist. Review. Jan. 1863. p. 95.
[2]) Die Anatomie der menschlichen Gehirnnerven. München 1868. S. 62.

und BISCHOFF (l. c. S. 32) ist dieses Stämmchen sympathischer Natur, entstanden aus Verbindungen des Sympathicus mit dem Hypoglossus oder Cervicalnerven; ich forschte eifrig einer solchen Verbindung nach, es gelang mir jedoch nicht, eine solche zu entdecken.

Die Anastomosen des Hypoglossus mit dem Vagus fand ich genau so, wie sie LUSCHKA (l. c. S. 72 und 73) und BISCHOFF (l. c. S. 33) beschreiben, nämlich, dass vom Vagus zum zwölften Hirnnerven Fasern treten, die sich bestimmt wieder von ihm entfernen. Da mir unter den Präparaten, die ich anfertigte, keines zu Händen kam, wo ein Nervus cardiacus aus der Ansa abgeht, so konnte ich auch die im Falle des Vorhandenseins eines Cardiacus bestehende Anastomose nicht finden. Ich glaube aber, dass auch in diesen seltenen Fällen dieser zum Herzuerven treten sollende Vagusast der Ansa angehörig ist, indem ja die Cervicalnerven die schon erwähnte Eigenthümlichkeit besitzen, mit anderen Nervenstämmen in Pseudo-Verbindungen zu treten, sich aber wieder frei machen, um als selbstständige Nerven zu Tage zu kommen.

Nervus cervicalis descendens (HENLE). Der erste Anstoss zur genaueren Detaillirung wurde nach BACH (l. c. p. 12) von VOLK-MANN (l. c. S. 501) und LONGET (l. c.) gegeben, welche zum grössten Theile den wahren Sachverhalt erkannten; ihnen folgten bald LUSCHKA (l. c. S. 12) und BISCHOFF (l. c.). Letzterer sagt, dass VOLKMANN (l. c.) vor Allen die Existenz eines vom Hypoglossus abgehenden Ramus descendens in Zweifel zog, und dass derselbe sowohl durch seine mikroskopischen Analysen, als auch durch Reizungsversuche den cervicalen Charakter dieses Astes behauptete. LONGET (l. c.) folgte seiner Beschreibung und bestätigte diese Thatsache, wie auch LUSCHKA (l. c.) und BISCHOFF (l. c.). Der Erste aber, der den Ramus descendens hypoglossi als einen Cervicalnerven erkannte, war nicht VOLKMANN (l. c.), sondern CHRISTOPH BACH (l. c.), wie bereits früher erörtert wurde.

An meinen Präparaten fand ich in Betreff dieses Nerven folgende Verhältnisse: Der Descendens wird gebildet von dem früher erwähnten Aste des zweiten Cervicalis, der sich hoch oben in die Scheide des Zungenfleischnerven einsenkt, an dessen Uebergang in den horizontalen Antheil von ihm entfernt, um sich als absteigender Ast zu präsentiren. (Bevor er jedoch vom Hypoglossus scheidet, sendet er einen Faden- (Fig. I k), der meist sehr dünn ist, parallel mit dem Hypoglossus peripher.) Ich muss von vornherein gleich erwähnen, dass der Descendens, wie er am Hypoglossus anliegt, kein einzelner Nervenfaden, sondern ein in sich abgeschlossener Nervenplexus ist,

wie dies Fig. V deutlich erweist, und welches auch Bischoff (l. c. S. 35)
constatirte. Der Einfachheit der Beschreibung halber wollen wir diesen
Nervenplexus als einen Faden beschreiben. Der Ramus descendens
verbindet sich zum Theile mit Nervenstämmen von zweiten und dritten Halsnerven, wodurch die bekannte Ansa cervicalis erzeugt wird,
und sein Endast versorgt dann in Gemeinschaft mit den übrigen Zweigen der letztgenannten Cervicales die Herabzieher des Zungenbeines,
mit Ausnahme des Musc. hyo-thyreoideus. Einzelne, öfters ziemlich
dicke Fäden letzterer Cervicalnerven steigen aber am inneren Rande
des Nervus cervicalis descendens zum Hypoglossusbogen auf, treten
an das periphere Stück hinan, laufen in der Scheide eingeschlossen,
dem unteren Rande des Nerven entlang zur Medianlinie, und sind
durch eine mehr oder weniger tiefe Furche von demselben abgegrenzt (Fig. I m). Dieser Nerv verstärkt sich durch die früher
vom Descendens abgegangenen, medianwärts gerichteten Filamente
(Fig. I k).

Bisher hatte man die Meinung, dass der Hypoglossus, beim
grossen Zungenbeinhorne angelangt, sich von Cervicalnervenfasern pu-
rificirt habe, und dass es des Hypoglossus Aufgabe ist, die Gruppe der
Muskeln, die über dem Os hyoideum gelagert sind und sich an demselben inseriren, und überdies noch den Musc. hyo-thyreoideus zu innerviren, dass also diese Muskeln ihre Innervation dem zwölften Hirnnerven zu verdanken haben. Dies ist aber nicht richtig; denn, wie
ich mich auf das Bestimmteste überzeugt habe, werden zwei Muskeln,
die Musc. geniohyoideus und hyo-thyreoideus von Cervicalfasern versorgt. Bei aufmerksamer Präparation gewahrt man nämlich, wie der
besprochene im Descendens aufgestiegene Cervicalis, nachdem er eine
kurze Strecke am unteren Hypoglossusrande verlaufen, unter stumpfem
Winkel einen Ast für letztgenannten Muskel abgibt (Fig. I n), weiter
zieht, um unter spitzem Winkel einen gleichen für den Musc. geniohyoideus zu entsenden (Fig. I o). Nach Abgabe dieser zwei Aeste hat
sich der ascendente Cervicalnerv so erschöpft, dass nur ein feines
Filament überbleibt (Fig. I p), welches mit den Hypoglossus-Fibrillen
in den Musc. genioglossus zieht und so fein wird, dass es sich darin-
nen nicht weiter verfolgen lässt. Es scheint mir aber nicht als motorischer Nerv einzudringen, sondern sensitiver Natur zu sein und
zur Schleimhaut der Zunge zu gehen. Ich will dies jedoch nicht behaupten, sondern nur als Meinung anführen, indem mir der Zweck
dieses Filamentes als motorischer Nerv nicht recht einleuchtet, weil
ja die Zungenmuskulatur hinlänglich reich mit motorischen Nerven
vom Hypoglossus versorgt wird.

Die Ansa hypoglossi suprahyoidea HYRTL [1]) erscheint dem-
, nach als eine Ansa cervicalis suprahyoidea. Dass im Descendens auch
aufsteigende Fasern vorkommen, zeigte schon BISCHOFF (l. c. S. 35).
Diese Art von Zungenbeinmuskel-Versorgung durch Cervicalnerven,
wie überhaupt das ganze Verhalten des Descendens zum Hypoglossus
scheinen mir durch die classischen Versuche, die VOLKMANN (l. c. S. 505)
angestellt, ihre Bestätigung zu finden, oder vielmehr, sie bekräftigen die
Resultate, die der berühmte Forscher bei seinen Experimenten erhalten, auf das Genaueste. Er sagt unter Anderem: „Würde bei frisch
geschlachteten Kälbern der erste Halsnerv an seiner Wurzel gereizt, so
wurden die M. sternohyoideus, sternothyreoideus und thyreohyoideus bewegt." Und an einer anderen Stelle Folgendes (l. c. S. 506): „Bei einem
frisch geschlachteten Schafe wurden die Zungenmuskeln von der Kehle
aus frei gelegt, und der absteigende Ast des zwölften Paares durchschnitten. Im Augenblick des Durchschneidens zuckte der Geniohyoideus
und bei jeder mechanischen Reizung wiederholte sich diese Zuckung.
Hierauf wurde der Descendens auf einer Glasplatte isolirt und galva-
nisch gereizt. Jetzt zuckte auch der Hypoglossus, allem Anscheine
nach primär, und mehrere andere Muskeln, bei welchen indess zweifelhaft blieb, ob die Bewegungen ursprünglich wären." An derselben
Stelle (S. 507) sagt er: „Ein soeben am Kalbe angestelltes Experiment
belehrt mich, dass Reizung des durchschnittenen Ramus descendens
am centralen Ende folgende Muskeln in Bewegung setzt: M. geniohyoideus, genioglossus, hypoglossus und lingualis." Es ist wohl einleuchtend, dass alle diese Muskeln nicht primär zucken konnten,
indem ja der aufsteigende Cervicalis nicht alle in Bewegung versetzte
Muskeln versorgt. Bemerkenswerth ist, dass der Musc. geniohyoideus
sofort bei der Durchschneidung des Descendens zuckte und später
auch noch galvanischen Reizen reagirte.

Die Sensibilität des Hypoglossus über dem grossen Horne des
Zungenbeines ist, wie LONGET (l. c. S. 416) nachgewiesen, nur eine er-
borgte; dieser Autor sagt, dass der Nerv dieselbe, namentlich Verbin-
dungsfäden vom Halsgeflechte her verdankt (diese sind die aufsteigenden
Fasern). Vielleicht handelt es sich hier um das früher erwähnte End-
ästchen jenes Cervicalis (Fig. I p), das mit dem Hypoglossus in die
Zunge tritt; daher mag es kommen, dass selbst noch nach Durchschneidung des Nervus lingualis Sensibilität in der Zunge angetroffen
wird.

---

[1]) Ueber endlose Nerven. LI. Bd. d. Sitzungsber. der kais. Akad. d. Wissenschaften. 1865. S. 5 und 6.

Der Halstheil des Nervus cervicalis descendens Henle besteht also, wie bereits erörtert wurde, aus ab- und aufsteigenden Nervenfasern, und man kann Henle (l. c. S. 466) und Rüdinger (l. c.) nicht beistimmen, welche denselben aus dem Ramus descendens Nervi hypoglossi und Cervicalfasern entstehen lassen, indem ja ein Descendens hypoglossi nicht existirt.

Der aufsteigende Antheil des Cervicalis descendens ist öfter stärker, als der absteigende, und letzterer kann sehr dünn und fein werden, und es hat den Anschein, als ob nur ein aufsteigender Ast existire. Dies hätte eine Aehnlichkeit mit Volkmann's (l. c. S. 502) Funde beim Pferde, worüber er Nachstehendes erwähnt: „Untersucht man die Verbindungsstelle des Descendens mit dem Hypoglossus mikroskopisch, so findet man, dass die Fasern des Descendens im Zungenfleischnerven nicht alle einen centralen, sondern zum Theil einen peripherischen Verlauf nehmen, also theilweise nicht aus Letzterem herstammen. So fand ich es beim Menschen, Kalbe, Schaf, Luchs, Kaninchen und bei der Katze. Bei dem Pferde fand ich sogar, aber nur in einer Untersuchung, dass der sogenannte Descendens lediglich ein Ascendens ist, indem er vom zwölften Paare gar keine Fasern erhielt, sondern diesem ausschliesslich Fasern zuführte. Diese Fasern stammen aus den beiden oberen Halsnerven." Es ist dies auch ganz richtig; der Descendens ist kein so bedeutungsvoller Nerv, wie die in ihm aufsteigenden Fasern (Ascendens), die zwei Muskeln zu innerviren haben. Der Descendens bildet blos mit dem zweiten oder dritten Cervicalis die Halsnervenschlinge, an deren Convexität und innerem Theile dieser Ascendens emporsteigt. Der wahre und wichtige Hauptbestandtheil des Descendens sind die aufsteigenden Fasern, die man füglich als Nervus cervicalis ascendens bezeichnen könnte. Er ist der Nerv für die Musc. thyreohyoideus und geniohyoideus.

Dass der Ramus descendens aus dem Vagus entspringen könne, ist von Krause[1]) und J. Telgmann (ibidem) widerlegt worden und es ist ganz sicher, dass er in diesen Fällen nur im Neurilemm des Vagus eingeschlossen verlief und hoch oben vom Hypoglossus wegzog. Ein Präparat (Fig. III) zeigt mir deutlich, wie er in der Höhe des dritten Cervicalnerven die Scheide durchbricht, sich mit letzterem verbindet und längs seines absteigenden Verlaufes den Ascendens aufsteigen lässt, welcher nun hoch oben in den Zungenfleischnerven eintritt, beinahe den ganzen Nerven entlang laufen muss, um zu seinen zwei

---

[1]) Die Nerven-Varietäten beim Menschen von W. Krause und J. Telgmann. Leipzig 1868. S. 21.

Muskeln zu gelangen. Bei dem Verlaufe des Descendens in der Vagusscheide treten Vagusfasern an ihn heran (Fig. III s), begleiten denselben
eine Strecke weit, kehren aber bestimmt wieder zu ihren Stammnerven
zurück. Die von HENLE (l. c. S. 468) citirten Fälle, wo kein Cervicalis
descendens existire und die Zungenbeinmuskeln von Vagusästen versorgt
werden, scheinen mir denn doch nach Allem ähnliche Anomalien im
Verlaufe des Descendens gewesen zu sein. Die Fälle vom Verlaufe
des Descendens in der Vagusscheide (gleichsam anstatt der im Hypoglossus) sind nicht so selten. Unter vierzig Präparaten findet man
sie gewöhnlich sechsmal.

Herr Prosector DR. EMIL ZUCKERKANDL übergab mir ein recht
interessantes und instructives Präparat, dessen Beschreibung sofort
nachfolgt, für welches ich ihm an dieser Stelle meinen besten Dank
ausspreche. Es ist dies ein Präparat, wo zwei Rami descendentes
vorhanden sind (Fig. IV). Da ist das Verhältniss derart, dass in dem
lateralen Descendens Fasern aufsteigen, sich dem Hypoglossus anlegen,
beim medialen auch als Descendens erscheinen, um ganz zum dritten
Cervicalis zurückzukehren oder peripher in den Halsmuskeln sich zu
verzweigen; der mediale Theil besteht beinahe blos aus aufsteigenden
Fasern. Es ist also blos eine Cervicalis-Schlinge, die den Descendens
in seine zwei constituirenden Bestandtheile (Descendens et Ascendens)
auseinandergedrängt und sich dazwischen eingeschoben hat.

Wenn man also nochmals die ganze Verlaufsweise des Zungenfleischnerven überblickt, so muss man den Satz aufstellen, dass er
ein ganz selbstständiger Nerv sei, der das eigenthümliche
Verhalten zeigt, in seiner Scheide fremde Nerven verlan-
fen zu lassen. (In einem jüngst beobachteten Falle verlief selbst
der Nerv für den vorderen Bauch des Omohyoideus in der Hypoglossus-Scheide.) Dabei geht er als reiner Hirnnerv zu seiner
Endverzweigung in die Zunge hinein und versieht mit seinen Ramificationen nur drei Zungenmuskeln: die Musc.
hyoglossus, genioglossus und styloglossus. Die eigentlichen Muskeln des Zungenbeines verfallen dem Gebiete
der Cervicalnerven mit Ausnahme der Musc. stylohyoideus
und mylohyoideus. In einem solchen Verhältnisse steht der Hypoglossus zum Descendens. Wenn der letztere nicht in der Bahn des
zwölften Hirnnerven verläuft, so liegt er häufig in der Vagusscheide;
wenn dieser ihn auch nicht aufnimmt, dann läuft er abseits vom
Hypoglossus (Fig. II d), ist mehr selbstständig, tritt aber doch zu ihm
in nähere Beziehungen, wie früher gezeigt wurde (S. 85).

Noch einiges über die Präparation. Sie ist, wie Luschka (l. c.
S. 81) richtig bemerkt, sehr mühsam, und die vollste Aufmerksamkeit für
sich in Anspruch nehmend. Die Resultate, die man mit Hülfe des
Mikroskopes erhält, sind sehr spärlich. Es ist wohl von vornherein
verständlich, dass der verhältnissmässig colossalen Dicke des Hypoglossus die Unmöglichkeit einer mikroskopischen Analyse zugeschrieben
werden muss, und die erhaltenen Bilder keineswegs die reinsten und
klarsten sein werden. Sie können mit gut bereiteten makroskopischen
nicht im Mindesten concurriren. Bei Beginn meiner Untersuchungen
glaubte ich nur auf dem Wege der Vergrösserungen zu einem ent-
scheidenden Resultate zu gelangen, sah mich aber leider aus obgedachten Gründen sehr bald enttäuscht. Der erste Gedanke bei dieser
Methode war natürlich der, den Nervenstamm so viel als möglich
diaphan herzustellen, um die Verlaufsweise der in die Scheide ein-
getretenen Nervenfäden sicher verfolgen zu können. Ich liess kein
chemisches Reagens unversucht; es gelang mir zwar, bis zu einem
ziemlich hohen Grade die Undurchsichtigkeit des Nerven zu besiegen,
hatte aber dann mit einem zweiten, womöglich noch grösseren Uebel-
stande zu kämpfen; nämlich mit der Dislocation und Uebereinander-
lagerung der einzelnen Nervenfäden. Diese Arbeiten können eben, wie
Bischoff (l. c. S. 36) bemerkt, nur mittelst des Quetschers vorgenommen
werden, um den dicken Nerven platt zu drücken. Dabei geschieht es
natürlich, dass sich die einzelnen Bündel verschieben, dass die Nerven-
filamente aus ihrer richtigen Position gebracht werden, ja dem beob-
achtenden Auge entzogen werden können, indem sie unter viele andere
Fasern zu liegen kommen etc.

Eine genauere mikroskopische Untersuchung gelang mir in Betreff der Fasern im aufsteigenden Cervicalnerven, welche sich ohne
besondere Mühe zum Theile in den Musculus hyothyreoideus, zum
Theile, aber etwas umständlicher, in den Kinnzungenbeinmuskel verfolgen liessen, weil ja der Ascendens ziemlich strenge am unteren
Rande des Hypoglossus zieht. Leicht ist auch die Bahn des Descendens in der Scheide zu erkennen, aber die Verlaufsrichtung der feineren Stämmchen desselben aus obgedachten Gründen unmöglich.

Zur mikroskopischen Untersuchung eignen sich namentlich die
Nerven von neugeborenen Kindern, bei welchen einerseits der Hypoglossus nicht so dick ist und andererseits die Verlaufsstrecke der
Nervenfäden keine so lange sein kann, als beim Erwachsenen. Die
Art und Weise, wie ich vorging, war folgende: Der Zungenfleischnerv
wurde sammt den dazu gehörigen Nervenfäden herausgeschnitten, in
situ mittelst Nadeln auf einer mit Kienruss schwarz gefärbten Wachs-

platte, die den Boden eines niederen Gefässes bedeckte, ausgespannt, Wasser darauf gegossen und unter demselben das überflüssige Bindegewebe und das Neurilemm so viel als möglich abpräparirt, bis Alles rein und frei dalag. So ausgespannt, wurde der Nerv einen Tag unter Wasser liegen gelassen, um sich vollends auszubluten und um das, zwischen den Nervenfasern liegende Bindegewebe zu maceriren. Hierauf wurde er von der Platte entfernt und in Glycerin gebracht, dem einige Tropfen concentrirter Salzsäure zugesetzt waren, daselbst zwei Tage liegen gelassen, dann auf dem Quetscher oder zwischen zwei Objectgläsern in situ ausgebreitet und unter das Mikroskop gebracht. Wenn man noch nicht ziemlich rein sah, was sehr häufig der Fall war, so wurde der Nerv abermals in die Glycerinlösung zurückgebracht, und dann nach zwei oder drei Tagen wieder untersucht; dann war er bereits diaphaner geworden. Die hellsten Bilder erhielt ich durch achttägiges Liegenlassen in erwähnter Flüssigkeit. Es ist aber von Vortheil, die Präparate, nachdem zwei Tage lang Glycerin und Salzsäure eingewirkt, in situ auf den Objectträger auszubreiten, sie etwas unter dem Mikroskope vorsichtig zu quetschen und mit dem einen Objectträger, auf dem das Präparat aufruht, in die Flüssigkeit zurückzubringen. Dadurch erhalten sie eine etwas starrere Form und unterliegen dann in ihrer natürlichen Lage der Einwirkung des Reagens. Statt der Salzsäure kann man auch, wie BISCHOFF (l. c.), concentrirte Essigsäure anwenden; jedoch leistete mir erstere bessere Dienste. (Um das zwischen den Nerven liegende Bindegewebe zu zerstören, wandte ich KÖLLIKER'S Mittel an; ich kochte den Nerven in einer Mischung von Wasser, chlorsaurem Kali und einer minimalen Menge von Salpetersäure kurze Zeit und legte ihn dann in Glycerin; erhielt jedoch dabei immer nur verstümmelte Präparate). Die Objecte wurden mittelst Plössl untersucht und ich will hier nebenbei bemerken, dass sich bei der Untersuchung statt des Tageslichtes viel besser das künstliche gelbe Gaslicht eignet, indem der Verlauf der Fibrillen bedeutend greller hervortritt.

.So unergiebig sich das Feld der mikroskopischen Analyse erwies, um so ergiebiger zeigte es sich dem anatomischen Messer mit Hilfe der Loupenvergrösserung. Nothwendig ist dabei das Arbeiten unter Wasser oder Alkohol. Eine mit Kienruss gefärbte ebene Wachsplatte bedeckte den Boden eines rechteckigen niederen Gefässes. Auf diese wurde der Nerv sammt seinen Verbindungen mittelst Nadeln in topographischer Lage ausgespannt und unter Wasser sorgfältig des Neurilemms und des Bindegewebes beraubt; alsdann in situ vier Tage unter Wasser, das täglich erneuert wurde, liegen gelassen. Dadurch wollte

ich das noch restirende Bindegewebe maceriren, damit ich dann die
einzelnen Nervenfasern leichter isoliren könne. Hierauf wurde das
Präparat durch zwei Tage auf gleiche Weise der Einwirkung von
verdünntem Alkohol unterzogen und zuletzt mit Alkohol von 30 Graden behandelt, um auf die einzelnen Nervenfasern härtend einzuwirken,
damit sie bei der nachfolgenden Präparation nicht allzuleicht zerreissen.
Unter Alkohol von gleichfalls 30 Graden wurde unter Zuhilfenahme
einer Loupe mit Pincette und einem zarten, sehr spitzigen Scalpelle
die Endpräparation ausgeführt. Es trennen sich gleichsam von selbst
die feinsten Filamente, von blendender Weisse, auseinander, und man
kann nun mittelst der Loupe die Bahnen der einzelnen Nervenfasern
mit grösster Genauigkeit verfolgen. Es ist aber von Bedeutung, die
Nerven gleich nach Herausnahme aus der Leiche recht sorgfältig vom
Bindegewebe und Neurilemm zu befreien, indem einerseits Wasser und
Alkohol besser einwirken kann und andererseits für die Endpräparation viel vorgearbeitet wird, die dadurch eine wesentliche Erleichterung
erfährt.[1]

Erklärung der Abbildungen.

Tafel VI.

Fig. 1. *XII* Nervus hypoglossus. *I, II, III* erster, zweiter, dritter Cervicalnerv.

a Zweig des ersten Cervicalis, der zum Theile den Descendens mit den
Fäden *e* und *f* verstärkt, zum Theile für den Musc. rect. capit. antic. major
(*i*) und minor (*g*) dient und einen Endfaden *h* centralwärts sendet. *d* gemeinsamer Stamm für *f, g, h.*

b Anastomose zwischen erstem und zweitem Cervicalis.

c Nervus cervicalis descendens; *k* Zweig des Descendens, der den Ascendens *m* verstärkt.

n Nerv für den Musculus hyothyreoideus, *o* Nerv für den Musculus geniohyoideus.

p Endzweig des Ascendens, der mit dem Hypoglossus in die Zunge tritt.

l Anastomose zwischen erstem und zweitem Cervicalis.

x Zweige aus der Ansa für die Unterzungenbeinmuskeln.

Fig. 2. *XII* Nervus hypoglossus. *d* der ausserhalb der Scheide liegende
Descendens.

a im Descendens aufsteigende Nervenfasern.

---

[1] Ein ausführliches Literaturverzeichniss über den N. hypoglossus findet sich
in Longet's citirt. Werke S. 426 und 427.

Fig. 3. *XII* Nervus hypoglossus. *X* Nervus vagus. *I* Erster Cervicalis. *d* Nervus cerv. descendens. *a'* im Descendens aufsteigende Fasern. *a''* der am Hypoglossus anliegende Ascendens. *m* Nervus hyothyreoideus. *v* Verbindung mit dem zweiten und dritten Cervicalis.

Fig. 4. *XII* Nervus hypoglossus. *I, II, III* erster, zweiter und dritter Cervicalnerv. *d'* Descendens. *s* Schlinge aus dem zweiten und dritten Cervicalis, die die den Descendens (*d'* und *d a*) constituirenden Fasern auseinanderdrängt; *a* absteigende, *a'* aufsteigende cervicale Fasern, *b* Nerv für den Musc. thyreohyoideus.

Fig. 5. Die Erklärung der Buchstaben ist synonym mit denen der ersten Figur; es zeigt sich bei dieser, einem Präparate genau nachgebildeten, vergrösserten Zeichnung, dass der Descendens *c* nicht blos ein einzelner herabtretender Nerv, sondern ein in sich ganz abgeschlossener N e r v e n - P l e x u s ist, und dass die scheinbar vom Hypoglossus an ihn herantretenden Fasern wieder zurückkehren, so dass der cervicale Charakter des Descendens rein bewahrt wird. *s* dient zum Theile zur Schlingenbildung mit dem dritten Cervicalis, zum Theile zur Innervation der Unterzungenbeinmuskeln.

VII.

Nachweis eines ligamentum interarticulare (,,teres") humeri,

sowie eines lig. teres sessile femoris.

Von

Hermann Welcker in Halle.

In dieser Zeitschrift (I, S. 76) habe ich eine in seltenen Fällen auftretende Bildung des menschlichen Schultergelenkes beschrieben, welche als ein wandständiges (gleichsam extra saccum membranae synovialis gelegenes) lig. teres humeri erscheint, und habe die Wahrscheinlichkeit ausgesprochen, dass das lig. teres durch Einwanderung gewisser extracapsulärer Bandfasern in das Innere der Hüftkapsel entstehe. Die Fasern der Schulterkapsel, welche in jenen von mir beobachteten Fällen sich gegen das Innere des Gelenkes vordrängten und eine randständige fovea capitis humeri erzeugten, gehören der columna anterior des lig. coracobrachiale an und es gibt die Ursprungsweise dieser Fasern, sowie derjenigen des lig. teres femoris Gründe an die Hand, das runde Schenkelband des Menschen als eine Weiterentwicklung der der columna anterior entsprechenden Fasern der Hüftkapsel aufzufassen.

Die erwähnte Bildung der menschlichen Schulterkapsel bleibt in ihrem ausgeprägteren Zustande eine immerhin seltenere Varietät. Ich habe inzwischen bei mehreren Säugethiergattungen constant ein frei das Schultergelenk durchziehendes, zwischen Scapula und Humerus ausgespanntes Band gefunden, welches als ein vollkommenes Analogon des lig. teres femoris betrachtet werden darf, und es ist nach dem, was ich bis jetzt beobachten konnte, sehr wahrscheinlich, dass es betreffs dieser Bänder überhaupt vier Formen gibt (vgl. Fig. 1):

1) wandständiges lig. teres der Schulter (Fig. 1, A); bei einzelnen Schultergelenken des Menschen;

2) freies lig. teres der Schulter (Fig. 1, B), bei mehreren Säugethieren — die heute zu beschreibende Form;

3) wandständiges, mit Fig. 1, A wesentlich übereinstimmendes lig. teres der Hüfte; wie es scheint, beim Tapir;

4) freies lig. teres der Hüfte (Fig. 1, B) — bei dem Menschen und den meisten Säugethieren.

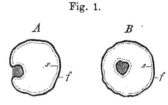

Fig. 1.

Fig. 1. Schematischer Querschnitt durch die Kapsel des Schulter- und Hüftgelenkes.
A bei wandständigem,
B bei freiem lig. teres.
f fibröser, s synovialer Theil des Kapselbandes.

I.

Ein die Schulterkapsel frei durchziehendes, an das lig. teres der Hüfte erinnerndes Band fand ich, die Gelenke einer grösseren Zahl von Säugethieren musternd, zunächst bei Coelogenys Paca[1]). Sofort zu dessen nächstem Verwandten, dem vielfach untersuchten Meerschweinchen, greifend, fand ich das Band in wesentlich gleicher Weise. Ganz dasselbe zeigt Aguti[2]) (Dasyprocta Aguti) und das Wasserschwein[3]) (Hydrochoerus Capybara), so dass dies Verhalten bei der Familie der Subungulaten ein durchgreifendes zu sein scheint, während ich bei den übrigen Nagern und anderen Säugethieren bis jetzt nichts Aehnliches gefunden habe.

Das fragliche Band (Fig. 2 und 3) wird, wenn man beim Meerschweinchen das Schultergelenk öffnet, sofort sichtbar als ein die Kapsel von vorn und aussen nach hinten und innen durchziehender, resp. über den Schulterkopf geschlagener, 1,5 mm. breiter und 5 bis 6 mm. langer, sehnenartiger Strang. Ich habe in der Ueberschrift, um die Beziehung zum lig. teres femoris anzudeuten, die Bezeichnung: lig. „teres" humeri hinzugefügt; da unser Band indess keineswegs rund, sondern abgeplattet ist (seine Dicke beträgt nur etwa 0,3 bis 0,5 mm.), so wird dasselbe richtiger lig. interarticulare humeri genannt werden, um so mehr, als auch für das „runde" Band der Hüfte diese Bezeichnung beanstandet und von CRUVEILHIER der Namen lig. interarticulare femoris angewendet wurde.

---

1) Ich untersuchte ein erwachsenes Thier und zwei geburtsreife Embryonen.
2) Zwei Embryonen von 9 ctm. Länge.
3) Drei Embryonen von 8 ctm. Länge.

Was Ursprung und Ansatz dieses lig. interarticulare humeri näher anlangt, so entspringt dasselbe etwas seitlich am oberen Rande der Schulterpfanne, lateral und dicht neben der Sehne. des M. biceps (resp.

Fig. 2.   Fig. 3.   Fig. 4.

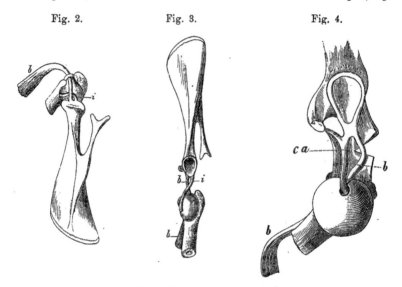

Fig. 2 und 3. Geöffnetes rechtes Schultergelenk des Meerschweinchens.
b Sehne und Bauch des einköpfigen m. biceps;
i lig. interarticulare humeri.
Fig. 4. Menschliches Schultergelenk mit eigenthümlicher, ein wandständiges lig.·teres darstellender Entwicklung der columna anterior (ca) des lig. coracobrachiale. (Beschrieben in dieser Zeitschr. I, 76.)

des glenoulnaris [1]), es schiebt sich unter diese Sehne und inserirt, rückwärts und einwärts geschlagen, am inneren Rande des Schulterkopfes, unmittelbar hinter dem tub. minus. Während die vom Schulterblatt kommende Ursprungspartie des Bandes am Pfannenrande frei und circumscript entspringt, ist der hintere Rand des brachialen Endes auf eine Strecke von etwa 2 mm. mit der dem Bande hier dicht aufliegenden Kapsel verwachsen.

Die Funktion des beschriebenen Bandes anlangend, sei bemerkt, dass dasselbe wohl nur selten in die Lage kommen dürfte

---

[1]) Ich bemerke, dass der einköpfige Vertreter des M. biceps beim Meerschweinchen nicht ein glenoradialis, sondern ein „glenoulnaris" ist. Die Sehne setzt sich lateralwärts vom Radius an die Aussenseite der Ulna. Ganz dasselbe fand ich bei Hydrochoerus und Paca und, soweit das Material es erkennen. liess, auch bei Aguti. Bereits Meckel (Syst. der vergl. Anat. III, 519 u. f.) erwähnt diese Insertionsweise für Daman, Stachelschwein, Biber und Igel, welchen·Thieren nun die Subungulaten hinzuzufügen sind.

(etwa bei gewaltsamer Abduction des Humerus), als Hemmungsband mitzuwirken. Die Schulterkapsel des Meerschweinchens ist, wie bei den meisten Säugethieren, in ihrem medialen und lateralen Abschnitte so knapp, in ihrem vorderen und hinteren Theile dagegen so ausgiebig entwickelt, dass das Gelenk fast nur Charnierbewegung, im Sinne der Streckung und Beugung, diese Bewegungen aber in ausgedehntem Maasse erlaubt[1]). Während dieser Bewegungen rückt bei den mit dem lig. interarticulare humeri versehenen Thieren derjenige Theil der Scapula, welcher die Schulterinsertion des Bandes trägt, von vorn nach hinten hin und her (von a nach b, Fig. 5, bei Beugung; von b nach a bei Streckung des Oberarmes), so dass das am Humerus befestigte Band von f aus wie ein Radius über den Humeruskopf hin- und herschlägt. Diese wischende, offenbar die Synovia umtreibende Bewegung[2]) ist am frischen Präparate nach Anbringung eines kleinen Spaltes in die Medialfläche des Kapselbandes leicht zu übersehen. Die geringen Grade von Adduction und Abduction des Humerus, die nach der erwähnten Einrichtung der Schulterkapsel dieser Thiere möglich sind, bewirken nur sehr unbeträchtliche Aenderungen in der Spannung des lig. interarticulare: Adduction erschlafft, Abduction spannt in mässigem Grade.

Fig. 5.

Fig. 5. Rechter Schulterkopf des Meerschweinchens (⁴/₁).

g Querschnitt der Sehne des m. glenoulnaris.

f Ursprungsstelle des lig. interarticulare.

Die Stelle, wo das Band an der Scapula inserirt, befindet sich bei Streckung des Armes in a, bei Beugung in b.

Wie Figg. 3 und 4 zeigen, entspringt das lig. interarticulare humeri der Subungulaten lateralwärts neben der Sehne des M. glenoulnaris, während der an das lig. teres erinnernde Strang c a der menschlichen Schulterkapsel medial zur Bicepssehne liegt; eine Zurückführung jenes Bandes des Meerschweinchens grade auf die chorda anterior eines lig. caracohumerale ist hiernach, zumal letzteres Band überhaupt bei jenen Thieren fehlt, nicht möglich. Der erwähnte Zusammenhang des humeralen Endes des Bandes mit der Kapselwandung beim Meerschweinchen bezeugt aber den Ausgang vom Kapsel-

---

1) Ein besonders derber, ziemlich circumscripter Faserstrang findet sich bei Paca an der lateralen Seite des Kapselbandes zwischen dessen Fasern eingewebt — ein lig. laterale externum der Schulterkapsel. Dasselbe liegt ausserhalb der Synovialmembran und hat mit dem lig. interarticulare nichts gemein.

2) Vgl. diese Zeitschr. I, 67 u. f.

bande, und es lässt sich die intracapsuläre Lage auch hier ohne Zwang
auf Einwanderung ins Innere mit Nachschleppung eines Synovialhaut-
überzuges erklären.

Nicht unerwähnt bleibe, dass das lig. interarticulare humeri des
Meerschweinchens viel derber und reicher an Bindegewebsfasern ist,
als das zarte, leicht zerreissliche lig. teres der Hüfte desselben Thieres.
Aber es kann dies der Annahme der Homologie beider Bildungen
wohl so wenig im Wege stehen, als etwaige Unterschiede der mechanischen Leistungen beider Bänder.

II.

Meinen Angaben über den an das lig. teres der Hüfte erinnernden
B a n d s t r a n g   d e r   m e n s c h l i c h e n   S c h u l t e r k a p s e l sei eine Notiz
über den Grad der Häufigkeit dieses Zustandes und der ihn andeu-
tenden Entwicklungsformen beigefügt.

Untersucht man macerirte Oberarmbeine des Menschen, deren
Gelenkknorpel ohne Läsionen sind, so findet man wesentlich drei verschiedene Formen:

1) an der Mehrzahl der Knochen keine Spur einer Einpflanzungs-
stelle der erwähnten wandständigen Bandfasern. Eine Reihe von
89 Oberarmbeinen zeigte dies in 80 Fällen;

2) bei einigen — 8 mal unter 89 Fällen — eine seichte, etwa
4 bis 5 mm. breite Grube, welche am Rande des überknorpelten
Theiles des Schulterkopfes, dicht neben dem Oberende des sulcus intertubercularis, an der Basis des tub. minus sich befindet (Fig. 6 f).

Fig. 6.

3) in seltenen Fällen — in unserer Reihe einmal unter 89 — ist die Grube grösser, bis 7 mm.
breit und mehrere Millimeter tief, so dass vermuthet werden darf, dass in diesen Fällen ein dem
in Fig. 4 abgebildeten ähnliches Verhalten der
Weichtheile bestanden habe.

Die erwähnte Knochengrube, welche auf
eine Andeutung jenes wandständigen Faserzuges
schliessen lässt, findet sich hiernach am menschlichen Humerus in etwa $^1/_{10}$ der Fälle.

Fig. 6. Schulterkopf des Menschen, mit fovea capitis humeri (Einpflanzungsgrube der
columna anterior des lig. coracobrachiale).

III. Lig. teres des Tapir.

Es war zunächst die Aehnlichkeit, die zwischen
der nur wenig ins Innere des Schenkelkopfes ein-
gerückten fovea des Tapir (Fig. 7) und der foveola
jenes von mir beschriebenen menschlichen Schulterkopfes (Fig. 4) be-

steht, welche mich vermuthen liess (diese Zeitschr. I, 73), dass das
runde Schenkelkopfband des Tapir, ähnlich wie jenes Schulterkopf-
band, ein wandständiges, den von mir angenommenen ursprünglichen
Zusammenhang mit der Kapsel bewahrendes, sein ·
möchte. Der Umstand, dass bei Elephant, Nil-

Fig. 7.

pferd und Nashorn eine Schenkelkopfgrube, und
mithin ein lig. teres, gar nicht vorkommt, während das Schwein eine nahezu central gelegene
fovea besitzt, war der Vermuthung gleichfalls
nicht ungünstig, dass bei dem auch sonst zwischen
Schwein und die grossen Pachydermen sich stellenden Tapir ein mittlerer Zustand in der Bildung jenes Bandes gegeben sei. Beachtet man
ferner die incisura acetabuli, so fehlt dieselbe

Schenkelkopf von Tapirus
americanus (½).

beim Nilpferd ·und Elephanten; bei dem dem
Tapir sich nähernden Nashorn' ist sie bereits angedeutet, während sie
beim Tapir und noch mehr beim Schweine vollkommen entwickelt ist.
   Ich habe mich lange vergeblich bemüht, Material für die Prüfung meiner Vermuthung — einen mit den Weichtheilen ausgestatteten Tapir — zu erhalten. Ein Fötus, welchen unsere Sammlung
einem Geschenke BURMEISTER's verdankt, liess von dem Bandapparate
nichts Deutliches erkennen. Doch ist es mir in jüngster Zeit gelungen, bei einem vom Messer bis dahin unberührten Exemplare von
Tapirus americanus (Rumpflänge 60 ctm.), welchen Herr Professor
HASSE mir gütigst zur Verfügung stellte, das Wesentlichste unserer
Frage zu erledigen. Leider war auch bei diesem Thiere die Conser-
vation der inneren Theile sehr unvollständig. Vielfach hatten sich
die Muskeln sammt dem Periost von den Knochen abgelöst und nach
Freilegung der Hüftgelenke zeigte es sich, dass die Schenkelinsertion
des Kapselbandes sich ringsum von dem Schenkelkopfe getrennt hatte.
Die Pfanne war der Träger des Kapselbandes und des lig. teres geblieben, derart, dass das erstere den Pfannenrand ringsum besetzte, während das seitlich im Pfannenboden wurzelnde lig. teres in Form einer
abgeplatteten, am freien Rande verbreiterten Lamelle pilasterartig
am ventralen Theile des Kapselbandes festsass (vgl. Fig. 8).
   Bei Musterung der Abrissfläche a, mit welcher das lig. teres am
Schenkelkopfe festgesessen hatte, entstand zunächst die Frage, ob nicht
doch etwa an ·dem dem Kapselbande am meisten zugewendeten Theile
des runden Bandes (gerade da, wo in der Figur die von a ausgehende
Linie endet) eine kleine Stelle von Haus aus frei, das Band mithin,
wenn auch in seinem bei weitem grössten Theile sessil, doch an

einer ganz kleinen Stelle (dicht am Schenkelkopfrande) umgreifbar
gewesen sei. An dem dieser Stelle entsprechenden Theile zeigt

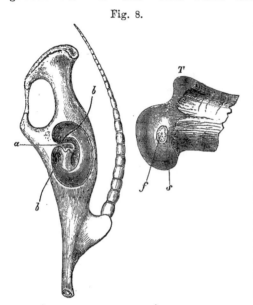

Fig. 8.

der Schenkelkopf unseres
Thieres einen schmalen,
die fovea von dem bereits
verknöcherten Theile des
Halses trennenden Knor-
pelsaum (s. Fig. 8), so
dass also auch hier der
Verdacht einer insel-
förmigen, statt buchtför-
migen, fovea entstehen
könnte. Nach dem Ver-
gleiche mit dem Femur
des erwachsenen Thieres
jedoch dürfte dieser bei
dem jungen Thiere vor-
kommende Knorpelsaum
dem extracapsulären
Theile des Schenkelkopfes
angehören; überdies lässt
das Schenkelbein des Bres-
lauer Tapir an mehreren
Stellen Spuren des vom
knorpeligen Theile des
Schenkelkopfes entsprin-
genden Kapselbandes deut-
lich erkennen, und es bildet der Trochanter major

Rechtes Hüftgelenk des jungen Tapir.
f fovea cap. femoris, vom lig. teres losgerissen, welches bei
a die mit der fovea verbunden gewesene Abrissfläche zeigt.
s schmaler Knorpelsaum, welcher die fovea vom verknöcherten Theile des femur trennt.
T Trochanter major, noch unverknöchert.
b b Borste, durch einen engen, klappenartig geschlossenen
Spalt des lig. teres hindurchgeführt.
(Die Wandung des Kapselbandes — in Fig. I A durch die
Linien f und s angedeutet — tritt in Fig. 8 nicht deutlich genug
hervor.

annoch mit dem intracapsulären Theile des Kopfes ein einziges, zu-
sammenhängendes Knorpelstück.

Aber das wandständige lig. teres des Tapir besitzt eine andere
Stelle, von welcher aus eine Umgreifbarkeit des Bandes allerdings an-
hebt. An seinem dünnsten Theile, in nächster Nähe des Kapselbandes
und des lig. transversum acetabuli, da wo die beiden Blätter der Syno-
vialhautfalte, welcher das lig. teres seine Bildung mit verdankt, einander unmittelbar berühren, trägt das lig. teres eine feine, in Fig. 8
sondirte Durchbohrung, die am rechten Hüftgelenke unseres Exemplares 2 mm., am linken nicht ganz 1,5 mm. weit ist. Der scharfe,
halbmondförmig ausgeschnittene Rand der an die valvula Thebesii
erinnernden Bildung ragt schräg gegen das lig. transversum, demselben

unmittelbar aufliegend, und die Oeffnung scheint dadurch entstanden
zu sein, dass das hier verdünnte Gewebe sich vom lig. transversum
losgelöst hat. Während diese Oeffnung an der Darmbeinseite des
Bandes die erwähnte Feinheit besitzt, führt von der Sitzbeinseite aus,
in der Richtung des lig. transversum, ein ansehnlich grosser, bis 5 mm.
weiter Recessus nach ihr hin.

Fassen wir das Wesentliche des Unterschiedes des lig. teres des
Tapir und des Menschen zusammen, so hat letzteres einen weit be-
schränkteren Zusammenhang mit dem Becken, als wir bei dem (jungen)
Tapir fanden. Bei dem Menschen kommt das Band vom Boden der
Pfanne und von dem Raume zwischen Pfannenboden und lig. transversum (dort Fasern von der Aussenfläche der Kapsel aufnehmend);
von dem oberen oder lateralen Rande des lig. transversum entspringt
das Band nicht mehr. Das lig. teres des jungen Tapir entspringt von
eben denselben Stellen, wie das menschliche, aber es kommt noch
hinzu jene breite, oberhalb des lig. transversum (beim stehenden
Thiere lateral vom lig. transversum) gelegene Verbindung mit der
Seitenwandung des Kapselbandes, welche in Fig. 8 oberhalb der Sonde
liegt. Diese breite, oberhalb jener Sonde gelegene Partie des Bandes
müsste durchschnitten werden, um die Uebereinstimmung mit dem
menschlichen lig. teres herzustellen.

Ob dem Fötus des Tapir oder sehr jungen Thieren auch jene
feine, in Fig. 8 sondirte Oeffnung fehlt, so dass das Band völlig sessil
wäre, ob bei dem erwachsenen Thiere die Durchbohrung sich etwa
unverhältnissmässig vergrössert, so dass eine dem gewöhnlichen lig.
teres sich mehr annähernde Form entsteht, würde an frischem Material leicht zu entscheiden sein.

Bei dem Pferde, dessen Schenkelkopf dem des Tapir sehr ähnlich ist, fand ich schon am Embryo das lig. teres umgreifbar; der
oberhalb unserer Sonde b b gelegene Fortsatz der Synovialhaut fehlt.

Wie weit jener beim Pferde so mächtige, zum geraden Bauch-
muskel gehende Fortsatz des lig. teres („Verstärkungsast", FRANCK,
Handb. d. Anat. d. Hausthiere, 329) etwa auch beim Tapir vorhanden
ist, war an dem mir vorliegenden Material nicht zu entscheiden. Die
am Schambein des Tapir fehlende Rinne spricht gegen eine derartige
Entwicklung.

IV.

Meine Vermuthung, dass das Fehlen des lig. teres beim
Orang bereits anderweitig erörtert und der von mir gerügte Irrthum
MECKEL's, nach welchem auch den übrigen Anthropomorphen, ins-

besondere dem Chimpanse, dieses Band fehlen sollte, aufgeklärt sei (diese Zeitschr. I, 71), hat sich bestätigt; es geschah beides vor vielen Jahren (1835), wie es scheinen sollte in ausgiebiger Weise, durch OWEN. Um so auffälliger bleibt die von mir hervorgehobene That-sache, dass in den Discussionen über Descendenzlehre dieser merk-würdigen, bei zweien so nahe verwandten Thieren bestehenden Ver-schiedenheit keine Erwähnung geschieht [1]).

Es scheint von Interesse, in vorkommenden Fällen auf die Be-schaffenheit des Hüftgelenkes von Gorilla näher zu achten. Von der Schenkelkopfgrube des Gorilla sagt OWEN (Transact. Zool. Soc. V, 15): „the depression for the lig. teres is nearly the same in size, depth and position as in man". Herr Prof. DIPPEL zu Darmstadt, welcher die Güte hatte, eine Zeichnung des Schenkelkopfes des Darmstädter Gorillaskelets für mich auszuführen, bestätigt die Anwesenheit der Grube. „Gerade in der Fovea," so berichtete mir D., „war der Stift für die Befestigung eingeschlagen und deshalb diese schwer zu zeich-nen"; doch zeigen die von zwei Seiten gefertigten Aufnahmen, sowie die ausdrücklichen Worte des sachkundigen Zeichners, dass die Schen-kelgrube vorhanden ist.

Aber es scheint, dass das lig. teres des Gorilla bei einzelnen Exemplaren sehr schwach entwickelt ist, ja vielleicht nicht allzuselten fehlt. So lassen die Schenkelköpfe eines männlichen Gorillaskelets des Dresdener naturhistorischen Museums, deren nähere Untersuchung ich der Liberalität des Directors dieser Anstalt, Herrn DR. A. B. MEYER, verdanke, von Schenkelkopfgruben nur sehr geringe Spuren erkennen. Am rechten Femur (dessen condylus internus — was übrigens mit dem Zustande des Hüftgelenkes wohl kaum in Zusammenhang steht — in eigenthümlicher Weise nach aufwärts geschoben, defect und

---

[1]) Bereits PETER CAMPER (Oeuvres, T. I, 152) entdeckte den Mangel des lig. teres beim Orang und würdigte die Bedeutung dieses Mangels: — „son ab-sence produit une grande difference entre l'homme et l'Orang." Spätere Autoren (BLUMENBACH, CUVIER). übersahen diese Angabe. Es folgte dann die von mir a. a. O. p. 72 citirte Angabe MECKEL's. In seiner Abhandlung: On the Osteo-logy of the Chimpanzee and Orang Utan (Transactions Zool. Soc. of Lond., Vol. I, 365) sagt OWEN vom Orang: „The femur has a straight shaft, but dif-fers from the human chiefly in having no depression on the head for a liga-mentum teres." „In three recent specimens of Simia Satyrus I have found the lig. teres deficient in both the hipjoints." In der Zusammenstellung der Unter-scheidungsmerkmale zwischen Chimpanse und Orang unter sich und dem Men-schen (p. 368) heisst es: „The Chimpanzee differs osteologically from the Orang — — in the presence of a ligamentum teres and consequent depression in the head of the femur."

degenerirt ist) fehlt eine als fovea cap. femoris anzusprechende Grube ganz; an der Stelle jedoch, wo das linke Femur eine schwache An-deutung einer Fovea allerdings besitzt, zeigt der rechte Schenkelkopf eine entsprechend grosse rundliche, ja etwas erhabene Fläche (die am frischen Knochen und bei nicht geschrumpftem und defectem Knorpelüberzuge der Umgebung möglicherweise eine Vertiefung dar-gestellt haben mag). — Auch bei Herrn Prof. HARTMANN in Berlin sah ich am Schenkelbein eines Gorilla nur sehr zweifelhafte Spuren einer Fovea. Nach einer Mittheilung von MIVART endlich (On the skeleton of the primates. Transact. Zool. Soc. VI, 200) zeigte bei einem Exemplare von Orang „each femur a small but distinct depression on its head in the place occupied in other forms by the pit for the round ligament." Ferner: „This absence has not, as far as I am aware, been noticed in Man or the Chimpanzee, but in the Gorilla I have sometimes been unable to detect any trace of such a fossa on the head of the femur." Es dürfte sein, schliesst MIVART, „dass dieses Band gelegentlich fehlt bei Gorilla und vorhanden ist bei Orang."

Die Annahme OWEN's, dass der Mangel des lig. teres beim Orang eine der Ursachen seines schwankenden Ganges sei[1]), scheint mir nach dem, was wir von diesem Bande sonst wissen, wenig wahrscheinlich, und um so weniger würden die Unterschiede des Ganges oder der Bewegungsweise der Anthropomorphen mit der Anwesenheit oder dem Fehlen des runden Bandes in Beziehung gebracht werden können, wenn es sich bestätigen sollte, dass dieser Charakter bei den einzelnen Gattungen nicht constant ist.

Das Fehlen des lig. teres bei den grossen Pachydermen hat nichts sehr Auffälliges, nachdem wir das wandständige lig. teres des Tapir kennen gelernt haben; die Entwicklung, die bei anderen Thieren zu einem central eingepflanzten lig. teres, bei Tapir zu einem wandstän-digen führt, hat hier einfach ihren allerersten Schritt unterlassen. Anders der ganz unvermittelte Ausfall des lig. teres bei Orang, dessen nächste Stammesverwandten ein nahezu central eingepflanztes lig. teres besitzen; noch sonderbarer das Verhalten bei Gorilla, wenn es sich bestätigen sollte, dass hier einzelne Individuen das Band besitzen, andere nicht.

· Halle, im April 1876.

---

[1]) There can be little doubt, that the absence of the lig. teres is one cause of the greater vacillation observed in the Orang Utan, when it attempts pro-gression on the hinder legs than in other Quadrumana (a. a. O. 366).

VIII.

Ueber die Bildung der Haifischembryonen.

Von

Wilhelm His.

(Hierzu Täf. VII.)

————

In einem Aufsatze, welcher im ersten Bande dieser Zeitschrift
steht, ist von mir nachgewiesen worden, dass der Knochenfischembryo
aus zwei, im Randwulste der Keimscheibe symmetrisch vorgebildeten
Anlagen der Länge nach zusammenwächst. Nur das vorderste Kopf-
und das hinterste Schwanzende bedürfen keiner Verwachsung, weil sie
aus denjenigen Strecken des Randwulstes hervorgehen, welche die
zwei Seitenhälften zum Ringe geschlossen hatten. Der gesammte Randwulst der Keimscheibe wird zur Embryobildung verbraucht, und der
Vorgang der letzteren verbindet sich mit der Dotterumwachsung des
Keimes derart, dass die Aufreihung des Embryomateriales zugleich
mit der Umwachsung vollendet ist.

In sehr ausgeprägter Weise entsteht auch bei den Haien der
Körper durch axiale Verwachsung von zwei, im Randwulste angelegten Hälften. Die Uebersichtlichkeit des Vorganges wird hier dadurch gesteigert, dass die beiden Substanzanlagen des Körpers nur
einen Theil des Randwulstes umfassen, und dass daher die Aufreihung
des Materials lange vor der Dotterumwachsung ihr Ende erreicht [1]).

————

[1]) Es ist nöthig, über einige Ausdrücke sich zu einigen: Keim bezw.
Keimscheibe nenne ich, dem jetzigen Sprachgebrauch folgend, das ungeglie-
derte (entweder undurchfurchte, oder durchfurchte) Material, aus welchem der
Embryo mit seinen Hüllen und Anhängen sich entwickelt. Embryo nenne ich
den sich abgliedernden Körper. Unter Substanzanlage des Embryo verstehe
ich dasjenige Keimmaterial, das bei dessen Bildung direkt Verwendung findet

Die Gelegenheit, die bezüglichen Beobachtungen zu machen, hat mir ein mehrwöchentlicher Aufenthalt an der zoologischen Station in Neapel verschafft, allwo, Dank der Gefälligkeit der Herren Doctoren DOHRN und EISIG, mir ein ergiebiges Material von verschieden ent‑ wickelten Eiern von Pristiurus und von Scyllium (canicula u. catulus) zu Gebot gestanden hat. Ich verspare die Darstellung anderer an dem Material gemachter Erfahrungen auf später, und beschränke mich für diesmal auf die Besprechung von der ersten Zusammenfügung des Embryoleibes.

Vor und während der Furchung besitzt der Keim der von mir unter‑ suchten Haifische eine intensiv orangegelbe Färbung, seine Gestalt ist, ähnlich wie die des Knochenfischkeimes, eine flach linsen- oder kuchen‑ förmige, sein Durchmesser gering (an einigen gemessenen Exemplaren nur zwischen 1.1—1.2 mm). Nach Ablauf der Furchung wird er zu einer Scheibe von etwas über 2 mm. Durchmesser; seine Färbung ist nun keine gleichmässige mehr, der Mitteltheil der Scheibe hat sich auf‑ gehellt, und nur der Rand, späterhin der Rand und der Embryo, be‑ halten die intensive Färbung bei [1]). Der gefärbte und verdickte Rand oder Randwulst, wie wir ihn von nun ab nennen können, ist an den verschiedenen Stellen des Umfanges ungleich stark. In der hin-

---

(man vergl. über den Ausdruck meine Unters. über Entw. des Hühnchens S. 154 und die Briefe „über unsere Körperform" S. 30, wo ich dem Ausdruck Substanz‑ anlage den der Formanlage gegenübergestellt habe). Den Vorgang, welcher nöthig ist, um das nebeneinander liegende Material der Substanzanlage längs der Körperaxe anzuordnen und zu vereinigen, werde ich als Aufreihung des Embryomateriales bezeichnen. Am Knochenfischkeim ist, dem gegebenen Nach‑ weis zufolge, nach Ablauf der Furchung die Substanzanlage in Ringform an‑ geordnet, und umfasst den ganzen Randwulst der Scheibe. Die Aufreihung be‑ steht hier in einer successiven Aneinanderlegung der beiden Seitenhälften des Ringes. Man kann sich den Vorgang veranschaulichen, wenn man einen zum Ring geschlossenen Gummischlauch an einer Stelle so einbiegt, dass er eine dem Centrum zustrebende Schleife bildet. Bringt man beide Schleifenschenkel zur Berührung und verlängert sie mehr und mehr, so wird der Ring immer kleiner und schliesslich geht er in der Bildung des 2theiligen Stranges auf. So lange die Aufreihung des Materials nicht vollendet ist, werden wir auf Embryonen stossen, welche nur aus der Kopfanlage oder nur aus der Kopf- und etwas Rumpfanlage bestehen, welche somit noch unvollständig sind. Indessen werde ich, falls überhaupt die morphologische Sonderung von der Umgebung ihren deutlichen Anfang genommen hat, auch diese unvollständigen Bildungen als Embryonen bezeichnen.

[1]) Schon bei LEYDIG (Beitr. zur mikr. Anat. etc. der Haie und Rochen. Leipz. 1852, S. 94) ist, wenigstens im Vorbeigehen, die innere Aufhellung des Keimes erwähnt. BALFOUR (Preliminary account of the development of the elasmobranch. fishes Quat. Journ. of Micr. Science, Oct. 1874) berührt diesen Punkt nicht.

teren oder embryonalen Hälfte der Scheibe ist er am breitesten, nach beiden Seiten hin verjüngt er sich allmählich und ist am schmalsten in seinem vorderen Abschnitte.

Wie BALFOUR richtig beschreibt, so unterscheidet man zu der Zeit an Keimdurchschnitten eine, durch die dichtere Zusammenfügung charakterisirte obere und eine lockere untere Zellenschicht. In dieser letzteren sind die Zellen kugelig (20—25, einzelne bis zu 30 μ. messend), in jener sind sie parallel der Oberfläche mehr oder weniger comprimirt. Die lockere Schicht haftet unmittelbar an der unteren Fläche der darüber liegenden dichteren. Soweit sie die Keimhöhle überbrückt, ist sie unregelmässig abgegrenzt, ein-, zwei- bis dreischichtig und ihre kugeligen Zellen springen, wie bei der Keimscheibe des frisch gelegten Hühnereies, als subgerminale Fortsätze frei gegen die Höhle vor. Im hinteren, embryonalen Theile des Randbezirkes bildet sie einen dicken Klumpen, dessen Mächtigkeit bis zu 0.15 mm. ansteigt.

Die obere Schicht (oberes Grenzblatt oder Ektoderm) ist am Rande der Keimscheibe etwas umgebogen und ruht im Allgemeinen mit schräg abgesetztem Rande auf der glatten oberen Grenzfläche des Dotters auf. Die Rinne zwischen beiden wird von den runden Zellen der unteren Schicht ausgefüllt, ein Verhalten, das ich in den Figuren 1 und 3 der Taf. XIII von BALFOUR correct wiedergegeben finde. Diese keilförmig eingeschobene Masse erzeugt den unteren verdickten Theil des Keimrandes und ihre Ausdehnung entspricht der intensiv gefärbten Strecke des letzteren. Sie ist nur unbedeutend im vorderen Theile des Umfangs, nimmt dann nach rückwärts zu, und geht in die oben erwähnte dicke Masse des hinteren Embryonalbezirkes über.

Auch die Mächtigkeit der Ektodermschicht ist im Embryonalbezirke am grössten; die Unterschiede sind indess nicht so bedeutend wie in der unteren Lage; später nehmen sie zu, besonders dadurch, dass die Zellen des Mitteltheiles zu dünnen Platten sich ausziehen. Am peripherischen Umschlagsrande verschiedener (entwässerter und eingekitteter) Keime messe ich die Dicke des Ektoderms:

$$\text{im hinteren Embryonalbezirk} \quad 37-40 \; \mu.$$
$$\text{mehr seitlich} \; . \; . \; . \; . \; . \quad 20-25 \; \text{„}$$
$$\text{vorn} \; . \; . \; . \; . \; . \; . \; . \; . \quad 18-15 \; \text{„}$$

Die Werthe, die ich an Durchschnitten erhalten habe, bewegen sich in denselben Grenzen.

Eine erste Andeutung embryonaler Formanlage tritt auf an Scheiben von etwas mehr als 2 mm. Durchmesser. Der hintere Theil des Randes erscheint leicht gehoben und eingebogen (Fig. 1, Taf. VII).

Bei der Möglichkeit einer solchen Veränderung in Folge der Präparation ist es nöthig, zu bemerken, dass ich diese Stufe am intacten Ei gleich nach Eröffnung der Schale beobachtet habe, wo die starke Färbung des Randwulstes es erlaubt, die Einbiegung ohne Weiteres zu erkennen. An gehärteten und durchsichtig gemachten Keimen finde ich am Orte der grössten Erhebung den doppelten optischen Querschnitt des Ektoderms.

Von nun ab tritt der Embryo unter gleichzeitigem Flächenwachsthum der Keimscheibe mehr und mehr hervor, anfangs noch durch gelbe Färbung von seiner schwach gefärbten Umgebung sich abhebend. Die nachfolgende kleine Tabelle gibt einige auf sein Wachsthum bezügliche Maasse in Millimetern; dieselben sind an Zeichnungen gemessen, welche nach frischen, mit $^3/_4$ $^0/_0$ Kochsalzlösung und in der Regel auch mit Osmiumsäure behandelten Präparaten bei 40facher Vergrösserung durch das Prisma aufgenommen worden sind.

| Präparaten-Nummer | Figur auf Taf. VII. | Durchmesser der Keimscheibe | Grösste Breite des Randwulstes | Länge des Embryo | Grösste Breite des Embryo | Abstand des vordersten Urwirbels | | Das hintere Ende überragt den Keimscheibenrand um: |
						vom vorderen Ende	vom hinteren Ende	
XXXIX	1	2.1	0.25	0.25	—	—	—	
XXV	—	2.9	0.28	0.45	—	—	—	
XXXVII	2	3	0.33	0.75	0.9	—	—	
XIX	—	4.1	0.35 [1]	1.2	0.7	—	—	
XXXVIII	—	4.2	0.35	1.3	0.72	—	—	
XX	3	4.3	0.4	1.4	0.75	—	—	
I	4	—	—	1.8	0.7	0.95	0.85	0.05
XXVII	—	—	—	2.3	—	1.05	1.25	—
XXX	—	7	—	2.5	—	—	—	—
VI	—	—	—	2.65	0.95	—	—	0.3
XXI	5	—	—	2.75	0.6	1.15	1.6	0.45
XVI	7	—	—	3.9	0.58	1.35	2.55	0.75

An Keimscheiben von etwa 3 mm. gewährt die Embryoanlage das in Fig. 2 wiedergegebene Bild. Der Randwulst bildet mit seinem hinteren dicken Abschnitte eine gegen das Innere der Scheibe vorspringende und zugleich über deren Niveau sich erhebende Schleife; der

---

[1] Von hier ab ist statt der grössten Breite des Randwulstes der Abstand des vorderen Endes der Primitivrinne von dem des Embryo gemessen.

nach rückwärts offene Winkel der letzteren umschliesst eine Grube mit gleichfalls einspringendem hinteren Rande. Die Grube ist, wie die Vergleichung mit den darauf folgenden Stadien zeigt, der Anfang einer Primitivrinne. In Fig. 5 seiner Tafel XIV gibt Balfour eine Abbildung, welche einer Entwicklungsstufe zwischen meinen Figuren 2 und 3 entspricht. Balfour's Beschreibung lautet also: „There appear two parallel folds, extending from the edge of the blastoderm towards the centre, and cut of at their central end by another fold. These three folds raise up between them a flath broadish ridge „the embryo". The head end of the embryo is the end nearest the centre of the blastoderm, the tail end being the one, formed by its edge".

Durchschnitte durch Keimscheiben dieser Entwicklungsstufe zeigen, dass die Gliederung der unteren Schicht langsam vor sich geht. Nur im hinteren Theile stösst man auf eine mehr oder weniger scharf sich abgrenzende untere Zellenlage, welche am Rande in die obere umbiegt und von dieser immer noch durch ihr weniger festes Gefüge sich unterscheidet. Weiter vorn erhält man Bilder, die von denen des vorangegangenen Stadiums nur unwesentlich differiren.

Weit selbstständiger tritt der Embryo hervor an Scheiben, deren Durchmesser 4 mm. erreicht oder etwas überschritten hat (Fig. 3). Er besitzt alsdann eine Länge von 1.2 bis 1.4 mm., bei einer Breite von 0.7 bis 0.75; aus dem Randwulst hervortretend, strebt er mit seinem vorderen Ende der Mitte der Scheibe zu, ohne jedoch diese zu erreichen, und durch eine tiefe Furche ist dies vordere Ende von seiner Umgebung abgesetzt. Eine helle Primitivfurche halbirt die obere Fläche, erstreckt sich bis in eine Entfernung von 0,33 mm. vom vorderen Rande und hört hier abgerundet auf. Drei Längsfalten zeichnen sich jederseits ziemlich scharf ab, die innerste begrenzt das Stammgebiet und damit die Medullarplatte; die zweite Falte fällt in das Parietalgebiet (seitl. Keimfalte), die dritte liegt bereits ausserhalb der Embryonalanlage (Aussenfalte). Die letztere Falte geht vorn in einen schwach angelegten Bogen über, welcher eine das Kopfende aufnehmende Grube umgibt, und es ist dies Faltensystem demjenigen entsprechend, aus welchem bei höheren Wirbelthieren das Amnion sich entwickelt. Die Seitenfalte erstreckt sich zwar bis vorn, allein sie wird am vorderen Kopfende durch die Medullarplatte verdeckt, welche hier die ganze Breite der Anlage einnimmt. Erst von da ab, wo jene sich verschmälert, etwa 0.65 mm. vom vorderen Rande entfernt, tritt dieselbe frei zu Tage.

Am hinteren Ende spaltet sich der Embryo in zwei Schenkel, welche jederseits in den Randwulst sich fortsetzen, dabei schliesst sich der Stammtheil dem äusseren, der Parietaltheil dem inneren Saum des letzteren an. Die Primitivfurche bildet zwischen den auseinanderweichenden Schenkeln eine breite dreieckige Bucht und endigt an einer abgerundeten Incisur des Scheibenrandes; die beiden Schenkel des Embryo überragen um ein Kleines die Incisur, sowie den übrigen Kreisbogen und bilden, indem sie in den Randwulst umbiegen, zwei scharfe Ecken. Ich bezeichne dieselben als Randbeugen und wähle diese neue Bezeichnung, weil die von BALFOUR dafür gewählte der „Caudallappen" auf einer unrichtigen Voraussetzung fusst.

Inmitten der Primitivfurche ist die Chorda dorsalis sichtbar, auch sie verbreitert sich an ihrem hinteren Ende; sie schliesst sich beiderseits der Zellenschicht an, welche die Incisur in querer Richtung abgrenzt.

Auf der besprochenen Entwicklungsstufe ist eine Rinne sowohl an der oberen, als an der unteren Fläche des Embryo vorhanden und auch letztere erstreckt sich bis zur Incisur, oder wie BALFOUR (p. 16) dies ausdrückt, es besteht ein freier Zusammenhang zwischen beiden Rinnen. Die untere Rinne ist die Anlage des Primitivdarms, sie erstreckt sich bis zum vorderen Körperende und ist bei Embryonen von 1.2 mm. noch der ganzen Länge nach offen. Die Zellschicht, welche sie umgiebt, hat sich von der darüber liegenden Intermediärschicht schärfer geschieden und sie besitzt eine Dicke, die der des Ektoderms gleich kommt. Ihr Schluss lässt nicht lange auf sich warten und rückt von vorn nach rückwärts vor.

Auf einer folgenden Stufe (Fig. 4) bei Embryonen von 1.6 bis 1.8 mm. sind die ersten Urwirbel sichtbar, anfangs nur wenige (3—4) und nicht sofort in voller Schärfe abgegliedert. Die Primitivrinne hat sich in einem Theil ihrer Länge verengt und vertieft, indem die Medullarplatten sich aufgerichtet haben, und sich entgegengerückt sind. Am hinteren Ende jedoch besteht noch die klaffende Ausweitung der Grube, in deren Grund die auseinanderweichende Chorda zu sehen ist. Der Kopf hat sich jetzt schon in einer gewissen Länge von der Keimhaut abgelöst, und der Vorderdarm in einer noch bedeuteren Länge geschlossen (an Sagittalschnitten dieser Periode bestimme ich die Länge des freien Vorderkopfes zu 0.45, die des geschlossenen Vorderdarmes zu 0.6 mm.); dabei reicht, wie auch die Flächenansicht (Fig. 4) zeigt, der letztere noch bis weit vorn, und seine Wand berührt unmittelbar die vordere Umbiegung der Medullarplatte. Die Axe des Embryo verläuft gebogen, am höchsten steht der Mitteltheil des Kopfes, das vordere Ende des letzteren senkt sich etwas nach abwärts, ebenso der Hinterkopf, letzterer bildet den Uebergang zur stärkeren Einziehung des durch die Urwirbel charakterisirten Rumpfabschnittes; das hintere Ende des Embryo ist wiederum gehoben.

Rasch erfolgt nun das fernere Längenwachsthum des Embryo und die Vermehrung der Urwirbel. Das Gehirn finde ich bei Embryonen von 2 bis 2.5 mm. noch offen. Dagegen bereitet sich der Schluss vor und bei dem in Fig. 5 abgebildeten Embryo von 2.75 mm. ist es, gleichwie auch das Rückenmark, vollständig geschlossen. Die drei Hirnabtheilungen sind jetzt in der Flächen- und in der Profilansicht zu unterscheiden, bemerkenswerth ist dabei der bedeutende, das Vorderhirn beinahe erreichende Durchmesser des Mittelhirns. Aus der Profilansicht (Fig. 6) ersieht man ferner. den gebogenen Verlauf der Hirnaxe und die beginnende Abgliederung der Augenblasen. — Das hintere Ende des Embryo überragt den Rand der Keimscheibe weit mehr als zuvor. Jeder der beiden Schenkel, in welche es auseinanderweicht, biegt sich hakenförmig zurück, um den Rand zu erreichen, wobei. gleichzeitig eine successive Verjüngung stattfindet.

Embryonen von 4 mm. überragen den hinteren Keimscheibenrand noch erheblicher (bis zu $^3/_4$ mm.). Ihre hintere Verlängerung ist zwar nicht mehr gespalten, wohl aber, wie auf der vorangegangenen Stufe, hakenförmig umgebogen (in den Fig. 7 und 8 nur blass ausgedrückt). Das umgebogene Stück ist die Anlage des eigentlichen Schwanzendes, es verjüngt sich mit der Annäherung an die Keimscheibe. Seine Anheftung erfolgt nicht am Rande selbst, sondern in einiger Entfernung davor, ein Verhältniss, das schon früher (Fig. 5 und 6) angedeutet war. Dies beruht darauf, dass die Verwachsung der beiden Seitenhälften des Randes hinter der Schwanzanlage weiter fortgeschritten ist.

Der ausserembryonale Schluss des Randes rückt nun voran und bald überragt der Scheibenrand nach rückwärts den Embryo. Gleichzeitig wird der Schwanz des letzteren frei und streckt sich, bis er dann bei Embryonen von 12 mm. zu einem einfachen, spitz auslaufenden Strange geworden ist. Die Streckung erfolgt allmählich und zwar derart, dass die Umbiegungsstelle ihren Ort verändert und nach hinten sich verschiebt. Als Zwischenstufen zwischen den Fig. 7 und 8 abgebildeten und der freien Bildung treten solche auf, bei welchen ein nur kurzes umgebogenes Stück dem hinteren Ende des gestreckten oberen Stückes anhaftet (so findet es sich z. B. bei Embryonen von 7—8 mm.).

Wenn die Embryonen eine Länge von etwa 6 mm. erreicht haben

und vom Keimscheibenrand etwa überholt worden sind, wird jederseits
von ihnen in der Keimhaut ein doppelter Streifen sichtbar, ein vorderer
Gefässstreifen und ein hinterer Blutstreifen (Fig. 9). Jener ist
bei seinem ersten Auftreten völlig farblos, besteht aus einem bogen-
förmigen, am Nabel in den Embryo eintretenden Gefässe, welches von
seiner concaven Seite aus eine Anzahl von Zweigen in den dahinter
liegenden Gefässhof entsendet. Der Blutstreifen nimmt seinen Anfang unter dem Schwanz des Embryo und geht, mit dem der andern
Seite divergirend, nach rück- und auswärts. Gefäss- und Blutstreifen
treten sich seitlich vom Embryo näher und verlaufen eine Strecke
weit assymptotisch neben einander her. Später tritt auch längs des
Blutstreifens ein wirkliches Gefäss (Vene) auf.

Die beschriebenen, von der Körperanlage der Haie durchlaufenen
Entwicklungsphasen lassen keinen Zweifel darüber, dass, wie dies im
Beginn dieses Aufsatzes gesagt wurde, der Embryo aus dem Material
sich bildet, welches beiderseits in der hinteren Hälfte des Randwulstes
enthalten ist. Von vorn nach rückwärts erfolgt die Aufreihung des
Materials und seine mediane Verwachsung, indem aus dem hinteren
Theile des Randwulstes zuerst der Kopf und dann nach und nach
auch Rumpf und Schwanz sich zusammenfügen.

Anders als ich fasst BALFOUR den Thatbestand auf; für ihn ist,
wie aus dem oben mitgetheilten Citat hervorgeht, das hintere Ende
des Embryo von Anfang an das Schwanzende. Er muss also den
Embryo nicht durch Apposition, sondern durch Intussusception in die
Länge wachsen lassen. Die auffallende Bildung von Fig. 5 hat er
gekannt und in seiner Fig. 8, Taf. XIV eine ihr entsprechende abgebildet, allein anch hier hat ihm der Gedanke der seitlichen Verwachsung fern gelegen, er sieht die so selbstständig vortretenden
Schenkel als Auswüchse an, bedingt durch die starke Entwicklung
des mittleren Keimblattes. Folgendes ist seine Darstellung (l. c. S. 18):
„After the embryo has become definitely established, for some time it
grows rapidly in length, without externally undergoing other impor-
tant changes, with the exception of the appearance of two swellings,
one on each side of its tail. These swellings which I will call the
caudal lobes are also found in osseous fishes and have been called
by OELLACHER the Embryonal Saum. They are caused by a thikening
of mesoblast on each side of the hind end of the embryo, at the edge
of the embryonic rim, and form a very conspicuous feature throughout
the early stages of the development of the Dog-fish, and are still
more marked in the Torpedo."

Die Bildung am Salmonidenembryo, welche mit den Randbeugen zu vergleichen ist, ist jener kleine Vorsprung, den Oellacher s. Z. als Schwanzknospe, ich selbst als Randknospe bezeichnet hatte. Oellacher hatte denselben, ähnlich wie Balfour, für das wirkliche Körperende gehalten[1]), das in der Folge vom Kopfende sich rasch entferne, während er nach meinen Befunden eben nur die Stelle bezeichnet, wo die beiden Seitenhälften des Randwulstes zusammenstossen und in den Embryo umbiegen[2]). Während bei den Plagiostomen die 2 Umbiegungsstellen des Randwulstes klaffen und durch die

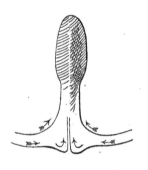

ausgeweitete Primitivfurche von einander geschieden sind, stossen sie bei den Salmoniden sofort dicht zusammen und die Primitivfurche fällt in Folge davon weg.

Die Punkte, welche die Bildung des Haifischembryo durch Verwachsung der zwei Seitenhälften des Randwulstes beweisen, sind folgende:

Zunächst die unmittelbare Evidenz. Es ist in der That kaum möglich, die auf Taf. VII zusammengestellten Entwicklungsstufen neben einander zu sehen, ohne die Ueberzeugung zu gewinnen, dass die Stufe 2 aus 1 durch Einbiegung des Randes entstanden ist und dass eine vermehrte Einbiegung und Annäherung der Schleifenschenkel zu den Stufen 3 und 4 geführt hat. Evident ist ferner die Umbiegung der Parietalfalte und der Aussenfalte in den Randtheil der Keimscheibe. Auch das erscheint einleuchtend genug, dass die divergirenden hinteren Schenkel von Nr. 5 zur Vereinigung bestimmt sind, und ebenso klar ergibt sich, dass das Schwanzende aus dem umgebogenen Stück jener Schenkel sich bilden muss.

Eine weitere Reihe von Argumenten ergibt sich bei der Berücksichtigung der Maassverhältnisse. Fig. 4 kann hiebei als Ausgangspunkt der Betrachtung nach vor- und nach rückwärts dienen, weil hier das Vorhandensein von Urwirbeln und die Gestalt der Gehirnanlage die Grenzen von Kopf- und Rumpfanlagen deutlich zu bestimmen erlauben. Es ist leicht, die Gehirnanlage von Fig. 4 auch in Fig. 3 wiederzufinden und der Vergleich mit Fig. 2 ergibt dann weiterhin, dass die hier vorhandene Schleife des Randwulstes nur die Kopfanlage umfassen kann. Denkt man sich die Schleife von Fig. 2

---

[1]) Oellacher, Zeitschr. f. wissensch. Zool. XXIII, 21.
[2]) Diese Zeitschrift Bd. I, S. 19.

bis zu Parallelstellung der Schenkel zusammengeschoben, so erhält man
ein Gebilde von 0.85 mm. Länge und 0.7 mm. Breite, das vor
der Rinne noch 0,33 mm. misst. Die Kopfanlage von Fig. 3 ist
0.85 — 0.9 mm. lang (aus dem Vergleich mit Fig. 4 zu erschliessen),
0.70 mm. breit und misst vor der Primitivrinne 0,35 mm.

Bei Fig. 7 ist der Kopf unter Zurechnung der Biegung 1.5 mm.
lang, er hat somit gegenüber von Fig. 4 etwa um 56 % an Länge
zugenommen. Die Länge des Stückes hinter den Urwirbeln beträgt
dagegen bei Fig. 4 0.85 mm., bei Fig. 7 2.55 mm., d. h. sie hat um
300 % zugenommen. — Das Wachsthum der Strecken, innerhalb deren
Urwirbel sich abgegliedert haben, ist am leichtesten controlirbar.
Die Längenausdehnung der 4 Urwirbel von Fig. 4 beträgt 0.4 mm.
Bei einem Embryo von der Stufe Fig. 8 ist sie noch genau dieselbe,
woraus hervorgeht, dass das Längenwachsthum des segmentirten
Rumpfes innerhalb der betrachteten Periode so gering ist, dass wir
davon absehen können. Dieses zugegeben, bleibt, falls man die Längenzunahme des Rumpfes durch Intussusceptionswachsthum erklären
will, nur die Möglichkeit, dass die Strecke hinter den Urwirbeln der
wachsende Theil sei. Diese Strecke misst bei Fig. 4 0.45 mm. Bei
Fig. 7 ist das Stück hinter den vier vorderen Urwirbeln 2.2 mm.
lang, es hat also die Längenzunahme 1.85 mm. oder mehr denn 400 %
betragen [1]. Nun schreitet die Urwirbelgliederung fortlaufend weiter,
das Wachsthum der abgegliederten Strecken ist aber, wie eben gezeigt
wurde, zu vernachlässigen und so gelangt man bei der Voraussetzung
des Intussusceptionswachsthums zu dem Ergebniss, dass eine Strecke,
die soeben noch im lebhaftesten Wachsthum begriffen war, mit einem
Male stille steht, sowie sie in den Abgliederungsbereich gelangt.
Wollte man auch diese Unwahrscheinlichkeit verdauen, so bliebe als
weitere Unmöglichkeit übrig, zu verstehen, wie der Rumpf aus einem
rasch wachsenden und einem verschwindend wenig rasch wachsenden
Stück bestehen kann, ohne dass in der Breitenausdehnung ein Unterschied bemerkbar ist.

Ein während der Aufreihungsperiode (Fig. 3—7) sehr geringes
Massenwachsthum wird dagegen beansprucht, sowie es sich herausstellt, dass die Substanzanlage des Rumpfes und Schwanzes im verbreiterten Theile des Randwulstes aufgespeichert ist. Beim Embryo,

---

[1] Ich bemerke, dass die Messungen an den 40fach vergrösserten Original-
zeichnungen genommen sind. Abweichungen in der Nachmessung an der litho-
graphirten Tafel erklären sich durch die schwer vermeidlichen Ungenauigkeiten
der Wiedergabe.

Fig. 7, beträgt die Länge des Rumpfes unter Einrechnung des um-
geschlagenen Schwanzstückes 3.2 bis 3.7 mm. Misst man diese Längen,
vom Embryo ausgehend, am Randwulste der Scheibe von Fig. 3 ab,
so kommt man jederseits etwas über die Mitte hinaus, d. h. bis dahin,
wo der Randwulst in seinen dünnen Abschnitt ausläuft. Hier ist
somit die Anlage des Schwanzendes zu suchen und was darüber hin-
ausliegt, wird zum Schlussrande des Dottersackes.

Es bleibt indessen noch übrig, die Verhältnisse an Durchschnitten
mit Rücksicht auf die uns beschäftigende Frage zu prüfen. Wie oben
erwähnt wurde, so bildet die Zellenmasse unter dem durch sein Gefüge bereits scharf charakterisirten Ektoderm anfangs eine lockere und
ziemlich unregelmässig abgegrenzte Schicht. Die Scheidung dieser
Schicht in eigentliche Blätter [1]) geht verhältnissmässig langsam vor
sich und beginnt am hinteren Ende der Keimscheibe, wenn diese
einen Durchmesser von etwa 3 mm. erreicht hat. Es bildet sich eine
dicke Endodermlage, deren Zellen zuerst im Randtheil radiär sich anzuordnen beginnen und die hier an den herabgebogenen Saum des
Ektoderms unmittelbar sich anschliesst. Dies Verhältniss, von Balfour bereits beschrieben, schliesst sich dem an, das Lereboullet vor
Jahren bei den Knochenfischen, Kowalevsky beim Amphioxus und
bei einer Reihe von Wirbellosen aufgefunden und auf dessen Vorhandensein beim Vogelei neuerdings Rauber aufmerksam gemacht
hat [2]). In gleich prägnanter Weise, wie bei den Plagiostomen, geschieht der Anschluss beider Blätter an einander, weder bei Knochenfischen, noch am Hühnerkeim. Beide Schichten besitzen bei jenen
an der Umschlagsstelle dieselbe Dicke und gehen in sanft gerundetem
Bogen in einander über, so dass es auf einer gewissen Entwicklungsstufe fast unmöglich erscheint, eine scharfe Grenze anzugeben, wo
das Ektoderm aufhört und das Endoderm beginnt. Ich werde im
Nachfolgenden die Umbiegungsstelle beider Blätter in einander als
die Randfirst des Keimes bezeichnen.

Ueber dem sich abgrenzenden Endoderm bleibt eine fernere un-

---

[1]) Im Anschluss an Goette brauche ich den Ausdruck Schicht oder
Keimschicht nicht synonym mit Keimblatt, jener wird für die noch unvoll-
kommen geschiedene Substanzlage gebraucht, dieser für die scharf umgrenzte.
Man vergleiche diese Zeitschrift I, S. 14.

[2]) Lereboullet, Embryologie comparée du brochet, de la perche etc. Mém.
des savants étr. 1853, tom. XVII. — Kowalevsky, Mém. de l'Acad. de St. Pé-
tersbourg t. X et XI, 1866 und 1867. — Rauber, Med. Centralblatt 1875, S. 49:
Die Gastrula des Hühnerkeimes und „Ueber die Stellung des Hühnchens im
Entwicklungsplane". Leipzig 1876.

gesonderte Zellschicht, welche die Anlage der Muskelplatten umfasst. Zuerst geschieht ihre Scheidung vom darüber liegenden Ektoderm, während sie noch flach auf dem Endoderm aufruht, dann tritt
auch eine untere Spalte und schliesslich eine völlige Sonderung der
intermediären Schicht von der Umgebung ein. Gleichzeitig zerfällt
sie in eine obere und eine untere Platte, welche an ihrem der Axe
des Embryo zugewendeten Rand unter einander in bogenförmiger Verbindung bleiben. Diese intermediäre Schicht (Mesoderm der Autoren)
besitzt im Stammtheil des Embryo ihre grösste Mächtigkeit, im
Parietaltheile nimmt sie ab und verliert sich beim Uebergang
in die Aussenzone. Letztere ist nur zweiblätterig, wogegen im embryonalen Theile des Randwulstes die Intermediärschicht neuerdings
auftritt.

Die Eigenschaften des Randwulstes müssen, wie leicht einzusehen
ist, einen sicheren Prüfstein für die Bildungsweise des Körpers bieten,
denn insofern ein Theil des Randwulstes wirklich Embryonalanlage
ist, hat sich dies in dessen Eigenschaften lange vor Eintritt der Verwachsung zu zeigen. — Führt man an einer Keimscheibe von 4 bis
5 mm. Dm. einen Querschnitt durch den Embryo und zwar so weit
vorn, dass der hintere Theil des Randwulstes nicht mehr tangential
gestreift wird, so trifft der Schnitt in seiner Mitte den Embryo, beiderseits davon die Aussenzone und endlich den Randwulst, letzteren in
etwas schräger, nicht rein radiärer Richtung. Dabei zeigt sich nun
Folgendes: mit dem Uebergang auf den Randwulst verdicken sich sowohl das Ektoderm, wie das Endoderm; zwischen ihnen erscheint die
aus rundlichen Zellen gebildete intermediäre Masse, welche, wenn
ihre Scheidung vom Ektoderm bereits erfolgt ist, noch auf dem Endoderm aufruht und sich der Concavität der Randfirst genau an-
schmiegt. Dieselbe besitzt ihre grösste Dicke am Rand und schärft
sich nach einwärts zu, sie ist sonach gerade entgegengesetzt gerichtet,
wie die entsprechende Lage im Embryo. Ich führe als Beispiel einige
Maasse an: An einem Querschnitte durch den hinteren Kopftheil des
Embryo, Fig. 4, misst die Breite des Schnittes 4.5 mm.,
die Dicke der Scheibe im Bereich der 2blätterigen Aussenzone   30 μ.
die grösste Dicke des Randwulstes . . . . 90 „
die Dicke des Ektoderms in der Aussenzone . . . . . . 10 „
„   „   „   „   im Randwulst . . . . 25 „
die Breite der Intermediärschicht des Randwulstes etwa . . 170 „
ihre grösste Dicke . . . . 50 „
Etwas weiter vorn sind die Dimensionen geringer, hier beträgt:
die Dicke des Randwulstes nur . . . . . . 70 μ.

die Dicke des Ektoderms im Randwulst . 18—20 μ.

„   „ der Intermediärschicht . . . . . 40 „

Ein Querschnitt von der Art der eben beschriebenen trifft sonach die Substanzanlage des Körpers zweimal, zuerst im schon vereinigten Embryo und dann wieder in zwei correspondirenden Seitenhälften am Rande[1]. Damit letztere zum Ganzen werden, ist es nöthig, dass sie eine vollständige Drehung erfahren, ihre von einander abgewendeten convexen Randfirsten einander zuwenden und mittelst derselben unter einander verwachsen. Diese Drehung erfolgt im Allgemeinen beim Durchgang des Randwulstes durch die Randbeuge. Nur für das untere Schwanzende stellt sich die Sache etwas anders, denn da kommt die Vereinigung vor dem Durchgang durch die Umbiegungsstelle zu Stande. Schnitte, welche durch das Spaltungsgebiet des hinteren Embryorandes (in den Phasen Fig. 3—5) geführt werden, zeigen die 2 Seitenhälften getrennt. Jede der beiden Hälften besitzt eine laterale und eine mediale Randfirst, von denen letztere dicker ist, als die erstere. Die beiden medialen Firsten sind mit ihrer Convexität einander zugekehrt, oder, falls die Incisur vom Schnitte eben noch gestreift wurde, durch eine schmale Zellenbrücke mit einander verlöthet.

Die weiteren Folgerungen aus obigem Befunde ergeben sich von selbst: indem die beiden Wülste sich begegnen und verwachsen, entsteht eine obere Rinne, die Primitivrinne, und eine untere, die Darmrinne. Die beiden Ektodermhälften treffen im Grund der oberen Rinne mit einander zusammen und ebenso an der Decke der Darmrinne die beiden Endodermhälften. Ektoderm und Endoderm bleiben längs der Körperaxe mit einander verbunden durch die aus den verwachsenen Randfirsten hervorgegangene Masse des Axenstrangs, die Anlage der Chorda dorsalis. Sehr bald tritt eine scharfe Grenzlinie zwischen dieser und dem Ektoderm auf, und nun nimmt sich der Axenstrang aus wie eine Längsleiste, oder selbst wie eine Längsfalte des Endoderms (man vergl. Taf. XIV, Fig. 7a und 7b von BALFOUR). Später gliedert sich die Chorda auch von letzterer ab, indess bleibt der Zusammenhang noch lange durch eine kurze mediane Platte erhalten[2]

Da, wo die Chorda an die Medullarplatte anstösst, ist letztere

---

[1] Schnitte, die den hinteren Theil des Randwulstes tangential streifen, zeigen natürlich die Intermediärschicht ununterbrochen vom Embryo bis zum Randwulst, allein hier ist dieselbe ebenso wie im Embryo selbst verdickt.

[2] Abgebildet bei BALFOUR, Taf. XIV, Fig. 10, X als peculiar body underlying the notochord, derived from the hypoblast.

wie ausgeschnitten und nicht unerheblich verdünnt[1]). Ihre Configuration an dieser Stelle entspricht der Form, die zu Stande kommen muss, wenn man sich die herabgebogenen und schräg abgesetzten Ektodermränder eines früheren Stadiums (S. 110) zusammengestossen denkt. So liegt es bei gleichzeitiger Berücksichtigung der frühen Sonderung der Medullarplatte von der Chordaanlage nahe genug, diese rein nur aus dem Zellenmateriale der unteren Keimschicht bezw. aus dem Endoderm abzuleiten.

Nach ihrer Entstehungsgeschichte und mit Beziehung auf den Körper ist die Chorda dorsalis als dessen axiale Längsnaht zu bezeichnen; mit Beziehung auf den Gesammtkeim repräsentirt sie einen Theil der verwachsenen Lippen des Blastoporus (oder für die Gastraeatheoretiker der verwachsenen Lippen des Urmundes). Der Verwachsungsmodus aber des Körpers längs der Axe ist derselbe, wie entlang seiner übrigen Nähte, der Medullar- und Rückennaht, der Darmnaht, der Herznähte und der Bauchnaht. Ich kann das Schema hier wieder abdrucken, welches ich bereits bei einem anderen Anlasse dafür gegeben habe[2]). Zwei Falten begegnen sich mit ihren

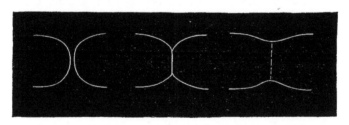

Firsten und verwachsen mit einander, der obere Schenkel der einen bildet mit dem oberen der andern eine zusammenhängende, im Beginn rinnenförmig vertiefte Platte und dasselbe gilt von den unteren Faltenschenkeln. Beide Platten rücken später auseinander; während aber das Verbindungsstück bei den übrigen Nähten keine selbstständige Rolle mehr spielt, wird es bei der axialen Naht vermöge seiner Mächtigkeit zu einem eigenen Organ, der Chorda.

Es werden aus dieser Bildungsgeschichte eine Reihe von Einzelheiten verständlich, welche die Beobachtung ergibt:

1) die früher erwähnte Verbreiterung der Chorda an ihrem hinteren

---

[1]) Ich messe z. B. an einem Schnitt durch den Embryo Stad. Fig. 3 die Dicke der Medullarplatte seitl. von der Chorda 35 μ., darüber nur 25 μ.

[2]) Körperform S. 65.

Ende in den Stadien Fig. 3 und 4 und ihr Anschluss an die Zellenlage der Randfirst;

2) das schon von Balfour (l. c. S. 13) hervorgehobene getrennte
Auftreten der intermediären Zellenmasse (Mesoderm) jederseits von
der Axe;

3) der Umstand, dass die Primitivrinne nicht bis an das vordere
Körperende reicht und dass die davor liegende Strecke des Kopfes
anfangs nahezu dieselbe Breite hat, wie die beiden Seitenstrecken
(0.3 mm., Fig. 3);

4) das Zusammentreffen der oberen und der unteren Rinne an
der Incisur;

5) die Schichtung der Chorda. So früh nämlich die Chorda un-
terscheidbar ist, besteht sie aus stark abgeplatteten und hintereinander geschichteten Zellen; nach rückwärts schliesst sich deren
Schichtung beiderseits derjenigen der Zellen der Randfirst an. Dies
erklärt sich folgendermaassen: beim Uebergang des Randwulstes in
den Embryo erfährt das zuvor gebogene Stück eine Streckung, die
Masse, die den convexen Rand bildete, wird dabei zusammengedrängt,
die des concaven gestreckt. (Letzteres Moment kommt möglicherweise in Betracht bei der Scheidung der Urwirbel. Immerhin ist zu
bemerken, dass die Urwirbelscheidung der Zeit nach mit dem Uebergang des Randwulstes in den Embryo nicht völlig zusammenfällt, sondern ihr etwas nachfolgt.)

Die Verwachsung der Körperanlage aus zwei Seitenhälften ist ein
so tiefgreifender Vorgang, dass wir kaum erwarten dürfen, ihn nur
auf die Klasse der Fische beschränkt zu finden. Wenn aus ähnlichen
Anfängen, aus den sich durchfurchenden Keimen ähnliche spätere
Entwicklungsstufen, die formverwandten Embryonen entstehen, so
werden sich die Durchgangsstufen doch in irgend einer Weise entsprechen. Was sich bis jetzt von verwandten Vorgängen hier anführen
lässt, sind die Keimstreifenverwachsungen, welche man von Würmern
und von Arthropoden kennt. Ich erinnere z. B. an die Beschreibung
und Abbildungen, welche Kowalevsky [1]) von der Entstehung von
Euaxes giebt. — Ferner führe ich desselben Forschers Beobachtungen
über die Vorgänge im Insectenei (speciell Hydrophilus) [2]) an. Der
Keim (Blastoderm), wenn er in Zellen umgewandelt ist, umschliesst hier

---

[1]) Kowalevsky, Embryologische Studien an Würmern und Arthropoden.
Petersburg 1871, S. 15 u. f., Taf. III, Fig. 12—20 u. Taf. V.

[2]) Hierüber zu vergl. Kowalevsky's Abbildungen über Hydrophilus Taf. VIII,
Fig. 1—6, Taf. IX, Fig. 20—26, Taf. X, Fig. 27—33.

den Nahrungsdotter vollständig. An seiner Aussenfläche bildet sich eine
longitudinale Rinne, deren Ränder sich erheben und zuschärfen. Obwohl
dieselben nicht den späteren Darmraum, sondern einen provisorischen,
wieder vergehenden Vorraum umschliessen, lassen sie sich doch nach
ihrem weiteren Schicksale mit den Lippen eines Blastoporus vergleichen. Dieselben vereinigen sich der Länge nach; aus den Zellen
des oberen Lippenblattes wird das Ektoderm des Keimstreifens, die
des unteren, zugleich mit denen des Rinnengrundes verlieren ihren
bisherigen geschlossenen Zusammenhang und bilden die untere Keimschicht. In der Folge gehen aus dieser die Muskelplatten und das
Darmdrüsenblatt hervor; sie liegt dem Dotter unmittelbar auf und
das Darmrohr bildet sich nunmehr durch eine Art innerer Umwachsung des letzteren Seitens des Darmdrüsen- und Darmfaserblattes.

Bei Wirbelthieren kennen wir ausser bei Knochenfischen und
bei Plagiostomen bis jetzt nichts von einer Längsverwachsung der
Körperanlage. Damit ist nun keineswegs gesagt, dass eine solche
nicht stattfinde oder überhaupt nicht denkbar sei. Der Vorgang kann
so verdeckt sein, dass er schwer und jedenfalls nur durch besonders
darauf gerichtete Untersuchungen an's Licht zu bringen ist, und eine
Hauptschwierigkeit der Auffindung kann gerade darin liegen, dass
die Verwachsung der Anlage der Bildung bestimmter Formen weit
vorauseilt.

Am leichtesten wird, wie mir scheint, die Sache bei Amphibien
zu finden sein. Vom Hühnerkeim ist wenigstens die Thatsache bekannt, dass die Embryonalanlage anfangs bis zum hinteren Rande der
Keimscheibe reicht, später aber von dieser überragt wird. RAUBER [1])

---

[1]) RAUBER spricht sich in seiner vorläufigen Mittheilung im medicinischen
Centralblatt 1874, S. 787., also aus: „Nimmt man die Lage des künftigen Kopf-
endes zum Ausgangspunkt, so entspricht die erste Embryonalanlage einem hinteren Abschnitte des Randwulstes und nimmt etwa ein Drittheil der Gesammt-
peripherie desselben ein. Dieser hintere embryoplastische Theil des Randwulstes ist durch ein geringeres Flächenwachsthum ausgezeichnet, als der grössere
vordere periembryonale Theil, welcher durch rascheres Wachsthum und zuneh-
mende Ausbreitung den ersteren nach allen Seiten überholt, ihn nach rückwärts
nicht allein auszieht und verlängert, sondern auch schliesslich von seiner früheren unmittelbaren Verbindung abdrängt. Auf diese Weise isolirt, geht der
embryoplastische Theil seiner weiteren Entwicklung entgegen, die Ränder des
periembryonalen Theiles aber schliessen sich hinter dem abgeschnürten Theile
mit zunehmender Isolirung desselben wieder zusammen.“ In der neueren Schrift
RAUBER's: „Die Stellung des Hühnchens im Entwicklungsplan“ finde ich nichts
hierauf Bezügliches, höchstens könnten die Erörterungen von S. 17 hier angeführt werden. Unverständlich in seiner lakonischen Fassung ist mir desselben Beobachters Ausspruch, welcher den Kern eines Aufsatzes in Nr. 1 der

hat demgemäss einen embryoplastischen und einen periembryonalen Abschnitt des Randwulstes˙ unterschieden und er denkt sich, dass der erstere durch den rascher sich ausdehnenden letzteren in die Länge gezogen und nachher umwachsen wird. Unter einer grösseren Zahl von Keimscheiben aus den 18 ersten Bebrütungsstunden habe ich zweimal einen kartenherzartigen Einschnitt, dreimal eine leichte Einbiegung am hinteren Scheibenrande getroffen. In der Regel aber findet sich äusserlich Nichts, was auf eine Verwachsung hinweist und zu einer sicheren Entscheidung bedarf es durchaus erneuter Untersuchungen.

Noch˙ schwieriger mag sich eine Entscheidung für das Säugethierei gewinnen lassen. Wenn indess hier nach den Angaben von Ed. v. Beneden für die Stufe der anscheinenden Vollkugel das Princip der Hohlkugel (Metagastrula von v. Beneden) und die, wenigstens virtuelle Anwesenheit eines Blastoporus gewahrt sind, wenn ferner die Embryonalanlage auch hier in die Umgebung des betreffenden Blastoporus fällt[1]), so ist wenigstens die Möglichkeit einer axialen Verwachsung der Körperanlage als vorhanden anzusehen.

Erklärung der Abbildungen.

Tafel VII.

Die Figuren 1—8 sind bei 20facher Vergrösserung mit dem Prisma aufgenommen und so orientirt, dass in der Reihe Fig. 1—3 das vordere Ende der Primitivfurche, für die Fig. 4—8 das hintere Gehirnende in dieselbe Querlinie fallen.

Fig. 1, 2 und 3. Pristiuruskeime. Nach isolirten frischen Präparaten gez.

Fig. 4. Scyllium cat., Contouren nach frischem Präparat, Detail nach aufgehelltem.

Fig. 5. Pristiurus, Contouren nach frischem Präparat, Detail nach aufgehelltem.

Fig. 6. Pristiurus, nach Canadapräparat gez.

Fig. 7a und 7b. Derselbe Pristiurusembryo in 2 Stellungen. Detail von 7a nach Aufhellung eingetragen.

Fig. 8. Pristiurusembryo, frisch gez.

Fig. 9. Pristiurusembryo mit seinem Gefässhofe. Vergr. 5. Frisch gez. Der vordere helle Bogen ist der Gefässstreif, der hintere der Blutstreif.

Sitzungsber. der Leipziger naturf. Ges. 1876 bildet. Die betreffende Nummer habe ich während des Druckes von diesem Bogen erhalten, der Ausspruch lautet, nach Hervorhebung der Randstellung des Embryo, also: „Die Primitivrinne ist nichts Anderes, als die Fortsetzung der Entoderminvagination auf den embryonalen Rücken und beginnt deshalb randwärts. Die Primitivrinne ist, wiewohl transitorisch, das wichtigste Gebilde der „ersten Embryonalanlage"".

[1]) Ed. v. Beneden: La maturation de l'oeuf etc. Bruxelles 1875.

IX.

1. Ueber Vasa aberrantia am Rete testis.

Von

Prof. M. Roth in Basel.

Das Vorkommen von Vasa aberrantia am unteren Theil des Nebenhodens und am Vas deferens ist seit HALLER durch zahlreiche Forscher,
worunter besonders LAUTH, sattsam nachgewiesen worden. Ferner
haben KOBELT und LUSCHKA gezeigt, dass auch am Kopf des Neben-
hodens·solche abirrenden Samengefässe keine Seltenheit sind. Dagegen
scheinen analoge Blindschläuche des Rete testis bisher der Beobachtung
sich entzogen zu haben.

Diese letzteren stellen nicht, wie die bisher bekannten, Anhängsel
des Nebenhodens, resp. des Vas def. dar, sondern sitzen dem Hoden
selbst auf, von dessen Rücken, dem Rete vasculosum Halleri, sie ausgehen. Sie scheinen keineswegs sehr selten zu sein, da sie mir in
8 Monaten 4 mal (bei Individuen von 19—41 Jahren) vorgekommen
sind. Zweimal wurden sie am linken, einmal am rechten, einmal an
beiden Hoden beobachtet. Dreimal fand sich ein solitäres, zweimal
zwei Vasa aberrantia vor.

Diese Vasa aberrantia, deren Länge von 9—20 mm. variirt, entspringen vom oberen Theil des Rete testis dicht neben dem untersten
Vas efferens und verlaufen ziemlich gestreckt im vorderen unteren
Theil des Samenstranges auf der medialen Seite des Nebenhodens.
Sie haben so ziemlich die Weite von Vasa efferentia, nur erscheinen
sie gewöhnlich gegen das Rete hin etwas schmäler und erweitern sich
an ihrem blinden Ende zu einem Kölbchen oder sind hier auch mehrfach divertikelartig ausgebuchtet. Sie sind mit cylindrischem Flimmerepithel ausgekleidet, das zuweilen gleich dem Epithel der Vasa effe-

rentia in fettiger Degeneration getroffen wird. Als Inhalt dieser Schläuche fand sich klare Flüssigkeit, keine Samenfäden.

Von der oben erwähnten typischen Insertion am unteren Ende des Nebenhodenkopfes fand sich nur eine Ausnahme, wo zwei etwa 1 ctm. lange Vasa aberrantia mitten im Nebenhodenkopf, oben und unten von Vasa efferentia umgeben, ihren Sitz hatten. Der Fall war auch dadurch bemerkenswerth, dass die zwei aberrirenden Kanäle durch zwei kurze dicke Brücken mit einander communizirten.

Betreffs der Deutung dieser Vasa aberrantia testis kann es nicht zweifelhaft sein, dass sie ihre Entstehung einer Störung in der Verbindung zwischen WOLFF'schem Körper und Hoden verdanken. Nehmen wir die KOBELT'sche Deutung der Vasa aberrantia des Nebenhodens als richtig an, wonach ein oder mehrere WOLFF'sche Blinddärmchen als solche bestehen bleiben, ohne den normalen Anschluss an den Hoden zu erreichen, so können die Vasa aberrantia am Rete testis als solche WOLFF'sche Kanäle gedeutet werden, die zwar Anschluss an den Hoden gewonnen, aber abnormer Weise vom WOLFF'schen Gange (dem Canalis epididymidis) sich abgeschnürt haben. Dafür spricht nicht nur ihre äussere Aehnlichkeit mit den Vasa efferentia (also mit den normal umgebildeten WOLFF'schen Blindschläuchen) und ihre Auskleidung mit Flimmerepithel, sondern auch die Thatsache, dass sie am häufigsten gerade an der Stelle vorkommen (im Winkel zwischen Nebenhodenkopf und Samenstrang), wo ein anderer höchst wahrscheinlich ebenfalls als Rest der Primordialniere zu deutender Körper, das GIRALDES'sche Organ, sich befindet.

In pathologischer Beziehung sind die beschriebenen Anhänge des Rete testis nicht ohne Interesse, indem sie durch Eindringen von Sperma sich in grosse Samencysten umwandeln können, die dem Rücken des Hodens aufsitzen. Zuweilen schnüren sie sich auch vom Rete testis ab und stellen kleine seröse Cysten dar (das Genauere darüber s. in VIRCHOW'S Archiv).

2. Flimmerepithel im Giraldes'schen Organ.

Von demselben.

Das Organ von Giraldes (Parepididymis Henle) liegt im untern vordern Theil des Samenstrangs und besteht aus einer wechselnden Zahl weisslicher oder gelblicher Klümpchen, die weder unter sich noch mit dem Hoden zusammenhängen und jeweilen stark gewundene Blindschläuche darstellen. Die epitheliale Auskleidung dieser Schläuche ist, soweit ich sehe, nicht ganz richtig beschrieben worden. Während nämlich Henle (Handbuch der Anatomie II. S. 364) sich über die Gestalt der Epithelien nicht deutlich äussert, Kölliker (Gewebelehre 5. Aufl. S. 537) dieselben für pflasterförmig erklärt, ebenso Frey (Histologie 2. Aufl. S. 609) und W. Krause (3. Aufl. von C. Krause's Handb. d. Anat. I. 1876. S. 265), endlich Klein (Stricker's Handb. S. 638) ihnen Cylinderepithel zuschreibt, so finde ich diese Schläuche schon beim Neugeborenen und von da bis ins höchste Alter mit cylindrischem Flimmerepithel ausgekleidet. Die Cilien sind fast halb so lang als die sie tragenden Cylinderzellen (bei einem 64j. Mann betrug die Länge der Zellen 0,028 mm., die der Cilien 0,012 mm.). Obschon die Zellen in der Regel vom Pubertätsalter an in starker Fettdegeneration getroffen werden, so erhalten sich doch die Flimmerhaare intakt.

Wahrscheinlich erscheinen die Cilien gegen Ende der Fötalzeit; wenigstens waren bei einem 21 und bei einem 30 ctm. langen Fötus noch einfache Cylinderzellen ohne Spur von Flimmerhaaren vorhanden.

Das Vorhandensein von Flimmerepithel im Giraldes'schen Organ spricht sehr für die von Giraldes selbst vermuthete Abstammung dieser Schläuche vom Wolff'schen Körper, da ja auch die aus dem Wolff'schen Körper hervorgegangenen Kanälchen des Nebenhodenkopfes (O. Becker) und die Parovariumschläuche beim Weib mit Flimmerepithel ausgekleidet sind.

Beiläufig die Bemerkung, dass im Lumen der Giraldes'schen Schläuche, zuweilen schon beim Fötus, glänzende Concretionen vorkommen, die in Natron unlöslich, in Salzsäure ohne Aufbrausen sich lösen, also wohl aus Kalkphosphat bestehen. —

3. Die ungestielte oder Morgagni'sche Hydatide.

Von demselben.

Das so häufig am obern Umfang des Hodens vor dem Nebenhoden-kopf sitzende Läppchen, die ungestielte oder Morgagni'sche Hydatide, hat verschiedene Deutungen erfahren: C. Krause (1843) hielt sie für eine Duplicatur der Tunica serosa, zwischen deren Blättern sich fett-loser Zellstoff befinde, und verglich sie mit den Appendices epiploicae des Darmes. Aehnlich sprach sich Huschke (1844) aus: Vielleicht, fügt letzterer bei, sei die Hydatide auch ein Rest der stärkeren Ent-wickelung des Nebenhodens beim Fötus (nach Luschka, Virchow's Archiv VI. S. 311. 1854). Luschka (l. c.) zeigte sodann, dass die Hyda-tide nicht selten mit den Kanälchen des Nebenhodens in offenem Zu-sammenhang steht und dann eine mit Sperma gefüllte Cyste darstellen kann; bei Abschnürung des zuführenden Kanälchens finde man zu-weilen eine seröse Cyste vor. O. Becker (Moleschott's Untersuchun-gen zur Naturlehre II. S. 83. 1857) fand weiter, dass diese Cysten, sobald sie Samenfäden enthalten, mit Flimmerepithel wie die Kanälchen des Nebenhodens ausgekleidet sind.

Neuerdings ist nun von Fleischl (Centralbl. f. d. med. Wissensch. 1871. Nr. 4.) eine wesentlich andere Deutung der ungestielten Hyda-tide versucht worden, der auch bereits Waldeyer (bei Fleischl in Stricker's Handb. II. 1872. S. 1236) und W. Krause (in C. Krause's Handbuch I. 1876. S. 265) zugestimmt haben. Nach Fleischl näm-lich ist, während sonst die Tun. vagin. propr. Pflasterepithel besitzt, die ungestielte Hydatide mit cylindrischem Flimmerepithel überzogen, sie besteht aus blut- und lymphgefässreichem Bindegewebe ohne Hohl-raum, und in dieses Bindegewebe hinein gehen von der Oberfläche schlauchförmige Einstülpungen des Epithels. Indem F. das Flimmer-epithel mit dem Keimepithel, das Bindegewebe mit dem Stroma des Eierstocks und die Epitheleinstülpungen mit ähnlichen Vorkommnissen am Eierstock parallelisirt, gelangt er dazu, die Morgagni'sche Hydatide als ein Analogon des embryonalen Eierstocks aufzufassen, und be-zeichnet sie als Ovarium masculinum. Den gegen die Basis der Hydatide führenden mit Cylinder-(Flimmer?)epithel ausgekleideten Kanal hält er für das Analogon der Tube des Weibes.

Es ist diese Deutung eine Fortführung der Waldeyer'schen An-schauung (Eierstock und Ei, 1870), wonach die Säugethiere nicht nur in Bezug auf die Geschlechtsausführungsgänge, sondern auch bezüglich der Keimdrüsen hermaphroditisch angelegt sind, von welcher hermaphroditischen Anlage sich zeitlebens Spuren erhalten sollen. U. A. hebt WALDEYER hervor (l. c. S. 150), dass auf dem Hoden des Hundes das „weibliche Keimepithel" als eine vom Epithel des Parietalblattes der Vaginalis propria verschiedene Zellenlage sich nachweisen lasse.

In Betreff der von FLEISCHL beigebrachten Thatsachen kann ich zunächst das Vorhandensein von cylindrischem Flimmerepithel auf der Morgagni'schen Hydatide bestätigen. Auch die Einstülpungen dieses Epithels in die Tiefe kommen öfter vor; dagegen ist die Hydatide keineswegs immer ein solider Körper, sondern enthält zuweilen einen mit Epithel ausgekleideten Hohlraum (Cyste), wie dies schon aus den vorerwähnten Beobachtungen von LUSCHKA und O. BECKER hervorgeht. Auch den zur Hydatide verlaufenden Kanal haben schon jene Autoren gesehen, aber ihn, nicht immer blind endigen, sondern ihn in offener Communication mit einem Vas efferens des Nebenhodens stehen sehen; in letzterem Falle wurden auch Spermatozoen in der Cyste der Morgagni'schen Hydatide gefunden. Wenn wir nach jenen Beobachtungen ein Vas aberrans des Nebenhodens, nicht aber mit FLEISCHL eine Tube in jenem zuweilen vorkommenden Kanälchen anzunehmen genöthigt sind, so steht es um kein Haar besser mit dem „Ovarium masculinum" FLEISCHL'S. Denn die Einstülpungen des Epithels erklären sich sehr einfach aus der häufig etwas gekerbten lappigen Oberfläche der Hydatide, welchen Niveauveränderungen das Epithel folgt, während kein Grund vorliegt, diese Einstülpungen als „drüsige" anzusehen. Was endlich noch das von dem Epithel der übrigen Tunica vaginalis sich unterscheidende Flimmerepithel der Hydatide betrifft, so ist es sehr gewagt, aus solchen Formverschiedenheiten der Epithelzellen so weitgehende Schlüsse zu machen. Denn abgesehen davon, dass sowohl in pathologischen Bildungen als im Lauf der normalen Entwicklung die Epithelarten mannigfach ineinander übergehen (vgl. z. B. NEUMANN über Flimmerepithel im Oesophagus von menschlichen Früchten: M. SCHULTZE's Archiv XII. S. 570), so ist speciell für die auf der Tun. vag. propr. vorkommenden Epithelien Vorsicht nöthig. So erwähnt LAVALETTE, dass die Zotten der Scheidenhaut zuweilen mit Cylinderepithel überzogen seien (STRICKER's Handb. S. 522). Ich selbst habe einen Fall beobachtet, wo ausser der Morgagni'schen Hydatide, die ihr gewöhnliches Flimmerepithel besass, noch drei gestielte Anhänge am Kopf des Nebenhodens aufsassen, von denen einer mit dem Pflasterepithel der Tun. vag. propr., einer zum Theil mit Pflaster-, zum Theil mit cylindrischem Flimmerepithel, der dritte ganz mit Flimmerepithel überzogen war. Der letztere Auswuchs war solid, die zwei andern enthielten je eine mit Flimmerepithel ausgekleidete Cyste.

Uns scheint deshalb, so lange keine genauen entwicklungsgeschichtlichen Beobachtungen über die Morgagni'sche Hydatide vorliegen, die Fleischl-Waldeyer'sche Auffassung einer genügenden Begründung zu entbehren, und wir betrachten noch immer die älteren Angaben von Luschka und O. Becker für maassgebend, wonach wenigstens zuweilen die Morgagni'sche Hydatide eine unverkennbare Beziehung zu dem männlichen Geschlechtsapparat besitzt.

X.

Ueber die Lymphwege der Knochen.

Von

Prof. G. Schwalbe.

Eine Mittheilung des Herrn Dr. A. BUDGE „über Lymph- und Blutgefässe der Röhrenknochen" (Sitzung des medic. Vereins zu Greifswald vom 6. Mai 1876), die mir soeben von dem Herrn Verfasser übersandt ist, veranlasst mich, meine eigenen Beobachtungen über Lymphgefässe der Knochen vor vollständigem Abschluss derselben zu publiciren. Ich habe mich schon seit längerer Zeit mit diesem Gegenstande beschäftigt und war bereits zur Zeit des Besuches, den mir Herr Dr. A. BUDGE hier in Jena im Jahre 1874 abstattete, zu den Resultaten gekommen, die ich in den folgenden Zeilen mittheile. Bisher hatten äussere Gründe eine Fortsetzung dieser Arbeiten, sowie eine Publication der erhaltenen Resultate verzögert, doch würde ich jedenfalls nicht mit der Veröffentlichung gesäumt haben, wenn mir Herr Dr. BUDGE, dem ich bei Gelegenheit des erwähnten Besuches erzählte, dass ich die Lymphgefässe der Knochen bearbeite, gesagt hätte, entweder dass er bereits denselben Gegenstand in Arbeit genommen habe oder nehmen werde. Meine Untersuchungen erstrecken sich sowohl auf die Lymphbahnen der Röhrenknochen, als auf die der Knochen des Schädeldachs (Parietale, Frontale, Occipitale) und wurden sowohl an Röhren- und Schädelknochen des Menschen, als an den entsprechenden von Rind, Schaf, Kaninchen, Katze angestellt. Sie betreffen nur die Verhältnisse bei vollständig entwickelten Knochen; nur gelegentlich habe ich bei meinen Injectionen noch wachsende Knochen mit verwendet.

Was zunächst die Lymphbahnen des Periosts betrifft, so bin ich nicht so glücklich gewesen, innerhalb des eigentlichen Periosts

9*

Lymphgefässe zu füllen. Bekanntlich besteht das Periost der ausgewachsenen Knochen aus zwei leicht durch Präparation von einander
zu trennenden Lagen, deren verschiedene Gefässversorgung kürzlich
LANGER[1]) genau beschrieben hat. Ich fand nun (nach Untersuchungen
am menschlichen Femur und Tibia), dass beide durch ein sehr lockeres
spaltenreiches Bindegewebe von einander geschieden werden, welches
es ermöglicht, dass die äussere, die gröberen periostalen Gefässe führende Lage mehr oder weniger weit über der inneren hin- und her-
geschoben werden kann. Die innere an longitudinal laufenden elastischen Fasern reiche Schicht haftet an vielen Stellen fest auf dem
Knochen, oft durch fibröses Gewebe innig mit ihm verwachsen. An
anderen Stellen kann man, allerdings unter leicht erfolgender Zerreissung der kleinen eindringenden Gefässe, diese Lage leicht von der
Knochenoberfläche abziehen, welche nun, wie die ihr zugekehrte Periost-
fläche glatt erscheint. In noch anderen Fällen (laterale Seite der
Tibia unter den Muskeln, laterale Seite des Femur oberhalb des Epicondylus) existirt überhaupt nur ein lockerer Zusammenhang und man
kann dann von der Existenz ziemlich ausgedehnter communicirender
subperiostaler Räume reden. Diese scheinen besonders leicht da
sich einzustellen, wo Muskelfasern sich direkt in die Oberfläche der
Knochenhaut einsenken. Hier besteht die letztere, wie ich für die
laterale Seite im oberen und mittleren Theile der Tibia finde, überhaupt nur aus einer leicht abhebbaren Schicht, welche der innersten
Lage des Periosts anderer Localitäten entspricht. Ganz ähnlich verhalten sich mit Bezug auf die Verhältnisse der Knochenhaut die
untersuchten Röhrenknochen des Ochsen. Bei kleineren Thieren dagegen (jungen und alten Kaninchen, bei der Katze) konnte ich an
den meisten Stellen des Femur und der Tibia sehr leicht eine Ablösung des einfachen Periosts von seiner Knochenunterlage vornehmen.
Die einander zugekehrten Flächen erschienen dann glatt und glänzend.

Injectionen in das Periost fallen je nach der Wahl der Einstichs-
stelle verschieden aus. Bei Einstich in die äussere Lage oder in das
lockere verbindende Gewebe zwischen beiden Periost-Lamellen dringt
die Injectionsmasse (Berliner Blau, Alkannin-Terpentin) nie nach innen
durch die innere elastische Lamelle, verbreitet sich dagegen, falls der
Einstich in das lockere verbindende Bindegewebe führte, in diesem auf
eine ansehnliche Strecke, die äussere Lage beulenförmig vortreibend.
Nicht selten füllten sich rasch gleich nach Beginn der Injection auf
der äusseren Oberfläche der äusseren Periostmembran einige gröbere

---

[1]) Ueber das Gefässsystem der Röhrenknochen. Wien 1875.

anastomosirende mit unregelmässigen Contouren versehene echte Lymphgefässe, die ich als supraperiostale bezeichnen will. Ganz ähnlich
sind die Resultate der Einstich-Injection in die äussere Periostlamelle
selbst. Der Injection der supraperiostalen Lymphgefässe geht hier oft
eine Füllung zweier die Gefässe begleitender Kanäle voran, welche
aber schnell in die beschriebenen Lymphgefässe überleitet.

Anders sind die Ergebnisse, wenn man die feinste Stich-Canüle
vorsichtig in die subperiostalen Räume einführt. An den meisten
Stellen des menschlichen Femur und der Tibia (ebenso beim Rind)
verbreitet sich die injicirte Flüssigkeit, wie nach dem oben besprochenen anatomischen Befunde zu erwarten war, nur eine kleine Strecke
weit unter dem Periost; nur wo grössere Spalträume existiren, also
besonders bei den untersuchten kleineren Thieren, tritt eine ausgedehnte Füllung des subperiostalen Raumsystemes ein. Im ersteren
Falle (Mensch, Rind) erfolgt nun die weitere Verbreitung der Injectionsmasse nach zwei Richtungen, nach aussen und nach innen. Nach
innen dringt sie in die Knochen hinein und füllt dort Bahnen, die
unten näher besprochen werden sollen. Sehr leicht dringt die injicirte
Flüssigkeit nach aussen vor und füllt dabei in der passirten inneren
Lage zahlreiche feine Spalten, im mikroskopischen Bilde spiessige
Figuren bildend, welche ganz denen gleichen, die durch Michel [1]),
Key und Retzius [2]) aus der Dura mater genau beschrieben sind.[3])
Dann füllen sich die Maschenräume der erwähnten lockeren Verbin-
dungsschicht und der wieder fester gewebten äusseren Lamelle und
schliesslich in manchen Fällen subperiostale Lymphgefässe.

Fassen wir das Mitgetheilte kurz zusammen, so kann von wirklichen Lymphgefässen nur in den äussersten Lagen des Periosts
und auf dessen Oberfläche die Rede sein. Es findet sich dagegen in
der lockeren verbindenden Schicht ein System mit echten Lymphgefässen communirender Spalten und diese stehen wieder durch feine
spaltförmige dem Laufe der Bindegewebsbündel parallele Saftkanälchen
mit den engen oder weiteren Räumen zwischen Periost und Knochenoberfläche in Verbindung. Für die Auffassung der subperiostalen
Räume als Lymphräume scheint mir ausser den Injectionsresultaten

---

[1]) Zur näheren Kenntniss der Blut- und Lymphbahnen der Dura mater cere-
bralis. Berichte der sächs. Gesellsch. d. Wiss. 12. Dec. 1872.

[2]) Studien in der Anatomie des Nervensystems und des Bindegewebes. Stockholm 1875. S. 165.

[3]) Die Injection dieser Spalten gelang auch mittelst der Ludwig'schen
Asphalt-Chloroformmasse und ergab Bilder, welche sehr den von Key und
Retzius auf Taf. 24., Fig. 4. ihres Werkes aus der Dura abgebildeten glichen.

die Thatsache zu sprechen, dass sich an vielen Stellen leicht eine continuirliche Endothel-Auskleidung nachweisen lässt. Dies habe ich wenigstens für die jene Räume begrenzende Oberfläche der Diaphyse (Femur und Tibia vom Kaninchen) mit aller Sicherheit constatirt, weniger sicher für die Innenfläche des Periosts. Diese Endothelüberzüge sind offenbar als die letzten Reste der osteogenen Schicht des Periosts anzusehen; die Osteoblasten sind nach dem Aufhören der ossificatorischen Thätigkeit zu Endothelzellen geworden. In Betreff der Einzelheiten und der Methode der Darstellung bemerke ich noch Folgendes.

Das Endothel der äusseren Oberfläche der knöchernen Diaphyse ist bei gut entwickelten subperiostalen Räumen (Femur und Tibia des Kaninchens) nach Abziehen des Periosts sehr leicht durch Behandlung mit $1/_2$ procentigen Silbersalpeter-Lösungen nachzuweisen. Die schwarzen Silberlinien begrenzen in leichten Schlängelungen, je nach der Lokalität, polygonale oder spindelförmige Felder; in jedem derselben lässt sich durch Karmin oder Hämatoxylin ein Kern nachweisen. Nach Behandlung mit Müller'scher Lösung lassen sie sich leicht in zusammenhängender Lage von der Oberfläche feiner parallel der Oberfläche zuvor abgespaltener Knochenblättchen abheben. Mitunter scheint es, als wenn dieser Endothelüberzug sich in die Mündungen der Havers'schen Kanälchen hinein fortsetze, sowie andererseits feine Fortsätze der Endothelzellen von ihrer dem Knochen zugekehrten Seite aus in die feinen Oeffnungen der auf der Oberfläche ausmündenden Knochenkanälchen einzudringen scheinen.

In der compacton Knochensubstanz der Diaphyse vermochte ich von zwei Seiten her Gefässbahnen zu füllen, die ich aus gleich anzuführenden Gründen geneigt bin, für Lymphbahnen zu halten. Am leichtesten gelingt die Injection von den subperiostalen Räumen aus, besonders wenn man der Injectionsmasse dadurch, dass man die oberflächlichen Lagen der Knochenhaut eintrocknen lässt; oder in anderer Weise, den bequemen Weg nach aussen erschwert. Es dringt dann die injicirte Flüssigkeit (Berliner Blau, Alkannin-Terpentin) mehr oder weniger weit in die Compacta hinein, dem Laufe der Havers'schen Kanälchen folgend, als wenn die Blutgefässe derselben injicirt wären. Gegen diese Auffassung und für die Existenz perivasculärer Lymphbahnen in der Knochensubstanz sprechen aber folgende Gründe. 1. Es füllen sich bei den oben beschriebenen subperiostalen Injectionen keine Blutgefässe im Periost, was nothwendiger Weise eintreten müsste, wenn jene injicirten Gefässe innerhalb der Knochensubstanz Blutgefässe wären. 2) Bei Injectionen der Blutbahnen würden auf weite

Strecken hin Gefässe anschiessen; in unserem Falle sind meist nur
beschränkte Stellen injicirt. 3) Hat man zuvor die Blutgefässe mit
Karminleim gefüllt und injicirt, darauf in der geschilderten Weise
von den subperiostalen Räumen aus Berliner Blau, so erhält man
bei der mikroskopischen Untersuchung die rothen Leimcylinder mehr
oder weniger vollständig von blauen Cylindermänteln umgeben. Endlich 4) kann man durch Maceration entkalkter Knochenstückchen in
dünner auf 40 bis 50⁰ C. erwärmter Salzsäure sehr schön die Blutgefässe mit ihren umhüllenden Endothelscheiden oft auf ansehnliche
Strecken im Zusammenhange darstellen, ähnlich dem Bilde, welches
RAUBER in seinem kürzlich erschienenen Werke[1]) auf Taf. II. Fig. 4.
wiedergibt. Es ist diese Endothelhülle höchst wahrscheinlich zugleich
als Auskleidung der HAVERS'schen Kanäle aufzufassen, wofür die oben
mitgetheilten Beobachtungen über das Endothel der äusseren Knochenoberfläche sprechen. Sie grenzt aber keineswegs immer direkt an die
Knochensubstanz, sondern ist häufig noch durch an elastischen Elementen reiche Bindegewebslagen vom wahren Knochen getrennt. In anderen Fällen dagegen bespült die Injectionsmasse den Knochen, von
ihm nur durch das zarte Endothel geschieden und hier kann man die
injicirte farbige Flüssigkeit mit feinen Zacken in die Knochensubstanz
eindringen sehen. Solche Bilder erhält man besonders schön nach
Alkannin-Terpentin-Injection in die subperiostalen Räume. Man stellt
derartige Präparate her, indem man die mit Alkannin-Lösung injicirten frischen Knochen trocknet und dann in der gewöhnlichen Weise
von ihnen feine Plättchen mittelst der Säge entnimmt und dünn schleift,
dieselben schliesslich in Canadabalsam einbettet. An diesen Präparaten überzeugt man sich auch mit Leichtigkeit, dass die Alkannin-
lösung in die Höhlungen der Knochenkörperchen auf weite Strecken
hineingedrungen ist und zwar sowohl von den HAVERS'schen Kanälen
aus, als bei den der Oberfläche nahe liegenden Knochenkörperchen
direkt von den feinen auf der Oberfläche mündenden Kanälchen aus.
Dass in älteren Knochen die Knochenzellen die Hohlräume der Knochenkörperchen nur zum Theil erfüllen, davon konnte ich mich an frisch
mit Karmin behandelten dünnen Knochenlamellen, z. B. vom Siebbein
des Kaninchens, vollkommen überzeugen. Doch wird der übrige Abschnitt der Knochenhöhle, wie bei frischer Untersuchung leicht constatirt werden konnte, nicht von einem Gase (Klebs), sondern von
einer Flüssigkeit erfüllt, die wir, da die geschilderten Hohlräume mit
dem Lymphgefässsysteme im Zusammenhange stehen, als Knochen-

---

[1]) Elasticität und Festigkeit der Knochen. Leipzig, W. Engelmann. 1876.

lymphe bezeichnen müssen. Meine Auffassung der Natur der Knochenzellen stimmt also nahezu mit der von RANVIER in seinem trefflichen
Traité technique d'histologie p. 311 aufgestellten überein. Wie dieser
ausgezeichnete Forscher finde ich die Knochenzellen als platte Gebilde
der einen Wand der Höhlen anliegend. Meine Meinung weicht nur
darin von der seinen ab, dass ich, gestützt auf meine Injectionsresultate, feine elastische Fortsätze der innerhalb des Knochenkörperchens
noch protoplasmatischen Knochenzelle in die feinen Kanälchen an-
nehme. Kurz, um die Verhältnisse an bekannte Bilder anzuknüpfen,
so liegt hier ein wirkliches System von Saftkanälchen, analog dem
des Bindegewebes vor, und sind für dieses alle die Fragen, welche
für die Saftkanälchen des Bindegewebes aufgeworfen sind, zu beantworten. Da die Antwort auf diese Fragen nur mittelst einer gründlichen Erörterung der ganzen Bindegewebsfrage zu geben ist, verzichte
ich an dieser Stelle auf ein weiteres Eingehen. Nur das sei noch
bemerkt, dass bei Embryonen die Knochenzellen, wie ja allbekannt,
wirklich den ganzen Hohlraum der Knochenkörperchen erfüllen. Es
muss also später im weiteren Verlaufe der Entwicklung eine Kanali-
sirung des anastomosirenden Systems der Knochenzellen erfolgen, sowie
ja auch (vergl. die Beobachtungen von HERZOG) die Zellen der Sehnen, welche im embryonalen Leben vollständig die Lücken zwischen
den Fibrillenbündeln ausfüllen, sozusagen kanalisirt, d. h. mit ihrer
Hauptmasse auf eine Seite des sternförmigen interfasciculären Raumes
gedrängt werden, während der grössere Theil des Raumes nunmehr,
dem Systeme der Saftkanälchen angehörend, Lymphe enthält.

Fassen wir das eben Mitgetheilte kurz zusammen, so finden wir
in der compacten Knochensubstanz ein System von Saftkanälchen, den
Knochenkörperchen und ihren Ausläufern entsprechend, die entweder
direkt auf der äusseren und wie wir gleich sehen werden, auch auf
der inneren Oberfläche der Compacta mit Lymphspalten in Verbindung
stehen oder durch Vermittlung in den HAVERS'schen Kanälchen ent-
haltener perivasculärer Räume.

Ich erwähnte oben, dass noch auf einem anderen Wege die Füllung der letzteren möglich sei. Um dies verständlich zu machen,
muss ich zunächst die Beziehungen der Oberfläche des gelben Knochenmarks zur anliegenden Knochenrinde erörtern. Bekanntlich löst sich
der Cylinder gelben Knochenmarks aus der Knochenröhre der Röhrenknochen fast überall leicht heraus, natürlich unter Zerreissung
der feinen Gefässe, welche aus der Compacta in die Oberfläche des
Markes hineindringen. Nicht anders verhält sich der Inhalt des
grossen Canalis nutritius. Derselbe besteht aus A. und V. nutritia

und Nerven, eingeschlossen- in ein fetthaltiges Bindegewebe, das nach innen zu continuirlich in das Gewebe des gelben Markes übergeht und wie dieses Netze feiner Capillaren enthält.[1]) Die Oberfläche dieses Stranges erscheint glatt und setzt sich ebenfalls direkt in die glatte Oberfläche des gelben Knochenmarkes fort. Ebenso erscheinen die Wände des Kanals glattwandig; der Inhalt lässt sich deshalb leicht von den Wänden ablösen, wobei feine direkt verbindende Gefässchen zerreissen (vergl. LANGER l. c. S. 12). Die glatten Oberflächen des Markes und Gefässstranges einerseits, der inneren Seite der Diaphyse und des Ernährungskanals andererseits begrenzen nun ein System communirender mehr oder weniger weit ausgedehnter flacher capillarer Spalträume, welche ich als perimyeläre Räume bezeichnen will. Sie stehen in derselben Beziehung zur inneren Oberfläche der Compacta, wie die subperiostalen zur äusseren Oberfläche; ihre Ausbildung scheint mit dem Aufhören der ossificatorischen Thätigkeit an diesen Stellen, also im Wesentlichen mit der Bildung des gelben Markes zusammenzufallen. Im Bereiche des rothen Knochenmarkes existirt nichts Aehnliches.

In Betreff der Begrenzungen dieser Räume bin ich bisher noch zn keinem sicheren Resultate gelangt. Für den Ernährungskanal der untersuchten erwachsenen Knochen (Tibia vom Rind) kann ich bestimmt behaupten, dass sowohl auf seiner inneren knöchernen Oberfläche als auf der der letzteren zugekehrten glatten Aussenfläche seines Inhaltes sich je eine Endothelzeichnung durch Behandlung mit Argentum nitricum darstellen lässt. Diese Zeichnung setzt sich vom Gefässstrange aus auch eine Strecke weit auf die Oberfläche des Markes fort; doch werden hier die Bilder meist undeutlicher. Präparate aus MÜLLER'scher Lösung lehrten (Röhrenknochen von Rind, Schwein, Kaninchen), dass das gelbe Knochenmark sich nach aussen durch eine zarte bindegewebige Schicht abgrenzt, welche frei von Fettzellen, reich an feinen elastischen Fasern ist. Auf der Oberfläche der erwähnten zarten Markhaut erkennt man nun nach Behandlung mit MÜLLER'scher Lösung elliptische Kerne zerstreut, die, wie Zerzupfungsversuche ergaben, zarten Endothelplättchen angehörten (Kaninchen, Rind). In manchen Fällen gelang es auch, auf dem frischen Mark durch Argentum nitricum ein Netz schwarzer Linien darzustellen, während in vielen Fällen die Silbermethode versagte. Dann aber (Femur der Katze) trat auf der inneren dem Marke zugekehrten Fläche der Knochenrinde

---

[1]) Vergl. C. LANGER, Ueber das Gefässsystem des Röhrenknochen. Wien 1875. S. 12.

ein sehr schönes Netz schwarzer Silberlinien hervor, das sich in Gly-
cerinpräparaten mit den von ihm begrenzten Feldern als continuirliche Schicht abheben liess und nun deutlich die Existenz eines En-
dothelhäutchens documentirte. Meine Untersuchungen sind nun darüber noch nicht abgeschlossen, ob dieses Endothelhäutchen einseitig
auf der Oberfläche des Markes oder auf der inneren Oberfläche der
Knochensubstanz liegend die perimyelären Räume begrenze, oder ob
beide Flächen der letzteren Endothelbegrenzung besitzen. Es scheint
dies in der That an den verschiedenen Localitäten sich verschieden
zu verhalten. So habe ich z. B. vom Humerus des Ochsen notirt,
dass sowohl auf der freien Fläche des Markes, als auf der inneren
Oberfläche des Knochens durch Arg. nitr. schöne Endothelzeichnung
zu erhalten sei. In anderen Fällen, wie in dem oben erwähnten vom
Femur der Katze, vermochte ich nur die Existenz einer Endothel-
schicht zu constatiren und diese hatte sich, wie mir aus anderen Thatsachen hervorzugehen scheint, wahrscheinlich bei. der Präparation von
der Oberfläche des Markes abgehoben und war der inneren Oberfläche
des Knochens gefolgt. Dafür spricht die lockere Befestigung an dieser
Stelle (s. oben), sowie die Beobachtung, dass an Präparaten aus Müller'scher Lösung sich zwischen Endothelhäutchen und Knochen eine
Lage vielkerniger Riesenzellen nachweisen lässt. Soweit meine Beobachtungen. Wenn ich aus ihnen trotz ihrer grossen Unvollständigkeit
und Lückenhaftigkeit schon jetzt ein wahrscheinliches Facit ziehen
soll, so. ist es dieses: die perimyelären Räume sind an den Stellen,
wo sowohl Knochenbildung als Resorption ihren Abschluss gefunden
haben, continuirlich von Endothel ausgekleidet, von welchem eine
Lage auf der Oberfläche des Markes, eine andere auf der der letzteren
zugekehrten inneren Oberfläche des Knochens sich befindet. Wo noch
Knochenbildung besteht, existiren die perimyelären Räume überhaupt
noch nicht. Knochenresorption scheint jedoch ihre Existenz nicht auszuschliessen; in diesem Falle ist wahrscheinlich das Endothelhäutchen
der inneren Knochenfläche durch eine Ostoklasten-Schicht ersetzt.

Die Existenz perimyelärer Räume am *entwickelten* Röhrenknochen
ist dagegen eine feststehende Thatsache. Wir besitzen in der Injection
derselben ein weiteres Mittel, um Gefässbahnen innerhalb der Compacta zu injiciren, die ich aus denselben Gründen, wie sie bei den
von den subperiostalen Räumen aus gefüllten geltend gemacht wurden,
für perivasculäre Lymphbahnen halten muss. Ich verfuhr dabei in
folgender Weise. Der betreffende Röhrenknochen (am geeignetsten
Femur vom Rinde) wurde im Bereich der Diaphyse durchsägt, von
der Sägefläche aus wird nach vorsichtigem Erwärmen bis zur Körper-

Temperatur sehr vorsichtig ein feines Holzblättchen zwischen Mark und Knochen eingeschoben, dann über die Sägefläche ein Stück Schweinsblase fest aufgebunden und nun mit einer Stich-Canüle in den durch das Holzblättchen markirten und leicht erweiterten perimyelären Raum eingestochen und injicirt (gelöstes Berliner Blau oder Alkannin-Terpentin). Ist Alles wohl gelungen und das Präparat genügend vorgewärmt, so gelingt es, einen Theil des Systems der perimyelären Räume zu füllen und die Injectionsmasse an verschiedenen Stellen der Knochenoberfläche austreten zu sehen. Sie folgt, wie die Untersuchung zeigt, dem Laufe der Blutgefässe[1]) und fliesst in Bahnen, die ich aus den bereits oben angeführten Gründen für perivasculäre halte. Es steht somit das System der perimyelären Räume durch letztere mit den periostalen Lymphbahnen im Zusammenhang. Auch durch festes Einlegen einer feinen Canüle in den Ernährungskanal (Tibia vom Pferd) eines unversehrten Röhrenknochens zwischen Gefässstrang und Knochen, also in die Fortsetzung der perimyelären Räume gelingt es, Theile dieses letzteren Systems, sowie (auch schon innerhalb des canalis nutritius) angrenzende perivasculäre Kanäle zu injiciren; einmal sah ich auch in diesem Falle die Masse auf der Oberfläche des Knochens hervordringen. — Ich versuchte dagegen vergeblich, durch Injectionen vom Periost oder den subperiostalen Räumen aus einen Abfluss der Injectionsmasse aus dem Ernährungskanale neben den Blutgefässen in grössere Lymphgefässe zu erzielen. Der Grund ist einfach der, dass der injicirten Flüssigkeit bequemere Wege nach aussen zur Disposition stehen. Ich zweifle aber dennoch nicht an einem direkten Uebergang der perimyelären Räume durch Vermittelung der im Ernährungskanal gelegenen Spalträume in grössere Lymphgefässe ausserhalb der Knochen, um so mehr, als ja in der Literatur (vergl. HENLE, Gefässlehre. 2. Auflage, S. 440) mehrfach Angaben über Lymphgefässe, die an der Stelle von Ernährungsöffnungen aus der Knochensubstanz heraustreten, zu finden sind.

Wie sich die perimyelären Spalten zu muthmasslichen Lymphgefässen des Knochenmarkes verhalten, habe ich nicht untersucht. Ueber die Lymphgefässe des Knochenmarkes besitze ich keine weiteren Erfahrungen, als die, welche mir an Präparaten, deren Blutgefässe zuvor mit Karminlein möglichst prall gefüllt waren, Einstich-Injectionen ins Knochenmark (mit Berliner Blau) ergaben. Es wurden dabei scheinbar Venen auch weithin ausserhalb des Knochens injicirt; bei

---

[1]) Aehnliche Resultate scheint LANGER zuweilen nach Injectionen des Marks durch Anbohrung erhalten zu haben; vergl. l. c. p. 15, Zeile 21—17 von unten.

mikroskopischer Untersuchung zeigte sich jedoch, auch an den grösseren Venen, überall die blaue Masse schalenförmig um die rothen Leimcylinder verbreitet. Wenn man aber bedenkt, wie schwer sich das Blutgefässsystem der Knochen vollständig prall füllen lässt, wie leicht ferner perivasculäre Räume einfach durch Retraction der Leimcylinder von den Wandungen der Gefässe künstlich gebildet werden können, so muss es gewagt erscheinen, aus den mitgetheilten Injectionsresultaten sofort auf wirkliche im gelben Knochenmark präformirte perivasculäre Räume zu schliessen, die auch ausserhalb des Knochens weithin scheidenartig die Venen begleiten würden, um so mehr, als ein beide Massen trennendes Endothelhäutchen an injicirten Präparaten nicht sicher nachzuweisen war; an uninjicirten habe ich aber nicht danach gesucht, da ich auf die Lymphgefässe des Knochenmarkes der Röhrenknochen nur gelegentlich eingehen wollte.

Viel klarer sind die Verhältnisse in den kleineren Markräumen der Diploë der Schädelknochen. Hier liegen sicher perivasculäre Lymphbahnen vor, welche die Gefässe der Schädeldach-Knochen scheidenartig umgeben, mögen sie nun unmittelbar von Knochensubstanz begrenzt werden oder innerhalb der kleinen fetthaltigen Markräume der Diploë liegen. Eine Injection dieser Bahnen ist von zwei Seiten aus ziemlich leicht zu erhalten. Erstens erhält man durch Einstich-Injection zwischen Dura mater und Schädeldach [1]) fast constant neben den von Michel, sowie von Key und Retzius beschriebenen Injectionen von Lymphspalten der Dura und einem Hervorquellen der Masse auf ihrer inneren Oberfläche (Michel) mehr oder weniger weit in den Knochen hineindringende Füllungen perivasculärer Kanäle [2]), und zwar sowohl innerhalb der Knochen des Schädeldaches, als auch an der Basis cranii bei Einstich in das Duralgewebe selbst, welch' letzteres hier fest dem Knochen adhärirt. Weil aber in allen Fällen rasch der grössere Theil der Injectionsmasse auf der inneren Oberfläche der harten Hirnhaut hervorquoll, konnte ein Hervortreten der Injec-

---

[1]) Ich muss die Existenz feiner, mehr oder weniger ausgedehnter capillarer Spalträume an dieser Stelle gegen Key und Retzius (l. c. p. 69 u. 70) aufrecht erhalten, ebenso ihre Bedeutung als Lymphspalten, da die äussere Seite der Dura dem Schädeldach vielfach eine glatte Fläche, auf welcher die zuerst von Wiensky und Michel beschriebene Endothellage stets leicht nachzuweisen ist, zukehrt und vielfach nur durch die ein- und austretenden Blutgefässe an der inneren Fläche der Schädeldachknochen fixirt ist.

[2]) Aehnliche Angaben macht neuerdings Jantschitz nach dem Referate von Hoyer in dem nächstens erscheinenden 4. Bande meiner Jahresberichte 1, S. 135. Er spricht aber unrichtiger Weise auch von perivasculären Kanälen in der Dura, die bereits durch Michel, sowie Key und Retzius widerlegt sind.

tionsflüssigkeit durch die Schädelknochen hindurch auf die äussere Oberfläche des Craniums nicht beobachtet werden. Dagegen ist es mir gelungen, durch Injectionen unter das Epicranium nicht nur perivasculäre Räume im Parietale, Occipitale und Frontale zu füllen, sondern auch bei Injectionen, besonders solchen, welche in geringer Entfernung von der Sagittalnaht in der beschriebenen Weise angestellt wurden, einen Durchtritt der injicirten Flüssigkeit in den Raum zwischen Dura und Schädeldach zu beobachten. Dabei ist zu beachten, dass man die Canüle wirklich zwischen Knochen und Epicranium einschiebt. Mit dem Abheben der Galea aponeurotica und des Musculus epicranius hat man aber, wie ich hier beiläufig bemerke, noch nicht ohne weiteres die innerste Lage des Epicranium vor sich, sondern es folgt zunächst, durch ein weiteres Spaltensystem von der Galea getrennt, eine gefässreiche Bindegewebshaut, der äusseren Periostlage anderer Knochen vergleichbar, die nach innen auf der inneren dem Knochen hart anliegenden Schicht durch ein mehr lockeres, lückenreiches Bindegewebe befestigt ist. Bei Injectionen in letzteres oder zwischen äussere Bindegewebshaut des Epicranium und Galea gelingt es nicht, die Lymphwege der Schädelknochen zu injiciren, sondern nur bei Einstich unter die innerste Lage des Epicranium. Es verhält sich dieses dabei ähnlich wie die Dura bei den von MICHEL geübten Injectionen zwischen Dura und Knochen, oder wie das Periost anderer Localitäten. Ich habe bisher nur beim menschlichen Schädeldach ein Hindurchtreten der injicirten Flüssigkeit auf dessen innere Oberfläche erhalten, jedoch auch nicht in allen Fällen, ohne dass ich die Gründe des Misslingens anzugeben wüsste. Fast immer aber erhielt ich auch da, wo die Flüssigkeit nicht hindurchdrang, auch am Schädeldach von Thieren (Schaf), eine partielle Injection der perivasculären Räume unmittelbar angrenzender Knochenbezirke. Bei niederen Wirbelthieren ist dagegen schon bei Einstich-Injection unter die Haut des Schädeldaches in Stirn-, Scheitel- und Hinterhauptsgegend wahrzunehmen, dass die injicirte Flüssigkeit mit Leichtigkeit durch das Schädeldach hindurch in das Innere des Cavum cranii dringt. Bei Knochenfischen (Barbus) werden dabei als Communicationswege zwischen inneren und äusseren Lymphbahnen in den Deckknochen gelegene perivasculäre Kanäle benutzt. Die Injectionsmasse dringt hier, ohne je auf dem beschriebenen Wege Blutgefässe zu füllen, in die eigenthümliche fettzellenhaltige Gewebsmasse zwischen Gehirn und Schädelwand ein. Bei Salamandra maculosa ergeben Einstich-Injectionen unter die Kopfhaut noch interessantere Resultate, auf deren weitere Verwerthung ich bisher noch nicht eingegangen bin. Die Injectionsmasse dringt auf Wegen, die ich noch nicht untersucht habe, ebenfalls in die Schädelhöhle hinein und breitet sich dort zwischen Dura und Innenwand des Cranium bis zur Basis des letzteren aus. Man findet ausserdem Injectionsmasse in der Orbita um den Augapfel herum, aber nicht in diesem selbst; ferner füllen sich der retroperitoneale Lymphraum, sowie Lymphwege im Mesenterium und in den Lungen [1].

Kehren wir nach diesem Excurse zu den Verhältnissen beim Menschen und den Säugethieren zurück, so finden wir hier Einrichtungen, welche eine Communication der auf der äusseren Seite des Schädels befindlichen Lymphe mit der im Innern des Craniums in verschiedenen Spalträumen ihre Bahn findenden gestattet, schwieriger dagegen eine Communication in umgekehrter Richtung, wie ja schon die Versuche von Quincke [2] und Michel gezeigt haben. Namentlich werden die Bewegungen der Galea bei Contraktionen der Frontal- resp. Occipitalmuskeln ein Uebertreten äusserer Lymphe in das Schädeldach und weiter nach innen begünstigen und dasselbe gilt für eitrige Flüssigkeiten, die sich unter dem Epicranium ansammeln, aber nur soweit sie unmittelbar zwischen diesem und dem Knochen sich befinden.

Was endlich das Verhalten der perivasculären Kanäle zu dem Gewebe der Markräume innerhalb des Schädeldachs von Menschen und Säugethieren betrifft, so habe ich mich davon überzeugen können, dass die Contouren der perivasculären Lymphräume, soweit sie innerhalb der Markräume verlaufen, stellenweise nach aussen hin nicht glatt abgegrenzt sind, dass vielmehr vielfach kleine Zacken und Netze, von der Injectionsmasse gebildet, in das umgebende Markgewebe eine Strecke weit vordringen. Wie die Masse sich aber zu den Formelementen verhält, habe ich bisher noch nicht untersucht.

Hiermit schliesse ich den Bericht über meine Untersuchungen mit der Bitte an den Leser, die vielfachen Lücken, welche meine Mittheilung noch erkennen lässt, durch die Schwierigkeit des Gegenstandes und die Verhältnisse, welche mich zu einer Publication vor vollkommener Durcharbeitung dieses schwierigen Gegenstandes nöthigten, entschuldigen zu wollen.

Jena, den 21. Mai 1876.

---

[1] Die von diesen Localitäten erhaltenen Bilder gleichen ganz denjenigen, welche Panizza, Sopra il sistema linfatico dei rettili, Pavia 1830, auf Tafel V, Fig. 3. u. 4. abbildet.

[2] Zur Physiologie der Cerebrospinalflüssigkeit. Archiv von Reichert und du Bois-Reymond 1872.

XI.

Beiderseitiges Fehlen des langen Bicepskopfes.

Von Prof. J. G. Joessel
in Strassburg.

Die Leiche, bei der die Anomalie sich vorfand, war die eines
60jährigen Greises von hoher Statur und sonst kräftiger und normaler
Muskulatur.

Eine besondere Veränderung der Form des Armes wurde nicht
bemerkt; erhebliche Functionsstörungen mögen, so viel wir wenigstens
haben ermitteln können, nicht bestanden haben.

Der lange Kopf des Biceps fehlt total auf beiden Seiten, ohne
dass Verstärkung des kurzen Kopfes oder des Coraco-brachialis hinzu-
tritt. Vom Coraco-brachialis geht auf beiden Seiten zum Sulcus intertubercularis ein 2 mm. breiter, 3 ctm. langer Strang (T a), worin sich
aber keine Spur von Muskelfasern, sondern nur fibrilläres Bindegewebe
vorfindet, wie durch die mikroskopische Untersuchung constatirt wurde.

Der Sulc. intertubercularis ist beiderseits vorhanden und lässt sich
bis zum überknorpelten Gelenkkopf verfolgen, doch ist der Kanal seich-
ter als gewöhnlich. Um die Verhältnisse der Synovialkapsel näher
untersuchen zu können, wurde auf der linken Seite die Gelenkhöhle
am Rande der Cav. glenoidea angebohrt und mit Luft angefüllt; auf
der rechten Seite das Gelenk eröffnet.

An der Stelle der Bursa mucosa subcoracoidea, die gewöhnlich,
wenn sie besteht, sehr klein ist, und nicht mit dem Gelenk communicirt, hat sich ein abnorm grosser Schleimbeutel entwickelt, der in
direkter Verbindung mit der Gelenkhöhle steht.

Der Schleimbeutel von der Grösse eines kleinen Hühnereies, füllt
sich gleichzeitig mit der Kapsel durch Einblasen von Luft an.

Der kurze Kopf des Biceps und der Coraco-brachialis inseriren sich
mit einem Theile ihrer Fasern an der Wand des Schleimbeutels. (S. T.)

Die Bursa mucosa subscapularis ist nicht grösser als gewöhnlich,
am Sulcus intertubercularis befindet sich keine Ausstülpung der Synovialis. Auf dem rechten Arm, wo die Kapsel eröffnet wurde, sieht
man die Communicationsöffnung des abnorm stark entwickelten sub-

coracoidalen Schleimbeutels mit der Gelenkhöhle. Die Oeffnung ist halbmondförmig, ähnlich der Communicationsöffnung mit der Bursa subcapularis.

Die Cavitas glenoidea erscheint etwas flacher als gewöhnlich; ein Labrum glenoideum ist nicht vorhanden. Das Lig. coraco-humerale

ist beiderseits stark entwickelt; aber doch nicht stärker als in normaler Weise.

Der vorliegende Fall dürfte besonderes Interesse dadurch beanspruchen, dass der Bicepskopf in ganz gleicher Weise beiderseitig fehlte; soweit mir bekannt, ist ein doppelseitiges Fehlen des langen Kopfes noch nicht beschrieben worden. Ich mache ferner auf die enorme Entwicklung der Bursa subcoracoidea und das Vorhandensein eines Sulcus intertubercularis aufmerksam, der sich somit als eine wenigstens zum Theil von der Bicepssehne unabhängige Bildung darstellt.

XII.

Ueber das Vorkommen und Verhalten der Gelenke am Zungenbein und am Kehlkopfe.

Von

Dr. Ernst Krull
aus Leopoldina (Brasilien).

Eine bis dahin noch nicht zur Genüge ventilirte Frage ist die;
„Ob am Zungenbein zwischen dem Corpus und dem Cornu majus;
zwischen diesem und dem Cornu minus ein eigentliches Gelenk vorkommt, ferner ob ein solches an der Verbindungsstelle der einzelnen
Kehlkopfsknorpel unter einander sich findet, zu welcher Kategorie wir
dasselbe zu rechnen haben, und wie es sich damit in Bezug auf Geschlecht und Alter verhält?

Die Ansichten der Anatomen und einiger anderen Fachmänner,
die sich speciell um die Erforschung des Baues des Kehlkopfes verdient gemacht haben, über diesen Gegenstand differiren bald mehr,
bald weniger.

Es ist das begreiflich, wenn man in Erwägung zieht, dass einmal
die Theile, um deren nähere Erforschung es sich hier handelt, an sich
schon sehr kleine und zarte sind, dann mag auch wohl die Lösung
unserer Frage den Männern von Fach als eine weniger wichtige und
bedeutsame erschienen sein.

Um nun zu einem wirklich befriedigenden und endgültigen Resultate zu gelangen, musste man zum Mikroskop seine Zuflucht nehmen. Einen Versuch in dieser Richtung anzustellen, habe ich auf
Anrathen meines verehrten Lehrers des Herrn Professor W. KRAUSE
unternommen. Inwiefern meine Bemühungen von Erfolg begleitet
waren, überlasse ich, da ich die Resultate meiner Untersuchungen in
dieser kleinen Abhandlung niedergelegt habe, der Beurtheilung des
gütigen Lesers.

Herrn Professor Krause aber möchte ich gleich hier, für den Rath, den er mir ertheilte, dann für die Bereitwilligkeit, mit der er meine Untersuchungen unterstützte, endlich für die Freundlichkeit, mit der er mir während der ganzen Dauer meiner Arbeiten stets entgegen gekommen ist, meinen Dank aussprechen.

Bei den Gelenken am Zungenbein handelt es sich bekanntlich um Reste aus der Entwicklungsgeschichte: die Cornua minora sind die unteren Enden der zweiten, die Cornua majora und das Corpus oss. hyoidei der dritten Kiemenbögen. Daraus erklären sich die variirenden Bildungen. Manchmal wird die Verbindung durch sehnige Bandmassen hergestellt, öfters entsteht eine von echtem hyalinem Gelenkknorpel begrenzte ebene Spalte, die einer Amphiarthrose entspricht. Die Frequenz des Vorkommens einer solchen konnte wie gesagt nur mittelst des Mikroskopes sicher entschieden werden. Die Zungenbeine etc. wurden deshalb entkalkt, in Alkohol gehärtet, und feine tingirte Durchschnitte mikroskopisch untersucht, nachdem sie in der gewöhnlichen Weise in Canada-Balsam eingedeckt waren.

A. Den Anfang meiner Untersuchungen machte ich mit dem Zungenbein, und zwar war hier wieder mein Augenmerk zunächst auf die Verbindungsstelle zwischen der Basis und dem grossen Horn gerichtet. Dass an dieser Stelle wirklich ein Gelenk vorkommt, und dass dasselbe zur Norm gehört, glaube ich nach meinen Ergebnissen ausser allen Zweifeln stellen zu müssen. Wenn ich auf die von mir untersuchten Zungenbeine, deren Zahl weiter über 30 betrug (diejenigen Fälle, bei denen die Geschlechts- und Alters-Angabe fehlte, mitgerechnet), recurrire, so stellt sich die Sache so heraus, dass in der grösseren Hälfte der Fälle sich ein Gelenk nachweisen liess, während in den übrigen Fällen dieses Factum entweder ganz abgeleugnet werden musste, oder fraglich blieb. Der Gestalt der Flächen, die bei den Bewegungen auf einander gleiten, dann den räumlichen Verhältnissen, in welchen die beiden Gelenkflächen zu einander stehen, nach zu urtheilen, werden wir dasselbe wohl am ehesten zur Classe der Amphiarthrosen zählen dürfen. Mikroskopische Durchschnitte zeigten schon dem freien Auge eine lineare gerade oder gebogene Spalte. Die Zwischensubstanz, in welcher letztere lag, erwies sich als Knorpel und zwar als hyaliner Knorpel. In der bald ganz homogenen, strukturlosen, bald faserigen Grundsubstanz fanden sich zahlreichere kleinere und grössere, rundliche oder mehr längliche Knorpelzellen. Charakteristisch war ferner eine gewisse Bestimmtheit in der Anordnung der Knorpelkörperchen. Während in denjenigen Partien, welche dem Knochen zunächst lagen, dieselben eine reihenweise Lagerung annah-

men, bemerkte man sehr bald, dass sie mit der Annäherung an die
Spalte nicht nur parallel mit der Fläche des Knorpels gelagert erschienen, sondern auch, dass sie immer zahlreicher wurden und dichter an einander zu liegen kamen; gleichzeitig nahmen sie eine regel-
mässigere runde Gestalt an. In einigen Präparaten, namentlich in
solchen, die ich mit Glycerin behandelt hatte, stiess ich auf grössere
und kleinere Fetttropfen in den Zellen.

In den Fällen aber, wo nur der hyaline Knorpel nachweisbar ist,
die Spalt-Bildung fehlt, was hier und da bei Erwachsenen vorzukommen scheint, haben wir eine einfache Synchondrose vor uns. Ich sage
mit Fleiss bei „Erwachsenen", denn bei ganz jugendlichen Individuen
scheint ein wahres Gelenk an dieser Stelle nicht vorzukommen, es
wird dasselbe durch die Synchondrose repräsentirt. Ich werde auf
dieses Verhältniss später, wenn ich von den Geschlechts- und Alters-
Verschiedenheiten reden werde, noch einmal zurückkommen.

B. Ganz ähnlicher Art, wie die eben beschriebenen, waren die
Verhältnisse, auf die ich bei der Untersuchung der Verbindungsstelle
zwischen dem kleinen und grossen Horn des Zungenbeins stiess. Ein
senkrecht durch die Mitte des kleinen Horns und gleichzeitig schräg
durch das grosse Horn und den Körper des Zungenbeins geführter
Schnitt liess, wenn dieser nicht zu weit nach innen oder nach aussen
gefallen war, mit einem Male auf das Schönste die Verbindung aller
drei genannten Theile unter einander und mit einander erkennen.
Nicht allein die zwischen dem Körper und grossem Horn eingeschaltete Knorpelmasse mit ihrer medianen Spalte war man in den Stand
gesetzt, wahrzunehmen, sondern auch eine zwischen dem kleinen und
grossen Horn längs-verlaufende Spalte vermochte man ohne grosse
Mühe schon mit blossem Auge zu erkennen. Die Stellung, welche
diese beiden Spalten zu einander einnahmen, war etwa die eines rechten Winkels. Eine Communication zwischen beiden, wie ich sie anfangs bei der Betrachtung mit blossem Auge geneigt war, anzunehmen, fand niemals statt. Das mikroskopische Bild zeigte immer eine
aus Knorpel bestehende schmale Trennungsbrücke.

Was nun das Gelenk selbst zwischen dem kleinen und grossen
Horn anbetrifft, so trug es alle die Eigenschaften, die ein solches
charakterisiren, an sich. Eine gewisse Analogie zwischen dem letzteren Gelenk und dem bereits oben beschriebenen war unverkennbar.
Sowie dort waren auch hier die auf einander gleitenden Gelenkflächen
nicht plane und ganz gerade verlaufende, sondern leicht gebogene, und
mässig ausgehöhlte. Sonst waren auch hier die die Spalte umgebenden
Wände scharf, glatt und eben. Ringsherum eingeschlossen war diese

Spalte ebenfalls von hyalinem Knorpel, der auf der einen Seite vom
kleinen Zungenbeinhorn, direkt, auf der andern Seite aber von dem
knorpeligen Ueberzuge des grossen Horns, dessen einer Theil dem
kleinen Horne zustrebte, ausging. Die Anordnung der Knorpelzellen etc.
in der Nähe der Gelenkhöhle und um sie herum war dieselbe, wie
bei dem vorhin erwähnten Gelenke.

Auffallend und durchaus abweichend von der Norm war die winkelige Knickung, welche die Spalte in einem der von mir beobachteten Fälle beschrieb. Ob diese Anomalie von vornherein bestand,
oder durch irgend welche pathologische Veränderungen im Knochen
hervorgerufen wurde, lässt sich schwer sagen: In denjenigen Fällen.
nun, wo mir der Nachweis eines Gelenkes nicht gelang, fand ich die
Verbindung zwischen dem kleinen und grossen Horn durch lockere
Bandmasse hergestellt.

Diese Fälle waren keineswegs selten, doch waren sie immerhin,
im Verhältniss zu der Zahl derjenigen Fälle, wo sich wirklich ein
Gelenk nachweisen liess, in der Minorität. Wenn wir demnach behaupten, dass die Existenz eines Gelenkes an dieser Stelle eher zur
Norm als zu den Ausnahmen gehört, dass aber das Vorkommen desselben nicht so constant ist, wie desjenigen zwischen dem grossen
Horn und dem Körper, so glaube ich damit Alles gesagt zu haben,
um die etwaigen Zweifel, die sich über diesen Punkt von dieser oder
jener Seite erhoben, zu beseitigen.

Sollen wir endlich dieses Gelenk ebenfalls einer Klasse von Gelenken unterordnen, so möchte ich wegen der Analogie mit dem vorhergehenden auch hier der Classe der Amphiarthrosen den Vorzug geben.

Nicht ganz so günstige Resultate ergaben meine Untersuchungen
in Bezug auf ein Gelenk zwischen den einzelnen Knorpeln des Kehlkopfes.

C. Was zunächst die Frage über das Vorkommen eines Gelenkes
zwischen den Cartilagines cricoidea und arytaenoidea anlangt, so ist
diese, meines Wissens, von allen Anatomen und Specialisten für den
Kehlkopf entschieden bejaht worden. Ueber den Charakter desselben,
über seine Leistungsfähigkeit finden wir sowohl in den anatomischen
Handbüchern als auch in den Specialwerken so ausführliche Beschreibungen, dass ich diesen durch meine eigenen Untersuchungen nichts
Neues hinzufügen zu können glaubte. Aus diesem Grunde habe ich
es denn auch unterlassen, mich noch ganz speciell wieder mit der
Erörterung dieser Gelenk-Verbindung zu befassen.

D. Anders verhält es sich mit der Articulatio cricothyreoidea. Ob nämlich das untere Horn der C. thyreoidea, mit der C. cricoidea wirklich durch ein Gelenk verbunden ist, darüber sind die Meinungen sehr getheilt.

Nach meinem Dafürhalten gehört ein Gelenk an dieser Stelle wirklich zur Norm. Legt man an der Stelle, wo das Cornu inferius der C. thyreoidea sich an die C. cricoidea einlenkt, einen horizontalen oder einen frontalen Schnitt an, so findet man fast regelmässig zwischen beiden Theilen eine längs-verlaufende halbmondförmige Spalte. Diese wird gebildet durch einen convexen, von der C. cricoidea hervorragenden Gelenkkopf, der ein relativ kleines Segment einer annähernd kugeligen Oberfläche darstellt. Den Radius des letzteren kann man in einigen Fällen auf etwa 1 ctm. schätzen. Die concave Krümmung der an der C. thyreoidea liegenden Pfanne correspondirt ihrer Form nach ziemlich genau mit der des Gelenkkopfes. Eingebettet lag diese Spalte mitten in der Grundsubstanz beider Knorpel; sie erstreckte sich durch die ganze Dicke derselben. Ihre Länge möchte etwa 5—8 mm. betragen. Die einander correspondirenden Articulationsflächen waren meistens glatt und eben. Das Verhalten des Knorpels in der nächsten Umgebung der Spalte war in den verschiedenen Präparaten different. In den meisten Fällen konnte man von den Knorpelzellen nichts mehr erkennen, oder man sah nur noch wenige hier und da verstreut; die Knorpelsubstanz selbst zeigte sich faserig, brüchig. Erst wenn man durch Verschieben des Präparates nach einer Richtung sich von der Spalte entfernte, erblickte man wieder deutlich die die beiden Knorpel constituirende homogene oder faserige Grundsubstanz mit den zahlreichen grösseren und kleineren Knorpelzellen. In anderen Fällen, wo bereits der Verknöcherungsprocess sich geltend machte, erstreckte er sich nicht selten bis in die allernächste Nähe der Spalte, um hier dann plötzlich aufzuhören und der knorpeligen Substanz wieder Platz zu machen. Die Knorpelzellen anlangend, so waren diese oft in der Nachbarschaft der Spalte und um dieselbe herum am zahlreichsten; ihre Lagerung war auch hier wieder eine zur Oberfläche des Knorpels parallele.

Bemerken muss ich noch, dass ich in einigen wenigen Fällen, anstatt auf die eben beschriebene Spalte, auf eine etwa hirsekorngrosse Höhle von ovaler Form mit scharfen, aber ausgebuchteten Rändern stiess. Wegen der Seltenheit des Vorkommens habe ich auf diese Höhlen-Bildung weniger Gewicht gelegt.

Von grösserem Interesse waren jedenfalls diejenigen Fälle, wo weder eine Spalte, noch eine Höhlen-Bildung nachweislich war. Auf

einen solchen Mangel bin ich in der That, wenn auch nicht häufig,
so doch hin und wieder gestossen. Bei Frauen, die das dreissigste
Jahr noch nicht zurückgelegt haben, scheint dieser Mangel sich besonders geltend zu machen. Die Verbindung zwischen den beiden
Knorpeln schien hier einfach durch Bandmasse hergestellt zu sein.

Dass, wie ich schon oben erklärte, ein Gelenk an dieser Stelle
zur Regel gehört, wird, wie ich hoffe, einleuchtend erscheinen, wenn
man einen Blick auf die weiter unten in der Tabelle zusammengestellten Ergebnisse meiner Untersuchungen wirft. Ich habe dieses Gelenk
seiner ganzen Configuration nach als zur Classe der Arthrodien gehörig aufgefasst. Eine Ansicht, die übrigens schon von einigen Fach-
männern ausgesprochen ist, und die ich nur durch obigen Ausspruch
bestätigen möchte.

E. Meine letzten Untersuchungen endlich, betreffend die Synchon-
drosis ary-corniculata haben bezüglich eines wahren Gelenks nur negative Resultate gegeben. Die verschiedenen Phasen der Entwicklung
eines Gelenkes, wie sie Luschka in seiner Arbeit über den Kehlkopf, gerade für die Articulatio ary-corniculata, beschrieben hat, war
ich leider nicht im Stande, durch meine Untersuchungen nachweisen zu können. Weder die mohnsamen grosse Höhle noch die weit
gegen die Peripherie fortgeschrittene Spalte, welche Luschka beobachtet hat, konnte ich in meinen Präparaten mikroskopisch zur Darstellung bringen.

Soweit nun meine Beobachtungen reichen, muss ich der von
C. Krause, Tourtual und von Henle ausgesprochenen Ansicht, dass
der Zusammenhang zwischen der Cartilago arytaenoidea und corniculata
lata durch elastische Bänder, respective Fasern hergestellt wird, beistimmen. Nicht immer, aber doch in der Mehrzahl der Fälle, gelang
es mir, zu constatiren, wie von der Seite her sich Fasermassen
zwischen die beiden Knorpel einschoben, und sie scharf von einander
trennten. Mittelst des Mikroskops war es nicht schwer, festzustellen,
dass jene Massen, welche die Grenze zwischen beiden Knorpeln darstellten, ihrer Struktur nach, einen von der die Knorpel selbst bildenden Grundsubstanz gänzlich abweichenden Charakter zeigten.

Es liessen sich die einzelnen wellig und einander parallel verlaufenden Faserzüge, obwohl sie von kleinen Knorpelzellen ganz wie
durchsetzt erschienen, dennoch auf der einen Seite von der hyalinen
Grundsubstanz der Cartilago arytaenoidea, auf der anderen Seite von
dem grobkörnig verfilzten Gewebe des Netzknorpels, der Cartilago corniculata deutlich abgrenzen und unterscheiden.

Wenn nun, wie Luschka nachgewiesen hat, ein Gelenk an dieser Stelle wirklich vorkommt, so glaube ich, dass dieses Vorkommniss keineswegs als zur Norm gehörig angesehen werden kann; ich hätte sonst auch das eine oder andere Mal auf dasselbe stossen müssen. Als Regel glaube ich vielmehr die durch elastische Bandmassen hergestellte Verbindung annehmen zu müssen. Es gewinnt dieser letztere Umstand um so mehr an Wahrscheinlichkeit, wenn wir bedenken, dass schon bei den vorhin erwähnten Theilen, die doch gewiss von grösserer Bedeutsamkeit für die Verrichtungen des Kehlkopfes sind, die Verbindung anstatt durch ein Gelenk, wie es zwar Norm ist, hier und da durch Bandmassen hergestellt wurde. Wenn nun dort schon das einfachere Hülfsmittel genügte, so sieht man nicht recht ein, weshalb gerade hier, wo doch nur kleinere und unbedeutendere Theile mit einander zu verbinden waren, als Norm das complicirtere Gelenk entstanden sein sollte.

Es erübrigt jetzt noch Einiges über das Vorkommen und Verhalten dieser einzelnen Gelenke bei dem männlichen und weiblichen Geschlecht und in den verschiedenen Altersperioden zu sagen. Was zunächst die Geschlechts-Verschiedenheiten anbetrifft, so waren diese in Bezug auf das Vorkommen des Gelenkes selbst nicht nachweisbar. Ein Prävaliren des einen Geschlechts über das andere fand nicht statt. In Bezug auf das Verhalten der Zwischenknorpelmasse am grossen und kleinen Horn und der Spaltbildung zwischen jenen Theilen, als auch derjenigen zwischen den Corn. inff. cartilaginis thyreoideae und der cartilago cricoidea, herrschten insofern Differenzen, als der Zwischenknorpel sowohl, als auch die Spaltbildung beim weiblichen Geschlecht in ihren Dimensionen hinter denjenigen, wie sie beim männlichen Geschlecht vorzukommen pflegte, zurückblieben. Den Grund für diese geringen Abweichungen müssen wir wohl darin suchen, dass die Organtheile, welchen jene Gebilde angehörten, also das Zungenbein, die Cartilagines thyreoidea und cricoidea beim Weibe an sich weniger ausgebildet und entwickelt sind als beim Manne.

Entschiedene Differenzen bezüglich des Vorkommens des Gelenkes und seines Verhaltens zeigten sich in den verschiedenen Altersperioden. Diese Beobachtung glaube ich besonders an den beiden am Zungenbein nachgewiesenen Gelenken gemacht zu haben. Ich erwähnte schon früher, dass ich bei meinen Untersuchungen den Eindruck empfangen hatte, als ob an dem Zungenbein ganz jugendlicher

Individuen eine Gelenkhöhle noch nicht vorkäme, eine einfache Synchondrose aber immer vorhanden zu sein schiene. Mit positiver Bestimmtheit einen Ausspruch zu thun, wage ich nicht, da ich nur ein
paar Mal Gelegenheit hatte, die Zungenbeine von Kindern, die in den
ersten Altersperioden standen, auf diese Verhältnisse zu prüfen.

Das eine Zungenbein, das ich untersuchte, gehörte einem andert-
halbjährigen Mädchen an. Bei diesem verhielt sich die Sache fol-
gendermaassen: Während die zwischen dem grossen Horn und dem
Körper eingeschaltete Zwischensubstanz nicht fehlte, waren von der
Gelenkhöhle höchstens die ersten Andeutungen zu erkennen. Mit
Hülfe des Mikroskops sah man an der Stelle, wo wahrscheinlich die
Bildung derselben vor sich gehen sollte, eine Reihe dichtgedrängter
Knorpelzellen, die sich vor den übrigen Knorpelzellen der Grundsubstanz durch ihre eigenthümlichen Lagerungs-Verhältnisse auszeichneten. Entstand nämlich die Gelenkhöhle, so mussten diese Knorpelzellen zu den Gelenkflächen mit ihren längsten Durchmessern einen
parallelen Verlauf annehmen, während die anderen, in der Nachbarschaft der Gelenkhöhle liegenden Zellen mit ihren Längsdurchmessern
eine senkrechte Stellung zu den Gelenkflächen einnehmen mussten.

Der zweite Fall, den ich zur Untersuchung bekam, betraf ein
zehnjähriges Mädchen. Bei diesem war die Bildung der Gelenkhöhle
in dem Zwischenknorpel bereits vor sich gegangen; ebenso in allen
übrigen Fällen, wo die Individuen das zehnte Jahr schon überschritten
hatten. Wenn wir nun den ersten und den zweiten Fall als Richt-
schnur annehmen, so dürfen wir wohl die Vermuthung aussprechen,
dass die Bildung und Entstehung der Gelenkhöhle zwischen dem
Cornu majus und Corpus und zwischen dem C. majus und minus in
die Zeit vom ersten zum zehnten Jahre fällt. Ihre höchste Entwicklung und den ausgebildetsten Grad der Vervollkommnung zeigten die
Zungenbein-Gelenke immer bei denjenigen Individuen, welche in dem
Alter zwischen 20—40 Jahren standen. Nach dem vierzigsten Jahre
begannen die Einflüsse des immer weiter um sich greifenden Ver-
knöcherungsprocesses sich immer mehr geltend zu machen. Es do-
cumentirten sich dieselben zunächst an der Massen-Abnahme des
Zwischenknorpels; an den Veränderungen, welche die Grundsubstanz
desselben und die in dieser eingebetteten Knorpelzellen erfahren hatten,
dann an der allgemeinen Raumbeschränkung, welche die Gelenkhöhle
betroffen hatte.

Ob endlich eine vollständige Umwandlung des Zwischenknorpels
in Knochensubstanz und ein gänzlicher Schwund der Gelenkhöhle im
höheren und im höchsten Alter eintritt, bleibt fraglich. Diejenigen

Fälle, die ich untersuchte und die das Alter von 50—70 betrafen, zeigten immer noch Residuen des Zwischenknorpels und meistens auch noch Spuren der Gelenkhöhle.

Grössere Differenzen in Bezug auf Alter und Geschlecht scheint die Articulatio crico-thyreoidea darzubieten. Indessen beziehen sich diese mehr auf das Vorkommen, resp. Nichtvorkommen des Gelenkes, als auf sein Verhalten, seine Lage, Form, Gestaltung etc. Wie ich nämlich gefunden zu haben glaube, kommt das Gelenk an dieser Stelle besonders kurz vor den zwanziger Jahren und zwischen dem 20. bis zum 30. Jahre beim männlichen Geschlechte häufiger, als beim weiblichen Geschlechte vor. Nach dem 30. Jahre scheint sich die Sache mehr auszugleichen und das Verhältniss bei Männern sowohl, wie bei Weibern ein gleiches zu werden. Vor dem 20. Jahre gelang es mir weder bei dem einen noch bei dem andern Geschlechte den Nachweis für das Vorhandensein eines wirklichen Gelenkes mit Sicherheit zu liefern. Damit will ich jedoch die Existenz eines solchen während dieser Lebensperiode keineswegs ganz in Abrede stellen. Es müssten zur Begründung der Wahrheit in dieser Hinsicht die Untersuchungen noch weiter ausgedehnt werden, als ich zu thun im Stande war. Zu meiner Rechtfertigung muss ich sagen, dass die Zungenbeine und Kehlköpfe gerade jugendlicher Individuen mir nur sehr sparsam zugemessen waren. Was die sonstigen Abweichungen im Verhalten dieses Gelenkes anbelangt, so bezogen sich diese vornehmlich auf die Veränderungen, die dasselbe durch den Verknöcherungsprocess im späteren Lebensalter erfuhr. Die wesentlichen Punkte, auf die es hier ankam, erwähnte ich bereits früher bei der Beschreibung der Zungenbein-Gelenke, und übergehe ich sie hier, da wir im Grossen und Ganzen auf dieselben Verhältnisse stossen, mit Stillschweigen.

Erwähnen muss ich dann endlich noch, dass ich erhebliche Verschiedenheiten in Bezug auf das Vorkommen und Verhalten der Gelenke zwischen rechts und links nicht gefunden habe.

Das eine Mal war das Gelenk entweder auf beiden Seiten, das andere Mal entweder nur rechts oder nur links nachweisbar.

Ueber die Articulatio crico-arytaenoidea und ary-corniculata vermag ich bezüglich der Geschlechts- und Alters-Verschiedenheiten nichts zu sagen, da ich die erstere einer Prüfung nicht unterwarf; die letztere aber ohne Angabe des Geschlechtes und Alters untersuchte.

Tabelle I.

Für das Gelenk zwischen dem Cornu majus und der Basis ossis hyoidei:

Anzahl der Zungen-beine, männliche und weibliche zu-sammengenommen: 17.	Vorkommen des Gelenkes ohne Un-terschied zwischen rechts und links: 13.	Fehlen des Ge-lenkes: 4.	Procentzahlen: 76:23.

Die 17 Zungenbeine vertheilen sich auf die beiden Geschlechter:
Männer: Vorkommen des Gelenkes: Fehlen des Gelenkes: Procentzahlen:
10.   7.   3.   71:29.
Weiber:
7.   5.   2.   70:30.

Auf rechts und links kommen bei den **Männern:**
rechts, **Männer:** Vorkommen des Gel.: Fehlen des Gel.: Procentzahlen:
          10.   7.   2 (1 ?).   70:20.
links: 10.   7.   3.   70:30.
Auf rechts und links kommen bei den **Weibern:**
rechts, **Weiber:** Vorkommen des Gel.: Fehlen des Gel.: Procentzahlen:
          7.   4.   3.   57:43.
links: 7.   5.   2.   71:29.

Auf die verschiedenen Lebensalter kommen:

	Bei den **Männern:**			Bei den **Weibern:**	
Alter:	Vorkomm. d. Gel.:	Fehlen d. Gel.:	Alter:	Vorkomm. d. Gel.:	Fehlen d. Gel.:
17	2	—	1½	—	2
18	2	—	10	2	—
21	1	?	17	2	—
21	2	—	21	1 (2 ?)	—
24	2	—	54	1	1
25	1 (2 ?)	—	60	—	2
43	—	2	?	2	—
55	2	—			
73	—	2			
?	2	—			

Tabelle II.

Für das Gelenk zwischen dem C. minus und C. majus ossis hyoidei:
Geschlechts- und Altersangaben fehlen.

Zungenbeine:	Vorkommen des Gelenkes:	Fehlen des Gelenkes:	Procentzahlen:
14.	9.	5.	64 : 36.

Unterschiede zwischen rechts und links:

rechts, Zungenbeine:	Vorkommen d. Gel.:	Fehlen d. Gel.:	Procentzahlen:
14.	6.	5.	43 : 36.
links: 14.	9.	5.	64 : 36.

In drei Fällen blieb die Sache unsicher.

Tabelle III.

Für das Gelenk zwischen dem Cornu inferius cartilaginis thyreoideae
und der cartilago cricoidea.

Kehlköpfe:	Vorkommen des Gelenkes:	Fehlen des Gelenkes:	Procentzahlen:
19.	13.	6.	68 : 32.

Die 19 Kehlköpfe vertheilen sich auf die beiden Geschlechter:

Männer:	Vorkommen des Gelenkes:	Fehlen des Gelenkes:	Procentzahlen:
10.	8.	2.	80 : 20.
Weiber:			
9.	5.	4.	55 : 44.

Auf rechts und links kommen bei den **Männern:**

rechts, **Männer:**	Vorkommen des Gel.:	Fehlen des Gel.:	Procentzahlen:
10.	8.	2.	80 : 20.
links: 10.	7.	3.	70 : 30.

Auf rechts und links kommen bei den **Weibern:**

rechts, **Weiber:**	Vorkommen des Gel.:	Fehlen des Gel.:	Procentzahlen:
9.	5.	4.	55 : 44.
links: 9.	5.	4.	55 : 44.

Nach den **Lebensaltern** vertheilt sich die Sache:
Bei den **Männern:**

Alter:	Vorkomm. d. Gel.:	Fehlen d. Gel.:	Alter:	Vorkomm. d. Gel.:	Fehlen d. Gel.:
17	1	1	43	2	—
21	—	2	50	2	
24	1	1	55	2	
25	2	—	73	2	
39—43	2		?	2	

Bei den Weibern:

Alter:	Vorkomm. d. Gel.:	Fehlen d. Gel.:	Alter:	Vorkomm. d. Gel.:	Fehlen d. Gel.:
1½	—	2	54	2	—
10	2		60	2	—
17		2	?	1	1
21	—	2	?	2	—
39	2	—			

Die Funktion, welche die Gelenke am Zungenbein haben, ist augenscheinlich die, dem ganzen Zungenbeine, beim Zug der verschiedenen Muskeln, die sich an dasselbe ansetzen, eine grössere Beweglichkeit und Nachgiebigkeit zu verleihen. Die Hauptbewegungen des Zungenbeins nach oben und unten werden sicherlich an den zwischen dem Körper und den grossen Hörnern befindlichen Gelenken ausgelöst werden. Durch den Zug der Muskeln und Ligamente, welche das eine Mal von oben und vorn, das andere Mal von unten hinten herkommend, sich an das grosse Horn ansetzen, wird dieses bald nach oben und vorn, bald nach unten hinten gezogen werden. Diese Aenderungen in der Stellung der grossen Hörner werden durch eine rotirende Bewegung, welche in den entsprechenden Gelenken zu Stande kommt, wenn auch nicht ausschliesslich vermittelt, so doch befördert werden. Die Rotation wird also die hauptsächlichste und vorwiegende Bewegung sein, welche aus den Excursionen dieser Gelenke resultiren wird. Andere und grössere Excursionen oder Bewegungen zu machen, wird den Gelenken, da die zwischen ihren Gelenkflächen liegenden Zwischenräume sehr verschieden und zum Theil sehr geringe sind, nicht möglich sein. Die Muskeln nun, welche einmal die Bewegungen des Zungenbeins auszulösen, das andere Mal seine Fixation zu besorgen haben, sind diejenigen, welche einerseits vom Unterkiefer, andererseits vom Sternum resp. von den Kehlkopfsknorpeln herkommend, sich an das Zungenbein inseriren.

Das zwischen dem kleinen und grossen Horn des Zungenbeins vorhandene Gelenk, das seiner Configuration nach die grösste Aehnlichkeit mit demjenigen zwischen der Basis und dem Cornu majus hat, wird im Wesentlichen auch nur für die Rotations-Bewegung benutzt werden können. Die Frage, weshalb an dieser Stelle ein Gelenk angebracht sich findet, liess sich früher eben so schwer beantworten, als die, wozu das kleine Zungenbeinhorn überhaupt dienen soll? Der Grund, den man damals anführte, dass nämlich das kleine Horn Muskeln zur Insertion dienen möge, dürfte wohl nicht stichhaltig sein. Heute weiss man vielmehr, dass es sich um Reste aus der Entwick-

lungsgeschichte handelt: die Cornua minora sind die unteren Enden
der zweiten, Cornua majora und das Corpus der dritten Kiemenbögen.

Möglich wäre es, dass das kleine Horn und das zwischen ihm
und dem grossen Horn angebrachte Gelenk einerseits die Bewegungen
des grossen Hornes und die Excursionen des zwischen ihm und dem
Körper des Zungenbeins befindlichen Gelenkes unterstützte und ausgiebiger ausfallen liesse, andererseits aber auch dieselben vor einer
allzu grossen Beweglichkeit, die leicht zu Fracturen oder Zerrungen
führen könnte, schützte.

Articulatio crico-arytaenoidea.

Die Haupt-Funktion dieses Gelenkes läuft darauf hinaus, den Ligament. vocal. verschiedene Stellungen. zu geben. Dieses kann durch
Verschiebung der Cart. cricoidea an der Cart. arytaenoidea in zwei-
facher Weise ermöglicht werden.

1) Denkt man sich eine Ebene senkrecht auf die Oberfläche der
C. cricoidea construirt, so wird, wenn die Cart. arytaenoidea sich in
dieser bewegt, ihr Processus vocalis nach vorn. und in den Kehlkopf
hinein, oder nach hinten aussen sich bewegen.

2) Construirt man sich eine Verticale, welche ungefähr der Axe,
die man sich durch einen der Giessbeckenknorpel gezogen denkt, entspricht, so wird bei einer Drehung um diese der Processus vocalis
wie oben, das eine Mal mehr nach innen, das andere Mal mehr nach
aussen gekehrt werden. Durch diesen Mechanismus werden natürlich
die Stimmbänder abwechselnd entweder einander genähert oder von
einander entfernt und dem entsprechend die Stimmritze erweitert oder
verengt werden.

Eingeleitet werden die obigen Bewegungen durch die Mm. crico-
thyreoideus, crico-arytaenoideus post. und crico-arytaenoideus lateralis.

Articulatio crico-thyreoidea.

Die Wirkung auch dieses Gelenkes ist auf eine Spannung der
Stimmbänder zurückzuführen.

1) Nähert man den Schildknorpel dem Ringknorpel, indem man
die vorderen Theile beider an einander bewegt, so werden die Ligg.
vocalia sich anspannen müssen, da ihre Ansatzpunkte von einander
entfernt werden.

2) Unter der Einwirkung der Mm. crico-thyreoidei wird durch
Drehung des Schildknorpels nach auf- und abwärts, um eine durch
das Gelenk führende transversale Axe, eine Spannung der Stimmbänder

herbeigeführt werden. Damit sind indessen andere Bewegungen, die im und durch das Gelenk ausgeführt werden können, durchaus nicht ausgeschlossen.

Synchondrosis ary-corniculata.

Die Wirkung der Zwischensubstanz, die man zwischen der Cart. arytaenoidea und der Cart. corniculata eingeschaltet findet, ist entschieden die, dem oberen kleineren Knorpel eine grössere Beweglichkeit zu gestatten. In der That ist die Dehnbarkeit der Zwischensubstanz eine solche, dass mit ihrer Hülfe die Cart. corniculata nach allen Seiten hin, besonders aber nach hinten, wo der Knorpel gekrümmt ist, so dass derselbe der Epiglottis ausweichen kann, die ausgiebigsten Excursionen zu machen im Stande ist. Von diesem ausserordentlichen Grad der Beweglichkeit würde nun die Cart. corniculata gewiss einen Theil einbüssen, in den Fällen, wo sie anstatt durch die einfache Zwischensubstanz durch ein wahres Gelenk mit der Cart. arytaenoidea verbunden ist.

Druck von Metzger & Wittig in Leipzig.

XIII.

Zur Theorie der Intercostalmuskeln.

Von

A. W. Volkmann.

———

Kein Abschnitt der Muskellehre ist so viel bearbeitet worden, als die Lehre von den Intercostalmuskeln, und doch ist es gerade diese, welche den Ansprüchen der Wissenschaft am wenigsten Genüge leistet. Zwar hat es an Versuchen nicht gefehlt, die Wirkungen dieser Muskeln auf mechanische Gesetze zurückzuführen, aber alle derartige Versuche mussten missglücken, weil man die mechanischen Bedingungen, von welchen die Bewegungen des Brustkastens abhängen, noch zu wenig kannte. Wie sehr es in der Lehre von den Zwischenrippenmuskeln noch an festen Principien fehlte, ergibt sich schon aus der grossen Menge zum Theil unvereinbarer Ansichten, welche die Anatomen und Physiologen in diesem Gebiete aufgestellt haben. Ich will die wichtigsten derselben mit Angabe, wenn auch nicht aller, ihrer Vertreter zusammenstellen.

1) Die mm. intercostales externi sind Heber des Brustkastens, also Inspirationsmuskeln. VESAL, BAYLÉ, HALLER, HAMBERGER, WILLIS, SWAMMERDAM, SAUVAGES, BOISSIER, SÖMMERRING, H. COOKE, LUDWIG, DONDERS, HUTCHINSON, TRAUBE etc.

2) Die mm. intercostales interni sind Exspirationsmuskeln, indem sie die Rippen nach unten ziehen. GALEN, VESAL, BAYLÉ, SWAMMERDAM, WILLIS, HAMBERGER, VATER, SCHREIBRR, NICHOLS, HOODLY, BEAU und MAISSIAT, ROULIN, LUDWIG, DONDERS, HUTCHINSON, LUSCHKA.

3) Die mm. intercostales externi ziehen die Rippen nach unten. GALEN, VESAL, BEAU und MAISSIAT.

4) Die mm. intercostales interni wirken als Heber, WINSLOW, SÉNAC, MEISSNER, BUDGE, SÖMMERING unter Annahme einer festen obersten Rippe.

5) Beide Klassen von Intercostalmuskeln heben, weil die oberste Rippe bei normaler Respiration unbeweglich ist. HALLER, BORELLUS, BOERHAVE, MAYOW, WINSLOW, SÉNAC, RUDOLPHI, BICHAT, KRAUSE.

6) Beide Klassen sind sowohl Heber als Senker der Rippen, indem die Art der Wirkung von der veränderlichen Lage des festen Punktes der Muskeln abhängt. HALLER, BEHRENS, E. H. WEBER, HYRTL, KRAUSE.

7) Die Intercostalmuskeln, äussere wie innere, bewirken eine gegenseitige Annäherung der Rippen. AVICENNA, ALBINUS, BORELLUS, MECKEL.

8) Beide Klassen haben überhaupt keinen Einfluss auf die Bewegung der Rippen. VAN HELMONT, ARANTIUS, FALLOPIUS.

9) Die mm. intercartilaginei sind Inspirationsmuskeln und Heber der Knorpel. HAMBERGER, BERARD, HUTCHINSON, TRAUBE.

10) Die mm. intercartilaginei sind Senker des Brustkastens und dienen der Exspiration. SIBSON.

Um sich, gegenüber so verschiedenen Meinungen nicht im Einzelnen zu verlieren, scheint es angemessen die Grundbedingungen der Athembewegungen zunächst im Allgemeinen zu besprechen.

Jeder Intercostalmuskel, gleichviel in welcher Richtung seine Fasern verlaufen, muss die beiden Rippen, an welche er sich ansetzt, gegenseitig nähern. Denn die Verkürzung der Fleischfasern bringt es mit sich, dass beide Enden des Muskels nach einem in der Mitte desselben gelegenen Punkte hinstreben, wodurch zwei diametral entgegengesetzte Bewegungen bedingt werden. Jeder Intercostalmuskel muss die obere Rippe, an welcher er haftet, nach unten ziehen, und umgekehrt die untere Rippe, mit welcher er verbunden ist, nach oben, auch muss seine contractile Kraft auf beide Rippen, die er gegenseitig nähert, in gleichem Maasse wirken.

Hiernach ist ein Intercostalmuskel nie ausschliesslich Heber, oder ausschliesslich Herabzieher der Rippen, sondern er ist Beides zugleich, und wenn die beiden Rippen, welche einen Intercostalraum begrenzen, synchronisch steigen oder sinken, so kann dies nie als directe Wirkung irgend welches Intercostalmuskels betrachtet werden, sondern nöthigt an die Mitwirkung von Ursachen zu denken, welche mit der Muskelcontraction nichts zu thun haben.

Untersucht man die Umstände, von welchen die Leistungen der Intercostalmuskeln im einzelnen Falle abhängen, so findet sich, als

ein besonders wichtiges Moment, die ungleiche Beweglichkeit der
Rippen, welche dem Zuge des Muskels folgen. Der Intercostalis kann
die obere Rippe nicht in demselben Maasse nach unten ziehen, in
welchem er die untere Rippe nach oben hebt, weil jede Rippe in der
Richtung nach oben leichter beweglich ist, als in der Richtung nach
unten. Schon die einfachsten Versuche am frischen Thorax, nämlich
Aufheben und Herabdrücken der Rippen mit Hülfe der Hand, lehren,
dass man zum Heben der Rippen weniger Kraft brauche, als zum Herabziehen derselben, indess habe ich nicht unterlassen, über die Beweglichkeit nach oben und nach unten genaue Versuche anzustellen.

Der Wirbel des 6. Rippenringes wurde auf einem unbeweglichen
Klotze so aufgenagelt, dass Wirbel und Rippen dieselbe Stellung wie
bei einem aufrecht stehenden Menschen hatten. An einem Punkte
der Rippe, welcher dem Sternalende derselben sehr nahe lag und
einen radius vector von 22 ctm. hatte, wurde eine Schnur befestigt,
deren eines Ende senkrecht nach oben über eine Rolle geführt wurde,
während das andere Ende senkrecht herab hing. An den freien
Enden dieser Schnur liessen sich Gewichte anhängen, deren eines die
Rippen heben, das andere sie nach unten ziehen musste.

Nun wurden vergleichende Versuche angestellt, um wie viel
Millimeter die Rippe durch ein gewisses Gewicht in dem einen Falle
gehoben, in dem anderen herabgedrückt wurde. Aus dem Nachstehenden ergeben sich die Resultate meiner Versuche.

| | Grösse | |
Benutztes Gewicht.	der Erhebung,	der Senkung.
100 Gr.	5,5 mm.	3,5 mm.
200 „	12,5 „	7,0 „
300 „	21,5 „	7,5 „
400 „	26,5 „	7,5 „ (?)
500 „	31,5 „	
600 „	36,5 „	

Nach derselben Methode wurden Versuche am ersten Rippenringe
angestellt. Die zum Tragen der Gewichte bestimmte Schnur wurde
ganz nahe dem Sternalende der Rippe angebracht, wo die Länge des
radius vector 8,5 ctm. betrug.

Benutztes Gewicht.	Hebung der Rippe.	Senkung derselben.
100 Gr.	8 mm.	1 mm.
200 „	12,5 „	1,5 „
300 „	15,5 „	2,5 „
400 „	18,0 „	3 „
500 „	20 „	3 „ (?)
600 „	21	

Man ersieht aus diesen Versuchen:

1) Dieselbe Zugkraft erzeugt beim Heben der Rippen eine viel ausgiebigere Bewegung als beim Senken derselben.

2) Die Bewegbarkeit der Rippen nach unten ist eine viel beschränktere als die Bewegbarkeit nach oben.

Fragt man nach dem Grunde, warum die Bewegung der Rippen, nach oben und nach unten, von so ungleichem Umfange ist, so kommt zunächst in Betracht, dass die Spannung der Bandmassen, welche das Rippengelenk kapselartig einschliessen, nach obenhin beträchtlich grösser sein müsse, als nach untenhin. Denn die auf der oberen Seite der Kapsel gelegenen Fasern sind es, welche die Last der nach unten wuchtenden Rippen zu tragen haben. Dass diese von der Schwere des Brustkastens abhängende Spannung der Kapselbänder die Hauptursache der Unbeweglichkeit der Rippen nach unten abgebe, ist experimentell leicht nachzuweisen. Wenn man nämlich einen passend präparirten frischen Brustkasten verkehrt aufstellt, d. h. den Lendentheil nach oben und den Halstheil nach unten, so bewegen sich die Rippen wiederum leichter aufwärts als abwärts, obschon die Aufwärtsbewegung unter diesen Umständen nichts Anderes ist, als die Abwärtsbewegung unter normalen Verhältnissen. Uebrigens ist nicht unwahrscheinlich, dass die stärkere Spannung, welcher die Gelenkkapsel nach oben ausgesetzt ist, als ein örtlicher Reiz wirkt, welcher die Ernährung begünstigt, und dass die erschwerte Bewegung der Rippen nach unten, zum Theile wenigstens, von der grösseren Widerstandsfähigkeit dieser stärker entwickelten Fasern abhänge. Mag übrigens die Ursache der ungleichen Beweglichkeit der Rippen sein, welche sie wolle, so ist die Thatsache, dass die Hebung derselben leichter erfolgt, als deren Senkung, für die Mechanik der Intercostalmuskeln von grösster Wichtigkeit. Ein m. intercostalis muss durch seine Verkürzung nicht nur von vorn herein die untere Rippe mehr heben, als die obere senken, sondern er muss auch die Senkung der oberen zu einer Zeit beendigen, wo das Emporsteigen der unteren Rippe noch fortschreitet. Durch das Zusammenwirken dieser beiden Umstände gewinnt die Hubkraft der Intercostales, und zwar der inneren eben sowohl als der äusseren, einen auffallenden Vortheil über die Depressionskraft.

Eine nähere Berücksichtigung verdienen auch die Beziehungen der Intercostalmuskeln zu den Hebelgesetzen.

Da die Leistung eines Muskels mit der Entfernung seiner Insertion von dem Drehpunkte des knöchernen Hebels wächst, so war es sehr verdienstlich, dass Bayle, bei seiner Untersuchung der Intercostalmuskeln, auf die ungleiche Entfernung ihrer beiden Insertionen von den bezüglichen Drehpunkten aufmerksam machte, und für den längeren Hebelarm die grössere mechanische Leistung in Anspruch nahm.[1])

Wenn sich erweisen lässt, dass die Intercostalmuskeln an ihren entgegengesetzten Enden gegen ungleiche Widerstände wirken, so ist die Frage, ob der Muskel zum Heben oder zum Senken der Rippen diene, ihrer Lösung merklich näher gebracht. Da nämlich, wie oben gezeigt wurde, das obere Ende der Intercostalmuskeln eine Zugkraft nach unten, das untere Ende dagegen eine Zugkraft nach oben entwickelt, und da an jeder Rippe beide Muskelenden angebracht sind, das eine am oberen, das andere am unteren Rippenrande, so wird jedes zusammengehörige Rippenpaar von intercostalen Muskelfasern, gleichviel in welcher Richtung sie verlaufen, gleichzeitig gehoben und gesenkt, und hängt die resultirende Bewegung caeteris paribus davon ab, welches der beiden Muskelenden die grössere Kraft ausübt.

BAYLE hat durch Berücksichtigung dieser Verhältnisse die Physiologie der Intercostalmuskeln unstreitig gefördert, aber ein Missverständniss war es, dass er den Drehpunkt der Rippen in das Centrum ihrer Köpfchen verlegte und demgemäss die Länge der in Frage gestellten Hebelarme nach der Entfernung der Muskelinsertionen vom Rippenköpfchen abschätzte. Die verschiedenen Punkte der Rippe, an welchen Intercostalmuskeln sich ansetzen, haben überhaupt keinen gemeinschaftlichen Drehpunkt, sondern jeder Punkt der Rippe hat seinen besonderen, welchen man findet, wenn man von demselben aus eine Senkrechte auf die Drehaxe fällt. Eine solche Senkrechte ist aber der radius vector des um die Drehaxe rotirenden Rippenpunktes, woraus sich ergibt, dass die Grösse der radii vectores das wahre Maass der in Betracht kommenden Hebellänge ist.

Mit Rücksicht hierauf müssen die Hebellängen von der Lage der Drehaxen abhängen. Wenn die Drehaxen die Medianebene unter verschiedenen Winkeln kreuzen, wie thatsächlich geschieht, so kreuzen sich dieselben auch untereinander und müssen also ihre beiderseitigen Enden gabelförmig auseinander treten.

In umstehender Figur 1, welche den Brustkasten im Querschnitt darstellt, bezeichnet RR' die Brustwandung, MM' den Durchschnitt der Medianebene, OO' die Drehaxe der obern und UU' die Drehaxe der unteren Rippe, an welche der intercostalis sich ansetzt, dabei ist

---

[1]) Opera FRANCISCI BAYLE, institutions physicae T. III. art. V. de actione musculorum intercostalium.

berücksichtigt worden, dass letztere Axe mit der Medianebene einen
kleineren Winkel einschliesst, als erstere.

Die punktirte Linie CC' bedeutet den Durchschnitt einer senkrechten Ebene, in welcher die beiden Drehaxen liegen würden, wenn
sie sich nicht kreuzten, und bemerke ich, dass diese Hülfslinie nur
den Zweck hat, anschaulich zu machen, welche Folgen die Divergenz
der Drehaxen nach sich zieht.

In sofern die Medianebene MM' die Drehaxen in ihrem Kreu-
zungspunkte bei x schneidet, kann man an jeder Axe eine vordere
und eine hintere Hälfte unterscheiden, beispielsweise an der oberen
Axe die vordere Hälfte Ox und die hintere xO'.

Fig. 1.

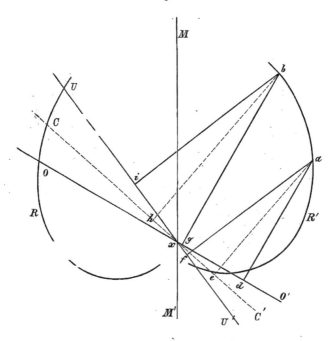

a und b bedeuten zwei beliebige Rippenpunkte, welche als Insertionspunkte von Intercostalmuskeln betrachtet werden mögen. Zieht
man von diesen Punkten aus senkrechte Linien auf die Drehaxen,
so erhält man die zugehörigen radii vectores, und ergibt sich aus der
Figur unmittelbar, dass die Länge der letzteren von der Divergenz
der Drehaxen wesentlich abhängt. So ist der auf die obere Dreh-

axe gefällte Radius ad kürzer, dagegen der auf die untere Drehaxe gefällte Radius af länger, als der auf die mittlere Axe CC' gefällte Radius ae.

Betrachtet man die punktirte Linie CC' als die Normallage der Drehaxe und untersucht, was erfolge, wenn dieselbe in die mehr frontale Lage OO' übergeht, so findet sich, dass ihre hintere Hälfte sich den Insertionspunkten a und b nähert, während ihre vordere Hälfte sich von denselben entfernt. Geht dagegen die Drehaxe aus der Lage CC' in die mehr sagittale UU' über, so erfolgt genau das Gegentheil, ihre hintere Hälfte entfernt sich von den Insertionspunkten a und b, während ihre vordere sich denselben nähert.

Da nun Annäherung der Drehaxe an die Insertionspunkte eine Verkürzung des radius vector, und Entfernung der Axe von den Insertionspunkten eine Verlängerung desselben bedingt, so ist klar, dass die hintere und die vordere Hälfte der Drehaxe in entgegengesetzten Beziehungen zur Länge der Hebelarme stehen, und weiter: dass dieselbe entgegengesetzte Beziehung auch zwischen den beiden vorderen und den beiden hinteren Axenhälften sich geltend mache, vorausgesetzt natürlich, dass diese Hälften zu Drehaxen gehören, die sich kreuzen.

Anlangend die hinteren Hälften, also xO' und xU' der Figur, so ist zu sagen: Die Kreuzung der Drehaxen bewirkt, dass die radii vectores, welche zur oberen Drehaxe gehören, eine Verkürzung erfahren, dagegen diejenigen, welche zur unteren Drehaxe gehören, eine Verlängerung. In der vorderen Hälfte müssten, dem Vorhergehenden zu Folge, die Verhältnisse sich umkehren, nur dass radii vectores, welche in die vordere Hälfte der Drehaxe einfielen, nicht leicht vorkommen.[1])

Diese in die Theorie der Intercostalmuskeln tief eingreifenden Verhältnisse stehen mit dem Faserverlaufe derselben in gar keinem Zusammenhange, und dürften manche Folgerungen, die man eben aus diesem Verlaufe abgeleitet hat, vollständig umstossen.

Die Anhänger BAYLÉ's und HAMMACHER's mussten ein grosses Gewicht auf den Faserverlauf der Muskeln legen, da in Folge desselben der eine Insertionspunkt des Muskels von dem vermeintlichen Drehpunkte weiter fortgerückt wurde, als der andere, und hiermit die

---

[1]) Ein radius vector kann in die vordere Hälfte der Drehaxe nur einfallen, wenn einerseits der Insertionspunkt des Muskels dem Sternalende der Rippe sehr nahe steht, und andererseits der Kreuzungswinkel der Drehaxe mit der Mediane sehr klein ist.

Annahme begründete, dass es auf die Herstellung eines besonders
kräftigen Hebels abgesehen sei. Nun habe ich zwar in einer früheren Abhandlung selbst erwiesen, dass die radii vectores vom Rippen-
halse gegen das Sternalende der Rippe stetig wachsen, aber dieses
Gesetz gilt nur für die Radien einer und derselben Rippe, und rechtfertigt nicht die Annahme, dass von zwei Punkten, welche auf zwei
Nachbarrippen vertheilt sind, der dem Brustbeine näher liegende den
grösseren radius vector habe. Dass dies nicht nothwendig sei, ist aus
dem was über die Kreuzung der Drehaxen bemerkt wurde, leicht
abzuleiten.

Hiermit ist schon gesagt, dass auf den gegenseitigen Abstand des
oberen und des unteren Insertionspunktes, in der Richtung der Längenachse der Rippe, kein Gewicht gelegt werden kann. Dieser Abstand
darf nicht etwa als der Unterschied der Länge der Hebelarme betrachtet
werden, und selbst wenn er dieser Differenz entspräche, würde er auf
die Frage nach der Präponderanz des längeren Hebels über den kürzeren, kein Licht werfen. Nicht blos auf den Unterschied der Hebellänge kommt es bei Beantwortung dieser Frage an, sondern auch auf
die absolute Länge desselben, denn es ist einleuchtend, dass derselbe
Unterschied, wenn beide Hebel klein sind, eine grössere Wirkung haben
müsse, als wenn beide gross sind.

Ich wüsste nicht, dass man bei Untersuchung der Intercostalmuskeln auf dieses Verhältniss des Unterschiedes der Hebellängen zu
deren absoluter Grösse schon Rücksicht genommen hätte, und mag in
Folge dessen die Ungleichheit der Leistungen, welche von den verschiedenen Enden der Intercostalmuskeln ausgehen, bisweilen über-
schätzt werden. Die Unterschiede der Hebellängen übersteigen nach
meinen Messungen nicht leicht 2,5 ctm., während die radii vectores,
d. h. eben die Hebelarme, Dimensionen von 22 ctm. erreichen.[1]) Hiernach bin ich geneigt anzunehmen, dass der Unterschied der Hebellängen, an welchen die beiden Enden der Intercostalmuskeln arbeiten,
innerhalb ziemlich breiter Grenzen jeder Wirkung entbehre, weil die
Widerstände, welche die Bewegung der Rippen hemmen, sehr gross
sind und weil erst nach Ueberwindung dieser Widerstände der Unterschied der Hebellängen sich geltend macht.

Zu den ungerechtfertigten Hypothesen, welche in die Lehre von
den Intercostalmuskeln störend eingreifen, gehört auch die von dem

---

[1]) Der bezeichnete Unterschied bezieht sich auf Baylé's Hebellängen, nicht
auf die wirklichen, welche mit den radii vectores zusammenfallen. Für letztere
sind die Längenunterschiede noch nicht bekannt.

constanten Parallelismus der Rippen. Man behauptet zwar nicht, dass
die Distanz der Rippen in der ganzen Länge ihres Verlaufes genau
dieselbe sei, meint aber, dass der Parallelismus, so weit er eben bestehe, bei den Bewegungen des Brustkastens erhalten werde. Offenbar
ist diese Ansicht aus der Annahme einer frontalen Drehaxe ent-
sprungen, denn wenn die Rippen in senkrechten, der Medianebene
parallelen Ebenen rotirten, so würde allerdings der Umstand, dass ihre
beiden an der Wirbelsäule und an dem Brustbeine angehefteten Enden
unveränderliche Zwischenräume haben, das Eintreten jeder Divergenz
und Convergenz unmöglich machen. Da indess die Rippen in Ebenen
rotiren, welche die durch die Wirbelsäule und das Brustbein gelegte
mediane schneiden, so sind alle Punkte der Rippe, welche zwischen
Wirbelsäule und Brustbein liegen, und namentlich deren Scheitel, un-
behindert ihre gegenseitigen Abstände zu verändern. Dies bestätigt
auch die Erfahrung. Denn wenn man die beiden Rippen, welche
einen Intercostalraum begrenzen, mit dem Daumen und dem Zeigefinger umfasst, so reicht ein sehr leiser Druck hin, die Scheitel derselben in Berührung zu bringen.

Noch will ich ein Dogma erwähnen, welches in den allgemeinen
Vorfragen, die uns gegenwärtig beschäftigen, kaum umgangen werden
kann, das Dogma nämlich, dass mit der Erhebung der Rippen beim
Einathmen eine Vergrösserung ihres gegenseitigen Abstandes eintrete.
Das Wahre hieran ist, dass eine Erhebung der nach unten hängenden
Rippen (die, wenn sie senkrecht nach unten hingen, sich decken
müssten) eine Vergrösserung ihres gegenseitigen Abstandes verursacht;
wenn einerseits die Erhebung nicht über die Horizontallage der Rippen
hinausschreitet, und andererseits die Winkelbewegung für alle Rippen
von gleicher Grösse ist. Nur unter diesen Voraussetzungen ist die
Erweiterung aller Intercostalräume, beim Aufsteigen der Rippen nothwendig. Dass beim Einathmen die erste dieser Bedingungen stattfinde,
ist erwiesen, ob auch der zweiten genügt werde, ist mehr als zweifelhaft. Die Beobachtungen HALLER's, dass beim Einathmen die Intercostalräume sich verengern, sind daher nicht als mechanisch unmöglich zu verwerfen, sondern beweisen vielmehr, dass die beliebte Voraussetzung gleich grosser Winkelbewegungen für alle Rippen eine
unhaltbare ist.

Nachdem ich mich nun über die Grundsätze, nach welchen die
Wirkungen der Intercostalmuskeln beurtheilt werden müssen, im Allgemeinen ausgesprochen habe, will ich zu der Frage übergehen, in
welcher Weise bestimmte Intercostalmuskeln anatomisch bedingt
und demnach functionell thätig sind.

Unter den vielen über die Wirksamkeit der Intercostalmuskeln
aufgestellten Ansichten dürfte heut zu Tage die verbreitetste die sein,
dass die externi der Inspiration, die interni der Exspiration dienen,
erstere also Heber, letztere Herabzieher der Rippen abgeben. Man beruft sich zunächst darauf, dass die Inspiration mit einer Hebung, die
Exspiration mit einer Senkung der Rippen verbunden ist, und dass
das Zustandekommen dieser Bewegungen, eine Contraction der bethei-
ligten Muskeln, mithin auch eine Annäherung ihrer Insertionspunkte
voraussetze. Hieran knüpft sich dann die Meinung, man brauche nur
zu wissen, welcher Muskeln Insertionspunkte sich beim Heben und
beim Senken der Rippen gegenseitig nähern, um beurtheilen zu können,
welche von ihnen diese Hebungen und Senkungen zu Stande bringen.
Da man es nun für mechanisch geboten hielt, dass die Insertionspunkte der intercostales externi beim Heben der Rippe näher aneinander und bei deren Sinken weiter auseinander träten, und da man
gleicherweise für erwiesen hielt, dass die Insertionspunkte der intercostales interni sich umgekehrt verhielten, nämlich beim Aufsteigen
der Rippen auseinander wichen und beim Herabsteigen derselben sich
näherten, so kam man zu dem schon oben erwähnten Schlusse, dass
die äusseren Zwischenrippenmuskeln nur der Einathmung, die inneren
dagegen nur der Ausathmung dienten.

Ich will nun zunächst bemerken, dass eine gegenseitige Annäherung der in Betracht kommenden Insertionspunkte nicht ausreicht, zu
beweisen, dass gerade der ihnen anhaftende Muskel die Ursache jener
Annäherung abgebe. Beispielsweise könnte ja die Annäherung der
Insertionspunkte eines intercostalis externus, welche beim Aufsteigen
der Rippen eintritt, von der Verkürzung der levatores costarum abhängen, und könnte die Annäherung derselben Punkte, wenn sie von
Contraction der intercostales externi ausgeht, statt einer normalen
Inspirationsbewegung eine Convergenz der Rippen hervorbringen.

Ein zweites, nicht minder wichtiges Bedenken ist dies, ob der
als unangreifbar aufgestellte Lehrsatz, dass die Insertionspunkte der
intercostales externi beim Aufsteigen und die der intercostales externi
beim Absteigen der Rippen sich gegenseitig nähern, auch hinreichend
begründet sei. Ich kenne keine Beobachtungen, die dies erweisen,
sondern nur theoretische Betrachtungen, die es erweisen sollen. Die
unter dem Anschein geometrischer Strenge geführten Beweise sind
von Baylé, dem Hamberger folgte, ausgegangen, und werden noch
gegenwärtig trotz ihrer Mangelhaftigkeit, von Vielen für unantastbar
gehalten.

Ich will beistehend eine Figur 2 vorlegen, welche in der Baylé-

HAMBERGER'schen Beweisführung die Hauptrolle spielte, und welche
bis in die neuesten und besten Handbücher der Physiologie ihren Weg
gefunden.

Die Senkrechte SS' bedeutet die Wirbelsäule; $I1$, $II2$ stellen ·
zwei Nachbarrippen in stark nach unten hängender Lage vor, und
bezeichnen die Ziffern I und II deren Drehpunkte an der Wirbelsäule.

Würden die Rippen beim Einathmen sich heben, so würde die
obere derselben ihre Lage $I1$ zunächst mit der Lage $I1'$ vertauschen
und bei fortschreitender Hebung nach $I1''$ zu liegen kommen. In entsprechender Weise würden die unteren Rippen beim Aufsteigen durch
die Lagen $II2$, $II2'$ und $II2''$ hindurchgehen.

Fig. 2.

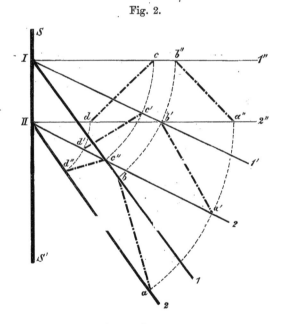

Die Figur soll nun zeigen, welchen Einfluss die Lagenverände-
rung der Rippen auf die Distanz der Insertionspunkte der Intercostalen
hat, und was sie zeigt ist Folgendes: Da die Punkte I und II die
Drehpunkte der Rippen darstellen, so müssen sie auch als die Punkte
gelten, um welche bei den Athembewegungen die Insertionen der
Intercostalmuskeln rotiren, das will sagen, es müssen die Insertionspunkte sich in Kreisen bewegen, für welche eine vom Insertionspunkte
zum Drehpunkte gezogene Gerade den radius vector abgibt. Derartige

Kreisbogen sind in der Figur durch punktirte Curven angegeben und bedeutet $a\,a'\,a''$ ein Kreissegment, in welchem die unteren Insertionspunkte, und $b\,b'\,b''$ ein Segment, in welchem die oberen Insertionspunkte eines intercostalis externus liegen. Ferner bezeichnet $c\,c'\,c''$ den Kreisbogen, in welchem die oberen Insertionspunkte und $d\,d'\,d''$ denjenigen, in welchem die unteren Insertionspunkte eines intercostalis internus sich fortbewegen.

Aus der Figur ergibt sich nun ohne Weiteres, dass mit dem Heben der Rippen die Insertionspunkte der intercostales externi ($a\,b$, $a'\,b'$, $a''\,b''$) sich nähern, und die der intercostales interni ($d''\,c''$, $d'\,c'$, $d\,c$) sich von einander entfernen, während umgekehrt, beim Herabsinken der Rippen, die Insertionspunkte der intercostales externi sich von einander entfernen, dagegen die der interni sich nähern.

Dass aber die Distanzveränderungen der Insertionspunkte genau so wie die Figur sie darstellt, erfolgen müssen, hängt damit zusammen, dass die radii vectores der Insertionspunkte ungleiche Längen haben. Sind nämlich die Winkelbewegungen der Rippen, wie die Figur voraussetzt, von gleicher Grösse, so müssen die Bögen, welche die Insertionspunkte in gleichen Zeiten beschreiben, von ungleicher Grösse sein. Der Insertionspunkt mit dem grösseren radius vector beschreibt den grösseren Bogen und muss dem anderen Insertionspunkte, welcher den kleineren Bogen zurücklegt, näher treten, wenn er in seiner Bewegung diesem nachfolgt, dagegen sich von ihm entfernen, wenn er ihm vorangeht.

Gegen dieses, wie Meissner sich ausdrückt, Hamberger'sche Schema ist mathematischerseits nichts einzuwerfen, und würde dasselbe über die Distanzveränderungen der Insertionspunkte, welche mit den Athembewegungen eintreten, endgültig entscheiden, wenn die mechanischen Bedingungen, welche das Schema voraussetzt, mit den im lebenden Körper bestehenden übereinstimmten. Dies ist indess nicht der Fall. So würden der Figur nach sämmtliche Rippen sich um frontal liegende Achse drehen, während die Rippen der entgegengesetzten Körperseiten um verschiedene, bald mehr, bald weniger schief liegende Achsen rotiren. Auch würden sämmtliche Rippen Winkelbewegungen von gleicher Grösse ausführen, während die unteren Rippen offenbar ausgiebigere Bewegungen machen, als die oberen. Hierzu kommt noch, dass alle der Figur nach möglichen Bewegungen in eine und dieselbe Ebene fallen, so dass die dritte Dimension des Raumes in der Demonstration ganz unberücksichtigt bleibt. Es ist einleuchtend, dass bei so vollständiger Ungleichheit der mechanischen Bedingungen die aus denselben resultirenden Bewegungen und folglich

auch die Distanz-Veränderungen der Insertionspunkte nicht vergleichbar sein können.

Um theoretisch zu bestimmen, ob zwei Punkte, welche wie die
Insertionen der Intercostalmuskeln zu zwei verschiedenen Rippen gehören, sich bei Bewegung der letzteren gegenseitig nähern oder von
einander entfernen, würden, selbst vorausgesetzt, dass die erforderlichen
empirischen Unterlagen vorlägen, sehr weitläufige und schwierige
Rechnungen erforderlich sein. Unfähig eine solche Aufgabe zu lösen,
habe ich ein Instrument bauen lassen, welches die Distanz der Insertionspunkte, die ich mit Δ bezeichnen werde, direct zu messen
erlaubt. Die Einrichtung des auf
Fig. 3 abgebildeten Instrumentes
ist folgende:

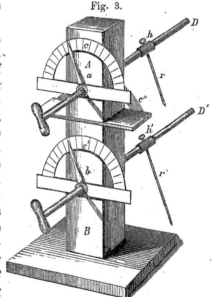

Fig. 3.

Ein viereckiges Holzstück AB,
von 8 Zoll Länge und 1 □Zoll
Querschnitt steht senkrecht auf
einem Bretchen, welches ihm zum
Fussgestelle dient. Dieses Holzstück vertritt die Wirbelsäule und
soll im Folgenden auch als solche
bezeichnet werden. Es ist durch
einen Querschnitt in zwei Theile
zerlegt, von welchen der obere A
mit dem unteren B durch einen
Zapfen so verbunden ist, dass
eine Drehung der Wirbelsäule
um ihre Längenachse vorgenommen werden kann. Sowohl der
obere Theil A, als der untere B
sind in horizontaler Richtung
durchbohrt und sind durch die
Bohrlöcher starke Metalldrähte DD hindurchgeführt, welche unter
allen Umständen horizontal verlaufen, im Uebrigen aber nach dem
Belieben des Beobachters entweder in dieselbe senkrechte Ebene zu
liegen kommen, oder wenn der obere Theil der Wirbelsäule zu einer
Achsendrehung benutzt worden, sich kreuzen. Diese Drähte repräsen-
tiren die Drehachse der Rippen, denn in meinem Apparate sollen die
Rippen nicht um die Drehachsen rotiren, sondern die Drehachsen selbst
sollen sich drehen, und dadurch die Rotationsbewegungen der mit
ihnen verbundenen Theile hervorbringen. Die Grösse dieser Drehungen
und also, nach dem eben Bemerkten, auch die Grösse der Winkel-

bewegungen der rotirenden Rippen lässt sich messen. An der hinteren,
mit Handgriffen versehenen Hälfte der erwähnten Drehachsen sind
nämlich Weiser (a und b) und an den hinteren Seiten der Wirbelsäule sind Gradmesser (c, c') angebracht, so dass die Weiser die Grösse
des Bogens, welcher bei der Umdrehung beschrieben worden, in
Graden angeben. Zum besseren Verständniss der Figur mag bemerkt
werden, dass kleine Transporteurs aus Reisszeugen als Gradmesser benutzt sind. Ausser den beiden eben besprochenen Gradmessern, welche
begreiflicher Weise in einer senkrechten Ebene liegen mussten, ist
noch ein dritter c' von horizontaler Lage vorhanden, welcher bestimmt
ist den Winkel zu messen, unter welchem die Drähte DD' sich
kreuzen, wenn man im oberen Theile der Wirbelsäule eine Drehung
um die Längenaxe ausführt. Dieser dritte Gradmesser, ebenfalls ein
Transporteur, ist auf dem horizontalen Querschnitte der mit B bezeichneten unteren Hälfte der Wirbelsäule befestigt, und musste daher
an dem unteren Querschnitte ihrer oberen Hälfte A ein Weiser angebracht werden, welcher die Grösse der vollzogenen Drehung anzugeben hat. Der Zweck der letzterwähnten Mechanik ist leicht verständlich. Da nämlich die natürlichen Drehachsen der Rippen sich
kreuzen, so müsste die Möglichkeit gegeben sein, die ihnen entsprechenden Drähte DD' ebenfalls zur Kreuzung zu bringen, und den
Winkel, unter welchem dies geschieht, zu messen.

In meinem Instrumente sind die Rippen gar nicht vertreten, und
es wird etwas umständlich sein zu zeigen, wie es trotzdem zur Untersuchung der Rippenbewegung geeignet ist. Um dies deutlich zu
machen, muss ich wiederholen, dass jeder Punkt der Rippe sich in
einem Kreise um deren Drehachse bewegt. Zieht man von dem bezüglichen Rippenpunkte, den man ohne Weiteres für den Insertionspunkt eines intercostalis nehmen kann, eine Senkrechte auf die Drehachse, so erhält man den radius vector des Punktes, und könnte man
diesen radius in eine starre Linie verwandeln, so würde das äussere
Ende derselben die Bewegungen des Insertionspunktes selbst ausführen müssen, das will sagen diejenigen Bewegungen, deren Gesetz-
lichkeit wir eben zu ermitteln haben.

Von diesen Betrachtungen ausgehend, habe ich mein Instrument
construirt. Statt mit Rippen ist es mit starren radii vectores (r, r')
versehen, d. h. mit Drähten (Stricknadelstücken), die sich rechtwinklig
an den Drehachsen der Rippen (D, D') anbringen lassen. Die Befestigung derselben wird durch eine messingne Hülse (h, h') vermittelt,
welche sich in der Längenrichtung der Achse verschieben lässt, und

in welcher das den radius vector darstellende Drahtstück eingeschraubt werden kann.

Nach allem Vorhergehenden ist selbstverständlich, dass die Bewegungen der Insertionspunkte auch von den Längen der radii vectores abhängen. Bei jedem Versuche mit meinem Instrumente müssen zwei Radien von ungleicher Länge benutzt werden, denn die Aufgabe des Versuches ist, unter naturgemässen Bedingungen zu arbeiten, und die radii vectores der beiden Insertionspunkte eines intercostalis sind in der Regel von ungleicher Länge. So würde man beispielsweise bei Untersuchung der Bewegungsvorgänge eines intercostalis internus an der oberen Drehachse einen längeren radius vector anbringen müssen, als an der unteren.

Vor Anstellung eines Versuches stellt man die Weiser der Drehachsen (a, b) auf den Nullpunkt ihres bezüglichen Gradmessers, und richtet die um ihre Hülse h, h' drehbaren radii vectores nach unten, so dass sie in eine Ebene zu liegen kommen, welche die Drehachse der Rippe, in deren Längenrichtung, senkrecht schneidet. Wird, nachdem dies geschehen, die Achse gedreht, so verlässt der radius vector die durch die Drehachse gelegte senkrechte Ebene und bildet mit ihr einen Winkel, dessen Grösse die Weiser a, b in Graden angeben, und welcher kein anderer ist als der von mir so genannte Neigungswinkel der Rippen.[1]

Ich habe S. 13 auseinandergesetzt, dass an den Drehachsen der Rippen eine vordere und eine hintere Hälfte unterschieden werden kann, und mit Rücksicht auf die radii vectores der Insertionspunkte unterschieden werden muss. Hieran knüpft sich die Frage, in wie weit diese beiden Hälften den für uns so wichtigen Werth Δ beeinflussen und werde ich schliesslich noch zeigen müssen, wie mein Instrument diese Frage zu beantworten gestattet.

Will man untersuchen, ob die vordere und die hintere Hälfte der Drehachse den Werth Δ in gleicher oder in verschiedener Weise beeinflusse, so hat man weiter nichts zu thun, als die Drehachsen der Rippen D, D' in einem Falle nach links, in dem anderen nach rechts zu drehen. Der Grund hiervon ist folgender.

Da die vordere und die hintere Hälfte der Drehachse sich nur durch ihre relative Lage zum Beobachter unterscheiden, so kann dieser durch Umstellung des Instrumentes die vordere Hälfte der Achse ohne Weiteres in eine hintere verwandeln. Die Mechanik der Bewegung bleibt hierbei unverändert, aber wie das Vordere durch die Umstel-

---

[1] Vergl. Zeitschr. f. Anat. u. Entwickelungsgesch. I. Bd. S. 157.

lung ein Hinteres wird, so wird auch das Rechtsseitige zu einem Linksseitigen. Diese letzte Umwandlung ist für den Zweck des Versuches nicht gleichgültig. Da die beiden Achsenhälften, deren Einfluss auf $\varDelta$ untersucht werden soll, einer bestimmten Achse angehören, so müssen die radii vectores, welche von den Rippen aus auf sie gefällt worden sind, auch eine bestimmte Richtung, entweder nach rechts oder nach links haben. Diese Richtung ist durch die Umstellung des Instrumentes in ihr Gegentheil verwandelt worden, kann aber dadurch, dass man die Achse der Rippe, welche im ersten Versuche eine Drehung nach links erlitten, im zweiten Versuche nach rechts dreht, wieder in die ursprüngliche Richtung zurückgeführt werden.

Nach dieser vielleicht ermüdenden aber unentbehrlichen Beschreibung meines Instrumentes gehe ich zur Darstellung der Resultate über, die ich mit Hülfe desselben gewonnen habe. Auf eine Mittheilung meiner überaus zahlreichen Messungen im Einzelnen glaube ich nicht eingehen zu dürfen, ich beschränke mich auf eine Darstellung der aus ihnen abgeleiteten allgemeinen Grundsätze.

Von der gesetzlichen Veränderung des gegenseitigen Abstandes der beiden Insertionspunkte der Intercostalmuskeln.

I. Wenn die Drehachsen zweier Nachbarrippen in einer und derselben senkrechten Ebene liegen und die Rippen gleiche Winkelbewegungen ausführen, so vermindert sich der gegenseitige Abstand der Insertionspunkte (unser $\varDelta$), wenn die Bewegung des grösseren radius vector nach der Seite des kleineren radius vector hingerichtet ist, wenn aber der grössere radius vector sich von dem kleineren wegwärts bewegt, so wird $\varDelta$ vergrössert.

a) Wenn also die Neigungswinkel der Rippen wachsen, d. h. wenn letztere sich heben, so müssen die Insertionspunkte der intercostales externi sich nähern, dagegen die der interni sich von einander entfernen, weil im ersteren Falle der zum unteren Insertionspunkte gehörige grössere radius vector sich nach der Seite des kleineren hinbewegt, während im zweiten Falle der grössere radius vector zum oberen Insertionspunkt gehört und sich beim Aufsteigen der Rippen von dem kleineren wegbewegt.

b) Wenn die Neigungswinkel der Rippen eine Verkleinerung erfahren, d. h. wenn letztere sich senken, so müssen die Insertionspunkte der intercostales externi weiter auseinander treten und die der interni sich nähern, was mit Bezug auf das eben Erörterte keiner weiteren Ausführung bedarf.

c) Obschon die Veränderungen der Neigungswinkel die der Distanzen Δ bedingen, so halten doch diese mit jenen nicht gleichen Schritt, vielmehr erfolgt die Veränderung der Δ-Werthe mit Beschleunigung.

II. Wenn die Drehaxen in einer und derselben senkrechten Ebene liegen und die Rippen Winkelbewegungen von ungleicher Grösse ausführen, so lässt sich die Bewegung als aus zwei Phasen bestehend ansehen. — In der ersten Phase machen beide Rippen eine gleich grosse Winkelbewegung, in der zweiten Phase hört die Bewegung der einen Rippe auf, während die der anderen fortgesetzt wird. Unter diesen Umständen gelten folgende Gesetze:

a) Die in der ersten Phase entstandene Distanz Δ wird vergrössert, wenn die in der zweiten Phase ausschliesslich bewegte Rippe sich von der anderen, bereits ruhenden, wegbewegt.

NB. Dieser Fall wird eintreten, wenn bei der Inspiration die obere, bei der Exspiration die untere Rippe die Bewegung der zweiten Phase ausführt.

b) Die durch die erste Phase bedingte Distanz Δ wird verkleinert, wenn die in der zweiten Phase ausschliesslich bewegte Rippe sich der anderen bereits ruhenden nähert.

NB. Dieser Fall tritt ein, wenn bei der Inspiration die untere, bei der Exspiration die obere der beiden Nachbarrippen die grössere Winkelbewegung ausführt.

Es wird sich finden, dass der unter II b verzeichnete Fall der normale ist, was HAMBERGER und seine Nachfolger zum grossen Nachtheile ihrer theoretischen Betrachtungen übersehen haben. Denn offenbar können nun beim Aufsteigen der Rippen auch die Insertionspunkte der intercostales interni sich nähern, wenn nur in der zweiten Phase der Bewegung die untere Rippe ihre Erhebung lange genug fortsetzt, um die in der ersten Phase entstandene Vergrösserung der Distanz nicht nur aufzuheben, sondern sogar in eine Verkleinerung umzusetzen.

III. Wenn die Drehachsen zweier Nachbarrippen statt in einer senkrechten Ebene zu liegen, divergiren, so dass der Kreuzungswinkel der oberen Achse grösser ist, als der der unteren (normaler Fall), so hängt die Distanz der Insertionspunkte (unser Δ) gleichzeitig von dem Divergenzwinkel der Achsen und dem Neigungswinkel der Rippen ab, wobei, unter Voraussetzung, dass die Nachbarrippen Winkelbewegungen von gleicher Grösse machen, folgende Gesetze gelten;

a) Wenn 1) der untere radius vector der grössere ist (Fall der intercostales externi), 2) wenn dieser radius zur hinteren Achsenhälfte gehört, 3) wenn der in beiden Nachbarrippen gleichwerthige Neigungswinkel constant ist:

so wächst in der Regel die Distanz $\varDelta$ mit dem Divergenzwinkel, und zwar in beschleunigtem Maasse. — Bei den kleinsten Divergenzwinkeln findet indess bisweilen das Umgekehrte statt, d. h. wenn die Drehachsen der Rippen nur wenig divergiren, kann $\varDelta$ kleiner ausfallen, als wenn sie gar nicht divergiren.

b) Wenn die unter 1 und 2 genannten Bedingungen fortbestehen, aber der Divergenzwinkel constant ist:

so nimmt $\varDelta$ ab, wenn die Neigungswinkel wachsen, aber in Folge der Divergenz in geringerem Grade, als sie abnehmen müssten, wenn die Drehachsen in einer senkrechten Ebene stünden.

c) Wenn die unter 1 und 2 angegebenen Bedingungen festgehalten werden und die Neigungswinkel und Divergenzwinkel gleichzeitig und gleichwerthig wachsen (in meinen Versuchen um je 10°):

so wachsen auch die $\varDelta$-Werthe, obschon in meinen Versuchen einzelne Ausnahmen vorkamen; welche vielleicht nur in einer gewissen Mangelhaftigkeit meines Instrumentes ihren Grund haben.

NB. Hieraus ergibt sich, dass die Distanz der Insertionspunkte mehr vom Divergenzwinkel als vom Neigungswinkel abhängt, ein Verhältniss, welches in die Baylé-Hamberger'sche Theorie sehr störend eingreift.

d) Wenn 1) der untere radius vector zwar der grössere ist, aber 2) wenn dieser radius zur vorderen Axenhälfte gehört, 3) der Neigungswinkel constant ist:

so wächst die Distanz $\varDelta$ mit dem Divergenzwinkel, in der Regel unter Beschleunigung. Dieses Wachsthum ist um so grösser, je grösser der Neigungswinkel.

e) Wenn unter den bei d) angegebenen Bedingungen, aber bei constantem Divergenzwinkel der Neigungswinkel veränderlich ist:

so erfährt $\varDelta$ mit dem Anwachsen des Neigungswinkels eine Verkleinerung, welche indess, je grösser die Divergenz, um so geringfügiger ausfällt, und bei sehr grosser Divergenz sogar in Vergrösserung von $\varDelta$ umschlägt.

NB. Schon aus diesem Grunde ist fraglich, ob die Insertionspunkte der intercostales externi beim Aufsteigen der Rippen sich immer nähern, wie nach der schematischen Figur 2 vorausgesetzt werden müsste.

f) Wenn unter den bei d) angegebenen, mit 1 und 2 bezeichneten

Bedingungen die Neigungswinkel und Divergenzwinkel sich gleichzeitig und gleichwerthig vergrössern:

so wächst $\varDelta$ ohne Ausnahme. Es wiederholt sich also die
unter c) gemachte und mit NB. bezeichnete Bemerkung.

g) Wenn: 1) der obere radius vector der grössere ist (Fall der
intercostales interni), 2) wenn dieser radius zur hinteren Achsenhälfte gehört, 3) und wenn der Neigungswinkel constant ist:

so wächst $\varDelta$ mit der Grösse des Divergenzwinkels, in
der Regel mit Beschleunigung. Je grösser der Neigungswinkel,
um so auffälliger ist dieses Wachsthum.

h) Wenn die soeben unter 1 und 2 angegebenen Bedingungen
fortbestehen, aber der Divergenzwinkel constant ist:

so wächst $\varDelta$ mit dem Neigungswinkel, und zwar in be-
schleunigter Weise.

i) Wenn abermals die unter 1 und 2 angegebenen Bedingungen
festgehalten werden, und Neigungswinkel und Divergenzwinkel gleichzeitig und gleichwerthig wachsen:

so wachsen auch die Distanzen $\varDelta$, natürlich um so
rapider, als ihr Wachsthum durch die Vergrösserung des
einen wie des anderen Winkels begünstigt wird.

k) Wenn die in g, h und i beschriebenen Verhältnisse nur darin
sich ändern, dass der radius vector, welcher bis dahin zur hinteren
Achsenhälfte gehörte, von der vorderen Achsenhälfte ausgeht:

so gestalten sich die $\varDelta$ Werthe im Allgemeinen nicht
anders als bei g, h und i bereits angegeben wurde. Im
Speciellen aber ist es doch nicht gleichgültig, ob die Radien der
Insertionspunkte zu der hinteren oder vorderen Achsenhälfte gehören.
In dem unter h verzeichneten Falle, wo es sich um die hintere
Achsenhälfte handelt, ist das Wachsthum der $\varDelta$ Werthe viel abhängiger
von der Grösse des constanten Divergenzwinkels, als in dem entgegen-
stehenden Falle, wo der radius vector sich mit der vorderen Achsenhälfte verbindet.

Schlussbemerkung zu III. Besondere Beachtung verdient der
im Vorhergehenden gelieferte Beweiss, dass der Einfluss, welchen die
Veränderung des Neigungswinkels auf den Werth $\varDelta$ ausübt, durch
die Divergenz der Drehachsen nicht nur modificirt, sondern vollständig umgestossen werden kann. So kann ein $\varDelta$ Werth, welcher vom
Neigungswinkel aus wächst oder abnimmt, in Folge eintretender
Divergenz nicht nur in erhöhtem Maasse wachsen oder abnehmen,
sondern es kann sogar die Vergrösserung desselben umschlagen in
Verkleinerung und umgekehrt.

IV. Wenn bei divergirenden Drehachsen die beiden Nachbarrippen Winkelbewegungen von ungleicher Grösse ausführen, so
können die unter III. geschilderten Vorgänge hiervon nicht unberührt
bleiben. Auf die Folgen, welche diese neue Complication, herbeiführt,
ausführlicher einzugehen, scheint überflüssig, da sich dieselben, wenigstens im Grossen und Ganzen, aus den unter II. entwickelten Principien ohne Schwierigkeit ableiten lassen.

Fig. 4.

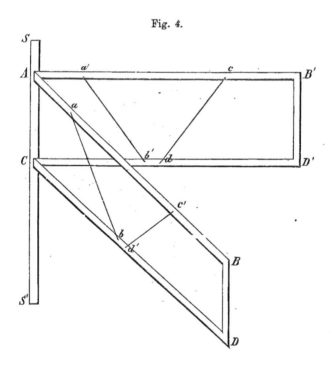

Hiermit glaube ich bewiesen zu haben, dass die Distanzveränderungen der Insertionspunkte, welche im Gefolge der Athembewegungen
eintreten, zum Theil von Umständen abhängen, welche bisher ganz
unberücksichtigt geblieben. Es kann nicht fehlen, dass mit dem Nachweis neuer Bedingungen in der Theorie der Intercostalmuskeln sich
die Nothwendigkeit gewisser Reformen herausstellen werde.

Man hat geglaubt auf experimentellem Wege nachweisen zu
können, dass die mm. intercostales externi als Heber und die intercostales interni als Herabzieher der Rippen dienen, indess trifft auch
diese Versuche der Vorwurf, dass sie ohne ausreichende Kenntniss der

mechanischen Bedingungen angestellt wurden. Es wird sich finden, dass der Apparat, mit welchem man experimentirte, mehr nicht als eine Verkörperung der S. 169 besprochenen geometrischen Figur ist, also auch nicht mehr beweisen kann als diese, und zur Demonstration der den Intercostalmuskeln zufallenden Aufgabe unbrauchbar ist.

SS' bedeutet eine starke, senkrecht stehende Leiste aus Holz, welche die Wirbelsäule vertritt.

AB und CD sind zwei dünnere Leisten, welche bei A und C durch Stifte mit der Wirbelsäule SS' drehbar verbunden sind und die Rippen vertreten. Die freien Enden der letzteren, B und D, sind durch ein drittes, in Charnieren sich drehendes Leistchen verbunden, welches als Analogon des Brustbeines betrachtet wird und dazu dient, den Parallelismus der Rippen bei deren Bewegung zu erhalten.

Die Punkte a und b entsprechen den Insertionen eines intercostalis externus, die Punkte c und d den Insertionen eines intercostalis internus. An diesen Punkten sind vorspringende Knöpfchen angebracht, welche dazu dienen, zwischen den beiden Insertionspunkten eines Muskels einen gespannten Kautschukfaden anzubringen, der, eben weil er gespannt ist, das Streben hat sich zu verkürzen, und folglich wie ein Muskel wirkt.

Wenn man zwischen a und b eine solche gespannte Schnur anbringt, so heben sich die Rippen, der Punkt a geht nach a' und der Punkt b nach b', womit, wie die Figur zeigt, eine gegenseitige Annäherung der Insertionspunkte des intercostalis externus verbunden ist. Bringt man dagegen die elastische Schnur zwischen c und d an, so entsteht eine Senkung der Rippen, der Punkt c kommt nach c', und der Punkt d nach d' zu liegen, wobei, wie die Figur zeigt, wiederum die beiden Insertionspunkte, diesmal des intercostalis internus, sich nähern.

Hier ist nun unzweifelhaft, dass eine elastische Kraft, welche in der Weise eines Muskels wirkt, die Insertionspunkte gegenseitig nähert und eben dadurch in dem einen Falle, wo die elastische Schnur für den intercostalis externus eintritt, das Emporsteigen und im anderen Falle, wo die Lage der Schnur der des intercostalis internus entspricht, die Abwärtsbewegung der Rippen verursacht.

Die vorerwähnten Versuche würden für die Theorie der Intercostalmuskeln entscheidend sein, wenn die Mechanik der wirklichen Rippen dieselbe wäre, wie die der künstlichen des eben beschriebenen Modelles. Dies ist indess nicht der Fall, wie oben bereits erwiesen worden. (S. 170.)

Dass in dem HAMBERGER'schen Modelle (Fig. 4) beide Rippen

durch Verkürzung des künstlichen Muskels in gleicher Richtung und
unter Wahrung ihres Parallelismus aufwärts und abwärts bewegt werden, hat seinen Grund darin, dass beide durch die, als Brustbein ge-
deutete Leiste *BD* nach dem Principe eines Parallellineals verbunden
sind. Bestände diese Verbindung nicht, so müssten die Rippen durch
die Verkürzung des künstlichen Muskels in entgegengesetzter Richtung, d. h. convergent, bewegt werden, und müssten sich gegenseitig
nähern.

Es ist auffallend, dass ein ausgezeichneter englischer Physiolog
dies verkannt hat. HUTCHINSON bespricht einen Fall und erläutert
ihn sogar durch eine Figur, in welchem, auch nach Beseitigung des
Verbindungsstückes *BD* (vergl. Fig. 4) eine zwischen *a* und *b* ange-
spannte Kautschukschnur beide Rippen heben soll.[1]) Ein solcher Erfolg konnte nur durch Versuchsfehler herbeigeführt sein.

Sind die künstlichen Rippen im Verhältniss zur Schmalheit der
Intercostaldistanz zu lang und wirkt die contractile Kraft des Kaut-
schukstranges zu stark und plötzlich, so kann die untere Rippe, indem
sie gewaltsam empor schnellt, an die obere Rippe anstossen und diese
in derselben Richtung mit fortreissen, wie ich vielfältig gesehen habe.
Wenn man aber den Apparat so construirt, dass ein Zusammenstossen
der Rippen vermieden wird, oder auch nur dafür sorgt, dass die contractile Kraft des künstlichen Muskels sich ganz allmählich entwickelt,
so geschieht, was nach mechanischen Gesetzen geschehen muss, die
obere Rippe bewegt sich langsam nach unten und die untere langsam
nach oben.

Also auch die mit dem hölzernen Modelle ausgeführten Versuche
beweisen nicht, dass die intercostales externi Heber und die intercostales interni Herabzieher der Rippen sind.

Von den äusseren Zwischenrippenmuskeln im Besonderen.

Die Fasern der intercostales externi verlaufen bekanntlich von
oben und hinten, nach unten und vorn, so dass ihr unterer Insertionspunkt sich von der Wirbelsäule mehr entfernt, als ihr oberer. Nach
zahlreichen von mir angestellten Messungen beträgt die Länge der
Fasern im Mittel 33 mm. und ihr Einfallswinkel an der Rippe ungefähr 30°. Wird angenommen, dass der Neigungswinkel der Rippen
im Mittel 45° und die Höhe eines Rückenwirbels gegen 25 mm. beträgt, so lässt sich trigonometrisch berechnen, wie gross der gegenseitige

---

[1]) Cyclopaedia of anatomy and physiol. Vol. IV. pag. 1050. Fig. 686.

Abstand der beiden Insertionspunkte in der Längenrichtung der Rippe, oder mit anderen Worten, wie gross die Differenz ihres Abstandes von der Wirbelsäule ist. Nach meinen Messungen dürfte diese Differenz etwa 12 mm. betragen.

In der Regel wird die mehr nach vorn geschobene Lage des unteren Insertionspunktes mit einer grösseren Entfernung desselben von der Drehachse der Rippen und also auch mit einer überwiegenden Länge seines Hebelarmes zusammenfallen, doch ist oben schon bemerkt worden, dass hierauf nicht zu rechnen ist. Da nämlich die Länge der Hebelarme, von welchen die Kräfte der Intercostalmuskeln abhängen, nicht nach dem Abstande ihrer Insertionspunkte von der Wirbelsäule zu schätzen ist, sondern nach deren Abstande von der Drehachse, so ist ohne Beschaffung genauer Maasse für letztere kein entscheidendes Urtheil möglich.

Obschon nun solche Maasse vorläufig noch fehlen, so lässt sich doch wahrscheinlich machen, dass die Hebelverhältnisse der intercostales externi an gewissen Stellen der Rippen sich anders gestalten, als man aus dem Verlaufe ihrer Fasern zu folgern pflegt. Ich begründe diese Behauptung auf nachstehende Figur.

Fig. 5 (S. 182) zeigt den Brustkorb im Querschnitte und von oben betrachtet.

MM' bedeutet den Durchschnitt der Medianebene. *R o* die obere und *R u* die untere von zwei Nachbarrippen.

AA' die zur oberen und *BB'* die zur unteren Rippe gehörige Drehachse, welche beide sich in der Wirbelsäule *w* kreuzen.

c ist der obere und *d* der untere Insertionspunkt eines intercostalis externus, welcher an der hinteren Seite des Brustkastens gelegen ist. — Dieselbe Bedeutung haben die Punkte *a* und *b* bezüglich eines zweiten intercostalis externus, welcher die vordere Seite des Brustkästens einnimmt. Man bemerke, dass die Orte der Insertionspunkte, obschon willkürlich angenommen, doch mit Berücksichtigung ihrer gesetzlichen Lagerungsverhältnisse bestimmt sind. Es liegen nämlich in beiden Fällen die oberen Insertionspunkte der Wirbelsäule näher als die unteren, was BAYLÉ bestimmte, den unteren Insertionen die grösseren Hebelarme zuzuschreiben.

Die Figur verzeichnet ferner die radii vectores der Insertionspunkte, welche den von BAYLÉ verkannten Hebelarmen entsprechen.

Es ist *cc'*, der radius vector des oberen Insertionspunktes *c*, kürzer als *dd'*, der radius vector des unteren Insertionspunktes *d*. Dagegen ist *aa'*, der Radius des oberen Insertionspunktes *a*, länger als *bb'*, womit der Radius des unteren Insertionspunktes *b* bezeichnet

ist. Dieses Verhältniss widerspricht nicht nur den Behauptungen
Baylé's und Hamberger's, sondern auch den unter den Physiologen
der Gegenwart herrschenden Ansichten.

Nun entgeht mir natürlich nicht, dass meine schematische Figur
keine absolute Beweiskraft habe, aber wo exacte Beweise fehlen, hat man
sich an Wahrscheinlichkeitsgründe zu halten, und meine Figur bietet solche. So wenig die vorgelegte Figur auf Naturtreue Anspruch machen
kann, so enthält sie doch nichts den natürlichen Verhältnissen Wider-

Fig. 5.

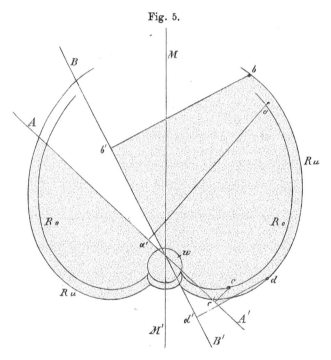

sprechendes, und fallen also die von mir gebotenen Conturen in die
Grenzen des anatomisch Möglichen, das will sagen, die weit reichen-
den Verschiedenheiten der organischen Structur lassen voraussetzen,
dass auch Bildungen, wie die von mir dargestellte, wirklich vorkommen. Wenn hiernach meine Figur als eine berechtigte gelten muss, so
beweist sie auch, worauf es ankommt, dass der radius vector des unteren
Insertionspunktes eines intercostalis externus nicht immer der vorwie-
gend grosse ist.

Von Interesse ist noch das durch Fig. 5 erwiesene Verhältniss,
dass auf der Rückseite des Thorax die radii vectores der unteren Inser-

tionspunkte die Radien der oberen Insertionspunkte mehr an Länge übertreffen, als dies an der vorderen Seite des Brustkastens der Fall ist, indem sich hieraus ergibt, dass die mehr nach hinten gelegenen intercostales externi beim Heben der Rippen die Hauptrolle spielen.

Ich habe aus allgemeinen Gründen behauptet, dass jeder intercostalis von den beiden Rippen, an welchen er haftet, die obere senken, die untere dagegen heben müsse, und will jetzt für die intercostales externi die Richtigkeit dieser Behauptung experimentell nachweisen.

Die nachstehenden Versuche sind an einem menschlichen Brustkasten angestellt worden, von welchem alle Weichtheile, mit Ausnahme der Bänder, entfernt worden waren. Das Präparat wurde in die natürliche aufrechte Stellung gebracht, und wurde dann von der ersten Rippe bis zur siebenten eine senkrechte Linie über den Brustkasten gezogen. Im Verlauf dieser Linie wurden sämmtliche Rippen mit kleinen schwarzen Punkten verzeichnet, deren Abstände von einander mit Hülfe des Zirkels genau gemessen wurden. Meine Absicht war nämlich, die Veränderungen dieser Abstände zu messen, welche nothwendig entstehen mussten, wenn durch Verkürzung eines künstlichen intercostalis externus die mit ihm verbundenen Rippen in Bewegung gesetzt wurden. Als Muskeln benutzte ich gespannte Kautschukschnuren, welche entsprechend dem Faserverlaufe der intercostales externi, den Rippen angeheftet wurden.

Wäre HUTCHINSON's Behauptung begründet, dass durch die Zusammenziehung eines solchen Muskels beide Rippen gehoben würden, so müsste der oberhalb desselben gelegene Intercostalraum sich verkleinern, dagegen der unterhalb gelegene sich vergrössern. Ist aber meine Behauptung richtig, dass durch die Thätigkeit eines intercostalis die obere Rippe gesenkt und nur die untere gehoben wird, so müssen beide Intercostalräume sich vergrössern.

Zum Verständniss der nachstehenden Angaben ist zu bemerken, dass ich die in Frage kommenden Intercostalräume oder Distanzen mit Zahlen bezeichne, und unter Distanz 1 die zwischen der ersten und zweiten Rippe befindliche, unter Distanz 2 die zwischen der zweiten und dritten Rippe gelegene verstehe u. s. w.

Die Messungen ergaben während der Dauer der Muskelruhe, also während die Rippen nach unten hingen:

Distanz 1 . . . 40 mm.
„ 2 . . . 56 „
„ 3 . . . 42,5 „
„ 4 . . . 36,5 „
„ 5 . . . 27,5 „

Wie sich nun diese Distanzen in Folge der Muskelcontraction veränderten, ergibt sich aus Folgendem:

Versuch 1.

Die in Spannung versetzte Kautschukschnure ist zwischen der zweiten und dritten Rippe angebracht.

Distanz:	während der Ruhe;	während der Contraction;	Differenz.
1	40 mm.	41,5 mm.	+ 1,5 mm.
3	42,5 „	51,5 „	+ 9 „

Versuch 2.

Der Muskel contrahirt sich zwischen der dritten und vierten Rippe.

Distanz:	während der Ruhe;	während der Contraction;	Differenz.
2	56 mm.	57 mm.	+ 1 mm.
4	36,5 „	42 „	+ 5,5 „

Versuch 3.

Der Muskel contrahirt sich zwischen der vierten und fünften Rippe.

Distanz:	während der Ruhe;	während der Contraction;	Differenz.
3	42,5 mm.	43,5 mm.	+ 1 mm.
5	27,5 „	35,0 „	+ 7,5 „

Versuch 4.

Zwei Muskeln wirken gleichzeitig; zwischen Rippe 3 und 4 und Rippe 4 und 5.

Distanz:	während der Ruhe;	während der Contraction;	Differenz.
2	56 mm.	57,5 mm.	+ 1,5 mm.
5	27,5 „	40,0 „	+ 12,5 „

Versuch 5.

Zwei Muskeln wirken gleichzeitig zwischen der zweiten und dritten Rippe und zwischen der dritten und vierten Rippe.

Distanz:	während der Ruhe;	während der Contraction;	Differenz.
1	40 mm.	41,5 mm.	+ 1,5 mm.
4	36,5 „	45,5 „	+ 9 „

Uebersicht der Resultate.

1) Wenn ein intercostalis externus sich verkürzt und also eine Annäherung seiner Insertionspunkte verursacht, so wird sowohl die oberhalb als die unterhalb desselben gelegene Rippendistanz vergrössert, ein Beweis, dass der Muskel von den beiden Rippen, an welche er geheftet ist, die obere herab, die untere hinauf zieht.

2) Die Vergrösserung der beiden eben erwähnten Rippendistanzen wird auffälliger, wenn die Muskelcontraction statt in einem Intercostalraume in zwei benachbarten gleichzeitig stattfindet.

3) In allen Versuchen zeigt sich, dass die unterhalb des thätigen Muskels befindliche Distanz an Grösse merklich mehr zunimmt, als die oberhalb desselben gelegene, d. h. mit anderen Worten: in allen Fällen wird die untere Rippe, an welcher der Muskel haftet, mehr gehoben als die obere, an welcher er inserirt, herabgezogen.[1])

4) In allen Versuchen war sehr auffällig, dass die untere Rippe, an welche der künstliche Muskel befestigt ist, in Folge der Contraction desselben stark über die Aussenfläche des Brustkastens vorsprang, während die obere Rippe, obschon nur in geringem Grade, sich in das Innere der Brusthöhle zurückzog. Es ist klar, dass die Lateralbewegung nach aussen auf einer Hebung der unteren Rippe, die Lateralbewegung nach innen auf einem Herabsteigen der oberen Rippe beruhe.

Nach allem Vorausgeschickten kann kein Zweifel sein, dass die nächste Wirkung der intercostales externi die sei, die beiden Rippen, mit denen sie in Verbindung stehen, gegenseitig zu nähern. Andrerseits kann nach den Erfolgen der Vivisectionen kein Zweifel sein, dass diese Muskeln an der gleichzeitigen Hebung aller Rippen einen wesentlichen Antheil haben, und bleibt also die Frage übrig wie dies mechanisch zusammenhänge.

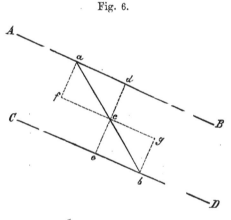

Fig. 6.

Es mögen in Fig 6 AB und CD diejenigen Stücke zweier benachbarten Rippen bedeuten, an welchen der intercostalis externus ab angebracht ist. Hiernach entspricht a dem oberen, und b dem unteren Insertionspunkte des Muskels. Der Punkt c aber liegt in der Mitte zwischen beiden Muskelenden und ist einleuchtend, dass diese Enden, bei eintretender Verkürzung des Muskels, mit gleicher Kraft nach demselben hingezogen werden. Hiermit hängt nothwendig zusammen,

---

[1]) Entsprechend dem S. 161 erwiesenen Gesetze, dass die Rippen sich leichter nach oben als nach unten bewegen.

dass die obere Hälfte des Muskels ihre Zugkraft in der Richtung von
a nach c, die untere dagegen in der entgegengesetzten Richtung von
b nach c· ausübe.

Jede dieser Zugkräfte erlaubt eine Zerfällung in zwei Seitenkräfte,
von welchen die eine in der Richtung der Längsaxe der Rippe, die
andere auf letztere senkrecht wirkt. · Die erstere geht vollständig
verloren, da die Rippe in der Richtung ihrer Länge nicht beweglich
ist, und nur die zweite macht sich geltend, wodurch das Auf- und
Absteigen der Rippe bewirkt wird.

Was also die obere Hälfte des Muskels anlangt, so zerfällt die
Zugkraft ac in die Seitenkraft ad, welche verloren geht und in die
Seitenkraft $af = dc$, welche die Rippe AB nach unten dreht. Anlangend die untere Hälfte des Muskels, so zerfällt die Zugkraft bc in
die Seitenkraft be, welche ohne Wirkung bleibt und in die Kraft
$bg = ec$, welche die untere Rippe CD emporhebt.

Nun sind zwar die Kräfte dc nach unten und ec nach oben, an
sich gleich gross, da sie von einer und derselben elastischen Spannung
des Muskels ausgehen, indess liegen Bedingungen vor, welche bewirken, dass die von ihnen erzeugten Bewegungen von ungleicher Ausgiebigkeit sind. Man beachte:

1) Die untere Hälfte des Muskels befestigt sich an dem Insertionspunkte, welcher in der Regel mit einem längeren radius vector
versehen ist, und daher unter günstigeren Hebelverhältnissen wirkt.

2) Die untere Muskelhälfte ist diejenige, welche hebt, und also
die Bewegung ausführt, welche durch die grössere Beweglichkeit der
Rippen nach oben begünstigt wird.

In Folge beider Bedingungen ist die Zugkraft nach oben sehr viel
wirksamer als die nach unten, und muss folglich auch die Bewegung
der unteren Rippe nach oben weit beträchtlicher sein, als die der
oberen Rippe nach unten. Was aber für die beiden Rippen des einen
intercostalis externus gilt, das muss für alle intercostales und alle
Rippen gelten. Denn da jede Rippe an zwei Intercostalräume an-
grenzt, so dass ihr die Bedeutung und Funktion einer oberen und
unteren in gleichem Maasse zufällt, so steht jede Rippe unter dem
Einflusse zweier entgegengesetzten Kräfte, deren Resultante die algebraische Summe der beiden Componenten ist. Indem die hebenden
Kräfte vorherrschen, ist die Resultante der intercostales externi eine
Hubbewegung.

Von den inneren Zwischenrippenmuskeln im Besonderen.

Die im vorigen Jahrhunderte von BAYLÉ und HAMBERGER begründete Lehre, dass die intercostales interni die Rippen abwärts ziehen, und also der Exspiration dienen, dürfte noch heutigen Tages die meisten Anhänger haben, wenigstens ist sie von mehreren unserer angesehensten Physiologen, wie LUDWIG, DONDERS und HUTCHINSON in viel gelesenen Schriften nicht nur gebilligt, sondern als die einzige principiell zulässige dargestellt worden.

Man beruft sich dabei auf die angebliche Nothwendigkeit, dass die Insertionspunkte der intercostales interni beim Aufsteigen der Rippen sich von einander entfernen, dagegen beim Herabsteigen derselben sich gegenseitig nähern, eine Nothwendigkeit, die in Wirklichkeit nicht besteht. Denn weder das nach HAMBERGER benannte geometrische Schema (vergl. S. 169 und Fig. 2), noch die mit einem Thoraxmodelle ausgeführten Versuche (vergl. S. 178 und Fig. 4), sind geeignet, über die Distanzveränderungen der bezüglichen Insertionspunkte beim Athmen Aufschluss zu geben, und doch stützt sich die Lehre der oben genannten Forscher lediglich auf jenes Schema und diese Versuche.

Wenn es sich darum handelt zu entscheiden, ob die intercostales interni als Inspiratoren oder Exspiratoren wirken, so hat man zu bedenken, dass jeder intercostalis von zwei Nachbarrippen die obere abwärts und die untere aufwärts bewegt, und dass die algebraische Summe beider Bewegungen die resultirende gibt. Es ist also nicht genug zu untersuchen, welches der beiden Muskelenden von Seiten der Hebelverhältnisse das mehr begünstigte ist, sondern man hat auch zu ermitteln, welche der beiden Rippen, an welche der Muskel inserirt, die beweglichere ist, indem es hiervon abhängt, ob die obere Rippe, welche abwärts gezogen wird, sich mehr der unteren, oder die untere Rippe, welche gehoben wird, mehr der oberen nähert. Erst wenn diese beiden Fragen gelöst sind, kann man die Beantwortung der dritten und schwierigsten versuchen, welche Bewegung aus den verschiedenen, möglicherweise mit einander streitenden Bedingungen hervorgehe.

Die Fasern der inneren Intercostalmuskeln, welche bekanntlich von oben und vorn nach hinten und unten verlaufen, fallen an der unteren Rippe in Winkeln ein, deren mittlere Grösse nach zahlreichen Messungen zu 53^0 veranschlagt wurde. Hiernach würde der gegenseitige Abstand der Insertionspunkte, in der Richtung der Längenaxe der Rippe, kaum weniger als 28 mm. betragen, während derselbe Abstand für die intercostales externi auf 12 mm. berechnet wurde.

Wenn man nun annimmt, dass der Drehpunkt jeder Insertion der Intercostalen im Rippenköpfchen liege, und davon absieht, dass die Wirbelkörper, an welchen letztere eingelenkt sind, in einer merklich krummen Linie, nicht in einer geraden senkrechten liegen, so scheinen Maasszahlen, wie die eben angegebenen, den vollgültigen Beweis zu liefern, dass ein intercostalis internus an der oberen Rippe unter viel günstigeren Hebelverhältnissen arbeite, als an der unteren, mithin mehr herabziehend als hebend wirke. Indess muss aus dem Vorhergehenden klar sein, dass hier Voraussetzungen gemacht werden, die nicht zutreffen. Die Grösse des Hebelarmes, welche die Leistung des intercostalis bedingt, ist nicht von der Entfernung seiner Insertion vom Rippenköpfchen abhängig, sondern in dem oben erläuterten Sinne, von der Länge des radius vector des um die Drehaxe der Rippe rotirenden Insertionspunktes. In Folge dieses Umstandes kann aus der Thatsache, dass die obere Insertion eines intercostalis internus weiter nach dem Brustbeine vorgeschoben ist als die untere, nicht ohne Weiteres gefolgert werden, dass der Hebelarm an der oberen Rippe grösser sei, als an der unteren, worüber die Betrachtungen, welche ich über den Einfluss der Kreuzung der Drehaxen auf die Länge der radii vectores S. 12 vorgelegt habe, näheren Aufschluss geben.

Ich will nun zwar nicht bezweifeln, dass beim intercostalis internus der radius vector des oberen Insertionspunktes grösser sei; als der des unteren, und halte es für sehr wohl möglich, dass sein Uebergewicht sich auch mechanisch geltend mache, das will sagen, unter dem Einfluss des Reibungswiderstandes nicht ganz verloren gehe, aber ich leugne, dass aus diesem Uebergewichte die Funktion des Muskels als Herabzieher der Rippen folge. Mag immerhin die Verkürzung des Muskels durch die vorwiegende Länge des zur oberen Rippe gehörigen radius vector die Bewegung nach unten begünstigen, so begünstigt andererseits die viel grössere Beweglichkeit der Rippen in der Richtung nach oben die aufsteigende Bewegung, und ist von vorn herein wahrscheinlich, dass der letztere Vortheil den ersteren überwiege.

Es hat keine Schwierigkeit hierüber Gewissheit zu erlangen, man braucht nur die S. 183 beschriebenen Versuche mit künstlichen Muskeln an einem frischen Thorax zu wiederholen, selbstverständlich dahin abgeändert, dass die gespannten Kautschukschnuren statt dem Verlaufe der intercostales externi zu folgen, dem der intercostales interni entsprechen.

Ich bestimme also, wie bereits angegeben, die Distanzen sämmtlicher Intercostalräume im Zustande der Ruhe, bringe dann in einem beliebigen Intercostalraume die gespannte Schnur an, und messe die Distanzveränderungen in den beiden Intercostalräumen über und unter dem Muskel. Die Contraction des letzteren nähert die beiden Rippen, an welche er sich ansetzt, gegenseitig, und vergrössert also die beiden Intercostalräume, sowohl den oberen wie den unteren, und fragt sich nur, welchen von beiden er mehr erweitere. Würden die intercostales interni die Rippen herabziehen, so müsste die Verbreiterung des oberen Intercostalraumes vorherrschen, aber die nachstehenden Versuche beweisen, dass das Umgekehrte stattfindet.

Meine Messungen ergaben für den Zeitraum der Muskelruhe, welche nach vollendeter Exspiration eintritt, folgende Breiten der Intercostalräume:

Distanz 1 . . . 42 mm.

„ 2 . . . 55 „

„ 3 . . . 45 „

„ 4 . . . 40 „

„ 5 . . . 33 „

„ 6 . . . 46 „

Die gegenseitigen Entfernungen der Rippen änderten sich nun in Folge der Muskelcontractionen in nachstehender Weise.

Versuch 1.

Die in Spannung befindliche Kautschukschnur ist im ersten Intercostalraume angebracht und verläuft, wie in allen folgenden Versuchen, von vorn und oben nach hinten und unten.

Grösse der Distanz		
während der Ruhe	während der Contraction	Veränderung der Distanz
Distanz 2 55 mm.	59 mm.	4 mm. Hebung.

Versuch 2.

Die Contraction des künstlichen intercostalis internus geschieht zwischen der zweiten und dritten Rippe.

Grösse der Distanz		
während der Ruhe	während der Contraction.	Veränderung der Distanz
Distanz 2 42 mm.	43 mm.	1 mm. Senkung.
„ 4 45 „	52 „	7 „ Hebung.

Versuch 3.

Der Muskel zwischen Rippe 3 und 4 thätig.

Grösse der Distanz		Veränderung der Distanz
während der Ruhe	während der Contraction	
Distanz 2　55 mm.	57 mm.	2 mm. Senkung.
„　4　40 „	43 „	3 „ Hebung.

Versuch 4.

Der Muskel wirkt zwischen Rippe 4 und 5.

Grösse der Distanz		Veränderung der Distanz
während der Ruhe	während der Contraction	
Distanz 3　45 mm.	45 mm.	0 mm. Senkung.
„　5　33 „	36 „	3 „ Hebung.

Versuch 5.

Der Muskel wirkt im fünften Intercostalraum.

Grösse der Distanz		Veränderung der Distanz
während der Ruhe	während der Contraction	
Distanz 4　40 mm.	41 mm.	1 mm. Senkung.
„　6　46 „	48 „	2 „ Hebung.

Vergleicht man diese Versuche mit den S. 184 beschriebenen, so ergibt sich, dass zwischen den Wirkungen der äusseren und inneren Intercostalmuskeln eine vollkommene Uebereinstimmung stattfindet. Durch Verkürzung der Einen wie der Anderen wird die obere Rippe der unteren und die untere der oberen genähert, aber die untere wird mehr gehoben, als die obere herabgezogen, so dass für die Gesammtheit der Rippen die Hebung ein Uebergewicht erhält. Selbstverständlich dürfen also die intercostales interni nicht als Antagonisten der externi betrachtet werden, vielmehr dienen die ersteren zur Unterstützung der letzteren. Dies bestätigte sich auch vollständig in einer Versuchsreihe, in welcher ich die Wirkungen verglich, welche entstanden, wenn ich einmal die künstlichen intercostales externi allein und ein zweites Mal die externi und interni gemeinschaftlich wirken liess. Die Vergrösserung der beiden Intercostalräume oberhalb und unterhalb des Muskels war in letzterem Falle beträchtlicher als im ersten, auch übertraf die Verbreiterung des unteren Intercostalraumes die des oberen ohne Ausnahme, und in einigen Fällen sehrbeträchtlich.

Der Hauptwerth der eben vorgelegten Versuche scheint mir darin zu liegen, dass sie Fragen der Mechanik auf rein mechanischem Wege lösen, und sich von den pathologischen Störungen, welche bei Vivisectionen leicht eintreten und leicht übersehen werden, unabhängig

erhalten. Im Uebrigen bieten sie nichts Neues. Wer die umfang-
reichen und sorgfältigen Versuche HALLER's über die intercostales
interni vorurtheilslos studirt hat, wird sich der Ueberzeugung, dass sie
Inspiratoren sind, kaum entschlagen können.[1])

HALLER hat nicht weniger als 26 Versuche an lebenden Thieren,
meist an Hunden, angestellt und hat ohne Ausnahme gefunden, dass
nach Entfernung der intercostales externi die interni beim Einathmen
thätig waren. Als Beweise der Thätigkeit betrachtete er: das sichtbare Turgesciren der Muskeln, eine fühlbare Spannung und Härte derselben, endlich eine Veränderung in der Richtung der Fasern, welche
während der Inspiration ihre schräge Lage mit einer mehr senkrechten
vertauschen. In vielen Versuchen war auch die Verkürzung der Muskeln unzweifelhaft, indem dieselben eine Verschmälerung des Intercostalraumes und zwar um die Hälfte seiner Grösse bewirkten (Exp.
16, 17, 20, 24). Zur Sicherung dieser Ergebnisse wurden auch Zirkel-
messungen zu Hülfe genommen. So betrug im 14. Experiment die
Verkürzung des intercostalis internus beinahe 1''', und im 28. Exp.,
in welchem ein Professor der Physik, HAHN, die Messung besorgte,
verkleinerte sich der dritte Intercostalraum von $^{61}/_{100}$ auf $^{43}/_{100}$ Zoll.
Die Verengerung des Intercostalraumes beruht vorzugsweise, und in
einigen Fällen, wie es scheint, ausschliesslich auf einem Aufsteigen
der unteren Rippe. Einige Fälle, wo dieses Aufsteigen nicht wahrgenommen werden konnte, hat HALLER als bemerkenswerthe Ausnahmen ausdrücklich hervorgehoben.

HAMBERGER hat in seinem bekannten Streite mit HALLER seinem
grossen Zeitgenossen die Bemerkung entgegengestellt: experientia
geometriae et mechanicae contraria ostendere nequit, aber HAMBERGER
ist viel zu sehr Laie in der Mathematik, als dass diese Bemerkung
von Gewicht sein könnte. Bedenklicher wäre, wenn die Versuche
TRAUBE's mit denen HALLER's unvereinbar wären.[2]) Allerdings hat
TRAUBE in den trefflichen Untersuchungen, welche er über Erstickungs-
erscheinungen am Kaninchen angestellt hat, eine Contraction der intercostales interni beim Einathmen nie wahrgenommen, indess hat er
solche beim Ausathmen eben so wenig beobachtet, und bestätigt die
Angabe HALLER's, dass beim Kaninchen sich der Brustkasten am normalen Athmen gar nicht betheilige. Hiernach liegt ein Widerspruch
zwischen den Experimenten TRAUBE's und HALLER's überhaupt nicht

---

[1]) HALLER opera minora I. de respiratione experimenta pag. 270.
[2]) Dr. L. TRAUBE, Beiträge zur experimentellen Pathologie und Physiologie.
Heft II. S. 91.

vor. Budge, welcher ebenfalls am Kaninchen experimentirte, versichert die Verkürzung der intercostales interni beim Einathmen auf das Deutlichste gesehen zu haben und glaubt das Ausbleiben derselben in den Versuchen von Traube auf die zu gewaltsamen operativen Eingriffe, mit denen sie verbunden waren, beziehen zu müssen. Gegen diese Erklärung spricht freilich der Umstand, dass Traube gerade für das normale Athmen der Kaninchen, die Nichtbetheiligung des Thorax behauptet hatte.

Sei dem wie ihm wie wolle, so dürften ein Paar am menschlichen Körper angestellte Beobachtungen, welche Herr Professor Freund in Breslau mir mitzutheilen die Güte hatte, die inspiratorische Thätigkeit der intercostales interni vollkommen sicher stellen.

Fig. 7.

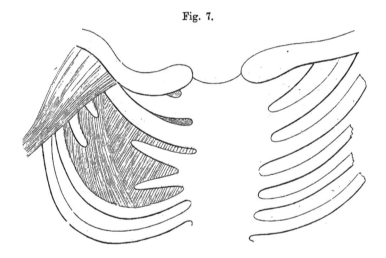

In dem einen besonders lehrreichen Falle, für welchen (in Fig. 7) eine nach den Beobachtungen entworfene schematische Zeichnung vorliegt, wurde Folgendes wahrgenommen.

Bei einer dreissigjährigen Frau besteht angeborener Mangel des rechten m. pectoralis major und ein Defect der dritten und vierten Rippe da, wo Knochen und Knorpel zusammenstossen. In Folge dieses Defectes befindet sich an der vorderen Brustwand eine etwa kinderhandgrosse Stelle, welche nur von der sehr verdünnten äusseren Haut bedeckt ist. Die Grenzen dieser Stelle bilden nach oben der gegen das stark gebogene Schlüsselbein steil aufwärts gerichtete Knorpel und Knochen der zweiten Rippe, nach unten die auffallend stark nach unten gekrümmte fünfte Rippe, und zu beiden Seiten, also

median- und rückwärts, die Stümpfe der defecten dritten und vierten
Rippe.

Der Knochen- und Knorpeldefect nimmt also die Stelle ein, wo
nach Wegnahme des grossen Brustmuskels beide Lagen der Intercostalmuskeln, innere wie äussere, zu Tage liegen, indem die intercostales
externi nicht über die Grenzen der knöchernen Rippen hinausgehn und
die weiter nach vorn liegenden interni unbedeckt lassen.

Von höchster Wichtigkeit für die Beurtheilung der Muskelfunk-
tionen war nun der Umstand, dass da, wo Knochen und Knorpel
fehlten, die intercostales nicht fehlten; vielmehr, wie die Figur aus-
weist, sich durch den zwischen der zweiten und fünften Rippe gelegenen offenen Raum in ungewöhnlicher Länge hindurchzogen. Eben
diese ungewöhnliche Länge der intercostalen Fleischfasern, verbunden
mit der Dünne der Hautbedeckung, hatte zur Folge, dass die Muskelcontractionen sehr ins Auge fielen, und dass bei langsamen und tiefen
Inspirationen die gleichzeitige Thätigkeit der äusseren und inneren
Intercostalmuskeln direct wahrgenommen werden konnte.

Nach allem Vorhergehenden ist empirisch erwiesen und theoretisch verständlich, dass die inneren und äusseren Intercostalmuskeln
gleichmässig zum Heben der Rippen bestimmt sind. Eine Nothwendigkeit, dass die eine der beiden Muskelschichten die Abwärtsbewegung der Rippen besorge, besteht nicht, denn beim normalen, unge-
zwungenen Athmen sind die elastischen Kräfte ausreichend, die
gehobenen Rippen in ihre ursprüngliche Lage zurückzuführen, und bei
gewaltsamem Ausathmen, wo dieselben noch unter ihren normalen
Stand herabgedrückt werden, wirken die Bauchmuskeln.

Von der Wirkung der mm. intercartilaginei.

Zwischen den Rippenknorpeln befindet sich nur eine Schicht
Muskeln, deren Fasern von vorn und oben nach hinten und unten
verlaufen, also wie die intercostales interni, denen die meisten Anatomen sie auch zurechnen. Indess hat HAMBERGER dies für unzulässig
erklärt. Seiner Meinung nach sind die intercostales interni Herabzieher der Rippen, dagegen sollen die zwischen den Knorpeln befindlichen Muskeln, die er intercartilaginei nennt, Heber sein. Zur
Unterstützung der letzteren Behauptung hat er folgende Gründe angeführt:

1) Die Art, wie die mm. intercartilaginei vom Brustbein aus an
die Knorpel sich ansetzen, entspricht vollständig der Art, wie sich die
mm. intercostales externi von der Wirbelsäule aus an die knöchernen

Rippen ansetzen, und müssen daher beide nach denselben Principien wirken. Wie die intercostales externi die knöchernen Rippen heben, so müssen die intercartilaginei die Rippenknorpel heben.

2) Die Rippenknorpel werden beim Einathmen thatsächlich gehoben, und dass sie durch Vermittelung der intercartilaginei gehoben werden, beweist die während der Inspiration bemerkbare Verkürzung der letzteren.

Diese Beweise haben eine ziemlich allgemeine Zustimmung gefunden, aber, wie ich glaube, mit Unrecht.

Was zunächst die behauptete Analogie zwischen intercostales externi und intercartilaginei anlangt, so ist sie durchaus unhaltbar, weil der feste Punkt, welcher ersteren in den Wirbelgelenken der Rippen geboten ist, den letzteren in den Knorpelgelenken am Brustbein ganz abgeht. Die knöchernen Rippen besitzen für ihre Charniere in der Wirbelsäule ein festes Widerlager, in Folge dessen ihr Emporsteigen, beim Einathmen, mit einer Vorwärtsbewegung ihrer Sternalenden verbunden sein muss, und wiederum ist diese Vorwärtsbewegung ganz unmöglich, ohne dass die mit dem Sternalende verbundenen Theile, nämlich die Rippenknorpel und das Brustbein, gleichzeitig nach vorn gedrängt werden. Sollten nun die Wirkungen der intercartilaginei und intercostales externi sich mechanisch entsprechen, so müssten die Costalenden der Rippenknorpel, indem sie sich heben, vom Brustbein wegwärts nach hinten drängen, und müssten dann die mit ihnen verbundenen Theile, also die knöchernen Rippen und die Wirbelsäule selbst, ihrem Impulse nachgeben und nach hinten ausweichen. Solche Bewegungen können nicht vorkommen. Wenn man freilich an einem mit den Rippenknorpeln und deren Muskeln ausgeschnittenen und wohl fixirten Brustbeine Reizverruche anstellte, so würden die mm. intercartilaginei als Heber der Knorpel wirken, aber offenbar nur deshalb, weil man die natürlichen Bedingungen der Bewegung auf den Kopf gestellt, und das punctum mobile zum punctum fixum gemacht hätte.

Unter den natürlichen Verhältnissen können die hinteren Enden der Rippenknorpel, welche an den knöchernen Rippen festsitzen, keine freien Bewegungen ausführen, nur die vorderen Enden, welche das Brustbein tragen, sind hierzu geeignet. Die Stelle, wo Knochen und Knorpel der Rippe zusammenhängen, kann einem Charniere verglichen werden, um welches der Knorpel, als einarmiger Hebel, seine Drehbewegung ausführt.[1] Sobald der Brustkasten beim Einathmen erweitert

---

[1] Diese Betrachtung rechtfertigt sich besonders durch die Mechanik der

wird, und also die Rippen sich strecken, muss das vordere Knorpel-
ende mit dem anhaftenden Brustbeine sich senken.

Man überzeugt sich von der mechanischen Nothwendigkeit dieser
Verhältnisse leicht, wenn man einerseits die mit dem Einathmen verbundene Vergrösserung des Winkels beachtet, unter welchem die
Knochen und Knorpel der Rippen zusammenstossen, und andererseits
die Inspirationsbewegung in zwei Phasen zerfällt, deren erstere die
knöchernen Rippen hebt und von den mm. intercostalibus abhängt, die
zweite aber mit der Senkung der Rippelknorpel zusammenfällt und
durch die intercartilaginei vermittelt wird.

Die nachstehende Figur 8 erläutert die oben besprochenen Vorgänge.

Es bedeutet

SS' die Wirbelsäule,

ab die knöcherne Rippe vor der Inspiration,

bc den zu dieser Rippe gehörigen
Knorpel,

$ab'c'$ bezeichnet dieselbe Rippe in
der ersten Inspirationsphase,

$ab'c''$ dieselbe Rippe in der zweiten
Inspirationsphase.

m bezeichnet den Winkel, welchen
die knöcherne und die knorpelige
Rippe während der Ruhe des Brustkastens nach vollendeter Ausathmung einschliessen. Diesem Winkel
ist gleich m' in der ersten Phase
der Inspiration. In der zweiten Phase tritt eine Vergrösserung eben
dieses Winkels um n ein, so dass nun die knöcherne Rippe ab' und
die knorpelige $b'c''$ den grösseren Winkel $m + n$ einschliessen.

Die Figur beweist, dass diese Vergrösserung des Winkels nur
durch ein Herabsinken des Sternalendes des Knorpels von c nach c''
herstellbar ist.

Man könnte vielleicht einwerfen, dass eine Abwärtsbewegung des
Rippenknorpels nicht ohne eine Abwärtsbewegung des Brustbeins denk-

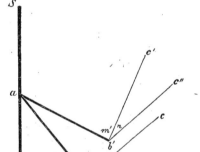

Fig. 8.

Vogelrippen, welche nicht aus Knochen und Knorpel, sondern aus zwei geson-
derten Knochen bestehen. Beide Knochenstücke stossen unter einem nach vorn
offenen Winkel zusammen, und sind daselbst mit einem Gelenke versehen, welches in der That als ginglymus fungirt.

bar sei, und dass das Brustbein während der Inspiration erwiesener-
maassen steige, nicht sinke, indess erledigt sich dieser scheinbare
Widerspruch ohne Schwierigkeit. Die Knorpel, welche das Brustbein
tragen, werden, in Verbindung mit den knöchernen Rippen, von den
Intercostalmuskeln gehoben und unabhängig von denselben durch die
intercartilaginei herabgedrückt, und da jene Hebung beträchtlicher ist
als diese Senkung, so wird das Brustbein allerdings etwas gehoben,
aber weniger, als es ohne die Gegenwirkung der intercartilaginei
erhoben werden müsste.

In Uebereinstimmung mit dieser Auffassung ist die von mir
erwiesene Thatsache, dass das Brustbein bei der Inspirationsbewegung
sich merklich weniger erhebt, als die Sternalenden der knöchernen
Rippen.

Wenn also HAMBERGER seine Behauptung, dass die intercartilaginei als Heber wirken, darauf begründet, dass das Sternalende des
Knorpels (c'' der Fig. 8) während der Inspiration erhoben werde, so
benutzt er eine unantastbare Thatsache zu einer falschen Folgerung.
Es ist richtig, dass c'' höher steht als c, aber es steht niedriger als
c', und steht nur deshalb niedriger, weil die Vergrösserung des Winkels m, lediglich durch eine Senkung des Knorpels von $b'c'$ nach
$b'c''$ verursacht ist.

Die Vergrösserung des mit m bezeichneten Winkels ist durch Bewegungen bewirkt, welche füglich mit denen zweier Zirkelarme verglichen werden können. Es muss sich in der Spitze des Winkels,
welchen Rippenknochen und Rippenknorpel einschliessen, ein Drehpunkt befinden, um welchen der Knorpel seine kreisende Bewegung
ausführt. Nun wird bei der Inspiration jeder Punkt des Knorpels
einen Bogen beschreiben, welcher um so grösser ist, je weiter ersterer
vom Drehpunkt entfernt liegt. Offenbar entspricht eben diese Entfernung der Grösse des radius vector des bezüglichen Punktes.

Mit dieser Erkenntniss kommt die Lehre von den Funktionen der
mm. intercartilaginei zu einem befriedigenden Abschlusse. Da die
Fasern dieser Muskeln von oben und vorn nach hinten und unten verlaufen, so hat ihr oberer Insertionspunkt einen grösseren radius vector
als der untere, und befindet sich mithin unter günstigeren Hebelverhältnissen. Hiernach kann die Wirkung der intercartilaginei nicht
zweifelhaft sein. Jeder oberhalb eines intercartilagineus gelegene
Rippenknorpel muss herabgezogen, jeder unterhalb eines solchen gelegene gehoben werden. Beide entgegengesetzten Bewegungen würden
sich aufheben, wenn nicht die oberen Enden der Muskeln unter viel
günstigeren Hebelverhältnissen wirkten, als die unteren. In Folge

hiervon muss die Summe der Senkungen grösser sein, als die Summe der Hebungen, das heisst eben die intercartilaginei müssen die Rippen-knorpel abwärts ziehen.

HAMBERGER, HALLER und neuerlich TRAUBE haben beobachtet, dass die intercartilaginei sich während der Inspiration verkürzen, sie sind also Inspirationsmuskeln. Aber sie sind nicht Inspirationsmuskeln, weil sie die Knorpel heben, sondern weil sie dieselben senken, und dadurch die zur Erweiterung des Brustkastens erforderliche Gestalt-veränderung der Rippen, mittelst Vergrösserung des Winkels m, her-beiführen.

XIV.

Ueber die Architektur des Knochengewebes.

Von

Dr. Karl Schulin

Assistent am pathologischen Institute zu Rostock.

(Hierzu Tafel VIII.)

Man hat die Knochen bis jetzt von zwei verschiedenen Seiten her betrachtet: Einmal hat man die histologische Entwicklung des Knochengewebes verfolgt und dann hat man die Bälkchen der schon gebildeten Knochensubstanz mit Rücksicht auf ihre Form und Anordnung und die hierdurch ermöglichten mechanischen Leistungen untersucht. Die Forscher der ersten Art haben sich aber alle nur an das streng Histologische gehalten, ob die Knochenzelle eine umgewandelte Knorpelzelle sei oder ein Abkömmling des Periostes u. s. f. Den Punkt, um welchen sich dabei alle Streitigkeiten drehten, bildete immer der Umstand, dass viele Knochen sich zum Theil aus Knorpel, zum Theil aus Bindegewebe entwickeln. Weil das Endprodukt in beiden Fällen dasselbe ist, meinte man, müsse auch die Entstehungsweise dieselbe sein. Deshalb glaubten früher viele Autoren zwischen den bindegewebigen Theilen und dem Knochen eine dünne Knorpelschicht zu sehen und aus demselben Grunde verfechten jetzt Viele die Ansicht, dass aller Knorpel vor der Knochenbildung zu Grunde gehe. Nur wenige Autoren nahmen einfach eine verschiedene Entwicklung des Knochengewebes an: so MIESCHER für das Längenwachsthum, auch der platten Knochen, aus Knorpel, für das Dickenwachsthum dagegen aus Knochengewebe selbst, so früher KÖLLIKER Seitens der Knorpelscheibe aus Knorpel, Seitens des Periostes aus halbreifem Bindegewebe. Nur ein Autor, nämlich VIRCHOW, bemühte sich, eine Analogie zwischen den beiden Processen der Knochenentwicklung Seitens der Knorpelscheibe und des Periostes durchzuführen, indem

er, auch die frühern Stadien heranziehend, neben die Wucherungsschicht des Knorpels eine solche des Periostes stellte und dann
beiderseits in den gewucherten Schichten eine Differenzirung eintreten
liess, welche die Bildung der Areolen in der jungen Knochensubstanz
bewirken sollte.

Aber kein Autor wies eine Uebereinstimmung, oder auch nur
eine Analogie nach, in Beziehung auf die Art der Apposition, den
innern Plan, nach welchem sich die jungen Knochenzellen den alten
zugesellen. Ja VIRCHOW, der einzige Autor, welcher sich über diesen
Punkt überhaupt äussert, glaubte sogar, hier eine Verschiedenheit
zwischen den beiden Processen zu erkennen. Er sagt nämlich:[1]
„Während das Knorpelwachsthum zunächst den Zuwachs einer gleichmässig areolären, spongoiden Knochenmasse bringt, lagern sich aus
dem Perioste deutlich unterscheidbare und trennbare Schichten eine
auf die andere ab, so dass der Knochen von einer Reihe von cylindrischen oder platten Schichten umhüllt wird."

Der Grund dieser Erscheinung liegt wohl darin, dass man sich
über die positiven Thatsachen bei der Apposition nicht ganz klar war.
Während für die Knochenanlagerung in der Längsrichtung eines
Röhrenknochens jetzt wohl ziemlich alle Autoren darüber einig sind,
dass man zunächst an der Knorpelscheibe viele feine längsverlaufende
Röhrchen findet, welche nach der Mitte des Knochens hin zu wenigen
grössern sich vereinigen, um schliesslich alle zur Bildung der Markhöhle zu confluiren, findet man für die Anlagerung Seitens des
Periostes immer nur die Angabe, dass dieselbe aus Schichten bestehe,
die durch Markräume von einander getrennt und durch zur Knochenoberfläche senkrecht stehende Balken vereinigt seien, oder dass sie
als netzförmig durchbrochene Lamellen auftreten[2]. VIRCHOW führte
diese Sache am genauesten durch. Er lässt in den gewucherten tiefen
Schichten des Periostes eine Differenzirung der Art eintreten[3], dass
vom Knochen her dichtere balkenartige Züge senkrecht hervortreten
und dieselben in Bogenlinien durchsetzen, so dass eine areoläre Anlage entsteht. In den Richtungen dieser Züge verdichtet sich die
Grundsubstanz und entsteht zuerst Knochengewebe. Die der Knochenoberfläche parallel verlaufenden Theile der Bogenlinien stellen nun
offenbar in ihrer Vereinigung die oben im Citate erwähnten unter-
scheidbaren und trennbaren, den Knochen umhüllenden Schichten

---

[1] Archiv V. S. 444.
[2] KÖLLIKER, Mikr. Anat. II. 1. S. 368.
[3] l. c. S. 443.

dar, wie es die Abbildung (Figur 6) zeigt. Von diesen Schichten ist
immer jede äussere länger, als die nächstinnere, weil der Knochen inzwischen durch das Knorpelwachsthum länger geworden und wieder
ein neues Stück Perichondrium in Periost. umgewandelt ist. VIRCHOW
stellte damals diese periostale Schicht neben die vom Knorpel zunächst
gelieferte gleichmässig areoläre Masse, welche man jetzt als verkalk-
ten Knorpel vom ächten Knochengewebe trennt. Wir würden sie
neben diejenige Knochensubstanz zu stellen haben, welche sich in
einem Querschnitte des endochondralen Knochenkernes aus der unmittelbaren Nähe der Ossificationsgrenze findet. In einem solchen
Querschnitte findet sich die echte Knochensubstanz aber in Gestalt
von Ringen, die nicht überall vollständig und an verschiedenen Stellen
sehr ungleich dick sind und die die Innenwand der Markkanälchen
auskleiden. Wenn schon das, was VIRCHOW nebeneinander stellte,
verschieden ist, so. sind es diese beiden Dinge noch viel mehr.

Aus diesem Dilemma hilft uns eine Entdeckung, welche STREL-
ZOFF[1]) machte. Derselbe fand im geraden Gegensatze zu VIRCHOW,
dass die Knochenschichten, welche nach der von diesem Autor angegebenen Weise entstehen, von der Knochenmitte nach der Oberfläche
gezählt, nicht länger, sondern immer kürzer werden. Die unmittelbare Folge dieser leicht zu bestätigenden Thatsache ist nämlich die,
wie es die Abbildung (Fig. 7) zeigt, dass VIRCHOW's Knochenschichten
sämmtlich schief zur Gesammtoberfläche des Knochens stehen. Eine
der Knochenoberfläche parallel verlaufende, also einer Längslinie des
HAVERS'schen Schemas entsprechende Fläche schneidet also von ihnen
allen ein Stück ab. Der auf diese Weise abgetrennte Hohlcylinder
besteht nun in Folge des Umstandes, dass die zwischen den Knochenschichten befindlichen Räume durch in der Längsrichtung des Knochens
verlaufende, vielfach durchbrochene Scheidewände in Röhren abgetheilt
sind, aus lauter Schrägschnitten von Markkanälchen, die eines neben
dem anderen liegen, gerade wie in dem der Querlinie des HAVERS-
schen Schemas entsprechenden Querschnitte des endochondralen Knochenkernes die Querschnitte der Markkanälchen.

Durch STRELZOFF's Entdeckung wird somit nicht, wie dieser
Autor meint, die Richtigkeit des HAVERS'schen Schemas in Frage gestellt, sondern klar gelegt, was einer Längslinie desselben eigentlich
entspricht. VIRCHOW's Knochenschichten werden nicht, wie er meint,
immer gleichzeitig in der ganzen Länge des jeweilig vorhandenen
Knochenkernes apponirt, sondern der Vorgang ist folgender. Zuerst

---

[1]) Unters. a. d. path. Inst. zu Zürich. Heft I. S. 16 ff.

wird an einer Stelle, welche an Röhrenknochen etwa der Mitte entspricht, ein Stück VIRCHOW'scher Schicht gebildet, die periostale Grundlamelle STRELZOFF's; diese wächst nach beiden Enden des Knochens hin. Nach einer bestimmten Zeit wird eine zweite VIRCHOW'sche Schicht gebildet, die sich ebenfalls nach den beiden Enden des Knochens hin ausdehnt, aber hinter der ersteren, welche durch grösseres Alter einen Vorsprung hat, zurückbleibt; dann folgt eine dritte, vierte u. s. f. Schicht, während die vorhergehenden ebenfalls immer weiter wachsen. In einer bestimmten Zeit des periostalen Wachsthumes wird somit nicht eine VIRCHOW'sche Schicht gebildet, sondern vielleicht der erste Anfang der siebenten und je ein Ansatzstück der ersten bis sechsten. Auf diese Weise entsteht, als der Längslinie des HAVERS'schen Schemas entsprechend, ein Hohlcylinder, welcher jederseits von der Mitte des Knochens nach dessen Ende hin in schräger Richtung von 7 Stücken VIRCHOW'scher Knochenschichten durchsetzt wird. Da sich zu diesen noch die die VIRCHOW'schen Schichten verbindenden Längsscheidewände hinzugesellen, besteht der einer Linie des HAVERS'schen Schemas entsprechende Hohlcylinder aus lauter Schrägschnitten HAVERS'scher Kanälchen.[1])

Die periostalen Knochenschichten mit den sie verbindenden Balken stellen ein System dar, welches man ebenso, wie MEYER es für die Bälkchen des fertigen Knochens gethan hat, eine Architektur nennen kann. Ich will es deshalb als Architektur des Knochengewebes gegenüber der MEYER'schen Architektur der spongiosa bezeichnen. Von einer genauern Untersuchung dieser Architektur des Knochengewebes an entsprechenden Stellen des nämlichen Knochens in verschiedenen Altersstufen desselben lässt sich erwarten, dass sie eine Entscheidung herbeiführen wird in dem Streite darüber, ob die Knochen interstitiell wachsen oder nicht. Deshalb fertigte ich die bei-

---

1 Für die Längslinien des HAVERS'schen Schemas gab eine hiermit vollständig übereinstimmende Darstellung BRUCH, Beiträge zur Entwickelungsgeschichte des Knochensystemes. Neue Denkschriften der allgemeinen Schweizerischen Gesellschaft für die gesammten Naturwissenschaften. Band XII. 1852. Nr. 7. S. 100. Er lässt die Anlegung Seitens des Periostes in Form von Schichten geschehen, welche von zahlreichen Löchern und Spalten durchbohrt sind. Diese verwandeln sich durch successive Schichtung in Kanälchen, die Markkanälchen, welche aber nicht senkrecht zur Knochenoberfläche verlaufen, wie es geschehen würde, wenn die Löcher in den Lamellen sich vollständig entsprächen, sondern die dadurch, dass jede folgende Lamelle die nächstvorhergehende etwas überragt, eine schiefe Richtung zur Knochenoberfläche erlangen. Er führt indessen keine Analogie zwischen diesem Verhalten und der Apposition Seitens des Knorpels durch.

folgenden Abbildungen an, welche - sämmtlich bei derselben Vergrösserung (Hartnack System 1) die mit Hülfe der Camera lucida
auf das genaueste nachgezeichnete Architektur des Knochengewebes
in der hintern Wand des Humerus von Kaninchen darstellen. Sie sind
sämmtlich nach Schnitten gefertigt, welche in sagittaler Richtung
gelegt sind und sind sehr verschieden alten Thieren entnommen, vom
Embryo an bis zum nahezu ausgewachsenen Zustande.

Wenn man ein solches Bild betrachtet, wird man sich zunächst
fragen, worin diese Architektur ihren Grund hat, warum die Knochensubstanz sich nicht, wie z. B. der Knorpel, als compacte Masse anlegt, sondern von einem solchen Kanalsystem durchzogen ist. An
guten Injectionspräparaten, auch von sehr jungen Knochen, sieht man
stellenweise in allen Kanälchen Blutgefässe. Es finden sich natürlich
immer auch Stellen, wo durch die Injection keine Blutgefässe nachgewiesen sind, wenn man aber eine wohlgelungene Stelle betrachtet,
sieht man die Blutgefässe in einer solchen Anordnung, dass ihre
Maschen der durch die Kanälchen dargestellten Architektur vollständig
entsprechen. Ich fand nirgends Stellen, wo ich nach der Form der
Gefässnetze auf eine wohlgelungene Injection schliessen konnte, ohne
dass diese Form mit der Architektur der Knochensubstanz überein-
gestimmt hätte, nirgends fand ich geschlossene Gefässnetze, die in
ihrer Anordnung von der der Knochenbälkchen abgewichen wären,
wohl aber oftmals Stellen, wo in jedem Kanälchen auch ein Blutgefäss lag. Ferner kann man leicht Stellen finden, wo die Gefässe
sich über die Knochensubstanz hinaus in die tiefern Schichten des
Periostes noch in derselben Maschenform fortsetzen, welche sie in
jener haben, und sieht man alsdann zwischen die Gefässe hinein Ausläufer der Knochensubstanz eine Strecke weit vordringen. Die Anlagerung der Knochensubstanz erfolgt hier nach einem Plane, welcher
durch die Form der Gefässnetze vorgezeichnet ist. Es finden sich
auch hier natürlich wieder Stellen, wo die Gefässe nicht injicirt sind,
es finden sich aber keine Stellen, wo die Gefässe Maschen bildeten,
und die Anlagerung der Knochensubstanz in Areolenform geschähe,
ohne dass beide übereinstimmten. Eine Anlagerung von Knochensubstanz, die nicht in Areolenform geschieht, wie sie sich z. B. bei
der Bildung der Grundlamellen findet, hat hiermit natürlich nichts
zu thun; ich spreche nur von solchen Stellen, wo die Knochensubstanz
eine Trennung in Bälkchen und Kanälchen zeigt. Für diese möchte
ich eine Uebereinstimmung in der Architektur der Gefässnetze und
der Knochenbälkchen und deshalb, weil jene zuerst vorhanden sind,
ein sich Anschliessen der Architektur der Knochenbälkchen an die

der Gefässnetze behaupten. Es wachsen nicht die Gefässe in die Knochenkanälchen hinein; sondern die Knochenkanälchen bilden sich durch Anlagerung der Knochensubstanz zwischen und um die Gefässe.

An Längsschnitten gut injicirter Knochen erhält man auch eine Anschauung darüber, wie sich in architektonischer Hinsicht die Apposition Seitens des Knorpels zu der Seitens des Periostes verhält. Die Frage nach der Herkunft der Knochenkörperchen selbst will ich dabei unerörtert lassen und mich allein auf die Untersuchung des Planes beschränken, nach welchem sie sich von beiden Seiten her anlagern.

Für den Knorpel hat man, vom Ende des Knochens gegen dessen Mitte hin gezählt, folgende Reihenfolge von Erscheinungen: zuerst unveränderten Knorpel, dann gewucherten Knorpel, wobei die Wucherung gegen den Knochen hin immer stärker wird, dann die Längsreihen der Knorpelzellen, dann in den confluirten Knorpelhöhlen Rundzellen und Capillaren, dann Capillaren, die zum Theil mit Knochensubstanz umgeben sind, dann wenigere und immer wenigere, aber grössere Markräume mit mehr Knochensubstanz. Da man dieselben Erscheinungen an den Ossificationsgrenzen kleinerer und grösserer Knochen findet, erhält man, wenn man sich die Schnitte aufeinander gelegt denkt, das Bild eines nach dem Ende des Knochens hin fortschreitenden Processes. In Beziehung auf dieses Vorrücken sind besonders solche Stellen interessant, wie das untere Ende des humerus und das obere des femur und der ulna, woselbst der Knochen eine etwas complicirtere Gestalt besitzt, diese bereits im Knorpel vorgebildet ist und nun die Ossificationsgrenze in diese Form hineinwandert. Am unteren Ende des humerus liegt diese anfangs über den schon im Knorpel vorgebildeten foveae supratrochleares, dann an der diesen entsprechenden dünnsten Stelle der knorpeligen Anlage und zuletzt in der trochlea. Am oberen Ende des Femur liegt sie anfangs unterhalb des Kopfes und des trochanter major im Schafte des Knochens, dann in der Höhe dieser Theile weiter oben und dann krümmt sie sich wellenförmig und rückt einerseits im trochanter und andererseits im Kopfe des femur vor, wobei sich dann hier noch ausserdem selbstständige Ossificationskerne entwickeln. In der ulna rückt sie auf dieselbe Weise in das olecranon hinein. Diese Thatsachen sprechen auf das Entschiedenste gegen die Behauptung, dass die innere Architektur der Knochen sich stets ähnlich bleibe.

Für das Periost hat, wie erwähnt, dem gegenüber, Virchow theilweise eine Analogie durchgeführt, indem er eine entsprechende Wucherungsschicht desselben neben die des Knorpels stellte. Für die

Gefässe besteht aber nach seiner und auch nach der jetzt, soweit mir
bekannt, noch allgemein herrschenden Ansicht eine weitere Analogie
nicht, indem dieselben nicht, wie die des Knorpels, erst unter der
gewucherten Schicht auftreten und gegen dieselbe hin wachsen, sondern von aussen her durch dieselbe hindurch in den Knochen eintreten
sollen. Es würde das einen durchgreifenden Unterschied der beiden
Processe bedingen, wenn in dem einen Falle die Gefässentwickelung
hinter der Zellenwucherung einhergehen und in dem anderen Falle
ihr entgegen und durch sie hindurch treten würde. Es verhält sich
aber in der That nicht so. Man kann sich an Injectionspräparaten
überzeugen, dass ein grosser Theil der Gefässe der periostalen Rinde
von der Mitte des Knochens her gegen dessen Oberfläche und gegen
die Wucherungsschicht des Periostes hin vordringt. Viele treten allerdings durch die Wucherungsschicht hindurch und anastomosiren mit
den ausserhalb des Periostes liegenden Gefässen. In den tieferen Schichten des Periostes aber liegt ein Gefässnetz, welches gegen dessen Oberfläche hin, wie die Gefässe im endochondralen Knochenkerne gegen
den Knorpel hin, vorrückt und sich ebenso, wie die Gefässe dort, nach
der Mitte des Knochens hin zu grösseren Aesten vereinigt.

Die Aehnlichkeit zwischen der Knochenanlagerung Seitens des
Knorpels und des Periostes besteht also darin, dass man hier wie dort
zuerst ein Zellenlager hat, das hier bindegewebig und dort knorpelig
ist; dass hier, wie dort, das Zellenlager in eine Wucherung geräth,
die immer stärker wird; dass dann Capillaren kommen, diese sich mit
Knochensubstanz umgeben und weiterhin zu grösseren Aesten vereinigen.
Der wichtigste Unterschied zwischen den beiden Processen besteht darin,
dass der Process im Knorpel senkrecht zur Fläche desselben fortschreitet, im Perioste dagegen unter einem sehr spitzen Winkel zur Oberfläche desselben. In Längsschnitten injicirter Knochen sieht man
in Folge dessen im periostalen Theile derselben längsverlaufende Gefässe, welche durch zahlreiche quere Anastomosen verbunden sind und
ziemlich rechtwinkelige Maschen bilden. In Querschnitten sieht man
hier nur Querschnitte von Gefässen und stellenweise kurze Stücke von
längsverlaufenden Gefässen, die den erwähnten Queranastomosen entsprechen. Die im Querschnitte der Knochenrinde von innen nach
aussen auf einander folgenden Gefässe haben mit einander gar nichts zu
thun; es ist nicht das Verhältniss ein derartiges, dass etwa von innen
oder aussen in den Querschnitt der Knochenrinde ein Gefäss ein-
dränge, welches sich hier verästelte, sondern die Verästelung erfolgt
nur in der Längsrichtung des Knochens und, was man im Querschnitte
nebeneinander liegen sieht, sind Theile verschiedener Gefässnetze.

Wenn man sich dieses vergegenwärtigt, findet man es begreiflich, dass man z. B. in Querschnitten des humerus von halbwüchsigen Kaninchen stellenweise folgendes Bild sieht: Zu innerst Grundlamellen, dann Querschnitte von HAVERS'schen Kanälchen, deren Grösse von innen nach aussen abnimmt, mit Speciallamellen, welche indessen noch nicht vollständig ausgebildet sind, sowie stellenweise in der Längsrichtung getroffenen Queranastomosen HAVERS'scher Kanälchen; dann wieder Grundlamellen; dann plötzlich wieder Querschnitte von HAVERS'schen Kanälchen ohne jede Verbindung mit den jenseits der Grundlamellen gelegenen und von grösserem Umfange als diese; dann wieder Grundlamellen und dann im Perioste wieder Querschnitte von Gefässen. Im periostalen Knochen finden sich eben Gefässnetze, welche nebeneinander in der Längsrichtung des Knochens, aber schief zu der äusseren. Oberfläche desselben, wachsen und nach der Seite hin stellenweise gänzlich unabhängig von einander sind.

· Was nun die weiteren Veränderungen der Architektur des Knochengewebes während des ferneren Wachsthumes betrifft, so überzeugt man sich, wenn man die beiden ersten meiner Abbildungen vergleicht, welche von 7 und 15 mm. langen Knochen stammen, auch hier von dem Vorkommen einer Apposition Seitens des Periostes: die Zahl der periostalen Lamellen hat sich in dem grösseren Präparate mehr als verdoppelt. Das ist aber nicht die einzige Veränderung, welche zu bemerken ist. Ausser der allein durch appositionelles Wachsthum zu erklärenden Zunahme der Anzahl der Knochenbälkchen findet sich auch eine Zunahme der Grösse derselben. Diese liesse sich zunächst auch noch durch rein appositionelles Wachsthum erklären, wenn sie mit einer entsprechenden Verengerung der zwischen den Bälkchen liegenden Kanälchen verbunden wäre. Das ist aber keineswegs der Fall: die Kanälchen sind in der zweiten Abbildung eher weiter, als in der ersten. Mit rein appositionellem Wachsthum kommt man somit hier nicht aus, sondern die Annahme eines interstitiellen Wachsthums scheint unabweisbar. Ich sage „scheint"; denn bei genauerer Ueberlegung lässt sich doch noch eine andere Deutung finden, wenn man nämlich ausser der Apposition auch noch eine Resorption von Knochensubstanz heranzieht. Die Umwandlung der Fig. 1 in den ihr entsprechenden Theil der Fig. 2 kann auch dadurch geschehen, dass an jedem Knochenbälkchen an der von der Mitte des Knochens abgewandten Seite Appositions- und der dieser zugewandten Seite Resorptionsvorgänge auftreten. Diese Annahme erscheint auf den ersten Blick etwas gesucht, sie verliert diese Eigenschaft aber, wenn man der etwaigen Ursache dieser Combination von Appositions- und Resorptionsvorgängen nachforscht. In den Kanälchen liegen ausser anderen Weichtheilen die Gefässmaschen; diese werden ohne Zweifel, wie alle anderen Weichtheile, interstitiell wachsen[1]); wenn sie das aber thun, wird eben wegen ihrer Maschenform durch das Wachsthum der zur Knochenoberfläche senkrecht stehenden Aeste eine fortwährende seitliche Verschiebung der in der Längsrichtung des Knochens verlaufenden Aeste bewirkt. Es kann nun sehr wohl mit der Annäherung der Blutgefässe an die Knochensubstanz an der der Knochenmitte zugewandten Seite der Bälkchen eine fortdauernde Resorption einhergehen, während an der von der Knochenmitte abgewandten Seite der Bälkchen Apposition stattfindet. Um eine Entscheidung zwischen den beiden vorliegenden Möglichkeiten eines interstitiellen Wachsthumes und der combinirten Resorption und Apposition zu treffen, untersuchte ich das Verhalten der Knochenkörperchen.

Da natürlich Stellen, die sich genau entsprechen, erst dann gefunden werden können, wenn die Frage nach der Art des Knochenwachsthumes entschieden sein wird, zeichnete ich mit Hülfe der camera lucida stets bei derselben Vergrösserung (Hartnack System 5) ganz verschiedene Gegenden von 5 Kaninchenhumeri, die eine Länge von 15, 22, 35, 39 und 48 mm. besitzen, doch alle aus der hinteren Wand von Sagittalschnitten ab und verglich die Grösse und gegenseitige Entfernung der auf das Genaueste nachgezeichneten Knochenkörperchen. Es fanden sich dabei freilich mancherlei Verschiedenheiten sowohl zwischen den verschiedenen Knochen, als den verschiedenen Gegenden desselben Knochens. Es fand sich aber gar keine Beziehung zwischen der Grösse und der gegenseitigen Entfernung der Körperchen einerseits und dem Alter derselben andererseits. Es werden die Körperchen weder in einer der Grössenzunahme des Knochens entsprechenden Weise in verschiedenen Knochen grösser, noch in demselben Knochen in der Richtung von aussen nach innen; die einzige constante Veränderung ist die, dass, entsprechend der Grössenzunahme der Knochenbälkchen die Anzahl der zwischen je zwei Gefässen gelegenen Knochenkörperchen zunimmt. Wenn es sich um ein interstitielles Knochenwachsthum hier handelte, so könnte das somit jedenfalls nur ein mit einer Vermehrung der Knochenzellen einhergehendes sein. Erscheinungen aber, welche für eine solche Ver-

---

[1]) Tomes, Todds Cyclopaedia of Anatomy and Physiology. vol. III. 1847. p. 850 erwähnt bereits, dass man in Querschnitten des femur eines 7 monatlichen Fötus in demselben Raume viel mehr Havers'sche Kanälchen finde, als beim Erwachsenen. Vgl. ferner Kölliker, Gewebelehre. 5. Aufl. S. 182.

mehrung sprächen, kann ich nirgends finden. Wenn auch an manchen Stellen die Körperchen etwas dichter stehen, als an anderen, findet sich diese Erscheinung doch weder ausgesprochen genug, noch in einer solchen Weise vertheilt, dass man daraus auf das wirkliche Vorkommen einer Vermehrung der Knochenkörperchen durch Theilung schliessen könnte.

Das Wachsthum der Knochensubstanz hätte man sich also so vor-zustellen, dass alles einmal Gebildete an der Stelle, wohin es abgelagert worden ist, unverändert liegen bleibt, dass aber in der Gesammtmasse des Abgelagerten ein fortwährender, stets von Oberflächen ausgehen-der, Wechsel stattfindet, indem entsprechend den durch interstitielles Wachsthum bewirkten Lageveränderungen der die HAVERS'schen Kanälchen ausfüllenden Weichtheile diese Kanälchen selbst in der Knochensubstanz wandern. Ein Wechsel von Resorption und Appo-sition wird dadurch für noch näher bei einander gelegene Stellen, als man bisher annahm, nämlich die verschiedenen Seiten desselben HAVERS'schen Kanälchens, postulirt, doch glaube ich nicht, dass man hiergegen den Vorwurf der Complicirtheit erheben kann, weil ich ja auch gleichzeitig einen in der architektonischen Entwickelung des Knochengewebes selbst liegenden Grund, die Anordnung und das inter-stitielle Wachsthum der Gefässnetze, zur Erklärung herbeigezogen habe.

Sehr wohl zu trennen von diesen Resorptions- und Appositions-vorgängen, welche an die Innenfläche der HAVERS'schen Kanälchen gebunden sind, sind andere Resorptions- und Appositionsvorgänge, bei welchen es sich um ein Verschwinden, resp. eine Neubildung von HAVERS'schen Kanälchen selbst handelt. Von dem Vorkommen der Apposition haben wir uns bereits durch die Betrachtung der beiden ersten Abbildungen überzeugt. Welche Aufschlüsse gibt nun die Untersuchung der Architektur des Knochengewebes darüber, ob auch eine Resorption von Knochensubstanz mit HAVERS'schen Kanälchen vorkommt?

In der Fig. 1 (Taf. VIII) kann man zunächst die periostale Grund-lamelle in der ganzen Länge des periostalen Knochens verfolgen; dann kommen andere Lamellen, die sich im Allgemeinen ganz gut parallel der Grundlamelle bis zu der Basis des Dreieckes verfolgen lassen, welches der periostale Knochen auf dem Längsschnitte darstellt; sie erreichen diese Basis um so eher, je weiter nach aussen sie liegen. In der Fig. 2 ist wesentlich dasselbe zu sehen, nur fehlt im unteren Theile des Knochens bereits ein Stück der Grund- und der beiden ersten weiteren Lamellen. Wie ganz anders sehen aber Fig. 3 und 4 aus!

Erstens hat die Knochenrinde in diesen Abbildungen, welche von 22
und 30 mm. langen Knochen herstammen, eine viel geringere Dicke
als in der von einem 15 mm. langen Knochen stammenden Fig. 2.
Dann ist die Form eines Dreieckes vollständig verschwunden. Man
sieht einen von ziemlich parallel verlaufenden Seiten begrenzten
Streifen, von welchem aus einige Vorsprünge sich nach der Markhöhle
hin erstrecken und neben welchem einige isolirte Knocheninseln liegen.
Der Hauptunterschied aber findet sich in der inneren Architektur
dieses Streifens. Man sieht keine periostale Grundlamelle und kein
erstes Gefässkanälchen mehr, das sich durch die ganze Länge des
Knochens erstreckte. Der Streifen ist in schräger Richtung durchsetzt
von Havers'schen Kanälchen, welche nur eine geringe Länge besitzen
und nur einem geringen Bruchtheile der Gesammtlänge der Knochenrinde entsprechen. Das Bild ist dasselbe, wie man es erhält, wenn
man die innere Hälfte der Fig. 1 oder 2 zudeckt. Eine solche Aenderung der Architektur lässt sich absolut nicht durch interstitielle
Wachsthumsvorgänge erklären, sondern allein durch ein Verschwinden
schon gebildeter Kanälchen und Bälkchen. Ein ganz schlagender
Beweis liegt aber in dem jetzt erfolgenden Auftreten der Inseln
neben der Knochenrinde und in dem Umstande, dass in diesen
und besonders in den so mannichfach gestalteten Vorsprüngen sich
noch an vielen Stellen Kanälchen finden, welche dieselben, an beiden
Enden scharf abgeschnitten, durchsetzen und wie man sich durch Ergänzung leicht überzeugen kann, eine solche Anordnung zeigen, wie
sie in der Architektur der vor dem Eintritt der Resorption hier überall
vorhanden gewesenen Knochensubstanz begründet ist. Ich glaube, dass
eine einfache Vergleichung der Architektur des Knochengewebes der
Fig. 2 mit der der Fig. 4 genügt, um die Annahme zu rechtfertigen,
dass die grosse Markhöhle des humerus durch Resorption und nicht
durch interstitielles Wachsthum entsteht.

Die nach eingetretener Resorption von der Innenfläche der Knochenrinde ausgehenden Vorsprünge und Balken zusammen mit den Inseln,
welche zum Theil auch Querschnitten von Balken entsprechen, stellen
ebenfalls eine Architektur dar, nämlich die Meyer'sche Architektur
der spongiosa. Man kann in den Bälkchen derselben auch an vielen
Stellen die frühere Architektur des Knochengewebes erkennen; die
Oberfläche derselben ist dann überzogen von Lagen secundär apponirter
Knochenkörperchen, welche in ihrer Verlaufsrichtung der jeweiligen
Oberfläche des Bälkchens folgen. Die mechanischen Momente, welche
zur Ausbildung der Meyer'schen Architektur der spongiosa an einer
bestimmten Stelle führen, wirken somit nicht, wie die Anhänger des

interstitiellen Knochenwachsthums meinen, direct biegend und dehnend auf das Knochengewebe, sondern ihre Wirkung ist eine mittelbare, indem sie hier Resorption und dort Apposition einleiten und auf diese Weise, stets von Oberflächen ausgehend, eine Aenderung in der Architektur der Knochenbälkchen bewirken.

Die Architektur des Knochengewebes und die der spongiosa unterscheiden sich demnach so, dass die erstere eine in der histologischen Entwickelung des Knochengewebes begründete Architektur ist, während die letztere erst durch weitere Veränderungen aus ihr hervorgeht. Man könnte die Architektur der spongiosa als eine organologische jener als einer histologischen gegenüberstellen, da sie erst durch die Funktion des Knochens als Organ entsteht und sich dieser Funktion entsprechend modificirt.

Die grosse Markhöhle der Röhrenknochen unterscheidet sich dadurch von der spongiösen Substanz, z. B. der Wirbelkörper, dass dort alle Knochensubstanz geschwunden ist, während hier noch Balken übrig geblieben sind. Aber auch an sehr kleinzelligen Stellen in Wirbeln hat schon Resorption stattgefunden, wie man erkennt, wenn man einen Schnitt durch solche Stellen mit Rücksicht auf das Gesagte untersucht.

Wenn man nun ferner meine Abbildungen vergleicht, findet man, dass das Dickenwachsthum der Knochenbälkchen auch in den älteren Knochen noch immer fortschreitet. Wie gross sind dieselben gar in der Fig. 5! Dieses Dickenwachsthum ist verbunden mit einer Verengerung der Kanälchen, wie das Tomes (l. c. S. 850) ebenfalls schon erwähnt. Die Grössenzunahme der Bälkchen findet sich auch in ein und demselben Knochen in der Richtung von aussen nach innen und dient dieser Umstand zur Widerlegung eines Einwandes, welcher etwa gegen die Existenz des interstitiellen Wachsthums der in die Knochensubstanz eingeschlossenen Gefässnetze erhoben werden könnte. Es möchte nämlich vielleicht Jemand sagen, die dickeren Bälkchen in den älteren Knochen seien ganz andere, als die dünneren in den jüngeren Knochen. Während die von engeren Gefässnetzen durchzogene Knochensubstanz resorbirt werde, werde solche mit weiten Gefässnetzen apponirt, die Gefässnetze behielten dabei ihre Grösse, welche sie durch das interstitielle Periostwachsthum erlangt hätten, von dem Augenblicke an, wo sie in die Knochensubstanz eingeschlossen seien, unverändert bei. Wenn das so wäre, müsste die Weite der Maschen von innen nach aussen zunehmen; aber selbst in Fig. 5 liegen aussen stellenweise ganz enge Maschen.

Endlich sieht man, dass in der Fig. 5 die Knochenkanälchen im Allgemeinen entschieden mehr der Knochenoberfläche parallel verlaufen,

14*

als in den anderen Figuren. Für diese schon länger bekannte Thatsache hat in der neuesten Zeit Schwalbe[1]) in sehr scharfsinniger Weise eine Erklärung zu geben versucht. Schon Humphry hatte, ausgehend von der jedenfalls richtigen Voraussetzung, dass, wenn der Knochen rein appositionell, das Periost aber interstitiell in die Länge wächst, eine Verschiebung des letzteren auf ersterem sattfinden muss, die Theorie aufgestellt, der Umstand, dass in langen Knochen der canalis nutritius immer gegen die zuerst verschwindende Epiphysenscheibe hin gerichtet sei, habe in Folgendem seinen Grund: Seitens desjenigen Knochenendes, an welchem mehr Knochen apponirt wird und welches er deshalb schneller wachsen lässt (wenn es nicht schneller, sondern nur längere Zeit wächst, ist das Endresultat jedoch dasselbe), soll ein Zug auf das Periost ausgeübt werden, in Folge dessen die Durchtrittsstelle der A. nutritia durch das letztere nach diesem Knochenende gezogen werden und auf diese Weise, indem sich die A. nutritia mit Knochensubstanz umgibt, ein die Knochenrinde schief durchsetzender Kanal entstehen, dessen äussere Oeffnung immer näher dem schneller wachsenden Ende des Knochens liegt, als die innere. Diese Theorie baute Schwalbe weiter aus, indem er zunächst auch die Zugwirkung des langsamer wachsenden Endes in Betracht zog. Er suchte durch eine mathematische Construction die Richtungen zu ermitteln, in welchen sich bestimmte Punkte einer Linie, welche immer dieselbe relative Entfernung von einander behalten, verschieben, wenn diese Linie sich verlängert und gleichzeitig derartig zur Seite rückt, dass ihre neue Lage immer der früheren parallel bleibt. Diese Richtungen werden durch zwei Umstände beeinflusst. Einmal durch eine etwaige gleichzeitige Verschiebung der Linie in der durch sie selbst vorgezeichneten Richtung und zweitens durch das Verhältniss der seitlichen Verschiebung (senkrecht zu der Linie) zur Grössenzunahme.

Ich habe, als ich zuerst die oben beschriebene, durch das interstitielle Wachsthum bewirkte, seitliche Verschiebung der Gefässe des Knochengewebes untersuchte, genau denselben Ideengang durchgemacht und das Endresultat dahin formulirt, dass alle Punkte sich in Richtungen bewegen, welche von einem für den einzelnen Fall zu bestimmenden Mittelpunkte radiär ausgehen.[2]) Man kann sich an den von Schwalbe gelieferten Abbildungen leicht überzeugen, dass die Richtungen, in welchen sich die Punkte in den Figuren 2, 3, 4 und 10

---

[1]) Diese Zeitschrift Bd. I. S. 307.

[2]) Sitzungsberichte der Gesellschaft zur Beförderung der gesammten Naturwissenschaften zu Marburg. 1875. Nr. 9. S. 104.

fortbewegen, alle je von einem gemeinschaftlichen Centrum aus divergiren; desgl. in Fig. 6 für jeden einzelnen Abschnitt. Man kann z. B. in Fig. 2 die Punkte I. bis VII. am einfachsten finden, wenn man 00′ und 8 VIII verlängert, bis sie sich schneiden und dann von diesem Durchschnittspunkte aus durch 1—7 Linien zieht. Wo diese die Linie 0′ VIII. schneiden, liegen die Punkte I. bis VII. Das Bestimmende in der ganzen Verlaufsrichtung der Verschiebungslinien ist also die Lage des betreffenden Mittelpunktes. Man sieht auch sofort ein, auf welche Weise durch Modificationen der Lage dieses Punktes die beiden erwähnten beeinflussenden Umstände erzeugt werden. Verschiebungen desselben senkrecht zu der sich vergrössernden Linie, und zwar über der Mitte derselben, erzeugen die in SCHWALBE's Fig. 4 dargestellten Modificationen. Je näher der Mittelpunkt an der betreffenden Linie liegt, unter einem desto spitzeren Winkel verschieben sich die bezeichneten Punkte derselben und desto rascher nimmt im Verhältniss zur seitlichen Verschiebung die Länge der Linie zu. Verschiebungen des Mittelpunktes parallel der sich vergrössernden Linie erzeugen Bilder, wie SCHWALBE's Fig. 3. Je mehr sich der Mittelpunkt dem einen Ende der sich vergrössernden Linie annähert, desto grösser wird die Differenz der Winkel, unter welchen sich die Endpunkte der Linie verschieben. Der Punkt, in welchem ein von dem Mittelpunkte auf die sich vergrössernde Linie gefälltes Loth diese schneidet (SCHWALBE's neutraler Punkt), verschiebt sich in der Verlängerung dieses Lothes, im Verhältniss zur Lage der Linie also nur in einer Richtung: senkrecht zu derselben; alle anderen Punkte verschieben sich nicht nur senkrecht zu der Linie, sondern auch parallel derselben; auf den Knochen übertragen: nicht nur seitlich, sondern auch in der Längsrichtung desselben, und zwar um so mehr auch in der Längsrichtung, je entfernter die Punkte von jenem Durchschnittspunkte liegen. Für auf verschiedenen Seiten jenes Durchschnittspunktes gleichweit von demselben entfernt gelegene Punkte ist das Verhältniss der seitlichen zur Längsverschiebung dasselbe; das entfernter gelegene Ende des Knochens verschiebt sich deshalb überwiegend in der Längsrichtung des Knochens, weil seine Entfernung von jenem Durchschnittspunkte eine grössere ist. Durch Combination von Verschiebung des Mittelpunktes parallel der sich vergrössernden Linie und senkrecht zu ihr entstehen natürlich die verschiedensten Modificationen der Richtung, in welcher sich die einzelnen Punkte verschieben, und, wenn gar die Lage des Mittelpunktes während des Wachsthums wechselt, entstehen Aenderungen der Verschiebungsrichtung, gekrümmte oder Zickzacklinien, wie sie SCHWALBE in seiner Fig. 6 darstellt.

So sehr ich auch mit Schwalbe in Beziehung auf diesen Ideengang übereinstimme, kann ich mich doch nicht überzeugen, dass
durch das interstitielle Wachsthum des Periostes eine Aenderung des
Winkels bewirkt werde, welchen die Havers'schen Kanälchen mit demselben bilden. Schwalbe hat, obwohl er das interstitielle Wachsthum der Gefässmaschen in der Knochensubstanz ebenfalls kennt
(S. 333), doch die Bedeutung desselben für die vorliegende Frage nicht
in den Kreis seiner Ueberlegung gezogen. Letztere wäre richtig, wenn
ein in Knochensubstanz eingelagertes Gefäss in dieser ebenso unverändert liegen bliebe, wie die Knochensubstanz selbst. Das Gefäss
wächst aber interstitiell. Das Periost und die die Kanäle der
Knochensubstanz erfüllenden Netze von Weichtheilen müssen zusammengefasst werden als ein interstitiell wachsendes Gebilde, welches
in Folge der Lageveränderung seiner einzelnen Theile eine Verschiebung sowohl an der Gesammtoberfläche des Knochens, als im Innern
aller Kanäle desselben erleidet, wobei sich die Gestalt der Knochensubstanz durch Resorption und Apposition ändert, es selbst sich aber
stets ähnlich bleibt. An verschiedenen Stellen kann allerdings das
interstitielle Wachsthum dieses Gebildes verschieden stark sein, so dass
doch Gestaltsänderungen bewirkt werden, ob das aber an so nahe zusammen gelegenen Stellen möglich ist, dass dadurch eine Aenderung des
Winkels bewirkt würde, welchen die Havers'schen Kanälchen mit dem
Perioste bilden, das kann nur empirisch festgestellt werden. An
meiner Fig. 5 sieht man nun aber, dass die Geraderichtung der Kanälchen gar nicht an der Oberfläche der Knochen am stärksten entwickelt ist, sondern gerade in der Tiefe. Auch das spräche noch
nicht gegen Schwalbe, wenn man an derselben Stelle in einem
früheren Stadium dicht unter dem Perioste mehr gerade verlaufende
Kanälchen fände, da ja nach seiner Fig. 6 die Verschiebungsrichtung
sich ändern kann. Da dieses aber auch nicht der Fall ist, sondern,
wie man an meinen anderen Figuren sehen kann, die Kanälchen in
den jüngeren Knochen ungefähr denselben Winkel mit dem Perioste
bilden, wie die oberflächlichen in der Fig. 5, sehe ich wenigstens
keinen Grund, diese Erscheinung auf dieselbe Art, wie Schwalbe, zu
erklären. Dass in der Verlaufsrichtung grösserer Gefässstämme, wie
der A. nutritia, Aenderungen in der von Schwalbe angegebenen
Weise stattfinden können, halte ich dagegen wohl für möglich.

   Eine solche Anordnung der Gefässe in der Knochenrinde, wie sie
Schwalbe's schematische Fig. 2 darstellt, in der Mitte der Diaphyse
senkrecht zum Perioste und nach beiden Seiten hin immer mehr sich
schief zu demselben steilend, kommt allerdings an manchen Stellen

nach eingetretener Resorption vor, die Hauptmasse der Knochensubstanz zeigt aber einen anderen Verlauf derselben: der Winkel, welchen die Kanälchen mit dem Perioste bilden, ist überall derselbe, die Kanälchen verlaufen im Allgemeinen alle parallel zu einander. Die gesammte periostale Knochenrinde stellt in Folge dessen, wie meine Figuren 1 und 2 zeigen, auf dem Längsschnitte ein ziemlich gleichschenkeliges Dreieck dar, in welchem alle Kanälchen parallel den beiden Schenkeln verlaufen. Nur ein Kanälchen verläuft in Folge dessen durch die ganze Länge und die ganze Dicke der Knochensubstanz; alle übrigen verlaufen durch einen um so geringeren Theil der Länge und Breite, je weiter nach aussen sie liegen. Wenn keine Resorption einträte, würde die Form des periostalen Knochens auf dem Längsschnitte immer ein Dreieck bleiben. Die Resorption stört diese Form, indem sie die Spitze des Dreieckes wegnimmt und ein Trapez erzeugt. An diesem kann es später wieder eine dickste Stelle geben, ja die Resorption kann die Form der periostalen Rinde wieder zu einem Dreiecke gestalten, die dickste Stelle hiervon hat aber nichts mit der in der ersten Anlage begründeten dicksten Stelle zu thun. SCHWALBE sagt (S. 335): die dickste Stelle der Diaphysenrinde müsse immer an der Stelle des ersten Ossificationskernes liegen, da über diesem das Periost am längsten Knochensubstanz ablagere. Allein einmal kann ja die fortwährende Verdickung der Rinde immer wieder durch Resorption ausgeglichen werden und dann braucht ja nicht fortwährend an dieser Stelle apponirt zu werden. Zufällig mögen die beiden Stellen zusammenfallen, in der Architektur des Knochengewebes begründet ist dieser Umstand alsdann aber nicht. In meiner Fig. 4 ist die Knochenrinde sogar an derjenigen Stelle (a), welche dem Beginne der Anlagerung entspricht, am dünnsten.

Erklärung der Abbildungen.

Tafel VIII.

Fig. 1—5. Die Architektur des Knochengewebes in sagittalen Längsschnitten der hinteren Wand von 5 Kaninchenoberarmknochen, welche eine Länge von 7, 15, 22, 30 und 48 mm. besitzen. HARTNACK, System 1 und Camera lucida.

Fig. 4a. Diejenige Stelle, von welcher aus die HAVERS'schen Kanälchen divergiren.

Fig. 6. Die Bedeutung der Längslinien des HAVERS'schen Schemas nach VIRCHOW.

Fig. 7. Dieselbe nach meiner Ansicht.

XV.

Ueber den Aquaeductus vestibuli des Menschen und des Phyllodactylus europaeus.

Von

Prof. Dr. Rüdinger in München.

(Hierzu Tafeln IX u. X.)

Die entwickelungsgeschichtlichen Untersuchungen BOETTCHER's [1]), sowie die vergleichend-anatomischen HASSE's [2]) haben von Neuem die Aufmerksamkeit auf den Aquaeductus vestibuli gelenkt. Für das Gehörorgan der Thiere und des erwachsenen Menschen blieb es den beiden obengenannten Forschern und dann AXEL KEY, RETZIUS und ZUCKERKANDL [3]) vorbehalten, die vor mehr als hundert Jahren gemachte schöne Entdeckung COTUGNO's [4]) wieder in das Bewusstsein der Anatomen der Gegenwart gerufen zu haben. Muss man nicht erstaunt sein, zu erfahren, dass jener grosse Sack, eingebettet in die Dura mater der hinteren Schädelgrube, der schon von COTUGNO und MECKEL im vorigen Jahrhundert bei den Thieren und dem Menschen beschrieben wurde, in Vergessenheit gerathen konnte! Denn hatten auch schon die beiden zuletzt genannten Anatomen die Existenz eines Vorhofdivertikels beim Erwachsenen mittelst Quecksilberinjectionen nachgewiesen, und JOH. MÜLLER und HENLE [5]) Venen an demselben nicht auffinden können, daher den ganzen Inhalt der sog. Wasserlei-

---

[1]) Ueber Entwickelung und Bau des Gehörlabyrinths. Leipzig 1871.
[2]) Die Lymphbahnen des inneren Ohres der Wirbelthiere. Leipzig 1873.
[3]) Ueber die Vorhofswasserleitung des Menschen. Monatsschrift für Ohrenheilkunde 1876.
[4]) De aquaeductibus auris humanae internae. Viennae 1774.
[5]) MÜLLER's Archiv 1834.

tung als soliden Strang aufgefasst: so belegte BRESCHET[1] denselben
später doch mit dem Namen eines sog. Nabelstranges, eines Leiters der
Gefässe zwischen dem Labyrinth und der Schädelhöhle. Selbst bis in
die neueste Zeit wurde der Aquaeduct deshalb als solides Verbindungs-
mittel zwischen der harten Hirnhaut und der Beinhaut des Labyrinthes aufgefasst, weil auch HYRTL[2] an Injectionspräparaten regelmässig
eine Vene in demselben nachweisen konnte. Von REICHERT wurde
die Angabe HYRTL's bestätigt. .

So oft ich auch die Angaben COTUGNO's und MECKEL's über den
Aquaeductus vestibuli gelesen hatte, immer wieder beschlich mich ein
Zweifel über die Richtigkeit ihrer Beobachtungen, weil ich das blinde
Ende an der Stelle, wo die Dura mater cerebri die knöcherne Wasserleitung beim Erwachsenen begrenzt, beobachtet zu haben glaubte, eine
Annahme, die für einzelne Fälle thatsächlich begründet zu sein scheint,
denn dass der intracranielle Abschnitt des Aquaeductus vestibuli zuweilen keinen Hohlraum einschliesst, glaube ich mehrmals unzweifelhaft gesehen zu haben. Um jedoch diese Frage endgiltig beantworten
zu können, müssten bei jedem einzelnen Object vorerst Injectionen vorgenommen, und dann Durchschnitte von dem im knöchernen Aquaeduct
liegenden Gang ausgeführt werden.

Als ich an vorräthigen Felsenbeinen, welche ich in Alkohol auf-
bewahre, einen Einschnitt in das nächstliegende Object an der bekannten Stelle machte, zeigte sich der plattgedrückte Sack, das blasige
Ende des Aquaeductus vestibuli, in seiner ganzen Ausdehnung geöffnet. Aber an manchen Präparaten fielen auch jetzt noch die Unter-
suchungsresultate bezüglich der Anwesenheit eines Hohlraumes in dem
Sack negativ aus. Der Besitz einer Reihe von gelungenen Schnitten
durch die Wasserleitung des Vorhofes beim Fötus und Erwachsenen
veranlasst mich, hier einige Mittheilungen über die Wasserleitung des
Vorhofes beim Menschen zu machen, wobei ich zugleich einige Beobachtungen anreihen will, welche ich an Querdurchschnitten durch den
Kopf und Hals des Phyllodactylus europaeus zu machen in der Lage
war. Ich verdanke nämlich Herrn Dr. WIEDERSHEIM in Würzburg
drei Exemplare des genannten Thieres, von denen ich zwei zu Querdurchschnitten und eines zu makroskopischen Präparaten verwendet
habe. Für die Bemühungen des Herrn Dr. WIEDERSHEIM, mir das
Thier, an welchem er eine so schöne Entdeckung gemacht hat, zu

---

[1] Recherches anatomiques et physiologiques sur l'organe de l'ouïe et sur
l'audition. Paris 1836.

[2] Vergleichend anatomische Untersuchungen. Prag 1845.

verschaffen, muss ich bei dieser Gelegenheit den besten Dank aussprechen.

I. Aquaeductus vestibuli des Menschen.

Die Angaben Cotugno's und Meckel's über das Vorhandensein
einer blinden, geschlossenen, ziemlich grossen Blase beim Erwachsenen, welche Meckel mit Quecksilber., Axel Key und Retzius und
in der allerneuesten Zeit auch Zuckerkandl mit farbiger Injectionsmasse füllten, kann ich auf Grund mehrerer Darstellungen in allen
Beziehungen bestätigen, mit dem Beisatze, dass die intracranielle Ausdehnung des blindgeschlossenen Sackes grossen individuellen Schwankungen unterworfen ist. In der Abbildung (Fig. 1 Taf. IX) habe ich den
Sack auf die photographisch gewonnene Abbildung eines Schläfebeines
aufgetragen. Hier erkennt man den nach dem Aquaeductus osseus sich
fortsetzenden Stiel, welcher sich nach abwärts zu der ziemlich weiten
Blase ausdehnt. Die Breite dieses Sackes beträgt 1,5 cm und die Höhe
2 cm, eine Grösse, welche jene der vier Säcke, die von Axel Key und
Retzius[1]) und ebenso die der Tasche, welche von Zuckerkandl[2]) beschrieben und abgebildet wurden, übertrifft. Zuweilen erstreckt er
sich bis zur hinteren Fläche des Venensinus, und überschreitet bei
einzelnen Individuen dessen untere hintere Grenze. An seiner nach
der Schädelhöhle gerichteten Fläche steht die von Axel Key,
Retzius und Zuckerkandl schon erwähnte Wand des Sackes mit
der Dura mater in innigem Zusammenhange und die mit dem Felsenbein vereinigte Seite vertritt in gleicher Weise, wie die harte Haut
an allen übrigen Stellen des Schädels, die Beinhaut. Die Wände zeigen sich, in Folge der Verschmelzung mit der Dura mater, ziemlich
dick und ihre Innenflächen berühren sich, wie es die Untersuchung
der Leiche ergibt, vollständig. Ob das intracranielle Gebiet des Aquaeductus beim Menschen im Leben mit Flüssigkeit gefüllt ist, und nach
der Auffassung Weber-Liel's Druckdifferenzen im Vorhofe vermitteln
kann, wie dies auch schon im Jahr 1873 von Hasse[3]) angenommen
wurde, bleibt um so mehr fraglich, als man in der Leiche stets eine
innige Berührung der beiden Blätter des Sackes wahrnimmt, und derselbe bei verschiedenen Individuen in sehr ungleicher Ausdehnung

---

[1]) Studien in der Anatomie des Nervensystems etc. Stockholm 1875.
[2]) Ueber die Wasserleitung des Menschen. Monatsschrift für Ohrenheilkunde.
No. 6. 1876.
[3]) Die Lymphbahnen des inneren Ohres der Wirbelthiere. Leipzig 1873.

vorhanden ist. Soll der endolymphatische Sack nach der Annahme HASSE's ein Reservoir von hoher physiologischer Bedeutung für das Gehörorgan darstellen, so dürfte er bei normaler Beschaffenheit desselben niemals vermisst werden. Auffallend ist auch die Thatsache, dass AXEL KEY und RETZIUS das Labyrinth von dem Sack aus nicht zu injiciren vermochten.

Von neunzehn Querdurchschnitten des knöchernen und häutigen Aquaeductus, welche an einem entkalkten Felsenbein ausgeführt und imbibirt wurden, habe ich vier zu den beigegebenen Zeichnungen verwendet, und es ergibt sich aus denselben die Form, Weite und sonstige Beschaffenheit des Ganges an seinen verschiedenen Stellen. Bevor ich auf die Beschreibung dieser Schnitte eingehe, will ich noch einige Angaben über die knöcherne Wasserleitung beim erwachsenen Menschen und beim menschlichen Foetus vorausschicken.

a. Der Aquaeductus osseus des Menschen.

Was nun zunächst den knöchernen Aquaeductus vestibuli anlangt, so wissen wir, dass derselbe beim Erwachsenen durchschnittlich eine Länge von 6—8 mm. hat, und eine nach oben convexe Krümmung zeigt. In dem Vorhofe beginnt derselbe als Rinne oben und medialwärts an der Mündung des Canalis communis. Diese Rinne wandelt sich nach rückwärts zu einem kleinen, rundlichen Kanal um, welcher allmählich eine von oben nach unten plattgedrückte Form annimmt, und, wie bekannt, als eine etwa 6 mm. breite nach abwärts stehende Spalte an der hinteren Felsenbeinfläche mündet.

In den ersten Stadien der Bildung des knöchernen Labyrinthes hat der Aquaeductus vestibuli eine mehr frontale Richtung, d. h. die bei Erwachsenen an der hinteren Felsenbeinfläche befindliche Spalte steht lateralwärts an jener Stelle, wo sich der sagittale und frontale Bogengang mit einander zu dem Canalis communis vereinigen. In dieser Entwickelungsperiode ist die frühzeitig von Knochen umwachsene Wasserleitung im Verhältniss zum ganzen Felsenbein ziemlich weit, und zeigt an ihrer Aussenseite eine trichterförmige auf dem Querschnitt rundliche Beschaffenheit. Ein vorspringendes dünnes Knochenplättchen deckt zuweilen die Mündung, welche in die Schädelhöhle führt.

Sehr charakteristisch ist an den noch nicht ausgebildeten Schläfebeinen eine unmittelbar abwärts an die Apertura cranii des Aquaeductus vestibuli angrenzende Knochenmulde, resp. eine Grube, welche gegen das Ende des fötalen Lebens sich etwas verkleinert, aber am Schläfebein des Neugeborenen meistens noch scharf begrenzt vorhanden ist. Sie wandelt sich später zu der spaltförmigen Apertura externa des Aquaeductus vestibuli um. An mehreren Objekten finde ich auch unterhalb der Apertur eine kleine Knochenplatte, ziemlich stark vorspringend. Bei allen individuellen Verschiedenheiten, welche an der Aussenseite der Pars petrosa unterhalb der Wasserleitung beim Neugeborenen vorhanden sind, erscheint die Knochenmulde als das Wesentlichste, denn ihr entspricht das blinde Ende des häutigen Aquaeductus vestibuli, wenn dasselbe auch nicht unmittelbar dem Knochen aufliegt.

b. Der Aquaeductus vestibuli beim menschlichen Foetus.

Böttcher[1] hat an Embryonen vom Schaf und der Katze den Aquaeductus s. Recessus vestibuli grösstentheils an Horizontalschnitten studirt, und neben der weit nach rückwärts gehenden Ausbuchtung desselben die beiden Kanälchen, welche ihn mit den beiden Vorhofsäcken in Communication setzen, entdeckt. Nach Böttcher gehören die beiden Communicationskanälchen, ihrer Entstehung nach, nicht dem Recessus labyrinthi an, sondern entwickeln sich der Anlage nach aus den Gebilden des Vorhofes, und es sei, hebt dieser Autor hervor, nicht gerechtfertigt, zu sagen: „Der Recessus spalte sich in späteren Entwickelungsstadien in zwei Schenkel, da diese nicht aus ihm hervorgehen, sondern seiner Mündung angesetzt worden sind." — Diesen Angaben Böttcher's stimmt Hasse in einer die einzelnen Beobachtungen zusammenfassenden Vergleichung und auf Grund von Untersuchungen an Schweins- und Rindsembryonen so wie an neugeborenen Menschen im Allgemeinen bei, glaubt jedoch Berechtigung zu der Annahme zu haben, dass der Blindsack des Aquaeductus vestibuli mittelst eines trichterförmigen feinen Fortsatzes die harte Hirnhaut durchbreche und in das Cavum epicerebrale, den perilymphatischen Raum, münde.

Dass der Recessus labyrinthi nicht constant einer Rückbildung unterliegt, zeigt, wie oben schon erwähnt wurde, dessen Vorhandensein beim erwachsenen Menschen sowohl, als auch bei den Säugern.

Was zunächst die Prüfung horizontaler Durchschnitte vom menschlichen Fötus aus dem Ende des dritten Monats anlangt, so finde ich den Recessus labyrinthi bis zur Schädelhöhle übersichtlich erhalten. (S. Fig. 7 Taf. IX.)

Wie diese Abbildung zeigt, ist der Aquaeductus vestibuli mit seinem hinteren scharfkantigen Ende innerhalb der Schädelhöhle zwi-

---

[1] Ueber Entwickelung und Bau des Gehörlabyrinthes etc. Leipzig 1871.

schen dem Sinus sigmoideus und der Dura mater gelagert, indem er noch seine selbständige Wand besitzt, die weder mit dem Sinus noch mit der Dura mater innig verwachsen ist. Er schmiegt sich somit der hinteren Felsenbeinfläche an, und zeigt eine plattgedrückte Form mit offenstehender Spalte auf dem Querschnitt als Hohlraum desselben. Die Länge des intracraniellen Abschnittes von der Apertura cranii des Aquaeductus bis zum blinden Ende gemessen, beträgt 4,2 mm. und die Weite in der Mitte 0,6 mm. Die laterale hinterste Grenze des Recessus vestibuli entspricht der Mitte des obenerwähnten Sinus venosus im Sulcus sigmoideus.. Indem er sich schief nach vorn und innen wendet, erreicht er den Gang in der Pars petrosa, den er nicht vollständig ausfüllt, indem er von einer ziemlich mächtigen Bindesubstanz umhüllt ist, welche sich bis zur Dura mater erstreckt und diese von dem Recessus vestibuli trennt.

Während der enge Gang gegen das Vestibulum labyrinthi hinzieht, wird er immer enger, und ich kann, aber nur theilweise, das Röhrchen zum Säckchen verfolgen. Dasselbe geht in das grosse lateralwärts im Vestibulum liegende Säckchen über, indem es sich gegen dieses trichterförmig erweitert.

Die Länge des Aquaeductus vor dem Sacculus-hemiellipticus bis zu jener Stelle, wo derselbe sich zu der intracraniellen Blase erweitert, beträgt 1,5 mm.

Man erlangt an dem Object den Eindruck, als sei ein zweites Kanälchen, zu dem runden Säckchen gelangend, vorhanden; allein mit Sicherheit will ich dies nicht behaupten, denn diese Stelle erscheint etwas unklar. ZUCKERKANDL konnte beim Erwachsenen nur einmal die Verbindung des Aquaeductus mit dem Sacculus rotundus und hemiellipticus mittelst Injection nachweisen. Es muss die Beantwortung der Frage über die Art und Weise des Zusammenhangs zwischen dem Aquaeductus und Sacculus vestibuli noch eingehenderen Studien beim menschlichen Fötus und bei erwachsenen Individuen vorbehalten bleiben; denn, so lange der thatsächliche Beweis über den Zusammenhang des Aquaeductus mit den beiden Säckchen nicht geliefert ist, kann die Annahme eines solchen auf Grund der vergleichend-morphologischen Studien nur als Hypothese gelten.

c. Ergebnisse der Querdurchschnitte des Aquaeductus vestibuli membranaceus beim erwachsenen Menschen.

Wenn ich jetzt noch die Beschreibung der oben erwähnten Querdurchschnitte durch einen entkalkten Aquaeductus vestibuli anreihe, so wird es auch klar, dass derselbe weder einen einfachen Fortsatz der

Dura mater, noch viele venöse Blutbahnen in sich einschliesst. Ist auch die Zahl der Gefässe, welche in ihm Aufnahme finden, eine geringe, so werden dieselben doch niemals ganz vermisst. Liess man auch die Wasserleitung bis in die neueste Zeit hinein nur von einem Bindegewebsfortsatz, welcher Venenstämmchen einschliesse, ausgekleidet sein, so mussten die in neuerer Zeit mit grossem Fleisse durchgeführten vergleichend-anatomischen und entwickelungsgeschichtlichen Untersuchungen über dieselbe einer anderen Anschauung über Bau und morphologische Stellung des Aquaeduct Geltung verschaffen.

Schon Cotugno hat die blasenartige Erweiterung des Aquaeductus vestibuli nicht nur beim Menschen, sondern auch bei dem Affen, Pferd, Hund, Katze, Rind, Schaf und Hasen untersucht und die Resultate in der oben erwähnten Abhandlung angeführt.

Auch Böttcher hat bei der erwachsenen Katze sowohl den intracraniellen Abschnitt des Recessus labyrinthi, als auch den in der knöchernen Wasserleitung studirt und beschrieben. Was den letzteren Abschnitt betrifft, so soll derselbe nach dem genannten Autor allseitig mit der Wand in innigem Zusammenhang stehen und an keiner Stelle seiner Aussenseite einen Hohlraum frei lassen, welcher etwa mit dem perilymphatischen Raum communicire. Was die letztere Angabe betrifft, so stimmen hierüber weder die Resultate Hasse's noch meine eigenen überein.

Aus unseren Figuren 3—6 auf Taf. IX lässt sich zunächst erkennen, dass das dünne häutige Kanälchen nicht an allen Stellen in gleicher Weise an der Wand anliegt. Die Beschaffenheit des Präparates lässt durchaus nicht vermuthen, dass seine Eigenthümlichkeiten die Folge der Behandlung desselben, etwaiger mechanischer Einwirkungen, seien. Die Bildungen sind so eigenartig, dass man sie als normale ansehen muss.

Zunächst findet sich an der Innenfläche des sehr unebenen knöchernen Kanals eine ziemlich mächtige Gewebslage, welche bedeutend dicker ist, als die Wand der häutigen Wasserleitung selbst. Sie vertritt die Stelle des Periostes, indem sie von ungleich dicker Beschaffenheit sich in die Vertiefungen der Knochensubstanz einsenkt, und mit der Bindesubstanz der Knochenkanälchen in directem Zusammenhange steht. Von dem Aquaeductus vestibuli osseus gehen nämlich zahlreiche Havers'sche Kanälchen aus, welche sich nach verschiedenen Richtungen der Pars petrosa fortsetzen. Diese Periostlage ebnet den knöchernen Aquaeductus vestibuli, so dass die die häutige Wasserleitung aufnehmende Fläche eine glatte Beschaffenheit erlangt.

Wie die Figuren lehren, erscheint der knöcherne Kanal auf dem

Querschnitt etwas oval geformt, stellenweise sogar etwas ausgebüchtet, so dass entweder Raum zwischen dem Periost und dem häutigen Aquaeduct übrig bleibt, oder dieser auch hie und da etwas erweitert sein kann.

Das häutige Kanälchen ist sehr dünnwandig, und man kann an demselben zwei Lagen unterscheiden. Zunächst zeigt sich auf dem Durchschnitt eine in Folge der Imbibition stark roth gefärbte dichte Schichte, welche in vielen Beziehungen an die Tunica propria des häutigen Labyrinthes erinnert. Sie zeigt jedoch wenige Kerne und ihre Innenfläche trägt ein Plattenepithel, dessen Kerne an Flächenansichten leicht sichtbar werden. Beim Fötus aus dem 3. Monat besteht dieses Epithel aus niedrigen dicht aneinander gereihten Cylinderchen. Axel Key und Retzius haben das Epithel, welches den Ductus endolymphaticus auskleidet, beschrieben und nach Imbibitionspräparaten auf Taf. XXXVI. Fig. 6—9 ihres schönen Werkes abgebildet. Dasselbe stellt beim Erwachsenen ein polygonales Plattenepithel dar, welches auf dem feinfaserigen Bindegewebe aufsitzt. Jene von Böttcher bei der Katze beobachteten Gefässträubchen mit Epithel überkleidet, kann ich am menschlichen Aquaeductus nicht wahrnehmen, obschon man zuweilen verschieden geformten Vorsprüngen an der Innenfläche des Sackes begegnet. An dem Vorhofsabschnitt wird das häutige Kanälchen allmählich weiter und es treten an demselben zwei Abtheilungen auf, welche nach ihrer vollständigen Trennung die in Fig. 6 (Taf. IX) wiedergegebene Form darbieten. Die Grössendifferenz der beiden Kanälchen ist sehr bedeutend, das kleinere beträgt annähernd den vierten Theil des grossen.

d. Die perilymphatischen Wege im Aquaeductus vestibuli.

Wie verhält es sich nun mit den perilymphatischen Wegen in der Wasserleitung des Vorhofes? Schliesst diese beim Menschen neben dem Ductus endolymphaticus membranaceus noch eine begrenzte selbständige Bahn ein, welche die Perilymphe aus dem Gehörorgane abführt und kann eine Homologie derselben mit jenem bei den übrigen Wirbelthieren nachgewiesenen Ductus perilymphaticus begründet werden?

Die Resultate der Untersuchungen Schwalbe's über die Lymphwege des Auges veranlassten eine Anzahl von Injectionen an dem Gehörorgane der Thiere und des Menschen, welche den Zweck hatten, die Lymphwege des Labyrinthes in ihren Beziehungen zur Schädelhöhle zu prüfen. Während bei den Einspritzungen, welche Weber-Liel[1] aus-

---

[1] Monatsschrift für Ohrenheilkunde. 1869.

führte, sich nur die Schnecke und ihre Wasserleitung von dem meatus auditorius internus färbten, gelang es Michel [1]), Axel Key und Retzius, auch das Labyrinth zu injiciren, und Quincke sah bei Einspritzungen in den Subarachnoidealraum unter fünf Fällen nur einmal die Scala tympani der Schnecke gefüllt. Bei der Mehrzahl der Wirbelthierklassen ist es ferner Hasse gelungen, die perilymphatischen Wege des Gehörorgans durch anatomische Präparation nachzuweisen. Mit dem Ductus endolymphaticus gelangt nach Hasse auch ein Ductus perilymphaticus des Vorhofes nach der Schädelhöhle und tritt theils mit den epicerebralen Lymphwegen, theils mit den Bahnen, welche an den Gehirnnerven die Schädelhöhle verlassen, in Verbindung.

Ist eine mit Endothel ausgekleidete Röhre, neben dem Ductus endolymphaticus der Wasserleitung des Vorhofes vorhanden, so muss dieselbe in ähnlicher Weise an Querdurchschnitten zur Anschauung gebracht werden können, wie eine Fortsetzung des Arachnoidealsackes am siebenten Gehirnnerven im Canalis Fallopiae, welche ich schon im Jahre 1873 [2]) beschrieben habe und in neuester Zeit wiederholt sehr klar beobachten konnte. Auch die Injectionen, welche schon von Axel Key und Retzius vorgenommen wurden, haben keine ganz bestimmten Resultate über den Ductus perilymphaticus geliefert, und die Verfasser sprechen sich deshalb mit Vorbehalt dahin aus, dass ein möglicher directer Zusammenhang zwischen dem Perilymphraum des Gehörorganes und den Lymphwegen der Schädelhöhle bestehe.

Was zunächst die Auskleidung des Vorhofes anlangt, so wurde die histologische Beschaffenheit derselben schon früher eingehend untersucht und beschrieben. Die verhältnissmässig zahlreichen Kerne in der Beinhaut sowohl, als auch an der Aussenseite des häutigen Labyrinthes und der die Gefässe fixirenden Bindegewebsfäden, welche letztere als Ueberreste des ursprünglichen Gallertgewebes zu betrachten sind, waren bekanntlich schon der Gegenstand vielfacher Discussion. Henle und ich konnten die Kerne nicht als dem Endothel angehörig betrachten, sondern glaubten annehmen zu müssen, dass die Kerne nicht auf der Oberfläche, sondern in dem Periost und der Faserlage des Labyrinthes eingebettet sind. Axel Key und Retzius haben dagegen in der Figur 9 auf Taf. XXXIV ihres Werkes den kernhaltigen Beleg als eine zusammenhängende Endothelschichte aufgefasst; auf der Fig. 8 jedoch ein Endothelhäutchen dargestellt, an welchem die Zellengrenzen nicht

---

[1]) Arbeiten aus der physiologischen Anstalt zu Leipzig. 1873.

[2]) Ueber den Canalis facialis in seiner Beziehung zum siebenten Gehirnnerv. Monatsschrift für Ohrenheilkunde. 1873. No. 6.

in der Weise nachgewiesen werden konnten, wie dies an dem Subarachnoidealgewebe mittelst der Silberfärbung meistens gelingt. Ist man auf Grund der früheren und neueren Beobachtungen berechtigt, anzunehmen, dass das auf dem Periost des Labyrinthes und auf den häutigen Bogengängen mit ihren Fixirungsfäden befindliche Häutchen mit Endothel besetzt sei, ein Gebilde, welches sich als Ductus perilymphaticus durch die Vorhofswasserleitung nach der Schädelhöhle fortsetzt? Können die Kerne in den erwähnten Gewebslagen nur als Ueberreste der Häutchenzellen, deren Protoplasma untergegangen, gedeutet werden? Wenn man die Ergebnisse der Untersuchungen an Erwachsenen, sowie die Histogenese des Periostes und der äusseren Faserlage des häutigen Labyrinthes in Betracht zieht, so scheint die Aufstellung eines Endothels an denselben in dem Sinne, wie es an dem Subarachnoideal- oder anderen Geweben nachweisbar ist, nicht begründet zu sein. Auch zeigen sich in der That die Begrenzungen der Lücken, welche auf Querdurchschnitten beobachtet werden, verschieden von jener Membran, welche den Nerv. facialis durch den Fallopi'schen Kanal begleitet. Während hier eine scharf begrenzte Haut ganz klar auftritt, erkennt man in dem durchschnittenen Aquaeductus vestibuli in der Umgebung des Ductus endolymphaticus Lücken und Spalten von verschiedener Grösse, die man als Lymphräume, als durchschnittenen Ductus perilymphaticus deuten könnte, allein es lässt sich beim Menschen weder ein Endothel an der Innenfläche derselben, noch jene scharfe membranartige Begrenzung beobachten. Wenn auch der Nachweis unzweifelhaft geliefert wird, dass diese perilymphatischen Räume die Lymphe aus dem Vestibulum in die Schädelhöhle führen, so muss man doch an der Thatsache festhalten, dass der s. g. Ductus perilymphaticus des Menschen ebensowenig eine mit Endothel ausgekleidete Röhre darstellt, als in dem Vorhofe und den Bogengängen ein durch Endothel abgegrenzter Lymphraum besteht.

II. Der Aquaeductus vestibuli von Phyllodactylus europaeus.

Nachdem wir durch die descriptiven und vergleichend-anatomischen Untersuchungen von BRESCHET[1]), MECKEL[2]), RATHKE[3]), WINDISCHMANN[1]), und CLASON interessante Aufschlüsse über das innere

---

[1]) S. oben.
[2]) Dissertatio anat. phys. de labyrinthi auris contentis. 1777.
[3]) Entwickelungsgeschichte der Schildkröten.

Ohr erlangt hatten, wies Hasse[2]) durch seine ausgedehnten Untersuchungen nach, dass bei den meisten Wirbelthieren neben dem häutigen Kanal, welcher als Ductus endolymphaticus von den Vorhofssäckchen ausgeht, nach der Schädelhöhle gelangt und mit Ausnahme der Plagiostomen entweder in derselben als blinder Sack endet, oder mit den epicerebralen Lymphwegen communicirt, ein Ductus perilymphaticus vorhanden ist, welcher die Lymphe aus dem inneren Ohre abzuführen bestimmt ist. Auch dieser Gang musste ebenso wie der Ductus endolymphaticus die Aufmerksamkeit der Anatomen und Physiologen auf sich lenken. Hasse hat die Beobachtungen Boettcher's, welche dieser Autor über die Lage und Ausdehnung des Saccus endolymphaticus gemacht hat, an Schweinsembryonen und selbst am neugeborenen Menschen bestätigt, nimmt jedoch an, dass der von der Dura mater gedeckte Blindsack des Aquaeductus vestibuli bei Rindsembryonen mit dem Cavum epicerebrale in Communication stehe. Die perilymphatische Bahn des Vorhofes geht nach Hasse bei den meisten Wirbelthieren von dem Vestibulum aus und gelangt mittelst eines engen Kanales entweder in den epicerebralen Raum oder zu einem im Foramen jugulare gelegenen Lymphsack und dieser schliesslich in Lymphgefässe. Nur bei einer Fischordnung, den Plagiostomen, gelangt der Ductus endolymphaticus durch die Knorpelkapsel des Schädels und endet als blindgeschlossener Sack, während die perilymphatische Röhre bis auf die Oberfläche des Schädels reicht und sich hier öffnet. Diesen Entdeckungen, welche ebenfalls zuerst durch Hasse bekannt wurden, reihte Wiedersheim[3]) einen weiteren interessanten Fund an, wonach bei einer Art Haftzeher, bei dem Phyllodactylus europaeus der Aquaeductus vestibuli die Schädelhöhle verlässt und bis zur Halsregion herabreicht. An dem genannten Thiere, welches auf Sardinien und dem Felsen-Eilande Tinetto lebt, hat Wiedersheim den hochgradig entfalteten Aquaeductus vestibuli d. h. den Ductus endolymphaticus genau untersucht und eingehend beschrieben. Wie früher schon erwähnt, verdanke ich der Güte des Herrn Dr. Wiedersheim drei Exemplare des genannten Thieres, und ich will die Ergebnisse von Querdurchschnitten des ganzen Kopfes und Halses, an denen die Topographie des Gebildes klar übersehen werden kann, hier kurz mittheilen. Dieselben mögen als Bestätigung der Angaben

---

[1]) De penitiori auris in amphibiis structura.

[2]) Die Lymphbahnen des inneren Ohres der Wirbelthiere.

[3]) Zur Anatomie und Physiologie des Phyllodactylus europaeus etc. Morphologisches Jahrbuch. Bd. I.

von WIEDERSHEIM, und in einigen Beziehungen als kleine Erweiterungen derselben betrachtet werden.

A. Topographisch-anatomisches über den Aquaeductus vestibuli von Phyllodactylus europaeus.

Indem ich die Angaben von WIEDERSHEIM über den Krystallsack, welche, wie mir scheint, sich grösstentheils auf Flächenansichten beziehen, bei unsern Lesern als bekannt voraussetze, will ich sofort auf die Topographie desselben, wie sie die Querdurchschnitte ergeben, etwas näher eingehen. Zu diesem Behufe dürfte man sich am zweckmässigsten zunächst den vier Abbildungen (Fig. 8, Taf. X), welche Schnitten des Kopfes und Halses entnommen sind, zuwenden. Ich habe die vier charakteristischen Stellen für die Beschreibung so ausgewählt, dass sich dann die Zwischenglieder leicht in der Vorstellung ergänzen lassen. Wie WIEDERSHEIM schon angegeben hat, grenzt das hinterste Ende des Sackes an den lateralen Theil des Schultergürtels, von dem Hinterhaupt bis gegen die Kehle ventralwärts reichend.

a. **Die extramuskulären Abschnitte des Krystallsackes.** Ein Querschnitt durch den Hals des Thieres lässt die Lage des Sackes, wie er in Figur 8 Tafel X dargestellt ist in seiner ganzen Ausdehnung übersehen. Derselbe erscheint plattgedrückt und etwas halbmondförmig, der Krümmung des Halses entsprechend, gebogen. Nach aussen ein wenig convex, nach innen etwas ausgehöhlt, wird er gegen die Haut hin vom Unterhautfettgewebe gedeckt, während er innen auf einem dünnen Muskel aufliegt. Nach unten (ventralwärts) und nach oben (dorsalwärts) läuft der Sack scharfkantig oder stellenweise abgerundet aus. An einzelnen Abschnitten zeigen sich die bekannten unebenen Ausbuchtungen desselben.

An diesem extramuskulären Theil ist der Sack nur wenig gefaltet und von dünnwandiger Beschaffenheit. Er ist durch die in ihm befindlichen Krystalle ziemlich prall gespannt, eine Eigenschaft, welche während der Durchschneidung in Folge der Entleerung des Inhaltes verloren geht.

Trotzdem der Halstheil des Sackes durch ein Fettlager von der Haut getrennt ist, können ihm wahrscheinlich doch Eindrücke von ihr aus übertragen werden.

b. **Die intramuskulären Abschnitte des Krystallsackes** lassen sich an einem Schnitt etwas weiter vorn gegen die Kopfseite des Thieres darstellen. Hier sind, wie in Fig. 9 Taf. X sichtbar, die beiden Anfangstheile der beiden Kanäle, oder vielmehr die verengerten

15*

Fortsetzungen des Sackes so zu einander gelagert, dass der eine lateral der andere medialwärts sich befindet. Sie berühren sich gegenseitig und erscheinen viel stärker gefaltet als der extramuskuläre Theil, eine Anordnung, welche wahrscheinlich die Folge der Einwirkung des Alkohols ist. Ventralwärts berühren sie die Carotis und werden an den noch übrigen drei Seiten von Muskellagen eingeschlossen. Aussen sind es drei, einwärts mehrere kleine an die Wirbelsäule angrenzende Muskeln und dorsalwärts reiht sich die zusammenhängende Muskelschichte des Rückens an. Sehr lockere Bindesubstanz vereinigt die Gänge mit den Muskeln.

Es müssen demnach diese erwähnten Abschnitte der Gänge, welche ihrer Form und Structur nach nur Theile der verlängerten Säcke darstellen, von den zahlreich sie umgebenden Muskeln hochgradig beeinflusst werden können. Bei jeder Bewegung der Wirbelsäule und des Kopfes muss in Folge der Muskelcontraction eine Compression auf die intramuskulären Abschnitte der Krystallbeutel stattfinden. An keinem Thier steht der Ductus endolymphaticus zur Musculatur des Halses so in Beziehung, wie bei Phyllodactylus und man darf wohl annehmen, dass die Beeinflussung desselben von so vielen und relativ starken Muskelgruppen von besonderer physiologischer Bedeutung für den Krystallsack und somit für das Hören des Thieres ist.

c. Der weitere Verlauf der intramuskulären Theile ändert sich nur insofern, als sie dem lateralen Gebiet der Wirbelsäule näher rücken, diese stellenweise berühren, aber auch hier noch grösstentheils von Muskeln umringt sind. Die Carotis und die grösseren Rückenmarksnerven ziehen weiter vorn ventralwärts an den Gängen des Krystallsackes vorbei.

d. Der intracranielle Abschnitt des Ductus vestibuli wurde von Wiedersheim ebenfalls beschrieben. Ich will nur in Kürze die Topographie desselben, wie sie an zwei Schnitten zu erkennen ist, besprechen.

Die Form der Krystallsäcke im Schädel zeigt sich stellenweise etwas weiter als die am Halse emporsteigenden Abschnitte. Sie sind nur wenig gefaltet, liegen aber der Schädelkapsel und der Dura mater dicht an.

Die Vereinigung mit der Dura mater mittelst lockerer Bindesubstanz scheint mir eine innigere zu sein, als jene mit dem Scheitelbein, denn an einigen Schnitten trennten sich die Wände leicht vom Knochen, viel weniger leicht von der harten Hirnhaut los. Jene erfüllen nach ihrem Eintritt in die Schädelhöhle den ganzen unebenen Raum, welchen die Gehörkapsel an der Schädelhöhle bildet.

Der Sack erzeugt an seiner Vereinigungsstelle mit der Dura mater eine einfache Krümmung, welche der Convexität des Gehirns entspricht, und bei den gegenseitigen Beziehungen des Gehirns und des Aquaeductus vestibuli kann es keinem Zweifel unterliegen, dass diese Beiden aufeinander einwirken können. Druckdifferenzen im Aquaeductus vestibuli, welcher am Halse in so grosser Ausdehnung von willkürlichen Muskeln umgeben ist, müssen sich am Gehirn, und Druckdifferenzen innerhalb der Schädelhöhle am Aquaeduct nothwendig geltend machen.

Bevor die beiden Säcke mit runden feinen Kanälchen in die Gehörorgane übergehen, verhalten sie sich so zu einander, dass sie sich, nach rückwärts eine starke Ausbuchtung erzeugend, in der Mittellinie berühren, jedoch, wie schon WIEDERSHEIM angegeben hat, ohne mit einander in Communication zu treten. (S. Figg. 10 u. 11 Taf. X.)

. Diese beiden Gebilde stehen, was ihre Grösse und Topographie betrifft, in der Wirbelthierreihe isolirt, denn sie zeigen keine Homologie mit den Lymphwegen, welche von HASSE bei den Plagiostomen beschrieben sind und die Perilymphe auf die Oberfläche des Schädels führen.

Der von WIEDERSHEIM entdeckte Krystallsack, welcher im Aquaeduct mit dem Gehörorgan zusammenhängt, und die Grenze des Kopfes weit überschreitet, kann nur dem Ductus und Saccus endolymphaticus homolog sein, während die perilymphatischen Bahnen, wenigstens beim Menschen, nur topographische Beziehungen zu dem Aquaeduct haben.

WIEDERSHEIM weist auch schon auf diese Auffassung hin, denn er sagt wörtlich: „Eine Communication des Krystallsackes mit dem Cavum epicerebrale findet nirgends statt, und wir sehen somit, dass die Vergleichungspunkte (zwischen dem beschriebenen Krystallsacke und der endolymphatischen Bahn bei den Plagiostomen) nur auf sehr schwacher Basis ruhen, und dass uns aus der Thierreihe keine weitere Thatsache vorliegt, welche für die Projection irgend eines und vollends so hochwichtigen Theiles des Gehörorganes in die Nackengegend bis zum Schultergürtel sprechen würde."

B. Einige histologische Bemerkungen über den Krystallsack.

Auch bezüglich meiner Ergebnisse über den histologischen Bau des Aquaeductus vestibuli bei Phyllodactylus europaeus an den Spirituspräparaten will ich noch einige Angaben beifügen.

Bekanntlich eignen sich feine Querdurchschnitte zur Untersuchung einer dünnen membranösen Wand ganz vorzüglich. An ihnen kann die Dicke derselben leicht bestimmt werden, und ganz besonders gut die Abgrenzung der verschiedenen Gewebsschichten.

Die Anwesenheit einer dünnen Bindegewebsschichte, durchsetzt mit elastischen Fasern, ist an Querdurchschnitten und Flächenansichten leicht zu constatiren und an letzteren auch das Vorhandensein von reichlichen Capillaren und Nervenbündeln.

Was jedoch das von WIEDERSHEIM beschriebene und abgebildete Plattenepithel anlangt, so zeigen meine Durchschnitte (s. die beiden Figuren 12 u. 13 Taf. X), dass der ganze Sack von einem einschichtigen Cylinderepithel ausgekleidet ist. Ziemlich grosse Zellen stehen sowohl im Hals als auch am Schädeltheil nicht sehr dicht nebeneinander. Ihre Basalenden sind durch eine Kittsubstanz vereinigt, und diese macht den Eindruck einer sogenannten Basalmembran. Wenn man nur die Flächenansichten betrachtet, so machen auch diese Zellen den Eindruck eines Plattenepithels, allein ich bewahre mehrere feine Schnitte auf, die auch nicht den geringsten Zweifel über die Anwesenheit eines Cylinderepithels im Inneren des Krystallsackes aufkommen lassen. Auch WIEDERSHEIM hat schon erwähnt, dass er in einem einzigen Falle Cylinderepithelzellen mit zartem Wimperbesatz nach Auspinselung des Sackes zu Gesicht bekam, er könne aber nicht angeben, woher dieselben stammten. An Querschnitten ist es, wie schon gesagt, nicht schwer sich zu überzeugen, dass der Sack an allen Stellen ein mit einem Wimperansatz versehenes Cylinderepithel trägt.

Dass die kreideweisse Beschaffenheit der Säcke durch die in denselben befindlichen Krystalle entsteht, hat WIEDERSHEIM schon angegeben. Interessant ist die verschiedene Grösse derselben, und ihre auf beiden Seiten zugespitzte Beschaffenheit erinnert an die Otolithen in den Säckchen des Vorhofes anderer Thiere.

Erklärung der Abbildungen.

Tafel IX.

Fig. 1. Rechtes Schläfebein theilweise frontal durchschnitten mit eingezeichnetem Saccus endolymphaticus.
1. Meatus auditorius internus.
2. Canalis petro-mastoideus.
3. Apertura externa aquaeductus vestibuli.
4. Der sich in der Schädelhöhle erweiternde Theil des Aquaeductus.
5. Fundus des Saccus endolymphaticus.

Fig. 2. Sagittalschnitt der linken Pars petrosa mit eingezeichnetem Ductus endolymphaticus.
1. Vestibulum.
2. Fossa jugularis.
3. Der im Aquaeduct liegende Gang.
4. Saccus endolymphaticus.
5. Dessen Fundus.

Fig. 3—5. Querschnitte des Aquaeductus vestibuli an verschiedenen Stellen.
1. Knochensubstanz.
2. Periostauskleidung des Aquaeductus vestibuli, welche sich in die unebene Knochenfläche einsenkt.
3. Durchschnitt des Ductus endolymphaticus.
4. Grössere perilymphatische Räume.
5. Kleinere perilymphatische Räume.

Fig. 6. Querschnitt des Aquaeductus vestibuli in der Nähe des Vorhofes.
1. Knochensubstanz.
2. Beinhaut der Wasserleitung.
3. Ductus endolymphaticus.
4. Grosser perilymphatischer Raum.
5. Kleiner perilymphatischer Raum.
6. Grösseres Röhrchen.
7. Kleineres Röhrchen.

Fig. 7. Horizontalschnitt des linken Schläfebeines eines etwa drei Monate alten menschlichen Foetus.
1. Dura mater cerebri.
2. Durchschnittener Sinus.
3. Stark entwickelte Bindesubstanz der Dura mater.
4. Vorhof des Labyrinthes.
5. Vorhofssäckchen.
6. Hinterer frontaler Bogengang.
7. Ductus endolymphaticus im Aquaeduct.
8. Saccus endolymphaticus.
9. Scharfkantiges Ende des Sackes.

Tafel X.

Fig. 8. Horizontalschnitt durch den Hals von Phyllodactylus europaeus.
1. Durchschnittener Wirbel.
2. Rückenmark.
3. Speiseröhre.
4. Luftröhre.
5. Carotis mit Blut erfüllt.
6. Muskulatur vorn, seit- und rückwärts an der Wirbelsäule.
7. Aeussere Haut.
8. Unterhautfettgewebe.
9. Dünnes Muskelstratum unter dem Fettgewebe.
10. Krystallsack entleert.

Fig. 9. Zahlen wie in Fig. 8.
Die Zahl 10 befindet sich in den beiden verengerten Fortsetzungen des Sackes.

Fig. 10. Durchschnitt durch den hinteren Kopftheil und die Gehörkapsel.
    a. Zeigt die Durchschnitte der leeren Krystallsäcke innerhalb der Schädelhöhle zwischen der harten Haut und dem Schädeldach gelagert.

Fig. 11. Durchschnitt des Kopfes etwas weiter vorn.
    a. Die beiden leeren Krystallsäcke zwischen den Parietalia und den Gehörkapseln. Sie liegen auch hier zwischen dem Schädel und der Dura mater.

Fig. 12 u. 13. Durchschnitt der Wand des Aquaeductus mit dem Epithel.
    a. Epithel in Verbindung mit der Wand aus dem hinteren resp. Halstheil des Krystallsackes.
    b. Epithel in Verbindung mit der Wand aus dem Schädeltheil des Krystallsackes.

XVI.

Zur Anatomie des ligamentum teres femoris.

Nachtrag zu Abhandlung VII dieses Bandes.

Von

Hermann Welcker in Halle.

I. Ligamentum teres sessile im Hüftgelenke des Seehundes.

Als ein Thier, bei welchem das lig. teres „sehr seitlich" eingepflanzt sein möchte, hatte ich auch den Seehund genannt und hierbei
an die Möglichkeit eines derartigen Zusammenhanges mit der Kapsel
gedacht, wie ich inzwischen beim Tapir ihn nachgewiesen habe (diese
Zeitschr. I, 73 und II, 102).

Die Angaben die ich bei Lucae[1]) fand, der eine grössere Zahl
von Seehunden zergliederte, liessen es allerdings zweifelhaft erscheinen,
dass der Seehund jenen eigenthümlichen, bis dahin überhaupt für kein
Geschöpf berichteten Bau des lig. teres besitze; dass aber eine randständige Fovea diesen Bau an sich nicht nachweise, darüber hatte
der Schenkelkopf des Pferdes mich belehrt. Um die Frage zu entscheiden, bezog ich eine junge sowie eine erwachsene Phoca vitulina
aus Hamburg.

Bei beiden Thieren fand ich das genau nach dem Typus *A* der
Figur 1 (S. 232) gebildete lig. teres in Form einer von der Kapselwandung sich abhebenden, vom Pfannenrande zum Rande des Schenkelkopfes tretenden Falte von mässiger Höhe. Bei dem jüngeren, von
der Schnauze bis zur Schwanzspitze 82 cm. messenden Thiere erhebt
sich das lig. teres an seinem Beckenursprunge nur um etwa 2 mm.
von der Ebene der Kapselwandung, während es an seinem femoralen

---

[1]) Die Robbe und die Otter in ihrem Knochen- und Muskelskelet. Abh. der
Senkenberg. naturf. Gesellsch. 1872. S. 359, 362 und 374.

Ende mehr Relief gewinnt, etwa 4 mm. vorsteht und dort einen ge-
rundeten, etwas verdickten freien Rand besitzt. Die Länge dieses
lig. teres beträgt in gespanntem Zustande 7 mm. Bei dem erwachsenen Thiere bildete das lig. teres eine von der Innenfläche des Kapselbandes aus 4—7 mm. weit ins Innere der Gelenkhöhle vorspringende,
2—3 mm. breite Duplicatur.

Fig. 1.

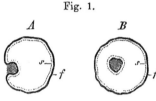

Schematischer Querschnitt der Hüftkapsel
A bei Tapir[1]) und bei Phoca;
B bei dem Menschen und der Mehrzahl der Säugethiere.
f fibröser, s synovialer Theil des Kapselbandes.
Lig. teres in A wandständig, in B frei.

Behufs der Untersuchung wurde das
Kapselband zunächst äusserlich rein präparirt, sodann der laterale Theil desselben
abgetragen, worauf sich an dem zwischen
Schenkelbein und Hüftbein ausgespannten
ventralen Theile der Kapsel das lig. teres
— in seinem Habitus an ein frenulum
praeputii auffällig erinnernd — frei
übersehen liess.

Von dem lig. teres des Tapir
unterscheidet sich das lig. teres des
Seehundes dadurch, dass es weit weniger als jenes vom Pfannenboden,
sondern soweit es von der Pfanne kommt, vorzugsweise von deren
Rande (incisura acetabuli und lig. transversum) entspringt, auch in
den Schenkelkopf weniger tief einrückt, überhaupt weniger entwickelt ist und somit das allererste Anheben zu der in Rede stehenden Bildung darstellt. An der hinteren Fläche des lig. teres der
Phoca, da wo dasselbe mit dem lig. transversum acetabuli zusammenhängt, findet sich jener auch beim Tapir angetroffene „recessus“.
Von einer Durchbohrung dagegen, wie ich sie beim Tapir als den
ersten Anfang zum Freiwerden des lig. teres gedeutet habe, ist keine
Spur vorhanden, so dass das lig. teres des Seehundes in allen Stücken
mit der früher von mir beschriebenen, eine Art lig. teres humeri
darstellenden Bildung der menschlichen Schulter übereinstimmt, beiden
aber der hervorstechendste Charakter des gewöhnlichen lig. teres: die
Umgreifbarkeit, abgeht.

Meine Bemühungen, die sessile Form des lig. teres femoris als frühesten
Entwicklungszustand beim Menschen nachzuweisen, scheiterten am Mangel
hinlänglich junger und hinlänglich erhaltener Embryonen.

---

[1]) Der in meiner vorigen Abhandlung S. 99 gebrauchte Ausdruck: „wie es
scheint beim Tapir“ steht in Widerspruch mit der Ueberschrift derselben:
„Nachweis — — eines lig. teres sessile femoris“, und es war jene allzu zurück-
haltende Fassung in dem vor Abschluss der Untersuchung begonnenen Manu-
scripte durch ein Versehen stehen geblieben.

II. Verschiedenheiten der Stärke des ligamentum teres des Menschen in verschiedenen Lebensaltern.

Bei Auslösung des femur aus der Pfanne hatte ich den Eindruck, dass das lig. teres beim Neugeborenen relativ stärker sei, als bei Erwachsenen. Aehnliches hatte bereits HUMPHRY bemerkt[1]), und ich habe einige Messungen ausgeführt, welche zu einer ungefähren Orientirung über diese Verhältnisse dienen mögen. Während nun HUMPHRY vermuthet, dass das lig. teres bei jüngeren Individuen, einschliesslich der Embryonen, stärker sei, als bei Erwachsenen, zeigen meine Messungen, dass das relative Stärkenverhältniss

Fig. 2.

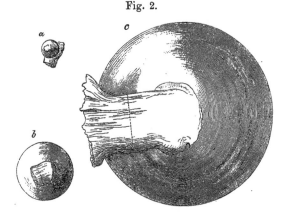

Schenkelkopf des Menschen mit dem lig. teres.
a Mittelform aus 10 Embryonen, b aus 8 Neugeborenen, c aus 8 Erwachsenen.
Geometrische Zeichnung.

zwischen Schenkelknochen und lig. teres mindestens zweimal im Laufe der Entwicklung wechselt, derart, dass das lig. teres der Embryonen relativ schwach, das des Neugeborenen stärker, das des Erwachsenen wiederum schwächer ist. Es beträgt nämlich meinen Messungen zufolge die Breite des lig. teres bei Embryonen weniger

---

[1]) On the Human Skeleton, p. 521: „I have remarked the ligament to be comparatively thick in foetal and early life, especially near the head of the femur, and to be comparatively thin in some elderly persons; but I have not made sufficient observations to be sure, that it undergoes any regular decrease in size in advancing years."

als $^1/_3$ des Durchmessers des Schenkelkopfes ($^{10}/_{32}$); bei Neugeborenen
mehr als $^1/_3$ ($^{10}/_{29}$); beim Erwachsenen wiederum weniger als $^1/_3$ ($^{10}/_{34}$).[1])

Auf eine grössere Schärfe machen diese Bestimmungen allerdings
keinen Anspruch, da ich davon abgestanden habe, auch die Dicke des
Bandes zu messen; doch schien es nicht, als ob etwa geringere Breite
des Bandes durch grössere Dicke ausgeglichen werde und umgekehrt.
Berechtigen diese Bestimmungen hiernach immerhin zu dem Aus-
spruche, dass das lig. teres von der Geburt bis zum erwachsenen Zustande in seinem Breitendurchmesser weniger stark wächst, als
der Schenkelkopf, so ist Näheres über Grenzen und Gang dieser Unterschiede, namentlich über die während des erwachsenen Zustandes etwa
eintretenden Aenderungen, weiteren Messungen vorzubehalten.

Meine Messungen, bei welchen die Breite des lig. teres mit dem
Zirkel, an einer Stelle in der Gegend des Schenkelkopfes, welche in
der Abbildung angedeutet ist, gemessen wurde, während als Dicke des
Schenkelkopfes der Mittelwerth aus dem grössesten und kleinsten
Dickendurchmesser angesetzt ist, sind folgende:

I. Embryonen.	a Breite des lig. teres mm.	b Durchmesser des caput femoris mm.	a : b = 100 :
Nr. 1 vom Scheitel bis z. Steisse 8,8 cm.	0.8	2.6	100 : 325
„ 2 „ „ „ „ „ 9 „	0.9	3.2	„ 355
„ 3 „ „ . „ „ „ 11,5 „	1.4	4.2	„ 300
„ 4 „ „ „ „ „ 11 „	1.1	4.3	„ 391
„ 5 „ „ „ „ „ 12 „	1.7	4.5	„ 265
„ 6 „ „ „ „ „ 12,5 „	2.2	5.1	„ 232
„ 7 „ „ „ „ „ 12,5 „	1.8	5.3	„ 294
„ 8 „ „ „ „ „ 13 „	1.5	5.6	„ 373
„ 9 „ „ „ „ „ 14 „	2.2	5.7	„ 259
„ 10 „ „ „ „ „ 13 „	1.6	5.9	„ 369
Mittel aus 10	1.5	4.6	100 : 316

---

[1]) Aehnliches habe ich auch in anderen Gebieten im Gange der Entwicklung
beobachtet. So ist die Dolichocephalie des geburtsreifen Kindes grösser, als beim
jüngeren Fötus und beim Erwachsenen; und ebenso verhält es sich mit der Prog-
nathie des menschlichen Schadels.

II. Neugeborene.	a Breite des lig. teres mm.	b Durchmesser des caput femoris mm.	a : b = 100 :
Nr. 3	– 4.3	13.0	100 : 302
Nr. 8	5.5	13.3	,, 242
Nr. 1	5.3	15.3	,, 289
Nr. 2	6.2	15.5	,, 250
Nr. 7	4.6	15.9	,, 346
Nr. 5	5.9	16.1	,, 273
Nr. 4	5.6	16.6	,, 296
Nr. 6	6.7	20.6	,, 307
Mittel aus 8	**5.5**	**15.8**	**100 : 288**
III. Erwachsene.			
Nr. 8 ♀	13.4	43.3	100 : 323
Nr. 4 ♂	11.1	45.7	,, 412
Nr. 2 ♂	14.9	51.0	,, 342
Nr. 3 ♂	16.2	52.4	,, 324
Nr. 1 ♂	15.0	53.0	,, 353
Nr. 7 ♂	17.0	53.0	,, 312
Nr. 5 ♂	13.2	53.3	,, 404
Nr. 6 ♂	20.7	54.2	,, 261
Mittel aus 8	**15.2**	**50.6**	**100 : 341**

XVII.

Beiträge zur Kenntniss des elastischen Gewebes.

Von

G. Schwalbe.

(Hierzu Tafel XI.)

In der vorliegenden Mittheilung beabsichtige ich nicht, eine erschöpfende Schilderung der Textur des elastischen Gewebes und seiner
Formelemente zu liefern, sondern nur einige gelegentliche zerstreute
Beobachtungen über diesen Gegenstand zu veröffentlichen, welche mir
geeignet scheinen, einige Fragen über den feineren Bau der elastischen
Fasern, über deren Beziehungen zu den Bindegewebsfibrillen und über-
haupt über die morphologische Auffassung des sogenannten elastischen
Gewebes der Beantwortung näher zu führen. Veranlassung zu einer
etwas eingehenderen Beschäftigung mit diesem Gegenstande gab mir
zunächst die Beobachtung eines queren Zerfalls der elastischen Fasern
des Nackenbandes unter der maceriender Einwirkung sehr dünner
Chromsäure-Lösungen. Ich fand dann in der Literatur, dass bereits
H. Müller[1]) ähnliche Erscheinungen an den elastischen Bändern des
Menschen und Ochsen nach abwechselnder Maceration in Wasser und
Trocknen erhielt, dass Ranvier[2]), ohne die Mittheilung H. Müller's
zu kennen, neuerdings eines ähnlichen queren Zerfalls der feineren
elastischen Fasern gedenkt und darauf hin eine Theorie über den
feineren Bau derselben aufstellt.

---

[1]) Ueber die elastischen Fasern im Nackenband der Giraffe. Würzburg.
naturw. Zeitschrift Heft 2. S. 162. 1860.

[2]) Recherches sur l'histologie et la physiologie des nerfs. II. part. Archives
de physiologie. T. IV. p. 434. -- Traité technique d'histologie. p. 338, 400,
411—414.

Wenn ich trotzdem meine hierauf bezüglichen Beobachtungen publicire, so geschieht dies einmal deshalb, weil H. MÜLLER's Angaben abgesehen von einer kurzen Andeutung in KÖLLIKER's Gewebelehre[1]) kaum Beachtung in den Lehrbüchern gefunden haben, sodann weil ich glaube, dass meine weiteren Untersuchungen im Verein mit der angeführten Beobachtung einen befriedigenderen Einblick in die Textur der elastischen Elemente gewähren, als derselbe bisher in den zerstreuten Mittheilungen und in den Lehrbüchern gegeben ist.

I. Ueber den feineren Bau der elastischen Fasern.

Die elastischen Fasern der verschiedensten Localitäten werden bekanntlich meist als homogene glänzende Gebilde beschrieben, an denen eine weitere Struktur auf keine Weise zu erkennen sei. Zwar trifft man in der älteren Literatur, so bei VALENTIN[2]) und RÄUSCHEL[3]), auf Angaben, welche eine Zusammensetzung der elastischen Fasern besonders des Nackenbandes aus Fasern oder Fibrillen beweisen sollen; allein die Beweiskraft derartiger Bilder wurde unter Anderen von BRUNS[4]) und HENLE[5]) entschieden in Abrede gestellt, sodass in neuerer Zeit kaum wieder der Versuch gemacht wurde, einen fibrillären Aufbau der elastischen Elemente zu vertheidigen, abgesehen natürlich von den elastischen Membranen, deren Aufbau aus flächenhaft verschmolzenen elastischen Fasern besonders seit M. SCHULTZE's Untersuchungen über die Textur der Arterienwände[6]) wohl ziemlich allgemein anerkannt worden ist. — Dagegen hat eine andere Ansicht, die, wie ich finde, zuerst von PURKINJE[7]) und RÄUSCHEL[8]) vorgetragen wurde, besonders seit v. RECKLINGHAUSEN's Epoche machendem Buche: „Die Lymphgefässe und ihre Beziehung zum Bindegewebe" grössere Verbreitung gefunden, obwohl die verbreitetsten Lehrbücher, von KÖLLIKER und

---

1) 5. Auflage S. 72.
2) Repertorium. Bd. II, S. 51. MÜLLER's Archiv 1838. S. 223. (Chorion von Python, Corpora cavernosa penis.)
3) De arteriarum et venarum structura. Dissert. inaugur. Vratisl. 1836.
4) Lehrbuch der allgemeinen Anatomie des Menschen 1841. S. 74.
5) Allgemeine Anatomie. S. 408 und 409.
6) De arteriarum notione, structura, constitutione chemica et vita. Gryphiae 1850.
7) Nach einem Citate in BRUNS' allgemeiner Anatomie.
8) l. c.

Frey sich sehr vorsichtig über dieselbe äussern, oder, wie der Traité
technique von Ranvier nichts davon erwähnen. Purkinje und
Räuschel fanden auf dem Querschnitte der elastischen Fasern der
Arterien-Media einen dunklen centralen Punkt und im Verlaufe der
Fasern eine punktirte Linie, die sie als einen rudimentären Kanal
deuteten. v. Recklinghausen[1]) erhielt bekanntlich bei der Anwendung seiner Versilberungs-Methode auf das Gewebe der Cutis, die sub-
serösen Schichten der Pleura und des Peritoneum, besonders schön
bei der Silber-Imprägnation der Chordae tendineae eines Hundes in
den elastischen Fasern der genannten Localitäten Niederschläge schwarzer Körnchen, ja nicht selten bemerkte er die elastischen Fasern von
Strecke zu Strecke mit schwarzen Stäbchen besetzt, die in ihrer
Breite stets den elastischen Fasern entsprachen, jedenfalls nicht auf
der Aussenfläche der letzteren gelegen waren. Er vermuthet, dass
diese schwarzen Stäbchen und Körnchen im Lumen von Kanälchen
gelegen sind, welche eine äusserst dünne Membran besitzen, und
setzt, falls eine Bestätigung dieser Angaben erfolgen solle, diese
vermutheten Kanälchen den Saftkanälchen analog. Auch Frey[2])
glaubte sich früher im Unterhautzellgewebe von dem Hohlsein man-
cher feinsten elastischen Fasern durch Karmintinction überzeugt
zu haben, ist aber später über die Beweiskraft solcher Bilder sehr
zweifelhaft geworden. Jedenfalls geht soviel aus den citirten Beobachtungen hervor, dass die Kanäle, welche Räuschel im Innern
der elastischen Fasern statuirte, viel feiner sind, als die Recklinghausen'schen. Nach ersterem Forscher wäre innerhalb einer soliden elastischen Faser ein mit dicken Wänden versehener, feiner
Kanal vorhanden; nach von Recklinghausen ist dagegen die
Wandung auf eine von ihm nur vermuthete aber nicht demonstrirte
äusserst dünne Membran beschränkt, während der mit Flüssigkeit erfüllte Kanal die ganze Dicke der Faser einnimmt. — Eine weitere
Beobachtung endlich, die hierher gehört und ebenfalls Strukturver-
schiedenheiten der centralen und peripheren Theile der elastischen
Fasern betont, hat v. Ebner[3]), gestützt auf mikrochemische Reactionen, mitgetheilt. Nach Behandlung mit chlorsaurem Kali und
20procentiger Salpetersäure sondern sich die elastischen Fasern des

---

[1]) l. c. S. 59 ff.

[2]) Handbuch der Histologie und Histochemie des Menschen. 4. Auflage.
S. 216 Anmerkung.

[3]) Ueber den Bau der Aortenwand, besonders der Muskelhaut derselben.
Untersuchungen aus dem Institute für Physiologie und Histologie in Graz.
1. Heft 1870. S. 35.

Nackenbandes vom Ochsen in eine blasse axiale und stark lichtbrechende periphere Substanz. v. Ebner schliesst hieraus auf eine Ungleichmässigkeit ·der Axen- und Randtheile der elastischen Fasern.

Eine dritte Ansicht' endlich hat Ranvier[1]) über den inneren Aufbau der elastischen Fasern vorgetragen. Gestützt auf die Beobachtung, dass nach interstitieller Injection von 1 procentiger Osmiumsäure in das Unterhautbindegewebe die elastischen Fasern dieser Localität bei mässiger Vergrösserung quergestreift, bei 1000 facher aus kleinen glänzenden linsenförmigen oder sphärischen Körnern zusammengesetzt erscheinen, gestützt ferner auf das Auftreten elastischer Körner in der Umgebung der Zellen des Netzknorpels der processus vocales cartil. arytaen. und ähnlicher Gebilde, die sich nicht selten zu Platten aneinander legen, in der lamellösen Scheïde der Nerven, erklärt er die elastischen Fasern überhaupt aufgebaut aus reihenweise hinter einander liegenden Körnern, hält er letztere gewissermaassen für die ursprünglichen Bausteine aller elastischen Substanz. Auf die Thatsache, dass elastische Fasern leicht der Quere nach brechen, hatten bereits ältere Forscher aufmerksam gemacht. Es finden sich hierher gehörige Angaben bei Mandl[2]), v. Bruns[3]). Ganz entgangen ist aber Ranvier, dass bereits H. Müller[4]) ausführlich über den Querzerfall der elastischen Fasern gehandelt hat. Derselbe zeigte, dass die Querstreifung, welche von Quekett als charakteristisch für die elastischen Fasern des Nackenbandes der Giraffe beschrieben wurde, an elastischen Bändern des Menschen und Ochsen sich durch Maceration in Wasser, abwechselnd mit Trocknen, erhalten lasse. Es gelingt auf diese Weise schliesslich, die Substanz der elastischen Fasern in grössere und kleinere Stückchen und Bröckelchen zu zerlegen. Ferner erwähnt Kölliker[5]), dass die elastischen Fasern durch Behandlung mit Kali causticum der Quere nach Risse erhalten oder in einzelne Stückchen zerfallen, und verwerthet bereits diese Thatsachen, sowie Untersuchungen über die Epiglottis des Ochsen für eine der kürzlich von Ranvier aufgestellten conforme Ansicht, „dass auch eine Bildung derselben (der elastischen Fasern) durch Aneinanderreihung von Molekülen vorkommt". Eine hierher gehörige Beobachtung ist endlich von Cornil[6]) publicirt worden. Derselbe fand

---

[1]) Recherches sur l'histologie et la physiologie des nerfs. II part. Archives de physiol. T. IV. p. 434. Traité technique d'histologie. p. 338, 400, 411—414.

[2]) Manuel d'anatomie générale. p. 353. '

[3]) l. c. S. 75.

[4]) l. c. S. 162 ff.

[5]) Gewebelehre. 5. Aufl. S. 72.

[6]) Altérations des fibres élastiques du poumon.   Archives de physiologie. 1874 p. 376.

in einem Falle von Bronchopneumonie die elastischen Fasern der Lungenalveolen ausserordentlich brüchig, ohne dass sie sich in ihrem Verhalten gegen Säuren oder Alkalien von den normalen unterschieden hätten.

Aus dieser kurzen Zusammenstellung der Literatur über den feineren Bau der elastischen Fasern ergibt sich, dass eine innere Differenzirung derselben bisher nach drei verschiedenen Richtungen hin vermuthet oder beobachtet ist:

1) eine fibrilläre Struktur (Valentin, Räuschel);

2) ein Aufbau aus differenter Rinden- und Axensubstanz (Purkinje, Räuschel, von Recklinghausen, von Ebner).

3) eine Zusammensetzung aus Körnern (Ranvier).

Anerkanntes Eigenthum des Wissensschatzes ist keine dieser Ansichten geworden. Wenigstens wird in der neuesten Auflage des Frey'schen Lehrbuches, die allerdings Ranvier's Beobachtungen noch nicht berücksichtigen konnte, die Struktur der elastischen Fasern als homogen bezeichnet. In Ranvier's Traité technique wird zwar im Anschluss an die eigenen Beobachtungen dieses Forschers eine Zusammensetzung der erwähnten Fasern aus hintereinander aufgereihten Körnern behauptet, aber nirgends der beiden erst erwähnten Ansichten über die Textur dieser Gebilde gedacht, geschweige denn versucht, sie entweder zu widerlegen oder unter einem einheitlichen Bilde mit den von Ranvier gefundenen Thatsachen zusammenzufassen.

Da es sich jedenfalls um sehr feine Strukturdifferenzen handelt, die nach Ranvier's Angaben an den feinen elastischen Fasern des Unterhaut-Bindegewebes erst bei 1000facher Vergrösserung deutlich zu erkennen seien, benutzte ich von vorn herein sehr dicke elastische Fasern, die des Nackenbandes von Schaf und Rind zur Zergliederung, natürlich immer darauf bedacht, die an ihnen erhaltenen Resultate durch Untersuchung der feineren Elemente zu controliren.

Eine fibrilläre Struktur habe ich durch keine Methode, selbst nicht an den dicksten elastischen Fasern, nachweisen können. Zwar beobachtet man an den elastischen Fasern des Nackenbandes nach Behandlung mit Essigsäure oder Salzsäure, ferner bei dem Aufquellen in Aetzbaryt, häufig eine feine Längsstreifung, allein diese scheint nur auf die Peripherie der Faser beschränkt zu sein, einer feinen unten zu beschreibenden Hülle anzugehören. Denn weder durch Aetzbaryt, noch durch Kali hypermanganicum, noch durch irgend ein anderes Reagens war eine wirkliche Zerklüftung der Fasern in Fibrillen, eine Isolirung der letzteren zu erzielen. So musste die Vorstellung ein für allemal aufgegeben werden, es sei eine dicke ela-

stische Faser des Nackenbandes etwa einem primären Bindegewebs-
fibrillenbündel der Sehne vergleichbar, wie dieses aus Fibrillen,
natürlich von chemisch differenter Natur aufgebaut. Ueberdies ist
die Architektur des Nackenbandes, wie ich unten zeigen werde,
eine wesentlich andere, wie die der Sehne. Die früheren oben citirten Angaben über eine fibrilläre Struktur der elastischen Fasern
erklären sich wohl einmal aus der Beobachtung der erwähnten Längsstreifung (VALENTIN), sodann aus der Thatsache, dass die bei der gewöhnlichen Untersuchung auf Längsschnitten als einfache aber dicke
elastische Fasern erscheinende Elemente nicht so einfach sind, wie die
alleinige Untersuchung des Längsschnittes zu ergeben scheint. Wie
der in Fig. 5 (Taf. XI) abgebildete genau mit der Camera lucida gezeichnete Querschnitt eines in Alkohol erhärteten Nackenbandes vielmehr
zeigt, sind jene Fasern streckenweise als zusammengesetzte Gebilde zu
betrachten, aus zwei, drei oder mehreren innig verwachsenen Faser-
elementen bestehend. Derartige Fasern lassen dann ihre ursprüngliche
Zusammensetzung an der Verwachsungsstelle noch durch die Existenz
einer oder mehrerer in das Querschnitts-Innere hineindringender Spalten erkennen, weiterhin aber dadurch, dass jedes der verwachsenen
Stücke wieder frei werden kann, um bald wieder mit anderen benachbarten Fasern unvollkommene Verschmelzungen einzugehen[1]), wodurch
dann äusserst spitzwinklige Anastomosen unter den im Allgemeinen
parallel der Längsaxe des Bandes verlaufenden elastischen Fasern hergestellt werden. Den Kerben und radiären Spalten des Querschnitts
werden selbstverständlich auf dem Längsschnitte Linien entsprechen,
die recht wohl zu der Aufstellung eines fasrigen Baues der elastischen
Elemente führen können, wie dies schon HENLE hervorgehoben hat.[2])

Besser, wie mit der Annahme eines fibrillären Baues der elastischen Fasern steht es mit der Behauptung, dass dieselben in ihrer
peripheren und centralen Substanz sich verschieden verhalten. Zwar
habe ich in keiner Weise die älteren Angaben (RÄUSCHEL) von der
Existenz feiner axialer Kanäle bestätigen können. Feine Querschnitte
der elastischen Fasern des Nackenbandes zeigen nichts, was darauf
zu beziehen wäre, es sei denn, dass mitunter das centrale Ende

---

[1]) Cayé allein (Ueber die Entwicklung der elastischen Fasern des Nackenbandes. Kiel 1869. S. 7) leugnet diese allbekannte Thatsache. Nach ihm sollen
die Fasern nur neben einander liegen, parallel der Längsaxe des Bandes. Der
von ihm in Fig. 1 abgebildete Theil eines Querschnitts entspricht nicht genau
den wirklichen Verhältnissen, wie aus einer Vergleichung mit meiner Fig. 5 zu
ersehen ist.

[2]) Allgemeine Anatomie. S. 408.

16*

eines zwischen zwei der Länge nach verwachsene Fasern von der Peripherie aus eindringenden Spaltes bei ungenauer Einstellung und
flüchtiger Beobachtung damit verwechselt werden könnte. Abgesehen
hiervon erscheinen solche Querschnitte vollkommen homogen, nur am
Rande dunkler, als im Centrum (vergleiche die Figuren 5 und 6), was
ich, besonders mich stützend auf die bald zu erwähnenden Thatsachen,
auf ein dichteres Gefüge der peripheren Theile der Fasern beziehen
muss, das aber ohne scharfe Grenze, ganz allmälig in die weniger
dichte, sonst gleichbeschaffene axiale Substanz übergeht. Nie sieht
man im Centrum einen scharf begrenzten Raum, der etwa auf einen
feinen Kanal zu deuten wäre. Vergeblich habe ich auch in dieser
Beziehung Längs- und Querschnitte durch das frische gefrorene
Nackenband der Silberbehandlung unterworfen. Ich vermochte weder
Bilder, die im Sinne eines Purkinje-Räuschel'schen Axenkanals
zu verwerthen gewesen wären, noch die von von Recklinghausen
beschriebenen und dargestellten zu erhalten. Auch die elastischen
Fasern der Stimmbänder, sowie die elastischen Lamellen der Arterien ergaben negative Resultate. Die Annahme dass die elastischen Gebilde hohle Schläuche seien, in denen Flüssigkeit sich befinde, scheint mir schon dadurch widerlegt zu werden, dass der
Inhalt derselben nicht verschoben oder zur Seite gedrückt werden
kann, wie es bei flüssiger Natur desselben nothwendig wäre. Man
könnte freilich sagen, der Inhalt sei unmittelbar nach dem Tode bereits geronnen; aber dann ist schwer verständlich, wie eine geron-
nene Flüssigkeit eine so gleichmässige homogene Ausfüllungsmasse
bilden kann, man müsste jedenfalls auf Stellen stossen, die die Scheide
mehr oder weniger leer zeigen. Von alledem wird aber nichts beobachtet. Vielmehr erscheinen die elastischen Fasern frisch untersucht stets als solide homogene Gebilde, in denen auch durch keines
der von mir benutzten Reagentien ein Niederschlag erzeugt werden
kann. Stets bleiben sie, solange nicht die constituirende elastische Substanz zersetzt und zerstört wird, homogen, gleichgültig, ob sie ihren
Durchmesser beibehalten oder durch Quellung bedeutend an Dicke zunehmen. Eine leichte Quellung der elastischen Fasern erzielt man z. B.
durch Essigsäure, durch Kali hypermanganicum, eine starke Quellung
durch Aetzbaryt, sowie durch concentrirte Schwefelsäure [1]). In letz-

---

[1]) Gegenüber den geläufigen Angaben, dass Elastin in concentrirter kalter
Schwefelsäure löslich sei (vergl. Kühne, Lehrbuch der physiol. Chemie. S. 363)
theile ich hier eine Beobachtung mit, der zu Folge Nackenband des Ochsen mit
concentrirter kalter Schwefelsäure 14 Tage lang behandelt zwar zu einer braunen

terem Falle können die Fasern bis auf das Doppelte ihrer ursprünglichen Dicke anschwellen. Mit zunehmender Quellung verlieren sie
mehr und mehr ihren Glanz, sie werden blasser.

Es wurde oben darauf hingewiesen, dass die elastischen Fasern
auf dem Querschnitte in ihren Randtheilen stärkeren Glanz zeigen,
wie in den axialen. Dies deutet offenbar auf Verschiedenheiten in dem
Aufbau der beiden Schichten hin, die auch auf andere Weise werden
zur Anschauung gebracht werden können. Nur wird man diese Verschiedenheiten nicht in Verschiedenheiten der Substanz, sondern in
Differenzen der Vertheilung ein und derselben elastischen Substanz
zu suchen haben. Die Annahme, dass die Moleküle elastischer Substanz in der Peripherie dichter, im Centrum zerstreuter liegen, erklärt
die eben berührten Differenzen, sie erklärt auch die oben citirten Angaben von Ebner's über eine Verschiedenheit der Rinden- und Axensubstanz nach Behandlung mit chlorsaurem Kali und Salpetersäure.
Es ist klar, dass das zerstörende Agens zunächst da in seiner Wirkung sichtbar werden wird, wo die zu zerstörenden Theilchen zerstreut
liegen, zumal da der Weg zu den centralen Partien der Faser vielfach durch die am Querschnitte so deutlichen, von der Peripherie eindringenden Spalten erleichtert wird. So ist es selbstverständlich, dass
als erste sichtbare Veränderung eine Differenzirung in blasse Axensubstanz und glänzenden Rindenmantel eintreten muss. Bei weiterer
Einwirkung des Reagens wird nach und nach auch der letztere zerstört, bis nach 5 Tagen, wie von Ebner findet, die elastischen Elemente
vollständig aufgelöst sind.

Ganz ähnliche Erfahrungen kann man bei Behandlung des Nackenbandes mit concentrirten Kalilösungen (35 %) machen. Da diese Methode in mehrfacher Beziehung Aufschlüsse über den Bau der elastischen
Fasern gewährt, so sei der dabei erhaltenen Resultate etwas ausführlicher gedacht. In den meisten Lehrbüchern findet sich die Angabe,
dass elastische Fasern in kalten Kalilösungen ganz oder doch lange
Zeit unverändert bleiben. Ich muss diesen Angaben bestimmt widersprechen. Nach Einwirkung der von mir in Anwendung gebrachten
35 procentigen Kalilösung, welche zugleich ein gutes Mittel gewährt,
elastische Fasern rasch zu isoliren, soweit es bei den zahlreichen Ver-

---

Gallerte aufgequollen war, aber durch Auswaschen mit Wasser wieder in gelbes
Nackenband mit normalem mikroskopischen Verhalten der Fasern, mit normaler
Elasticität zurückgeführt werden konnte, wobei allerdings Entwicklung von
Gasblasen und eintretende Trübung der Flüssigkeit auf beginnende Zersetzun-
gen hinwiesen.

bindungen derselben unter einander möglich ist, lassen sich schon nach 24 Stunden Veränderungen nachweisen, die eine Veränderung der Molekularstruktur beweisen. Diese Veränderungen werden von Tage zu Tage deutlicher und documentiren sich schon vom 5. bis 9. Tage an (Nackenband vom Rind) in einer auffallenden Veränderung des mikroskopischen Bildes. Die erste Veränderung, welche überhaupt bemerkbar wird, ist eine physikalische: die elastischen Fasern verlieren ihre Elasticität. Spannt man Streifen elastischen Gewebes, parallel der Faserrichtung abgespalten, auf einem Korkplättchen auf bis zu möglichster Ausdehnung (dieselbe beträgt im Durchschnitte die Hälfte der Länge des ausgespannten Stückes, d. h. es verhält sich die Länge des erschlafften zu der des maximal gedehnten Stückes etwa wie 1 : 1,5), und bringt sie so in Kalilösung 35 $^0/_0$, so erfolgt bereits nach 24 Stunden beim Entfernen der spannenden Nadeln keine Retraction. Ebenso schnell vernichtet absoluter Alkohol die Elasticität, langsamer, erst nach Wochen, dünne Lösungen von Chromsäure ($^1/_{10}$—$^1/_{20}$ $^0/_0$). Aus der Kalilösung entnommen ist dann das Nackenband hart, der Länge nach spaltbar und zeigt nach dem Auswaschen mit Wasser, abgesehen von einer geringen Aufhellung, noch keine Veränderung. Am 2. Tage erscheint an vielen Fasern eine eigenthümliche Querstreifung (vergl. Fig. 2 Taf. XI), auf die ich unten zurückkommen werde, bald darauf tritt beim Zerzupfen in der unregelmässigsten Weise ein Zerfall in längere cylindrische Bruchstücke ein. Die Zeit, in welcher nun bei länger fortgesetzter Kalibehandlung innere Veränderungen mikroskopisch zu beobachten sind, schwankt zwischen 5 bis 14 Tagen, wobei die Grösse des eingelegten Stückes, die umgebende Temperatur etc. von Einfluss sein mögen. Die Veränderungen bestehen zunächst bei Anwendung derselben Kalilösung als Zusatzflüssigkeit in dem Auftreten heller Flecke und Streifen in der Axe der Faser. Diese Vacuolenbildung, die anfangs auf die axialen Theile beschränkt ist, ergreift nach und nach auch die Peripherie und nun ist die ganze Faser wie von einer schaumigen Substanz eingenommen. Mit dieser Veränderung hat aber zu gleicher Zeit eine auffallende physikalische und chemische Umwandlung der eigentlichen elastischen Substanz stattgefunden. Das ganze Nackenband erscheint jetzt aus einer dehnbaren, aber unelastischen, zähen, wachsartigen, klebrigen Masse zusammengesetzt, in der bei weiterer Einwirkung der Kalilösung bald die Grenzen der elastischen Fasern verschwinden, sodass man nunmehr unter dem Mikroskope Klumpen jener knetbaren homogenen Materie, durchsetzt von unzähligen grösseren und kleineren Vacuolen erhält. Dass auch eine auffallende chemische Umwandlung des Elastins erfolgt sein muss, beweist wohl schon zur Genüge die veränderte physikalische Beschaffenheit, vor Allem aber das Verhalten gegen Wasser. Während Nackenband, das nur kurze Zeit mit der concentrirten Kalilösung behandelt ist, nach dem Auswaschen mit Wasser und Neutralisiren keine sichtbare Veränderung erleidet, treten schon nach 2—3 Tagen der Kalibehandlung, selbst wenn die elastischen Fasern in der genannten Lösung untersucht, noch vollkommen homogen erscheinen, auf Zusatz von Wasser Veränderungen auf, die zunächst zu einer Vacuolisirung der Axe, dann zu einem Schaumigwerden des Inhaltes in der vorhin beschriebenen Weise führen. Je gründlicher mit Wasser ausgewaschen wird, desto vollständiger tritt die beschriebene Umwandlung ein, der schliesslich eine Lösung der zähen die Vacuolen einschliessenden Masse als Endresultat des ganzen Processes folgt. Mit fortschreitender Lösung trübt sich die im Gesichtsfeld befindliche Flüssigkeit mit unzähligen feinen Körnchen; bei der Auflösung eines grösseren Stückchens in einem Reagenzglase erscheint dem entsprechend nach vollständiger Lösung ein weisser, feinkörniger Niederschlag. Viel schneller erfolgt das Abschmelzen des veränderten Elastins auf Wasserzusatz nach längerer Einwirkung der starken Kalilösung (8 bis 14 Tage); später tritt sogar ohne Zusatz von Wasser ein langsames Abschmelzen von der Oberfläche aus, ein. Schliesslich sei noch erwähnt, dass selbstverständlich alle diese Veränderungen noch schneller beim Erwärmen der Präparate erfolgen.

Ich habe diesen interessanten Zersetzungsprocess, dessen genauere chemische Analyse unzweifelhaft weitere Aufschlüsse über die Natur der elastischen Substanz geben wird, nicht weiter verfolgt. Mir lag zunächst an dem Nachweise, dass die centralen Theile der Fasern energischen chemischen Eingriffen weniger Widerstand leisten, wie die peripheren, worin sich meine Beobachtungen denen von Ebner's anschliessen, sodann aber auch an der Constatirung der Thatsache, dass die elastischen Fasern kalten Alkalien gegenüber durchaus nicht lange Zeit unverändert bleiben, sondern sogar sehr bald wesentliche chemische und physikalische Alterationen wahrnehmen lassen.

Wodurch aber die erwähnten Zersetzungsbilder besonders werthvoll werden, ist, dass sie den bestimmten Nachweis einer chemisch differenten Hülle der elastischen Fasern ermöglichen, einer Hülle, die auch an der mir von meinem Collegen W. Müller als reines, nach dessen Methode [1]) dargestelltes Elastin gütigst überlassenen Sub-

---

[1]) Beiträge zur Kenntniss der Molecularstruktur thierischer Gewebe. Zeitschr. für rationelle Medicin. 3. Reihe. X. Bd. 1861.

stanz in derselben Weise nachgewiesen werden konnte. Da Hülle und
Inhalt, wie wir sehen werden, sich gänzlich verschieden verhalten
gegen Reagentien, so muss daraus der wichtige Schluss gezogen werden, dass die bisher als reines Elastin bezeichnete Substanz,
wie sie nach der Methode von W. Müller aus dem Nackenbande erhalten wird, mindestens aus 2 Substanzen bestehe: aus der
Hüllsubstanz und einer glänzenden im frischen Zustande
homogenen Ausfüllungsmasse.

Dass eine solche „Membran" der elastischen Fasern des Nackenbandes existirt, wird bereits wahrscheinlich durch die Beobachtung nach
Maceration in Jodserum oder Behandlung mit Essigsäure oder Salzsäure. Man sieht nicht selten Fasern (Fig. 3 Taf. XI), in welchen die
scharfe Linie, welche sonst den homogenen Inhalt unmittelbar nach
aussen abgrenzt, durch einen wahrscheinlich mit Flüssigkeit erfüllten
kürzeren oder längeren Spaltraum getrennt wird. Eine Isolation der
Scheiden ist jedoch weder frisch, noch unter den eben erwähnten Verhältnissen möglich. Sie gelingt aber in schönster Weise nach Behandlung mit starken Kalilösungen. Man hat weiter nichts zu thun, als
elastische Fasern aus der 35 procentigen Kalilösung, welche bei Wasser-
einwirkung die beschriebenen Zersetzungsbilder geben, vollständig aus-
zuwaschen. Es erfolgt dann eine gänzliche Schmelzung der elastischen
Substanz bis auf zarte, feine Scheiden, die auch nach dem sorgfältigsten
Auswaschen und Neutralisiren zurückbleiben. Sind sie nach längerer
Einwirkung von Wasser blass und undeutlich geworden, so können
sie durch Zusatz von Essigsäure wieder deutlicher gemacht werden.
Will man sie conserviren, so behandle man sie zunächst nach völliger
Neutralisation mit Alkohol und färbe sie darauf mit Karmin. Sie
sind dann als fein längsgestreifte zarte Hüllen von der Gestalt und
Anordnung der elastischen Fasern auf das Deutlichste zu erkennen.
Die Anastomosen der letzteren sind auch noch an den isolirten Hüllen
erhalten. Durch Wasserzusatz dargestellt erscheinen sie in Folge der
Schwellung des Inhaltes breiter als die unversehrten elastischen
Fasern, auf Alkohol-Zusatz dagegen reducirt sich die Breite des von
ihnen umschlossenen Inhaltes auf weniger als die Hälfte des früheren
Durchmessers (0,0027 mm.). Es scheint also, als wenn sie während
des Lebens durch die von ihnen eingeschlossene glänzende homogene
Substanz in beständiger Spannung erhalten würden; hört diese Span-
nung auf, so collabiren sie. Ich möchte dies auf eine nicht geringe
Elasticität der Hüllen beziehen, in Folge deren stets ein Druck auf
die Inhaltsmasse ausgeübt werden wird. Jedenfalls kann aber die
Elasticität der Fasern nicht allein durch die Elasticität ihrer Hüllen

bedingt sein, da es elastische Fasern gibt, welche dieser Hülle entbehren. So vermochte ich z. B. von den feinen elastischen Fasern
des Ligamentum vocale vom Menschen nach 3 tägiger Behandlung mit
35 procentiger Kalilösung und Wasserzusatz keine Scheiden zu erhalten,
es trat vielmehr eine vollständige Lösung ein. Dagegen zeigen schon
die elastischen Elemente des Nackenbandes junger Thiere (z. B. vom
Kalb) die beschriebene Differenzirung in Scheide und Inhalt, und wie
erwähnt, erhält sich die Scheide auch bei dem eingreifenden complicirten Verfahren, das W. MÜLLER behufs der Darstellung reinen Elastins
in Anwendung brachte.

Die durch das beschriebene Verfahren dargestellten Scheiden oder
Hüllen der elastischen Fasern zeigen unmittelbar nach ihrer Darstellung gewöhnlich eine ausgeprägte Längsstreifung. Mitunter sieht es
sogar so aus, als wenn innerhalb einer weiteren Scheide ein schmale-
rer Scheidencylinder Platz fände. Diese letzteren eigenthümlichen Bilder, in welchen zwischen zwei parallelen Randcontouren zwei oder
auch wohl drei weitere parallele scharf gezeichnete Conturen zum Vorschein kommen, finden ihre einfache Erklärung in der complicirten
Zusammensetzung der dickeren elastischen Elemente. Es wurde schon
oben erwähnt, dass dieselben aus zwei, drei oder mehr innig mit ihren
Längsseiten verwachsenen Fasern bestehen (vgl. die Querschnittsbilder
Figg. 5 u. 6 Taf. XI). Daraus folgt mit Nothwendigkeit, dass nach Auflösung ihres Inhaltes bei Längsansichten innerhalb der Randcontouren
diesen parallele Linien wahrgenommen werden müssen, als unvollständige Scheidewände zwischen den verwachsenen Fasern, und zwar
nur eine bei der Verwachsung zweier, zwei bei der Verwachsung
dreier u. s. f., wofern nicht etwa eine Verwachsungsnaht durch die
andere bedeckt wird. Dies ist also eine Ursache der Längsstreifung
der Scheiden. Es existirt aber daneben vielfach eine Längsstreifung
viel feinerer Art, die in einer streifigen Struktur der Hüllen selbst
begründet ist und diese Längsstreifung ist nicht selten auch an sonst
unveränderten Fasern wahrnehmbar, sobald nur der Inhalt der Scheiden in Folge einer Quellung weniger stark lichtbrechend erscheint, so
z. B. nach Einwirkung von Essigsäure oder Aetzbaryt. Aus letzteren
Beobachtungen möchte ich schliessen, dass die Längsstreifung der
Scheiden nicht etwa auf eine Faltenbildung zurückzuführen ist, da sie
auch bei starker Quellung des Inhaltes, also Spannung der Hüllen,
wahrgenommen wird. Sie muss vielmehr auf longitudinale Verdickungen oder Verdichtungen der sonst glashellen strukturlosen Hüllen bezogen werden. Es könnte schliesslich noch die Frage aufgeworfen werden: sind die Hüllen allseitig geschlossen oder mehrfach unter-

brochen? Es ist schwer, bei so zarten Gebilden hierüber eine bestimmte Auskunft zu geben. Unten mitzutheilende Beobachtungen
haben mir mehr den Eindruck gemacht, als wenn die Hüllen stellenweise Lücken besitzen müssten, an welchen dann die Inhaltsmasse die
Oberfläche berühre.

Ist man einmal auf die Existenz von umhüllenden Membranen
aufmerksam geworden, so findet man deren Spuren auch bei verschiedenen anderen Präparationsmethoden. Ich will unter diesen nur eine
hervorheben und ihre Resultate beschreiben, weil diese wiederum neue
Aufschlüsse über den inneren Aufbau der elastischen Fasern gewährt
und meine eigenen Beobachtungen an die von H. Müller anreiht und
mit Ranvier's Mittheilungen in Verbindung setzt. Nirgends schöner
und charakteristischer kann man den von H. Müller, Kölliker und
Ranvier erwähnten queren Zerfall der elastischen Faserelemente erhalten, als nach längerer Einwirkung dünner Chromsäure-
lösungen ($^1/_{20}$—$^1/_{30}$ $^0/_0$). Es bedarf aber meist einer mindestens 3 bis
4 wöchentlichen Einwirkung des genannten Reagens. Die elastischen
Fasern gewähren dann den eigenthümlichen Anblick, den Fig. 1 zu
veranschaulichen sucht. Der Faserinhalt ist in unregelmässigster Weise
in meist kurze cylindrische Stückchen zerfallen. Bei genauerer Untersuchung ergibt sich einmal, dass die Höhe der kleinen zu der elastischen Faser aufgereihten Cylinder durchaus keine constante ist. Neben
unzerklüfteten Stückchen von ziemlich bedeutender Länge (ungefähr
36—40 μ), die die Längsstreifung der Hülle zuweilen recht deutlich
erkennen lassen, trifft man zahlreiche niedrige Cylinder von 1,8 bis
4,5 μ Höhe[1]. An keiner Stelle wird auch nur annähernd die Vermuthung bestätigt, es möchten die elastischen Fasern aus gleich langen
hinter einander liegenden cylindrischen oder prismatischen Stücken
aufgereiht sein, vielmehr ist die Zerklüftung eine unregelmässige, die
Höhe der Theilstücke eine sehr wechselnde. Eine Querspaltung scheint
also an jeder Stelle der elastischen Fasern vorkommen zu können.

Dieselben Präparate gewähren überdies auch Aufschluss über die
Art und Weise, wie der Zerfall in kurze Cylinder resp. Querscheiben
erfolgt. Man bemerkt an einigen Fasern, die noch auf eine längere
Strecke homogen erscheinen (vgl. Fig. 1 Taf. XI.), in der Axe von Strecke
zu Strecke einen hellen Streifen, der ohne Zweifel, wie das bereits
oben für andere Reagentien genauer erläutert wurde, auf eine beginnende Auflösung der axialen Theile der betreffenden elastischen Faser
deutet. Von diesem hellen axialen Kanale gehen bereits von Strecke

---

[1] Am häufigsten sind Scheiben von 3,6 bis 4,5 μ Höhe.

zu Strecke feine Querspalten in die Rindenmasse hinein, sodass dadurch schon eine unvollständige Abtrennung von Querscheiben angedeutet wird. Die queren Spalten sind in der Nähe des bereits gebildeten Axenstreifens am breitesten und spitzen sich nach der Peripherie der Faser zu. Man kann an den Fasern desselben Präparates alle möglichen Uebergänge von dieser beginnenden Zerklüftung bis zum vollständigen Durchschneiden der Spalten beobachten. In den meisten Fällen scheinen die letzteren von den centralen Theilen auszugehen, seltener beginnen sie an der Peripherie. In ersterem Falle ist aber nicht nothwendig, dass längs der ganzen Axe der Faser ein heller Kanal sich bildet, von dem die Spalten ausgehen; es genügt eine partielle Kanalbildung zur Weiterführung der queren Zerklüftung. Die Bildung des erwähnten Kanales in der Längsaxe scheint auch hier wieder vielfach auf die von der Peripherie her eindringenden radiären Verwachsungsspalten bezogen werden zu müssen. Es ist anzunehmen, dass hier an den der Verwachsungsstelle benachbarten Theilen der gewissermassen eingestülpten Oberfläche (vergl. den Querschnitt Fig. 5) die Hüllmembran weniger ausgebildet ist, demnach eine raschere Einwirkung der betreffenden Reagentien ermöglicht, um so mehr als dieselben hier auf die weniger dicht gefügten Axentheile treffen. Dass aber bereits in den beschriebenen Bildern mit Querzerfall der elastischen Fasern eine Lösung axialer Bestandtheile beginnt, geht schon aus einer genauen Untersuchung der Gestalt der Querscheiben oder kurzen Cylinder hervor. Fast immer sind sie an den beiden begrenzenden Basalflächen im Centrum tiefer ausgehöhlt, wie an der Peripherie, sodass die niederen Querscheiben einfach biconcaven Linsen gleichen. Bei Einstellung auf die Oberfläche der Faser wird man demnach die beiden Endflächen der kurzen cylindrischen Stücke geradlinig begrenzt finden, während bei Einstellung auf die Axe dafür (Fig. 1 bei a) zwei ihre Convexität gegen einander neigende Bogenlinien wahrgenommen werden.

Lässt man nun die Gewebsstückchen Monate lang in den erwähnten dünnen Chromsäurelösungen, ohne deren Concentration durch Erneuerung der Flüssigkeit zu erhalten, so tritt nach und nach eine weiter gehende Zerbröckelung, Zerkrümelung ein, bis die allein zurückgebliebenen blassen Hüllen mit einer innerhalb derselben leicht verschiebbaren Detritusmasse erfüllt sind. Während hier die Hüllen continuirlich wahrgenommen werden, tritt in anderen Fällen, besonders bei etwas stärkerer Concentration der Chromsäurelösung ($^1/_{20}$ $^0/_0$) auch eine Zerklüftung der Scheiden ein, die aber mit dem queren Zerfall des Inhaltes nicht correspondirt, sodass meist längere Bruchstücke wahrgenommen werden, wie in b der Fig. 1.

Offenbar entsprechen die beschriebenen Querscheiben der durch Chromsäure zerklüfteten Fasern den Körnern, aus welchen Ranvier die elastischen Fasern sich aufbauen lässt. Ich vermochte an den Elementen des Nackenbandes eine ganz ähnliche Zerklüftung auch zu erzielen dadurch, dass ich Stückchen des Lig. nuchae längere Zeit in Wasser faulen liess. Es scheint mir aus diesem Grunde die Ursache der queren Zerklüftung weniger in einer besonderen Wirkung der dünnen Chromsäure, als in einer Zersetzung in Folge des Fäulniss- processes zu liegen. Vergeblich habe ich mich bemüht, an den Fa- sern des Nackenbandes einen Querzerfall durch interstitielle Injection von 1procentiger Ueberosmiumsäure und darauf folgende Maceration in Wasser nach der von Ranvier angegebenen Methode zu erzielen. Ebenso vergeblich waren bisher meine Bemühungen, mittelst dieses Verfahrens die von Ranvier beschriebenen Bilder von den elastischen Fasern des subcutanen Bindegewebes zu erhalten. Sollten sie nicht erst bei längerem Verweilen in Wasser in Folge einer Fäulnissmaceration auftreten? Ich habe meine darauf bezüglichen Präparate nicht lange genug untersucht, um diese Frage entscheiden zu können.

Was beweisen nun die beschriebenen Bilder? Sind die elastischen Fasern wirklich aus reihenweise hinter einander liegenden Körnern oder bei den groben Fasern des Nackenbandes aus Querscheiben aufge- baut? Dann hätte man sich zu denken, wie dies auch Ranvier an- zunehmen scheint[1]), dass die Querscheiben stark lichtbrechender elasti- scher Substanz von einander getrennt werden durch eine ungleich we- niger resistente schwach lichtbrechende Substanz, die schon zu einer Zeit gelöst wird, wo die Querscheiben noch wenig verändert erschei- nen und so die Querstreifung resp. den Querzerfall bedingt. Es müss- ten dann offenbar die Querspalten stets an bestimmten, der die Quer- scheiben verkittenden Substanz entsprechenden Stellen auftreten, eine Faser wie die andere unter übrigens gleichen Verhältnissen der Ein- wirkung des Reagens dieselben Erscheinungen darbieten. Nun lehrt aber schon ein Blick auf Fig. 1 (Taf. XI), in wie unregelmässiger Weise die quere Zerklüftung erfolgt, wie bald äusserst niedrige, bald höhere Querscheiben abgesprengt werden. An jeder Stelle einer Faser kann

---

1) Traité technique p. 338: „Les fibres élastiques — se montrent formées de grains réfringents lenticulaires ou sphériques, plongés dans une sub- stance beaucoup moins réfringente."

ein querer Riss auftreten. Querscheiben, die anfangs einfach sind, können später in analoger Weise weiter zerklüftet werden. Ueberdies sind die Bruchstücke nicht, wie RANVIER für die feinen elastischen Fasern des subcutanen Bindegewebes angibt, sphärisch oder linsenförmig, wobei mit letzterem Ausdruck offenbar eine biconvexe Linsenform bezeichnet werden soll, sondern gleichen eher in ihrer Form Menisken. Die Thatsache endlich, dass sie bei länger dauernder Maceration successive in immer kleinere Stückchen zerklüftet werden, wobei die peripheren Theile am meisten Widerstand leisten und noch spät als glänzende schalenartige Hüllen um die gelöste Axe herum gefunden werden können, beweist wohl, dass dieselbe Substanz, welche man für den Zerfall in Querscheiben verantwortlich macht, auch innerhalb dieser Querscheiben vertheilt und mit der eigentlich elastischen Substanz innig gemengt sein muss, reichlicher in den axialen, als in den peripheren Partien. Wenn man dies zugibt, so bleiben als letzte Formelemente, die bei dem Aufbau der elastischen Fasern betheiligt sind, moleculare Körnchen feinster Art, die erst in grösserer Zahl zusammentretend die Breite der Fasern ausfüllen, also nicht mit den RANVIER'schen Körnern zu verwechseln sind; denn letztere entsprechen offenbar unseren Querscheiben. Es würden also diese auf die Zerklüftungsbilder sich stützenden Betrachtungen zur Annahme zweier innig gemengter, chemisch differenter Substanzen im Innern der elastischen Fasern führen, einer stark lichtbrechenden resistenteren und einer leichter zerstörbaren blasseren. Die Molecüle der ersteren lägen dann eingebettet zwischen die der letzteren, der Art, dass in der Rindensubstanz die der ersteren dominiren, in der Axe dagegen durch grössere Mengen der leichter zerstörbaren Substanz von einander geschieden würden.

Ich glaube aber, die Annahme einer solchen die glänzenden Theilchen der elastischen Substanz verkittenden Materie ist kaum aufrecht zu erhalten, wenn man bedenkt, dass reines Elastin von W. MÜLLER, an welchem die elastischen Fasern noch vollständig unversehrt erkannt werden, nach Einwirkung der erwähnten dünnen Chromsäurelösungen dieselben Bilder eines queren Zerfalles, nach Behandlung mit Kalilösung 35 % ebenfalls den oben für die frischen Fasern beschriebenen gleiche Zersetzungsbilder erkennen lässt. Es ist aber wohl kaum anzunehmen, dass eine Kittsubstanz der vermutheten Art den energischen Eingriffen, die bei der Darstellung reinen Elastins nach W. MÜLLER's Methode nothwendig werden, Widerstand leisten sollte. Meiner Meinung nach bedürfen wir auch zur Erklärung der Thatsachen gar keiner hypothetischen, verkittenden Substanz. Es genügt, eine Einlagerung von Wassertheilchen zwischen den Theilchen des Elastins anzunehmen, in grösserer Menge im Centrum, in geringerer an der Peripherie, um den Erscheinungen gerecht zu werden. Dann beruht natürlich der Zerfall in Querscheiben und die weitere Zerbröckelung nicht auf Lösung einer die Moleküle des Elastins verbindenden heterogenen Substanz sondern auf beginnender Zersetzung des Elastins selbst, die natürlich, wie oben bereits auseinandergesetzt wurde, da am ersten und raschesten vor sich gehen muss, wo die Moleküle weniger dicht liegen. Eine Verschiebbarkeit der Theilchen ist die weitere Folge dieser Annahme, die ja ohnehin schon aus den physikalischen Eigenschaften der Substanz gefolgert werden muss. Diese Verschiebbarkeit wird bei der Dehnung beansprucht werden. Wäre nun jede Faser vollkommen frei ausgespannt, so müssten offenbar, vorausgesetzt, dass alle Strecken derselben die gleiche Elasticität besitzen, falls die Anspannung nicht über die Elasticitätsgrenze hinausging, alle Theilchen des Elastins wieder ihren früheren Platz einnehmen. Es sind aber in Wirklichkeit zahlreiche Momente vorhanden, welche dies verhindern, eine ungleiche Vertheilung der Moleküle elastischer Substanz bedingen: die ungleiche Dicke der Fasern an den verschiedenen Stellen ihres Verlaufes, die zahlreichen spitzwinkligen Anastomosen der Nachbarfasern, die Existenz des die Zwischenräume ausfüllenden Materials, insbesondere der Bindegewebsfibrillen. Diese Verhältnisse bedingen einmal, dass bei der Retraction elastischen Gewebes Schlängelungen der elastischen Fasern eintreten, die dann, wenn sie in vielen Fasern gleichgerichtet sind, für das blosse Auge ganz analog, wie dies die gleichgerichteten Biegungen der Zahnbeinkanälchen veranlassen, eine Querstreifung hervorrufen; sodann aber kann auch eine unregelmässige Vertheilung des Elastins innerhalb der Fasern bei der Retraction nicht ausbleiben und diese möchte ich für die Entstehung des immerhin unregelmässigen Querzerfalles verantwortlich machen. Für diese Auffassung sprechen auch Bilder, welche man sehr gewöhnlich an den elastischen Fasern des Nackenbandes vom Kalbe und Ochsen am 1. oder 2. Tage nach der Behandlung mit 35 procentiger Kalilösung erhält. Diese Bilder erscheinen unter zweierlei Form, aber beide bei schwacher Vergrösserung als eine Art Querstreifung. Wie Fig. 2 (Taf. XI) zeigt, wird letztere entweder durch partielle Verdickungen der elastischen Fasern bedingt (Fig. 2 b) oder dadurch, dass dunklere Stellen innerhalb der Fasern mit helleren ohne scharfe Grenze abwechseln (Fig. 2 a und c). Beides lässt sich offenbar zwanglos auf eine ungleichmässige Verkürzung der einzelnen Faserabschnitte, gewissermassen auf eine ungleichmässige Contraction, in Folge der Einwirkung der Kalilösung, zurückführen und es ist klar, dass an den schmaleren Stellen der Fig. 2 b, an den helleren der Fig. 2 a und c, leicht ein Querzerfall wird eintreten können. Eine solche Zerbröckelung der Quere nach sieht man nun in der That in ganz unregelmässiger Weise an den verschiedensten Stellen der Fasern auftreten, wie schon H. Müller und Kölliker bekannt war.

Die vorstehenden Zeilen werden genügen, um meine Ansicht über die Entstehung des queren Zerfalles innerhalb der elastischen Fasern des Nackenbandes verständlich zu machen. Mag man meine Erklärung acceptiren oder nicht, auf keinen Fall wird man Querscheiben, oder bei kleineren Fasern hinter einander aufgereihte Körner (Ranvier) als Primitivelemente der elastischen Fasern ansehen können. Diese Primitivelemente sind viel feinerer Natur, sind die Moleküle des Elastins. Dass in den elastischen Plaques der lamellösen Scheide der Nerven sichtbare Körner zur elastischen Platte verschmelzen [1]), dass in . der Umgebung der Knorpelzellen innerhalb des Processus vocalis Elastin in Körnern sich ablagert [2]), beweist nicht, dass diese sichtbaren Körner überall zuerst vorhanden sind und erst durch Verschmelzen elastische Fasern bilden. Vielmehr liegen andere positive Angaben ebenfalls neueren Datums vor, nach denen die elastischen Fasern sich gleich als fasrige Elemente bilden, so von O. Hertwig [3]) für den Ohrknorpel. Ich selbst habe beim Studium der Entwickelung der elastischen Faserelemente im Nackenbande nie Andeutungen einer Ablagerung von elastischen Körnern wahrnehmen können; stets sah ich gleich fasrige Elemente, die allerdings anfangs von grosser Feinheit sind. Die elastischen Elemente des Nackenbandes sind also von Anfang an Fasern, die bei der weiteren Entwickelung durch seitliche Verschmelzung mit ihren Nachbarn, sowie durch Intussusception bedeutend an Dicke zunehmen. Während sie z. B. bei 36 cm. langen Embryonen kaum 1 μ dick sind, beträgt ihr Durchmesser beim Kalb

---

[1]) Die Abbildung, welche Ranvier von diesen Verhältnissen in Fig. 143, p. 401 seines Traité technique gibt, scheint mir übrigens noch eine andere Deutung zuzulassen, nämlich, dass die Körnerstruktur des gezeichneten Netzes elastischer Fasern ihre Entstehung der maceration prolongée in der dünnen (2 : 1000) Chromsäurelösung verdanke, also nicht präformirt ist, was dann mit meinen Erfahrungen über die Einwirkung derartiger Lösungen vollkommen in Einklang stehen würde.

[2]) Vergl. hierüber auch Deutschmann, Ueber die Entwicklung der elastischen Fasern im Netzknorpel. Erlanger Dissertation 1873.

[3]) Ueber die Entwicklung und den Bau des elastischen Gewebes im Netzknorpel. M. Schultze's Archiv, Bd. IX. S. 80—100.

gewöhnlich 3—4, beim erwachsenen Rind 6—7 μ [1]). Die auffallenden Dickenunterschiede der elastischen Fasern beim Kalb und Rind sind
sofort aus der Vergleichung der beiden bei derselben Vergrösserung mit
Hülfe der Camera lucida entworfenen Zeichnungen (Fig. 5 u. 6 Taf. XI)
ersichtlich. Eine weitere Untersuchung der Entwickelungsverhältnisse
ergibt, wenn wir vorläufig absehen von der Frage, wie sich die
elastischen Fasern bei ihrer Entstehung zu den Zellen verhalten, dass die
elastischen Fasern bei Embryonen feine und zwar noch cylindrische
Gebilde darstellen, die auf weite Strecken frei von Anastomosen
sind. Beim Kalb finden wir auf Querschnitten bereits unregelmässigere
Gestaltungen, sowie zusammengesetzte Formen, und diese haben beim
Rind ihre höchste Entwickelung erreicht. Zugleich sind nunmehr nur
kurze Strecken unverästelt; überall sind spitzwinklige Verbindungen
in reichlichster Weise zu erkennen. Vergleichen wir diese verschiedenen Zustände, so ist wohl die natürlichste Annahme die, dass die
feinen embryonalen Fasern unter fortwährendem interstitiellem Wachsthum sich von Strecke zu Strecke seitlich berühren und an den Be-
rührungsstellen mehr oder weniger fest verwachsen. Lässt man diese
beiden Processe bei der weiteren Entwickelung fortschreiten, so erhält
man selbstverständlich dickere und zusammengesetztere Formen der
elastischen Fasern, wie sie oben beschrieben wurden.

Ich kann die Betrachtungen über die eigenthümlichen Texturver-
hältnisse der elastischen Fasern des Nackenbandes nicht schliessen,
ohne darauf hinzuweisen, dass gröbere und feinere Fasern, die Fasern
des Kalbes sowohl wie die des ausgewachsenen Rindes dieselbe Textur
besitzen, dass ihnen also allen auch die eigenthümliche Hülle zukommt.
Einen ganz analogen Bau konnte ich für die elastischen Elemente der
Aorta[2]), für die feineren Fasern des Ligamentum vocale und des
Nackenbandes vom Menschen constatiren. Nur konnte ich mich von
der Existenz einer distincten Hülle an den elastischen Fasern der
menschlichen Stimmbänder nicht überzeugen; es wäre aber immerhin
möglich, dass dieselbe, als von besonderer Feinheit, meiner Aufmerksamkeit entgangen ist.

---

[1]) Bei diesen Maassen sind nur die einfachen Fasern berücksichtigt, nicht
die durch seitliche Verschmelzung complicirten, welche beim erwachsenen Rind
bis 10 μ dick und noch stärker werden können.

[2]) Auch hier vermochte ich nach längerer Maceration in dünnen Chromsäure-
Lösungen einen exquisiten queren Zerfall der zu den elastischen Lamellen verschmolzenen elastischen Fasern zu erzielen.

Eine zweite Bemerkung möge hier noch Platz finden. Man könnte geneigt sein, die beschriebene quere Zerklüftung der elastischen Fasern jener eigenthümlichen Querstreifung auf Einwirkung von Säure gequollener Bindegewebsbündel, die von HENLE[1]) entdeckt ist und seitdem von HEIDENHAIN[2]), STIRLING[3]) und FLEMMING[4]) beschrieben wurde, zu vergleichen. Allein die kürzlich am citirten Orte von FLEMMING gegebene Erklärung für das Zustandekommen einer solchen Querstreifung weist eine Gleichstellung beider Bilder vollkommen zurück. — Dagegen ist die seit längerer Zeit bekannte eigenthümliche Querstreifung der Zonulafasern[5]) eine hierhergehörige Erscheinung, die ihre Erklärung ebenso wie die Querstreifung des Kalibildes Fig. 2, in einer ungleichmässigen Verdichtung der elastischen Fasern bei der Retraction finden möchte.

II. Der Bau des Nackenbandes.

Im Anschluss an die mitgetheilten Beobachtungen über die elastischen Fasern insbesondere des Nackenbandes mögen hier einige Bemerkungen über den Bau des Ligamentum nuchae und seine Stellung zum fibrillären Bindegewebe, zumal den Sehnen, Platz finden.

Längst bekannt ist, dass Bindegewebsfibrillen im Nackenbande vorkommen, dass ihre Existenz die Erklärung für die Gewinnung von Glutin aus dem Nackenbande abgibt. Weniger beachtet dürfte die Vertheilung dieser Fibrillen im Nackenbande sein. Leicht festzustellen ist bei Untersuchung von Querschnitten, dass in ähnlicher Weise, wie in der Sehne secundäre Bündel durch einscheidende Züge lockeren Bindegewebes (Interstitialgewebes FLEMMING[6]) abgegrenzt werden, so auch im Ligamentum nuchae grössere Complexe von ela-

---

[1]) Allgemeine Anatomie S. 350.

[2]) Ueber das Auftreten einer regelmässigen Querstreifung an Bindegewebsbündeln. Studien d. phys. Instit. zu Breslau. 1861. 1. Heft.

[3]) Beiträge zur Anatomie der Cutis des Hundes. Berichte d. Königl. Sächs. Gesellsch. d. Wissensch. 1875. S. 230. Fig. 9.

[4]) Beiträge zur Anatomie und Physiologie des Bindegewebes. Archiv f. mikroskop. Anatomie. Bd. XII, S. 419 - 421. Tafel XVIII, Fig. 13.

[5]) Vergl. darüber meine Abhandlung: Untersuchungen über die Lymphbahnen des Auges. II. Theil. M. SCHULTZE's Archiv. Bd. VI, S. 339.

[6]) Beiträge zur Anatomie und Physiologie des Bindegewebes. Archiv für mikroskop. Anatomie. Bd. XII, S. 391.

stischen Fasern durch eindringendes Interstitialgewebe sich abgegrenzt
zeigen. Es finden sich aber in dieser Beziehung nach zwei Richtungen hin Differenzen zwischen Sehne und Nackenband. Im Nackenband ist erstens der Durchmesser jener Bündel meist viel grösser als
in der Sehne, sodann ist die Abgrenzung in vielen Fällen eine viel
weniger vollständige, sodass die aus lockerem Bindegewebe bestehenden Scheidewände an Querschnitten nicht selten in einzelne Inseln
aufgelöst erscheinen, die dann natürlich in anderen Ebenen des Nackenbandes mit dem Bindegewebstract zusammenhängen. Wie in den
Sehnen finden sich in diesen Zügen lockeren Interstitialgewebes Blutgefässe und Lymphwege, ferner Ansammlungen von Fettzellen, während
die in der beschriebenen Weise abgegrenzten elastischen Faserbündel
ebenso wie die secundären Bündel der Sehne der genannten Einschlüsse
vollständig entbehren.

Dagegen ist das Vorkommen der Bindegewebsfibrillen durchaus
nicht auf das lockere Interstitialgewebe des Nackenbandes beschränkt.
Vielmehr finden sich zahlreiche leimgebende Fäserchen meist einzeln
oder in kleineren gelockerten Bündeln überall zwischen den Fasern
zerstreut. Man überzeugt sich von ihrer Existenz am besten nach
interstieller Injection von Jodserum oder dünnen Lösungen von Kali
bichromicum in das Gewebe des Ligamentum nuchae, wo sie überall
zwischen den elastischen Fasern anzutreffen sind. An Schnittpräparaten nimmt man dagegen wenig von ihnen wahr. Dagegen gewähren
letztere, besonders von in Alkohol erhärteten Stücken entnommen,
nach Tinction mit Karmin oder Hämatoxylin überzeugenden Aufschluss
über das Vorkommen z a h l r e i c h e r, z e l l i g e r E l e m e n t e auch im vollkommen entwickelten Nackenbande. Es ist diese Thatsache um so ent-
schiedener hervorzuheben, als mehrfach Angaben bewährter Forscher in
der Literatur sich vorfinden, welche die Existenz von Zellen im entwickelten Nackenbande leugnen. So glaubt Langhans [1]), dass die Zellen, welche
in der embryonalen Anlage des Ligamentum nuchae so reichlich vorkommen, bald nach der Geburt schwinden. Auch nach Caye (l. c.)
trifft man nur wenige Reste von Zellen und Zellkernen im entwickelten elastischen Gewebe. Ferner findet sich in Kölliker's Gewebelehre [2]) die Bemerkung, „dass das entwickeltere und reife elastische
Gewebe nur Bindegewebsfibrillen in gewisser Anzahl und stärkere
elastische Fasern, dagegen keine Zellen mehr enthält." Es gilt dies

---

[1]) Beiträge zur Histologie des Sehnengewebes im normalen und pathologischen Zustande. Würzburger naturw. Zeitschr. Bd. V. Heft 1 u. 2.
[2]) 5. Auflage. S. 71.

nach KÖLLIKER übrigens nur für das sogenannte reine elastische Ge
webe z. B. des Nackenbandes. Erst THIN[1]) betonte das Vorkommen
zahlreicher zelliger Elemente im entwickelten Ligamentum nuchae.
Er gelangte jedoch in Betreff ihrer Beziehungen zu den elastischen
Fasern zu einer Anschauung, die durch meine Untersuchungen, wie
die folgenden Zeilen zeigen werden, keine Bestätigung erhalten
konnte.

Nach diesen kurzen historischen Bemerkungen kehre ich zur
Schilderung des von mir Beobachteten zurück. Innerhalb der mit
Karmin oder Hämatoxylin gefärbten Schnittpräparate sind an den
verschiedensten Stellen innerhalb der elastischen Faserbündel roth
resp. blau tingirte Kerne wahrzunehmen und an Zupfpräparaten erhält
man leicht den platten fixen Zellen des Bindegewebes gleichende Zel
len isolirt, die im Nackenband des Kalbes noch feinkörnig protoplas
matisch, beim Ochsen dagegen gewöhnlich homogen, strukturlos er
scheinen, wie Endothelzellen anderer Localitäten. Ueber ihre An
ordnung ist schwer ins Reine zu kommen. Soviel sieht man an
Schnittpräparaten, sowohl am Quer- als Längsschnitt, leicht, dass viele
Kerne sich der Oberfläche der elastischen Fasern innig anschmiegen,
(vergl. den Querschnitt Fig. 5 unten links), mit ihrer Längsaxe pa
rallel der Faserung, und auch beim Zerzupfen erhält man Bilder
(Fig. 4 vom Kalbe), welche eine Anlagerung der platten Zellen an
elastische Fasern wahrscheinlich machen. Ein Zusammenhang
zwischen Zelle und Faser ist aber nirgends wahrzunehmen. Ich
muss mich hierüber auf Grund meiner Präparate ganz bestimmt aus
sprechen und kann somit auch der Deutung, welche THIN in seiner
vorhin citirten Abhandlung seinen mittelst Hämatoxylin und Gold
färbung gewonnenen Präparaten gibt, durchaus nicht beipflichten.
Eine Continuität zwischen Zelle und elastischer Faser, wie sie THIN
behauptet, ist aus keiner seiner Abbildungen (Figg. 15—17 Tafel X)
zu ersehen; vielmehr liegen die Kerne in Figg. 15 und 17 einfach auf
der Oberfläche der Faser. In Fig. 16 sollen axiale Kanäle der elasti
schen Fasern mit Kernen gefärbt sein (Behandlung mit Gold und
Hämatoxylin). Es wird aber wohl Niemand aus der Abbildung die
Lage dieser dunklen Fasern mit ihren kernhaltigen Anschwellungen
in das Innere der elastischen Fasern verlegen. Es scheint mir viel
wahrscheinlicher, dass durch die doppelte Tinction die ganze Zwischen-

---

[1]) A contribution to the anatomy of connective tissue, nerve and muscle,
with special reference to their connection with the lymphatic system. Proceedings
of the royal society. N. 155. 1874. p. 522.

17*

substanz zwischen den elastischen Elementen sammt den Kernen gefärbt ist. Ich erhielt sehr häufig derartige Färbungen bei intensiver
Hämatoxylin-Einwirkung. Derartige Präparate gewähren dann namentlich an Querschnitten ausserordentlich zierliche Bilder, indem die
hellen Querschnitte der elastischen Elemente scharf innerhalb eines
zierlichen blauvioletten Netzes hervortreten. Man überzeugt sich dann
auch, dass die blaue Farbe sich in die Spalträume, welche von der
Peripherie her in die zusammengesetzten elastischen Fasern hineindringen, fortsetzt. Sieht man derartige Fasern in der Längsansicht,
so wird sehr leicht das Bild eines gefärbten axialen Kanales vor-
getäuscht werden können.

Wenn es nun auch feststeht, dass die meisten der beobachteten
zelligen Elemente, wenn nicht vielleicht sogar alle[1]) der Oberfläche elastischer Fasern wenigstens mit ihren kernhaltigen Partieen aufliegen, so
ist doch damit das Verständniss der Anordnung der elementaren Theile
im Nackenbande noch nicht erschöpft. Es handelt sich noch darum
die Beziehungen der Bindegewebsfibrillen zu elastischen Fasern und
Zellen sowie die Natur der zwischen allen diesen Elementen befindlichen
scheinbaren Lücken zu ermitteln. Dass in ihnen die Bindegewebsfibrillen
vertheilt liegen, habe ich schon erwähnt. Es bleibt aber noch zu
entscheiden, ob daneben noch feinste präformirte Kanälchen, den Saftkanälchen der Sehne[2]) und des Bindegewebes überhaupt vergleichbar,
existiren oder ob alle Zwischenräume mit amorpher, die Fibrillen ein-
schliessender Intercellularsubstanz ausgefüllt sind. Ich habe in dieser
Beziehung alle möglichen Versuche angestellt, ohne dass mir der
Nachweis von wohl abgegrenzten Saftkanälchen gelungen wäre. Behandelt man Quer- oder Längsschnitte frischen gefrorenen Nackenbandes in der gewöhnlichen Weise mit Argentum nitricum so färben
sich die Interstitien zwischen den farblos bleibenden elastischen Fasern
hellbraun, ohne dass die geringste Andeutung heller von dem braunen
Grunde sich abzeichnender Saftkanallücken wahrzunehmen wäre (sowohl beim Kalbe als beim Ochsen). Desgleichen färben sich diese
Interstitien durch Hämatoxylin, ja auch durch Karmin und zwar zuweilen recht intensiv (s. oben) ohne dass, abgesehen natürlich von den
stets lebhafter gefärbten Kernen, Verschiedenheiten in dem Grade der
Färbung an einzelnen Stellen zum Vorschein kämen. Nie nimmt man

---

[1]) Die an Schnittpräparaten isolirt liegenden Kerne sind wahrscheinlich erst
in Folge der Präparation (Karmin — Glycerin) dislocirt.

[2]) Vergl. Herzog, Ein Beitrag zur Struktur der Sehnen. Diese Zeitschrift.
Bd. I. S. 290 ff.

ferner scharf abgegrenzte sternförmige Figuren auf dem Querschnitt wahr, vergleichbar jenen, welche auf dem Sehnenquerschnitt sich zwischen den primären Bündeln befinden, mag man frische oder mit Essigsäure behandelte Querschnitte oder Alkoholpräparate untersuchen. Vielfach aber erscheinen, z. B. nach Einwirkung von Alkohol, doppelt chromsaurem Kali etc. lockere Gerinnsel-körniger Natur in den frisch so klaren fibrillenhaltigen Interstitien und zwar wieder in der ganzen Ausdehnung der letzteren.

Alles bisher Erwähnte spricht also dafür, dass die Interstitien von einer der interfibrillären oder Kittsubstanz des Bindegewebes im Allgemeinen gleichenden Materie continuirlich erfüllt sind, welche die Fibrillen einschliesst und mit den elastischen Fasern und den anliegenden Zellen zu einem Bündel verkittet. Dass diese Substanz im hohen Grade quellbar ist, davon kann man sich sehr leicht überzeugen. Querschnitte in Alkohol erhärteten oder getrockneten Nackenbandes zeigen die Querschnitte der elastischen Fasern dicht neben einander liegend, fast ohne jede Spur von Interstitien, während, wie man aus Fig. 5 und 6 sofort ersieht, auf Zusatz von Wasser oder dünner Säuren ein bedeutendes Auseinanderrücken der Querschnitte erfolgt, das, da es auch ohne Säurezusatz eintritt, nicht auf die Quellung der Bindegewebsfibrillen bezogen werden kann. An frischen gefrorenen Präparaten fand ich stets die Interstitien wohl entwickelt. Es lassen sich natürlich kaum, wegen der ausserordentlich wechselnden Grösse derselben, Durchschnittszahlen für die Abstände der elastischen Fasern angeben.

Die in vorstehenden Zeilen mitgetheilten Thatsachen dürften schon zür Genüge dafür sprechen, dass die elastischen Fasern durch eine im frischen Zustande homogene, ausserordentlich wasserreiche, die Fibrillen einschliessende Substanz zusammengehalten werden, die man wohl am ehesten mit der interfibrillären Substanz des Bindegewebes vergleichen kann, dass ferner innerhalb dieser Substanz keine wohl abgegrenzten Saftkanälchen ausgegraben sind. Diese Schlussfolgerungen werden nun unzweifelhaft bestätigt durch die Resultate der Lymphgefäss-Injectionen, über die ich etwas ausführlicher berichten muss. Es gelingt unschwer durch Einstich-Injection mit Berliner Blau in das frische Ligamentum nuchae auf der Oberfläche des Bandes in dem lockeren umhüllenden Bindegewebe ein Netz schöner Lymphgefässe zu füllen, ähnlich dem von LUDWIG und SCHWEIGGER-SEIDEL [1]) von der Oberfläche der Sehnen beschriebenen. Untersucht man derartige Prä-

---

[1]) Die Lymphgefässe der Fascien und Sehnen. Leipzig 1872.

parate an Quer- und Längsschnitten, so constatirt man einmal, dass
in dem früher beschriebenen die einzelnen elastischen Faserbündel umhüllenden lockeren Bindegewebe weitere und engere, spaltförmige oder
weit klaffende Kanäle injicirt sind, die sich an den meisten Stellen
in einiger Entfernung von der Stichstelle scharf gegen die Umgebung
abgrenzen, dagegen in der Nachbarschaft der Stichstelle vielfach in
eine diffuse Füllung des interstitiellen Bindegewebes übergehen. Die
beschriebenen scharf abgegrenzten, oft sehr weiten Kanäle sind nun
unzweifelhaft echte Lymphgefässe. Dies beweisen Einstichs-Injectionen
mit · Lösungen von · Argentum nitricum. Man erhält dann mit Leichtigkeit an Längsschnitten Präparate, wie sie in Fig. 7 . bei schwacher,
in Fig. 8 bei stärkerer Vergrösserung gezeichnet sind. Die endothe-
liale Zusammensetzung der Lymphgefässwand ist aus letzterer Figur
deutlich ersichtlich. Beide ergeben, dass in longitudinaler Richtung
die stärksten Stämme verlaufen, die aber kein gleichmässiges, sondern
ein Lumen von wechselnder Stärke erkennen lassen. Von diesen Stämmen zweigen sich unter rechten Winkeln feinere Gefässe mit meist
gleichmässigem Durchmesser ab, die entweder wieder in die longitudinale Richtung umbiegen oder nach Entsendung solcher Zweige senkrecht zur Faserung des Nackenbandes einen Theil eines Bündels umgreifen. Durch einzelne dieser Zweige werden Anastomosen zwischen
den longitudinalen Saugröhren vermittelt. Die grösseren longitudinalen Lymphgefässstämme verlaufen gewöhnlich in der Mitte der
Bindegewebs-Interstitien, während sich die kleineren häufig dicht der
Oberfläche der Bündel elastischer Fasern anschmiegen.

Wie verhalten sich nun diese Lymphgefässe zu den Spalten des
lockeren Bindegewebes, deren Injection, wie erwähnt, neben der beschriebenen Lymphgefässfüllung von der Stichstelle aus oft in ansehn-
licher Ausdehnung erfolgt? Wie verhalten sich endlich die Spalten
und Lymphgefässe · zu der interfibrillären Substanz der elastischen
Faserbündel? Es ist in dieser Beziehung zunächst hervorzuheben, dass
die Abgrenzung der echten Lymphgefässe gegen das umgebende Bindegewebe in einiger Entfernung von der Stichstelle stets eine scharfe ist,
während die Lymphgefässe in der Umgebung der Einstichstelle von
der diffusen Färbung der Spalten-Injection der Art umgeben werden,
dass man über Bestehen oder Fehlen eines Zusammenhanges zwischen
beiden Bahnen nicht ins Klare kommen kann. Man kann aber aus
dem gleichzeitigen Auftreten der Lymphgefäss- und Spalten-Injection
von der Einstichstelle aus ebensowenig sicher auf eine Communication
beider Systeme schliessen, wie aus dem Fehlen einer Spaltenfüllung
von den entfernteren Lymphgefässen aus auf ein Fehlen einer solchen

Verbindung, da ja der Injectionsmasse, einmal in die weiten Lymphgefässe gelangt, in diesen ein leichter Abfluss geboten wird, sodass
auch bei Bestehen feiner Verbindungen eine Spaltenfüllung ausbleiben
muss. Wir können aber auf anderem Wege zu einer befriedigenden
Vorstellung über den Zusammenhang der erwähnten Bahnen innerhalb
des Nackenbandes gelangen. Es ist klar, dass die durch die Blutgefäss-
wandungen filtrirende Flüssigkeit, da die Blutgefässe im Nackenbande
stets innerhalb des lockeren spaltenreichen Bindegewebes verlaufen, zunächst in die Bindegewebsspalten gelangen muss. Aus letzteren kann
aber schon aus dem Grunde kein rascher Abfluss in etwa einmündende
weitere Lymphgefässe erfolgen, weil bei Einstich-Injectionen nicht
selten grössere Abschnitte des Spaltensystems gefüllt werden, was bei
zahlreichen und weiten Communicationen mit den Lymphgefässen nicht
möglich wäre. Wenn also solche Verbindungen bestehen, müssen sie
feinerer Art sein, etwa der Art, wie sie nach den Untersuchungen
Arnold's [1]) zwischen Saftkanälchen anderer Localitäten und Lymphgefässen bestehen. Zu einer ähnlichen Annahme gelangte kürzlich
Gerster [2]) für die Beziehungen zwischen Lymphspalten und Lymphgefässen innerhalb des Hodens. Wenn man solchen Erwägungen einige
Berechtigung zugesteht, so würden wir also in den feinen injicir-
baren Spalträumen des lockeren Bindegewebes Saftbahnen vor uns
haben, die zunächst die aus den Blutgefässen austretende Ernährungsflüssigkeit aufnehmen, gewissermaassen Reservoire für dieselbe bilden, in
welche die elastischen Faserbündel eingetaucht sind. Weitere Aufschlüsse über die Beziehungen zwischen den interfasciculären Bindegewebsspalten zu dem Inneren der elastischen Faserbündel gewähren
die mit Rücksicht auf das Verhalten der Lymphgefässe schon besprochenen Einstich-Injectionen mit Berliner Blau, resp. Silbernitrat-
Lösungen. Es ergibt sich hier zunächst die bemerkenswerthe Thatsache, dass, während an den echten Lymphgefässen des Nackenbandes
durch Injection von Argentum nitricum stets mit Leichtigkeit eine
Endothelzeichnung zu demonstriren ist, der ein scharfer Contur an
Berlinerblau-Präparaten entspricht, es nie gelingt, in dem Spalten-
systeme, speciell auf der Oberfläche der elastischen Faserbündel durch
Silber-Injection eine Endothelzeichnung hervorzurufen. Ich erhielt
vielmehr stets diffuse braune Färbung. Auch schien es, als wenn die
Oberfläche des elastischen Faserbündels gegen die benachbarten Spal-

---

[1]) Ueber die Beziehung der Blut- und Lymphgefässe zu den Saftkanälen.
Virchow's Archiv. Bd. 62.

[2]) Ueber die Lymphgefässe des Hodens. Aus dem pathol. Institute des
Herrn Prof. Langhans in Bern. Diese Zeitschr. Bd. II. S. 43.

ten keine scharfe Abgrenzung besitze. Dem entsprechend machte sich
nicht nur die Wirkung der eingespritzten Silbernitratlösung eine
Strecke weit im elastischen Faserbündel durch Braunfärbung der interfibrillären Substanz geltend, es wurde auch — und dies ist eine
sehr bemerkenswerthe Thatsache — ein Eindringen anderer Injectionsmassen (Berliner Blau, Alkannin-Terpentin) in die Substanz zwischen
den elastischen Fasern beobachtet. Es ist allerdings selbstverständlich, dass an der Stichstelle, falls diese innerhalb des elastischen
Faserbündels liegt, ein Eindringen zwischen die elastischen Fasern
auf gewaltsamem Wege erfolgen wird. Allein diese Injection der
weichen interfibrillären Substanz ist nicht auf die Einstichstelle beschränkt. Auch von weiter abliegenden interfasciculären Spalten aus
dringt die Injectionsmasse mehr oder weniger weit zwischen die elastischen Fasern ein, obwohl ihr ein bequemerer Weg in die benachbarten Lymphspalten und Lymphgefässe für den Abfluss zu Gebote
steht. Es kann sich hier also um kein gewaltsames Einpressen der
Injectionsmasse in das Gewebe handeln. Untersucht man nun derartige injicirte Partieen auf Querschnitten, so zeigen sich die
elastischen Fasern in der zierlichsten Weise als helle Maschenräume
eines gleichmässig injicirten Netzwerkes. Nirgends sind wohl
abgegrenzte Saftkanälchen gefüllt, sondern die Interstitien zwischen
den elastischen Fasern erscheinen durch die Injectionsmasse gleichmässig gefärbt. Besonders zierlich fallen die Präparate aus, wenn man
Alkannin-Terpentin injicirt, das injicirte Gewebe trocknen lässt und
davon Querschnitte entnimmt. Man sieht dann leicht, wie die rothe
Masse bis in die Spalten, welche die zusammengesetzten elastischen
Fasern zerklüften, hineingerathen ist. Leider lassen sich derartige
Präparate nicht conserviren, da bei Einschluss in Balsam der Farbstoff allmählich extrahirt wird, bei Glycerin-Einbettung aber zu grösseren und kleineren Tröpfchen zusammenfliesst.

Soviel ergeben jedenfalls diese Injectionsversuche, dass die Injection der interfibrillären Substanz des Nackenbandes nicht durch Saft-
kanälchenbahnen vermittelt wird, sondern einer gleichmässigen Durch-
tränkung oder auch wohl Verdrängung durch die eingespritzte Masse
ihre Entstehung verdankt. Da diese Injection auch an Stellen, die
entfernter von der Einstichstelle liegen, eintritt, von einer gewaltsamen Sprengung des Gewebes hier jedenfalls keine Rede sein kann,
so muss man annehmen, entweder, dass den Bindegewebsspalten nach
der Seite der elastischen Faserbündel ein Abschluss fehlt oder, dass
die Wandungen der benachbarten Bindegewebsspalten durchgängig sind
für die Injectionsmasse, die für ein weiteres Eindringen zwischen die

elastischen Fasern in der weichen, wasserreichen interfibrillären Substanz nur geringen Widerstand finden wird. Wie man dann im Einzelnen die gleichmässige Färbung der letzteren durch die Injectionsmasse erklären will, ob durch eine Imbibiton oder durch Verdrängung des weichen an festen Bestandtheilen armen Gewebes, ist schwer zu entscheiden. Ich vermuthe, dass bei künstlichen Injectionen je nach der Localität, je nach der Stärke des Druckes, beides vorkommt: in der Nähe der Stichstelle Verdrängung, in den entfernteren Partien Imbibition des Gewebes. Jedenfalls dürfte auf letzterem Wege der von den Blutgefässen ausgehende Ernährungsstrom durch Vermittlung der benachbarten interfasciculären Spalten bis zu den centralen Partieen eines elastischen Faserbündels vordringen. Die physikalische Eigenthümlichkeit des elastischen Gewebes wird dabei eine wesentlich fördernde Rolle spielen. Es ist klar, dass, wenn ein elastisches Fadengewebe mit langgestreckten Maschen der Art an beiden Enden fixirt ist, dass innerhalb der letzteren die Entfernungen der sich inserirenden elastischen Fäden bei Verkürzung und Verlängerung dieselben bleiben, — in diesem Falle bei Dehnung sämmtlicher Fäden, die nothwendig von einer Verringerung des Durchmessers derselben begleitet werden muss, ein Ansaugen der das Bündel umgebenden Flüssigkeit in die Interstitien des Bündels hinein erfolgen wird. In einer solchen Lage befinden sich nun offenbar die einzelnen Bündel des Nackenbandes. Es wird kaum in Abrede gestellt werden können, dass eine Spannung desselben ansaugend, eine Erschlaffung im entgegengesetzten Sinne wirkt, dass so in ergiebigster Weise für ein Umtreiben der Ernährungsflüssigkeit, die zunächst aus den Blutgefässen in die umgebenden Bindegewebsspalten gelangen muss, gesorgt wird.

Wie verhalten sich nun aber die oben beschriebenen Lymphröhren zu dieser Saftströmung, die aus den Blutgefässen in die Bindegewebsspalten und von da in die interfibrilläre Substanz hinein stattfindet? Es ist aus dem oben Angeführten wahrscheinlich, dass sie zum Theil in den Saftspalten des interfasciculären Bindegewebes wurzeln und demnach einen Theil der in diese eintretenden Flüssigkeit aufnehmen. Ich muss hier aber noch auf andere Beziehungen der Lymphröhren aufmerksam machen, die sich aus einem aufmerksamen Studium durch Einstich injicirten Nackenbandes als höchst wahrscheinlich ergeben. Oben wurde bereits erwähnt, dass die kleineren Lymphröhren sich dicht an die Oberfläche der elastischen Faserbündel anschmiegen, durch keine Spalträume mehr von ihnen getrennt. Nimmt man nun noch dazu, dass in seltenen Fällen von einigen feineren Lymphgefässen aus ohne Füllung der Bindegewebsspalten eine In-

jection der benachbarten interfibrillären Substanz der Faserbündel eintritt, so kommt man zu dem Schlusse, dass Lymphgefässe unmittelbar in der intrafasciculären Substanz wurzeln, also direkt die die
letztere durchtränkende aus den Blutgefässen und Saftspalten stammende Flüssigkeit aufsaugen. Ich verhehle mir nicht, dass es noch
eingehender weiterer Untersuchungen bedarf, um die hier aufgestellten
Sätze über allen Zweifel zu erheben. Immerhin scheint mir aber die
darin enthaltene Auffassung nach sorgfältiger Erwägung aller Thatsachen die natürlichste und am meisten mit den Thatsachen übereinstimmende zu sein. Als übersichtliches Schema für die Bahnen des
Saftstromes innerhalb des Ligamentum nuchae ergibt sich dann das
folgende, in welchem durch Pfeile die Richtung des Saftstromes bezeichnet ist.

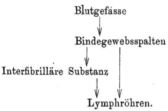

Es wurde vorhin hervorgehoben, wie die Spannung der elastischen
Bündel saugend, die Erschlaffung im entgegengesetzten Sinne wirkt.
Es könnte nun auf den ersten Blick erscheinen, als müsste bei gegebenen Beziehungen der Lymphröhren zu der weichen interfibrillären
Substanz des Nackenbandes durch eine Verlängerung der elastischen
Faserbündel die in den Lymphröhren enthaltene Flüssigkeit ebenfalls
in die Interstitien der elastischen Fasern eingesaugt werden. In diesem Falle wäre natürlich im Nackenbande kein regelmässiger Ernährungsstrom möglich, sondern ein Hin- und Herschwanken, ein Stagni-
ren der Gewebsflüssigkeit anzunehmen, es wäre die reichliche Ausstattung des Nackenbandes mit Saugröhren schwer zu verstehen. Eine
sorgfältigere Ueberlegung ergibt aber ohne Weiteres, dass dieselben
Momente, die elastische Dehnung des Bandes, welche auf den Saftstrom
begünstigend einwirkten, auch auf die normale Richtung des Lymph-
stromes beschleunigend wirken müssen. Da die Lymphgefässe im
Nackenband in ihren grösseren Stämmchen longitudinal verlaufen, mit
ihren Aussenwänden aber fest an die Umgebung fixirt sind, der Art,
dass sie an Schnitten durch erschlafftes retrahirtes Nackenband weit
klaffen, so müssen sie nothwendiger Weise bei Dehnung desselben ebenfalls gedehnt werden. Ihre Wände können aber aus den eben ange-
deuteten Gründen nicht collabiren. Es bleibt folglich nichts weiter

übrig, als dass die bekanntlich ebenfalls mit elastischen Wandungen ausgestatteten Lymphgefässe bei der Verlängerung des Nackenbandes eine ansehnliche Volumvergrösserung erfahren. Dies muss dann selbstverständlich die Folge haben, dass in diese Lymphgefässe hinein die mit ihnen in Contakt stehende, die Bündel durchtränkende Flüssigkeit kräftig angesaugt wird. Es wird somit durch diese Einrichtung für einen regelmässigen Ernährungsstrom aus den Blutgefässen durch die Intercellularsubstanz hindurch in die Lymphgefässe gesorgt werden, der beschleunigt wird bei der Spannung, verlangsamt bei der Erschlaffung des Nackenbandes.

Die Injection der interfibrillären Substanz, wie ich das Eintreten der injicirten Flüssigkeit zwischen die einzelnen elastischen Fasern nennen will, steht durchaus nicht isolirt da in der Geschichte der Lymphbahninjectionen. Es ist eine bekannte Thatsache, dass in ähnlicher Weise bei Einstichinjectionen in die Sehnen nicht blos von der Einstichstelle aus ein Eindringen der Injectionsmasse zwischen die Fibrillen stattfindet. Man würde gegen diese Resultate künstlicher Injectionen noch manche Bedenken anführen können, wenn nicht die natürlichen Injectionen, wie sie KÜTTNER[1]), ARNOLD[2]), L. GERLACH[3]) kürzlich angestellt haben, ganz analoge Resultate ergeben hätten. Von KÜTTNER wird ausdrücklich angeführt, dass nach Einführung des indigschwefelsauren Natrons durch Füllung des Bronchialbaumes (Methode v. WITTICH) zwischen den elastischen Fasern der Alveolenwand sich interfibrilläre Räume blau färbten. Ebenso beobachtete KÜTTNER Ausscheidung des Indigcarmins in der interfibrillären Substanz des Bindegewebes und ähnliche Angaben machen J. ARNOLD und L. GERLACH. Es kann also wohl keinem Zweifel mehr unterliegen, dass die interfibrilläre Substanz im Bindegewebe und Nackenbande bei der Saftströmung betheiligt ist. Die oben erwähnten künstlichen Injectionsresultate beweisen weiter, dass sie die injicirte Flüssigkeit ebenso leicht aufnimmt, wie die Saftspalten und Lymphgefässe, und zwar bei niedrigstem Druck, selbst wenn ein freier Abfluss durch die Lymphgefässe gesichert ist. Wie aber die Verbindung zwischen Interfibrillärsubstanz und Lymphbahnen zu Stande kommt, ob durch einfache Dif-

---

[1]) Die Abscheidung des indigschwefelsauren Natron in den Geweben der Lunge. Medic. Centralbl. 1875. Nr. 41..

[2]) Ueber das Verhalten des Indigkarmins in den lebenden Geweben. Medic. Centralbl. 1875. Nr. 51.

[3]) Ueber das Verhalten des indigschwefelsauren Natrons zu den Geweben des lebenden Körpers. Medic. Centralbl. 1875. Nr. 48.

fusion (was mir übrigens nach den mitgetheilten Erfahrungen unwahrscheinlich geworden ist), oder durch Vermittelung der Kittsubstanzlinien zwischen den Endothelzellen, wofür ja so überzeugend besonders die Untersuchungen von J. Arnold[1]) sprechen, darüber endgültig zu entscheiden, bin ich für jetzt ausser Stande.

Ich habe eben die interfibrilläre Substanz der Sehnen der die Bindegewebsfibrillen und elastischen Fasern im Nackenband verkittenden Masse in ihrem physiologischen Verhalten gleich gesetzt. Damit ist aber keineswegs gesagt, dass die Ernährung der Sehne in allen Einzelheiten mit der des Nackenbandes übereinstimmt. Es ergibt sich vielmehr sofort ein wichtiger Unterschied zwischen beiden, wenn man berücksichtigt, dass das elastische Faserbündel der oben gegebenen Beschreibung zu Folge keine Saftkanälchen besitzt, während das demselben äquivalente secundäre Sehnenbündel reichlich mit feinen Saftbahnen, den bekannten die primären Bündel abgrenzenden Sternfiguren des Querschnittes, ausgestattet ist. Dieselben stehen, wie die Untersuchungen von Herzog gezeigt haben, direkt mit den interfasciculären zuerst von Ludwig und Schweigger-Seidel dargestellten Lymphröhren in Zusammenhang; andererseits wird man seit den Untersuchungen Arnold's diese feinsten Kanälchen zunächst mit der Aufnahme des aus den Blutgefässen in die benachbarten Bindegewebsspalten des lockeren interfasciculären Gewebes austretenden Ernährungssaftes betraut anzusehen haben, sodass sie ein Zwischenglied zwischen Blut- und Lymphgefässen darstellen. Functionell ist diese von der des Nackenbandes differente Einrichtung leicht zu begreifen. Bei dem Mangel ähnlicher als Saug- und Druckapparate wirkender elastischer Kräfte, wie sie für das Nackenband existiren, muss für ein ergiebiges Drainiren der secundären Sehnenbündel auf andere Weise gesorgt werden. So verzweigt sich hier das System der Saugröhren von den echten Lymphgefässen aus in die secundären Sehnenbündel hinein, deren Saftkanälchen darstellend, und auf dieses ganze System wirken, wie Ludwig und Schweigger-Seidel gezeigt haben, ausserhalb der Sehne gelegene, dieselbe auspumpende Einrichtungen, die nun selbstverständlich ihren Einfluss bis ins Innere der Sehnenbündel hinein geltend machen werden. Ja in einigen Fällen scheinen echte Lymphröhren das eigentliche Gebiet der secundären Sehnenbündel zu betreten. So möchte ich wenigstens das von Ludwig und Schweigger-Seidel auf

---

[1]) Ueber die Beziehung der Blut- und Lymphgefässe zu den Saftkanälen. Virchow's Archiv. Bd. 62 und Ueber die Kittsubstanz der Endothelien. Virchow's Archiv. Bd. 66.

Taf. III Fig. 2 abgebildete Präparat erklären, das inmitten dreier se-
cundärer Sehnenbündel je einen injicirten Kanal erkennen lässt. Versuchen wir es, die Saftströmung in der Sehne durch ein übersichtliches
Schema darzustellen, so würde sich ungezwungen das folgende ergeben,
das man mit dem oben für das Nackenband gegebenen vergleichen
möge:

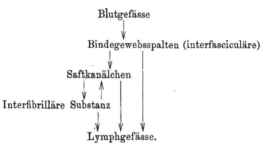

Blutgefässe

Bindegewebsspalten (interfasciculäre)

Saftkanälchen

Interfibrilläre Substanz

Lymphgefässe.

Ehe ich auf eine morphologische Vergleichung der Sehnen und
elastischen Bänder weiter eingehe, sei hier noch einiger Injectionsresultate gedacht, die sich an die von den Sehnen und dem Ligamentum nuchae erhaltenen sehr natürlich anreihen, insofern es sich in
ihnen ebenfalls um die Füllung einer die Formelemente der betreffenden Gewebe verkittenden im Leben weichen wasserreichen Materie
handelt. Am nächsten kommen den Injectionsresultaten vom Nackenbande die von mir [1]) vom Opticus beschriebenen, wie sie bekanntlich
in analoger Weise [2]) von der weissen Substanz des Gehirns und Rückenmarks erhalten werden können. Hier findet selbst bei dem allerscho-
nendsten Injectionsverfahren eine Füllung der im frischen Zustande
von der sog. Neuroglia erfüllten Räume von den Lymphbahnen des
Opticus aus statt. Ich habe mich bei einer früheren Gelegenheit schon
dahin geäussert, dass sich dies aus der im Leben weichen nachgiebigen
Beschaffenheit der Grundsubstanz der Neuroglia erkläre. Dieselbe zeigt
also in dieser Beziehung viel Uebereinstimmung mit der interfibrillären
Substanz des Bindegewebes und Nackenbandes; nur ist sie jedenfalls
weniger wasserreich, da sie unter der Einwirkung coagulirender Substanzen (z. B. Alkohol) in Form eines die heterogenen Formelemente
(Nervenfasern) einschliessenden Netzes gerinnt, während in der interfibrillären Substanz die coagulirbaren Substanzen viel spärlicher vertheilt sind und in Folge dessen nur äusserst lockere Niederschläge

---

[1]) Handbuch der gesammten Augenheilkunde von Graefe und Saemisch.
Bd. I. S. 341—343.

[2]) C. Frommann, Untersuchungen über die normale und pathologische Anatomie des Rückenmarkes. 2. Theil. Jena 1867. S. 15.

bilden. Das Verhalten gegen Silberlösungen, die Löslichkeit in Koch-
salzlösungen von $10\,^0/_0$ ist in beiden Fällen dieselbe, sodass sich die
Neuroglia, abgesehen von den zelligen Elementen, nur durch den verschiedenen Gehalt an festen und flüssigen Bestandtheilen von der
Kittsubstanz des Bindegewebes unterscheiden dürfte[1]). Physiologisch
fällt beiden die gleiche Aufgabe zu, die Saftströmung in den Geweben
zu vermitteln, wozu sie wegen ihrer grösseren oder geringeren Imbi-
bitionsfähigkeit im hohen Grade geeignet sind. Ganz ähnlich ist ferner die Rolle, welche die Kittsubstanzen der Epithelien und glatten
Muskelfasern spielen, nach den Untersuchungen von Arnold[2]) und
Thoma[3]). Auch sie scheinen sich weniger durch eine verschiedene
Zusammensetzung als durch sinen verschiedenen Wassergehalt von der
Kittsubstanz des Bindegewebes zu unterscheiden. Wenigstens stimmen,
wie bekannt, die wichtigsten mikrochemischen Reactionen beider überein. In welcher Weise die Ernährungsflüssigkeit aus den Blutgefässen
in die Kittsubstanz des Epithels hineingelangt, haben Arnold und
Thoma gezeigt. Ihre Weiterbeförderung in die Lymphgefässe scheint
auf analoge Weise wie im Nackenbande zu geschehen. Wahrscheinlich wird hier die bei den Bewegungen des Körpers vielfach erfolgende
Spannung und Erschlaffung der Cutis für die Förderung des Stromes
in den Lymphgefässen der Haut in ähnlicher Weise zur Geltung kommen, wie die Spannung der elastischen Bündel im Nackenband einen
negativen Druck in den Lymphgefässen dieses Bandes herstellt, und
die weitere Consequenz muss ein Ansaugen von Flüssigkeit aus der
Kittsubstanz des Epithels in die Lymphgefässe der Cutis sein.

    Nehmen wir nun noch hinzu, dass es Arnold[4]) und L. Gerlach[5])
ferner gelungen ist, nach Einführung von Indigkarmin in den lebenden
Körper eines Thieres den Farbstoff auch in den Fibrilleninterstitien

---

[1]) Aus allen diesen Gründen kann ich mich der von Key und Retzius in
ihrem ausgezeichneten Prachtwerk „Studien in der Anatomie des Nervensystems
und des Bindegewebes" S. 203 vertretenen Auffassung nicht anschliessen. Was
ich für ausgefüllt von der weichen coagulirbaren Grundsubstanz der Neuroglia
beschrieben habe, halten jene Forscher für präformirte von einem verwickelten
Zellennetz durchzogene Spalträume.

[2]) Ueber die Kittsubstanz der Epithelien. (Anatomischer Theil). Virchow's
Archiv. Bd. 64. S. 203 ff.

[3]) Ueber die Kittsubstanz der Epithelien. (Physiol. Theil.) Virchow's
Archiv. Bd. 64. S. 394 ff.

[4]) Ueber das Verhalten des Indigkarmins in den lebenden Geweben. Medic.
Centralbl. 1875. Nr. 51.

[5]) Ueber das Verhalten des indigschwefelsauren Natrons im Knorpelgewebe
lebender Thiere. Habilitationsschrift. Erlangen 1876.

der quergestreiften Muskelfasern nachzuweisen, also in der die Elemente der Muskelfaser verkittenden Substanz, so ist für sämmtliche Gewebsformen des Körpers die Bedeutung der „Kittsubstanz" als Träger des Ernährungsstromes nachgewiesen, nicht blos eine morphologische, sondern auch eine physiologische Aehnlichkeit oder Uebereinstimmung zwischen den Kittsubstanzen der Epithelien, der Bindesubstanzen, des Muskel- und Nervengewebes nicht zu verkennen. Ueberall tritt der Ernährungsstrom aus den Blutgefässen in die weiche quellbare Kittsubstanz, aus welcher dann der Ueberschuss von Flüssigkeit durch die Lymphgefässe aufgesaugt und weiter befördert wird.

Nach diesem allgemeinen Umblick kehre ich zur Betrachtung des Nackenbandes zurück und speciell zu der schon bei der Betrachtung der Lymphbahnen berührten Vergleichung der Architektur des Nackenbandes mit der der Sehne. Soviel ist klar ersichtlich, dass ein Bündel elastischer Fasern, wie es von den Nachbarbündeln, meist nur unvollständig, durch lockeres Interstitialgewebe abgegrenzt wird, nur einem ebenso, aber vollständig abgegrenzten secundären Sehnenbündel verglichen werden kann. Letzteres unterscheidet sich dann von unseren „elastischen Faserbündeln", abgesehen von dem geringeren Durchmesser, von der vollständigeren Abgrenzung dadurch, dass in ihm eine Sonderung in primäre Bündel durch die Existenz feinster Saftröhren mit sternförmigem Querschnitt eingetreten ist, während man solche primäre Bündel am gelben Nackenbande der Wiederkäuer nicht unterscheiden kann. Bei der entwickelten Sehne liegen ferner die platten Zellen den primären Bündeln an, mit freien Flächen in die Saftlücken hineinschauend; beim Nackenband sind die Zellen in der Mehrzahl der Fälle mit einem Theile ihrer Substanz den elastischen Fasern angelagert, im Uebrigen eingebettet in die fibrillenhaltige Kittsubstanz. Sie verhalten sich also zur Intercellularsubstanz, wie die Zellen embryonaler Sehnen, die ja bekanntlich ebenfalls allseitig von Intercellularsubstanz begrenzt werden. Während nun bei den Sehnen später Saftkanälchen sich bilden, sei es innerhalb der früheren Zellenzüge durch eine Art Vacuolisirung derselben, sei es dadurch, dass die Zellen dabei einfach zur Seite gedrängt werden, bleiben die Zellen des Nackenbandes zeitlebens von der wasserreichen Intercellularsubstanz umschlossen, ohne dass sie jedoch ihre Beziehungen zu den elastischen Fasern verlieren. Die Verzweigung der Blut- und Lymphgefässe stimmt dagegen in ihren allgemeinen Verhältnissen in Sehne und Nackenband überein; in beiden verlaufen sie zunächst in den bindegewebigen Septen der secundären Bündel resp. elastischen Faserbündel.

Ein Punkt bedarf schliesslich noch einer etwas genaueren Erörte-

rung, die Beziehungen der Zellen zu den elastischen Fasern. Ich habe
oben bereits mehrfach darauf hingewiesen, wie die meisten Zellen wenigstens mit dem kernhaltigen Theile ihres Körpers den elastischen
Fasern anliegend gefunden werden. Daraus folgt aber nicht, wie schon
oben gegenüber Thin hervorgehoben wurde, dass Zellen und elastische
Fasern continuirlich seien. Ich muss vielmehr ausdrücklich die leichte
Isolirbarkeit und gänzliche chemische Verschiedenheit beider Gebilde
betonen. Nie erhält man Bilder, welche etwa die elastischen Fasern
als Auswüchse spindelförmiger Zellen erscheinen lassen.

Aber auch im embryonalen Nackenbande konnte ich keine Zellen-
auswüchse, die zu elastischen Fasern sich gestalten würden, entdecken.
Derartige Fortsätze spindelförmiger embryonaler Bindegewebszellen sind
vielmehr durch chemische Reactionen, sowie durch ihr verschiedenes
optisches Verhalten, leicht von den daneben liegenden feinen elastischen Fasern zu unterscheiden. Ich habe die feinen elastischen Fasern
im Nackenbande $12^1/_2$ resp. 36 cm. langer Schafembryonen auf weite
Strecken verfolgt, ohne auf eine Spur eines direkten Zusammenhanges
mit den erwähnten embryonalen Bildungszellen zu stossen. Ich muss
deshalb mich im Wesentlichen der zuerst von H. Müller[1]) aufgestellten Ansicht, dass die elastischen Fasern nicht aus, sondern neben den
Zellen entstehen, anschliessen, einer Ansicht, die von Baur[2]) im Wesentlichen acceptirt wurde und die auch einen so gewichtigen Gegner,
wie Kölliker[3]), später zu ihrem Anhänger bekehrt hat. Genaueres über
die Literatur dieses Gegenstandes möge man in der citirten Dissertation
von Cayé[4]) nachlesen. Die feinen Fasern des embryonalen Nackenbandes verlaufen ferner auf weite Strecken ungetheilt; ich habe oben
schon hervorgehoben, wie die späteren spitzwinkligen Theilungen und
Verbindungen durch seitliche Verwachsung der stetig sich verdicken-
den Fasern herausbilden. Noch ein anderer Punkt ist hier zu erwähnen. Ich habe mich nie davon überzeugen können, dass leimgebende
Fasern, Bindegewebsfibrillen, die Vorläufer der elastischen Fasern seien,
stets sah ich dieselben gleich von vornherein mit allen ihren charakteristischen Eigenschaften ausgestattet entstehen: In den jüngsten von
mir untersuchten Stadien (Nackenband eines $12^1/_2$ cm. langen Schaf-
embryo) waren nicht einmal Bindegewebsfibrillen nachzuweisen, sondern
alle Fasern zeigten den Charakter elastischer. Die elastischen Fasern

---

1) Bau der Molen. 1847. S. 62. Anmerk. Würzb. Verhandlungen. Bd. X. 1859.
2) Entwicklung der Bindesubstanz. Tübingen 1858. S. 25.
3) Neue Untersuchungen über die Entwicklung des Bindegewebes. Würzb.
naturw. Zeitschrift II. 1861.
4) l. c. S. 3—6.

haben also zu keiner Zeit der Entwickelung etwas mit Bindegewebsfibrillen zu thun.

Es wurde soeben der direkte Zusammenhang der elastischen
Fasern mit Zellen, ihre Entstehung durch Auswachsen zelliger Elemente in Abrede gestellt. Damit soll aber keineswegs die hohe Bedeutung geleugnet werden, welche den Zellen in anderer Weise für
die Entwickelung der elastischen Substanz zukommt. Schon oben
wurde erwähnt, wie im processus vocalis des Arytänoidknorpels elastische Ablagerungen in der Grundsubstanz, sei es in Form von Körnern oder Fasern, stets zuerst in der Umgebung der Zellen auftreten
(vergl. Deutschmann [1]) und Ranvier [2])). Dasselbe besagen die bereits
erwähnten Untersuchungen O. Hertwig's für den Ohrknorpel. Hier
erfolgt die Bildung der ersten Fasern unmittelbar auf der Oberfläche
der Zellenreihen, und auch für das Nackenband ist eine innige Anlagerung von Zelle und elastischen Fasern zu allen Zeiten der Entwickelung nachweisbar, mag man diese Fasern nun als eine einseitige
Ausscheidung oder als Umwandlungsprodukte der peripheren Partieen
des Zellprotoplasmas ansehen. Sehr charakteristisch wird dies Lage-
rungsverhältniss auch bewahrt in gewissen Uebergangsformen zwischen
elastischen und fibrösen Bändern, wie z. B. im Ligamentum nuchae
des Menschen. Dasselbe zeigt in seinen einzelnen Bündeln im Allgemeinen den Bau der Sehne. Es unterscheidet sich aber von den
gewöhnlichen Sehnen dadurch, dass die Sternfiguren, welche die bekannten Lücken zwischen den primären Bündeln darstellen, mehr oder
weniger vollständig von einer oder mehreren Reihen von Querschnitten
elastischer Fasern umstellt sind, während die centralen Partieen der
primären Bündel aus Bindegewebsfibrillen bestehen. Ganz analoge
Beobachtungen kann man am Ligamentum vocale des Menschen machen.
Also auch in diesen Fällen liegen die elastischen Fasern möglichst
den die primären Bündel bekleidenden Zellen an. Es schliesst sich
somit dies Verhalten ganz dem an, welches von Key und Retzius
für die Häutchen des lockeren Bindegewebes beschrieben worden ist:
denn auch hier liegen die feinen elastischen Fasernetze unmittelbar
unter den die Bindegewebshäutchen bekleidenden Endothelien.

Ich beschliesse damit die Aufzählung meiner Beobachtungen über
Bau und Entwickelung des elastischen Gewebes. Man könnte von mir
noch zum Schlusse die Beantwortung der Frage verlangen, welche

---

[1]) Ueber die Entwicklung der elastischen Fasern im Netzknorpel. Archiv
von Reichert und du Bois-Reymond. 1873. S. 732.
[2]) Traité technique d'histologie. p. 412. Fig. 146.

Stellung man dem elastischen Gewebe im Systeme der Bindesubstanzen anzuweisen habe, ob man überhaupt nach Allem berechtigt sei, von einem besonderen elastischen Gewebe zu reden, da doch seine Formelemente keine anderen als die des Bindegewebes sind. Nun darüber kann wohl kein Zweifel sein, dass dem elastischen Gewebe keine selbständige Stellung in der Reihe der Bindesubstanzen neben den 3 Hauptarten derselben: Bindegewebe, Knorpel und Knochen zukomme, dass es jedenfalls unter die grosse Unterklasse „Bindegewebe" gehört. Aber innerhalb dieser muss es in seinen extremen Formen jedenfalls eine selbstständige Stellung beanspruchen, wenn man überhaupt nicht jede weitere für die systematische Beschreibung so zweckmässige Eintheilung aufgeben will. Zu einer solchen Abgrenzung berechtigen die mancherlei Eigenthümlichkeiten des Baues, deren Besprechung Gegenstand dieses Aufsatzes gewesen ist.

Nachträgliche Bemerkung.

Nachdem bereits vorstehende Abhandlung niedergeschrieben war, erfuhr ich gelegentlich einer Ferienreise durch gütige mündliche Mittheilung von W. Kühne, dass derselbe bei einer in Gemeinschaft mit Herrn Dr. Ewald angestellten Untersuchung einen schönen Querzerfall der elastischen Fasern unter der verdauenden Wirkung des Trypsin erhalten habe. Auch Herr Prof. His zeigte mir Präparate elastischer Fasern, welche nach Behandlung mit Natron der Pepsin-Verdauung unterworfen waren, an denen die Andeutung einer Querstreifung erkannt werden konnte. Endlich erhielt ich vor wenigen Tagen eine unter Leitung von A. Budge ausgearbeitete Greifswalder Dissertation von J. Burg: „Veränderungen einiger Gewebe und Sekrete durch Magensaft", in welcher der Querzerfall elastischer Fasern aus dem Ligamentum nuchae der Kuh und des Kalbes, sowie der gefensterten Membranen der Arterien unter der Einwirkung von Magensaft beschrieben wird. Der Querzerfall tritt bei dieser Methode sehr rasch ein, ist schon nach 4 bis 8 Stunden deutlich ausgebildet und hat bereits nach 86 Stunden zu einer vollständigen Zerstörung der elastischen Elemente geführt.

Erklärung der Abbildungen.

Tafel XI.

Fig. 1. Elastische Fasern aus dem Nackenband des Ochsen, durch längere Maceration in Chromsäure $1/30$ % der Quere nach zerklüftet. a bei Einstellung auf die Axe der Faser. Bei b sind Theile der Membran sichtbar. Vergrösserung 500.

Fig. 2. Elastische Fasern aus dem Nackenbande des Ochsen nach eintägiger Behandlung mit 35procentiger Kalilösung. Die Querstreifung ist in den Fasern a und c durch partielle Verdichtungen der Substanz, in der Faser b durch locale Verbreiterungen der Faser bedingt. Vergrösserung 500.

Fig. 3. Elastische Fasern aus dem Nackenbande des Ochsen, nach Maceration in Jodserum. An zwei Stellen hat sich die Scheide von der Oberfläche abgehoben. Vergrösserung 450.

Fig. 4. Elastische Fasern aus dem Nackenbande des Kalbes mit anliegenden Zellen. Präparat aus MÜLLER'scher Lösung. Vergrösserung 500.

Fig. 5. Querschnitt durch einen Theil zweier benachbarter elastischer Faserbündel des Nackenbandes vom Ochsen. ab ist der trennende interfasciculäre Bindegewebsstreif mit Kernen und Gefässe-Durchschnitten. Es ist bemerkenswerth, dass die unmittelbar an ihn grenzenden elastischen Fasern einen viel kleineren Durchmesser besitzen, als die entfernteren. In der linken unteren Hälfte des Bildes sind bei c die Kerne der Zellen des elastischen Gewebes eingezeichnet. Vergrösserung 500.

Fig. 6. Querschnitt durch die elastischen Fasern des Nackenbandes vom Kalb. Vergrösserung 500.

Fig. 7. Longitudinaler Lymphgefässstamm mit feineren Seitenzweigen aus dem Nackenbande des Ochsen, durch Injection von Argentum nitricum $1/2$ % dargestellt. Das interfasciculäre Bindegewebe, in welchem der Längsstamm verläuft, ist hell gelassen, die angrenzenden elastischen Fasern sind durch longitudinale Schraffirung dargestellt. Vergrösserung 20.

Fig. 8. Lymphgefäss aus dem Nackenband des Ochsen nach Einspritzung von Argentum nitricum $1/2$ %. Endothelgrenzen deutlich markirt. Interfasciculäres Bindegewebe als helle Lücke, elastische Fasern durch Schraffirung dargestellt. Vergrösserung 50.

XVIII.

Zur Kenntniss der Hautdrüsen und ihrer Muskeln.

Von

Dr. Fr. Hesse,

Prosector in Leipzig.

(Hierzu Tafel XII.)

Aus den Untersuchungen der glatten Muskulatur, mit denen ich mich längere Zeit beschäftigt habe, greife ich einen Abschnitt heraus, dessen selbständige Behandlung sich durch die grosse Ausdehnung und die Verschiedenheiten im Baue der einzelnen Gegenden des untersuchten Organes rechtfertigen dürfte. Obgleich die folgenden Zeilen keine wesentlich neuen Beobachtungen über die Anordnung und Wirkung der glatten Muskeln in der menschlichen Haut enthalten werden, glaube ich, dass es keine zwecklose Arbeit ist, die Resultate meiner Beobachtungen mit denen anderer Forscher zu vergleichen und die Aufmerksamkeit der Leser auf Eigenthümlichkeiten in der Anordnung der glatten Muskeln der Haut zu richten, welche sicher noch Gegenstand späterer Untersuchungen sein werden; und zwar wird einmal die Erkennung der Lymphbahnen der Cutis, andererseits die der Entwicklung der Hautdrüsen dem glatten Muskelgewebe derselben jede noch einen besonderen Abschnitt widmen müssen.

Allgemeines.

Ueber die allgemeinen Eigenschaften der glatten Muskeln verweise ich auf die Literatur, die von J. Arnold[1]) sorgsam zusammengestellt ist. Nur auf ei n en Punkt will ich näher eingehen, der mir auch in den neuesten histologischen Lehrbüchern nicht genügend klar geschildert zu sein scheint, obschon er an verschiedenen Orten Er-

---

1) J. Arnold. Das Gewebe der organischen Muskeln. Leipzig 1869. Engelmann.

wähnung findet. An Stellen, wo das glatte Muskelgewebe sich sehr reichlich findet, dürfte dessen sichere Erkenntniss kaum Schwierigkeiten bereiten. Anders da, wo die glatten Muskelzellen spärlich und in inniger Nähe von elastischem und Bindegewebe vorkommen. Isolationsmethoden sind, da es sich häufig um den Nachweis der Muskelzellen an ganz bestimmten Lokalitäten handelt, nicht anwendbar und man bleibt auf ihre Erkennung in Schnittpräparaten angewiesen. Die Muskelzellen sind aber da, wo ihr Nachweis Schwierigkeiten macht, so dünn und liegen oft so eng an einander, dass selbst ein sehr feiner Schnitt noch mehrere Zellenlagen über einander enthält. Noch vermehrt werden die Conturen der Zellgrenzen durch die Conturen der Schnittflächen; denn die allergrösste Mehrzahl der Schnitte muss die Muskelzellen schief treffen. Eine Verwechslung eines solchen Schnittes mit streifigem Bindegewebe ist in der That leicht möglich. Sind die Kerne der Zellen gut sichtbar, so kann allerdings, namentlich wenn nicht zu viele Muskelzellen auf einander liegen, die Form und Anordnung der Kerne schon eine ziemlich sichere Bestimmung ermöglichen. Völlige Sicherheit aber verschafft erst der Querschnitt des Gewebes. Die langgestreckten, spindelförmigen Zellen des glatten Muskelgewebes enthalten in ihrer Mitte den stäbchenförmigen Kern und sind unregelmässig an einander gefügt. Im Allgemeinen liegt das spitze Ende einer Zelle neben dem dickeren Mitteltheile eines benachbarten. Auf dem Querschnitte erhält man daher Flächen die aus einer Mosaik zusammengesetzt sind. Die kleinen Felder der Mosaik

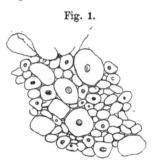

Fig. 1.

Querschnitt eines glatten Muskelbündels aus dem Ligamentum uteri rotund.

Vergrösserung: $\frac{60}{1}$.

sind die Querschnitte der Muskelzellen und sind, da der Schnitt die einen Zellen näher der Mitte, die anderen näher dem Ende trifft, von verschiedener Grösse. Die ersteren nur können den Kern zeigen. Aber man muss ihn nicht in jedem grossen Felde finden, denn die Zelle behält ihre Dicke unter und über dem Kerne noch ein Stück bei, und andererseits kann auch ein kleineres Feld einen Kern besitzen; es gehört dann einer kleineren Muskelzelle an. Die Grösse der Kerne variirt in geringerem Grade als die der Muskelzellen, sodass in den Querschnitten kleiner Zellen der Kern absolut und relativ durch eine viel kleinere Plasmazone von der Oberfläche der Zelle geschieden wird als in den grösseren.

Die starke Färbbarkeit der Kerne erleichtert ihren Nachweis auch in Schnitten wesentlich. Mit dem Nachweise des beschriebenen Bildes ist jeder Zweifel, dass man glattes Muskelgewebe vor sich habe, beseitigt, und die Meinungs-Differenzen wie sie z. B. der Nachweis eines Dilatator pupillae auch neuerdings wieder herbeigeführt hat, sind auf diesem Wege sicher zu beseitigen.

In den beiden Abbildungen, die Arnold (l. c.) vom Querschnitt des glatten Muskels gibt, sind die Felder der Mosaik alle fast gleich gross. In Fig. 6 sind sie durch grosse Zwischenräume von einander getrennt, in denen Punkte liegen, die durch ein feines Netzwerk mit einander zusammenhängen. Auch in Krause's Abbildung[1] S. 266 fehlen die kleinen Querschnitte. Die Kerne finde ich, wie es auch Schwalbe[2] angibt, central gelegen und konnte Krause's Angabe, (l. c. S. 100 und 266) dass sie theils wandständig, theils central gelegen seien, nicht bestätigen. Zur Entscheidung darüber empfiehlt es sich Muskelgewebe mit grösseren Zellen zu nehmen, als sie sich, die Tunica dartos ausgenommen, in der Haut finden. Der Schwierigkeit sich durch ein Flächenbild eine Vorstellung von der Aneinanderlagerung der Muskelzellen zu verschaffen, habe ich oben gedacht. Als ein Object, in welchem das aber mit der leichtesten Mühe geschehen kann, lernte ich die Muskellage kennen, welche die Wand der grossen Schweissdrüsen der Achselhöhle bildet. Durch Zerzupfen eines solchen Drüsenbläschens verschafft man sich rasch das schönste Demonstrationspräparat und durch Behandlung mit salpetersaurem Silber lassen sich die Zellgrenzen mit derselben Schärfe darstellen wie an Endothelien.[3] Ueber das Nähere hierüber vergl. S. 283.

Fig. 2.

Muskelzellen aus der Wand einer Achseldrüse. Vergrösserung: $\frac{600}{1}$

Dass in die Zusammensetzung der Haarbalgmuskeln in der Cutis des Hundes zahlreiche elastische Fasern eingehen, ist neuerdings von

---

1) W. Krause, Allgemeine und mikroskopische Anatomie. 1876.
2) G. Schwalbe, Beiträge zur Kenntniss der glatten Muskelfasern. Archiv für mikroskopische Anatomie. IV. S. 392.
3) Vergl. v. Recklinghausen, die Lymphgefässe und ihre Beziehungen zum Bindegewebe. Berlin 1862.

W. Stirling [1]) nachgewiesen worden. Nach den Erfahrungen, die ich aus Schnitten und Verdauungspräparaten gewonnen habe, kann ich das für dieselben Muskeln des Menschen dahin bestätigen, dass auch sie zahlreiche feine elastische Fasern enthalten; aber dieselben haben hier nicht einen so grossen Antheil an der Zusammensetzung des Muskels, wie es Stirling am Hunde beschreibt.

Die glatten Muskeln finden sich in der Haut an zwei Orten. Entweder sie sind im Aufbau der Drüsen verwendet, und bilden einen Theil der Drüsenwand oder sie stehen zu diesen in keiner näheren Beziehung und sind zwischen die Cutisbündel verstreut. Am reichlichsten finden sich die letzteren an der Areola der Brustwarze, am Scrotum und in der Haut des Perineums, wo sie über den bindegewebigen Theil der Cutis das Uebergewicht erlangen.

Von den Hautdrüsen besitzen sowohl die tubulösen, als ein Theil der acinösen glatte Muskeln.

I. Die acinösen Hautdrüsen.

Da das Secret der kleinen acinösen, oder Talgdrüsen der Haut ein sehr wasserarmes ist und da die Oeffnungen ihrer Ausführungsgänge der dauernden Berührung mit der atmosphärischen Luft ausgesetzt sind, so darf man Einrichtungen erwarten, welche die Störungen in der Entleerung des Drüsensecretes, wie sie diese beiden Umstände begünstigen, zu verhindern bestimmt sind. Das einfachste und verbreitetste Mittel, welches diesem Zwecke entspricht, besteht darin, dass die Mündung der Drüse auf die Hautoberfläche durch Einfügung eines starren Häärchens offen erhalten wird. Für die gesammte Körperoberfläche, die wir nicht ausdrücklich als behaart bezeichnen, ist dies die Bedeutung der zahlreichen kleinen Häärchen, die wir bei genauerer Betrachtung dort finden; sie wird bestätigt durch die mikroskopische Untersuchung, welche in der Wand einer jeden Talgdrüse ein kleines Häärchen zeigt, das durch die Pore der Drüse auf die Hautoberfläche

---

[1]) W. Stirling, Beiträge zur Anatomie der Cutis des Hundes. Berichte der math. physik. Klasse der königl. sächs. Gesellsch. der Wissenschaften. 1875. S. 221.

gelangt. Für ein dünnflüssiges Secret könnte dasselbe ähnlich wirken,
wie der Glasstab, den man in ein Gefäss legt, aus dem man Flüssigkeit giesst; in unserem Falle aber dürfte ihm eine grössere Bedeutung
dadurch zukommen, dass durch Kleidungsstücke die Hautoberfläche
häufig gerieben wird. Die Hebelbewegungen, welche das Haar, wenn
es gegen diese Kleidung anstösst, nach den verschiedensten Richtungen hin beschreibt, werden es gegen die Wände der Pore andrängen,
und dadurch einen Verschluss derselben durch trockne Secretmassen
erschweren. Es ist fast überflüssig, daran zu erinnern, dass diese
Reibungen der Häärchen bei jeder Körperbewegung über ganze Hautflächen hin eintreten und ausserordentlich häufig erfolgen. Für die
Entleerung des Drüsensecretes sind aber die Häärchen von um so
grösserer Bedeutung als hier eine active Entleerung durch Drüsenmuskeln nicht Statt hat, sie vielmehr die hauptsächlichste Unterstützung zur Entleerung nur in den wechselnden Spannungszuständen
der Haut haben, wie sie durch die Contraction der willkürlichen Muskeln hervorgebracht werden. Das häufige Vorkommen von Verstopfung
der Drüsenporen in der Haut der Stirn und Nase ist zum Theil dadurch zu erklären, dass die straffe Befestigung dieser Hautflächen auf
ihrer wenig beweglichen Unterlage selten und geringe Spannungs-
wechsel in der Haut bedingt; doch mag die Feinheit der Häärchen
(wie auch am obern Abschnitt des Rückens) und die lange Ruhe in
der sich dieselben befinden, weil sie nicht von Kleidungsstücken bedeckt sind, als begünstigendes Moment hinzukommen.

An den eigentlich „behaarten" Hautgegenden treten Haar und
Talgdrüse durch Vermittlung des M. arrector pili in eine noch viel
engere Beziehung zu einander. Als Untersuchungsobject wählen wir
die Kopfhaut.

Ein Längsschnitt, der parallel der Richtung der Haare senkrecht
gegen die Oberfläche der Haut geführt ist (Taf. XII. Fig. 1) zeigt bekanntlich, dass die Haare nicht senkrecht in der Haut stehen, sondern
mit der Hautoberfläche einen Winkel bilden, dessen Grösse nach der
Oertlichkeit variirt. In dem stumpfen Winkel liegt zwischen Rete
Malpighi und Haarbalg die Talgdrüse, deren unteres Ende etwa bis
in die Mitte der Haarwurzel hinabreicht, und deren Oeffnung unterhalb des Rete Malpighi in den Haarbalg mündet. Kleinere Drüsen-
bläschen findet man wohl auch auf der entgegengesetzten Seite des
Haares, in dem spitzen Winkel. Die Talgdrüse hat die Gestalt eines
länglichen, im Mittelstück erweiterten, mehrfach ausgebuchteten
Schlauches und sie liegt mit der einen Wand dem Haarbalg dicht an.
Den M. arrector pili sieht man auf diesem Schnitte als einen schmalen,

parallelstreifigen Zug dicht an der dem Haare · gegenüberliegenden
Wand der Talgdrüse von ihr nur durch eine dünne, gefässtragende,
bindegewebige Scheidewand getrennt. Am unteren Ende der Drüse
breitet sich der Muskel etwas aus. Ein Theil seiner Bündel biegt
sich, der Convexität des Drüsenfundus eng angeschmiegt, an die Scheidewand zwischen Haar und Drüse herauf, der übrige Theil tritt in der
früheren Richtung gegen den Haarbalg; das untere Stück des Muskels
bekommt so die Form einer dreieckigen Platte, deren eine Kante ausgehöhlt ist. (Taf. XII Fig. 3.) Nach oben verfolgt man den Muskel
bis in die oberen Lagen der Cutis. Die Talgdrüse findet sich also in
dem schmalen Dreieck, welches durch die untere Fläche der Epidermis,
den Arrector pili und den Haarbalg begrenzt ist, eng eingeschlossen.

Im Querschnitt, der senkrecht gegen die Richtung der Haare geführt ist, (Taf. XII Fig. 2) zeigt sich in dem oberen Abschnitte der
Cutis die Schnittfläche in eine Anzahl Gruppen abgetheilt, deren jede
drei bis vier Haare mit den zugehörigen Talgdrüsen umfasst. Jede
Gruppe wird von der anderen durch reichlichere Bindegewebszüge
abgegrenzt. Regelmässig liegt die grösste Masse der Talgdrüsen an der
Einen Seite der Haare, der dem stumpfen Winkel derselben entprechenden.
Der M. arrector pili findet sich jetzt querdurchschnitten als eine
lange und schmale, gebogene Platte, welche der dem Haare gegenüberliegenden Drüsenwand eng anliegt, von ihr wie im Längsschnitt,
nur durch die dünne gefässhaltige Bindegewebsplatte getrennt. Die
beiden Enden der musculösen Platte spitzen sich zu, ihre grösste Dicke
hat sie in der Mitte. Statt Einer continuirlichen Platte sieht man
noch häufiger durch die Mitte derselben einen schrägen Bindegewebszug
verlaufen, welcher sie in zwei kleinere Platten abtheilt, deren mittlere
Spitzen sich decken wie es auch in der Fig. 2 gezeichnet ist. Ist
der Schnitt dünn genug, so lässt sich in der ganzen Platte die für
den Querschnitt glatten Muskels charakteristische Mosaik nachweisen.
Entsprechend der geringen Dicke der Muskelzellen sind die einzelnen
Felder sehr klein. Dazwischen wird man immer feine, punktförmige
Querschnitte von elastischen Fasern finden.

Neben und über der Einmündung der Drüse in den Haarbalg
trifft man den Querschnitt seines oberen Endes in der Cutis wieder
und zwar hat sich hier der Muskel wieder in einzelne dickere Bündel
getrennt.

Der M. arrector pili bildet demnach eine schleuderartige, con·
cave, musculöse Platte, welche von drei bis vier Haarbälgen mit
ebenso vielen schmalen Zipfeln entspringt, und sich auch am oberen
Ende wieder in mehrere Zipfel trennt. Bei seiner Contraction wird

der Muskel in der That das Haar aufrecht stellen und ein wenig emporheben; aber dies ist nicht seine ausschliessliche Funktion. Seine Lage und seine Form machen ihn vielmehr geeignet, die convexe Drüsenwand geradlinig zu machen, sie gegen das Haar hinzudrängen und so den Raum der Drüse zu verkleinern. Eine grosse Unterstützung in dieser Aufgabe erhält der Muskel dadurch, dass er gleichzeitig das Haar aufrecht stellt. Denn dadurch wird die, dem Haare anliegende Drüsenwand ebenfalls gegen die Mitte des Drüsenlumens hingedrängt und die Drüse zwischen Haar und Muskel in eine Presse genommen, deren Resultat ein Ausdrücken des Drüsen-Inhaltes sein muss. Eine weitere Erleichterung dieses Vorganges geschieht dadurch, dass das obere Ende der Haarwurzel bei der Geradstellung nach der der Drüsenöffnung gegenüberliegenden Seite tritt, und so die Drüsenöffnung in der Epidermis frei gehalten wird, über die sich sonst das Haar schief legt. Das Heben und Senken des Haares kann wennschon die Excursion der Bewegung gering ist die Reinigung der Pore begünstigen, zumal die Oberfläche des Haares eine nach aufwärts gerichtete Zähnelung besitzt. — Die kleinen Muskeln der behaarten Haut sind demzufolge in erster Linie Drüsenmuskeln, und ihre Benennung als Arrectores pilorum ist von einer nebensächlichen Funktion genommen gegenüber der Hauptleistung, die sie als Expressores sebi erfüllen. [1]

Mit geringen Modificationen findet dieselbe Beziehung zwischen Drüsen und Muskeln, wie an der Kopfhaut an anderen Hautgegenden statt. Die Barthaare treten nicht zu Gruppen zusammen und es liegt an jedem einzelnen Haare eine grosse Talgdrüse. Der zugehörige Muskel liegt an der dem Haare abgewendeten Drüsenwand und findet sich dort öfter noch in mehreren dicken Bündeln als in einer schmalen Platte. Am Mons Veneris ist das Verhalten wie am Kopfe, an Haaren des Mittelfleisches desgleichen, nur schiebt sich hier reichliches Bindegewebe zwischen die kleine Talgdrüse und den langen Muskel. Die Haut der Stirne und des Rückens steht in der Mitte zwischen den Hautgegenden, die dieser Drüsenmuskeln völlig entbehren und der des Kopfes. Es finden sich nämlich hier zahlreiche, starke und dünnere Muskelbündel, welche in sehr schräger Richtung zwischen den Cutisbündeln zur Oberfläche emporsteigen. Sehr häufig legt sich dabei der Muskel eng an den Grund einer Talgdrüse an. Die Haare reichen nicht tief genug in die Cutis hinab, um dem Muskel zur In-

---

1) Vgl. Kölliker, Handbuch der Gewebelehre d. Menschen (1867) S. 98. — Brücke, Vorlesungen über Physiologie. Wien 1874. S. 401. — Krause l. c. S. 113.

sertion zu dienen, doch kann er so trotzdem einen Druck auf die Drüse ausüben.

Der Haare und Muskeln entbehren nur wenige acinöse Hautdrüsen, so die der kleinen Schamlippen. Es mag aber hervorgehoben werden, dass der Ausführungsgang in Folge der oberflächlichen Lagerung der Drüsen hier sehr kurz ist und ein weites Lumen mit einer sehr dicken Epithelwand besitzt.

An pigmentirten Hautstellen, wie an den Labien, Penis, Scrotum u. s. w. sieht man häufig pigmenthaltige Zellen sich noch eine Strecke weit an der Aussenwand des Ausführungsganges nach abwärts erstrecken.

Die Grösse der Talgdrüsen ist bekanntlich sehr verschieden in den verschiedenen Hautgegenden. Ihre Form hängt vorzugsweise von der Richtung der Cutisbündel ab; als Extreme kann man in dieser Beziehung die des Rückens denen des Penis gegenüberstellen. Hier schieben sie sich zwischen die parallel der Oberfläche ringförmig gelagerten Cutisbündel und bilden flache, breite verzweigte Platten, dort senken sie sich zwischen die senkrecht zur Cutisoberfläche aufsteigenden Bündel als langgestreckte Schläuche hinab.

Quergestreifte Muskeln sieht man am Augenlid nebenbei zur Entleerung von Hautdrüsen verwendet. Die Meibom'sche Drüse ist nämlich in ihrer ganzen Länge von dem quer über das Augenlid hinwegziehenden M. palpebralis bedeckt und wird durch ihn beim Lidschlag gegen die Schleimhaut des Lides, resp. gegen den Bulbus gedrückt. Am vorderen Ende der Drüse finden sich ausserdem noch transversale Muskelbündel zwischen Ausführungsgang und unterer Lidfläche. — Für die Bewegung der Haare finden quergestreifte Muskeln bekanntlich an den Tasthaaren Verwendung; sie inseriren hier an einer sehnigen Röhre, von welcher das Haar mit seinen Wurzelscheiden und den grossen Blutsinus eingeschlossen wird.

II. Schlauchförmige Drüsen.

Auch im Baue der schlauchförmigen Drüsen ist es wesentlich ihre Ausstattung mit glatten Muskelzellen, über die ich in den folgenden Zeilen sprechen werde. Das Wenige worin sonst meine Untersuchungen mit den früheren nicht übereinstimmen, soll dabei gelegentlich Erwähnung finden. Die schlauchförmigen oder Knäueldrüsen, zu

denen die Schweissdrüsen, die des äusseren Gehörganges, der Achselhöhle und die Circum-Analdrüsen gehören, bestehen aus dem engen gestreckt verlaufenden Ausführungsgange und dem weiteren in einen
Knäuel aufgewundenen Drüsenschlauche. Beide unterscheiden sich
ausser durch die Grösse ihres Durchmessers durch den Bau ihrer
Wandung. Das obere Ende des Ausführungsganges pflegt sich in der
Nähe der unteren Fläche des Rete Malpighi trichterförmig zu erweitern, sein unteres Ende mit mehreren Windungen an denen des Knäuels
Theil zu nehmen. Die Ausmündung der Drüse erfolgt selbständig;
die Vereinigung zweier Ausführungsgänge gehört zu den Ausnahmen;
ihre Einmündung in den oberen Abschnitt des Haarbalges beobachtete
ich häufig in den grossen Drüsen der Achselhöhle und des Anus und
zwar lag hier die Mündung der Knäueldrüse stets höher, der Hautoberfläche näher als die der Talgdrüse. In der Cutis des Hundes ist
diese Art der Ausmündung der Schweissdrüsen bekanntlich die Regel[1]).
Dass Schweissdrüsen in die Bälge der Cilien mündeten (W. Krause[2])
habe ich nicht gesehen, vielmehr finde ich mit Henle[3]) den vorderen,
cilientragenden Abschnitt des Lides frei von Schweissdrüsen. Auch
im knorpligen Gehörgange münden nicht die Knäueldrüsen, sondern
nur die dort befindlichen kleinen acinösen Drüsen in die Haarbälge.

Ueber das Epithel der Drüsenschläuche hat zuletzt Heynold[4])
sorgfältige Beobachtungen veröffentlicht, denen ich in wenigen Punkten
nicht beistimme. So schreibt er allen Schweissdrüsen ein einfaches
cylindrisches Epithel zu, während in der Planta pedis doch das enge
Lumen der Drüsenröhren von einer 3—4fachen Lage rundlicher Zellen
umgeben ist. Vor einer Verwechslung mit dem Ausführungsgange
schützt der grössere Durchmesser und die Ausstattung der Wand mit
Muskelzellen.

Muskelzellen finden sich wohl an allen Schweissdrüsen.[5]) Sie
verlaufen der Axe der Drüse parallel und finden sich nur in einer
Lage neben einander. Aber von den Drüsenschläuchen die mit einer
ununterbrochenen Muskellage versehen sind, bis zu denen an deren
Wand sich nur hin und wieder einige Muskelzellen zeigen, gibt es
zahlreiche Uebergänge.[6]) Immer pflegen die grösseren Drüsen der Hand,

---

[1]) Chodakowski, Ueber die Hautdrüsen einiger Säugethiere. Dorpat 1861.
und W. Stirling. l. c.

[2]) Krause, l. c. S. 107.

[3]) Henle, Anatomie des Menschen. II. Bd. S. 37.

[4]) Heynold, Ueber die Knäueldrüsen des Menschen. (Virch. Archiv Bd. 61.)

[5]) Vergl. W. Krause, Medicin. Centralblatt 1873. Heft 52.

[6]) Vergl. E. Hörschelmann, Anatomische Untersuchungen über die Schweissdrüsen des M. in Hofmann und Schwalbe's Jahresberichten 1875. Bd. IV. S. 289.

Fusssohle, des knorpligen Gehörganges u. s. w. eine vollständige Muskellage zu besitzen, während kleinere Drüsen, wie am Augenlid, viele
der behaarten Kopfhaut, der Extremitäten u. s. w. nur äusserst spärliche Muskelzellen haben, sodass man Querschnitte erhalten kann, an
denen sie gänzlich fehlen. Einen vollständigen, ununterbrochenen, einschichtigen Mantel neben einander liegender Muskelzellen findet man
in den grossen schlauchförmigen Drüsen der Achselhöhle und den
Circumanaldrüsen. Da die letzteren nur etwas kleiner, in ihrem
übrigen morphologischen Verhalten aber den Achseldrüsen völlig
gleich sind[1]), so mag es genügen, hier nur diese zu besprechen.
Wenn man die Haut der Achselhöhle etwa 1 cm. jenseits der Haar-
grenze einschneidet und mit dem Fette abpräparirt, sie dann mit
Nägeln so auf ein Brett befestigt, dass die Fettlage nach oben sieht,
so findet man nach sauberer Wegnahme des Fettes die Cutis in einer
Fläche von 8—9 cm. Länge und 3—4 cm. Breite von einer flachen,
aus dicht bei einanderliegenden Drüsenläppchen zusammengesetzten
Masse völlig verdeckt. Die dunkelrothe Farbe der Drüsenläppchen
sticht stark von der des hellgelben Fettes ab, und erleichtert die saubere
Entfernung des letzteren. Die ganze Drüsenmasse ist in der Mitte
am dicksten und zeigt hier auch die grössten Drüsenläppchen (von
3—4 mm.); gegen die Ränder hin nimmt sie allmählich ab. Schneidet
man ein Drüsenläppchen heraus, zerzupft es und betrachtet es in Jodserum, so finden sich ausser zahlreichen, schönen, regelmässigen, gross-
kernigen Epithelzellen, die zum Theil frei in der Flüssigkeit herum-
schwimmen, zahlreiche Fetzen, die sich durch ihre regelmässige, fast
parallele Streifung als Membranen kennzeichnen, die von einer einschichtigen Lage glatter Muskelzellen zusammengesetzt sind. Häufig
sitzen diesen Fetzen noch Epithelzellen auf, doch gelingt es auch dann
leicht durch Heben oder Senken des Tubus dasselbe Bild zu erhalten.
Hat man ein solches Drüsenläppchen mit salpetersaurem Silber behandelt, so finden sich die Grenzen zwischen den Muskelzellen von
dem schwarzen Silberniederschlag erfüllt. Durch Färbung erhält man
in der Mitte jeder Zelle deutlich den langen Kern. Hat man Schnitte
durch die gehärtete Drüse gefertigt, so wird man eine grosse Zahl
von Wandstücken finden, die der Schnittebene parallel liegen und
das eben beschriebene Bild zeigen. An den Drüsenstücken aber, deren
Wand im Querschnitt vorliegt, überzeugt man sich genauer von der
Oertlichkeit in der die Muskelzellen zu suchen sind. Sie finden sich

---

[1]) Gay, Die Circumanaldrüsen des Menschen. Sitzungsberichte der Wiener
Akademie. Bd. 63. Abth. II. 1871.

ausnahmslos zwischen dem Epithel der Drüse und einer stark glänzenden, homogenen Schicht, welche die Drüsenwand vom Bindegewebe
abgrenzt, und die man als ihre Membrana propria bezeichnen mag.
Bei einer genügenden Auswahl von Schnitten wird man immer solche
finden, die genau senkrecht zur jeweiligen Längsaxe der Drüse getroffen sind, und welche über diese Lagerung der Muskelzellen einen
klaren Aufschluss geben können. Die Membrana propria hat etwa
die Dicke der Muskelzellenlage; während das Epithel von ihnen ab-
fällt, bleiben die Muskelzellen mit der Membrane propria inniger
verbunden und liegen ihr sehr dicht auf. In vielen Muskelzellen-
Querschnitten trifft man den Kern (am besten nach Hämatoxylin-
färbung), der von der Oberfläche der Zelle nur durch einen sehr schmalen Plasmaring getrennt ist. Als die beste Methode, die Elemente
des Drüsenschlauches zu isoliren, erwies sich mir die von Ranvier[1])
empfohlene Mischung von 1 Th. Alkohol mit 2 Th. Wasser. Lässt
man ausgeschnittene Drüsenläppchen 24 Stunden in dieser Flüssigkeit
liegen, so erhält man durch leichtes Abschaben mit einer scharfen
Messerklinge die Epithelien schön isolirt. Nachfolgende Färbung in
Pikrocarmin bringt ihre Formen in vorzüglichster Weise zur Ansicht,
besonders wenn man das Präparat betrachtet, solange die Flüssigkeit
unter dem Deckgläschen noch in leichter Bewegung ist. Die durch
den Flüssigkeitsstrom fortgerissenen Zellen bieten dann dem Auge
successiv ihre sämmtlichen Flächen zur Ansicht dar. Die untere
Fläche besitzt leichte, durch niedrige Kanten von einander getrennte,
parallel stehende Eindrücke, aber weder hier noch an Schnitten ist es
mir gelungen „am basalen Ende der Epithelzellen feine Fortsätze zu
finden, mit denen sie die glatten Muskelzellen umklammern und sich
dann dem Bindegewebe anfügen sollen".[2]) Auch bei der Flächen-
betrachtung isolirter Wandstücke kann ich zwischen den Muskelzellen weder diese Fortsätze noch Oeffnungen finden, durch die sie
getreten wären.

In den engeren Schweissdrüsen-Kanälchen, wie sie fast an allen
Hautgegenden und neben den beschriebenen grossen auch in der Achselhöhle sich finden, liegen die Muskelzellen in gleicher Weise dicht
unter dem Epithel. Ich muss darin Kölliker[3]), der dies schon im
Jahre 1850 ganz ausdrücklich hervorhob, völlig beistimmen, gegenüber

---

[1]) Ranvier, Traité technique d'Histologie. p. 77.
[2]) Heynold, l. c.
[3]) Kölliker, Mikroskopische Anatomie I. S. 162.

den neuen histologischen Lehrbüchern[1]), in denen angegeben wird, dass zwischen der Muscularis und dem Epithel der Schweissdrüsen die Membrana propria läge. Die Lymphe welche zum Zwecke der Ernährung und des Secretions-Vorganges in die Epithelzellen der Schweissdrüsen gelangt, muss also ausser der Membrana propria auch noch die, namentlich in den Achseldrüsen völlig geschlossene Muskellage passiren. Dass die letztere nach dem Tode für diffundirende Flüssigkeiten ausserordentlich leicht durchgängig ist, hat mir folgender Versuch gezeigt. Auf die innere Fläche der Achselhöhlenhaut, an der vorsichtig nur das Fett entfernt und die Drüsenschicht ohne Verletzung der Läppchen aufgedeckt war, tropfte ich eine Lösung von Indigcarmin, spülte sie nach zwei bis drei Minuten ab und legte das Hautstück in eine Lösung von Kochsalz. Sowohl Isolationspräparate als Schnitte durch die dann noch im Alkohol gehärtete Drüse zeigen, dass in dieser kurzen Zeit die färbende Flüssigkeit durch die unverletzte Drüsenwand hindurch in die Epithelzellen getreten ist.

Ohne auf die Frage über die Neubildung von Haaren und Hautdrüsen näher einzugehen, berichte ich zum Schluss noch einen Befund, den ich über diesen Gegenstand an der Kopfhaut des erwachsenen Menschen gemacht habe. An senkrechten Schnitten derselben finde ich, dass sich zwischen den grossen, fertigen Haaren aus der unteren Fläche des Rete Malpighi solide Epithelzapfen von verschiedener Länge in die Cutis hinabsenken. Schon bei den kleinern Zapfen trifft man eine, in ihr unteres Ende ragende, kleine Cutispapille; in den etwas grösseren gewahrt man, dass sich die Zellenmasse in der Axe des Zapfens zu einem Haare differenzirt. Aus der Seitenfläche des oberen Abschnittes des Zapfens treten die Anlagen neuer Talgdrüsen als zellenreiche Klümpchen hervor. Es ist mir demnach zweifellos, dass in der Kopfhaut des Erwachsenen die Bildung neuer Haare und Talgdrüsen genau in derselben Weise erfolgt wie ihre erste Entwicklung beim Embryo, ohne Betheiligung der Wurzelscheiden eines alten Haares. Ohne es für andere Hautgegenden irgend in Abrede zu stellen, dass sich neue Haare dadurch bilden, dass die Wurzelscheide eines alten Epithelsprossen in die Cutis schickt, die eine neue Papille erhält, und deren Haar schliesslich in den Balg des alten zu liegen

---

[1]) W. Krause, Allgemeine und mikr. Anatomie 1876. — Biesiadecki, Artikel „Haut" in Stricker's Handbuch.

kommt, theile ich mit, dass ich mich vom Statthaben dieses Regenerationsmodus in der Kopfhaut nicht überzeugen konnte; sicher aber ist er, auch wenn er dort statt fände, nicht der einzige.

Erklärung der Abbildungen.

Tafel XII.

Fig. 1. Kopfhaut vom Menschen senkrecht zur Oberfläche geschnitten. Vergrösserung 31. Nach rechts liegt der Haarbalgmuskel, zwischen ihm und dem Haare die Talgdrüse. Am unteren Ende des Muskels eine Schweissdrüse.

Fig. 2. Dasselbe Präparat senkrecht gegen die Richtung der Haare geschnitten. Vergrösserung 112. Man sieht zwei Haare, das linke mit beiden Wurzelscheiden, von den zu ihnen gehörenden Talgdrüsen umgeben. (Die Kerne der Zellen sind nicht eingetragen). Der M. arrector pili erscheint im Querschnitt als eine lange, schmale Platte.

Fig. 3. Ein gleiches Präparat wie Fig. 1. Vergrösserung 116. Rechts die äussere Wurzelscheide. Den linken Rand nimmt der M. arrector pili ein, dessen Uebergang in den Haarbalg dargestellt ist.

XIX

Die morphologische Stellung der kleinen hintern Kopfmuskeln.

Von

Chappuis.

(Hierzu Tafel XIII.)

Der morphologischen Deutung bietet die so charakteristische Gruppe der kleinen hintern Kopfmuskeln ganz besondere Schwierigkeit. Zwar darf die Frage der beiden Recti als gelöst angesehen werden; es ist kaum anzunehmen, dass von irgend einer Seite ihre Zusammengehörigkeit mit den Dorn- und Zwischendornmuskeln bestritten würde. Anders die Obliqui. Um ihre morphologische Stellung kümmern sich überhaupt nur wenige Schriftsteller und die, welche es thun, gelangen zu so verschiedenen Resultaten, dass das Schwankende und Unzureichende der Unterlage, worauf ihre Schlüsse ruhen, sofort ersichtlich wird.

J. F. Meckel[1]) ist meines Wissens der erste, welcher sich über die Natur der schiefen Muskeln ausgesprochen hat. Er betrachtet den untern in Gesellschaft mit dem seitlichen geraden Muskel als „das vorderste Paar der Zwischenfortsatzmuskeln". Den obern dagegen bezeichnet er als „die erste Zacke des Halbdornmuskels[2]) und des vieltheiligen Rückgratsmuskels". M. J. Weber[3]) führt beide Obliqui unter der Rubrik seiner Semispinales, welche nur einseitig an Dornfortsätzen enden, auf. Im weiteren bringt er den Obliquus superior mit dem Complexus, den inferior mit dem Splenius zusammen. Theile[4])

---

[1]) J. F. Meckel, System der vergleichenden Anatomie. Halle 1828. Bd. III. S. 412.

[2]) Der „Halsdornmuskel" des Textes ist wohl ein Druckfehler.

[3]) M. J. Weber, Handbuch der Anatomie des menschlichen Körpers. Bonn 1839. Bd. I. S. 549.

[4]) S. Th. v. Sömmering, Vom Baue des menschlichen Körpers. Leipzig 1841. Bd. III. Abth. 1. S. 164.

meldet von unsern Muskeln: „Der untere wiederholt nach der Richtung der Fasern die Bauschmuskeln; der Wirkung nach aber wiederholt er für den Kopf den vieltheiligen Rückgratsmuskel und die Dreher des Rückens. Der obere entspricht zwar den letzten genannten Muskeln in der Richtung seiner Fasern; vielleicht ist es aber richtiger, ihn als hintern Zwischenquermuskel zwischen Atlas und Schädel anzusehen." Aehnlich urtheilt Henle.[1] Der Obliquus inferior gilt ihm „einem Kopfe des Splenius analog", der Obliquus inferior dagegen soll zusammen mit dem Rectus lateralis einem Intertransversarius post. entsprechen. Meyer[2] stellt sie, ohne sich auf genauere Erörterungen einzulassen, einfach in die Reihe der Rotatoren der Wirbelsäule. Hyrtl[3] will solches für den obern Muskel nicht gelten lassen, „da das Hinterhauptbein auf dem Atlas keine Drehbewegung ausführen kann." Nach Aeby[4] ist der obere schiefe Kopfmuskel „strenggenommen nichts anderes als die letzte Zacke des durchflochtenen Muskels, die dadurch selbstständig geworden, dass dessen zweite Zacke, die an den Epistropheus sich anlehnen sollte, wegfällt". Für den untern schiefen Muskel verzichtet Aeby auf eine Deutung, da er der Lage nach zwar der tiefen Faserschicht, dem Verlaufe nach dagegen der oberflächlichen anzugehören scheine. Humphry[5] endlich rechnet den Obliquus inf. in Gesellschaft mit dem Splenius zu den nach aussen, den Obliquus sup. mit Complexus, Multifidus und andern zu den nach innen aufsteigenden Muskeln.

Gestatten auch die vorstehenden Aussprüche keine unmittelbare Vergleichung, da die einen ohne Zweifel mehr vom anatomischen, die andern mehr vom physiologischen Gesichtspunkte aus gethan sind, so beweisen sie doch zur Genüge, wie unsicher der Boden ist, worauf wir stehen und wie sehr es weiterer Untersuchungen bedarf, um denselben einigermaassen zu festigen. Hinsichtlich des Obliquus sup. herrscht noch leidliche Uebereinstimmung. Die Mehrzahl der genannten Autoren theilt ihn der tiefen oder der nach innen aufsteigenden Schrägfaserschicht zu, wobei es ziemlich gleichgültig ist, welch weiterer Angehörige dieser Schicht in erster Linie namhaft gemacht wird, ob Multifidus und die Rotatoren, oder der Complexus. Theile und Henle allein finden die Verwandtschaft auf Seiten der Intertrans-

---

[1] J. Henle, Handbuch der Muskellehre. Braunschweig 1858. S. 48.
[2] H. Meyer, Lehrbuch der Anatomie des Menschen. Leipzig 1861. S. 185.
[3] J. Hyrtl, Lehrbuch der Anatomie des Menschen. Wien 1862. S. 406.
[4] Aeby, Der Bau des menschlichen Körpers. Leipzig 1871. S. 363.
[5] Humphry, Observations in myology. Cambridge and London 1872.

versarii. Sehr schlecht dagegen steht es mit dem Einklange der Meinungen über den Obliquus inferior. Hier stehen sich deren nicht weniger als drei in durchaus unvereinbarer Weise gegenüber. Für das gerade Fasersystem der Intertransversarii entscheidet sich blos Meckel. Alle andern nehmen ihre Zuflucht zum schiefen Fasersystem und zwar zum oberflächlichen mit besonderer Betonung des Splenius Weber, Henle, Humphry, zum tiefen unter Hervorhebung der Rotatoren vor allem Meyer. Theile lässt sich nach dem Wortlaute seines Ausspruches mit Sicherheit weder der einen noch der andern Gruppe ausschliesslich anreihen. Aeby befriedigte keine dieser Ansichten und gewiss mit Recht; denn der Ansatz eines Muskels an einem Dornfortsatze ist unverträglich mit dem Charakter eines Intertransversarius und gegen seine morphologische Zusammenstellung mit der tiefen Schrägfaserlage spricht mit gleicher Bestimmtheit die verschiedene Richtung des Faserverlaufes, wie die Verschiedenartigkeit der Lagerung gegen seine Einfügung in die oberflächliche Schrägfaserlage. Aeby hat aus Mangel an bezüglichen Untersuchungen auf eine eigne Erklärung des Sachverhaltes verzichtet. Gern folgte ich seiner Aufforderung, die gelassene Lücke auszufüllen. Wenn es mir gelungen ist, so verdanke ich dies nicht zum kleinsten Theile der unausgesetzten Unterstützung, deren ich mich seinerseits zu erfreuen hatte. Dafür sei ihm denn auch an dieser Stelle mein wärmster Dank ausgesprochen.

Der morphologische Werth eines Organes kann nur auf dem Wege der Vergleichung gefunden werden. Bei Muskeln ist vor allem die Lagerung, die Vertheilung der Ansätze auf das Skelet und die Stellung zu den Nerven massgebend. Die Literatur verhält sich für die kleinen Kopfmuskeln in dieser Hinsicht auffallend stiefmütterlich. Ich sah mich daher fast ganz auf eigene Forschung angewiesen. Ich beginne damit, deren Ergebnisse nach den einzelnen Klassen der Wirbelthiere zusammenzustellen. Die Fische fallen dabei ohne weiteres ausser Betracht, da bei ihnen die bezügliche Muskulatur noch nicht zur Differenzirung gelangt ist.

I. Säugethiere.

Ueber die kleinen Kopfmuskeln der Säugethiere weiss Cuvier[1] weiter nichts zu sagen, als dass sie wie beim Menschen vorhanden sind

---

[1] G. Cuvier, Leçons d'anatomie comparée. Paris 1835. Tome I. p. 813.

und dass sie auch die gleichen Ansätze besitzen; nur seien sie im gleichen Verhältnisse grösser als solches auch für die beiden ersten Wirbel der Fall ist. Etwas weniger wortkarg ist Meckel[1]), von dem wir erfahren, dass die Uebereinstimmung denn doch keine so vollständige ist. Owen[2]) hinwiederum behandelt die Muskulatur überhaupt zu kurz, als dass von ihm Erhebliches zu erwarten wäre. Er steht in der That ganz auf dem Standpunkte von Cuvier.

Meine eigenen Beobachtungen bestätigen, dass gerade und schiefe Kopfmuskeln bei den Säugethieren ganz allgemein vorkommen und dass als ihr typisches Gebiet die Strecke vom Hinterhaupte bis zum zweiten Halswirbel muss angesehen werden (Figg. 1—3 Taf. XIII). Nach Meckel (a. a. O. S. 414), macht hiervon das Schnabelthier eine Ausnahme, indem bei diesem ausser den beiden ersten noch· der dritte und vierte Halswirbel in Mitleidenschaft gezogen werden.

Die geraden Kopfmuskeln sind immer als kleiner (Rectus minor) und als grosser (R. major) vorhanden. Jener reicht nie weiter als bis zum Atlas und bietet nur nach der Stelle seines Ansatzes am Hinterhaupte, sowie auch nach Form und Stärke geringfügige Verschiedenheiten, deren Aufzählung wir uns als morphologisch völlig bedeutungslos ersparen können. Dieser gewinnt ein höheres Interesse dadurch, dass er zum Zerfall neigt. Seine oberflächliche Faserschicht kann selbständig werden und einen dritten geraden Muskel darstellen. Wir wollen ihn den oberflächlichen (Rectus cap. superficialis) nennen. Ich traf ihn bei der Katze, beim Panther, Hunde, Marder, Dachse, ebenso beim Kaninchen, Gürtelthier und Ameisenfresser. Dasselbe berichtet Meckel vom Pferde und Eisbären. Dagegen vermisste ich ihn ausser beim Menschen noch ·beim Affen (Innus), Murmelthier, Meerschweinchen und Igel, beim Rinde, ferner bei der Ratte und der Feldmaus. Ein bestimmtes Gesetz lässt sich demnach nicht aufstellen, nur mag hervorgehoben werden, dass alle Raubthiere der ersten und fast sämmtliche Nagethiere der zweiten Gruppe angehören. Ob solches sich auch bei ihren bezüglichen Verwandten wiederholt, bleibt natürlich dahingestellt. Die Grösse des Muskels unterliegt, wo er sich überhaupt vorfindet, beträchtlichem Wechsel. Manchmal beschränkt er sich, wie beim Hunde (Fig. 1 Taf. XIII) auf einen schmalen Streifen, der nahe der Mittellinie verläuft und den tieferen Muskel beinahe frei lässt, und wiederum wird er, wie beispielsweise beim Dachse, so breit, dass er den grossen geraden Muskel gänzlich verdeckt (Fig. 2 Taf. XIII).

---

[1]) J. F. Meckel, System der vergleichenden Anatomie. Halle 1828. Bd. III. § 186.

[2]) R. Owen, On the anatomy of vertebrates. London 1868. Vol. III.

Auch die schiefen Muskeln bieten einige Verschiedenheit in ihrem Verhalten dar. Der untere ist gewöhnlich grösser, trotzdem aber immer einfach. Der obere kann in zwei (Murmelthier, Dachs) oder gar in drei (Katze) selbständige Bündel zerfallen. Beide Muskeln sind in der Regel gänzlich von einander geschieden, trotzdem die Ansätze dicht zusammenstossen. Das untere Ende des Obliquus sup. entspringt häufig nur von der äussersten Kante des Atlas und deckt dann, schräg nach innen aufsteigend den Ansatz des Obliquus inf. Sein Kopfende überlagert in wechselndem Umfange den Rectus major oder kommt ganz an dessen Aussenseite zu liegen.

Besonders auffällig und ohne Zweifel wichtiger als die eben erörterten Verhältnisse ist die Verschiedenheit der Richtung, worin die Obliqui bei den einzelnen Thieren gelegt sind[1]). Nahezu rechtwinklig, nämlich unter einem Winkel von 90—100 Graden, stossen sie am Atlas ausser beim Menschen und Affen noch beim Hunde, Marder, Panther, Dachse, beim Igel und Kaninchen, sowie bei der Katze zusammen. Der Winkel steigt auf 140 Grad beim Rinde, beim Ameisenfresser und bei der Ratte. Einen Werth von voll 180 Graden erreicht er beim Murmelthiere und bei der Feldmaus, das heisst, bei diesen gehen die beiden schiefen Muskeln geradlinig in einander über und ergänzen sich zu einem Muskelstreifen, der um weniges stärker nach aussen geneigt als derjenige des Rectus parallel mit dessen Aussenrand zum Kopfe aufsteigt. Zwischen beiden bleibt nur eine schmale Spalte frei. Wo die beiden Obliqui winklich von einander abknicken, da erweitert sich häufig diese Spalte in der Höhe des Atlas zum freien mehr oder weniger umfänglichen dreiseitigen Felde. Es ist dies die Stelle, wo über dem Atlas der für unsere Muskeln vorzugsweise bestimmte hintere Ast des ersten Halsnerven zum Vorschein kommt. Er liegt also nach aussen von den Recti, nach innen vom Obliquus sup., während der entsprechende Ast des zweiten Halsnerven den Obliquus inf. von aussen her umfasst. Der Faserzug der beiden Obliqui kommt somit zwischen die beiden Nerven zu liegen, ein durchaus constantes Verhältniss, das aus später zu erörternden Gründen ganz besonders betont werden muss.

Die geraden und schiefen Kopfmuskeln sind fast durchweg streng von einander geschieden. Eine Ausnahme hiervon machen der Ameisenfresser, von dem es schon MECKEL angiebt, und das Gürtelthier. Bei diesen schieben sich die Muskeln zu einer äusserlich nahezu ein-

---

[1]) Schon MECKEL (a. a. O. S. 414) hat darauf hingewiesen.

heitlichen Masse zusammen. Ihre Trennung durch das Messer stösst
indessen auf keine Schwierigkeit.

II. Vögel.

Den Vögeln sollen nach den übereinstimmenden Angaben sämmtlicher Forscher die schiefen Kopfmuskeln abgehen. Meckel (a. a. O.
S. 298) spricht von mehreren, bis auf drei, „hintern Kopfmuskeln“,
welche, mehr oder weniger getrennt, von hinten nach vorn an Grösse
zunehmen und den Dornen der drei ersten Halswirbel entstammen. Cuvier
(a. a. O. S. 315) hebt bestimmter einen grossen und kleinen geraden
Muskel hervor, von denen jener am Dornfortsatze des zweiten, bisweilen
ausserdem an dem des dritten, ja selbst des vierten Wirbels entspringt,
dieser vom Atlas ausgeht. Letzterer ist der Kleinheit des zugehörigen
Wirbelbogens wegen vom grossen Muskel oft kaum zu unterscheiden.
Owen (a. a. O. S. 90) kennt, ohne sich weiter auf genauere Defini-
tionen einzulassen, hintere gerade Kopfmuskeln, welche von drei
Dornfortsätzen ausgehen. Selenka[1] endlich trennt wieder ausdrücklich einen grossen und einen kleinen geraden Muskel. Seine Auffassung stimmt also im Wesentlichen mit der von Cuvier überein.

Nach eigenen Untersuchungen an Huhn, Taube, Ente, Wellen-
papagei und amerikanischem Strausse kann ich mich dem Gesagten
insofern anschliessen, als ich überall eine von den zwei ersten Dornfortsätzen ausstrahlende Muskelmasse getroffen habe, die in fächerförmiger
Entfaltung zum Hinterhaupt aufsteigt (Fig. 4 Taf. XIII). Am Aussenrande derselben tritt der zweite Cervicalnerv aus der Tiefe hervor.
Der erste Halsnerv bohrt sich von unten her in die Muskelmasse
selbst ein und zerlegt sie in zwei dicht an einander liegende, doch
leicht und deutlich zu trennende Bündel, ein inneres, das seine
Fasern vom ersten und zweiten Wirbel bezieht, und ein äusseres,
jenem an Umfang meist überlegenes, welches nur dem zweiten Wirbel
angehört. Die Faserrichtung des innern Bündels ist naturgemäss steiler,
als diejenige des äussern. Wir wollen daher jenes den geraden,
dieses den schiefen Muskel nennen. Mehrfach ist es mir gelungen,
den geraden Muskel mühelos in zwei weitere Unterabtheilungen auf-
zulösen, eine tiefere, welche die am Atlas, eine oberflächliche, welche

---

[1] Bronn's Klassen und Ordnungen des Thierreichs. Leipzig und Heidelberg 1870. Bd. VI. 4. Abth. S. 99.

die am Epistropheus wurzelnden Fasern aufnimmt. Ein grosser und
kleiner gerader Kopfmuskel ist damit gegeben. Mit jenem wird von
Cuvier und anderen offenbar unser s c h i e f e r Muskel zusammen-
geworfen. Dieser ist indessen wohl davon zu unterscheiden, da er
nicht allein bei aller Innigkeit der Verbindung doch eine vollkommene-
Selbständigkeit behauptet, sondern auch zu den benachbarten Nerven ein von demjenigen der Recti durchaus abweichendes, dagegen
mit demjenigen der Obliqui bei Säugethieren übereinstimmendes Verhalten darbietet. Die Aehnlichkeit des allgemeinen Muskelbildes
beim Vogel und bei gewissen Säugethieren springt in die Augen.
Man vergleiche nur die Figuren 3 und 4. Die Hauptmasse des
schiefen Muskels geht zum Hinterhaupte. Ich habe ihn indessen auch
Verbindungen mit dem Seitentheile des Atlas eingehen sehen.

III. Reptilien.

Besondere kleine Kopfmuskeln fehlen, wie schon Cuvier (a. a. O.
S. 318) angegeben, den Schlangen. Bei den übrigen Reptilien gilt
der Typus der Vögel. Meckel fasst (a. a. O. S. 118) bei den Chelo-
niern eine Anzahl von Muskelbündeln, die vom sechsten Halswirbel
bis zum Kopfe sich erstrecken, als Vertreter des Nacken-Zitzenmuskels,
der hintern geraden und schiefen Kopfmuskeln, sowie der Zwischen-
quermuskeln der höheren Thiere zusammen. Genaueres giebt er nicht
an. Bei den Sauriern (a. a. O. S. 149) theilt er dem Atlas einen
kurzen, dem Epistropheus einen langen geraden Muskel zu. Cuvier
(a. a. O. S. 317) findet beim Krokodil einen langen geraden Kopfmuskel (long droit postérieur de la tête), welcher mit allen Dornfortsätzen in Verbindung treten soll und dessen vorderste vom Atlas gelieferte Zacke als kleiner gerader Muskel (petit droit postérieur)
angesehen werden könne, daneben einen grossen geraden Muskel (grand
droit postérieur), der nur vom zweiten Halswirbel ausgeht. Es entspricht dies der Auffassung von Meckel, nur dass dessen kleiner
Muskel nach rückwärts vom Spinalis nicht abgegrenzt ist. Cuvier's
schiefer Muskel („Oblique supérieur") dagegen ist in Wirklichkeit der
gerade seitliche Muskel und hat somit keine Beziehung zu den schiefen
Muskeln der Säugethiere und der Vögel. Auch Owen (a. a. O. S. 233)
macht sich unrichtiger Benennung schuldig. Sein Rectus capitis posticus major, der von den zwei ersten Dornfortsätzen ausgeht, vereinigt

den langen und kurzen Muskel MECKEL's. Sein Rectus capitis posticus minor dagegen hat mit dem sonst so genannten Muskel nichts
zu thun. Er lehnt sich an den Querfortsatz des Atlas und kann daher
nichts anderes sein als der seitliche gerade Muskel (Rectus capitis
lateralis).

Wir ersehen aus dem Mitgetheilten, dass die grosse Uebereinstimmung, welche bei den Vögeln bezüglich unserer Muskulatur zu
Tage trat, bei den Reptilien bedenklich ins Schwanken geräth, ja
dass hier fälschlicherweise Elemente herbeigezogen werden, die einem
ganz anderen Gebiete angehören. Eine unmittelbare Beziehung zu den
Vögeln tritt daher nicht hervor und es bleibt fraglich, ob überhaupt
jemand an eine solche gedacht hat. Nichts destoweniger ist sie vorhanden und unschwer nachzuweisen. Bei allen von mir untersuchten
Reptilien (Chamaeleon, Draco, verschiedene Arten von Monitor, Stellio,
Gongylus, Ameiva, Alligator, Chelone) hat sich ergeben, dass die
hintere Kopfmuskulatur genau so angeordnet ist, wie bei den Vögeln
(Fig. 5 Taf. XIII). Sie besteht gleichfalls aus einer dreiseitigen Muskel-
platte, welche von den zwei oder drei vordersten Dornfortsätzen allmälig verbreitert zum Hinterhaupte zieht. An ihrem Aussenrande
kommt der zweite Halsnerv zum Vorschein. Der erste Halsnerv bohrt
sich wiederum in sie ein und zerlegt sie in ein inneres kleineres und
ein äusseres grösseres Bündel. Von den Vögeln finde ich nur darin
eine Abweichung, dass die Beziehung des äusseren Bündels zum
Atlas häufig viel lockerer ist und dass das innere Bündel immer einfach bleibt. Die Innigkeit der Verbindung beider ist eine sehr verschiedene. In den einen Fällen geht sie so weit, dass eine Trennung
kaum anders als künstlich durchgeführt werden kann, in den andern
erscheint eine solche in Gestalt einer zwar feinen, doch deutlichen
Spalte ausgeprägt. Dort hat es die Beschreibung mit einem einzigen
Muskel zu thun, den man füglich den Dornmuskel des Kopfes
(M. spinalis capitis) nennen kann. Hier treten an dessen Stelle zwei
Muskeln, ein gerader (M. rectus cap.) und ein schiefer (M. obliquus
cap.). Bei manchen Reptilien bauscht sich zwischen den Kopfenden
der beiden Muskeln der Schläfenmuskel unter dem queren Occipital-
bogen nach hinten vor (Fig. 5).

IV. Amphibien.

MECKEL allein (a. a. O. S. 101) beschreibt zwischen den Dornen
der beiden ersten Halswirbel und dem Hinterhaupte bei geschwänzten

Batrachiern einen „hinteren geraden Kopfmuskel". Sonst finde ich einen solchen nirgends erwähnt. Auch der neueste Schriftsteller auf diesem Gebiete, HOFFMANN[1]), weiss nichts von ihm. Eigene Erfahrung fehlt mir. Bei den ungeschwänzten Betrachiern sind die Autoren darin einig, dass kleine hintere Kopfmuskeln nicht gesondert auftreten. Sie sind in den Intercrurales enthalten.[2]) CUVIER's „Oblíque supérieur" (a. a. O. S. 318) hat dieselbe Bedeutung wie beim Krokodil. Er ist der Rectus lateralis, als welcher er auch, freilich unter verschiedenen Benennungen[3]), von den übrigen Autoren angesehen wird.

Schlussfolgerungen.

Unsere Erfahrungen lassen sich dahin zusammenfassen, dass bei den Reptilien, Vögeln und Säugethieren besondere kleine Kopfmuskeln in der Nackengegend nicht allein ganz allgemein vorhanden, sondern auch im wesentlichen ein und demselben Typus angepasst sind. Sie bestehen aus Faserzügen, welche zum mindesten von den zwei, nicht selten auch von den drei vordersten Dornfortsätzen aus in fächerförmiger Entfaltung zum Hinterhaupte gelangen und hier unweit des for. magnum enden. Typisch für sie ist ihre Stellung zu den beiden ersten Halsnerven. Der zweite kommt ausnahmslos an ihrem Seitenrande zum Vorschein, der erste dagegen bohrt sich von der Wirbelsäule her in sie ein; er muss als in ihrem unmittelbaren Dienste stehend angesehen werden. Dieser Eintritt des Nerven scheidet anfangs nur virtuell (manche Reptilien), später aber auch reell (ebenfalls Reptilien) die ganze Muskelschicht in zwei Unterabtheilungen, eine mediale, mehr gerade (M. rectus cap.), und eine laterale, mehr schiefe (M. obliquus cap.). Jene erhält Fasern vom ersten und zweiten, diese vom zweiten, nicht selten auch vom dritten Wirbel. Die Grundlage für die ganze fernere Differenzirung ist damit gegeben. Weiterer Zerfall ist als Ziel beiden Abtheilungen gemeinsam, die Art desselben für eine jede von ihnen eine besondere.

Die innere Abtheilung oder der gerade Kopfmuskel (M. rectus cap.) bleibt bei allen Reptilien vollkommen einfach. Erst bei den

---

[1]) BRONN's Klassen und Ordnungen des Thierreichs. Leipzig und Heidelberg 1874. Bd. VI, 2. Abth.·

[2]) ECKER, Anatomie des Frosches. Braunschweig 1864. S. 88.

[3]) Sie finden sich in HOFFMANN's bereits erwähnter Arbeit zusammengestellt.

Vögeln wird ihr am Atlas haftender Abschnitt selbständiger, ja sogar zu einem besondern Muskel. Manche Säugethiere begnügen sich mit der Wiederholung dieses Typus, andere führen ihn dadurch um einen Schritt weiter, dass sie den grösseren Muskel nochmals zerlegen. Statt des einen geraden Muskels der Reptilien bieten uns also die Vögel deren zwei, einen grossen und einen kleinen und nicht wenige Säugethiere sogar drei, nämlich ausser dem grossen und kleinen noch einen oberflächlichen.

Die äussere Abtheilung unserer Muskulatur oder der schiefe Kopfmuskel (M. obliquus cap.) hat als charakteristisches Merkmal, dass sie zwischen den ersten und zweiten Halsnerven zu liegen kommt. Bei den Reptilien streift sie noch ziemlich lose über den Seitentheil des Atlas hinweg. Bei den Vögeln erstellen sich, wenigstens in manchen Fällen, zwischen beiden innigere Beziehungen; die tiefsten Faserzüge gelangen zum Ansatz. Die Säugethiere steigern die Innigkeit des gegenseitigen Verbandes nach Massgabe der ungleich mächtigeren Entfaltung des Querfortsatzes. Die Zahl der durch ihn unterbrochenen Fasern wird eine so grosse, dass in der Regel gar keine mehr unbehelligt gelassen werden und somit ein vollständiger Zerfall des Muskels in eine obere und untere Abtheilung stattfindet. Die beiden schiefen Muskeln sind dessen Product. Bei einfacherem Sachverhalte gehen sie noch geradlinig in einander über (z. B. beim Murmelthier), bei erfolgreicherem Eingreifen des breit auswachsenden Querfortsatzes knicken sie in nach innen offenem Winkel von einander ab. Die Verschiedenheit ihrer nunmehrigen Richtung ist somit keine primäre, sondern eine secundäre, und fällt daher bei der Beurtheilung des morphologischen Werthes ausser Betracht. Die schiefen Kopfmuskeln gehören demselben morphologischen Systeme an wie die geraden. Sie sind gleich diesen als eigenthümliche Modification der Mm. spinales und interspinales zu betrachten.

Die eben geschilderte Quertheilung eines anfangs einfachen Muskels in zwei Muskeln steht keineswegs allein da. Ich erinnere nur an die Spaltung, welche der bei Abwesenheit eines Schlüsselbeins ununterbrochen vom Zitzenfortsatze zum Oberarm fortziehende Muskel durch das Auftreten eines solchen erfährt. Der hierdurch gebildete Cleidomastoideus steht zum Cleido-brachialis in einem ganz ähnlichen Verhältnisse wie der Obliquus sup. zum inf. Selbst die bald geradlinige, bald winklig geknickte Richtung der beidseitigen Achsen, gelangt bei ihnen zur Wiederholung. Der Beispiele wären leicht noch viele aufzuführen, doch mag das eine genügen.

Der Stammbaum unserer Muskulatur gestaltet sich auf Grundlage der gegebenen Nachweise folgendermassen:

I. Reptilien:		. . . . Spinalis capitis			
		. . . . . Rectus capitis		Obliquus capitis	
II. Vögel:	Rectus cap. maj.	Rectus cap. minor		Obliquus capitis	
III. Säugethiere:	(Rectus cap. superfic.)	Rectus cap. major	Rectus cap. min.	Obliquus cap. sup.	Obliquus cap. inf.

Für die morphologische Bedeutung der Muskeln und die Geschichte ihrer Differenzirung gibt es keine deutlicheren Fingerzeige als ihre Varietäten. Der mir zugänglichen Literatur zufolge scheinen die kleinen Kopfmuskeln an solchen nicht eben reich zu sein. Einiges ist aber doch vorhanden. WELCKER[1]) beobachtete gegenseitigen Faseraustausch zwischen den gleichseitigen Recti eines Mannes; es spricht für deren ursprüngliche Zusammengehörigkeit. Wichtiger ist eine zweite an gleicher Stelle berichtete Beobachtung, wo der obere Rand des M. obliquus cap. inf. sich ablöste und, unter dem obliquus sup. durchtretend, hinter dem Rectus capitis lateralis am Hinterhaupte seinen Ansatz fand. Für einen Theil der Obliquusfasern hatte hier ein Rückschlag in die Form des einfachen Obliquus, wie er Reptilien und Vögeln eigen zu sein pflegt, stattgefunden.

Erklärung der Abbildungen.

Tafel XIII.

Fig. 1. Kleine Kopfmuskeln des Hundes.

Fig. 2. Kleine Kopfmuskeln des Dachses.

Fig. 3. Kleine Kopfmuskeln des Murmelthieres.

R. s., Rectus superficialis; R. mj., Rectus major; R. m., Rectus minor. — O. i., Obliquus inferior; O. s., Obliquus superior. — Die durchschnittenen und fast sämmtlich zurückgeschlagenen Muskeln führen ausser obiger Bezeichnung einen Stern (*). — In Fig. 2 ist der zweitheilige O. s. linkerseits nur zur Hälfte durchschnitten. — c', erster, c'', zweiter, c''', dritter Cervicalnerv. — V³, dritter Halswirbel.

Fig. 4. Kleine Kopfmuskeln des Huhnes.

R. mj., Rectus major, R. mj.*, durchschnitten; R. m., Rectus minor. — O., Obliquus. — c', erster, c'', zweiter Cervialnerv. — V³, dritter Halswirbel.

Fig. 5. Kleine Kopfmuskeln eines Reptiles (Monitor; spec.?)

R., Rectus; O., Obliquus, O*., durchschnitten; T., Schläfenmuskel. — c', erster, c'', zweiter Cervicalnerv. — V³, dritter Halswirbel.

---

[1]) WELCKER, Beiträge zur Myologie. Zeitschr. f. Anatomie und Entwicklungsgeschichte von W. HIS und W. BRAUNE. Leipzig 1875. Bd. I. S. 177.

XX.

Die Tuben-Tonsille des Menschen.

Von

E. v. Teutleben,
Dr. ph.

(Hierzu Tafel XIV.)

In der Schleimhaut der Tube kommt adenoides Gewebe vor. Rüdinger[1]) fand solches am häufigsten unter der Knochenlamelle, welche die Tube von dem canalis tensoris tympani scheidet; Weber-Liel[2]) bemerkte, dass die. Tubenschleimhaut, wenigstens in ihrem unteren an das ostium pharyngeum angrenzenden Viertheil einen adenoiden Bau habe. An Durchschnitten durch die Tube eines halb-jährigen Kindes fand Professor Gerlach[3]) die Schleimhaut derselben mit Balgdrüsen durchsetzt.

Die Tubenschleimhaut des Erwachsenen ist von mir etwas näher auf diese Verhältnisse hin untersucht worden. — Herrn Professor Gerlach sage ich für die Theilnahme, die er meiner Arbeit geschenkt hat, meinen verbindlichsten Dank; Herrn Dr. Heinlein bin ich für die Anfertigung der Zeichnungen zu grossem Dank verpflichtet. —

Die Pharynxtonsille findet sich in der Schleimhaut des Schlund-kopfes eingelagert in der oberen Wand des letzteren, da, wo sich der-selbe an die Basis des Schädels anheftet, und zieht von der Mündung der einen Tube quer herüber zu der anderen. Sie besteht aus dicht an einander gelagerten tuberkelförmigen Erhabenheiten, die entweder einfach solide Anhäufungen adenoider Substanz bilden, die die Schleim-

---

[1]) Stricker's Handbuch II, 872.
[2]) Ueber das Wesen und die Heilbarkeit der häufigsten Form progressiver Schwerhörigkeit. 1873. S. 55.
[3]) Erlanger Sitzungsberichte 1875. 8. März.

haut mehr oder weniger weit hervorwölben, oder die eine centrale
Einstülpung zeigen, deren Lumen von der sich einschlagenden Schleimhaut begrenzt bald grösser, bald kleiner, bald mehr länglich, bald
mehr nach unten hin sich ausbuchtend eine Höhle darstellt, wie dieselbe bei den Balgdrüsen der Zungenwurzel getroffen wird. Die adenoide
Substanz, die die Aussenseite der eingestülpten Schleimhaut auskleidet, ist wohl nur sehr selten in einzelne Follikel gesondert, in der
Regel erscheint dieselbe in gleichmässig kontinuirlicher Anordnung.
Zwischen den einzelnen Tuberkeln oder in der Nähe der Bälge münden
zahlreich angeordnete Schleimdrüsen aus. In die Wand der bursa
pharyngea setzt sich die Pharynxtonsille fort, ja zuweilen kann man
eine Fortsetzung derselben über die mediale Wand der Tube hinweg
in das Innere derselben hinein eine Strecke weit deutlich verfolgen.
Einzelne Balgdrüsen ziehen sich verschieden weit in den Pharynx
herab, auch nach den Seiten hin bis zur Mündung der Tube und wohl
noch darüber hinaus. Die Pharynxtonsille bietet nun äusserst variable
Verhältnisse dar. Am stärksten entwickelt zeigt sie sich bei dem
Kinde, aber auch schon hier sehr ungleich, bei dem einen in grosser
Mächtigkeit, bei dem andern bedeutend reduzirt. Noch grösser werden
die Verschiedenheiten bei dem Erwachsenen. Bei den Erwachsenen,
die ich darauf hin zu untersuchen Gelegenheit hatte, war von einer
Pharynxtonsille von der oben beschriebenen makroskopischen Struktur
keine Rede mehr. An Stelle der höckrigen vorspringenden Bildungen
zeigten sich nur noch verschieden zahlreiche grössere oder kleinere,
flachere oder tiefere nadelstichförmige Gruben und Grübchen, umrahmt
von mehr oder weniger hohen Rändern. Ein Frontalschnitt durch
diese Gegend, bei schwacher Vergrösserung betrachtet, zeigt kleine
Höckerchen, abwechselnd mit flachen Grübchen, die ersteren angefüllt,
die letzteren umkleidet in der verschiedensten Weise von adenoidem
Gewebe, welches aber zuweilen auch vollständig geschwunden sein
kann. Wo sich eine bursa pharyngea vorfand, oder deren zwei vorhanden waren, zeigten nur die Wände derselben noch deutlicher eine
Struktur, die an diejenige der Pharynxtonsille erinnert in ihrem typischen Bau. Jene nadelstichförmigen Gruben und Grübchen setzen sich
nun von der Basis des Schlundkopfgewölbes herab auch auf das ostium
pharyngeum tubae fort, und über dieses hinweg in das Innere der
Tube hinein. Am zahlreichsten finden sich dieselben in der Schleimhaut der medialen Wand derselben, und hier besonders an dem Wulst,
den die mediale Wand des Tubenknorpels in der Pharynxschleimhaut
bildet. Sie nehmen bisweilen die ganze Höhe der Tubenwand ein,
das heisst sie finden sich von der Umbiegung der medialen Wand in

die laterale bis herab, wo die Schleimhaut der ersteren unmerklich in die des umgebenden Pharynxgewebes übergeht. In der lateralen Wand der Tube, die nur aus einer Schleimhaut, einer bindegewebigen propria und einer sehr fettreichen äusseren Bindegewebslage besteht, finden sich diese Grübchen nur sehr vereinzelt, und nur unmittelbar an dem Eingang in die Tube. Ueberhaupt kommen dieselben am reichlichsten vor in dem unteren Drittheil derselben, von dem ostium pharyngeum an gerechnet; in dem mittleren Drittheil sind sie schon viel seltener, und in dem oberen Drittheil der knorpligen Tube fehlen dieselben in der Regel vollständig.

Betrachtet man einen durch die Mitte dieser Grübchen geführten Frontalschnitt bei schwacher Vergrösserung, so erkennt man, dass dieselben, sowohl diejenigen, die sich im Pharynx finden, als auch die, die man in der Tube antrifft aus einer Einstülpung der Schleimhaut bestehen, in die hinein in dem einen Falle das geschichtete Pflasterepithel des Pharynx, in dem andern das Cylinderepithel der Tube sich kontinuirlich fortsetzt. An den meisten Präparaten ist jedoch das Epithel durch Mazeration zu Grunde gegangen. Dieselben sind bald breiter, bald schmaler, bald flacher, bald mehr in die Tiefe reichend, bald gerade nach abwärts ziehend, bald schief nach einer Seite gerichtet. In der Umgebung dieser Einstülpungen ist sehr häufig nichts besonderes zu bemerken, das heisst: unmittelbar an die äussere Seite der Einstülpung grenzt das submucöse Bindegewebe an. Bei einer anderen Anzahl von den mit Carmin behandelten Schnitten findet man die Umgebung einer solchen Einstülpung stärker gefärbt, und diese stärkere Färbung wird bedingt durch die Anwesenheit einer grösseren oder geringeren Menge lymphoider Körperchen, mit anderen Worten: um die Aussenseite dieser Einstülpung in der verschiedensten Weise herumgelagert, findet sich adenoides Gewebe. Von diesen einfachsten, von einer geringen Menge adenoider Substanz umgebenen Einstülpungen führen nun Zwischenstufen oder Uebergänge in der mannigfaltigsten Modifikation bis zu den den Balgdrüsen ähnlichen Bildungen bei dem Erwachsenen, beziehungsweise bis zu den echten Balgdrüsen, wie sich dieselben bei dem Kinde vorfinden. Ueber diese letzteren theilt Professor Gerlach folgendes mit (l. c.): „...... Es betrifft das Vorkommen von Balgdrüsen in der Tube, welche in dem ganzen knorpligen Theil der Röhre von dem ostium pharyngeum an bis zum Uebergange der tuba cartilaginea in die tuba ossea ungemein zahlreich auftreten. Am häufigsten sind dieselben in dem mittleren Theile der knorpligen Tube, wo geradezu eine Balgdrüse neben der anderen liegt. An dem Grunde dieser Bälge sind, mehr in dem submucösen Bindegewebe gelegen, massenhaft acinöse Schleimdrüsen vorhanden, deren Ausführungsgänge theils zwischen die Balgdrüsen, theils in die Hohl-räume derselben einmünden. Die Bälge der Tubenschleimhaut sind aber kaum halb so gross als diejenigen der Gaumen- und Rachen-mandel, nehmen aber nahezu die ganze Dicke der Tubenschleimhaut ein. Die Wand der Bälge ist 0,3 bis 0,4 mm. dick, und besteht aus der bekannten conglobirten Drüsensubstanz. Abtheilungen der letzteren in Form geschlossener Follikel kommen in derselben nicht vor, sondern die ganze Wand der Balgdrüse besteht hier aus diffuser conglobirter Drüsensubstanz, welche übrigens nach Aussen scharf abgegrenzt ist, und auf deren innerer Fläche unmittelbar das Tubenepithel aufsitzt. Zu den 3 bis jetzt bekannten Lokalitäten der oberen Abtheilung des Nahrungsschlauches, an welchen Balgdrüsen nachgewiesen wurden, in der hinter dem Zungen- $\wedge$ gelegenen Drüsenregion der Zunge, in den Tonsillen, und in dem Dache des Pharynx ist somit eine neue hinzu-gekommen, in der tuba Eustach., welche man vielleicht nach der Ana-logie von Pharynx-Mandel Tuben-Mandel nennen könnte."

Wesentlich verschieden von dieser Anordnung der adenoiden Sub-stanz bei dem Kinde ist nun diejenige, wie sie sich in der Tube bei dem Erwachsenen vorfindet. Hier findet sich dieselbe in 3 ver-schiedenen Modifikationen. Entweder dieselbe infiltrirt gleichmässig die ganze Schleimhaut, ohne die Oberfläche derselben irgend wie zu ver-ändern, oder sie füllt in das Lumen vorspringende Einstülpungen der-selben aus, oder sie umgibt nach Aussen gerichtete Ausstülpungen derselben.

Was die erste Art anbetrifft, so findet sich die Schleimhaut an den verschiedensten Stellen schwächer oder stärker mit lymphoider Substanz durchsetzt; bald bildet diese letztere nur einen dünnen Streifen unter dem Epithel, bald erstreckt sie sich in gleichmässiger Stärke bis herab zum submucösen Gewebe, und zwar bald in längerer bald in kürzerer Ausdehnung. Bisweilen trifft man auch dicht unter dem Epithel eingelagert ein Häufchen lymphoiden Gewebes. Diese gleichmässige adenoide Infiltration der Schleimhaut fand sich am häufig-sten an der Partie derselben, die sich von der Mitte der medialen Wand des Tubenkorpels unter dem Knorpelhaken hinweg zur lateralen Wand hinzieht.

Die zweite Modifikation ist die am wenigsten häufige. Bei dem Kinde trifft man hier und da solitäre Follikel in der Tubenschleim-haut. Bei dem Erwachsenen findet man entweder eine Stelle der Schleimhaut in etwas längerer Ausdehnung schwächer oder stärker vorgetrieben, und mit adenoidem Gewebe infiltrirt, oder es zeigen sich

Hervorwölbungen der Schleimhaut mit breiter Basis aufsitzend und nach dem Lumen zu sich verschmälernd, also hügelförmig, oder mit stielförmiger Basis mit der Schleimhaut in Verbindung und nach dem Lumen zu sich verbreiternd, also pilzförmig, ähnlich den pilzförmigen Papillen der Zunge. Sie sind mit dem Tubenepithel bekleidet, und sehr oft gleichmässig dicht mit adenoider Substanz infiltrirt. Sie gleichen in diesem Falle — natürlich in verkleinertem Maassstabe — den Lymphoid-Tuberkeln, wie sich dieselben in dichter Anlagerung in der Pharynxtonsille finden, und können als Modifikationen solitärer Follikel betrachtet werden, die sich von ihrer Unterlage etwas erhoben, und nach einer Richtung hin verschmälert, beziehungsweise verbreitert haben. Oft findet sich in denselben das lymphoide Gewebe nur sehr schwach angeordnet vor, oder dasselbe zieht nur in einer schmalen Randzone dicht unter dem Epithel hin. Sehr oft bestehen endlich diese Hervorwölbungen nur aus bindegewebiger Grundlage mit aufsitzendem Epithel: die adenoide Substanz ist hier aus ihrem Innern vollständig geschwunden. Hin und wieder findet man auch wohl einmal zwei solcher hügelförmiger Hervorstülpungen dicht neben einander gelagert, beide mehr oder weniger stark lymphoid infiltrirt. In seltenen Fällen springt eine längliche, zungenförmige Falte der Schleimhaut in das Lumen vor bis fast zur gegenüberliegenden Wand; auch diese Falte zeigt zuweilen eine lymphoide Struktur; sie fand sich nur von der inneren Wand des Knorpelhakens ausgehend, und der medialen knorpligen Tubenwand entgegengerichtet.

Am häufigsten findet sich die dritte Modifikation, die Einstülpungen der Schleimhaut nach Aussen hin. Als Uebergangsform von der einfachen lymphoiden Infiltration der ebenen Schleimhaut zu den Hervorwölbungen und Einsenkungen kann man die wellenförmige Conturirung derselben auffassen. Da die Tube sich erweitern und verengern kann, so wird sich eine, wenn auch nur geringe Faltenbildung ihrer Schleimhaut erwarten lassen, wie wir eine solche überall in Hohlorganen, Ausführungsgängen, überhaupt den Gebilden finden, deren Wände den Anforderungen einer veränderten Spannung unterliegen. Am häufigsten zeigt sich die Schleimhaut an der medialen und lateralen Wand von wellenförmigem Contur. Lagert sich nun hier in eine dieser wellenförmigen Erhöhungen adenoide Substanz ab, oder umkleidet letztere die Aussenseite eines dieser kleinen Wellenthäler, so wäre das die einfachste Anlage, aus der in dem einen Falle sich eine hügelförmige Anhäufung lymphoiden Gewebes, in dem anderen eine Einstülpung, umkleidet von dem gleichen Gewebe entwickeln könnte. Solche Bildungen finden sich nun in der That; es unterscheiden sich

dieselben aber — allerdings nur relativ — durch ihre geringgradige
Entwicklung von denjenigen, die zu den höheren Bildungen der Balgdrüsen sozusagen in gewisser Verwandtschaft stehen. Diese nun zeigen
auch wieder eine ausserordentliche Variabilität. Als einfachste Form
finden sich flache Einsenkungen der Schleimhaut, umgeben von verschieden dicker, unregelmässig begrenzter Lage lymphoiden Gewebes.
Oft trifft man auf einer längeren Strecke nur eine einzige solche Einstülpung an, oft liegen deren mehrere, drei oder vier und noch mehr
neben einander; oft umgibt die adenoide Substanz dieselben nur in
einem schmalen Saume, oder dieselbe liegt zu einem kleineren oder
grösseren Klumpen geballt an der Spitze derselben, oft auch zu einer
der beiden Seiten, oder auch mehr nach oben zu bis hinauf zur Umbiegungsstelle der Schleimhaut nach abwärts. Oefter liegen zwei Einstülpungen dicht neben einander, so dass von einer mehr oder weniger
prominirenden Stelle aus die Schleimhaut nach beiden Seiten hin verschieden tief sich ausbuchtet; unter beiden Ausbuchtungen liegt eine
zusammenhängende, unregelmässig abgegrenzte Anhäufung lymphoider
Substanz, die sich nach Aussen hin vielleicht etwas verschmälert, und
bis zwischen die Drüsenkörper in das submucöse Gewebe hinein sich
erstreckt, oder das adenoide Gewebe ist mehr diffus angeordnet, und
verliert sich ohne scharfe Grenze in dem umgebenden Bindegewebe.
Oft liegen drei oder vier solcher Einstülpungen dicht neben einander
in kontinuirlichem Uebergange; unter denselben hinweg zieht sich eine
zusammenhängende Masse lymphoiden Gewebes, die sich nach Aussen
bis in das submucöse Gewebe hinaberstreckt, und nach den Seiten hin
emporsteigend unter der Oberfläche der Schleimhaut sich noch eine
Strecke weit nach den Seiten hin fortsetzt. In diesem Falle finden
sich vier oder fünf prominirende Punkte, zwischen denen diese Einsenkungen mehr oder weniger tief sich hinab erstrecken. Zwischen
denselben münden acinöse Drüsen aus, die in dem submucösen Gewebe eingelagert sind, zuweilen aber tief in das Knorpelgewebe sich
herabgesenkt haben. In vielen Fällen sucht man aber in der Umgebung dieser Einstülpungen vergeblich nach der adenoiden Umklei-
dung. Es finden sich ferner Einstülpungen, von deren Boden aus die
Schleimhaut sich wieder in Form eines kleinen Lymphoid-Tuberkels
erhebt; die Einstülpung dicht umscheidet von lymphoidem Gewebe. Bei
manchen Einstülpungen zeigt die im Grunde derselben emporsteigende
tuberkelförmige Erhebung wieder eine centrale Depression; eine solche
findet sich auch oft an dem über das Niveau hervorragenden Theile der
Schleimhaut, von dem aus die Einsenkung herabsteigt, oder an die Stelle
der Depression tritt hier ein mehr oder weniger tiefer länglicher Spalt.

In andern Fällen finden sich Einstülpungen mit etwas über das
Niveau hervorragenden, weit in die Oeffnung überhängenden Rändern;
der Eingang führt in eine nach unten zu immer mehr nach allen
Seiten hin sich erweiternde Höhle; diese gleichen vollkommen den
Balgdrüsen, sind aber an ihrer Aussenseite nur sehr spärlich mit
adenoider Substanz umkleidet, die bisweilen selbst ganz vermisst wird.
Diese Form findet sich am seltensten. In noch anderen Fällen zeigen
sich sehr tiefe Einstülpungen, bei denen der eine Rand weit höher ist
als der andere, zwischen beiden findet sich in der Tiefe wieder eine
centrale Erhebung, überall kommt reichlich adenoides Gewebe in kontinuirlicher Anordnung vor.

Genug, es gibt so viele Verschiedenheiten, dass es unmöglich ist
alle einzeln aufzuführen; es mag nur nochmals bemerkt werden, dass
bei allen diesen beschriebenen Bildungen die adenoide Substanz auch
fehlen kann, in anderen Fällen nur spurweise aufzufinden ist.

In der Nähe der Umbiegung der medialen Knorpelwand in die
laterale kommen nun noch bisweilen einige besondere Bildungen vor
Hier zeigen sich zuweilen sehr grosse, das heisst tiefe und breite Einstülpungen, halbringförmig oder halboval, mit konzentrisch herumge-
lagertem, dickem Streifen adenoider Substanz (Fig. 3 Taf. XIV), oder es
finden sich hier trichterförmige, oder geradezu keilförmige Einstülpungen in der Schleimhaut, die Spitze nach Aussen gerichtet, deren
Ränder nur sehr wenig oder gar nicht über die umgebende Schleimhaut hervorragen, umrandet von sehr breiter, gleichmässig dicht angeordneter Schicht adenoiden Gewebes. (Figg. 1—4 P Taf. XIV) An der
einen Seite einer solchen grösseren Einstülpung mündet eine acinöse
Drüse, nach der anderen hin schliessen sich mehrere kleinere an; oder
es findet sich hier nur eine einzige kleinere. (Figg. 1 u. 2 Taf. XIV)
Auch kann sich an der einen Seite einer keilförmigen Einstülpung
eine kleinere anschliessen, während nach der andern sich eine der oben
erwähnten tiefen und breiten, halbovalen, von dichter Schicht adenoider
Substanz umkleideten Ausbuchtungen vorfindet; zwischen beiden in eine
kleinere Vertiefung hinein mündet eine acinöse Drüse. (Fig. 3 Taf. XIV)
Diese trichter- oder keilförmigen Einstülpungen, an deren Aussenseite eine dicht angeordnete, breite Schicht adenoider Substanz sich
findet, deren Ränder wenig oder gar nicht über das Niveau der
umgebenden Schleimhaut hervorragen, und in deren unmittelbarer
Nähe eine acinöse Drüse mündet, kann man als die einfachste und
niedrigste Form der Balgdrüsen auffassen und Primitivbälge nennen.
Dieselben finden sich aber durchaus nicht konstant; ich habe sie in

der typischen Form, wie sie in der Zeichnung wiedergegeben sind, unter vierzehn Tuben nur in einer einzigen angetroffen. —

Es wurde oben bemerkt, dass in der Schleimhaut des Schlund-kopfes an der Stelle, an der bei dem Kinde die Pharynxtonsille ihren Platz hat, so wie nach abwärts über das ostium pharyngeum hinweg in die Tube hinein eine grössere oder geringere Menge nadelstichförmiger Grübchen vorkommen. Dieselben Grübchen sind nun auch im Dick-darm, Wurmfortsatz und Rectum vorhanden. Ueber dieselben bemerkt HENLE[1]): „Von Drüsen finden sich im Dickdarm zwei Formen, echte, blinddarmförmige, und conglobirte, solitäre. Beide gleichen im Wesent-lichen den entsprechenden Formen der Dünndarmdrüsen, und sind die blinddarmförmigen in allen Dimensionen um so grösser, je näher dem unteren Ende des Darms, und an die Stelle der solitären treten sehr häufig nadelstichförmige Grübchen, deren Beziehung zur conglobirten Drüsensubstanz noch zu ermitteln bleibt.

„Die Schleimhaut des Proc. vermiformis enthält ebenfalls blind-darmförmige Drüsen, und die conglobirten, oder die deren Stelle ver-tretenden flachen Grübchen so gleichförmig dicht an einander gedrängt, dass die Zwischenräume oft nur schmalen Brücken gleichen.“

Diese Grübchen des Darmes sind bald schmaler, bald breiter, bald länger, bald kürzer, man trifft solche mit etwas hervorstehen-den nach dem Lumen zu überhängenden Rändern; kurz, es finden sich dieselben verschiedenartigsten Modifikationen, wie bei denen des Pharynx und der Tube.

Es fragt sich jetzt: was bedeuten diese Grübchen? Sind dieselben unvollendet gebliebene Anlagen von Balgdrüsen, oder sind sie als Zeichen einer Rückbildung aufzufassen? Vielleicht das letztere.

Wie oben erwähnt, finden sich in der Tube, wenn auch gerade nicht häufig Einstülpungen mit etwas über das Niveau hervorragenden, in die Oeffnung hinein überhängenden Rändern, deren enger Eingang in eine nach unten hin sich nach allen Seiten gleichmässig ausbuch-tende Höhle führt; dieselben gleichen also vollkommen den Bälgen, wie wir sie auf dem Zungenrücken antreffen; nur ist bei ihnen die umgebende adenoide Substanz sehr schwach entwickelt, oder fehlt gänzlich. Ein solches Gebilde kann man sehr wohl für einen in der regressiven Metamorphose befindlichen Balg erklären. Wir sehen ferner, dass die tuberkelförmigen Hervorragungen in der Tube, die zuweilen überaus dicht mit lymphoidem Gewebe infiltrirt sind, in anderen Fällen nur noch eine schwache Randzone dieses Gewebes zeigen, oder

---

1) Eingeweidelehre 2. Aufl. 193.

dass die adenoide Substanz in ihnen nur sehr spärlich sich vorfindet, ja dass in manchen Fällen nur noch die Erhebung zurückblieb, die charakteristische Substanz aus ihnen geschwunden ist; wir sehen, dass bei allen den oben beschriebenen einfachen Einstülpungen der Tubenschleimhaut die adenoide Substanz, die dieselben in manchen Fällen in sehr dichter Anordnung umgibt, in anderen vollständig vermisst werden kann: auch in diesen Fällen kann man von einer Rückbildung sprechen.

Wir sehen, dass auch die Pharynxtonsille einer regressiven Metamorphose unterworfen ist. An Stelle des oft so mächtig entwickelten Organes bei dem Kinde, treten bei dem Erwachsenen die zuweilen nur noch mikroskopischen Höckerchen, und in grösserer oder geringerer Anzahl jene Grübchen, die zurückbleiben können, wenn die lymphoide Substanz, die die Aussenseite eines Balges umgab, geschwunden ist, oder wenn die tuberkelförmigen Erhabenheiten, die sich in dichter Anordnung an der Zusammensetzung dieser Bildung betheiligen, bis auf einen kleinen Rest vergangen sind, so dass endlich nur noch die Grübchen die Stelle bezeichnen, von der aus nach beiden Seiten hin sich jene Lymphoid-Tuberkel erhoben, die nunmehr der ausgleichenden Rückbildung unterlegen sind.

Als Zeichen einer ähnlichen Rückbildung kann man nun auch jene Grübchen im Darm auffassen, als Ueberreste primitiver Bälge, beziehungsweise jener einfachsten, von lymphoidem Gewebe umgebenen Einstülpungen, wie wir dieselben in der Schleimhaut der Tube unter Umständen so reichlich antreffen. Sie wären dann die Wahrzeichen dafür, dass hier in früherer Lebensepoche in reichlicherem Maasse jene merkwürdige adenoide Substanz angehäuft war, der vielleicht in dem Aufbau, dem Wachsthum, dem gesunden und kranken Leben unseres Körpers eine grössere Rolle zugewiesen ist, als man gegenwärtig anzunehmen sich für berechtigt hält.

Fassen wir zusammen, was oben über die Tubenschleimhaut mitgetheilt worden, so ergibt sich, dass es wohl gestattet sein dürfte, von einer Tuben-Tonsille auch bei dem Erwachsenen zu sprechen, dass man aber dabei nicht vergessen darf, dass jene, so zu sagen höheren Bildungen, die echten Balgdrüsen sich nicht in derselben vorfinden, dass am meisten die unregelmässigen, mit adenoider Substanz umgebenen Einstülpungen gefunden werden, während die keilförmigen primitiven Bälge in ihrem Vorkommen nicht konstant sind, dass endlich alle diese Bildungen in manchen Tuben nur sehr schwach entwickelt sind, in anderen Fällen wohl auch vollständig fehlen können.

Diese grosse Inkonstanz in dem Auftreten dieser Bildungen hat

nichts Auffallendes mehr, wenn man sich erinnert, dass auch in der
Bindehaut der Augenlider die Trachomdrüsen oft vollständig fehlen,
dass in manchen Fällen die solitären Follikel des Dünndarmes nach
HENLE vermisst werden, in anderen die lentikulären Drüsen des
Magens ein gleiches Schicksal theilen.

In pathologischer Beziehung spielt die adenoide Substanz eine
wichtige Rolle.

Wir kennen eine echte Hyperplasie bei den Tonsillen und den
Balgdrüsen des Schlundes. Wir sehen bei der Leukämie die Follikel
der Zunge, des Larynx und der Trachea an dem spezifischen Prozesse
betheiligt: es liegt nahe zu vermuthen, dass auch die Schleimhaut der
Tube bei reichlicher Entwicklung von adenoider Substanz in derselben
bisweilen in gleicher Weise mit affizirt sein könne, eine Affektion,
die sich durch Störungen in dem Gebiete der Gehörsempfindungen
kenntlich machen dürfte.

Wir wissen, dass bei dem Abdominal-Typhus sehr oft Schwerhörigkeit auftritt, die sich noch längere Zeit in die Rekonvalescenz
hinein erstrecken, ja zuweilen für immer fortbestehen kann. Diese
Gehörsstörungen können zum Theil ihre Erklärung finden durch Annahme einer katarrhalischen Entzündung des Mittelohres mit ihren
weiteren Folgen. Da aber denselben in vielen Fällen keine nachweis-
baren anatomischen Veränderungen zu Grunde liegend gefunden werden,
oder die gefundenen Veränderungen in keinem Verhältnisse stehen zu
der Grösse der beobachteten Funktionsstörung, so ist HOFFMANN[1] der
Ansicht, dass es sich hier um rein nervöse Störungen handle, wie
solche im Verlaufe des Typhus konstant vorkommen. WEBER-LIEL[2]
möchte diese Störungen als bedingt ansehen theils durch nervöse
Affektionen, theils durch katarrhalische Erkrankung des Mittelohres,
theils durch mangelhafte Funktionirung der Tubenmuskulatur, welche
ihrerseits in der schon bei Beginn der Krankheit auftretenden allgemeinen Körperschwäche ihr Analogon fände. Bei fortbestehenden Gehörsstörungen und Abwesenheit anderer Affektionen des Mittelohres,
meint derselbe die durch die typhöse Myositis bedingte wachsartige
Metamorphose der Tubenmuskulatur, und die aus derselben resultirende
Funktionsanomalie der letzteren verantwortlich machen zu dürfen,
wenn in diesen Fällen aus irgend welchen Ursachen die entarteten
Muskelfibrillen nicht wieder zur Norm zurückgeführt worden sind.

---

[1] Die Erkrankung des Ohres beim Abdominal-Typhus. Archiv für Ohrenheilkunde. IV. 1. 273 u. 274.

[2] a. a. O. 154 ff.

Es ist aber auch noch etwas anderes denkbar. Da der typhöse Prozess im pathologisch-anatomischen Sinne in der adenoiden Substanz lokalisirt ist, da wir durch denselben die Milz, die Peyer'schen Drüsen, die Mesenterialdrüsen, die solitären Follikel des Magens und des Kehlkopfes in schwerster Weise affizirt finden, so wäre. es wohl denkbar, dass in den Fällen, in denen eine Tubentonsille entwickelt ist, jene Schwerhörigkeit zum Theil wenigstens mit abhinge von Veränderungen in der Schleimhaut der Tube, die durch Einlagerung und Umwandlung der Typhuszelle bedingt sind.

Erklärung der Abbildungen.

Tafel XIV.

Fig. 1—4. Querschnitte durch die Tube des Erwachsenen.

    T. E. Lumen der Tuba Eustachi.

    c. Knorpel.

    g. m. Schleimdrüse.

    d. Ausführungsgang derselben.

    P. Primitivbalg.

Fig. 5. Querschnitt durch die Tube eines halbjährigen Kindes. Nach einem Präparate von Professor Gerlach.

    T. E. Lumen der Tube.

    B. Balgdrüse.

XXI.

Kleinere Mittheilungen.

1.

Ueber das Vorkommen eines Sesambeines in den Ursprungssehnen des Gastroknemius beim Menschen.

Von

Cand. med. **Wilhelm Ost.**

(Aus dem anatomischen Institute von Prof. A e b y in B e r n.)

Durch GRUBER ist das Vorkommen wahrer Sesambeine im oberen Ende des Gastroknemius einer Untersuchung unterworfen worden. Ihr zufolge fehlt eine derartige Beigabe dem innern Kopfe des Muskels ausnahmslos, während sie den äussern durchschnittlich unter je sechs Extremitäten einmal zukommt. Bei Gelegenheit eines bezüglichen Referates (SCHMIDT's Jahrbücher. 1876. Nr. 2.) macht THEILE darauf aufmerksam, dass er seiner in Bern gemachten Erfahrungen zufolge dieses Vorkommen für die dortige Gegend als ein regelmässiges ansehen müsse. Er knüpft daran die Bemerkung, dass der jetzige Vorstand der Berner Anatomie vielleicht Veranlassung nehme, diese um mehr denn dreissig Jahre zurückstehenden Untersuchungen controliren zu lassen. Es lag dies allerdings um so näher, als THEILE auf die Möglichkeit einer Racenverschiedenheit hinweist, indem in Petersburg wesentlich Slaven in Betracht kommen und solche in der Schweiz wohl ganz ausgeschlossen sind. Ich habe mich auf Anregung von Herrn Prof. AEBY der bezeichneten Aufgabe unterzogen und nachfolgende Resultate erhalten.

Die Untersuchung erstreckte sich auf dreissig Extremitäten — zwanzig männliche und zehn weibliche — des hiesigen Präparirsaales. Das Alter ihrer Besitzer betrug in keinem Falle weniger als dreissig Jahr und war daher ein solches, wo nach GRUBER's Angaben die Ausbildung des fraglichen

Knochens, wenn sie überhaupt im Typus der betreffenden Individuen liegt, längst vollendet sein muss. Fast überall erschien die Sehne des äusseren Kopfes dicker und fester als diejenige des inneren. Ausserdem war jener eine spindelförmige Anschwellung der Mitte eigen, aus der sich in ungefähr zwei Drittheilen der Fälle eine mehr oder weniger scharf umschriebene, bald platte, bald kugelige derbere Stelle von Erbsengrösse herausfühlen liess. Eine mikroskopische Prüfung wurde, da es sich nur um den Nachweis eigentlicher Sesambeine handelte, unterlassen.

Solcher Sesambeine kamen im ganzen fünf vor. Zwei gehörten männlichen, drei weiblichen Leichen an. Von letzteren fallen zwei auf die beidseitigen Extremitäten ein und desselben Individuums. Drei der Knöchelchen besassen rundliche Gestalt und lagen im Innern der schon erwähnten Anschwellung. Zwei waren platt, 2—3 mm. dick, das eine 8 mm. lang und 5 breit, das andere etwas kleiner; sie hatten die Mitte der nicht verdickten Sehne im Besitz. Im übrigen stimmte ihr Verhalten mit den von Gruber gemachten Angaben.

Gleichwie in der Untersuchungsreihe von Gruber weist also auch in der unsrigen im allgemeinen nur je die sechste Extremität im äusseren Kopfe des Gastroknemius ein Sesambein auf. Theile's Angaben gewinnen somit in der vorgenommenen Controle keine Stütze. Ich darf noch hinzufügen, dass auch Herr Prof. Aeby während seiner Thätigkeit in Bern ein anderes als ausnahmsweises Vorkommen nicht erinnerlich ist. Seine Beobachtungen waren freilich nur gelegentliche und machen daher keinerlei Anspruch auf statistische Beweiskraft.

———

2.

In Sachen des Sternalmuskels.

Ein Beitrag von klinischer Seite.

Von

Dr. M. Malbranc,
Assistenten am klinischen Hospital zu Freiburg i. Br.

———

I. Beobachtung.

Paul H., ein 20jähriger kräftiger Bäcker, hellblond, von untersetzter Gestalt, aus dem Preussischen Kreise Wolmirstädt, am 10. Februar 1876 auf die innere Abtheilung (Geheimrath Dr. Kussmaul) aufgenommen, zeigte sich im Besitz eines mir sofort bei der Aufnahmeuntersuchung auffallenden

M. sternalis, den ich mehreren Aerzten, u. A. Herrn Geheimrath Ecker, demonstriren konnte. Der Muskel fand sich nur rechtsseitig und bedeckte hier, 2,5—3 cm. breit, den Ursprung des M. pectoralis maj. und die rechte Hälfte des Brustbeins, dessen Medianlinie er jedoch nicht erreichte. Er entspringt theils von der Brustbeinfläche vor dem fünften Intercostalraum, theils vom fünften Rippenknorpel der Art, dass sich zwischen beide Ursprungspartieen eine Zacke vom M. pect. hineinschiebt. Die Muskelmasse ist, von den Seiten gefasst, comprimirbar, aber nicht abzuheben oder besonders verschiebbar (also subfascial gelegen) und nur nach innen zu bauchartig, während sie sich nach aussen zu mehr abplattet; ibre Faserrichtung geht im Allgemeinen von unten nach oben, zugleich jedoch auch etwas nach einwärts. Dabei machen die äusseren Fasern einen mehr und mehr nach rechts convexen Bogen. Die kräftige Endsehne inserirt sich an der Louis'schen Kante, aber nur zum Theil, denn ein aponeurotisch angeordneter äusserer Fascikel derselben zieht über das Manubrium sterni hinauf und fliesst mit der Sternalsehne des rechten M. sternocleidomastoideus zusammen. Der nach rechts concave Aussenrand dieses Fascikels lässt sich noch eine ziemliche Strecke auf den Sternocleidomastoideus verfolgen.

Dies das rein anatomische Detail, durch Besichtigung und Betastung leicht festzustellen.

Ich versuchte nun die Funktion des Sternalmuskels zu erforschen, einerseits indem ich den Patienten bei den verschiedensten Thätigkeiten beobachtete, und andererseits mit Hülfe des faradischen Stromes, dabei gelangte ich zu folgenden Resultaten:

Wenn der M. sternalis sich contrahirt, bleibt die Brusthaut vollständig glatt. Der Effekt der Conträktion manifestirt sich als ein Zusammenrücken seiner Fasern zu einem geraden derben Wulst mit starker Anspannung der medialen Sehne, gleichzeitig flacht sich der lange laterale Sehnenbogen (zum Sternocleidomastoideus hinauf) ab und rückt um 1 cm. Breite einwärts.

Willkürlich kann der Muskel nicht isolirt contrahirt werden, doch geräth er bei allen jenen Bewegungen im Schultergelenk mit in Anspannung, in welchen der M. pect. maj. mitwirkt; so beim Herabschlagen des emporgehobenen Armes, beim Anziehen und Vorwärtsholen des Oberarmes, so auch, wenn der Patient mit aufgestützten Armen möglichst tief inspirirt. Aber der Muskel betheiligt sich nicht bei der gewöhnlichen tiefen Athmung, geschehe sie reflectorisch oder mit willkürlicher Nachhülfe; er ist auch unbeeinflusst selbst bei der stärksten willkürlichen oder durch den Inductionsstrom erzeugten Zusammenziehung des Sternocleidomastoideus: man sieht dann nur jenen lateralen Sehnenrand sich unter der Haut ein wenig deutlicher abheben.

Bei unserem P. konnte man sehr gut den M. pect. maj. in toto vom

Nerv. thoracic. anter. aus faradisiren — der M. sternalis blieb dabei so schlaff wie bei inducirter Contraktion des Sternocleidomast. Wohl aber erzielte man eine nie ausbleibende Anspannung des Muskels, und zwar eine isolirte, durch Applikation der wirksamen Elektrode auf den dritten und vierten Intercostalraum in der ganzen Länge vom Muskelbauch bis zur Paraxillarlinie.

Aus diesen Versuchen folgt, dass der M. sternalis des Patienten H. von Nerv. intercostalis III und IV versorgt wird. Doch nicht allein dies, es ergiebt sich auch das zweite positive Resultat, dass er einzig und allein in Coordination mit dem M. pector. maj. funktionirt.

II. Beobachtung.

Ferdinand M., 57 Jahre alt, ein Freiburger Autochthone, seines Zeichens ein Schuhputzer, am 13. März d. J. in das Spital aufgenommen, besitzt folgende Abnormitäten. Zunächst leidet er an einem Tic convulsif, welcher vorzugsweise die linke Gesichtshälfte afficirt und hier ganz besonders in dem — vielleicht erst secundär — stärker als rechts entwickelten Platysma colli myoides Fuss gefasst hat. Sodann sind seine beiden Mm. pectorales majj. im unteren Theil der Sternalportionen nur schwach entwickelt, die Clavicularportionen und die dem Manubr. sterni entsprechenden Theile dafür jedoch ausserordentlich kräftig. Man könnte versucht sein, eine solche Partialhypertrophie der Pectorales mit der manches Lustrum hindurch von dem P. ausgeübten Kunst des Stiefelwichsens in ursprünglichen Zusammenhang zu bringen, wenn sich nicht weiter herausstellte, dass sich die beiderseitigen Manubrialportionen der Pectorales in der Mittellinie vereinigten; diese Vereinigung geschieht nicht sowohl durch Uebergreifen der Muskelmassen, als vielmehr hauptsächlich dadurch, dass eine starke etwa rechteckige fibröse Platte vor dem Manubrium eingeschaltet ist. An deren Bildung betheiligen sich ausserdem noch die Sternalsehnen der beiden Mm. sternocleidomastoidei mit starken oberflächlichen Bündeln und endlich die äussersten Bündel eines beiderseits vorhandenen M. sternalis. Da dieser nicht ganz symmetrisch ist, muss ich jede Seite einzeln kurz schildern.

Der rechte M. sternalis entspringt vom oberen Rand des Sternalansatzes des vierten und fünften Rippenknorpels, ist nur 1,5 cm. breit, rundlich platt im Querschnitt, steigt in unveränderter Breite nach oben innen auf und endigt dicht neben der Medianlinie an dem als dicke quere Auftreibung vorspringenden Angulus Ludovici. Der Muskel ist über der dritten Rippe verschiebbar, haftet also nicht an ihr. Der äussere Theil der sehr kurzen Endsehne geht in das prämanubriale Sehnenblatt über. — Von den ganzen Vorderflächen des vierten und fünften Rippenknorpels an ihrer In-

sertionsstelle entspringend, läuft der linke Sternalis in gut 2 cm. Breite
ebenfalls aufwärts und einwärts zum Angul. Ludov. und dem beschriebenen
Sehnenblatt; er ist im Ganzen stärker, als der rechte und verschmälert sich
nach oben zu dadurch, dass er seine medialsten untersten Fasern eine Strecke
unterhalb des Angul. Ludov. dem Sternum zuschickt. — Beide Sternales bedecken die Ursprungslinien der Pectorales und lassen zwischen sich ein grosses dreieckiges Feld der Vorderfläche des Sternums zu Tage treten; die
Basis desselben zwischen den fünften Rippen misst 3,5 cm., bis zur Insertion
haben sich die Sternalmuskeln auf weniger als 1 cm. genähert.

Eine isolirte Contraktion der Mm. sternales kann willkürlich nicht ausgelöst werden, sie gelingt jedoch bei direkter muskulärer Reizung mit dem
Strom: man nimmt dann eine starre Anspannung der Muskelbäuche ohne
irgend eine andere Lokomotion der Haut oder unter der Haut wahr, als
dass die prämanubriale Aponeurose, je nachdem ein- oder beiderseitig leicht
abwärts gezerrt wird.

Versetzt man die Sternocleidomastt. durch Hintenüberneigen des Kopfes
oder durch Nicken oder auch in elektrische Spannung, so ziehen sie die Aponeurose etwas aufwärts und es erleiden die Sternales zugleich eine Anspannung; diese ist aber nur eine passive und mechanische, weil man in allen
jenen Kopflagen durch den Induktionsschlag leicht vermag, noch die funkti-
nelle Anspannung hervorzurufen.

Beim Ein- und Ausathmen ist keine Betheiligung des Sternalis zu bemerken; erst bei orthopnoischer Respiration mit aufgestemmten Armen nimmt
er sammt dem Pectoralis an dem Spiel der inspiratorischen Muskeln Theil.
Ueberhaupt veranlasst jede Action des Pectoralis maj. ein Mitwirken des entsprechenden M. sternalis. Die mediale Verbindung der beiden manubrialen
Portionen der Pectorales tritt als Querwulst sprechend hervor, sobald namentlich eine doppelseitige Zusammenziehung geschieht; einseitige kann natürlich
nicht ohne Verschiebung der Aponeurose nach der Seite des thätigen Muskels geschehen, und diese Verschiebung beträgt 1—2 cm..

Während die Applikation der Elektrode auf die beiderseitigen 2—5ten
Intercostalräume in Bezug auf die Mm. sternales effektlos bleibt, kann man
jeden derselben zur Contraktion bringen, wenn man zwischen Sternallinie
und Paraxillarlinie bleibend, den faradischen Strom in den unteren Rand
des M. pect. maj. einleitet; die wirksame Zone ist etwa 1—2 Finger breit
und rückt bei den verschiedenen Armpositionen hinauf und hinab. Gewöhnlich erhält man dabei zugleich auch eine partielle intramuskuläre Pectoralis-
Zuckung. Die Erregung des ganzen Pect. vom Nerven aus ist bei dem
Patienten zu erreichen, falls man in v. Ziemssen's Weise von der Achsel-
grube aus unter dem Pect. vordringt und so dem betr. N. thoracicus anter.
beikommt, und dann contrahirt sich ausnahmslos der Sternalis mit.

Ich schliesse aus dem Gesagten, dass die Mm. sternales des Patienten M. demselben Innervationsgebiet der oder des N. thoracic. anter. angehören, welches hauptsächlich die Mm. pectorales versieht. Daneben will ich, wiederholend, noch einmal die unmittelbar beobachtete Thatsache stellen, dass die Sternales auch physiologisch mit den Pectorales coordinirt sind.

Ich halte es nicht für überflüssig, diese gelegentlichen Beobachtungen, rudimentär wie sie immer sein mögen, vorzulegen, weil sie in mehrfachem Sinne Interesse wachrufen.

Wir dürften damit wohl den M. sternalis zum ersten Male in vivo untersucht haben — ein bescheidenes Verdienst angesichts seiner durch Turner bei etwa 650 Sektionen konstatirten Häufigkeit von 3 pr. 100.

Es ist uns aber auch gelungen, indem wir uns der Elektrode statt des Messers und der Pincette bedienten, unsere Exemplare des M. sternalis anatomisch genauer zu verfolgen, als die meisten bisher beschriebenen es sind. Für den Fall wenigstens, dass wir zum anatomischen Gemälde eines Muskels nicht nur seinen Anfang und Ende, sondern auch seine Nervenzweige zu zeichnen nöthig erachten, wie es die vergleichende Myologie heute thut, weil allgemein die Innervation formbeständiger als Ursprung und Ansatz erkannt ist. Für die Varietätenlehre ist dieser Ausgangspunkt zur Differentialdiagnose desto werthvoller, als es sich meistentheils um rückschlägige und rudimentäre Bildungen handelt, welche eben einmal ganz besonders zur Variation neigen: Turner[1]) nennt gerade den M. sternalis ein lehrreiches Beispiel für diesen allgemeingültigen Satz. In der von R. Bardeleben[2]) kürzlich aus den zerstreuten Akten zusammengestellten Tabelle über 120 bekannte Einzelfälle des M. sternalis findet sich aber nur der einzige Nr. 41 (von Hallett) von einer Notiz über die hinzutretenden Nerven begleitet. Mögen zunächst die zwei Fälle unserer Beobachtung seine Nachfolger sein.

Nachdem Bardeleben die „Mm. sternales" nach rein myotomischen Kriterien in vier Arten klassificirt hat, deren jede einzelne bereits früher als allumfassende aufgestellt war, nämlich in Varietäten 1) des Rect. abdominalis (Rect. thoracis, Transversus costarum) 2) des Pector maj., 3) des Sternocleidomast. und 4) Rudimente des Panniculus carnosus der Thiere oder doch Hautmuskeln überhaupt — sind wir verpflichtet, unsere Beobachtungen in diese Klassen einzureihen.

Der zweite Fall gehört zu jenen, wo der Sternalis in Verbindung mit Sternocleidom. und Pect. maj. zugleich steht, namentlich neben Nr. 23 (von Kelch), 109 (von Landois), 114 (von Merkel), die sich Bardeleben

---

[1]) Journal of Anat. and Physiol. I. 1867. p. 249.

[2]) Zeitschr. f. Anat. und Entwicklungsgesch. von His und Braune. I. 1876. S. 424.

zögernd entschliesst, zu den Pectoralis-Varietäten zu rechnen; er steht dann ferner dem Fall Nr. 120 (von BARDELEBEN) und einem neuestens[1]) von HESSE publicirten besonders nahe. Dass es sich wirklich um einen beiderseitigen M. sternalis var. pectoralis handelt, diesem aus der Verlaufsweise unseres Muskels gezogenen Schluss verleiht unserer Ansicht nach aber erst der Befund unserer faradischen Prüfung den Werth der Vollgültigkeit, da sie nachwies, dass er wie die Mm. pectorales von den Nn. thor. ant. versorgt ist.

Was den Fall I. unserer Beobachtung angeht, so würde er zweifelsohne in die Kategorie der supernumerären tiefen Sternocleidomastoideus-Ursprünge versetzt werden. Er deckt sich z. B. in der Anordnung fast gänzlich mit dem Fall Nr. 35 der BARDELEBEN'schen Tabelle (von MECKEL). Unter den vielen anderen hierher gehörigen Muskeln befindet sich auch der dem unsrigen schon durch seine Insertionen ähnliche Fall Nr. 41 (von HALLETT), dessen ich oben erwähnte, weil ich bei ihm die Innervation von Zweigen der Nn. intercostales III—V aus notirt ist. Die Analogie zwischen diesem und unserm Fall lässt keine Einwendung zu, denn auch der Sternalis unseres Patienten H. wird von Intercostalnerven, dem III. und IV., versehen. Allein eben diese ihre Innervation giebt der Anschauung, dass die Fälle Sternocleidomastoideus-Köpfe repräsentirten, sehr wenig Recht, und insoferne ihnen auch Eigenschaften, die sie zum Rectus oder Panniculus carnosus-Resten qualificirten, gänzlich abgehen, erübrigt vielmehr nur, für sie vorläufig die schon einmal von HALBERTSMA aufgeworfene Kategorie eines M. sternalis sui generis wiederherzustellen.

So verschieden ihrer Herkunft nach unsere beiden Mm. sternales augenscheinlich sind, so verrichten sie dennoch gleiche physiologische Funktionen. Freilich kann ich eine positive Wirkung ihrer Contraktion im Besonderen nicht bezeichnen, jedoch immerhin so viel constatiren, dass sie ihre Aktionsimpulse nur gemeinsam mit den Mm. pectorales empfangen, also in Abhängigkeit von den Coordinationscentren für die Bewegungen des Schultergürtels und des Thorax stehen.

Endlich möchte ich noch als ein mehr negatives Resultat aus unseren Versuchen hervorheben, dass keiner der Sternales in der geringsten Beziehung zur Hautdecke stand. Ich mache nicht ohne Grund darauf aufmerksam, denn der „Sternalis brutorum" gilt — gemäss einer von TURNER aufgestellten und halb von ihm selbst, zur anderen Hälfte von BARDELEBEN widerlegten Hypothese — vielfach z. B. in den DARWIN'schen Schriften als Derivat der Hautmuskulatur der Säugethiere. Durch diese Bemerkung hoffe ich unsere Fälle vor dem Schicksal, derartig verkannt zu werden, zu bewahren.

---

[1]) Zeitschr. f. Anat. und Entwicklungsgesch. von HIS und BRAUNE. I. 1876. S. 459.

Die beifolgende Abbildung „M. sternalis var. pectoralis, doppelseitig entwickelt" stellt den Fall II dar und wurde aufgenommen, während der

Patient M. seine beiden rückwärts festgehaltenen Oberarme nach vorne zu bewegen versuchte und dazu die Pectorales und mit ihnen die Sternales contrahirte.

3.

Ueber Knochenlymphgefässe.

Von

Dr. Albrecht Budge,
Privatdocent und Assistent am anatomischen Institute in Greifswald.

Der Aufsatz von Prof. SCHWALBE über Knochenlymphgefässe (siehe vor. Heft dieser Zeitschrift) enthält in seiner Einleitung einige Worte über die Beziehung seiner Arbeit zu der meinigen, welche der Missdeutung fähig sind und die mich zu folgenden Feststellungen veranlassen.

1. Ich habe im Jahre 1874 Prof. SCHWALBE in Jena von Leipzig aus, wo ich im physiolog. Institute über Leberlymphgefässe arbeitete, besucht. Er zeigte mir damals periostale Lymphgefässe. Ich habe dieses Factum in meiner Arbeit (vom 27. Februar 1876) über die Lymphwurzeln der Knochen im Archiv für mikrosc. Anat. Bd. XIII. erwähnt, bevor ich von Prof. SCHWALBE's neuester Publication (ausgegeben am 7. Juli 1876) Kenntniss erhalten hatte. Dass mir Prof. SCHWALBE damals von den Lymphgefässen des Knochens etwas mitgetheilt oder darauf bezügliche Präparate vorgelegt hätte, ist mir durchaus nicht erinnerlich.

2. Meine Arbeit über die Knochenlymphgefässe ist veranlasst worden durch den Fund einer doppelten Endothelscheide der Blutgefässe in den kleinsten HAVERS'schen Kanälchen, ein Fund den ich gemacht habe, als ich vor etwa einem Jahre behufs meiner Habilitation die Blutgefässe des Knochens bearbeitete.

3. Zu einer Ausarbeitung meines Fundes war ich Prof. SCHWALBE gegenüber berechtigt, weil ich ihm die Kenntniss desselben nicht verdanke und weil mir auch durch keinerlei Kundgebung bekannt gewesen ist, dass er denselben Gegenstand jetzt bearbeite. Selbst dessen vor wenigen Monaten erschienene grössere Arbeit über Ernährungscanäle der Knochen hat der Lymphgefässe des Knochens nicht erwähnt.

Greifswald, 20. Juli 1876.

Schlusswort der Redaction.

Da die Angaben des Herrn Prof. SCHWALBE (d. Zeitschrift II. S. 131) und die obigen des Herrn Dr. BUDGE über das was s. Z. zwischen ihnen mündlich verhandelt worden ist, verschieden lauten, so hat sich die Redaction, um fernere Erörterungen abzuschneiden, bemüht, eine Ausgleichung der thatsächlichen Differenzen herbeizuführen. Dies ist ihr jedoch nicht gelungen, denn sowohl Herr Prof. SCHWALBE, als Herr Dr. BUDGE haben die Erklärung abgegeben, dass. sie nicht im Stande sind, ihre in der Sache gemachten Angaben zu modificiren, weil diese der Wahrheit vollkommen entsprechen.

XXII.

Die lufthaltigen Nebenräume des Mittelohres beim Menschen.

Von

Dr. H. A. Wildermuth,

Assistent am Anatomischen Institute in Tübingen.

(Hierzu Tafel XV.)

> On account of their position and peculiar arrangement, disease
> of the mastoid cells is usually of a more serious character than
> disease of the tympanum.   Joseph Toynbee.
>   'The diseases of the ear'.

Die mittlere Gehörshöhle des Menschen wird durch zellenförmige
Räume vergrössert, welche in das Schläfenbein eingesenkt sind, und
deren Auskleidung eine direkte Fortsetzung der Paukenschleimhaut
darstellt.

Die physiologische Bedeutung dieser Räume zu untersuchen liegt
nicht im Bereiche dieser Arbeit, von irgendwie wesentlicher Bedeutung
ist die Funktion auf keinen Fall. Allein wenn man die verhängniss-
volle Rolle berücksichtigt, welche diese Anhänge der Paukenhöhle bei
Erkrankungen des mittleren Ohres spielen, so mag trotz der geringen
funktionellen Bedeutung dieser Räume ein neuer Versuch nicht ungerechtfertigt erscheinen, dieselben einer genauen Untersuchung zu unterwerfen. Bei derselben hatte ich mich der freundlichsten und zuvor-
kommendsten Unterstützung des Herrn Prof. Dr. HENKE zu erfreuen,
wofür ich demselben hier den geziemendsten Dank ausspreche.

I. Literatur.

In der alten anatomischen Literatur finden sich nur kurze ungenügende Darstellungen des Gegenstandes; so berührt A. VESALIUS in
Fabrica corporis humani nur flüchtig das Vorhandensein lufthaltiger

Räume im proc. mastoideus; ebenso begegnet man in Duverney's Tractatus de aure nur kurzer Erwähnung des in Rede stehenden Verhältnisses. Blancard's „reformirte Anatomie" vom Jahre 1695 enthält eine Notiz, die man vielleicht auf Kenntniss der zwei das Höhlensystem zusammensetzenden Zellengruppen beziehen könnte. Er sagt bei Beschreibung des cavum tympani: „Die Oeffnung, so im obersten Theile der Paukenhöhle liegt, läufet in den processum mastoideum. — Zu oberst in der Trommel ist eine Höhle, worinnen die Häupter der Bein'gen verborgen sind." Etwas genauer sind die Angaben Cassebohm's (Tractatus quatuor anatom. de aur. hum. 1734):

> „Cavitatis tympanicae pars posterior sinuositas mastoidea vocatur, sed haec sinuositas nomen a processu mastoideo dicto minus congrue accepit, jam enim est in foetu antequam processus mastoideus appareat et in adulto quoque, supra hunc processum collocata est."

Valsalva in seinem Tractatus de aure führt die lufthaltigen Nebenräume kurz als integrirenden Theil der Paukenhöhle an.

Wildberg (Versuch einer anatomisch-phys. Abhandlung über die Gehörwerkzeuge 1795) will die Bezeichnung cellulae mastoideae für die nach der ersten Kindheit auftretenden Räume reservirt wissen, für die andern „im obern hintern Theile der Paukenhöhle gelegenen Cellen" schlägt er den Namen cellul. tympanicae vor.

Auch in den neueren anatomischen Handbüchern fehlen genauere Angaben über Entwicklung, Form und Ausbreitung der Luftzellen; so findet sich in der Anatomie des Kopfes von H. Luschka im Wesentlichen nur die grosse Variabilität in der Ausbreitung der Räume und der Dicke der Wandung hervorgehoben.

Henle (Handbuch der Knochenlehre e. c.) stellt als Centrum des ganzen Systemes das antrum mastoideum auf, um das sich die kleineren Sinuositäten gruppiren.

Eine genauere Berücksichtigung der einschlägigen Verhältnisse findet der Gegenstand erst im Zusammenhang mit der Ohrenheilkunde, speciell in Beziehung auf die künstliche Eröffnung des Warzenfortsatzes. Die üblen Folgen, welche diese — lange Zeit so kritiklos angewandte — Operation häufig im Gefolge hat, forderten zu einem genauen Studium der anatomischen Verhältnisse auf und Dr. Bezold (s. u.) bemerkte mit vollem Recht: „Dieselbe Genauigkeit, mit welcher in der Augenheilkunde der Ort und die Grösse für die Schnittführung am bulbus festgestellt sind, beansprucht in der Ohrenheilkunde eine Operation von so grosser Tragweite und Zukunft, wie die Anbohrung des Warzenfortsatzes."

Wie es mir scheint war J. Toynbee [1]) der erste, der eine Trennung der in Rede stehenden Gebilde in eine horizontale und vertikale Portion vornahm. Unter der letzteren versteht er die im Warzenfortsatz enthaltenen Zellen, während er unter der horizontalen Portion die übrigen schon vor Entwicklung des processus mastoideus vorhandenen mit der Paukenhöhle communicirenden Räume des mittleren Ohres zusammenfasst. Ist diese Auffassung, die auch in deutschen Lehrbüchern, wie in den Werken von Tröltsch [2]) und Erhard [3]), Eingang gefunden, von streng morphologischem Gesichtspunkte aus auch nicht ganz genau, so verdienen Toynbee's Ausführungen deshalb die grösste Beachtung, weil er auf Grund seiner anatomischen Eintheilung scharf zwischen den eitrig-cariösen Affektionen des Mittelohres, welche vor Entwicklung des processus mastoideus auftreten, und denjenigen Krankheiten unterscheidet, die in späterem Alter zu einer Eiteransammlung in der Paukenhöhle und ihrem Anhange führen. Die auf Sektionsbefunde gestützte Ansicht des berühmten Ohrenarztes geht nämlich dahin, dass bis zum zweiten oder dritten Lebensjahre namentlich die dünne, das Dach der horizontalen Portion bildende Knochenplatte es ist, welche bei Affektion der mittleren Gehörshöhle in Mitleidenschaft gezogen wird. Greift nun von dort aus der entzündliche Process auf das Hirn und seine Umhüllungen weiter, so muss der afficirte Theil des ersteren das grosse Gehirn sein, in ihm werden sich im gegebenen Falle Abscesse finden. Mit der Entwicklung der cellulae mastoideae im eigentlichen Sinne tritt — so führt Toynbee aus — die Bedeutung der horizontalen Portion zurück. Die Entwicklung der Lufträume geschieht zur Bildung dieser „vertikalen Portion" hauptsächlich nach abwärts und rückwärts und die Cellen kommen in die bedenkliche Nachbarschaft des sulcus transversalis, somit auch der hintern Schädelgrube. Die Folgen weitergreifender Affektionen dieser vertikalen Portion werden Sinusthrombose und Abscesse im kleinen Gehirn sein. Wir werden unten wieder auf Toynbee's Ansicht zurückkommen.

Die eingehendste mir zugängliche Beschreibung findet sich in dem vortrefflichen Aufsatze von Dr. Schwarz und Eysell im Archiv für Ohrenheilkunde (N. Folge. Bd. I. 157—187.) Namentlich wird hier

---

[1]) The diseases of the ear, their nature, diagnosis and treatment. — By Joseph Toynbee. J. R. S. London, John Churchill. 1860. pag. 300—347.

[2]) Lehrbuch der Ohrenheilkunde, mit Einschluss der Anatomie des Ohres von Dr. von Tröltsch. 1867.

[3]) Erhard, rationelle Otiatrik. Erlangen.

auch die Entwicklung der in Rede stehenden Räume ausführlich berücksichtigt. Diese eben erwähnte Darstellung wurde mir erst bekannt
nachdem eigene Untersuchungen mich zu ähnlichen Resultaten geführt
hatten. Einen weiteren sehr schätzenswerthen Beitrag zur Anatomie
dieser Theile hat Dr. BEZOLD[1]) geliefert, der besonders auch die Durch-
schnittsmaasse der Lufträume an einer grossen Anzahl von Schädeln
festzustellen suchte. Wir werden unten auf beide Arbeiten zurückkommen.

II. Anatomie.

Wohl kaum wird es einen Theil des menschlichen Körpers geben,
der in Anordnung und Gestaltung ähnliche Schwankungen zeigt, wie
die lufthaltigen Räume, welche an die Paukenhöhle sich anschliessen.

Keineswegs aber zeigen diese Räume eine derartige Willkür des
anatomischen Verhaltens, dass es nicht möglich wäre, eine typische
Anordnung ganz deutlich zu erkennen, die zwar nach Individualität
und Lebensalter mehr oder weniger deutlich ausgeprägt, selten aber
oder nie bis zur Unkenntlichkeit verwischt ist.

Nicht um ein System regellos in das Schläfenbein eingesprengter
Sinuositäten handelt es sich, sondern um zwei von einander geschiedene Höhlen, deren Inneres durch Bildung zahlreicher Fächer in ein
complicirtes Zellensystem umgewandelt ist. Die Trennung beider
Systeme geschieht genau entsprechend der Ossificationsabgrenzung
zwischen Schuppentheil einerseits, Felsenwarzentheil andererseits. Die
Ausmündung beider Theile erfolgt nicht direkt in das cavum tympani,
sondern in den kurzen als aditus ad cellulas mastoideas beschriebenen
Canal, der in der Höhe der Hammerambosaxe in die Trommelhöhle
übergeht.

Dies ist der Typus der anatomischen Anordnung dieser Theile,
der aber entsprechend den einzelnen Altersstufen etwas verschieden
sich präsentirt.

Die Luftzellen beim Neugeborenen. Nach TOYNBEE ist,
wie schon oben erwähnt, beim Kinde bis zum zweiten oder dritten
Lebensjahre nur die „horizontale Portion" des Höhlensystems vorhan-
den. Das ist richtig. Allein diese horizontale Portion stellt keine
Einheit dar, sondern zerfällt in einen dem Felsenbein und einen der
Schuppe angehörigen Theil (pars petrosa, pars squamosa).

---

[1]) Die Perforation des Warzenfortsatzes vom anatomischen Standpunkte aus.
Aerztliches Intelligenzblatt. Jahrgang XXL Nr. 23 u. 24. München 1874.

Die p a r s p e t r o s a stellt eine gangartige, auf dem Vertikalschnitte prismatische Verlängerung der Paukenhöhle dar, welche von vorne — einwärts nach aussen — rückwärts verläuft, eine Länge von 9,0 mm., eine Höhe von 5,0 mm. darbietet. Das hintere Ende der Höhle liegt im Niveau einer durch den oberen Rand des Paukenringes gelegten Tangentialebene. Das Dach des wohl am besten als antrum petrosum zu bezeichnenden Hohlraumes wird von einer Fortsetzung des tegmen tympani gebildet. Nach Aussen resp. hinten geschieht der Abschluss durch die pars mastoidea oss. petrosi. Nach Innen (medianwärts) bildet die Felsenbeinpyramide die Wandung. Die Knochenschicht, welche den beim Neugeborenen noch wenig ausgeprägten sulcus transversalis vom antrum petrosum trennt, hat eine Dicke von 2 mm.; hebt man lateralwärts von der sutura petrosquamosa die sehr zarte innere Knochenplatte der Schuppe ab, so kommt man auf die fächerförmig angeordneten cellulae squamosae, deren septa gegen die Ausmündungsstellen hin convergiren. Die Ausmündung der Schuppenzellen wird entweder nur durch eine unmittelbar hinter deren aditus ad cellulas mastoideas befindliche Oeffnung repräsentirt, oder es sind zwei bis drei, selten mehr Oeffnungen vorhanden, welche an der bezeichneten Stelle, oder weiter nach rückwärts in das antrum petrosum einmünden. Die hintere Grenze der am weitesten nach rückwärts sich erstreckenden cellulae squamosae befindet sich 10—11 mm. vor demjenigen Theil der oberen Felsenbeinkante, der aus der mehr horizontal verlaufenden Richtung in die aufsteigende übergeht. Nach vorn reichen die Zellen bis zu einer durch den vordern Umfang des Paukenringes gelegten Vertikalebene.

Die Schuppenpartie erscheint in diesem Alter als ein unbedeutender wenig entwickelter Anhang des antrum petrosum und wird wohl bei Affektionen des Mittelohres wenig Bedeutung haben. Von einem processus mastoideus ist noch keine Spur vorhanden.

Gegen Ende des ersten Lebensjahres hat sich das antrum petrosum ziemlich vertieft und stellt einen mit der Basis nach aufwärts gekehrten Kegel dar. Die Fächer- und Cellenbildung an den Wänden ist jetzt auch auf das Dach übergegangen, nur die tiefste Stelle der Concavität hat ganz glatte Wandungen. Doch herrscht namentlich in Beziehung auf die Details der Zellenbildung an den Wandungen grosse Variabilität. Die relative Lage des antrum petrosum hat sich so geändert, dass das Niveau der tiefsten Concavität in der Höhe einer an den untern Umfang des Paukenringes horizontal gelegten Tangente sich befindet. Die Höhe der Höhle beträgt 8—9 mm., die Länge an der Basis 1 cm. Das septum zwischen sulcus transversus und dem antrum

hat im oberen Theile eine mehrere mm. betragende Dicke, während
der untere Theil eine dünne transparente Knochenplatte darstellt.

Die pars squamosa hat sich nicht viel verändert, sie ist nur nach
rückwärts dem Felsenbein etwas näher getreten, so dass die am meisten
nach hinten gelegenen Sinuositäten 8 mm. unterhalb der oben bezeichneten Stelle der Felsenbeinkante sich befinden. Die Ausdehnung in
der Längsrichtung beträgt für die ganze Partie 1,5 cm. von der Einmündung in das antrum mastoideum an gerechnet. Nach oben zu überschreiten die Schuppenzellen die linea temporalis nicht, nach aussen
zu geschieht der Abschluss durch eine transparente compakte Knochenplatte. Ueber das Dach des äusseren Gehörganges hinüber hat eine
Bildung lufthaltiger Räume noch nicht Platz gegriffen.

An der äusseren Seite des Schläfenbeines ist der proc. mast. jetzt
deutlich hervorgetreten und hat meistens die Form eines niederen
Kegels mit breiter Basis und ziemlich scharfer Spitze.

Breite der Basis des proc. mastoid.: 1,2—1,5 cm., Länge des proc.
mastoid.: 0,8—1 cm. Lufträume enthält der Warzenfortsatz in dieser
Zeit durchaus keine, sondern besteht aus spongiöser Substanz.

Die noch deutlich sichtbare sutura mastoideo-squamosa verläuft in
der Art, dass der hintere, untere, seitliche Theil des Warzenfortsatzes,
welcher Muskelrauhigkeiten zeigt, dem Felsenbeine angehört, die vordere obere ganz glatte Partie, welche zugleich die hintere Wand des
knöchernen Gehörganges bildet, den untersten Theil der Schuppe
darstellt.

Betrachtet man die eben beschriebenen Verhältnisse von patholo-
gischem Standpunkte aus, so zeigt sich allerdings, dass von den knöchernen Wandungen, welche Schuppen - und Felsenbeinzellen umschliessen, das Dach, welches dieselben gegen die mittlere Schädelgrube
hin abgrenzt, der am wenigsten resistente Theil ist und einem Uebergreifen entzündlicher Processe auf Gehirnhäute und Gehirn den geringsten Widerstand entgegensetzen wird; andererseits aber lässt sich
vom rein anatomischen Standpunkt aus nicht absehen, weshalb von
der tiefen Aushöhlung aus, welche den Boden des antrum petrosum
darstellt und zur Ansammlung eitriger Massen so sehr disponirt erscheint, nicht auch gelegentlich die gerade an dieser Stelle dünne
Sinuswand in Mitleidenschaft gezogen werden könnte, weshalb nicht
schon in diesem Alter Sinusthrombose und Abscesse im cerebellum im
Gefolge eitriger Mittelohraffektionen sich einstellen sollten.

Ich möchte mir also von rein anatomischem Standpunkt aus,
Zweifel daran erlauben, ob es möglich ist, in der von TOYNBEE streng
durchgeführten Weise den Satz aufzustellen: Entzündliche Affektionen

der lufthaltigen Räume, welche auf das Gehirn übergehen, führen bei Kindern bis zum zweiten oder dritten Jahre zu Abscessen im cerebrum, nach dieser Zeit zu Erkrankungen des sinus und des cerebellum.

Jedenfalls ist für die Thatsache, dass in den ersten Lebensjahren Mittelohraffektionen relativ häufig zu Abscessen im grossen Gehirn führen, vielmehr der Umstand verantwortlich zu machen (wie namentlich auch Tröltsch hervorhebt), dass im Bereich der sutura petrosquamosa eine direkte Berührung der dura mater und der Schleimhautauskleidung der betreffenden Räume stattfindet, als — wie es von Toynbee geschieht — die rein topographische Anordnung und Lage der Theile.

Anlangend die Beziehungen zum äusseren Gehörgang, so liegt schon in diesem Alter die Möglichkeit wohl vor, dass durch die hintere Wand des meatus auditorius Eiteransammlungen des mittleren Ohres spontan ohne Läsion des Trommelfelles sich einen Ausweg bahnen können; doch ist die äussere Begrenzung der Warzenzellen hier eine starke, aus einer 2—3 mm. dicken compakten Knochenplatte bestehende, und es möchte dieser Weg leichter möglich sein in vorgerückterem Alter, wenn die Bildung von Lufträumen über dem Dach des äusseren Gehörganges stattgefunden hat.

Dass auch entzündliche Processe im äusseren Gehörgang durch Vermittlung der dem meatus auditorius anliegenden Zellen in die Tiefe geleitet werden können, liegt auf der Hand.

Sollte einmal schon bei Kindern dieses Alters die künstliche Eröffnung dieser Räume indicirt sein, dürfte der sicherste Weg ein von der hintern Wand des knöchernen Gehörganges aus angelegter Canal sein, welcher etwas nach einwärts abweichen müsste. In Beziehung auf die Tiefe, in welche einzudringen erlaubt wäre, ist als äusserstes Maximum 1 cm. festzustellen.

Die weitere Entwicklung der lufthaltigen Räume erfolgt nun in der Art, dass sowohl von den cellulae squamosae als petrosae aus ein Wachsthum nach abwärts rückwärts stattfindet, um entsprechend der allmäligen Vergrösserung des processus mastoideus die spongiöse Substanz desselben durch Bildung von Lufträumen zu verdrängen, bis der beim Erwachsenen vorherrschende Typus erreicht ist. Betrachten wir zunächst die Verhältnisse, wie sie bei einem sechsjährigen Knaben, also ungefähr in der Mitte zwischen der infantilen und der vollständig entwickelten Form sich präsentiren.

Die pars petrosa hat sich im Vergleich mit der räumlichen Ausdehnung, die sie beim Kinde von einem Jahre hatte, bedeutend ausgedehnt, weniger ist die Vergrösserung der ganzen Partie zu Gunsten des antrum petrosum erfolgt, das in Höhe und Länge eine Ausdehnung von ca. 1,5 cm. hat, als dadurch, dass von der Felsenbeinhöhle aus eine reichliche Zellenbildung stattgefunden hat, theils von kleinmaschigen an Decke und an den Seitenwandungen, theils von grösseren Hohlräumen, welche den vom Felsenbein aus gebildeten Theil des processus mastoideus füllen, an der Peripherie am grössten sind und dort auch eine deutlich radiäre Anordnung zeigen. Eine andere praktisch sehr wichtige Gruppe von Luftzellen hat sich zwischen antrum petrosum und sulcus transversalis eingeschoben.

Die pars squamosa hat sich zu dieser Zeit namentlich in der Weise geändert, dass ihre Zellen grösser geworden sind, nicht mehr die regelmässig fächerförmige Anordnung zeigen und weiter nach hinten zu sich ausgedehnt haben, so dass die am meisten nach rückwärts gelegenen Partien 4—5 mm. von der Felsenbeinkante entfernt sind. Diese hintersten Zellen zeichnen sich durch ihre Grösse aus und können — ein Analogon des antrum petrosum — zur Bildung eines grösseren Hohlraumes (antrum squamosum) zusammentreten. An dieser Stelle finden sich die Communicationen mit den im Schuppentheil des Warzenfortsatzes enthaltenen Räumen, mit den cellulae mastoid.-squamosae; diese nehmen entsprechend dem Verlaufe der sutura mastoideo-squamosa nur den vorderen oberen Theil des Warzenfortsatzes ein. Regelmässigkeit in der Anordnung lässt sich bei ihnen nicht erkennen. Nach vorne zu erstrecken sich die cellul. squamosae meist bis über das Dach des äusseren Gehörganges. Nach oben zu geht die Bildung von Hohlräumen höchstens 2 mm. über die linea temporalis. Die äussere Wand des Schuppentheiles ist da am dicksten, wo das antrum squamosum sich befindet (3 mm. dick); nach vorne zu wird die Schuppe dünner und transparent. Die Wand der pars mastoideosquamosa, welche zum grösseren Theil der hinteren Wand des äusseren Gehörganges angehört, ist eine compacte, 1,5—3 mm. dicke Knochenplatte. Die Breite der pars squamosa beträgt 5 mm., die Länge 1,8 cm. Von den verschiedenen Wandungen bildet immer noch die Scheidewand gegen die mittlere Schädelgrube den locus minoris resistentiae. Der processus mastoideus hat an der Basis eine Breite von 1,5 cm., eine Höhe von 1,8 cm. Nach meinen Untersuchungen kann ich mich Henle's Ansicht, der den proc. mastoideus erst um die Zeit der Pubertät mit Hohlräumen sich füllen lässt, nicht anschliessen.

Was die Beziehungen zum sulcus transversalis betrifft, so ist hervorzuheben, dass lediglich die pars petrosa mit demselben in Berührung kommt, wie mit dem äusseren Gehörgange nur die pars squamosa.

Anlangend die relative Lage beider Partien ist zu beachten, dass die pars petrosa gleichsam unter dem Schuppentheile durchgewachsen ist, der letztere nach aussen, oben vorn vom Felsentheil liegt.

Wenden wir uns nun zur Beschreibung der lufthaltigen Nebenräume beim Erwachsenen.

Ehe ich auf die Betrachtung der Verhältnisse, wie sie in den meisten Fällen sich darbieten, eingehe, möchte ich die Beschreibung von Präparaten einschalten, welche zwar ein seltenes Vorkommen[1]) darstellen, in denen aber die typische Anordnung und Theilung des Zellensystemes sich scharf ausgeprägt findet.

Es handelt sich hier um Schläfenbeine Erwachsener, bei welchen die sutura petro-squamosa sich vollständig erhalten hat, und es leicht gelingt, pars petrosa und squamosa auseinander zu sprengen, ohne die einzelnen Stücke zu beschädigen. Zunächst die Maassverhältnisse am ungetrennten Knochen: Die Breite des ganzen processus mastoideus, von der fissura petro-tympanica an gerechnet, beträgt 4 cm., die Länge 3,5 cm. Die sutura mastoidea squamosa beginnt ca. 2 cm. vor dem hintern Ende der Basis des Warzenfortsatzes, steigt in einem nach rückwärts leicht convexen Bogen 1,8 cm. nach abwärts, biegt dann unter einem spitzen Winkel nach aufwärts, um 1,5 mm. nach hinten und aussen von der fissura petroytmpanica ihren Verlauf zu nehmen. Durch die so verlaufende Naht wird die pars mastoidea der Schuppe als ein mit der Spitze nach abwärts gerichtetes annähernd gleichschenkliges Dreieck abgegrenzt. Hebt man nun die Schuppe von dem Felsentheile des Schläfenbeines ab und betrachtet sie von innen, so sieht man, wie die Abgrenzung der in der pars mastoidea der Schuppen enthaltenen Räume gegen die Lufträume des Felsenbeines durch eine zwar dünne aber durchaus vollständige knöcherne Scheidewand geschieht. Das Dach dieses Hohlraumes, welcher aussen von der leicht convexen compakten Knochenplatte der pars mastoid.-squamosa, nach innen von dem in reiner Sagittalebene verlaufenden septum abgeschlossen wird, ist gebildet von dem zwischen der aufsteigenden Partie der Schuppe und der fissura petro-squamosa befindlichen Theil der pars squamosa ossis temporal. Eine rundliche ziemlich regelmässige Oeffnung mit einem grössten Durchmesser von 2 mm. führt in die Hohlräume der Schuppe; diese Oeffnung befindet sich 0,8 cm. hinter dem Anfang des canalis ad cellulas mostoid. Daneben befinden sich zwei bis drei kleinere Oeffnungen.

Durch die Oeffnung kommt man in die Gruppe der schon oben erwähnten grossmaschigen Zellen, die hier ein wahres antrum squa-

---

[1]) Unter vierzig Felsenbeinen fand ich es dreimal.

mosum bilden; von hier aus führen zahlreiche kleinere Oeffnungen in die engmaschigen Räume. Nach vorn überschreitet die Zellenbildung das hintere Ende des Gehörgangdaches nicht.

Der Durchmesser des breitesten Theiles der pars squamosa beträgt 14 mm. Die grösste Dicke der äusseren Wand entspricht auch hier der Stelle, wo das antrum squamosum liegt. Bei der Betrachtung der isolirten pars petro-mastoidea sieht man von aussen ebenfalls ein transparentes septum, zum Abschluss der cellulae petro-mastoideae nach vorne dienend. Diese Scheidewand ist natürlich dem septum der pars squamosa völlig congruent. Entsprechend dem Verlaufe der sutura mastoideo-squamosa geht die Nahtfläche unter einem sehr stumpfen Winkel in die Oberfläche des processus mastoid. über. Nach vorn und oben zu endet das septum mit einer nach rückwärts convexen Linie, die mit dem hinteren Ende des aditus ad cellulas mastoideas den Eingang in das antrum petrosum begrenzt. Derselbe übertrifft den Zugang zu den Schuppenzellen vier- bis achtmal an Weite. Das antrum petrosum selbst hat eine Länge von 1,2 cm., eine Höhe von 0,9 cm. Von ihm aus führen nach einwärts, abwärts, rückwärts zahlreiche Foramina in die cellulae petro-mastoideae, welche eine radiäre Anordnung zeigen. Das Dach wird gebildet von der direkten Fortsetzung des tegmentum tympani und ist mit zahlreichen Hohlräumen durchsetzt. Die Wand gegen den sulcus transversalis zu ist durchaus transparent.

In diesen allerdings seltenen Fällen, in denen cellulae petrosae und squamosae durch ein doppeltes septum getrennt sind, könnte in dem einen Theile wohl eine entzündliche Affektion ihren Verlauf nehmen ohne den andern in Mitleidenschaft zu ziehen.

Es ist nun unsere Aufgabe, von dem eben beschriebenen als typisch zu betrachtenden Verhalten aus die mannichfachen Abweichungen, welche die in Rede stehenden Gebilde darbieten, zu untersuchen.

Diese Abweichungen zeigen sich nun hauptsächlich in zwei Richtungen. Entweder in der Art, dass die Trennung in zwei Systeme mehr oder weniger verwischt ist, oder mit Rücksicht darauf, dass die besprochenen Räume ihre Beziehungen zu den Nachbarorganen wechseln, bald mehr, bald weniger weit sich ausdehnen.

Wie schon oben erwähnt, ist die Erhaltung einer doppelten Scheidewand zwischen beiden Räumen eine Seltenheit, aber doch geht, meiner Ansicht nach, Schwartze zu weit, wenn er beim Erwachsenen die Trennung in zwei Theile nur andeutungsweise vorhanden sein lassen will.

Wie die fissura petro - squamosa am Schädel des Erwachsenen sich constanter erhält als die sutura mastoidea - squamosa, so ist auch im Innern der horizontalen Partie der Autoren, d. h. der oben und vorne vor den eigentlichen cellulae mastoid. gelegenen Räume ein Persistiren einer Scheidewand häufiger, als in den Zellen des processus mastoideus. Und zwar ist in der horizontalen Partie das Vorhandensein eines septum der gewöhnliche Fall.

Besonders deutlich wird dies an Frontalschnitten und in erster Linie an Präparaten, an welchen man das Dach der portio squamosa und petrosa mit Schonung der sutura petro - squamosa abträgt; man sieht dann gewöhnlich eine deutliche Scheidewand in die Tiefe dringen, auf deren Oberfläche sich zahlreiche Zellen gebildet haben. Die Trennung des septum in zwei Platten ist nicht mehr zu erkennen.

Eine Verwischung dieser scharfen Trennung ist nun in zweierlei Weise möglich. Entweder treten im ganzen Bereiche des septum Perforationen ein, es entsteht dann ein Labyrinth von Hohlräumen, in dem sich nur mit Mühe und annähernd die Gegend der früheren Scheidewand daran erkennen lässt, dass das Gewebe der feinen septa ein engmaschigeres als in den übrigen Theilen ist; oder die Communication beider von Haus aus getrennter Räume findet wesentlich nur in den obersten Partien statt, indem die Schuppenzellen mit den an der Decke des antrum petrosum befindlichen Hohlräumen in Verbindung treten. Dadurch entsteht, besonders wenn die Lufträume klein sind, der Anschein, als ob die Schuppenpartie eine gerade über dem Felsentheil gelegene höhere Etage von Lufträumen darstellte.

Häufiger als in der pars horizontalis findet in den Zellen des Warzenfortsatzes eine Aufhebung des eigentlichen Typus statt. Dieses Verhalten steht in Uebereinstimmung mit den so ausserordentlich schwankenden Grössen und Formverhältnissen des processus mastoideus.

Während an einzelnen Felsenbeinen die cellulae mastoideo - squamosae an der Stelle der betreffenden Naht nach unten zu blind endigen, auch nach rückwärts einwärts durch eine transparente Knochenlamelle gegen die cellulae petro-mastoideae abgeschlossen sind und nur nach oben mit dem antrum squamosum communiciren, finden sich an andern zahlreiche Perforationen des immer noch erkennbaren septum; bei einer dritten Gruppe endlich ist von irgend welcher regelmässigen Scheidung keine Rede mehr. Dieser letztere Fall tritt namentlich dann ein, wenn die Hohlräume im Zitzenfortsatze überhaupt stark entwickelt, die äusseren Wandungen dünn und transparent sind. Andererseits findet sich bei der mehr typischen Form häufig ein Ver-

kümmern der cellulae mastoideo - petrosae zu Gunsten der Schuppen-
Warzenzellen, nebst einer Verdickung der äusseren und hinteren Wand
des processus mastoideus.

Betrachten wir nun die räumlichen Beziehungen und ihre Schwankungen.

1) Pars squamosa. Die Eingangsöffnungen in diesen Theil
variiren nach Zahl und Grösse. Je weniger vorhanden sind, umsomehr
dominirt eine Oeffnung als aditus ad cellulas squamosas; nur selten
wird der Zugang durch eine grössere Zahl unregelmässig angeordneter
Oeffnungen dargestellt. Das Dach, das die Schuppenzellen bedeckt,
ist derber als das über die pars petrosa gespannte und zeigt keine
spontane Dehiscenzen; selbst deutlich transparente Stellen sind nach
aussen von der fissura petro-squamosa selten. Constant ist das schon
mehr erwähnte Auftreten einer Art antrum squamosum beim Uebergang in den vertikalen Theil.

Auch die äussere Platte der Schuppe, welche die Lufträume nach
aussen abschliesst, zeigt keine grossen Schwankungen in ihrer Dicke;
sie stellt eine compakte Knochenmasse dar, welche nach aussen vom
antrum squamosum eine Auftreibung bildet, welche aber nicht durch
Einlagerung lufthaltiger Räume, sondern durch spongiöse Substanz
gebildet wird. Nach vorne zu wird die Schuppe dünner transparent.
Nach oben bildet die linea temporalis die Grenze; für die Ausdehnung
in dieser Richtung scheint mir allein zu gelten, was Toynbee von
der ganzen horizontalen Portion sagt, dass sie nämlich allmälig ver-
kümmere. In der Richtung nach vorne ist der gewöhnlichste Fall der,
dass die Zellenbildung die vordere Grenze der oberen Gehörgangwand
nicht oder nur wenig überschreitet. In sehr vielen Fällen aber wird
diese Grenze nicht eingehalten, und es kommt namentlich im Dache
der fovea articularis und im processus zygomaticus zur Bildung grosser
Hohlräume, während das andere Mal die Bildung von Sinuositäten
nicht einmal das hintere Ende des Gehörganges erreicht. Die Ausdehnung nach hinten ist namentlich mit Rücksicht auf den sinus
von Wichtigkeit. Selten (nach Hyrtl in 600 Fällen dreimal) dringt
die Bildung von Hohlräumen bis ins Hinterhauptbein. Aber auch
wenn sich die Zellen auf das Schläfenbein beschränken, können sie so
weit nach rückwärts vordringen, dass ihr hinterer Abschluss durch die
dünne Knochenplatte bewerkstelligt wird, welche den Boden im obersten Theile des sulcus transversalis bildet.

2) Pars mastoidea. Das Dach derselben zeigt als direkte
Fortsetzung des tegmentum tympani am häufigsten die spontane Dehis-
cenz. Dasselbe wird zwar weiter nach rückwärts durch Bildung

von Hohlräumen, respektive von Auflagerungen von Zellen an seiner innern Oberfläche etwas dicker, bildet aber immer einen wenig resistenten Theil. Die Beziehungen zum sinus sind constant und schon oben wurde mehreremal darauf Bezug genommen. Was die Vermuthungen Dr. Bezold's betrifft, dass auffallende Schädelasymmetrien häufig zu einer bedeutenden bei einer etwaigen Trepanation gefährlichen Entwicklung des sinus führen, kann ich nach dem mir vorliegenden Material vollständig bestätigen. Und zwar findet sich bei ausgeprägten Asymmetrien der sinus der begünstigten Seite stärker entwickelt. Wie weit die in mehreren Lehrbüchern sich findende Angabe richtig ist, dass unter normalen Verhältnissen der rechte quere Blutleiter der stärker ausgebildete sei, bin ich bei der mir zu Gebote stehenden Anzahl von Schädeln nicht zu entscheiden im Stande.

Die dem Felsentheile angehörigen Zellen des Warzenfortsatzes hören entweder an der incisura mastoidea auf oder überschreiten dieselbe, so dass dann der sinus transversalis sammt dem emissarium mastoideum von Lufträumen ganz umhüllt ist. Wie schon oben (S. 329) erwähnt, zeigen die einzelnen Warzenzellen die grössten Schwankungen; man findet hier von der vollständigen Obliteration der Räume, bis zu dem Punkte, dass die transparente äussere Wand leicht eindrückbar ist, alle möglichen Uebergänge; so weit meine Untersuchungen reichen, variirt die Wand der cellulae petro-mastoideae mehr als die der cellulae mastoideo-squamosae.

Aus der Form des processus mastoideus seiner Percussion einen Schluss auf das Vorhandensein mehr oder weniger ausgedehnter Lufträume zu ziehen, halte ich nicht für möglich, ist es doch nicht selten am macerirten Schädel schwer, und ich kann Bezold's Annahme, dass die scharfkantigen Warzenfortsätze auf wenig, die rundlichen auf stark entwickelte Hohlräume schliessen lassen, nicht bestätigen. Auch das höhere Alter hat durchaus keinen constanten Einfluss auf die Ausdehnung oder Verkümmerung der Luftzellen.

Für die Operation hat Bezold auf Grund seiner anatomischen Untersuchungen genaue Regeln aufgestellt. Mir schiene mit Rücksicht auf sinus, canalis facialis und semicircular externus der sicherste Weg der, nach Ablösung der Weichtheile von der Stelle der hinteren Wand des äusseren Gehörganges einzudringen, welche von der pars mastoidea squamosa gebildet wird, und zwar etwas nach einwärts, um im Fall des Vorhandenseins eines septum beide Höhlensysteme zu eröffnen.

Der Vollständigkeit halber füge ich noch die von Dr. Bezold aufgestellte Tabelle über die diessbezüglichen Maasse bei:

1) Breite der pars mastoidea von der Seite der hinteren Gehörgangswand, da wo die fissura mastoideo - tympanica sie schneidet, bis
   zum hintern Rand der incisura mastoidea: 25,0 mm.

2) Die Höhe der pars mastoidea von der Spitze des processus mastoideus bis zu einer durch die spina meatus auditorii gezogenen
   Horizontalen: 25,2 mm.

3) Die Dicke der dünnsten Stelle der pars mastoidea, welche der
   Aussenwand des sinus sigmoideus gegenüberliegt: 7,6 mm.

4) Die Entfernung der dünnsten Stelle von der spina supra meatum:
   15,7 mm.

5) Die Entfernung des foram. mastoid. von der Mitte der hintern
   Gehörgangswand: 30,8 mm.

6) Die Entfernung des foram. mastoideum von der Spitze des processus mastoideus: 30,9 mm.

Es erübrigt noch, mit einigen Worten derjenigen Zellenbildung
zu gedenken, welche in dem cavum tympani selbst stattfindet. Von
Belang ist nur die am Boden des cavum tympani befindliche Zellen-
gruppe wegen ihrer Beziehung zum bulbus jugularis, da sich an dieser
Stelle der Knochen bis zur Bildung förmlicher Dehiscenzen verdünnen
kann. Die andere ziemlich constante Gruppe ist durch die zwischen
Schnecke und canalis caroticus eindringenden Zellen dargestellt, welche
vielleicht für die Aetiologie starker arterieller Blutungen aus dem mittleren Ohre von Belang sind.

Erklärung der Abbildungen.

Tafel XV.

Fig. 1. Schädel eines 6jährigen Knaben von oben geöffnet.

Auf der linken Seite sieht man nach aussen die pars squamosa.

Nach innen davon das durch Abheben der oberen Wand und der diesen Theil
bedeckenden Schuppenpartie dargestellte antrum petrosum.

Zwischen beiden die sutura petro-squamosa erhalten.

Nach vorne zu Paukenhöhle geöffnet.

Auf der rechten Seite ist nur die pars squamosa geöffnet, welche hinten in
die Bildung des antrum squamosum übergeht.

Fig. 2. Schläfenbein eines Erwachsenen von aussen. Sutura mastoidea
squamosa beginnt bei X.

Fig. 3. Pars squamosa des bei 2 abgebildeten Präparates von innen.

Fig. 4. Pars petro-mastoidea von aussen.

Fig. 5. Schematisch gehaltener Frontaldurchschnitt durch das Schläfenbein bei X das der Naht entsprechende septum.

Fig. 6 und 7. Zwei Sagittalschnitte zur Demonstration der verschiedenen Ausdehnung der lufthaltigen Räume.

Für die Beihülfe bei Verfertigung der Zeichnungen bin ich Herrn Prof. Dr. HENKE und Herrn med. stud. GESSLER grossen Dank schuldig.

XXIII.

Die Maassverhältnisse der Wirbelsäule und des Rückenmarkes beim Menschen.

Von

Dr. Michel Ravenel
aus Neuenburg.

(Aus dem anatomischen Institute des Prof. Aeby in Bern.)

Maass- und Massenverhältnisse des menschlichen Körpers sind noch keineswegs in durchweg genügender Weise bekannt. Methodische und eine grössere Anzahl von Individuen umfassende Untersuchungen liegen fast nur für einige anthropologisch wichtige Gebiete, wie Schädel, Gehirn und andere, vor. Viele selbst hervorragende Organe warten noch der Bearbeitung. Zu diesen gehört das Rückenmark. Kann die vielfach gemachte Angabe von der Verschiedenheit seiner relativen Länge im männlichen und weiblichen Geschlechte wirklich als eine sicher nachgewiesene angesehen werden? — Ich habe aus der vorhandenen Literatur diese Ueberzeugung nicht zu gewinnen vermocht und es daher unternommen, den Thatbestand von Neuem zu prüfen und dabei auch auf einige Verhältnisse näher einzutreten, die bisher noch wenig oder gar nicht sind berücksichtigt worden. Das Material entnahm ich der Berner Anatomie. Ihrem Vorstande, Herrn Prof. Aeby, fühle ich mich für die vielfache Anregung und Unterstützung, die er mir im Verlaufe meiner Arbeit hat angedeihen lassen, zum lebhaftesten Danke verpflichtet.

Ich suchte meine Aufgabe in der Art zu lösen, dass ich die Längenverhältnisse des Rückenmarkes möglichst genau mit denen der zugehörigen Wirbelsäule verglich. Elf männliche und ebensoviele weibliche sammt einer kleineren Anzahl von kindlichen Leichen gelangten zur Untersuchung. Sie sind in den nachfolgenden Tabellen jeweilen genau in derselben Reihenfolge aufgeführt, so dass sich also überall die gleiche Ordnungsnummer auch auf das gleiche Individuum bezieht. Ich beginne mit der Wirbelsäule für sich allein, werde das Rückenmark in gleicher Weise darauf folgen lassen und verspare die Vergleichung beider Organe auf den Schluss.

---

1. Maassverhältnisse der Wirbelsäule.

Ich hatte keine Veranlassung, die ganze Wirbelsäule in den Kreis meiner Untersuchung zu ziehen, und beschränkte mich auf denjenigen Abschnitt, der überhaupt allein zum Rückenmarke in unmittelbarer Beziehung steht und daher bei der Lösung der aufgeworfenen Fragen wohl auch unstreitig die entscheidende Rolle spielt. Das Kreuz- und Steissbein unterliegen zudem in ihrer Längenentwickelung so beträchtlichen individuellen und namentlich auch geschlechtlichen Schwankungen, dass die Wirbelsäule als möglichst neutraler Maassstab durch deren Einverleibung an Genauigkeit und Zuverlässigkeit nur verlieren und jedenfalls nichts gewinnen kann.

Verschiedene Forscher haben sich bereits mit den absoluten und relativen Längenverhältnissen des aus sogenannten wahren Wirbeln bestehenden Stammskeletes und seiner dem Halse, der Brust und dem Bauch entsprechenden Abschnitte befasst, alle jedoch ihr Augenmerk auf die Vorderseite der Körperreihe beschränkt[1]). Es ist nun aber gewiss nicht von geringerem Interesse, ja zur vollständigen Ausführung des Bildes sogar unerlässlich, in gleicher Weise auch die Rückseite zu beachten, da wir nicht berechtigt sind, aus dem Verhalten der einen ohne weiteres dasjenige der anderen zu erschliessen. Beide können ja sehr wohl bis zu einem gewissen Grade unabhängig von einander zur Entfaltung und Gliederung gelangen.

Die Messung geschah nur an frischen und, soweit sich solches durch den allgemeinen Augenschein feststellen liess, auch normal gebauten Leichen. Die völlige Bloslegung der Wirbelkörper durch Abtragen der Bögen und Wegnahme des Rückenmarkes, sowie durch Entfernung sämmtlicher Eingeweide ging ihr voraus. Hierauf wurde das Präparat möglichst genau horizontal gelagert, wie solches durch jeden ebenen Tisch zu erzielen ist. Nöthigenfalls wurde durch sorgfältig untergelegte Stützen dafür gesorgt, dass die Krümmungen der

---

[1]) Die an den einzelnen Wirbeln und Bandscheiben gemachten beidseitigen Messungen kommen für unsere Frage nicht in Betracht.

ganzen Säule in der Bauch-, wie in der Rückenlage möglichst gleich und somit die aus der verschiedenen Lagerung entspringenden Fehlerquellen jedenfalls ausserordentlich klein waren. Alle Messungen stammen also von möglichst entlasteten und blos durch die eigene Elastizität geformten Wirbelsäulen her. Sie wurden durch das gleiche in Millimeter getheilte feine Stahlband ausgeführt, das so nachgiebig war, dass es sich allen Biegungen der Oberfläche mit Leichtigkeit und aufs Genaueste anschloss. Ueberall wurde es der Mittellinie der Wirbelsäule entlang gelegt; es lieferte somit deren Bogenlängen. Für beide Seiten wurde die obere Randebene des Atlasbogens einerseits, des ersten Kreuzbeinwirbels anderseits als Grenze angesehen. Die zwischen den einzelnen Hauptabschnitten liegende Bandscheibe wurde immer dem höher gelegenen zugetheilt. Der Halsabschnitt findet demnach am ersten Brustwirbel, der Brustabschnitt àm ersten Lendenwirbel und der Bauchabschnitt am Kreuzbein seinen Abschluss. Die Messung ergab bei Erwachsenen folgende absolute Werthe.

Maassverhältnisse der Wirbelsäule bei Männern.

Absolute Werthe in Centimetern.

	Vorderseite.				Rückseite.			
	Hals-theil.	Brust-theil.	Bauch-theil.	Ganze Länge.	Hals-theil.	Brust-theil.	Bauch-theil.	Ganze Länge.
1	12.0	27.0	14.5	53.5	12.0	28.0	14.0	54.0
2	14.5	29.3	21.0	64.8	13.0	31.5	14.0	58.5
3	15.5	28.0	19.0	62.5	14.5	30.0	15.0	59.5
4	15.8	30.5	19.5	65.8	14.5	31.0	16.0	61.5
5	13.0	28.0	19.0	60.0	13.5	29.0	16.5	59.0
6	12.0	27.0	18.5	57.5	12.0	27.0	16.0	55.0
7	12.5	27.5	16.5	56.5	12.0	28.0	14.0	54.0
8	12.5	27.0	19.0	58.5	11.5	27.5	16.0	55.0
9	12.5	27.5	18.5	58.5	12.8	29.0	18.0	59.8
10	12.0	27.0	17.0	56.0	12.0	27.5	16.0	55.5
11	13.5	28.0	18.0	59.0	13.0	29.0	17.5	59.5
Mittel.	13.3	28.0	18.2	59.5	12.8	28.9	15.7	57.4
	(12.0— 15.8)	(27.0— 30.5)	(14.5— 21.0)	(53.5— 65.8)	(11.5— 14.5)	(27.0— 31.5)	(14.0— 18.0)	(54.0— 61.5)

Maassverhältnisse der Wirbelsäule bei Weibern.

Absolute Werthe in Centimetern.

	Vorderseite.				Rückseite.			
	Hals-theil.	Brust-theil.	Bauch-theil.	Ganze Länge.	Hals-theil.	Brust-theil.	Bauch-theil.	Ganze Länge.
1	12.0	25.0	16.8	53.8	10.5	27.0	12.0	49.5
2	12.0	26.0	16.3	54.3	10.5	27.0	12.0	49.5
3	12.5	26.0	18.5	57.0	12.5	28.2	12.5	53.2
4	12.0	25.5	17.0	54.5	12.5	27.5	13.0	52.0
5	11.0	24.5	16.5	52.0	10.0	27.0	11.0	48.0
6	12.0	28.0	19.5	59.5	12.0	29.5	11.5	56.5
7	13.0	28.0	20.0	61.0	12.5	29.0	16.5	57.0
8	12.0	26.0	18.5	56.5	12.0	25.0	12.5	49.5
9	11.5	26.5	18.0	56.1	11.5	25.0	12.0	48.5
10	11.0	24.0	17.0	52.0	11.0	23.5	11.5	46.0
11	13.0	26.5	18.5	57.0	12.5	25.5	12.0	50.0
Mittel.	12.0	26.0	17.8	55.8	11.5	26.7	12.4	50.6
	(11.0— 13.0)	(24.0— 28.0)	(16.3— 20.0)	(52.0— 61.0)	(10.0— 12.5)	(23.5— 29.5)	(11.0— 16.5)	(46.0— 57.0)

Differenz der Mittelwerthe beider Geschlechter auf Seiten der Weiber.

	Halstheil	Brusttheil	Bauchtheil	Ganze Länge
Vorderseite:	— 1.3	— 2.0	— 0.4	— 3.7
Rückseite:	— 1.3	— 2.2	— 3.3	— 6.8

Differenz der Mittelwerthe eines jeden Geschlechtes für Vorder- und Rückseite auf Seiten der letztern.

	Halstheil	Brusttheil	Bauchtheil	Ganze Länge
Männer:	— 0.5	+ 0.9	— 2.5	— 2.1
Weiber:	— 0.5	+ 0.7	— 5.4	— 5.2

Die absolute Länge der Wirbelsäule ist natürlich abhängig von derjenigen des ganzen Körpers und hat als solche für uns nur einen untergeordneten Werth. Auch war von vornherein zu erwarten, dass in ihr die Männer den Weibern überlegen sein würden. Ueberraschend ist dagegen die Thatsache, dass solches nicht in allen Theilen gleichförmig geschieht, ein Beweis, dass die innere Gliederung der beiden Wirbelsäulen Verschiedenheiten darbietet. Ebenso ergeben sich die beiden Seiten ein und derselben Wirbelsäule als verschieden. Die Rückseite ist im ganzen kürzer als die Vorderseite, doch verhalten sich die einzelnen Abschnitte dieser Verkürzung gegenüber wiederum ungleich. Genaueres lehrt die prozentische Berechnung der beiden

22*

Seiten nach ein und demselben Maassstabe.　Wir wählen als solchen die Vorderseite.

Relative Maassverhältnisse der Wirbelsäule.

Vorderseite = 100.

Männer.

	Vorderseite.				Rückseite.			
	Hals-theil.	Brust-theil.	Bauch-theil.	Ganze Länge.	Hals-theil.	Brust-theil.	Bauch-theil.	Ganze Länge.
1	22.4	50.5	27.1	100	22.4	52.3	26.1	100.8
2	23.4	45.2	32.4	100	20.1	48.6	21.6	90.3
3	24.8	44.8	30.4	100	23.2	48.0	24.0	95.2
4	24.0	46.3	29.6	100	22.0	47.1	24.3	93.4
5	21.7	46.7	31.7	100	22.5	48.3	27.5	98.3
6	20.8	46.9	32.2	100	20.9	46.9	27.7	95.5
7	22.1	48.7	29.2	100	21.2	49.6	24.8	95.6
8	21.3	46.1	32.4	100	19.6	47.0	27.4	94.0
9	21.4	47.0	31.6	100	21.9	49.6	30.8	102.3
10	21.4	48.2	30.4	100	21.4	49.1	28.6	99.1
11	22.7	47.1	30.2	100	22.0	49.2	29.6	100.8
Mittel.	22.4	47.1	30.5	100	21.5	48.6	26.4	96.5
	(20.8— 24.8)	(44.8— 50.5)	(27.1— 32.4)		(19.6— 23.2)	(47.0— 52.3)	(21.6— 30.8)	(90.3— 100.8)

Weiber.

	Vorderseite.				Rückseite.			
	Hals-theil.	Brust-theil.	Bauch-theil.	Ganze Länge.	Hals-theil.	Brust-theil.	Bauch-theil.	Ganze Länge.
1	22.3	46.5	31.2	100	19.5	50.2	22.3	92.0
2	22.1	47.9	30.0	100	19.3	49.7	22.1	91.1
3	21.9	45.6	32.4	100	21.9	49.5	21.9	93.3
4	22.0	46.8	31.2	100	22.9	50.5	23.8	97.2
5	21.1	47.1	31.7	100	19.2	51.9	21.1	93.2
6	20.2	46.7	32.8	100	20.2	49.6	19.3	89.1
7	21.3	45.9	32.8	100	20.5	47.5	27.0	95.0
8	21.2	46.0	32.7	100	21.2	44.3	22.1	87.6
9	20.9	46.5	32.6	100	20.5	44.5	21.4	86.4
10	21.1	45.8	32.7	100	21.1	45.2	22.1	88.4
11	22.8	45.6	31.6	100	21.9	44.7	21.1	87.7
Mittel.	21.5	46.6	31.9	100	20.6	47.8	22.2	90.6
	(20.2— 22.8)	(45.6— 47.9)	(30.0— 32.8)		(19.2— 22.9)	(44.3— 51.9)	(19.3— 27.0)	(86.4— 97.2)

Differenz der Mittelwerthe beider Geschlechter auf Seiten des Weibes.

	Halstheil.	Brusttheil.	Bauchtheil.	Ganze Länge.
Vorderseite:	— 0.9	— 0.5	+ 1.4	0
Rückseite:	— 0.9	— 0.8	— 4.2	— 5.9

Differenz der Mittelwerthes eines jeden Geschlechtes für Vorder- und Rückseite auf Seiten der letzteren.

	Halstheil.	Brusttheil.	Bauchtheil.	Ganze Länge.
Männer:	— 0.9	+ 1.5	— 4.1	— 3.5
Weiber:	— 0.9	+ 1.2	— 9.7	— 9.4

Der Unterschied der Geschlechter ist auffällig genug. Bei Weibern ist die Rückseite der Wirbelsäule um 6 % kürzer als bei Männern, und zwar zum grössten Theil durch Schuld des Bauchabschnittes, während Hals- und Brusttheil nur ein Bescheidenes dazu beitragen. Letztere verhalten sich überhaupt auf beiden Seiten ziemlich übereinstimmend, während der Bauchtheil der Vorderseite bei Weibern nicht nur nicht kürzer, sondern im Mittel sogar um ein Weniges länger ausfällt als bei Männern. Der Ueberschuss ist zu gering, um irgendwie als wesentlich angesehen werden zu können, und zudem fällt er individuell vielfach gänzlich dahin.[1]

---

[1] Ich weiss nicht, inwiefern es auf Messung beruht, wenn Luschka (Anatomie des Menschen. II. Bd. 1. Abth. S. 80 Tübingen. 1863.) beim weiblichen Geschlechte die Lendenwirbelsäule relativ etwas höher nennt als beim Manne. Jedenfalls geht aus Ravenel's Zahlen soviel hervor, dass der Ausdruck in dieser allgemeinen Fassung nicht zutrifft, da die geringe Verlängerung der Vorderseite durch die beträchtliche Verkürzung der Rückseite mehr als ausgeglichen wird. Ich selbst habe in meinem „Lehrbuch der Anatomie. S. 158, Leipzig. 1871," mitgetheilt, dass ich in der relativen Gliederung der Vorderseite der Wirbelsäule zwischen männlichen und weiblichen Individuen im Mittel von 16 Beobachtungen nicht den geringsten Unterschied hätte auffinden können. Stelle ich die bezüglichen Messungen nochmals zusammen, so erhalte ich als Mittel für 8 Männer und ebensoviele Weiber:

	Halstheil.	Brusttheil.	Bauchtheil.	Ganze Länge.
Männer:	20.8	46.3	32.8	100
	(18.5—22.7)	(44.7—47.7)	(30.9—35.0)	
Weiber:	20.4	46.4	33.2	100
	(19.5—21.1)	(44.8—47.7)	(31.2—35.5)	
Differenz auf Seiten der Weiber:	— 0.4	+ 0.1	+ 0.4	0

Also auch hier auf Seiten der Weiber im Bauchtheile ein Plus, aber so geringfügig, dass ich wohl berechtigt war, es zu vernachlässigen. Verschmelzen wir meine 16 Beobachtungen mit denen von Ravenel, so erhalten wir als Mittel für je 19 Individuen:

Nicht weniger klar sind die Ergebnisse, denen eine Vergleichung beider Seiten der Wirbelsäule zu Grunde liegt. Die Rückseite ist in beiden Geschlechtern kürzer als die Vorderseite, im männlichen durchschnittlich um $3^1/_2$, im weiblichen um $9^1/_2$ %. Auch da verräth schon ein erster Blick den Bauchtheil als den wenn auch nicht ausschliesslich, doch wenigstens in hervorragender Weise schuldigen. Der Halstheil fügt dem Ausfall nur wenig bei und der Brusttheil mildert denselben sogar um beiläufig $1^1/_2$ %, da er im Gegensatze zu dem Reste der Wirbelsäule auf der Rückseite etwas länger ist als auf der Vorderseite. Allgemein gefasst lautet das Gesetz dahin, dass in den drei Hauptabschnitten der Wirbelsäule die convexe Seite jeweilen länger ist, als die concave, im Hals- und Bauchabschnitte also die vordere, im Brustabschnitte die hintere. Der Längenunterschied ist um so geringer, je flacher, um so ausgeprägter, je steiler die vorhandene Biegung. Setzen wir für die Mittelwerthe die längere Seite eines jeden Abschnittes gleich 100, so erhalten wir für die kürzere:

	Halstheil	Brusttheil	Bauchtheil
Männer	96.0	96.9	86.6
Weiber	95.8	97.5	69.6

Wir haben hier einen sprechenden Ausdruck für die beträchtliche Verschiedenheit der Krümmungen. Sie sind schwach im Hals- und Brusttheile, stärker im Bauchtheile des Mannes, am stärksten in dem des Weibes. Es liegt hierin ein spezifischer Geschlechtsunterschied. Luschka[1] hebt denselben richtig hervor und erklärt daraus die stärkere Lendenaushöhlung an der Rückenseite des Rumpfes schön geformter weiblicher Körper.

Die eben besprochenen Verhältnisse bringen es mit sich, dass die relative Ausdehnung der einzelnen Abschnitte der Wirbelsäule auf deren beiden Seiten sehr ungleich ausfällt. Wir verschaffen uns dafür einen einfachen Ausdruck, wenn wir wie bisher bei der Vorderseite, so auch bei der Rückseite die prozentische Berechnung auf die ganze Länge ausführen. Wir erhalten dann:

	Halstheil.	Brusttheil.	Bauchtheil.
Männer:	21.7	46.7	31.4
Weiber:	21.1	46.5	32.4.

Vereinigen wir auch die Geschlechter, so geben die 38 Wirbelsäulen für Hals-, Brust- und Bauchtheil die prozentischen Werthe von 21.4, 46.6 und 31.9 oder rund von 21, 47 und 32.   Aeby.

[1] Die Anatomie des Menschen. II. Bd. 1. Abth. S. 80. Tübingen. 1863.

Vorderseite = 100.

	Halstheil.	Brusttheil.	Bauchtheil.
Männer:	22.4	47.1	30.5
	(20.8—24.8)	(44.8—50.5)	(27.1—32.4)
Weiber:	21.5	46.6	31.9
	(20.2—22.8)	(45.6—47.9)	(30.0—32.8)

Rückseite = 100.

	Halstheil.	Brusttheil.	Bauchtheil.
Männer:	22.3	50.3	27.3
	(20.9—24.4)	(48.5—56.8)	(22.9—30.1)
Weiber:	22.7	52.4	24.8
	(20.8—25.0)	(50.0—56.2)	(22.9—28.4).

Dem Halse gehört auf beiden Seiten ungefähr $^1/_5$ der Wirbelsäule an; er ist von allen Abschnitten der am gleichförmigsten entwickelte. Brust- und Bauchtheil dagegen erfahren bedeutende Schwankungen, und zwar in entgegengesetzter Richtung, indem ihre Längen sich gegenseitig compensiren. An der Vorderseite ist der Brusttheil verhältnissmässig kürzer, der Bauchtheil länger, an der Rückseite umgekehrt jener länger, dieser kürzer. Nur hier unterwirft der Brusttheil die volle Hälfte der Wirbelsäule oder darüber seiner Herrschaft; an der Vorderseite begnügt er sich, einzelne individuelle Fälle abgerechnet, mit weniger. Was ihm abgeht, kommt dem Bauchtheile zu gut. Die geringste Ausdehnung gewährt diesem die Rückseite der weiblichen Wirbelsäule. An dieser Stelle übertrifft er sogar den Halstheil nur um Weniges, während die ihm günstigere Vorderseite in beiden Geschlechtern das Verhältniss ungefähr wie 3 : 2 gestaltet.

Wir haben in unseren bisherigen Erörterungen nur die Mittelzahlen berücksichtigt. Es darf indessen nicht ausser Acht gelassen werden, dass diesen sehr ansehnliche individuelle Schwankungen, durch welche die Schärfe der Unterschiede merklich gemildert oder selbst aufgehoben wird, zur Seite stehen. Sie erreichen für die Rückseite des Bauchabschnittes sogar im Mittel den dritten Theil seines ganzen Werthes; für die übrige Wirbelsäule sind sie ungleich geringer und überschreiten $^1/_5$ der bezüglichen Mittelwerthe nicht. Die Krümmung der Lendenwirbelsäule ist somit dem meisten Wechsel unterworfen und erscheint dadurch für den individuellen Charakter der ganzen Wirbelsäule in erster Linie verantwortlich. Wie weit derselbe von dem spezifischen Typus des bezüglichen Geschlechtes sich entfernen kann, dafür bieten die Tabellen der Belege genug. So sehen wir bei einzel-

nen Männern die Bauchwirbelsäule so sehr sich strecken, dass der
früher erwähnte Längenunterschied beider Seiten nahezu verschwindet
und in Folge davon auch die Rückseite der ganzen Wirbelsäule der
Vorderseite an Ausdehnung gleich kommt oder sie selbst um ein
Weniges überragt. Doch fehlen auch Beispiele des Gegentheiles keineswegs. Die Krümmung männlicher Wirbelsäulen kann so stark werden,
dass sie derjenigen von typisch weiblichen nichts nachgiebt. Umgekehrt nähert sich nicht selten durch zu geringe Krümmung die weibliche Wirbelsäule der männlichen. Immerhin sind, wenigstens nach
unseren Erfahrungen, die extremen Formen sehr geringer Krümmung
auf männliche, wie diejenigen sehr bedeutender Krümmung auf weibliche Individuen beschränkt. Es decken sich nur die am stärksten
gekrümmten männlichen und die am wenigsten gekrümmten weiblichen
Wirbelsäulen. Der Umfang des gemeinschaftlichen Gebietes entspricht
ziemlich genau dem Abstande der Mittelwerthe beider Geschlechter.
Die beidseitigen individuellen Gebiete fallen also mit den einander
zugekehrten Hälften in-, mit den von einander abgekehrten auseinander.

Es wäre von grossem Interesse, zu wissen, von welchen Momenten
die stärkere oder schwächere Krümmung der Lendenwirbelsäule abhängig ist und welchen Einflüssen es zugeschrieben werden muss, dass
die weibliche Wirbelsäule durchschnittlich in so auffälliger Weise der
schärferen Krümmung sich zuneigt. Ich bin leider nicht im Stande,
darüber Aufschluss zu geben und muss mich mit dem einfachen Nachweise der Thatsache begnügen. Nur eigens darauf gerichtete Untersuchungen können die Frage lösen. Vor Allem ist es nothwendig, den
Entwickelungsgang der Wirbelsäule genau zu verfolgen, um zu erfahren, ob die Formverschiedenheit eine ursprüngliche oder erworbene ist,
und im letzteren Falle, zu welcher Zeit und unter welchen Verhältnissen sie sich entfaltet. Den ersten Theil der Aufgabe kann ich an
der Hand einiger kindlicher Wirbelsäulen schon jetzt erledigen. Machen
wir uns zunächst mit deren Maassverhältnissen bekannt.

Maassverhältnisse der Wirbelsäule bei Kindern.

I. Absolute Werthe in Centimetern.

	Vorderseite.				Rückseite.			
	Hals-theil.	Brust-theil.	Bauch-theil.	Ganze Länge.	Hals-theil.	Brust-theil.	Bauch-theil.	Ganze Länge.
1) Neugeborner. L	5.0	9.3	5.0	19.3	5.0	9.3	5.0	19.3
„ II.	4.0	10.0	5.0	19.0	4.0	10.0	5.0	19.0
„ III.	4.0	9.5	5.0	18.5	4.0	9.5	5.0	18.5
Mittel.	4.3	9.6	5.0	18.9	4.3	9.6	5.0	18.9
2) Knabe von 3 Monaten.	5.0	10.0	5.8	20.8	4.5	10.2	5.2	19.9
3) Knabe von 2 Jahren.	7.0	14.0	9.0	30.0	6.0	15.0	8.0	29.0
4) Knabe von 5 Jahren.	8.0	18.0	13.5	39.5	—	—	—	—
5) Mädchen von 9 Jahren.	8.5	19.5	15.0	43.0	—	—	—	—

II. Relative Werthe; Vorderseite = 100.

	Vorderseite.				Rückseite.			
	Hals-theil.	Brust-theil.	Bauch-theil.	Ganze Länge.	Hals-theil.	Brust-theil.	Bauch-theil.	Ganze Länge.
1) Neugeborner. I.	25.9	48.2	25.9	100	25.9	48.2	25.9	100
„ II.	21.0	52.6	26.3	100	21.0	52.6	26.3	100
„ III.	21.6	51.3	27.0	100	21.6	51.3	27.0	100
Mittel.	22.9	50.7	26.4	100	22.9	50.7	26.4	100
2) Knabe von 3 Monaten.	24.0	48.1	27.9	100	21.6	49.0	25.0	95.6
3) Knabe von 2 Jahren.	23.3	46.7	30.0	100	20.0	50.0	26.7	96.7
4) Knabe von 5 Jahren.	20.3	45.6	34.2	100	—	—	—	—
5) Mädchen von 9 Jahren.	19.8	45.4	34.9	100	—	—	—	—

Differenz der relativen Mittelwerthe von Neugeborenen und Erwachsenen auf Seiten der letzteren.

1) Vorderseite.

	Halstheil.	Brusttheil.	Bauchtheil.	Ganze Länge.
a. Männer	— 0.5	— 3.6	+ 4.1	0
b. Weiber	— 1.4	— 4.1	+ 5.5	0

2) Rückseite.

	Halstheil.	Brusttheil.	Bauchtheil.	Ganze Länge.
a. Männer	— 1.4	— 2.1	0	— 3.5
b. Weiber	— 2.3	— 2.9	— 4.2	— 9.4

Differenz der Mittelwerthe von Neugeborenen für Vorder- und Rück
seite auf Seiten der letzteren.

Halstheil.	Brusttheil.	Bauchtheil.	Ganze Länge.
0	0	0	0

Die kindliche Wirbelsäule ist keine verkleinerte Ausgabe der erwachsenen, sie besitzt vielmehr ein eigenes Gepräge. Fürs Erste
fehlt ihr zur Zeit der Geburt jeglicher Unterschied zwischen Vorder-
und Rückseite. Beide sind nach äusserm Umfang und innerer Gliederung einander durchaus gleich, wie solches dem fast vollständigen Mangel an Biegungen entspricht. Ich habe leider ver-
säumt, das Geschlecht der Neugeborenen aufzuzeichnen. Nachdem wir
indessen erfahren haben, dass männliche und weibliche Wirbelsäulen
bei Erwachsenen sich nur durch das Maass ihrer Biegung unterscheiden, so ist der Schluss ohne Weiteres gerechtfertigt, dass mit dem
Wegfall derselben überhaupt auch die geschlechtlichen Unterschiede
aufhören. Die kindliche Wirbelsäule ist eine neutrale Form, die sich
erst später in spezifischer Weise nach verschiedenen Richtungen
differenzirt.

Die Wirbelsäule des Neugeborenen ist ausserdem eigénartig durch
ihre Gliederung. Diese entspricht ziemlich genau derjenigen der Rückseite beim Manne. Auf der Vorderseite erscheint der Bauchtheil merklich verkürzt, und zwar zu Gunsten des Brusttheiles. Die gesonderte
prozentische Berechnung einer jeden Seite bei Kindern und Erwachsenen lässt diese Verhältnisse noch deutlicher hervortreten.

Vorderseite.

	Halstheil.	Brusttheil.	Bauchtheil.	Ganze Länge.
Neugeborne	22.9	50.7	26.4	100
Männer	22.4	47.1	30.5	100
Weiber	21.5	46.6	31.9	100

Rückseite.

	Halstheil.	Brusttheil.	Bauchtheil.	Ganze Länge.
Neugeborne	22.9	50.7	26.4	100
Männer	22.3	50.3	27.3	100
Weiber	22.7	52.4	24.8	100.

Das beweist uns, dass das spätere Wachsthum der Wirbelsäule kein gleichförmiges ist, dass einzelne Theile vielmehr darin rascher fortschreiten als andere. Mechanische Momente zwingen die gestreckte Wirbelsäule sich zu biegen. Der innere Druck erfährt dadurch eine ungleiche Vertheilung. Die convexen Gebiete werden entlastet, die concaven stärker belastet und diess im Verhältniss zur Schärfe der Biegung. In Folge davon wird auch das Wachsthum ein ungleichartiges. Dort wird es gefördert, hier hintangehalten, beides um so mehr, je stärker die Entfernung von der gestreckten Grundform. Daher das auffällige Missverhältniss in dem Wachsthum der Vorder- und Rückseite bei der zur stärksten Krümmung verurtheilten Lendenwirbelsäule und das mehr gleichartige Verhalten der weniger gekrümmten Hals- und Brustbezirke. Es sind also äussere mechanische Einwirkungen, welche die Umprägung der kindlichen Form in die erwachsene bedingen. Sie ist keine active, von der Wirbelsäule selbst ausgehende, sondern, wenigstens in der Hauptsache, eine passive, ihr von aussen her aufgedrungene. Das ist von Wichtigkeit für die Beurtheilung der bereits erörterten Formverschiedenheit männlicher und weiblicher Wirbelsäulen im erwachsenen Zustande, was sie auch immer veranlasst haben mag.

Unsere Tabelle giebt uns auch darüber einigen Aufschluss, zu welcher Zeit die Umprägung der kindlichen Wirbelsäule beginnt. Der Knabe von 3 Monaten zeigt sie bereits in ganz unzweideutiger Weise. Er wie seine älteren Genossen lassen über deren Ausgangspunkt, nämlich das stärkere Wachsthum an der Vorderseite der Bauchwirbelsäule, nicht den mindesten Zweifel. Leider fehlt die Rückseite für den 5jährigen Knaben und das 9jährige Mädchen, sonst hätten wir vielleicht auch etwas über den zeitlichen Beginn der geschlechtlichen Differenzirung erfahren.

2. Maassverhältnisse des Rückenmarkes.

Messungen des Rückenmarkes sind meines Wissens bisher nur für dessen Gesammtlänge ausgeführt worden. Um seine innere, den Hauptabschnitten der Wirbelsäule entsprechende Gliederung scheint sich Niemand gekümmert zu haben und doch ist diese für die Kenntniss des Organs unstreitig von grosser Bedeutung. Ich habe an sämmtlichen Leichen, deren Wirbelsäulen wir soeben behandelt haben, auf sie gefahndet. Das Rückenmark wurde zu diesem Behufe durch Wegnahme der Wirbelbögen und Spaltung der Häute ohne weitere Verletzung an Ort und Stelle vorerst blossgelegt, dann die Reihe der erforderlichen Punkte durch in die Wirbelsäule eingestochene Nadeln markirt. Die Lagerung des Präparates war eine möglichst genau horizontale und durchaus ruhige. Gemessen wurde die eigentliche Länge des Organs, also mit Einschluss der vorhandenen Biegungen in der Medianebene.

Als oberes Ende des Rückenmarkes wählte ich wie bei der Wirbelsäule den oberen Rand des Atlasbogens. Er empfiehlt sich nicht allein als unter allen Umständen sicher und bequem aufzufindender Punkt, sondern auch als Abgangsstelle des ersten Halsnerven.[1] Das untere Ende verlegte ich auf die Spitze des Markkegels, die, nachdem das Nervenbündel, welches sie umschliesst, vermittelst Nadeln sorgfältig bei Seite geschoben worden, bei einiger Aufmerksamkeit ziemlich genau vom Endfaden sich abgrenzen lässt. Nur bei sehr allmäliger und schlanker Verjüngung ist die Sache etwas schwieriger; immerhin handelt es sich auch hier nur um wenige streitige Millimeter, die bei der verhältnissmässig beträchtlichen Länge des ganzen Organs als Fehler nicht schwer ins Gewicht fallen. Die Grenzpunkte der einzelnen Hauptabschnitte konnten verschieden gelegt werden, da die einzelnen Nerven bekanntlich mit breitem Wurzelfächer vom Rückenmarke abgehen. Es schien mir am naturgemässten, jeweilen diesen ganzen Fächer zu demjenigen Theile des Rückenmarkes zu schlagen, dem der bezügliche Nerv angehört. So wurde denn der unterste Wurzelfaden des letzten Nerven der Hals-, Brust- und Lendengruppe zum Grenzpunkte zwischen Hals- und Brust-, Brust- und Bauch-, Bauch- und Beckentheil gestempelt. So gemessen liefert das Rückenmark von Erwachsenen folgende Längenwerthe:

---

[1] Auch Henle (Nervenlehre. S. 38. Braunschweig. 1871.) lässt das Rückenmark hier beginnen.

Absolute Maassverhältnisse des Rückenmarkes
in Centimetern.

Männer.

	Halstheil.	Brusttheil.	Bauchtheil.	Beckentheil.	Ganze Länge.
1	9.5	26.0	4.5	4.0	44.0
2	11.0	27.0	5.5	2.5	46.0
3	11.5	27.0	4.5	3.0	46.0
4	11.5	25.0	5.5	5.0	47.0
5	10.0	27.0	5.0	3.0	45.0
6	8.5	25.5	4.2	0.7	39.0
7	9.5	26.4	4.3	7.2	47.4
8	9.0	25.0	5.0	6.3	45.7
9	9.5	26.5	7.0	5.0	48.0
10	8.0	25.5	4.5	1.5	39.5
11	10.5	27.0	5.5	2.0	45.0
Mittel.	9.9	26.2	5.1	3.6	44.8
	(8.0—11.5)	(25.0—27.0)	(4.2—7.0)	(0.7—7.2)	(39.0—48.0)

Weiber.

	Halstheil.	Brusttheil.	Bauchtheil.	Beckentheil.	Ganze Länge.
1	11.0	21.5	5.5	3.0	41.0
2	9.0	23.7	5.9	2.8	41.0
3	10.0	24.5	5.5	4.0	44.0
4	10.0	24.3	4.7	0.2 (?)	39.2
5	8.5	19.5	6.6	3.3	37.3
6	10.0	23.0	7.0	2.0	42.0
7	10.5	24.5	7.0	4.0	46.0
8	9.5	24.5	5.0	3.0	42.0
9	9.0	23.0	5.5	3.5	41.0
10	8.7	18.8	5.0	4.5	37.0
11	10.0	24.5	5.4	3.5	43.4
Mittel.	9.6	22.9	5.7	3.1	41.3
	(8.5—10.5)	(18.8—24.5)	(4.7—7.0)	(0.2—4.5)	(7.0—46.0)

Differenz des Mittels beider Geschlechter auf Seiten der Weiber:

Halstheil	Brusttheil	Bauchtheil	Beckentheil	Ganze Länge
—0.3	—3.3	+0.6	—0.5	—3.5

Das weibliche Rückenmark erreicht also im Ganzen an absoluter Länge das männliche nicht. Merkwürdiger Weise vertheilt sich der Ausfall auf die einzelnen Abschnitte nichts weniger als gleichförmig. Der Brusttheil wird offenbar am stärksten betroffen. Becken- und Halstheil kommen erst in zweiter Linie. Ganz eigenthümlich gebärdet sich der Bauchtheil, indem er beim Weibe nicht nur nicht kürzer, sondern im Mittel selbst etwas länger ist als beim Mann. Eine prozentische, auf die ganze Länge des Rückenmarkes bezogene Berechnung schafft weitern Aufschluss.

Relative Maassverhältnisse des Rückenmarkes.

Ganze Länge = 100.

Männer.

	Halstheil.	Brusttheil.	Bauchtheil.	Beckentheil.
1	21.6	59.1	10.2	9.1
2	23.9	58.7	11.9	5.4
3	25.0	58.7	9.8	6.4
4	24.5	53.2	11.7	10.6
5	22.2	60.0	11.1	6.7
6	21.8	65.4	10.8	1.8
7	20.0	55.7	9.1	15.2
8	19.9	54.7	10.9	13.7
9	19.8	55.2	13.6	10.4
10	20.3	64.6	11.1	3.7
11	23.3	60.0	12.2	4.4
Mittel	22.1	58.5	11.4	7.9
	(19.8—25.0)	(53.2—65.4)	(9.1—13.6)	(1.8—15.2)

Weiber.

	Halstheil.	Brusttheil.	Bauchtheil.	Beckentheil.
1	26.8	52.4	13.4	7.3
2	21.9	56.8	14.9	6.3
3	22.7	55.7	12.3	9.3
4	25.5	61.7	12.0	0.8
5	22.8	52.3	16.1	8.9
6	23.1	55.5	17.8	3.6
7	22.8	52.3	15.2	8.7
8	22.4	56.0	11.9	9.7
9	21.9	56.1	13.4	8.5
10	22.5	50.8	13.5	12.2
11	23.0	56.4	12.2	8.3
Mittel	23.2	55.4	13.7	7.6
	(21.9—26.8)	(50.8—61.7)	(11.9—17.8)	(0.8—12.2)

Differenz des Mittels beider Geschlechter auf Seiten der Weiber:

Halstheil.	Brusttheil.	Bauchtheil.	Beckentheil.
+ 1.1.	— 3.1.	+ 2.3.	— 0.3.

Die Gliederung des Rückenmarkes ist eine ganz andere, als die der Wirbelsäule. Der Halstheil besitzt annähernd denselben Prozentwerth, wie bei dieser, der Brusttheil dagegen erweitert sich auf Kosten des benachbarten Bauch- und Beckengebietes um ein ansehnliches. Er umfasst mehr als die Hälfte der ganzen Rückenmarkslänge. Der Rest vertheilt sich fast gleichförmig auf Halstheil einer-, Bauch- und Beckentheil anderseits, doch immerhin mit geringer Bevorzugung des erstern. Der Bauchtheil ist beiläufig halb so lang wie der Halstheil. Durchschnittlich am kürzesten, in seiner individuellen Entfaltung aber trotzdem dem beträchtlichsten Wechsel unterworfen, tritt der Beckentheil auf.

Wichtige Ergebnisse liefert der Vergleich männlicher und weiblicher Organe. Ihre Gliederung ist so wenig als die der Wirbelsäule eine parallele. Der Beckentheil allein bleibt neutral. In den Rest des Rückenmarkes theilen sich die drei übrigen Abschnitte beim Weibe anders denn beim Manne. Hals- und Bauchtheil vergrössern sich dort auf Kosten des Brusttheiles, und das Verhalten der kleinsten und grössten individuellen Grenzwerthe liefert den Beleg, dass es sich dabei nicht blos um zufällige, sondern um wirklich typische Verschiedenheiten handelt. Immerhin muss hervorgehoben werden, dass in dieser Hinsicht die beiden Geschlechter eben so wenig streng von einander geschieden sind, als es bei der Wirbelsäule der Fall war. Individuell werden, den Nachweisen der Tabelle zufolge, Uebergänge vermittelt. Es handelt sich in den beiden Geschlechtern nicht um den völligen Ausschluss der einen oder andern Form, sondern nur um die allerdings sehr entschiedene Bevorzugung der einen, und zwar beim Manne einer andern als beim Weibe. Eine Erklärung dieser gewiss bemerkenswerthen Thatsache vermag ich nicht zu geben.

Ueber den Charakter des Rückenmarkes in früheren Perioden ist mir nur wenig bekannt geworden. Einigen Messungen zufolge gewinnt es allerdings den Anschein, als schliesse sich das kindliche Rückenmark zunächst an das Rückenmark des erwachsenen Weibes an, das heisst, als sei auch in ihm der Brusttheil verhältnissmässig verkürzt. Die Zahl der mir zugänglichen Individuen war indessen eine zu geringe und das an ihnen gewonnene Resultat ein zu ungleichförmiges, als dass ich mich anders denn mit allem Vorbehalt aussprechen möchte. Ich überlasse die Entscheidung weiteren Untersuchungen. Nachstehende Befunde werden die Vorsicht rechtfertigen.

Maassverhältnisse des Rückenmarkes bei Kindern.

	Absolute Werthe in Cm.				Relative Werthe; ganze Länge = 100.		
	Hals-theil.	Brust-theil.	Bauch- und Becken-theil.	Ganze Länge.	Hals-theil.	Brust-theil.	Bauch- und Becken-theil.
1) Neugeborner I.	4.8	9.2	2.5	16.5	29.1	55.8	15.1
„ II.	3.5	9.5	2.0	15.0	23.1	63.3	13.4
„ III.	3.8	7.0	4.2	15.0	25.3	46.7	28.0
Mittel.	4.0	8.6	2.9	15.5	25.8	55.5	18.7
2) Knabe von 3 Monaten.	4.0	8.0	5.0	17.0	23.6	47.1	29.4
3) Knabe von 2 Jahren.	6.7	9.0	8.8	24.5	27.3	36.7	35.9
4) Knabe von 5 Jahren.	6.5	15.5	8.0	30.0	21.7	51.7	26.7
5) Mädchen von 9 Jahren.	6.5	15.5	6.0	28.0	23.2	55.4	21.4

3. Rückenmark und Wirbelsäule.

Es ist eine längst bekannte Thatsache, dass das Rückenmark beim Erwachsenen an Länge von der Wirbelsäule ansehnlich überholt wird. Um wie viel jedoch dies geschieht, darüber fehlen genauere Angaben fast vollständig. Man begnügte sich beinahe allgemein damit, die Stellung der Rückenmarksspitze zur Wirbelsäule topographisch zu bestimmen und fand dabei, dass sie in der Regel in den Bereich der beiden ersten Lendenwirbel falle.[1] Das Verfahren war zulässig unter der stillschweigenden Voraussetzung, dass alle Wirbel zur Längsachse der ganzen Reihe genau in derselben Weise gelagert seien, oder mit anderen Worten, dass die Gliederung der Wirbelsäule und die Längenentwickelung ihrer einzelnen Abschnitte überall ein und dieselbe sei. Wir haben bereits das Gegentheil nachgewiesen. Demgemäss ist auf diesem Wege für die Lösung der Frage nach der relativen Länge des Rückenmarkes nichts zu erwarten. Es bedarf vielmehr eines bestimmten Maassstabes, und der kann naturgemäss nirgends anders als in der Achsenrichtung des Körpers selbst gesucht werden. C. Fehst[2] wählt als solchen die Länge der ganzen Wirbelsäule und findet, dass sich zu ihr die Länge des Rückenmarkes beim Mann wie 1:1.62, beim Weibe wie 1:1.56 gestalte, während bei Kindern vom ersten bis zum dritten Monat im männlichen Geschlecht das Verhältniss wie 1:1.59, im weiblichen wie 1:1.58 ausfalle. Ausserdem berechnet er noch die Länge des ganzen Körpers auf den Werth des Rückenmarkes im Manne zu 3.76:1, im Weibe zu 3.58:1. Knaben liefern hierbei die Zahl von 3.26:1, Mädchen von 3.20:1. Beiden Berechnungsarten zufolge wäre demnach das Weib mit einem verhältnissmässig etwas längern Rückenmarke ausgestattet als der Mann. Ich muss lebhaft bedauern, dass die Arbeit von Fehst mir nur nach dem kurzen Auszuge im Centralblatte zugänglich war, und dass ich daraus über die Art und Weise, wie gemessen worden, und namentlich auch darüber, ob an der Vorder- oder Rückseite der Wirbelsäule, nicht das Geringste erfahren habe. Ich sehe mich daher völlig ausser Stand, die Bedeutung und den Werth

---

[1] Man findet vielfach die Angabe, dass durch Streck- und Beugebewegung der Wirbelsäule die Spitze des Rückenmarkes nicht unbeträchtlich verschoben werde. Ich muss dem nach eigener Erfahrung und nach solcher von Prof. Aeby auf das entschiedenste widersprechen. Die Spitze bleibt nahezu unbeweglich; einmal maass ich eine Verrückung von 2 Mm. — Fehst berichtet dasselbe.

[2] „Ueber das Verhältniss der Länge des Rückenmarkes zur Länge der Wirbelsäule". Inaug. Dissert. 1874 (Russisch). — Centralblatt für die medizinischen Wissenschaften. 1874. Nr. 47.

der mitgetheilten Zahlen irgendwie zu beurtheilen und sie mit den meinigen zu vergleichen.

Ich habe bereits bei der Besprechung der Wirbelsäule die Gründe angegeben, welche es mir als zweckmässiger erscheinen lassen, bei ihrer Verwendung als Maassstab für das Rückenmark den Beckenabschnitt nicht mit in Rechnung zu bringen. Ich brauche daher nicht weiter darauf zurück zu kommen. Daran jedoch muss ich vor Allem erinnern, dass dieser Maassstab kein einfacher, sondern ein doppelter ist, indem, wenigstens beim Erwachsenen, die Vorderseite andere Längenwerthe besitzt als die Rückseite. Die Rechnung, welche die Länge des Rückenmarkes auf die Länge der Wirbelsäule bezieht, muss daher gleichfalls eine doppelte sein.

Relative Länge des Rückenmarkes.

	Vorderseite der Wirbelsäule = 100.		Rückseite der Wirbelsäule = 100.	
	Männer.	Weiber.	Männer.	Weiber.
1	82.2	76.2	81.9	82.8
2	71.0	75.3	78.6	82.8
3	73.6	77.2	77.3	82.7
4	71.4	71.9	76.4	75.4
5	75.0	71.7	76.3	77.7
6	67.8	70.6	70.9	74.3
7	83.9	75.4	87.8	80.7
8	78.1	74.3	83.1	84.8
9	82.0	73.1	80.3	84.5
10	70.5	71.1	71.2	80.4
11	76.3	76.1	75.7	86.8
Mittel	75.3	74.0	78.0	81.6
	(67.8—83.9)	(70.6—77.2)	(70.9—87.8)	(74.3—86.8)

Die Wirkung der Doppelrechnung ist auffällig genug. Der Werth des Rückenmarkes ist ein wesentlich anderer, je nachdem ihm die Vorderseite oder die Rückseite der Wirbelsäule zu Grunde gelegt wird. Dort ist er kleiner, hier grösser. Der Unterschied umfasst im Mittel beim Mann 2.7, beim Weibe sogar 7.6 %, also Grössen, die entschieden ins Gewicht fallen und eine allfällige Vermengung der beidseitigen Rechnungsresultate ein- für allemal ausschliessen. Das ist auch bei der Vergleichung der beiden Geschlechter wohl zu berücksichtigen. Nur jene Zahlen sind vergleichbar, die nach demselben Maassstabe sind gewonnen worden.

Das Resultat ist ein eigenthümliches. Beziehen wir das Rückenmark auf die Vorderseite der Wirbelsäule, so ist es beim Weibe im Mittel um ein Weniges (1.3 %) kürzer, beziehen wir es dagegen auf die Rückseite, so erscheint es um ein Merkliches (3.6 %) länger als dasjenige des Mannes. Die Erklärung ergiebt sich übrigens ohne Schwierigkeit aus dem früher nachgewiesenen Unterschiede zwischen männlicher und weiblicher Wirbelsäule. Bei dieser ist in Folge stärkerer Krümmung des Lendentheiles die Vorderseite verhältnissmässig länger, die Rückseite kürzer. Jene drückt daher die prozentische Länge des Rückenmarkes herab, diese erhöht sie. Dass hierin in der That der alleinige Grund der Zahlenunterschiede bei Mann und Weib zu suchen ist, davon überzeugt man sich leicht, wenn man diesen ungleichwerthigen Lendenabschnitt ausschaltet und das Rückenmark nur auf Hals- und Brustwirbelsäule bezieht. Beide Geschlechter liefern dann dieselben Werthe, gleichgültig, ob die Vorder- oder Rückseite der Wirbelsäule als Ausgangspunkt gewählt wird. Aehnliches erzielt man, wenn in die weibliche Wirbelsäule ein ihrer absoluten Grösse entsprechender Bauchabschnitt von männlichem Typus eingefügt wird. Die relative Länge des Rückenmarkes wird dadurch wiederum in beiden Geschlechtern dieselbe, nur eine andere für die Vorder-, wie für die Rückseite der Wirbelsäule. Es spricht also Alles dafür, dass die Verschiedenheit der relativen Längenwerthe des Rückenmarkes in beiden Geschlechtern nicht in einer Verschiedenheit des Rückenmarkes selbst, sondern in der Verschiedenheit der durch die Vorder- und Rückseite der Wirbelsäule eingeführten Maassstäbe begründet ist. Die in Mann und Weib verschieden ausgeprägte Lendenkrümmung wird also auch nach dieser Seite hin bedeutungsvoll. — Nicht unbemerkt mag bleiben, dass die individuellen Schwankungen bei Männern weitaus grösser sind (16 und 17 %) als bei Weibern (6½ und 12 %).

Hals- und Brusttheil des Rückenmarkes sind beträchtlich kürzer als die entsprechenden Bezirke der Wirbelsäule. Ein Theil des Brustrückenmarkes kommt daher noch in die Halsgegend und das ganze Bauchrückenmark in die Brustgegend zu liegen. In der Bauchwirbelsäule findet nur der Beckentheil des Rückenmarkes, und zwar in beiden Geschlechtern im Mittel etwa in der Länge von 3 Cm., Unterkunft. Da die Bauchwirbelsäule des Mannes an der Rückseite beiläufig 15 Cm., die des Weibes 12 Cm. umfasst, so wird dort deren oberes Fünftheil, hier deren Viertheil bedeckt. Es wäre indessen übereilt, wollte man hieraus ohne Weiteres die Folgerung ableiten, dass das Rückenmark beim Weibe nothwendig und unter allen Umständen bis zu einem tieferen Wirbel herabreiche, als beim Mann. Aeby[1]) hat gezeigt, dass nicht alle Lendenwirbel durch die vorhandene Biegung der Wirbelsäule nach hinten keilförmig verjüngt sind, sondern nur die drei unteren. Die beiden obersten brauchen daher an der Verkürzung der weiblichen Bauchwirbelsäule gar keinen Antheil zu nehmen. In der That habe ich bei genauer Prüfung in der Stellung des Markkegels zu den Lendenwirbeln nicht den geringsten Unterschied wahrgenommen, ob ich es mit männlichen oder weiblichen Individuen zu thun hatte. Er kam in beiden Geschlechtern eben so oft dem ersten, wie dem zweiten Wirbel gegenüberzuliegen. Fehst freilich giebt an, dass als äusserste Grenze des Rückenmarkes bei Männern im Allgemeinen der erste, bei Weibern der zweite Lendenwirbel müsse angesehen werden. Meinen eigenen nicht weniger zahlreichen Beobachtungen gegenüber kann ich darin nur das Spiel des Zufalls, das ihm vorzugsweise tief herabreichende weibliche Rückenmarke verschafft hat, erblicken, oder aber den Einfluss von Raceneigenthümlichkeiten, deren Möglichkeit, da er an slavischem, ich an schweizerischem Material gearbeitet, jedenfalls nicht ohne Weiteres zurückzuweisen ist.

Sehen wir uns nach dem Rückenmark der Kinder um. Seine Länge beträgt nach den beiden Seiten der Wirbelsäule berechnet in Prozenten derselben:

Relative Länge des Rückenmarkes bei Kindern.

	Vorderseite der Wirbelsäule = 100.	Rückseite der Wirbelsäule = 100.
1) Neugeborner I.	85.5	85.5
„ II.	79.0	79.0
„ III.	81.1	81.1
Mittel.	82.0	82.0
2) Knabe von 3 Monaten.	81.7	85.4
3) Knabe von 2 Jahren.	81.7	84.5
4) Knabe von 5 Jahren.	75.9	?
5) Mädchen von 9 Jahren.	65.1	?

---

[1]) Lehrbuch der Anatomie. S. 130. Leipzig. 1871.

Beim Neugeborenen sind beide Seiten der Wirbelsäule vollkommen gleich. Der Prozentwerth des Rückenmarkes ist daher ein einheitlicher. Er entspricht im Mittel demjenigen erwachsener Weiber,[1]) wenn die Rückseite der Wirbelsäule als Maassstab angenommen wird. Alle übrigen Rückenmarkswerthe von Erwachsenen werden durch ihn übertroffen, am meisten natürlich diejenigen, welche nach der Vorderseite der Wirbelsäule berechnet sind. Auch für den Knaben von 3 Monaten und von 2 Jahren erhalten sich die Zahlen noch auf gleicher Höhe; erst mit 5 Jahren sinken sie auf das Mittel erwachsener Männer herab. Wie weit dabei individuelle Verhältnisse mit in Betracht kommen, lässt sich angesichts der immerhin kleinen Zahl von Beobachtungen und der so ansehnlichen individuellen Schwankungen bei Erwachsenen nicht bestimmen. — Bei sämmtlichen Kindern reichte die Spitze des Rückenmarkes bis zum untern Rande des zweiten Lendenwirbels.

4. Allgemeine Ergebnisse.

Es dürfte keineswegs unerwünscht sein, die Hauptsätze, wie sie unsere Untersuchungen geliefert und im Einzelnen behandelt haben, hier noch übersichtlich zusammengestellt zu finden. Es sind ihnen durchweg die Mittelwerthe zu Grunde gelegt.

I. Wirbelsäule.

1. Die Wirbelsäule erwachsener Weiber ist absolut kleiner als die von Männern.
2. Bei der erwachsenen Wirbelsäule sind die Vorder- und Rückseite nicht gleichwerthig. Diese ist kürzer, und zwar bei Weibern in höherem Grade als bei Männern. Der Bauchtheil spielt dabei die Hauptrolle.
3. Die weibliche Wirbelsäule unterscheidet sich von der männlichen hauptsächlich durch stärkere Lendenkrümmung.

---

[1]) FEHST (a. a. O.) macht dieselbe Angabe. Er würde also hierin, wie in der relativ grösseren Länge des weiblichen Rückenmarkes ganz zu denselben Ergebnissen wie ich selbst gelangt sein, wenn nur die Annahme gemacht werden dürfte, dass er die Rückseite der Wirbelsäule als Maassstab verwendet hat. — Sollte sich jedoch herausstellen, dass dem nicht so ist, dass ihm vielmehr die Vorderseite der Wirbelsäule als Maassstab gedient hat, dann sind unsere Befunde durchaus entgegengesetzte und nicht zu vereinen. Oder wäre gar an Racenverschiedenheit zu denken? —

4. Die Wirbelsäule Neugeborener besitzt weder Unterschiede der Vorder- und Rückseite noch des Geschlechtes. Ihre Umprägung in die erwachsene Form vollzieht sich durch rascheres Wachsthum an den convexen, langsameres Wachsthum an den concaven Stellen.

II. Rückenmark.

1. Das Rückenmark erwachsener Weiber ist absolut kürzer als das von Männern.
2. Im weiblichen und wahrscheinlich auch im kindlichen Rückenmarke ist der Brusttheil relativ kürzer, der Hals- und Bauchtheil relativ länger als im männlichen.
3. Im Vergleiche zur Vorderseite der Wirbelsäule ist das weibliche Rückenmark kürzer, im Vergleiche zur Rückseite länger als dasjenige des Mannes. Der Grund liegt in der Verschiedenheit des Maassstabes. Das Rückenmark selbst ist in beiden Geschlechtern hinsichtlich seiner Länge als gleichwerthig anzusehen.
4. Das kindliche Rückenmark folgt in seiner relativen Länge dem weiblichen, die Rückseite der Wirbelsäule als Maassstab angenommen.
5. Streck- und Beugebewegung der Wirbelsäule ist ohne Einfluss auf die Stellung des Markkegels zu den Lendenwirbeln.

XXIV.

Das Wachsthum der Extremitäten beim Menschen und bei Säugethieren von der Geburt.

Hugo Burtscher.

(Aus dem anatomischen Institute von Prof. Aeby in Bern.)

Angeregt durch meinen verehrten Lehrer, Herrn Prof. Aeby, der sich schon vielfach mit den Gliederungsverhältnissen der Wirbelthierextremitäten im erwachsenen Zustande befasst hatte[1]), unternahm ich es, diese Verhältnisse während der fötalen Periode zu verfolgen. Nach dem Gange der Entwicklungsgeschichte lag ja die Vermuthung nahe, dass sie sich eigenartig gestalten würden, wie, darüber fehlten freilich noch jegliche Nachweise. Ich durfte also hoffen, nicht allein zur Erweiterung unserer Kenntnisse über die bezüglichen Organismen etwas beizutragen, sondern auch Materialien sammeln zu helfen, die bei gehöriger Ausdehnung mit der Zeit vielleicht berufen sein werden, uns werthvollen morphologischen Gesetzen auf die Spur zu bringen. Ich unterzog mich der Arbeit um so lieber, als mir Prof. Aeby nicht allein die nöthige Anleitung dazu gab, sondern auch die Berner anatomische Sammlung zur Verfügung stellte. Mein bester Dank sei ihm dafür ausgesprochen.

Meine Untersuchung bestand zunächst in der Längenmessung der Extremitäten vom Menschen, im Ganzen sowohl, als auch in den einzelnen Abschnitten. Ich nahm deren vorerst drei an: Oberarm, Vorderarm und Hand, Oberschenkel, Unterschenkel und Fuss. Hand und Fuss wurden des weiteren in ihre Hauptbestandtheile aufgelöst: Handwurzel, Mittelhand und Finger, Fusswurzel, Mittelfuss und Zehen. Bei der Hand legte ich das Maass an den Mittelfinger als den längsten.

---

[1]) Aeby, Beiträge zur Kenntniss der Mikrocephalie. Archiv f. Anthropologie. Bd. VI. S. 287 u. 290.

Beim Fusse hielt ich mich an die grosse Zehe, da sie bei jüngeren Früchten allein genügende Sicherheit der Messung bot. Ihre Länge weicht ja auch von derjenigen der Nachbarzehe so wenig ab, dass von einer daraus fliessenden Fehlerquelle kaum die Rede sein kann. Die Extremitäten von Thieren erfuhren ganz dieselbe Behandlung. Am Vorder- und Hinterfuss galt die längste der Zehen als maassgebend.

Die Messung bezog sich überall auf das Skelet. Die Länge wurde in der Achsenrichtung der einzelnen Abschnitte genommen und nach den anatomischen Endpunkten bestimmt. Als solche wurden die höchste Stelle des convexen, die tiefste der concaven Gelenkfläche angesehen. Am Oberarm ging ich vom obern Umfange des Schulterkopfes, am Fusse vom hintern Umfange der Talusrolle aus, da hier bei gestreckter Lage der Anschluss an Schultergürtel und Unterschenkel erfolgt. Hand- und Fusswurzel fanden nach unten in den Mittelhand- und Mittelfussgelenken des bezüglichen Fingers und der bezüglichen Zehe ihre Grenze. — Das Maass wurde mit Hülfe eines genau graduirten Zirkels, wo nöthig mit Loupenablesung, genommen.

Um die Maassverhältnisse verschiedener Extremitäten von deren Grösse unabhängig und somit unmittelbar vergleichbar zu machen, unterwarf ich sie einer prozentischen Berechnung; die Länge der Extremität diente dabei als Einheit. Um die gegenseitigen Längenbeziehungen beider Extremitäten auszudrücken, wurde der Prozentwerth der oberen mit Zugrundelegung der unteren aufgesucht.

Bei der Zartheit vieler Früchte und bei der höchst unvollkommenen Verknöcherung, worin sich ihre Skelete befinden, taugen zur Untersuchung nur frische oder sorgfältig in Weingeist gehärtete Präparate. Durch Austrocknen schrumpfen sie zu unbrauchbaren Karikaturen ein. — Die Maasse der erwachsenen Menschen und Thiere verdanke ich Herrn Prof. Aeby. Sie sind jeweilen das Mittel aus mehreren Beobachtungen.

I. Extremitäten des Menschen.

Ich ziehe es vor die 17. Früchte, welche mir vorgelegen haben, statt nach der zum Theil doch etwas unsichern Altersbestimmung, nach der absoluten Grösse (vom Scheitel zur Ferse gerechnet) zu ordnen. Ich glaube damit für meine besonderen Zwecke die zuverlässigste Grundlage zu gewinnen.

Absolute Länge der Extremitäten in Millimetern.

	Länge in mm. u. Geschlecht der Früchte.	Obere Extremität.				Untere Extremität.			
		Oberarm.	Vorderarm.	Hand.	Ganze Länge.	Oberschenkel.	Unterschenkel.	Fuss.	Ganze Länge.
1	56 männl.	16.7	12.5	8.8	38.0	17.3	10.5	8.2	36.0
2	59 „	14.0	10.8	7.2	32.0	16.0	11.3	8.7	36.0
3	83 „	14.0	12.0	8.5	34.5	17.0	10.5	6.5	34.0
4	121 „	19.5	15.0	13.8	48.3	20.0	16.0	11.0	47.0
5	140 „	22.0	17.0	16.0	55.0	25.5	18.0	14.5	58.0
6	158 weibl.	28.0	20.0	16.0	64.0	29.0	21.5	16.5	67.0
7	185 männl.	32.0	24.5	21.0	77.5	35.0	28.0	21.0	84.0
8	202 weibl.	37.0	27.0	23.0	87.0	40.0	28.0	24.0	92.0
9	213 männl.	37.0	26.0	26.5	89.5	38.0	29.5	22.5	90.0
10	231 weibl.	40.0	30.0	24.0	94.0	44.5	33.0	24.5	102.0
11	233 männl.	41.0	34.0	29.0	104.0	45.0	36.0	27.0	108.0
12	245 „	41.5	32.5	28.0	102.0	45.0	33.5	28.5	107.0
13	275 „	49.0	37.0	31.5	117.5	51.0	43.0	30.0	124.0
14	282 weibl.	43.0	36.0	33.8	112.8	57.0	42.5	33.5	133.0
15	283 männl.	48.0	37.0	32.5	117.5	54.0	39.0	34.0	127.0
16	292 „	50.5	37.0	34.5	122.0	53.0	42.0	36.0	131.0
17	405 „	69.0	50.0	54.0	173.0	79.0	62.0	52.0	193.0
Mittel aus 4 Männern	erwachsen	293.0	215.5	172.5	681.0	467.3	360.7	188.0	1016.0
Mittel aus 4 Weibern	erwachsen	180.2	201.4	164.4	646.0	395.3	306.8	164.9	867.0

Relative Länge der Extremitäten in Prozenten der
ganzen Länge.

	Länge in mm. u. Geschlecht der Früchte.	Obere Extremität.			Untere Extremität.		
		Oberarm.	Vorder- arm.	Hand.	Ober- schenkel.	Unter- schenkel.	Fuss.
1	56 männl.	43.9	32.9	23.1	48.1	29.2	22.8
2	59 „	43.7	33.7	22.6	44.4	31.4	24.2
3	83 „	40.5	34.7	24.8	50.0	30.9	19.1
4	121 „	40.3	31.0	28.7	42.5	34.0	23.4
5	140 „	40.0	30.9	29.1	44.0	31.0	25.0
6	158 weibl.	43.7	31.2	25.1	43.3	32.1	24.6
7	185 männl.	41.2	31.6	27.2	41.7	33.3	25.0
8	202 weibl.	42.5	31.0	26.5	43.5	30.4	26.1
9	213 männl.	41.3	29.0	29.7	42.2	32.8	25.0
10	231 weibl.	42.5	31.9	25.6	43.6	32.3	24.0
11	233 männl.	39.4	32.6	28.0	41.7	33.3	24.9
12	245 „	40.6	31.8	27.6	42.0	31.3	26.6
13	275 „	41.7	31.4	26.9	41.1	34.7	24.2
14	282 weibl.	38.2	32.0	29.8	42.8	31.9	25.2
15	283 männl.	40.8	31.4	27.8	42.5	30.7	26.8
16	292 „	41.4	30.3	28.3	40.4	32.1	27.5
17	405 „	39.8	28.9	31.3	40.9	32.1	26.9
Mittel aus 4 Männern.	erwachsen	43.0 (42.4— 44.6)	31.6 (30.9— 32.5)	25.3 (24.3— 25.9)	45.9 (44.8— 46.8)	35.4 (35.1— 35.8)	18.5 (17.9— 19.1)
Mittel aus 4 Weibern.	erwachsen	43.3 (41.4— 44.7)	31.1 (30.4— 31.8)	25.4 (24.6— 27.6)	45.5 (44.0— 46.4)	35.3 (34.9— 36.1)	19.0 (18.5— 20.0)

Die Tabelle ist zu lang, um sofort einen klaren Ueberblick zu
gestatten, zumal auch recht augenfällige Zahlenverschiedenheiten nicht
vorhanden sind. Ich berechne daher Mittelwerthe für nach der absoluten Grösse der Früchte willkürlich gewählte Gruppen. Das herr-
schende Hundert von Millimetern dient als Eintheilungsprincip.

Länge der Früchte.	Obere Extremität.			Untere Extremität.		
	Oberarm.	Vorderarm.	Hand.	Oberschenkel.	Unterschenkel.	Fuss.
1 56—83 mm.	42.7	33.8	23.3	47.5	30.5	21.9
	(40.5—	(32.9—	(22.6—	(44.4—	(29.2—	(19.1—
	43.9)	34.7)	24.8)	50.0)	31.4)	24.2)
2 121—185 „	41.3	31.2	27.5	42.9	32.6	24.5
	(40.0—	(30.9—	(25.1—	(41.7—	(31.0—	(23.4—
	43.7)	31.6)	29.1)	44.0)	34.0)	25.0)
3 202—292 „	40.9	31.3	27.8	42.2	32.1	25.7
	(38.2—	(29.0—	(25.6—	(40.4—	(30.4—	(24.0—
	42.5)	32.6)	29.8)	43.6)	34.7)	27.5)
4 405 „	39.8	28.9	31.2	40.9	32.1	26.9
5 Erw. Männer	43.0	31.6	25.3	45.9	35.4	18.5
	(42.4—	(30.9—	(24.3—	(44.8—	(35.1—	(17.9—
	44.6)	32.5)	25.9)	46.8)	35.8)	19.1)
6 Erw. Weiber	43.3	31.1	25.4	45.5	35.3	19.0
	(41.4—	(30.4—	(24.6—	(44.0—	(34.9—	(18.5—
	44.7)	31.8)	27.6)	46.4)	36.1)	20.0)

Das Wachsthum der Extremitäten ist kein in ihren einzelnen Abschnitten gleichförmiges. Obere und untere Extremität stimmen in dieser Hinsicht durchaus überein. In beiden nimmt das Endglied, Hand und Fuss, gegen die Geburt hin stetig an relativer Länge zu, das Grundglied, Oberarm und Oberschenkel, umgekehrt an solcher ab. Die beiden Mittelglieder, Vorderarm und Unterschenkel, stimmen nur insofern überein, als bei ihnen die Längenveränderung keine stetige ist, sondern rasch ihren Abschluss findet. Schon in der zweiten von uns aufgestellten Gruppe ist ein Längenmaass erreicht, das, individuelle Schwankungen natürlich abgerechnet, unverändert bis zur Geburt fortbesteht. Im übrigen schlägt die Entwicklung der beiden Abschnitte eine entgegengesetzte Richtung ein. An der obern Extremität folgt das Mittelglied dem Stammgliede; der Vorderarm verliert gleich dem Oberarm an Länge. An der untern Extremität übernimmt für das Wachsthum des Mittelgliedes das Endglied die Führung; Unterschenkel und Fuss gewinnen relativ an Länge.

Ganz anders gestalten sich die Dinge nach der Geburt. Stammglied und Endglied einer jeden Extremität tauschen ihre bisherige Rolle geradezu um. Oberarm und Oberschenkel nehmen an Länge verhältnissmässig zu, Hand und Fuss dagegen ab, letzterer so sehr, dass er unter sein anfängliches Maass herabsinkt. Von den beiden

Mittelgliedern ändert der Vorderarm seinen Werth nicht, der Unterschenkel beharrt in seinem rascheren Wachsthum. Dieser ist somit der einzige Extremitätenabschnitt, in dessen Ausbildung durch die Geburt kein Wendepunkt eintritt, der vielmehr ruhig auf dem einmal betretenen Wege verharrt. Unsere Tabelle enthält kein Individuum aus den ersten Lebensjahren. Ich muss daher den Nachweis schuldig bleiben, zu welcher Zeit die geschilderten Veränderungen in der Wachsthumsenergie der einzelnen Abschnitte beginnen. Es ist diess übrigens eine Frage, die jenseits des Zieles liegt, welches ich mir gesteckt habe, deren Beantwortung indessen ungemein wünschenswerth ist. Ich will auch gleich betonen, dass meine Untersuchungen noch nach einer andern Richtung hin der Vervollständigung bedürfen. Die kleinste und wohl auch die jüngste der mir vorliegenden Früchte besass eine Länge von 56 mm. und gehörte also bereits einer ziemlich fortgeschrittenen Entwicklungsstufe an. Wie verhalten sich die Extremitäten vor dieser Zeit? Ihr späteres Gebahren gestattet darauf keinen Rückschluss, ja, wenn wir die Angaben der Entwicklungsgeschichte über die erste Anlage der Extremitäten zu Rathe ziehen, so darf daraus beinahe mit Sicherheit geschlossen werden, dass sich die Sache anfangs ganz anders verhält und dass der Periode des gesteigerten Wachsthums von Hand und Fuss eine solche verminderten Wachsthums vorausgeht. Dem sei indessen wie ihm wolle, so viel steht jedenfalls fest, dass die Längenzunahme der Extremitäten keine in allen Theilen gleichförmige ist, dass vielmehr einzelne Abschnitte anderen voraneilen und dass in diesem Verhalten ein Wechsel stattfindet. Worauf derselbe beruht, darauf fehlt vorläufig die Antwort. Die Thatsachen beweisen aber wenigstens soviel, wenn es erst noch eines derartigen Beweises bedürfte, dass der Versuch, das verschiedene Wachsthum der einzelnen Extremitätenabschnitte vor der Geburt durch ihre auf- oder absteigende Lagerung in der Gebärmutter erklären zu wollen, eitel Hirngespinnst ist.

Uebersichtlich lässt sich der Gang des relativen Wachsthums, wie er geschildert worden, folgendermassen darstellen:

	Stammglied.	Mittelglied.		Endglied.
	Oberarm. — Oberschenkel.	Vorderarm. — Unterschenkel.		Hand. — Fuss.
Vor der Geburt:	Stetige Abnahme.	Erst Abnahme,	Erst Zunahme, dann Gleichgewicht.	Stetige Zunahme.
Nach der Geburt:	Zunahme.	Gleichgewicht.	Zunahme.	Abnahme.

Wir haben die Hand und den Fuss noch besonders ins Auge zu fassen, um zu erfahren, ob sie hinsichtlich ihres inneren Wachsthums einheitlich vorgehen, oder ob auch hier, ähnlich wie in der ganzen

Extremität, Ungleichartigkeiten auftreten. Im Interesse der Raum-
ersparniss glaube ich mich auf die Prozentwerthe der einzelnen Abschnitte, die ganze Länge des bezüglichen Organs zu 100 angenommen, beschränken zu dürfen. Mit Hülfe der ersten Tabelle, welche
die absolute Länge für die ganze Hand und den ganzen Fuss enthält
lässt sich ja nöthigenfalls die absolute Grösse der einzelnen Abschnitte
ebenso leicht wie sicher berechnen.

**Relative Maassverhältnisse von Hand und Fuss
in Prozenten der ganzen Länge.**

	Länge in mm. u. Geschlecht der Frucht.	Hand.			Fuss.		
		Hand-wurzel.	Mittel-hand.	Mittel-finger.	Fuss-wurzel.	Mittel-fuss.	Grosse Zehe.
1	56 männl.	22.7	35.2	42.0	47.1	29.4	23.5
2	59 „	15.3	41.7	43.1	(23.8)	(38.1)	(38.1)
3	83 „	17.7	35.3	47.1	46.2	30.8	23.1
4	121 „	16.7	39.8	43.5	40.9	31.8	27.3
5	140 „	18.8	28.1	53.1	44.8	27.5	27.5
6	158 weibl.	18.8	34.4	46.9	45.4	30.3	24.2
7	185 männl.	16.7	35.9	47.6	42.9	28.6	28.6
8	202 weibl.	15.2	34.8	50.0	41.6	29.2	29.2
9	213 männl.	17.0	37.7	45.3	44.4	24.4	31.1
10	231 weibl.	16.7	35.4	47.9	42.8	28.6	28.6
11	233 männl.	15.5	34.5	50.0	40.8	27.7	31.5
12	245 „	12.5	37.5	50.0	43.8	26.6	29.7
13	275 „	14.3	36.7	49.2	46.7	26.7	26.7
14	282 weibl.	16.3	32.5	51.2	44.8	26.7	28.3
15	283 männl.	15.5	33.8	50.7	41.2	26.5	32.3
16	292 „	15.6	29.3	55.0	44.4	26.4	29.2
17	405 „	14.8	33.3	51.9	44.2	28.8	26.9
Mittel aus 4 Männern.	erwachsen	16.2 (13.8—19.4)	33.6 (32.9—33.9)	50.2 (47.7—52.2)	38.1 (36.9—40.6)	35.3 (32.3—37.8)	26.5 (24.4—27.8)
Mittel aus 4 Weibern.	erwachsen.	16.5 (13.8—18.9)	33.5 (31.2—34.5)	49.9 (48.8—51.6)	39.5 (38.4—40.5)	34.7 (32.5—36.2)	25.8 (24.6—27.0)

Wir ordnen zunächst wiederum nach Gruppen:

		Hand.			Fuss.	
Länge der Frucht.	Hand-wurzel.	Mittel-hand.	Mittel-finger.	Fuss-wurzel.	Mittel-fuss.	Grosse Zehe.
1 56—83¹)	18.6	37.7	44.0	46.6	30.1	23.3
	(15.3—	(35.2—	(42.0—	(46.2—	(29.4—	(23.1—
	22.7)	41.7)	47.1)	47.1)	30.8)	23.5)
2 121—185	17.7	34.5	47.8	43.5	29.5	26.9
	(16.7—	(28.1—	(43.5—	(40.9—	(27.5—	(24.2—
	18.8)	39.8)	53.1)	46.2)	31.8)	28.6)
3 202—292	15.4	34.7	49.9	43.3	26.9	29.8
	(12.5—	(29.3—	(45.3—	(40.8—	(24.4—	(26.7—
	17.0)	37.7)	55.0)	46.7)	29.2)	31.5)
4 405	14.8	33.3	51.9	44.2	28.8	26.9
5 Mittel aus 4 Männern.	16.2	33.6	50.2	38.1	35.3	26.5
	(13.8—	(32.9—	(47.7—	(36.9—	(32.3—	(44.4—
	19.4)	33.9)	52.2)	40.6)	37.8)	27.8)
6 Mittel aus 4 Weibern.	16.5	33.5	49.9	39.5	34.7	25.8
	(13.8—	(31.2—	(48.8—	(38.4—	(32.5—	(24.6—
	18.9)	34.5)	51.6)	40.5)	36.2)	27.0)

Hand und Fuss folgen bis zur Geburt demselben Typus des Wachsthums. Finger und Zehe vergrössern sich verhältnissmässig auf Kosten der beiden übrigen Abschnitte. Nach der Geburt erleidet die Hand kaum eine merkliche Veränderung, es sei denn, dass man die obigen Zahlen für ausreichend halte, eine geringe Zunahme der Handwurzel und eine entsprechende Abnahme der Mittelhand zu befürworten. Der Mittelfinger bleibt jedenfalls unverändert. — Anders der Fuss. Seine Zehe verkürzt sich wieder um ein weniges. Ebenso verliert die Fusswurzel merklich an Umfang. Der Mittelfuss gewinnt dafür an Ausdehnung. Wie die ganzen Extremitäten, so stimmen also auch deren Endglieder in ihrem Wachsthum nicht völlig unter sich überein; ein jedes bewahrt vielmehr seine Selbständigkeit. Nachfolgendes Schema mag diess noch veranschaulichen:

	Hand.			Fuss.		
	Handwurzel. — Mittelhand.		Mittelfinger.	Fusswurzel.	Mittelfuss.	Grosse Zehe.
Vor der Geburt:	Abnahme.		Zunahme.	Abnahme.		Zunahme.
Nach der Geburt:	Zunahme (?). — Abnahme (?).		Gleichgewicht.	Abnahme.	Zunahme.	Abnahme.

¹) Beim Fusse ist in der Berechnung des Mittels Nr. 2 der Tabelle ausser Acht gelassen, da bei derselben offenbar ein Fehler der Entwicklung oder der Messung untergelaufen ist. Die Klammern sollen darauf hinweisen.

Wir haben endlich noch bei den Gesammtlängen der Extremitäten zu verweilen, um zu erfahren, ob und inwiefern dieselben im Verlauf der normalen Entwicklung zu einander und zur Länge des ganzen Körpers eine Veränderung erleiden. Ich stelle gleich beide Berechnungen zusammen.

	Länge der oberen Extremität in Prozenten der unteren.		Länge beider Extremitäten in Prozenten der Körperlänge.	
	Länge (in mm) und Geschlecht d. Früchte.		Obere Extremität.	Untere Extremität.
1	56 männl.	105.6	67.8	64.3
2	59 ,,	88.9	53.7	61.0
3	83 ,,	101.5	41.6	40.9
4	121 ,,	102.8	39.9	38.8
5	140 ,,	94.8	39.3	41.4
6	158 weibl.	95.2	40.5	42.4
7	185 männl.	92.2	41.9	45.4
8	202 weibl.	94.5	43.1	45.5
9	213 männl.	99.4	42.0	42.2
10	231 weibl.	92.2	40.7	44.1
11	233 männl.	96.3	44.6	46.4
12	245 ,,	95.3	41.7	43.7
13	275 ,,	94.8	42.7	45.1
14	282 weibl.	84.8	40.0	47.1
15	288 männl.	92.5	41.5	44.8
16	292 ,,	93.1	41.8	44.9
17	405 ,,	89.6	42.7	47.6
	Mittel aus 4 Männern.	74.8 (73.6—75.3)	?	?
	Mittel aus 4 Weibern.	74.7 (72.1—78.1)	?	?

Oder zu Gruppen vereinigt:

	Länge der oberen Extremität in Prozenten der unteren.		Länge beider Extremitäten in Prozenten der Körperlänge.	
	Länge der Früchte in mm.		Obere Extremität.	Untere Extremität.
1	56—83	98.7 (88.9—105.6)	41.6—67.8	40.9—64.3
2	121—185	96.2 (92.2—102.8)	40.4 (39.3—41.9)	42.0 (38.8—45.4)
3	202—292	93.7 (84.8—99.4)	42.0 (40.0—44.6)	44.9 (42.2—47.1)
4	405	89.6	42.7	47.6
5	Erw. Männer.	74.8 (73.6—75.3)	?	?
6	Erw. Weiber.	74.7 (72.1—78.1)	?	?

Bei den jüngsten Früchten sind beide Extremitäten von gleicher Länge oder es ist die obere selbst um ein weniges länger als die untere. Frühzeitig ändert sich indessen dieses Verhältniss; die untere Extremität gewinnt, wenn auch langsam, doch sicher das Uebergewicht. Zu voller Geltung gelangt dieses freilich erst nach der Geburt und beim Erwachsenen ist die obere Extremität um ein volles Viertel kürzer als die untere.

Im Vergleiche zum ganzen Körper sind die Extremitäten der beiden jüngsten Früchte auffällig lang. Die nächste Periode bringt eine überraschend starke Verkürzung, die nur ganz allmälig wieder einer Verlängerung weicht. Diese fällt für die untere Extremität ausgiebiger aus, als für die obere. Ihren Höhepunkt kann sie, dem bereits Mitgetheilten zufolge, erst nach der Geburt erreichen, doch fehlen dafür in unserer Tabelle die bezüglichen Altersstufen.

Durch Ecker[1]) ist unlängst auf die bisher wenig oder gar nicht beachtete Thatsache aufmerksam gemacht worden, dass in der menschlichen Hand die relative Länge von Zeige- und Ringfinger sehr beträchtlichem Wechsel unterliegt. Er hält es von vornherein nicht für wahrscheinlich, dass eine Differenz in der Länge der genannten Finger bloss eine individuelle, sogenannte „zufällige“ Schwankung sei. Als einigermassen wahrscheinlich möchte er — jedoch mit allem Vorbehalte — hinstellen, dass sich die relativ grössere Länge des Zeigefingers häufiger beim weiblichen Geschlecht als beim männlichen findet und unter den Männern wieder häufiger bei schlanken, hochgewachsenen, als bei kurzen, untersetzten (a. a. O. S. 71). Mit grosser Vorsicht, und weit davon entfernt, denselben Gewicht beizulegen, zieht er (a. a. O. S. 73) die Schlüsse, dass die relativ zum Ringfinger grössere Länge des Zeigefingers das Attribut einer höher stehenden Form der Hand ist und dass auch hier, wie in mehreren anderen Verhältnissen, die weibliche Form die morphologisch reinere zu sein scheint.

Welches auch der Werth und die Bedeutung dieser Verhältnisse sein mag, die Nothwendigkeit, sie entwicklungsgeschichtlich zu verfolgen, wird nicht angefochten werden können. Ich habe 16 menschliche Früchte darauf untersucht und zwar so, dass ich vom Carpometacarpalgelenk des Mittelfingers aus den Abstand sämmtlicher Fingerspitzen genau durch Messung bestimmte. Bei der Kleinheit und oft ungemeinen Zartheit der Objecte war diess das einzige Verfahren, welches mit einiger Zuverlässigkeit des Erfolges sich anwenden liess. Für die vorliegenden Zwecke, die es ja nur mit relativen Grössen zu

---

[1]) A. Ecker, Einige Bemerkungen über einen schwankenden Charakter in der Hand des Menschen. Archiv f. Anthropologie. Bd. 8.

thun haben, reicht dasselbe auch vollständig aus. Auf allen Altersstufen war der Mittelfinger der längste. Derselbe bildet daher den passendsten Maassstab für die Genossen. Nehmen wir ihn, den Mittelhandknochen inbegriffen, zu 100 an, so erhalten wir für die übrigen Finger nachfolgende Werthe:

Relative Länge der Finger
in Prozenten des Mittelfingers

Länge (in mm.) u. Geschlecht d. Früchte		kleiner Finger	Ringfinger	Zeigefinger	Daumen
1.	56 männl.	85.3	92.6	95.5	73.5
2.	59 „	82.0	95.0	98.3	82.0
3.	83 „	73.0	96.0	96.0	73.0
4.	121 „	82.6	91.3	87.0	65.0
5.	140 „	88.4	96.1	99.2	76.9
6.	158 weibl.	83.0	96.1	97.7	73.2
7.	185 männl.	88.0	97.1	92.5	74.3
8.	202 weibl.	86.7	96.4	91.8	75.0
9.	213 männl.	86.3	97.7	95.4	72.7
10.	231 weibl.	90.0	95.0	92.5	70.0
11.	233 männl.	83.6	99.6	97.9	77.5
12.	245 „	77.0	93.8	95.9	71.4
13.	275 „	76.3	89.1	97.4	67.2
14.	283 „	81.8	97.4	96.3	78.1
15.	292 „	86.6	96.6	95.0	68.3
16.	405 „	81.7	94.6	95.7	70.9

Es ist nicht leicht, sich sofort in diesen anscheinend regellos auf- und abspringenden Zahlen zurechtzufinden und irgend welche Gesetz-

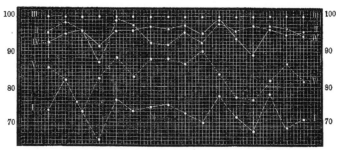

Graphische Darstellung der relativen Fingerlängen nach der Tabelle.

I, Daumen; II, Zeigefinger; III, Mittelfinger; IV, Ringfinger; V, kleiner Finger.

mässigkeit aus ihnen herauszulesen. Die vorstehende graphische Darstellung hilft uns am besten aus und führt am raschesten zum Ziele.

Sind wir erst durch sie auf gewisse Punkte aufmerksam geworden, so ist es ein Leichtes, denselben in den Zahlenreihen selbst weiter nachzuspüren. Als besonders bedeutsam tritt uns da vor allem die anfangs durchaus symmetrische Gliederung der Hand entgegen. Bei den jüngsten Früchten, Nr. 1 abgerechnet, dacht sich die Endlinie der Hand von der Spitze des Mittelfingers aus nach beiden Seiten hin in gleicher Weise und in gleichem Grade, langsam bis zum Ring- und Zeigefinger, rascher bis zum kleinen Finger und Daumen ab. Die Finger sind paarweise von gleicher Länge, wobei jeweilen zum Mittelfinger gleich gelagerte Finger der radialen und ulnaren Handhälfte als gleichwerthig zusammentreten. Das anfängliche Schema der Hand nimmt somit folgende höchst einfache Form an, wenn wir die Finger nach ihrer Länge in absteigender Linie ordnen und dabei die gleich langen neben einander stellen:

Mittelfinger

Ringfinger . . . . . Zeigefinger

kleiner Finger . . . . Daumen.

Diese Symmetrie ist nicht von langem Bestande. Sie erfährt sehr bald dadurch eine Einbusse, dass der Daumen im Wachsthum mit seinen Genossen nicht gleichen Schritt hält, sondern hinter ihnen zurückbleibt. Er geht noch vor der Geburt auf dasjenige Maass zurück, welches, so viel ich beobachtet habe, auch als dem Erwachsenen entsprechend muss angesehen werden. Aus der anfänglichen Handformel wird die nachstehende:

Mittelfinger

Ringfinger . . . . . Zeigefinger

kleiner Finger . . . .

. . . . Daumen.

Die drei übrigen Finger wachsen ziemlich gleichförmig mit dem Mittelfinger, ohne jedoch auf sehr erhebliche individuelle Sprünge zu verzichten. Der kleine Finger und der Ringfinger gehen, wie die Curven zeigen, wenigstens in der Hauptsache, einander parallel. Der zweite Finger dagegen verfolgt mehr seine eigenen Wege, die, wenn sie auch nicht weit von denen des Ringfingers abliegen, sie doch mehrfach durchkreuzen. Einmal nur habe ich beide Finger genau von derselben Länge getroffen. Siebenmal fiel dem Zeigefinger, achtmal dem Ringfinger das Uebergewicht zu. Beide Formen sind also gleich stark vertreten. Welche Bedeutung ihnen zukommt, lässt sich daraus nicht entscheiden. Auch muss ich dahingestellt sein lassen, ob bloss zufällig oder mit tieferer Bedeutung der relativ längere Zeigefinger häufiger bei den jüngeren, der ebenso beschaffene Ringfinger häufiger bei den älteren Früchten angetroffen wurde. Ich will schliesslich nicht unterlassen, darauf hinzuweisen, wie ausserordentlich gering in manchen Fällen der Längenunterschied der beiden Finger ausfällt, so dass man sehr wohl versucht sein kann, denselben vielerorts auf Messungsfehler zurückzuführen und die Gleichheit der beiden Finger als das wirklich Typische anzusehen. Bei den jüngeren Früchten entsprechen je drei und mehr Prozente relativer Länge in Wirklichkeit nur kleinen Bruchtheilen von Millimetern.

Dem sei indessen wie ihm wolle, bedeutsam ist jedenfalls die Thatsache, dass die später unsymmetrische Hand symmetrisch angelegt wird, doppelt bedeutsam der Befund, dass der Daumen, der im Mechanismus der Extremität eine so hervorragende Rolle spielt, seine geringere Länge einer nachträglichen Reduction zu verdanken hat. Es wäre von grösstem, leider nicht so leicht zu befriedigendem Interesse, zu wissen, wie sich zumal in dieser Hinsicht, dann aber überhaupt in der ganzen Handanlage und deren Weiterbildung die Anthropomorphen während der fötalen Periode verhalten. Das, glaube ich, darf man schon jetzt bestimmt aussprechen, dass die Aufgabe des von ECKER angeregten und sicherlich lohnenden Handstudiums weiter gefasst werden muss, als er es gethan hat. Die Schwankungen in der relativen Länge von Zeige- und Ringfinger sind, wenn sie auch am meisten in die Augen springen, doch nur ein Theil davon. Es liegt kein triftiger Grund vor, sich auf ihn zu beschränken. Gebührt, wie diess noch durch weitere Untersuchungen muss nachgewiesen werden, derartigen Schwankungen überhaupt ein allgemeines morphologisches Interesse, so verdienen diejenigen der übrigen Finger sicherlich nicht weniger Theilnahme. Dass ihnen der kleine Finger, sowie der Daumen in nicht geringerem Grade zugänglich sind, als der Ring- und Zeigefinger, darüber gestattet unsere Tabelle nicht den mindesten Zweifel. Ebenso lehrt sie, dass die hauptsächlichsten Schwankungen in der Gesammtheit der Finger, wenn auch nicht ganz gleichmässig, zur Geltung kommen. Das Studium der Hand zu allgemein morphologischen und speziell anthropologischen Zwecken verlangt also unbedingt, dass ihnen sämmtlich gleiche Berücksichtigung zu Theil werde. Was dabei sonst noch etwa zu beachten wäre, das zu erörtern ist hier nicht der Ort.

II. Extremitäten von Säugethieren.

Die Gesetze der morphologischen Entwicklung gelten in zu weiten Kreisen, als dass nicht aus den soeben besprochenen Befunden beim Menschen Aehnliches für die Thiere sich voraussagen liesse. Freilich kann solches nur ganz im Allgemeinen geschehen. Die so höchst ungleichwerthige Gliederung der betreffenden Körperabschnitte macht im einzelnen Falle zahlreiche Abänderungen ohne Weiteres wahrscheinlich. Hier harrt der Bearbeitung noch ein weites, zur Stunde völlig brach liegendes Feld, das manch schöne Frucht zu reifen verspricht. Bei der Schwierigkeit, die nöthigen materiellen Grundlagen zu schaffen, steht freilich eine ergiebige Erndte noch nicht so bald in Aussicht. Mir selbst ist es durch die Ungunst der Verhältnisse blos vergönnt gewesen, das Erdreich oberflächlich anzuschürfen und ich würde kaum wagen, meinen geringen Erwerb hier vorzulegen, hoffte ich nicht dadurch die Aufmerksamkeit auf dieses Gebiet zu lenken und Solche, denen die erforderlichen Hülfsmittel zu Gebote stehen, zu weiterer Forschung zu veranlassen.

Ueber Messungs- und Berechnungsmethode habe ich dem schon früher Gesagten nichts beizufügen; sie ist dieselbe wie beim Menschen. In die Tabellen habe ich bloss die relativen Werthe aufgenommen, da die absoluten für uns ohne Bedeutung sind. Nur für die Länge der ganzen Extremität machte ich hiervon eine Ausnahme, da sie einigermaassen einen Anhaltspunkt für das dem Alter nach mir überall unbekannte Entwicklungsstadium der Früchte abgiebt. Wem daran liegt, mag daraus mit Hülfe der relativen Zahlen das Maass der einzelnen Abschnitte berechnen.

	Relative Maassverhältnisse der Extremitäten bei Säugethieren in Prozenten der ganzen Länge						Absolute Länge der Extremitäten in mm.	
	Vordere Extremität			Hintere Extremität				
	Ober-arm	Vor-der-arm	Vor-der-fuss	Ober-schen-kel	Unter-schen-kel	Hin-ter-fuss	Vordere Extremität	Hintere Extremität
1. Kaninchen, Foetus	41.4	31.8	26.7	30.2	33.0	36.8	15.7	18.2
— , Foetus	37.7	35.8	26.4	30.3	31.1	38.5	26.5	25.7
— , erwachsen	37.7	35.8	26.5	31.7	36.4	31.9	157.0	245.5
2. Meerschweinchen, Foetus	35.0	33.5	31.5	28.3	33.3	38.8	46.3	60.0
— , erwachsen	41.3	33.1	25.6	34.5	36.3	29.2	86.0	119.3
3. Siebenschläfer, Foetus	37.9	32.1	29.9	32.0	31.3	36.6	22.7	28.1
— , erwachsen	36.8	34.4	28.7	34.4	36.2	29.4	63.0	87.0

| | Relative Maassverhältnisse der Extremitäten bei Säugethieren in Prozenten der ganzen Länge | | | | | | Absolute Länge der Extremitäten in mm. | |
| | Vordere Extremität | | | Hintere Extremität | | | | |
	Ober-arm	Vor-der-arm	Vor-der-fuss	Ober-schen-kel	Unter-schen-kel	Hin-ter-fuss	Vordere Extremität	Hintere Extremität
4. Wiesel, Foetus	39.7	30.1	30.1	32.2	29.6	38.1	31.5	37.2
— , erwachsen	40.6	27.2	32.2	31.6	33.5	34.8	45.6	57.6
5. Maulwurf, Foetus	34.1	32.6	33.3	26.5	33.1	40.3	13.2	15.1
— , erwachsen	30.3	30.0	39.5	31.0	35.0	34.0	51.0	68.8
6. Schwein, Foetus	35.8	27.2	36.9	32.7	27.2	30.1	19.5	20.2
— , Foetus	38.1	27.4	34.4	33.7	28.5	37.8	32.8	36.2
, Foetus	35.9	26.9	37.0	32.4	30.9	36.6	39.0	47.2
— , erwachsen	35.7	26.7	37.5	35.0	29.9	35.0	539.0	690.0
7. Rind, Foetus	28.3	26.8	45.0	28.0	26.0	46.0	171.5	205.5
— , Foetus	27.0	28.6	44.3	28.1	25.3	46.6	261.5	316.5
— , erwachsen	28.8	30.1	40.8	31.4	29.7	38.6	944.0	1197.0
8. Schaaf, Foetus	23.8	27.6	48.6	25.5	26.7	47.6	105.0	121.5
— , Foetus	26.3	27.2	46.5	26.5	30.3	43.1	121.5	145.0
— , erwachsen	27.0	28.8	44.2	28.7	31.9	39.2	668.0	819.0
9. Gemse, Foetus	26.9	27.7	45.4	27.8	31.0	41.1	37.9	37.1
— , erwachsen	27.9	29.4	42.6	26.8	34.1	38.9	593.0	742.0

Ein ähnliches Verhältniss wie beim Menschen ist unschwer heraus-zufinden. Das Endglied der Extremitäten beansprucht fast durchweg beim Foetus einen höheren Werth als im Erwachsenen, wenngleich bei den verschiedenen Thieren in wechselndem Grade. Das Schwein allein macht eine Ausnahme, indem bei ihm zwischen Vorder- und Hinterfuss des Foetus und des Erwachsenen Gleichgewicht herrscht. Sonst tritt namentlich beim Hinterfuss das Gesetz in voller Strenge auf. Beim Vorderfuss gestattet es Schwankungen, indem nicht allein das Kaninchen dem Schwein sich zugesellt, sondern bei Wiesel und Maulwurf sogar eine Verkürzung des Fusses Platz greift.

Einseitige Verlängerung des Fusses verlangt natürlich entsprechende Verkürzung der übrigen Extremität. Diese betrifft an der oberen Extremität Stamm- und Mittelglied gleichzeitig bei Rind, Schaaf und Gemse. Sie beschränkt sich auf das Stammglied beim Meerschweinchen, auf das Mittelglied beim Siebenschläfer. Entgegengesetzt ist die Wir-kung des verkürzten Fusses. Verlängerung von Stamm- und Mittel-glied bietet der Maulwurf, des Mittelgliedes allein das Wiesel.

Verlängerung des Hinterfusses führt gewöhnlich zur gleichzeitigen Verkürzung von Ober- und Unterschenkel. Ihr entgeht indessen
der erstere beim Wiesel und bei der Gemse. Im Ganzen ist also die
Sachlage für die hintere Extremität einfacher und gleichförmiger als
für die vordere.

Bringen wir den Zustand der beiden Extremitäten vor der Geburt
im Vergleich zu demjenigen beim Erwachsenen wiederum in eine übersichtliche Formel, so erhalten wir:

	Stammglied	Mittelglied
	Oberarm — Oberschenkel	Vorderarm — Unterschenkel
1. Schwein	Gleichgewicht	Gleichgewicht
2. Kaninchen	Gleichgewicht	Verkürzung
3. Siebenschläfer	Gleichgewicht — Verkürzung	Verkürzung
4. Meerschweinchen	Verkürzung — Gleichgewicht	Verkürzung
5. Rind. — Schaaf	Verkürzung	Verkürzung
6. Gemse	Verkürzung	Verlängerung (?) — Verkürzung
7. Wiesel	Gleichgewicht — Verlängerung	Verlängerung. — Verkürzung
8. Maulwurf	Verlängerung	Verkürzung

	Endglied
	Vorderfuss — Hinterfuss
1. Schwein	Gleichgewicht
2. Kaninchen	Verlängerung
3. Siebenschläfer	Verlängerung
4. Meerschweinchen	Verlängerung
5. Rind. — Schaaf	Verlängerung
6. Gemse	Verlängerung
7. Wiesel	Verkürzung — Verlängerung
8. Maulwurf	Verkürzung — Verlängerung

Einzelne der Ausnahmen dürften wohl durch individuelle Schwankungen bedingt sein und deshalb eines typischen Werthes entbehren.
Jedenfalls gilt dies aber nicht für alle. An deren Erklärung kann
bei der geringen Zahl von Beobachtungen vorläufig nicht gedacht
werden.

Wir wenden uns zum Vorder- und Hinterfusse und prüfen die
einzelnen Abschnitte in ihrem prozentischen Werthe zum ganzen Fusse.
Gleichzeitig soll auch die Länge der vorderen Extremität in Prozenten der hintern zur Darstellung gelangen.

| | Relative Maassverhältnisse von Vorder- und Hinterfuss in Prozenten der ganzen Länge | | | | | | Relative Länge der vordern Extremität |
| | Vorderfuss | | | Hinterfuss | | | |
	Hand-wurzel	Mittel-hand	Längste Zehe	Fuss-wurzel	Mittel-fuss	Längste Zehe	in Prozenten der hintern
1. Kaninchen, Foetus	23.8	47.6	28.6	17.9	41.8	40.3	85.2
— , Foetus	22.9	42.9	34.3	35.4	32.3	32.3	103.1
— , erwachsen	11.7	41.5	46.8	20.9	40.5	38.6	63.9
2. Meerschweinchen, Foetus	14.4	44.5	41.1	26.1	37.0	37.0	77.1
— , erwachsen	13.7	42.2	44.1	25.4	37.3	37.3	72.1
3. Siebenschläfer, Foetus	17.6	33.8	48.4	33.9	27.2	38.8	80.8
— , erwachsen	14.6	34.5	50.8	22.4	35.4	42.2	72.7
4. Wiesel, Foetus	10.5	36.8	52.6	22.5	35.2	42.2	84.7
— , erwachsen	11.5	36.3	52.2	18.1	41.9	39.9	79.2
5. Maulwurf, Foetus	13.6	40.9	45.5	24.6	29.5	45.9	87.4
— , erwachsen	16.2	19.2	64.7	26.7	31.2	42.1	74.1
6. Schwein, Foetus	8.3	47.2	44.4	18.5	39.5	41.9	96.5
— , Foetus	17.7	35.4	46.8	26.1	34.1	39.8	89.3
— , Foetus	13.8	41.1	44.9	19.1	34.7	46.2	82.7
— , erwachsen	16.0	40.3	43.7	20.8	39.7	39.4	78.1
7. Rind, Foetus	11.7	55.8	32 5	17.9	52.9	29.1	82.9
— , Foetus	10.8	56.5	32.7	18.6	54.2	27.1	82.6
— , erwachsen	11.0	53.7	35.3	17.6	51.6	30.8	78.9
8. Schaaf, Foetus	5.9	61.6	32 4	11.2	61.2	27.6	86.4
— , Foetus	10.6	56.6	32.7	12.8	57.6	29.6	83.8
— , erwachsen	9.5	57.0	33.5	15.1	54.3	30.6	81.6
9. Gemse, Foetus	2.9(?)	68.0	29.1	16.2	50.6	33.1	102.1
— , erwachsen	8.5	54.0	37.5	11.6	53.1	35.3	79.9

Hand- und Fusswurzel entziehen sich einem bestimmten Gesetze. Sie sind im Foetus bald kleiner, bald grösser wie im Erwachsenen, bald ebensogross. Es sind dies Unterschiede, welche jedenfalls zum Theil in der Schwierigkeit, so kleine Theile genau zu messen, begründet sind und auf welche daher kein grosses Gewicht darf gelegt werden. Mittelhand und Mittelfuss, ebenso vordere und hintere Zehen stimmen in der Länge nur ausnahmsweise beim Foetus und Erwachsenen überein. In der Regel herrscht ein eigenthümlicher Gegensatz zwischen beiden Gliedmaassen. Die Mittelhand ist, vereinzelte Ausnahmen abgerechnet, im Foetus grösser, die längste zugehörige Zehe kleiner als im Erwachsenen. Für den Mittelfuss und die entsprechende Zehe gilt das entgegengesetzte. Die Uebereinstimmung mit dem Menschen ist augenscheinlich.

Dasselbe lehrt die relative Länge der beiden Extremitäten zu einander. Der Unterschied, wie er dem Erwachsenen eigen ist, wird

um so kleiner, auf je jüngerer Entwicklungsstufe wir die Früchte auf-
suchen. Ich zweifle nicht daran, dass er schliesslich überall völlig
verschwinden und einer durchaus gleichförmigen Länge beider Extremitäten Platz machen würde. Unsere Tabelle berührt dieses Stadium
nur in zwei Fällen, beim Kaninchen und bei der Gemse. Uebrigens sind
die verschiedenen Thiere für das Maass des vorhandenen Unterschiedes
nicht mit einander vergleichbar, da ihre Altersstufen einander nichts
weniger als entsprechen, wie aus der absoluten Extremitätenlänge sofort ersichtlich wird.

Ich bin weit davon entfernt, auf die einzelnen Zahlen als solche,
wie sie den Inhalt unserer Tabellen bilden, ein allzu grosses Gewicht
zu legen. In ihrer Gesammtheit geben sie uns indessen die Gewissheit, dass das Wachsthumsgesetz der Extremitäten im Ganzen und
Grossen beim Menschen und bei Säugethieren ein und dasselbe ist.
Weiteren, möglichst umfassenden Forschungen bleibt es vorbehalten,
eine Erklärung desselben anzustreben.

XXV.

Beiträge zur Histologie der Haare.

Von

Dr. Karl Schulin,

Assistent am pathologischen Institute zu Rostock.

(Hierzu Tafel XVI u. XVII.)

I. Das fertige Haar.

Das Haar stellt einen soliden cylindrischen, sich in die Tiefe der
cutis hinab erstreckenden Fortsatz der Epidermis dar, in welchem sich
in Folge einer vermehrten Wachsthumsenergie der an seinem untern
Ende gelegenen Zellen ein centraler, ebenfalls cylindrischer Theil von
den peripherisch gelegenen Theilen differenzirt und sich als eigentliches Haar oft in einer bedeutenden Länge über die Oberfläche der
Haut erhebt. Umgeben ist der Fortsatz von einer bisweilen sehr
wenig ausgebildeten, unter anderen Umständen, z. B. an den Tasthaaren, mächtig entwickelten, Faserscheide, welche einen während der
Entwicklung des Epithelcylinders modificirten Theil des Cutisgewebes
darstellt. Die Faserscheide trägt an ihrem unteren Ende einen knopf-
förmigen Vorsprung, die Haarpapille, welcher den epithelialen Theil
von unten her, kappenförmig von demselben überzogen, einstülpt.

Die Richtung, in welcher der Epithelfortsatz in die cutis hinab-
steigt, bildet weitaus in den meisten Fällen, doch nicht ohne Ausnahme, einen spitzen Winkel mit der Oberfläche derselben; die Tiefe
wechselt sehr, sie steht im Allgemeinen im Verhältniss zur Dicke des
Fortsatzes; derselbe erstreckt sich oft bis in das subcutane Gewebe.

In Beziehung auf die bindegewebige Hülle habe ich nichts Neues
hinzuzufügen. An solchen Haaren, welche einen M. arrector pili besitzen, inserirt sich derselbe etwa in der Mitte des Haarbalges oder
oft noch höher, ziemlich nahe unterhalb der Einmündungsstelle der

Talgdrüsen auf derjenigen Seite und in derjenigen Ebene, in welcher
der Haarbalg den stumpffesten Winkel mit der Hautoberfläche bildet.
An das untere Ende der Haarbälge schliessen sich oft Bindegewebszüge der cutis an, welche Wertheim[1]) genauer beschreibt; sie
scheinen indess nicht in der Allgemeinheit vorzukommen, wie dieser
Autor meint.   Ferner inseriren sich bei Thieren unten am Haarbalge
oft quergestreifte Muskelfasern, z. B. an der Unterlippe des Ochsen
und des Kaninchens.

Der epitheliale Theil stellt einen beim weissen Menschen auf dem
Querschnitte meist kreisrunden Cylinder dar, welcher im Allgemeinen
überall dieselbe Dicke besitzt, aber an einzelnen Stellen Anschwellungen
zeigt, besonders entsprechend der Insertion des M. arrector pili, aber
auch an anderen Stellen und nicht immer sich über die ganze Peripherie erstreckend; dieselben möchten wohl auf mechanische Einwirkungen, wie Zug u. s. f., seitens der Umgebung zurückzuführen sein.
Das untere Ende des epithelialen Theiles ist oft umgebogen, so dass
der Längsdurchmesser der Papille mit der Axe des Haares einen
Winkel bildet, bisweilen auch geschlängelt.

In Beziehung auf den feinern Bau der einzelnen Abschnitte des
epithelialen Theiles schliesse ich mich vollständig der von Unna[2]) gegebenen Darstellung an.   Es sind drei Abschnitte zu unterscheiden:
Erstens erstreckt sich die Epidermis der äusseren Haut eine Strecke
weit in den Haarbalg hinein, bis zur Einmündungsstelle der Talgdrüsen.   Dann kommt eine Strecke, wo sich nur ein dem rete Malpighii der äusseren Haut entsprechendes Gebilde, die sogenannte
äussere Wurzelscheide, findet, welche einer entsprechenden Hornschicht
entbehrt; dieselbe verdünnt sich über dem Haarbulbus ziemlich plötzlich sehr bedeutend und lässt sich als eine einfache Lage sehr kleiner,
scharf nach innen abgesetzter Zellen bis an den Hals der Papille verfolgen.   Hierauf folgt, die Papille überziehend, der wichtigste Theil,
welcher aus dem Keimlager der inneren Wurzelscheide, und dem des
Haares und weiter nach oben aus diesen Gebilden selbst besteht, die
zusammen einen, umgeben von der äusseren Wurzelscheide nach oben
wachsenden Horncylinder darstellen.   Die innere Wurzelscheide ist,
wie Unna richtig bemerkt, nicht ganz, oder auch nur zum Theil, als
Hornschicht der äusseren Wurzelscheide aufzufassen, sondern diese
besitzt keine Hornschicht und jene wächst ebenso, wie das Haar,

---

[1]) Sitzber. d. math. naturw. Classe d. kais. Akad. d. Wiss. Bd. L. Abth. 1.
Jahrgang 1864. Wien 1865. S. 302.

[2]) Max Schultze's Archiv. Band XII. 1876. Sep.-Abdr. S. 27.

durch Verhornung von im Grunde des Haarbalges, seitlich unten an der Papille, liegenden Zellen. UNNA unterscheidet hier von unten nach oben das Keimlager der inneren Wurzelscheide, die in die HENLE'sche und HUXLEY'sche Scheide zerfällt, dann das der Wurzelscheidencuticula, das der Haarcuticula und dann das des eigentlichen Haares. Alle diese Gebilde wachsen an der äusseren Wurzelscheide vorbei in die Höhe. Das Haar selbst verschiebt sich wieder in Folge rascheren Wachsthumes mit seinem Oberhäutchen an der Wurzelscheidencuticula vorbei in die Höhe. Die innerste Zellenlage der äusseren Wurzelscheide ist ausserdem noch, wie UNNA fand, von dem übrigen Theile derselben durch eine regelmässig kubische Form der Zellen scharf unterschieden.

Die Haare erscheinen meist einzeln an der Oberfläche der Haut und stehen alsdann in Gruppen und Linien, wie das von ESCHRICHT und VOIGT genauer beschrieben worden ist. Oft aber kommen auch mehrere Haare aus einer Oeffnung an der Hautoberfläche heraus: man spricht alsdann von Haarbälgen mit mehreren Haaren. KÖLLIKER[1] beobachtete zuerst solche mit bis neun Haaren, dann sah WERTHEIM[2] am Mons Veneris zur Zeit der Pubertätsentwicklung regelmässig in jedem Balge 2—3 und mehr Haare. Zu unterst im Balge sass eins auf der Papille, weiter nach oben, etwa an der Grenze des unteren und mittleren Drittels des Balges, erhob sich von der Wand desselben mittelst eines knollenförmigen Gebildes ein zweites mit der Richtung nach einwärts, wenig höher ein drittes und dann noch ein viertes, die alle dem Ausführungsgang zustrebten, ihn aber zum Theil noch nicht erreichten. GÖTTE[3] fand mehrere Schalthaare (worüber später) in einem Balge; jedes hatte seinen eigenen Anhang und darin ein Sekundärhaar.

Ich fand solche Haarbälge mit mehreren Haaren nach und nach an sehr vielen Körperstellen, aber sehr inconstant und ohne etwas Gesetzmässiges nachweisen zu können. In der Achselhöhle einer Anzahl Kinder fand ich an der Innenfläche des Armes eine etwa markstückgrosse Stelle, an der gewöhnlich sehr viele Haarbälge mit mehreren Haaren — die grösste von mir beobachtete Zahl ist 6 — vorkommen; ebenso zeichnet sich die Leistengegend durch das häufige Vorkommen von Haarbälgen mit mehreren Haaren aus. Doch finden sich solche auch vereinzelt am Rücken und der Streckseite der Extre-

[1] Mikroskop. Anat. II. 1. Hälfte 1850. S. 153.
[2] l. c. S. 313.
[3] MAX SCHULTZE's Archiv. Band IV. 1868. S. 302.

mitäten. Im Gesicht fand ich nur einmal, bei einem dreijährigen
Knaben, zwei Haarbälge mit je drei Haaren; in der Kopfhaut sah ich
sehr häufig zwei, auch drei, selbst vier, Haare aus. einer gemeinsamen
Oeffnung heraustreten. Bei solchen Individuen, wo ich dieses Vorkommniss erst einmal gefunden hatte, fand ich es stets auch noch
mehrere Male oder sehr häufig; doch waren das keineswegs Menschen,
die überhaupt zu vermehrter Haarbildung neigten. Im Gegentheil
kam es bei einigen Menschen mit sehr spärlichem Haarwuchse überwiegend häufig vor, während andere mit üppigem Haarwuchse nur
einzelstehende Haare aufwiesen. Bei vielen Thieren z. B. Hund, Kaninchen, finden sich abgesehen von den Tasthaaren, fast nur Haarbälge mit sehr vielen Haaren, während z. B. der Ochse nur einzelstehende Haare besitzt.

Die Bezeichnung Haarbalg mit mehreren Haaren ist keine sehr
genaue. Das Verhalten ist constant folgendes. Die Haare erscheinen
an derselben Stelle der Hautoberfläche, liegen alsdann noch eine ganz
kurze Strecke unmittelbar beisammen, treten darauf aber unter einem
mehr oder weniger spitzen Winkel auseinander, umkleiden sich jedes
mit einem besonderen Haarbalge und sitzen jedes auf einer besonderen
Papille. In Fig. 1 (Taf. XVI) habe ich einen solchen Fall aus der
Kopfhaut eines zwölfjährigen Knaben abgebildet, wo drei Haare aus
einer gemeinsamen Oeffnung heraustreten.

Ueber das Verhalten der Haarbälge mit mehreren Haaren bei den
Thieren- sagt Gegenbaur[1]), der gemeinsame Follikel lasse aus einzelnen Ausbuchtungen mehrere Haare entspringen. Fig. 2 (Taf. XVI)
stellt einen Haarbalg mit elf Haaren vom Hunde dar; man sieht auch
hier, wie sich sehr nahe unter der Hautoberfläche der gemeinsame Balg
in ebenso viele Einzelbälge trennt, als Haare vorhanden sind.

Dass zwei Haare von einer gemeinsamen Papille entsprängen,
habe ich nie gesehen; zweimal fand ich aber in der Kopfhaut, einmal
eines erwachsenen Menschen und einmal eines Schafföhtus, dass zwei
Haare anstatt, wie das bei Haarbälgen mit mehreren Haaren der Fall
ist, nach der Tiefe der cutis hin zu divergiren, von verschiedenen
Stellen der Hautoberfläche aus convergirten, und sassen in dem erstern
Falle alsdann die zwei Papillen, wie zwei Beeren, an einem gemeinsamen Stiele beisammen, in der Tiefe unmittelbar vereinigt durch
Bindegewebstheile der Haarbälge. Hier war, während sonst der oberste
Theil des Haarbalges gemeinsam ist, das unterste Ende desselben ge-
meinschaftlich. Fig. 3 (Taf. XVI) stellt den Fall vom Schafföhtus dar,

---

[1]) Grundzüge der vergleichenden Anatomie. 2. Aufl. 1870. S. 588.

in welchem die Papillen noch nicht ausgebildet sind, zwei Haaranlagen aber nach einer gemeinsamen Infiltration der cutis hin convergiren und dicht neben einander derselben aufsitzen.

II. Die Entwicklung des Haares.

Ueber die ersten Vorgänge bei der Entwicklung der Haare stehen sich zwei Ansichten gegenüber. Nach der einen, von KÖLLIKER[1]) aufgestellten, bilden sich zuerst solide warzenförmige Fortsätze des rete Malpighii, welche in schiefer Richtung in die cutis eindringen und hier in den Maschen eines zierlichen Capillarnetzes liegen; um sie herum findet sich noch keine Spur von einer Anlage des Haarbalges. Dann werden die Fortsätze flaschenförmig und zeigt sich in ihrer Umgebung die erste Andeutung der membrana propria. Während die Zellen, aus welchen die Fortsätze bestehen, ursprünglich alle gleichartig rund sind, beginnen jetzt die äussersten, sich senkrecht zur strukturlosen Membran zu stellen. Später verlängern sich auch die centralgelegenen Zellen, stellen sich aber mit ihrer Längsaxe parallel der Achse der Fortsätze, also rechtwinkelig zu jenen; so grenzt sich eine centrale kegelförmige, unten breite, oben spitze, Masse von einer unten schmalen, oben breiten, Rinde ab. Diese Abgrenzung wird immer deutlicher; der Kegel wird lichter und differenzirt sich in zwei Theile, einen centralen dunkleren, das eigentliche Haar, und einen peripheren hellen, die innere Wurzelscheide; jene Rinde ist jetzt nicht mehr als äussere Wurzelscheide zu verkennen. Gleichzeitig tritt jetzt die schon vorher in Andeutungen vorhanden gewesene Haarpapille deutlicher hervor und wird auch der eigentliche Haarbalg kenntlicher, indem die der strukturlosen Haut aussen anliegenden Zellen der cutis in Fasern überzugehen beginnen. KÖLLIKER hebt alsdann noch besonders hervor (S. 74), dass sich bei der Differenzirung des Haares mit seinen Scheiden aus jenem Epithelfortsatze nicht etwa zuerst die Spitze desselben und dann der Schaft bilde, das Haar also vom Grunde des Haarbalges aus sich allmählich entwickle, sondern, dass dasselbe sogleich in der ganzen Länge des Fortsatzes mit Spitze, Schaft und Zwiebel entstehe.

---

[1]) Zeitschrift für wissenschaftliche Zoologie. Bd. II. 1850. S. 71.

Dieser Darstellung hat sich in neuester Zeit Feyertag[1]) vollständig angeschlossen.

Die andere, zuerst von Reissner[2]) aufgestellte, dann von Götte[3])
weiter ausgebildete, Ansicht lautet folgendermassen. Zuerst bilden
sich kleine Höckerchen, von Epidermis überzogene Erhebungen, der
cutis; in denselben ist das Gewebe der letztern nur insofern verändert,
als nach ihrem Scheitel zu die Zellen sich mehren und die helle
Zwischensubstanz abnimmt. Dann wachsen an ihren Seitenflächen die
tiefern Schichten der Epidermis nach abwärts, die Höckerchen, die
spätern Papillen, werden oval und sinken in. demselben Maasse, als
jenes geschieht, in die Lederhaut hinab; es entstehen dabei über den
Papillen cylinderförmige Epithelfortsätze, deren untere, etwas ange-
schwollene, Enden die Papillen etwa zur Hälfte umschliessen. Die
tiefste Schicht der Epidermis besteht gleich anfangs aus Cylinderzellen;
diese bilden auch die äusserste Lage der Fortsätze, welche allein an
der Umschliessung der Papille betheiligt erscheint; innen bestehen die
Fortsätze aus runden Zellen. Indem sie weiter wachsen, wird zunächst ihre Richtung eine schräge; dabei schnüren sie sich dicht
über der Papille leicht ein, indem sie höher oben spindelförmig anschwellen. Gleichzeitig wandeln sich die runden Zellen in ein unklares Gewebe von kleinern Elementen um. Beim Schafe tritt jetzt
im obern Drittel der Haaranlage eine Reihe von Fetttröpfchen auf,
die sich gegen die Cylinderzellenschicht erstrecken und unmittelbar
unter der Oberhaut eine Ausdehnung des Fortsatzes bewirken „ähnlich, wie sie in späterer Zeit den Talgdrüsenanlagen vorausgeht";
dieses ganze Gebilde schwindet erst, wenn Haar und innere Wurzelscheide entwickelt sind, was nach Götte, gegenüber Kölliker, vom
untern Ende des Fortsatzes aus geschieht, und zwar folgendermassen.
Zuerst füllt sich die Faltentasche um die Papille mit Zellen und erstreckt sich der Faltenrand tiefer über die letztere hinab. Die äussere
Lage der Cylinderzellen atrophirt vom Faltenrande an nach abwärts
zu einer dünnen Membran, die sich in der Höhe der Papillenspitze
allmählich wieder zu den Umrissen der unversehrten Scheide verbreitert. Die die Papille überziehende Cylinderzellenlage bildet jetzt
allein den Nachwuchs, während die atrophische äussere Lage offenbar
ganz passiv geworden ist. Die jungen Zellen sind spindelförmig und

---

[1]) Ueber die Bildung der Haare. Inauguraldissertation. Dorpat 1875.
[2]) Beiträge zur Kenntniss der Haare des Menschen und der Säugethiere.
Breslau 1854. S. 96.
[3]) l. c. S. 274.

steigen mit ihrer Längsaxe der Oberfläche der Papille entsprechend empor, so dass sie an der Spitze der letztern von allen Seiten zusammenstossen. Sie erheben sich zunächst einzeln und unzusammenhängend, dann in Form eines Kegels, dessen Spitze sich in der obern Hälfte des Fortsatzes zerfasert verliert. Der Kegel ist durchaus nicht identisch mit dem ganzen Inhalte der Cylinderzellenschicht, sondern um ihn herum findet sich noch das ursprüngliche, aus kleinen runden Zellen bestehende Gewebe der Haaranlage. Diesen Kegel hält Götte übereinstimmend mit Kölliker für die gemeinsame Anlage von Haar und innerer Scheide. Zunächst verhornt seine Spitze, dann der Mantel; dann bildet sich innerhalb des Kegels ebenfalls durch eine von oben nach unten fortschreitende Verhornung auch der Haarschaft, als erstes Zeichen von dessen Bildung allerdings schon vorher in der Kegelaxe unmittelbar über den Cylinderzellen an der Papillenspitze ein kurzer heller Streifen bemerkbar war. In der nicht immer bestimmt abgeschlossenen Kegelspitze erscheint in dem trüben Axentheile ein helles, fadenförmiges und geschlängeltes Gebilde, welches nach unten in den hellen Streifen über der Papille übergeht und kolbig endet; zwischen den beiden hellen Theilen findet sich eine trübe Stelle; der untere helle, kolbenförmige Theil enthält grössere runde und klare Zellen, die beim Aufsteigen länglich werden und jenseits der Trübung zu der hornigen Schaftspitze verschmelzen, an der schon frühe das Oberhäutchen zu erkennen ist. Jetzt erhält auch die innere Scheide eine feste Grenze und besteht aus einer innern, dunklern, unklaren, und einer äussern hellen Lage: Huxley'sche und Henle'sche Schicht.

Es giebt also eine Periode in der Entwicklung des Haares, wo dasselbe an der Papillenspitze anfängt, ein Schaft ohne Zwiebel vorhanden ist; die Bildung der letztern erfolgt erst nachträglich. Der Schaftkolben erstreckt sich allmählich über die Papille abwärts, wobei an Kaninchenembryonen oft eine Pigmentablagerung in seinen tiefsten Zellen die Grenze des Vorrückens deutlich bezeichnet. Die unmittelbar die Papille bedeckende Lage von Cylinderzellen bleibt dabei bestehen. Der Haarknopf erreicht aber nicht den Boden des Balges; auch später bleibt das Keimlager des Haares und seiner innern Wurzelscheide getrennt. Die Bildung des Haarknopfes fällt zusammen mit der Ausbildung der Papille; diese ist zuerst konisch, an ihrem Fusse entstehen die Zellen der Scheide, an ihrer Spitze die des Schaftes; nach ihrer Umwachsung schwillt ihr oberer Theil und ändert sich die Production desselben; es entstehen die grössern klaren Zellen des Kolbens, deren Gebiet nach unten zunimmt und dadurch den Haarknopf bildet. So erklärt es sich auch, dass das Pigment nicht vom Boden des Balges, sondern von der Grenze des Haarknopfes, aufsteigt.

Neben diesem Entwicklungsmodus von Haaren, welchen er als primäre Haarbildung (Bildung von Primärhaaren) bezeichnet, beschreibt Götte noch einen anderen Entwicklungsgang etwas differenter Haare, welche er Schalthaare nennt; hierüber werde ich weiter unten, beim Haarwechsel, berichten.

Ausserdem beschreibt Götte (S. 281) noch genauer die Entwicklung des Haarbalges. Schon zu der Zeit, wo die Umwachsung der Papille durch die Oberhaut eben begonnen hat, ordnen sich die benachbarten Bindegewebszellen so, dass ihre Längsaxen den Flächen des untern Theiles der Papille und des hervorwachsenden Fortsatzes entsprechen. Von da an nimmt die Verdichtung der cutis rund um die Haaranlage zu und sah Götte, kurz bevor die Zellenwucherung beginnt, in einzelnen Fällen eine innigere Verbindung der letztern mit dem jungen Balge durch Gefässe sich bilden. Nach seiner Ansicht lässt sich hierdurch sowohl der darauf folgende Aufschwung in der produktiven Thätigkeit der Papille, als der Umstand erklären, dass das gleichzeitige rasche Wachsthum des Fortsatzes über den noch freien Theil der Papille an ihrer untersten Fläche eine Grenze findet. Die ersten feinern Gefässverzweigungen der cutis verlaufen zwischen den Haaranlagen in die Höhe, so dass wie bei der Papille, so auch hier der feinern Ausbildung der Blutbahnen die Zunahme der nächsten Theile folgt.

Was den ersten Differenzpunkt zwischen Kölliker und Götte betrifft, den, ob die Papille erst secundär entstehe, oder ob sie eine primäre Bildung sei, so muss ich mich hier für Kölliker erklären. Sowohl bei menschlichen, als bei Kaninchen-, Schaf- und Hundefötus habe ich mich überzeugt, dass das von Kölliker (l. c. Fig. 2) abgebildete Stadium existirt. Die continuirlich mit dem rete Malpighii zusammenhängenden Epithelfortsätze erreichen eine bedeutende Länge und zeigen schon secundäre Veränderungen, ehe die Bildung der Papille beginnt. Eine Wucherung der Bindegewebszellen der cutis in der Umgebung der Fortsätze macht sich freilich schon in sehr früher Zeit, wenn nicht gar schon vor dem Beginne der Epithelwucherung bemerkbar; diese anfangs runden Zellen werden bald spindelförmig und liegen mit ihrem längern Durchmesser parallel der untern Wölbung des Fortsatzes, wie das auch Feyertag (Figg. 2—5) abbildet. An etwas längern Fortsätzen sieht man rundum eine dünne Hülle von der Längsrichtung derselben parallel laufenden Spindelzellen, welche unter dem Ende des Fortsatzes in einen compakten Körper übergeht (Fig. 4 a Taf. XVI). In der Kopfhaut des Menschen beobachtete ich schon sehr frühe, ebenfalls vor dem Auftreten der Papille, die Differenzirung des M. arrector pili, welcher sich als ein schmaler Zug von Spindelzellen etwas unter der Mitte der Haaranlage inserirt (Fig. 4 b).

Die erste der schon vor dem Auftreten der Papille sich zeigenden Differenzirungen bezieht sich auf die Entwicklung der Talgdrüsen. Kölliker (l. c. S. 90) lässt diese erst beginnen, wenn die Entwicklung der Haaranlagen schon weit vorgeschritten ist und die ersten Andeutungen der Haare in ihnen schon sichtbar geworden sind. Reissner (l. c. S. 112) sah den Anfang der Entwicklung der Talgdrüsen bei Schaf- und Ziegenembryonen nur selten vor dem Durchbruch der Haare. Götte dagegen beobachtete schon vor dem Auftreten des Haares die oben erwähnten Fetttröpfchen und eine hierdurch bewirkte Ausdehnung des obersten Theiles des Fortsatzes: Er scheint aber diese Beobachtungen, welche ich entschieden bestätigen muss, soweit sie den Fötus betreffen, nicht auf die Entwicklung der Talgdrüsen zu beziehen; denn er sagt, diese Ausdehnung sei ähnlich derjenigen, welche in späterer Zeit den Talgdrüsenanlagen vorausgehe. An der Kopfhaut eines 18 cm. langen menschlichen Fötus kann man von hinten nach vorne alle Entwicklungsstufen des Haares sehen und überzeugte ich mich hier, dass die schon von Götte gesehene, von mir Fig. 4 c (vgl. auch Fig. 3 c) abgebildete, Anschwellung als erste Anlage der Talgdrüsen anzusehen ist, dass die Entwicklung dieser Drüsen der der Papille also vorausgeht. Simon fand bereits, dass die Talgdrüsen sich vor den Haaren entwickeln und bildet die von Götte beschriebene Fetttröpfchenreihe, welche er für einen Schlauch hielt, ab.[1])

Die zweite Veränderung, welche gleichzeitig mit der soeben erwähnten, wenn nicht früher, auftritt, bezieht sich auf die vom obersten Ende der primären Haaranlage ausgehende Entwicklung eines zweiten Haares: also die erste Andeutung der Ausbildung eines Haarbalges mit zwei Haaren, wie das in meiner Fig. 4 d dargestellt ist.

Die dritte Veränderung endlich bezieht sich auf eine der Insertionsstelle des M. arrector pili entsprechende Anschwellung (Fig. 4 e). Mit der von Götte beobachteten spindelförmigen Anschwellung scheint mir dieselbe nichts gemein zu haben. Dagegen dürfte sie mit Unna's Haarwulst (vgl. dessen Fig. 22 und 23) übereinstimmen, worüber das Weitere unten.

Wenn die Papille erst ausgebildet ist, dann sinkt dieselbe ohne

---

[1]) Müller's Archiv. 1841. S. 374. Taf. XIII. Fig. 7.

Zweifel durch das weitere interstitielle Wachsthum der oberhalb gelegenen epithelialen Gebilde noch eine bestimmte Strecke weit in die
cutis hinab, ebenso, wie ja auch die von Anfang an am untern Ende
des Epithelzapfens gelegene Zelleninfiltration mit demselben in die
Tiefe rückt. Wie bei jenen Epithelzapfen, so sieht man auch bei
jungen Haaren das untere Ende derselben von einer Schicht spindelförmiger Bindegewebszellen umgeben, welche mit ihrer Längsrichtung
der Oberfläche jenes Endes folgen.

Was den andern Differenzpunkt betrifft, die Frage, ob der ganze
Epithelfortsatz sich gleichzeitig in seiner ganzen Länge in das Haar
mit Spitze, Schaft, Zwiebel, sowie innerer Wurzelscheide, einerseits,
und die äussere Wurzelscheide andererseits spaltet, oder, ob das Haar
in dem Epithelfortsatz von unten herauf sich entwickelt, so ist es
sehr schwer, hierüber eine Entscheidung zu treffen. Die Uebergangsformen zwischen dem noch undifferenzirten Epithelfortsatze und solchen Bildern, wo man die einzelnen Theile schon deutlich getrennt
in der ganzen Länge des Fortsatzes findet, sind allerdings nicht häufig;
allein erstens sah ich entschieden in der Kopfhaut des 18 cm. langen
menschlichen Fötus Fälle, wo über der eben in Entwicklung begriff-
fenen Papille in der Mitte des Fortsatzes sich ein differenzirter Epithelkegel fand, welcher sich nicht bis zum oberen Ende des Fortsatzes erstreckte, sondern weiter unterhalb mit verlängerten Zellen endigte,
an denen ich aber nicht mit Sicherheit die von Unna aufgestellten
Uebergangsformen der Verhornung erkennen konnte, welche man in
der Darstellung Götte's, die doch lange vor Unna's Arbeit geschrieben
ist, so klar wiedererkennt. Ferner sah ich Fälle, wo Haar und
Wurzelscheide schon deutlich differenzirt waren, der bulbus aber noch
fast ganz fehlte; er entwickelt sich entschieden erst secundär mit der
weitern Ausbildung der Papille so, wie Götte das beschreibt. Dass,
wie Feyertag (l. c. S. 35) meint, am fundus der Haaranlage die
beiden Wurzelscheiden und das Haar in eine gemeinsame Masse über-
gingen, sah ich niemals; sobald überhaupt eine Andeutung von Differenzirung, zuerst zwischen jenem Kegel und der äussern Wurzelscheide, dann in dem Kegel zwischen Haar und innerer Wurzelscheide, vorhanden ist, lässt sich diese bis ganz unten hin verfolgen;
von dort nimmt sie ja ihren Ausgang.

Der ganze Prozess hat jedenfalls seinen Grund in dem gleichzeitig mit der Entwicklung der Papille beginnenden energischeren Wachsthume der am untern Ende des Epithelcylinders gelegenen Zellen,
welches zur Entstehung eines in der Axe desselben in die Höhe
wachsenden Kegels führt, der sich alsdann wieder, ebenfalls in Folge

rascheren Wachsthumes der centralen Theile, in innere Wurzelscheide und Haar differenzirt.

Im Anschluss an die primäre Haarbildung muss ich noch die Entwicklung der Haarbälge mit mehreren Haaren besprechen. Dieselbe geschieht so, dass sich zuerst eine einzelne Haaranlage bildet und dann vom obern Ende derselben, -oder, wenn die Entwicklung erst später beginnt, vom obern Ende der äussern Wurzelscheide aus, oder endlich, wie wir beim Haarwechsel sehen werden, bisweilen auch von tiefer gelegenen Stellen der äussern Wurzelscheide schon alternder Haare aus, sekundäre Epithelfortsätze in die Tiefe der cutis hinabsteigen, deren weitere Entwicklung dann ebenso vor sich geht, wie die des primären Fortsatzes. Während man in der Rückenhaut des erwachsenen Hundes die Haare in der in Fig. 2 veranschaulichten Weise geordnet findet, sieht man in der Rückenhaut des beinahe ausgewachsenen Hundefötus das in Fig. 5 Taf. XVI) dargestellte Bild: ein schon vollständig differenzirtes Haar, welches die Epidermis schon durchbrochen hat, und daneben, von dem oberen Ende der äusseren Wurzelscheide des ersteren ausgehend, zwei junge Haaranlagen. Man kann in solcher Haut alle Stadien der Haarentwicklung sehen, immer gruppenweise vereinigt und von einem gemeinschaftlichen Punkte der Hautoberfläche ausgehend. Beide Hunde waren von ganz ähnlicher Art. In Fig. 6 (Taf. XVI) habe ich ein Kopfhaar eines 40 cm. langen menschlichen Fötus abgebildet, an welchem man alle Theile der Fig. 4 leicht wiedererkennen wird. Auch hier ist am oberen Ende der äusseren Wurzelscheide eine sekundäre Haaranlage sichtbar. Da KÖLLIKER[1]) von der nemlichen Stelle Einmündungen von Schweissdrüsen in den Haarbalg abbildet, habe ich, um dem Einwand zu begegnen, das, was ich für eine Haaranlage halte, sei eine Schweissdrüsenanlage, eine solche, wie sie sich in der Kopfhaut desselben Fötus in reichlicher Menge fanden, daneben abgebildet (Fig. 6 g); dieselbe ist deutlich geschlängelt, endigt knopfförmig und entbehrt der Bindegewebshülle, sowie besonders der später zur Papille auswachsenden, umschriebenen, kleinzelligen Infiltration am untern Ende. Endlich ist an den in Fig. 3 abgebildeten Haaranlagen aus der Kopfhaut eines Schaffötus ebenfalls eine sekundäre Haaranlage zu sehen (Fig. 3 d).

---

[1]) Zeitschrift für wissenschaftliche Zoologie. Bd. II. Taf. VII. Fig. 9.

III. Der Haarschwund.

Bis jetzt stimmten alle Autoren darin überein, dass beim Beginne des Haarschwundes das Haar sich von seiner ernährenden Unterlage ablöse und von da an nur noch als eine Art Fremdkörper in dem Haarbalge verweile, aus welchem es auf mechanische Weise entfernt werde. Nur über den Process der Ablösung differirten in nebensächlichen Punkten die Ansichten der Beobachter, welche indessen fast alle nicht den reinen Haarschwund untersuchten, sondern den als Vorläufer des Haarwechsels auftretenden.

Heusinger [1]) beobachtete ein Blasswerden der Zwiebel und ein Verschwinden derselben und des unteren Theiles des Haares bis zur äusseren Oeffnung des Balges, worauf dann der Rest des Haares abfalle. Kohlrausch [2]) beschreibt ebenfalls als Beginn des Haarschwundes eine Veränderung des Haarknopfes, welcher seine zwiebelartige Form verliere, schlanker, cylindrisch und endlich nach unten konisch werde; wenn seine Ernährung ganz aufgehört habe, gehen keine Zellen mehr in ihn ein und werde das Blastem zur Bildung eines neuen Haares verwandt. Unter Heusinger's Haarzwiebel und Kohlrausch's Haarknopf ist Papille und Bulbus des Haares zusammen zu verstehen. Als Heusinger seine Untersuchungen machte, war die erstere noch nicht bekannt, Kohlrausch konnte sich nur nicht überzeugen, dass sie etwas von der Haarzwiebel getrenntes sei. Henle [3]) beschreibt sie bereits.

Als der Unterschied zwischen Papille und Haarzwiebel endgültig festgestellt war, traten zwei Ansichten über die Ablösung des Haares von seiner Unterlage hervor, welche die Forscher bis in die neueste Zeit in ganz regelmässiger Abwechslung theilten. Langer [4]) lässt die Papille erhalten bleiben und das Haar mit seiner innern Wurzelscheide sich von derselben abheben. Steinlin [5]) dagegen lässt die Papille zu Grunde gehen, wodurch die Ernährung des Haares aufhören und dasselbe seinen Zusammenhang mit dem Haarbalge verlieren soll. Moll [6])

---

[1]) Deutsches Archiv für Physiologie, herausgegeben von J. F. Meckel. Bd. IV. 1822. S. 558 u. 559.

[2]) Müller's Archiv. 1846. S. 312.

[3]) Allg. Anatomie. 1841. S. 302. Fig. 14 b.

[4]) Denkschriften der kais. Akad. d. Wiss. Mathem. naturw. Classe. Bd. I. Wien 1850. Abhandlung von Nichtmitgliedern. S. 1.

[5]) Zeitschrift für rationelle Medicin. Bd. IX. 1850. S. 289.

[6]) Archiv für die holländischen Beiträge für Natur- und Heilkunde. Bd. II. Heft 2. Referat in Zeitschr. f. rat. Med. 3. Reihe. Bd. IX. 1861. S. 103.

meint ebenfalls, der Grund des Absterbens des alten Haares könne kein anderer sein, als Atrophie der Papille. WERTHEIM[1]) war wiederum dafür, dass die Papille erhalten bleibe und beschrieb zuerst ein weiteres Stadium des Haarschwundes, in welchem der Haarkolben in die Höhe gerückt und der zwischen ihm und der Papille gelegene Theil der äusseren Wurzelscheide durch die Contractionskraft des Haarbalges halsartig eingeschnürt sei.

HENLE[2]) trennte zuerst scharf zwischen zwei, auch schon sehr frühe von Andern, wie KOHLRAUSCH, LANGER, KÖLLIKER u. s. f. unterschiedenen, Formen der Haarwurzel, einer offenen oder hohlen, so lange das Haar wachse (Haarknopf), einer geschlossenen oder soliden, wenn dasselbe seine typische Länge erreicht habe und sich zum Ausfallen anschicke (Haarkolben). Er beschreibt die letztere indessen nur von dem Haare, welches sich zum Haarwechsel vorbereitet. Zwischen dem unteren Ende des alten Haares und dem Grunde des Haarbalges entsteht dabei (S. 24) eine nach oben mit dem ersteren zusammenhängende Wucherung, welche dasselbe in die Höhe, von der in den gewucherten Epithelien eingeschlossenen Papille ab, drängt; während dieses in die Höhe Steigens verhornt die Wurzel des alten Haares und wandelt sich in der bezeichneten Weise um.

Während HENLE die Umwandlung der hohlen in die solide Form der Haarwurzel erst während und nach der Entfernung des Haares von seiner Papille vor sich gehen lässt, beginnt nach STIEDA[3]) wiederum der Process mit dem Schwunde der Papille, in Folge dessen eine Umwandlung des Haarbalges in eine einfach blindsackartige Vertiefung der cutis geschieht und die Formänderung der Haarwurzel sich in loco vollzieht. In Folge der Atrophie der Papille hört das Haar auf, zu wachsen, und verhornen die weichen Zellen seines untern Endes bis auf einen kleinen Rest, aus welchem aus sich dann später auf die unten wiederzugebende Weise beim Haarwechsel das junge Haar entwickelt. Ueber die weiteren Veränderungen des atrophirenden Haares macht STIEDA keine Mittheilungen; er ist der Ansicht, dass von diesem Stadium ab die Entfernung des Haares durch äussere Einwirkungen, Kämmen, Reiben u. s. f. geschehe (S. 530). Gegen WERTHEIM's Darstellung des Fortganges der Atrophie verhält STIEDA sich ablehnend

---

[1]) Sitzungsberichte der mathem. naturw. Classe der kais. Akad. d. Wiss. Bd. L. Abth. 1. Wien 1865. S. 310.

[2]) Allg. Anatomie S. 303. Vgl. auch Handbuch der Eingeweidelehre des Menschen. Braunschweig 1866. S. 21.

[3]) REICHERT und DU BOIS-REYMOND's Archiv. Jahrgang 1867. S. 526.

(S. 538) und führt er sogar, ausser der Form der Papille, die in seinen Figg. 3, 5 und 6 zu sehende Verschmälerung des Balges unterhalb des Haares als einzigen Grund dafür an, dass dieser Theil neugebildet sei (S. 530).

Doch schon der nächste Autor nach Stieda, Götte, erklärte sich wiederum gegen den primären Untergang der Papille. Götte[1]) ist der erste Autor, welcher den reinen Haarschwund ohne Rücksichtnahme auf den nachfolgenden Haarwechsel untersuchte. Seine sich indessen nur auf den Beginn dieses Processes erstreckenden Untersuchungen ergaben Folgendes. Zuerst schrumpfen der Haarknopf und der ihn umgebende Theil der inneren Scheide, lösen sich von der Oberfläche der Papille und dem Grunde der diese umgebenden Falte und rücken in die Höhe, indem unter ihnen die membranartige äussere Scheide sich an die Papille anlegt, auf welcher stets einige Reste des Haarknopfes sitzen bleiben. Fast immer sah Götte ausserdem noch einen Abstand zwischen der die Papille einschliessenden äusseren Scheide und dem Balge eintreten, was er für ein Zeichen hält, dass die äussere Scheide, wohl auch durch Atrophie, sich zusammenziehe, wodurch das Haar in die Höhe gehoben werde. So lange der Haarknopf noch über die Papille gleitet, besitzt er nach Götte noch ein stumpfes Ende, ist aber schon längsgestreift, bräunlich und undurchsichtig, ein Beweis, dass die Verhornungsgrenze in Folge mangelnden Nachschubes frischer Zellen bis zum Grunde des Haarknopfes hinabgestiegen ist. Sobald der Haarknopf sich über die Papille erhoben hat, spitzt er sich, offenbar durch das Zusammenfallen der früher von der Papille ausgefüllten Vertiefung, nach unten zu und geht so in die Form des Haarkolbens über.

Eine genauere Untersuchung lehrte Götte, dass zuerst das Oberhäutchen und die äusserste concentrische Hornschicht des Haares aufhört, zu wachsen, so dass die Hornfasern an der Peripherie des Schaftes frei endigen, bei dem Fehlen des zusammenhaltenden Oberhäutchens ihren Verband lockern und endlich gegen die innere Scheide auseinander fahren. Das wiederholt sich darauf rasch an der nächsten inneren Lage des Haarknopfes, so dass derselbe bei der Ablösung von der Papille ein besenartiges Aussehen hat. Die innere Scheide trübt sich im Bereiche des Haarknopfes gleich zu Anfang der Ablösung und muss, da sie schon den Haarknopf überragte, auch eine vollständige Hülle des Kolbens bilden. Da sie aber nicht mehr durch das Oberhäutchen von diesem gesondert ist, ragen die faserigen Ausläufer des-

---

1) l. c. S. 302.

selben in die innere Scheide hinein und kann man, sobald die Verhornung vollendet ist, auch die Reste der inneren Scheide kaum mehr
erkennen. An der Grenze von Schaft und Kolben hört aber die Verschmelzung von Haar und Scheide auf und setzt sich der glashelle
obere Theil der letzteren sehr scharf gegen die trübe Fortsetzung ab.
Die Papille schrumpft früher oder später und löst sich bisweilen an
der Einschnürungsstelle vom Balge ab.

Kurz nach GÖTTE veröffentlichte NEUMANN[1]) Beobachtungen über
den reinen Haarschwund, und zwar, soweit ich ermitteln konnte,
als der Erste und Einzige über die späteren Stadien desselben. Er
fand in Glatzen mitunter vollständige Haarfollikel, die keine Haare
trugen und an deren Grunde statt dessen dunkel pigmentirte Klumpen
von Zellen sich fanden; von Resten der Papille konnte NEUMANN nichts
wahrnehmen. In der grossen Mehrzahl der Glatzen jüngerer Leute
fand er Wollhaare, z. Th. mit zersplitterter Zwiebel. Oft fand NEUMANN
die Wurzelscheiden, besonders die inneren, zerklüftet, so dass ihre verhornten Plättchen abfielen und mit Smegma gemengt einen Detritus
darstellten, welcher das noch vorhandene Haar umgab und den Follikel
oft ausdehnte. Wenn keine Haare mehr vorhanden sind, verödet nach
NEUMANN der Grund des Follikels, derselbe zieht sich auf den oberen
Theil zurück, bis dahin, wo die Talgdrüsen einmünden. Der obere
Theil des Haarbalges dient jetzt als Ausführungsgang der letzteren, im
unteren findet man nur Smegma.

Den bindegewebigen Antheil des Haarbalges sah NEUMANN noch
lange nach dem Ausfallen der Haare erhalten, er fand Bündel wellenförmig zur Tiefe verlaufender Fasern. Er sah die Haarbälge in den
Glatzen nie vollständig untergehen, sondern nur entweder bis auf das
oberste Drittel zusammenschrumpfen, oder es schwanden die Wurzelscheiden und blieb nur der bindegewebige Theil zurück, dessen Bündel nun in breiten Zügen aneinandergereiht waren, die noch im
obern Theile das mit Hornzellen gefüllte Lumen erkennen liessen.

Im Jahre 1875 verfocht wieder FEYERTAG im Anschluss an
STIEDA gegen GÖTTE die Ansicht, dass in dem sich zum Schwunde
anschickenden Haare keine Spur einer Papille mehr vorhanden sei.

In der allerneuesten Zeit sind endlich von UNNA noch Beobachtungen über den Anfang des Haarschwundes erschienen. Derselbe erklärt sich zunächst wieder dagegen, dass dieser Process mit dem
Schwunde der Papille beginne (l. c. S. 50). Er fand, während die

---

[1]) Sitzungsberichte der mathematisch-naturwissenschaftlichen Classe der kais.
Akademie der Wissenschaften. Bd. 59. Abth. 1. Wien 1869. S. 52.

Papille noch vollständig in ihrer normalen Grösse erhalten war, als erstes Zeichen der Atrophie eine Verschmälerung der dieselbe umgreifenden Epithelkappe, welche hauptsächlich auf Rechnung eines fast vollständigen Schwindens der matrix der inneren Wurzelscheide kommt und zu einer Ablösung derselben von ihrem Mutterboden führt. Dieser Schwund beginnt, wie er S. 30 genauer ausführt, etwa in halber Höhe, an der breitesten Stelle der Papille, woselbst diese matrix spitz zulaufend endigt (Fig. 10). An die Ablösung der innern Wurzelscheide schliesst sich sodann eine Ablösung des Haares von der Papille und ein in die Höhe Steigen desselben in dem Haarbalge.

Dieses in die Höhe Steigen beschreibt Unna S. 51 und 52 genauer von Haaren einer Ovariencyste. Der Balg soll hinter dem Haare zusammenfallen, nur noch einen der sehr langsam atrophirenden Papille aufsitzenden Zellstrang alter Epithelien enthalten und zum grössten Theile aus der sehr stark verdickten homogenen Membran bestehen. Der Zellstrang umfasst (Fig. 18 A Taf. XVII) noch die Papille mit zwei Zinken und setzt sich nach oben, breiter werdend, in den eigentlichen Haarknopf fort „mit deutlicher Trennung von der aussen anliegenden, etwas aufgehellten, Stachelschicht. Er besteht aus den Resten der matrix für Haar und innere Wurzelscheide und liefert noch während des Aufsteigens ein letztes Material der Verhornung". Ueber die Ursache des Aufsteigens äussert Unna sich nicht; mechanische Verhältnisse können im Innern einer Ovariencyste doch kaum eine Rolle spielen. Ueber das weitere Schicksal des Zellstranges, welcher zunächst doch noch eine Verbindung zwischen Haar und Papille herstellt, bemerkt er, dass sich später das untere Ende desselben (Fig. 18 B und C) von der Papille entferne und das obere vom Haarknopfe abschnüre, in Folge des Zusammenfallens des Balges. Erst hiermit wäre also die Abtrennung eine vollständige. Die innere Wurzelscheide soll nun rascher aufsteigen, als das Haar, und „immer mehr Stachelzellen von der Seite her in den Haarschaft hineinstrahlen lassen, wodurch der Haarknopf allmählich das Ansehen eines vollen Besens erhält". Dabei bröckelt sie im Halse des Haarbalges immer ab.

Dieser Process führt aber nach Unna, wenigstens so weit er ihn untersuchte, nicht zur vollständigen Elimination des Haares, sondern dieses bleibt, wenn es mit seinem unteren Ende an eine bestimmte höher gelegene, Stelle des Haarbalges gelangt, worüber weiter unten mehr, sitzen und wächst von hier aus weiter; während dieses in die Höhe Steigens wird auch ein Theil der Stachelschicht mit zum Haarwachsthum verbraucht, welches aber erst an der höher liegenden Stelle, wenn das Haar sich festgesetzt hat, wieder eine bedeutendere Intensität erlangt.

Endlich fand UNNA noch die von NEUMANN in der Haut der Greise beobachtete glasige Aufquellung an den innersten Schichten der Bälge alternder Haare, verbunden mit Schlängelung und Einwärtsbuchtung des Balges in die äussere Wurzelscheide.

Meine Untersuchungen ergeben Folgendes: Der Haarschwund leitet sich ein mit einer Veränderung des Haares selbst, welche darin besteht, dass weitaus in den meisten Fällen zunächst das Pigment in der Haarzwiebel schwindet und das untere Ende des Haares eine streifige Beschaffenheit annimmt. Die streifige Zone geht allmählich über in eine solche, wo sich·längliche Zellen mit Kernen finden und an diese schliessen sich dann die auf der Papille befindlichen, dem rete Malpighii entsprechenden, jungen Epithelien an. Die innere Wurzelscheide hört als solche etwas über der Gegend auf, zu existiren, wo die länglichen Zellen anfangen; ihr Keimlager schwindet indessen nicht, wie UNNA annimmt, sondern verschmälert sich nur und vereinigt sich seitlich einerseits mit der die Fortsetzung der äusseren Wurzelscheide darstellenden einfachen Reihe kleiner Zellen und andererseits mit dem Keimlager des Haares.

Wie das Haar bei seiner Entwicklung sich von seinen Scheiden dadurch differenzirt, dass ein ungleichmässiges Wachsthum in den verschiedenen Theilen des ursprünglich durchweg gleichartigen Epithelcylinders eintritt, so möchte ich den Beginn des Haarschwundes darin suchen, dass die Wachsthumsenergie·in Allem, was von dem primären Epithelkegel stammt, von unten anfangend, wieder eine gleich starke, resp. gleich schwache, wird, und dadurch das Haar mit seinen Wurzelscheiden von unten herauf wieder verschmilzt.

Die ganze die Papille umkleidende Epithelkappe beginnt gleichzeitig, sich zu verkleinern, zu atrophiren; die. Papille selbst bleibt zunächst vollständig intakt, höchstens ihre Grösse vermindert sich. Die Form bleibt unverändert, man findet zugespitzte Papillen unter Haaren, welche diesen Anfang von Veränderung zeigen, ebenso häufig, wie unter ganz normalen Haaren. In der Verlängerung des Haares gegen die Papille und deren nächste Umgebung hin findet man jetzt alle·Uebergangsformen der Verhornung. Meine· Fig. 1 stellt an den beiden in ihrer ganzen Länge in den Schnitt gefallenen Haaren (a und b) den Beginn des Haarschwundes von der Kopfhaut eines 12jährigen Knaben, meine Fig. 15 (Taf. XVII) denselben von der Bauchhaut eines Ochsen dar. Die Vergleichung der Fig. 15 mit der ein auf der Höhe der Entwicklung stehendes Ochsenhaar zeigenden Fig. 14

(Taf. XVII) wird die beim Beginne des Haarschwundes eintretenden Veränderungen am besten klar machen.

Im weitern Verlaufe entfernt sich das Haar von der Papille. Während in meiner Fig. 1 der die Verlängerung des Haares und seiner Scheiden bildende Epithelcylinder bis in den Grund des Haarbalges hinein denselben Umfang behält, erleidet derselbe in der von der Kopfhaut eines 6jährigen Mädchens stammenden Fig. 7 (ebenso wie in Fig. 16) dicht über der Papille eine Einschnürung. Die eingeschnürte Stelle besteht aus weichen, noch nicht verhornten, Zellen, welche sich nach unten in das rete Malpighii der Haarpapille, nach oben in die zur Bildung des Haares sich vereinigenden verhornenden Zellen fortsetzen. Die Papille ist noch, wenn auch etwas verkleinert, vorhanden; die sie überziehende Epithelkappe ist sehr verschmälert und sind die Zellen derselben, besonders nach ihrem unteren Ende hin, bedeutend verkleinert. Der Haarbalg zeigt in hohem Grade die von UNNA beschriebene glasige Aufquellung seiner innersten Schichten; auf der linken Seite (d) des Haares hat, vermuthlich in Folge des Kämmens, eine feinzackige Ruptur innerhalb der glasigen Zone stattgefunden, so dass ein ganz schmaler Theil derselben noch dem Epithel anhaftet.

Von der Existenz des hier abgebildeten unmittelbaren Zusammenhanges zwischen dem Haare, dem entsprechenden Theile der Schleimschicht und der Papille habe ich mich an weit über hundert Haaren in diesem oder einem nahestehenden Stadium überzeugt. Präparate, welche mit der von GÖTTE geschilderten Ablösung dieser Theile von einander übereinstimmten, erhielt ich dagegen in reichlicher Menge an einer Stelle, an der, wie wohl sonst nirgends am Menschen, die Haare mechanischen Insulten ausgesetzt sind, nämlich aus der unmittelbaren Nähe des Scheitels eines 17jährigen Mädchens, welches nach plötzlich eingetretenem Tode zur Sektion kam. Es fanden sich hier ausser der glasigen Aufquellung der innersten Theile des Haarbalges nirgends Zeichen von beginnender Atrophie. Von etwa 300 Haaren, welche ich untersuchte, zeigte keines die in Figg. 1, 7, 14 (Taf. XVI. XVII) oder den spätern Abbildungen wiedergegebenen atrophischen Veränderungen, dagegen fanden sich öfters quere, scharfe Abtrennungen des Haares von der Papille oder Querrisse in dieser. In mehreren Fällen war die, die Papille überziehende Epithelkappe quer durchgerissen und sass das Haar noch auf der deutlich gedehnten Papille auf; daneben hatten sich öfters Längsrisse in dem glasig gequollenen innersten Theile des Haarbalges gebildet, wie Fig. 7 (Taf. XVI) einen zeigt, nur weiter klaffend, so dass man deutlich die Wirkung des beim Frisiren ausgeübten

Zuges verfolgen konnte. Die Bilder stimmten oft vollständig mit
UNNA's Fig. 8 überein. Weil ich an andern Hautstücken, die ich genau
derselben Art der Präparation unterzog, dieses Verhalten fast niemals,
an dieser Stelle aber, wo eine intra vitam einwirkende Gewalt so
offenkundig ist, sehr häufig fand, halte ich meine Deutung für
wahrscheinlicher, als die UNNA's, welcher den Riss in der glasigen
Schicht auf Rechnung der Präparation und die Ablösung des Haares
von der Papille auf Rechnung des beginnenden Haarschwundes setzt.
Das Vorhandensein des Pigmentes, welches nach meinen Beobachtungen beim Beginne des Haarschwundes fast stets fehlt, spricht ebenfalls für meine Deutung.

Ferner fanden sich hier öfters Haarbälge ohne Haare, welche von
Epithel ausgekleidet waren und an ihrem untern Ende eine von Epithel überzogene Papille trugen. Dieselben waren verengt und kürzer,
als die mit Haaren versehenen Bälge; an die Papille schloss sich
nach unten ein kernreicher Bindegewebsfortsatz, worüber weiter unten.
Abgerissene Haare höher oben im Haarbalge fand ich nicht; die sie
von der Papille, oder zugleich mit dieser, abreissende Gewalt scheint
auch die sofortige gänzliche Elimination zu bewirken.

Ich glaube nicht, dass man alle die beschriebenen, offenbar künstlich erzeugten, Fälle als Stadien des normalen, rein atrophischen,
Haarschwundes ansehen kann, sondern dass diese allein in den in
meinen Figg. 1, 7, 15 u. s. f. (Taf. XVI. XVII) abgebildeten Fällen zu suchen
sind. Die weitere Entwicklung dieses allein als normal zu bezeichnenden Haarschwundes, welcher allein das natürliche Ende des Haarlebens darstellt, ist folgende.

Aus der schmalen eingeschnürten. Stelle der Fig. 7 ist in der
von der Kopfhaut einer 60jährigen Frau stammenden Fig. 8 ein langer
Cylinder geworden, welcher durchweg aus unverhornten Epithelien
besteht und sich auf dieselbe Weise wie der Hals der Fig. 7 nach
unten in das rete Malpighii der Haarpapille, nach oben in das Zellenlager fortsetzt, welches das Haar liefert. Die Papille ist noch immer
vorhanden, die Epithelkappe ist noch mehr verschmälert, die Zellen
sind sehr atrophisch, zeigen aber nichts weniger, als Erscheinungen
von Verhornung. Ebenso besteht der die Papille mit dem Haare
verbindende Fortsatz durchweg aus Zellen der Schleimschicht, welche
hier schon weniger atrophisch sind. Die Dicke dieses Fortsatzes
wechselt sehr; in der vom Ochsen stammenden Fig. 17 (Taf. XVII) ist
derselbe sehr dick, in der Kopfhaut des Menschen fand ich ihn oft
ganz dünn, scheinbar nur aus einer Zellenreihe bestehend. Die ihm
zugehörigen verhornten Zellen, soweit solche überhaupt noch geliefert

werden, sind in dem seiner Verlängerung entsprechenden Theile des
Haares zu suchen.

Das Haar ist jetzt allerdings von seiner Papille entfernt, aber es
hängt doch noch durch eine continuirliche Reihenfolge von Zellen,
welche niemals unterbrochen gewesen ist, mit derselben zusammen.
Ausserdem hat es aber noch neue Verbindungen eingegangen, indem
von dem obern Ende jenes Epithelcylinders aus eine Strecke weit die
frühere äussere Wurzelscheide jetzt ihre nunmehr verhornenden Zellen
in radiären Richtungen, die untersten nach oben, dann horizontal und
die am obern Ende dieser Strecke gelegenen Zellen nach abwärts, wie
es meine Fig. 8 darstellt, zusammentreten und in das Haar übergehen
lässt. Das Haar wächst jetzt nicht mehr, wie das auf der Höhe
seiner Entwicklung stehende Haar, ausschliesslich durch Wucherung
und Verhornung von Zellen des rete Malpighii einer Haarpapille,
sondern durch denselben Vorgang seitens einer bestimmten Strecke
des Haarbalges, und zwar einer Strecke, welche wandert. Anfangs
besteht sie aus der Papille und deren nächster Umgebung (Fig. 1
und 14); dann tritt die Papille und deren Umgebung mehr in den
Hintergrund und nehmen dafür höher gelegene Theile der äussern
Wurzelscheide an dem Wachsthum des Haares Theil (Fig. 7). Dann
treten immer höher gelegene Theile der äussern Wurzelscheide in
Thätigkeit, während die tiefern Gegenden von der Papille an immer
mehr zurücktreten, in Folge einer unten beginnenden und sich
immer weiter nach oben verbreitenden Atrophie. Es entsteht dadurch ganz das Bild, als ob das Haar durch eine von unten nach
oben fortschreitende Contraction des Haarbalges in die Höhe geschoben würde, wie das auch Wertheim[1]) und Bisiadecki[2]) annehmen,
ohne dass aber eine solche Annahme nöthig wäre. Ein schiebendes
Moment scheint mir hier, wie beim normalen Haarwachsthum, nur
in der Apposition seitens des Keimlagers zu liegen; diese bewirkt ein
absolutes in die Höhe Rücken des Haares, wie es sonst auch geschieht, nur unterscheidet sich der hier apponirte Theil etwas von
der gewöhnlichen Haarsubstanz: er entbehrt des Markes und gleicht
mehr dem Gewebe des Nagels (Unna S. 44). Ganz verschieden davon
ist aber das relative in die Höhe Rücken des Haares, d. h. das
seines untern Endes zur Hautoberfläche. Dieses geschieht durch
das beschriebene Wandern der das Haarwachsthum besorgenden

---

[1]) l. c. S. 311.

[2]) Stricker's Handbuch der Lehre von den Geweben des Menschen und der
Thiere. Bd. I. 1871. S. 612. Fig. 203.

Strecke der äussern Wurzelscheide. Dieses Wandern, welches sich über die äussere Wurzelscheide, wie eine Welle über den Wasserspiegel, fortpflanzt, ist weder eine Folge nachweisbarer mechanischer Einflüsse, wie einer Contraction des Haarbalges, noch übt es einen Einfluss aus auf die Geschwindigkeit, mit der sich das Haar absolut in die Höhe bewegt, weil diese allein von der Wachsthumsintensität an dem Orte abhängt, wo sich das Keimlager befindet.

In der Beschaffenheit des letztern selbst ist keine Bedingung für ein Absterben des Haares gegeben; etwas Anderes ist es aber, ob nicht das beschriebene Wandern desselben zu einem natürlichen Abschlusse des Lebens des Haares führt. Nach oben erreicht das Wandern seine Grenze da, wo die innere Wurzelscheide an die sich eine Strecke weit in den Haarbalg hinein fortsetzende Hornschicht der Epidermis anstösst. Von hier an verhornen die Zellen des rete Malpighii wieder auf die gewöhnliche Weise mit der von UNNA geschilderten Reihenfolge von Stadien. Das Vorrücken des vordern Randes des Keimlagers besteht darin, dass die Zellen der äussern Wurzelscheide, welche, wie das UNNA auseinandersetzt, für die Dauer des Haarlebens nicht verhornen, von unten nach oben wieder unter solche Bedingungen treten, dass der Verhornungsprocess, dessen Produkte hier zu Haarsubstanz werden, in ihnen wieder erregt wird. Das hört natürlich da auf, wo die Verhornung überhaupt nicht unterbrochen gewesen war.

Sobald somit der vordere Rand des Keimlagers unseres atrophirenden Haares sich mit der Epidermis vereinigt hat, hängt das weitere Schicksal desselben allein von dem Verhalten des hintern Randes ab, von der Geschwindigkeit, mit welcher die daselbst eintretende Atrophie sich nach oben fortpflanzt. Theoretisch betrachtet ist zunächst klar, dass auch diese niemals zu einer vollständigen Elimination des Haares führen kann. Selbst, wenn in Fig. 8 die äussere Wurzelscheide bis an das untere Ende der trichterförmigen Einstülpung der Epidermis in einen solchen dünnen Cylinder umgewandelt sein wird, wird das untere Ende des Haares stets mit den in der Verlängerung dieses Cylinders und deren nächster Umgebung liegenden Zellen in einem gewissen Zusammenhang bleiben und einen, wenn auch noch so geringen, Nachwuchs unten erhalten. Ebenso klar ist aber auch, dass es praktisch nie dazu kommen kann, da das Haar, welches ja in Folge seiner Länge so viele Angriffspunkte für äussere mechanische Einwirkungen bietet, lange vorher ausgerissen werden wird; bei irgend längern Haaren würde ja am Ende das blosse Gewicht genügen, sie zu entfernen. Es ist ja aber auch allgemein anerkannt, dass die meisten Haare nicht von selbst ausfallen, sondern bei sich im Haarwechsel befindlichen Thieren durch Reiben, Lecken u. s. f., beim Menschen durch Kämmen und dergl. entfernt werden.

Das nächste, was wir jetzt zu betrachten haben, ist das weitere Schicksal des in Fig. 8 abgebildeten, an seinem unteren Ende die Papille tragenden, Epithelcylinders. Derselbe erleidet zunächst eine von einem Hinaufrücken der Papille begleitete Verkürzung. In der Haut des Ochsen, in welcher die Haare sehr dicht, aber einzeln, stehen und alle ziemlich dieselbe Länge haben, fällt es sofort auf, dass die Papillen der atrophirenden Haare der Hautoberfläche näher liegen, als die der anderen. Die Papille setzt sich dabei nach unten fort in einen in der Verlängerung des Haares liegenden bindegewebigen Fortsatz mit sehr vielen länglichen Kernen, welche mit ihrem Längendurchmesser parallel dem Fortsatze liegen. (Vgl. Fig. 16 und 17.) Dieser Fortsatz ist nicht identisch mit dem WERTHHEIM'schen Haarstengel, welcher aus Fasern der cutis besteht, wenn auch derselbe beides selbst nicht scharf trennt, sondern er entsteht erst jetzt auf folgende Weise. Die Verkürzung des Haarbalges erfolgt nicht durch ein Zusammenwachsen der Wände desselben, sondern, wie das Verhalten der Papille, die sonst ja zuerst verschwinden müsste, zeigt, durch Verkleinerung der inneren Oberfläche, etwa wie eine runde Abscesshöhle oder ein Stück Hautoberfläche vernarbt, nach dem in Fig. 13 dargestellten Schema; dabei entsteht unter der in die Höhe steigenden Papille ein anfangs sehr kernreicher Bindegewebsfortsatz, wie es Figg. 16, 17 (Taf. XVII) und besonders Fig. 10 (Taf. XVI) zeigen.

Ferner beobachtete ich spiralige Drehungen des Fortsatzes. Schon in Fig. 8 zeigt die die Papille überkleidende Epithelkappe eine Andeutung von solchen und in Fig. 9 habe ich von der Kopfhaut eines 10jährigen Knaben eine solche ziemlich regelmässige korkzieherartige Drehung abgebildet.

Im weiteren Verlaufe nimmt der Schwund des Epithelfortsatzes und das ihn begleitende Hinaufrücken der Papille immer mehr zu. In Fig. 10 ist die Papille bis ziemlich nahe an die Einmündungsstelle der Talgdrüsen hinaufgerückt; sie verlängert sich nach unten in einen sehr kernreichen, spitzzulaufenden, bindegewebigen Fortsatz (f); die Kerne verlaufen alle in der Längsrichtung des Fortsatzes, in der Verlängerung der Axe des Haares. Der M. arrector pili inserirt sich in Folge dessen neben und sogar etwas über der Papille an den Bindegewebsfortsatz. Dieser letztere Umstand erscheint mir besonders wichtig, um dem Einwand zu begegnen, dass das Haar überhaupt nicht länger gewesen sei, als es jetzt noch ist; denn an in voller Entwicklung stehenden Haaren inserirt der M. arrector pili sich stets eine bedeutende Strecke oberhalb der Papille. Auch haben Haare von der geringen Länge des in Fig. 10 abgebildeten nie eine so bedeutende Dicke und, sofern sie überhaupt Talgdrüsen besitzen, eine so überwiegende Länge der über diesen gelegenen Strecke des Haarbalges gegenüber dem unterhalb gelegenen Theile. Endlich fand ich öfters unmittelbar neben diesen Grad von Atrophie zeigenden Haaren noch in voller Blüthe stehende, ebenso dicke, Haare, deren Papille in gleicher Tiefe mit dem Ende des Bindegewebsfortsatzes sass.

Nach der Entfernung des Haares, welche also nur durch eine äussere Gewalt geschieht und in den verschiedensten Stadien des Processes eintreten kann, schreitet, sofern nicht wiederum Haarneubildung, worüber später, Platz greift, die Verkleinerung des zurückbleibenden Epithelfortsatzes weiter. Die Papille bleibt oft noch lange erhalten, in anderen Fällen flacht sie sich ab und schwindet auf diese Weise, so dass der Haarbalg jetzt einfach blindsackförmig endigt. Nach der Entfernung des Haares findet man auf der Papille öfter wieder unregelmässige Pigmentanhäufungen, welche sich bisweilen auch weiter nach oben in den Haarbalg hinein fortsetzen; vermuthlich rühren dieselben von einer mit dem Ausreissen verbundenen kleinen Blutung her. Beim Ochsen tritt, wie meine Fig. 17 zeigt, dieses Schwinden der Papille durch Abflachung schon früher ein und sieht man dann oft in dem epithelialen Theile bei einer gewissen Einstellung eine Anordnung der Zellen, wie sie in Fig. 17 e dargestellt ist, welche schliessen lässt, dass sich die Epithelkappe während des Schwindens der Papille durch Nachwachsen von unten her ausfüllt. Dass in diesem Gebilde keine Papille mehr steckt, erkennt man durch Umdrehen der Mikrometerschraube, wobei sich die membrana propria als nach unten convexe Linie unter dem ganzen Epithelfortsatz hin verfolgen lässt.

In Figur 11 (Taf. XVII) ist ein sehr hohes Stadium des Haarschwundes aus einer handtellergrossen, ganz kahlen, Glatze einer 61 jährigen Frau abgebildet. Man sieht hier als Anhängsel der hypertrophischen Talgdrüsen einen soliden Epithelzapfen, welcher an seinem untern Ende eine kleine Papille (a) trägt, an welche sich nach abwärts ein nur in den oberen Partien etwas kernreicherer Bindegewebszug ansetzt. Kerne und Fasern desselben haben die Verlaufsrichtung der Verlängerung des Fortsatzes. Hierin und in der Kernarmuth des Fortsatzes sehe ich einen Beweis dafür, dass es sich hier nicht um ein sich nach dem embryonalen Typus neubildendes Haar handelt, da man in solchen Fällen am unteren Ende des Fortsatzes Kernreichthum und eine der unteren Fläche desselben parallele Richtung der Längsaxen der Kerne findet. Epithelfortsatz und Umgebung tragen alle Zeichen von Senescenz an sich. Der relativ sehr wenig verengte Theil des Haarbalges oberhalb der Einmündungsstelle der Talgdrüsen dient, wie das auch Neumann sah, mit als Ausführungsgang derselben. Den Epithelfortsatz fand ich in anderen Fällen noch kleiner als hier, und bisweilen unter rechtem Winkel zum oberen Theile des Haarbalges oder gar schief nach oben gestellt. Oefter konnte ich keine Spur von ihm finden, so dass er vielleicht ganz schwindet.

In Fig. 12 (Taf. XVII) findet sich in dem kleinen Epithelfortsatze noch ein kleines, von der Papille entferntes, höher oben in der beschriebenen Weise festsitzendes Häärchen. Ganz ebensolche Epithelfortsätze, mit oder ohne atrophirende Häärchen, fand ich auch ohne Talgdrüsen unmittelbar von der Hautoberfläche ausgehend.

In ganz kahlen Glatzen fand ich Züge von glatten Muskelfasern, welche von Bindegewebsbündel zu Bindegewebsbündel zogen und sich oft an Schweiss- und besonders an Talgdrüsen inserirten. Offenbar rühren diese von Haarbalgmuskeln her, welche durch den beschriebenen Process ihre normalen Insertionsstellen verloren haben. Als Uebergang hierzu fand ich Haarbalgmuskeln, welche sich eine ganze Strecke unterhalb des Epithelrestes an den Bindegewebsfortsatz, welcher alsdann oft zur Seite geschoben war, inserirten.

Die Hypertrophie der Talgdrüsen in der Glatze, wo sonst alle Theile der cutis hochgradige Atrophie zeigen, hat auf den ersten Blick etwas Auffallendes. Es handelt sich aber, wie die Kernarmuth der Talgdrüsen zeigt, nicht um eine ächte Hypertrophie, sondern nur um eine Vergrösserung durch Ektasie. Der Grund derselben dürfte in Folgendem zu suchen sein. Hesse (diesen Band dieser Zeitschrift S. 277) machte darauf aufmerksam, dass der M. arrector pili in erschlafftem Zustande die Talgdrüse schleuderartig umfasst, bei seiner Contraction in Folge dessen einen Druck auf dieselbe ausübt und hierdurch zur Entleerung des Sekretes beiträgt. Diese Wirkung ist, da der Muskel die Drüse zwischen seinem Leibe, wohl mehr seiner Sehne, und dem Schafte des Haares comprimirt, nur so lange möglich, als das Haar noch bis zu einer gewissen Tiefe in die cutis hinabragt. Wenn dasselbe im Verlaufe seiner Atrophie in die Höhe gestiegen ist und der Muskel sich nur noch an jenen bindegewebigen Fortsatz inserirt, fällt das die Entleerung des Sekretes unterstützende Moment weg und kann leicht Ektasie durch Sekretstauung eintreten.

IV. Der Haarwechsel.

Heusinger fixirte zuerst die Entwicklung des jungen Haares an den Balg eines alten absterbenden Haares. Die erste genauere Beschreibung des Haarwechsels rührt von Langer [1] her. Derselbe fixirte die Neubildung zuerst an die Papille des alten Haares. Nachdem der Zusammenhang zwischen dem absterbenden Haare und seiner Papille gelöst ist, rückt die letztere, indem der Follikel sich knospenartig verlängert, in die Tiefe. Die Verlängerung sondert sich durch eine kleine Abschnürung von dem obern, das Haar enthaltenden Theile des Balges und bildet mit diesem oft einen stumpfen Winkel. Die neue Haarentwicklung beginnt damit, dass die Papille sich mit einem Aggregat von Pigmentkörnern überkleidet. In diesem Stadium verharrt bei Thieren, welche einen Haarwechsel haben, das Haar den ganzen Winter hindurch und im Frühjahr beginnt die Bildung des Ersatzhaares, indem sich das Körneraggregat spitzig zulaufend verlängert. Während dessen wird die Aussackung des Follikels durch Zurückweichen der Papille immer länger, bis sich das Häärchen bei fernerem Wachsthum an die Seite des alten legt und dessen Ausstossung bewirkt. Schon sehr frühe sah Langer das konische junge Häärchen von einem hellen Hofe, den er als innere Wurzelscheide deutet, umgeben und um welchen herum er noch ein Follikularepithel als äussere Wurzelscheide unterscheidet. Die innere Wurzelscheide ist (S. 5) nicht gleichen Ursprungs mit der äusseren, sondern „ein Produkt des der Papille zunächst liegenden Theiles des Follikulargrundes".

Kölliker giebt folgende Darstellung: Die Papille bleibt an ihrem ursprünglichen Platze. Die über ihr und in den anliegenden Theilen der äusseren Wurzelscheide gelegenen Zellen gerathen in Wucherung und bilden einen Fortsatz, durch welchen das darüber befindliche Haar in die Höhe gedrängt wird; dieses selbst hört dabei auf, zu wachsen, verhornt auch in seinen untersten Theilen, ist gegen den Fortsatz scharf abgegrenzt und verliert nach und nach seine innere Wurzelscheide, wahrscheinlich durch Resorption. Wenn der Fortsatz eine bestimmte Länge erreicht hat, differenzirt er sich ebenso, wie Kölliker das für die primäre Haarbildung annimmt, in das Haar und seine Wurzelscheiden. Ausserdem beobachtete Kölliker noch Haare, deren Zwiebeln neben einem grösseren mehrere (bis auf 4) kleinere Fortsätze

---

[1] Denkschriften der kais. Akad. d. Wissenschaften. Mathem. naturw. Classe. I. Bd. Wien 1850. Abhandlungen von Nichtmitgliedern. S. 1.

besassen, die zum Theil deutlich von der äusseren Wurzelscheide selbst ausgingen.

Steinlin gab hierauf folgende Darstellung: Zuerst stirbt die Papille ab, welche allein den Zusammenhang des Haares mit dem Balge vermittelt und steckt jenes von da an nur noch lose in diesem. In diesem Zustande befindet das Haar sich oft schon lange vor dem Haarwechsel, welcher an Tasthaaren so vor sich geht. Der Haarbalg erleidet eine Verlängerung nach unten, wie daraus hervorgeht, dass er unten nicht mehr gleichmässig oval, sondern mit einer Art Ausstülpung endigt. Ferner rückt die Eintrittsstelle der Nerven und Gefässe um so höher hinauf, je älter das Thier ist. Die äussere Wurzelscheide erfährt dabei entsprechend der Ausstülpung des Haarbalges eine anfangs solide Verlängerung. In dieser bildet sich alsdann eine Höhle, welche mit Epithel ausgekleidet ist (nach den Abbildungen Fig. 1 und 2 ist das offenbar eine seitlich geschnittene Papille): Steinlin hält dieselbe für die Anlage der inneren Wurzelscheide und bezeichnet sie als Keimsack. Im Grunde der äusseren Wurzelscheide erhebt sich jetzt eine neue Papille und stülpt den Keimsack ein; auf ihrer Spitze entwickelt sich das junge Haar, welches anfangs von dem Keimsack überzogen ist und ihn später durchbohrt; durch sein weiteres Wachsthum drängt das junge Haar das alte in die Höhe.

Moll, dessen Arbeit mir im Original nicht zugänglich war, nahm als Beginn des Haarwechsels ebenfalls den Untergang der Papille des alten Haares an, weil der Grund des Absterbens kein anderer sein könne. Als Gründe für die Entwicklung des jungen Haares auf einer neuen Papille führt er an, dass man in wenigen Fällen zwei kräftig wachsende Haare in einem Balge gesehen habe und dass im Grunde des Follikels das junge Haar in der Regel vom alten entfernt liege.

Für die Ansicht, dass das neue Haar nach dem Untergang der alten auf einer neuen Papille entstehe, trat alsdann noch Stieda auf. Nachdem der Haarbalg, wie oben geschildert, in eine einfach blindsackförmige Einstülpung der Cutis umgewandelt ist, beginnt nach Untersuchungen, welche Stieda am Rennthiere anstellte, die Entwicklung des neuenHaares damit, dass vom Reste des Keimlagers des alten Haares aus sich eine stark pigmentirte Zellenwucherung, wie ein Fortsatz, in die Cutis hineinschiebt, einen Theil des Haarbalges vor sich hertreibend. Der rundliche oder halbkugelige Abschnitt der Cutis wird zur Papille des neuen Haares, sein Pigmentüberzug ist die Anlage des Haares und seiner Scheiden. Die anfangs halbkugelige Papille wird allmählich kegelförmig und zugespitzt; während sie in die centrale pigmentirte Anlage hineinwächst, scheidet sich in der umhüllenden Zellenmasse eine innere Abtheilung von Zellen, welche durchsichtig und der Länge nach geordnet sind, von einer äusseren Abtheilung, in welcher die Zellen durch ihre Anordnung eine leichte Querstreifung erzeugen. Betreffs der Weiterentwicklung des jungen Haares verweist STIEDA auf REISSNER und KÖLLIKER.

An STIEDA's Darstellung schloss sich FEYERTAG an.

GÖTTE beobachtete verschiedene Arten des Haarwechsels und erfordert seine Darstellung eine ausführlichere Besprechung. Für das Schaaf und das Schwein nimmt er an, dass die alten Haare gänzlich schwinden und in der Umgebung sich nach dem Typus der embryonalen neue Haare von der Hautoberfläche aus bilden. Solche Haare nennt er ebenso, wie die embryonalen, Primärhaare. Für den Menschen hält er das Vorkommen dieser Art von Haarwechsel auch für möglich, im Allgemeinen soll der Haarwechsel aber auf eine andere Art vor sich gehen, indem sich nämlich nicht sofort neue auf Papillen aufsitzende Haare bilden, sondern eine andere Art von Haaren, die er Schalthaare nennt und in deren Balge sich alsdann auf die zu beschreibende Weise Papillenhaare entwickeln.

Das GÖTTE'sche Schalthaar ist ein Haar, welches nicht auf einer Papille aufsitzt und von dieser aus seinen Nachschub erhält, sondern höher oben mit der äusseren Wurzelscheide in Verbindung steht und von hier aus durch ein radiäres Zusammentreten der Verhornungsprodukte derselben wächst. Unten schliesst sich daran ein solider haarloser Theil des Balges an, welcher schmäler ist und an seinem unteren Ende die Papille trägt (Fig. 44). Man sieht sofort, dass dieses Gebilde, welches KÖLLIKER und WERTHEIM bereits gesehen, GÖTTE aber zuerst richtig gedeutet hat, indem er zuerst den Zusammenhang des Haares mit der äusseren Wurzelscheide und das von hier aus geschehende Wachsthum entdeckte, identisch ist z. B. mit meiner Fig. 8 (Taf. XVI).

Diese Schalthaare entwickeln sich nach GÖTTE beim Menschen auf folgende Weise (S. 296). Zuerst bildet sich ein ebensolcher Epithelfortsatz, wie bei der primären Haarbildung, mit einem breiteren oberen und einem schmäleren unteren Theile, welcher letztere die Papille halb umschliesst (Fig. 16); nur darin besteht eine Abweichung, dass sich kein Fett in dem oberen Theile dieses Gebildes findet. Dann schwillt eine etwa in der Mitte gelegene Stelle dieses Fortsatzes an, die verlängerten Zellen wachsen schräg nach innen in die Höhe, der Axe der Anlage zu, und vereinigen sich von allen Seiten her zu einem faserigen Strange, welcher bald die Oberfläche der Haut erreicht. Dann verschmelzen die Elemente desselben und verhornen vollends zu einem

26*

anfangs noch spiralig gewundenen und noch ungleichmässigen, endlich aber geradezu cylindrischen Schafte (Fig. 19). In dem Keimbette hat sich unterdessen als Wurzel des Faserstranges ein helles, aber unklares, Centrum geschieden, in welches die solide Verschmelzung der aufsteigenden Fasern zunächst mit einer dünnen Spitze hineinragt, bald aber über jenes ganze Centrum sich erstreckt, so dass es zu einem hornigen Kolben wird, dessen Peripherie mit radiären Ausläufern besetzt ist, welche in der Nähe des Schaftes bogenförmig nach oben, in der Mitte des Kolbens beiläufig horizontal, weiter nach abwärts allmählich in die senkrechte Richtung übergehend, verlaufen (Fig. 44. Vgl. meine Fig. 8).

Bilder, wie sie Götte als Entwicklungsstadien des Schalthaares beschreibt, habe ich auch gesehen. Seiner Beschreibung möchte ich nur eins hinzufügen, nämlich dass, soweit ich sah, dieselben sich stets in einen Bindegewebsstrang fortsetzen, dessen Kerne in der Verlängerung derselben liegen. Der in meiner Fig. 7 neben der Talgdrüse abgebildete Fortsatz entspricht einem sehr frühen Entwicklungsstadium des Schalthaares. Ich möchte aber die Entwicklungsreihe des Götte'schen Schalthaares umkehren, sie nicht als eine solche ansehen, die zu Götte's Fig. 44 führt, sondern, wie ich diese als ein bestimmtes Stadium des Haarschwundes betrachte, so jene als ganz späte Stadien desselben ansehen. Ich glaube, dass Götte zu der wiedergegebenen Deutung seiner ausserordentlich scharfsinnigen Beobachtungen nicht gelangt wäre, wenn er die späteren Stadien des Haarschwundes mit in den Bereich seiner Untersuchung gezogen hätte.

Das Leben des Haares beginnt und endigt mit Formen, welche eine gewisse Aehnlichkeit haben, da sie beide solide Epithelfortsätze darstellen. Die Unterscheidung ist, so lange die Merkmale zwischen wachsendem und atrophirendem Epithel noch so wenig sicher constatirt sind, in dem Verhalten der Umgebung zu suchen. In der Umgebung des wachsenden Fortsatzes findet man junge kernreiche Bindesubstanz, deren spindelförmige Zellen der Oberfläche des Epithelcylinders parallel liegen, da sie durch das Wachsthum derselben gedehnt werden; ferner fehlt in so frühen Entwicklungsstadien noch die Papille. In der Umgebung des nach dem Ausfallen des Haares schrumpfenden Epithelcylinders findet man vernarbendes Bindegewebe und eine atrophische Papille.

Interessant ist die Bemerkung Götte's, dass er selbst bei Negern die Schalthaare in der Regel ungefärbt fand, während die im Grunde des Balges derselben sich neubildenden Sekundärhaare, worauf ich gleich näher eingehen werde, sofort bei ihrer Entstehung reichliches Pigment aufnehmen.

In den Haarbälgen, in welchen sich Schalthaare finden, entwickeln sich nach GÖTTE nach einer bestimmten Zeit Papillenhaare, die er im Gegensatz zu den ohne vorausgehende Schalthaarbildung entstehenden Primärhaaren Sekundärhaare nennt. Der Zeitpunkt ihrer Entwicklung scheint allein von der Papille abzuhängen, wobei man sich dessen erinnere, was, wie oben berichtet, GÖTTE über die muthmasslichen Ursachen der gesteigerten Thätigkeit derselben anführte. Es treten in dem die Papille tragenden Anhange des Schalthaares Vorgänge ein, welche durchaus denen bei der primären Haarbildung analog sind, so dass ich hier nicht weiter darauf einzugehen brauche. Erwähnen muss ich nur noch, dass GÖTTE sich gegenüber LANGER beim Reh durch Messungen überzeugte (S. 307), dass hier während dieses Processes die Papille nicht in die Tiefe rückt.

· GÖTTE beschreibt alle die erwähnten Verhältnisse sehr genau vom Reh (S. 304). Auf dieses Gebiet konnte ich ihm bis jetzt nicht in genügender Weise folgen; ich habe erst ein Anfangs Oktober getödtetes Reh untersucht, in dessen Bauchhaut ich neben unverändert auf der Papille aufsitzenden Haaren, welche sehr häufig die von GÖTTE geschilderte Verschmälerung nach der Papille hin zeigten, die verschiedensten Stadien von Atrophie der Haare fand, wie ich sie oben vom Menschen und Ochsen schilderte; ausserdem sah ich öfters Haarbälge ohne Haare, welche geschlängelt und gefaltet verliefen, verengt waren und unten deutlich die Papille zeigten, an welche sich ein kernreicher Faserzug anschloss. Von Haarneubildung konnte ich, weder von primärer, von der Oberfläche der Haut ausgehender, noch von sekundärer, in einem Haarbalge, etwas erkennen; ganz frühe und späte Stadien des Haarschwundes habe ich nicht finden können. Jedenfalls dürfte durch meine andern Beobachtungen die Ansicht GÖTTE's, dass im erwachsenen Thiere eine Haarneubildung unabhängig von alten Haarbälgen, direkt von der Oberhaut ausgehend, vorkomme, sehr in Frage gestellt sein.

Das GÖTTE'sche Schalthaar wurde in neuester Zeit durch UNNA einer genauern Untersuchung unterworfen. Derselbe constatirte zunächst, dass es Schalthaare giebt, welche oberhalb der Stelle, wo das Haar mit der äusseren Wurzelscheide zusammenhängt, eine innere Wurzelscheide besitzen. Ferner fand er, dass auch manche Schalthaare in einer bestimmten Entfernung oberhalb dieser Stelle markhaltig sind, wie Papillenhaare. Hierdurch gelangte er zu der Ansicht, dass der Schaft des Schalthaares vorher einmal der Schaft eines Papillenhaares gewesen sei, dass das Schalthaar sich nicht, wie GÖTTE

meint, selbständig als solches, sondern aus einem Papillenhaare entwickle. Diese Umwandlung des Papillenhaares in ein Schalthaar denkt
Unna sich nun folgendermassen. Er beobachtete zunächst, dass die
äussere Wurzelscheide ganz verschiedener Haare nicht einen einfachen,
überall gleich dicken, Cylinder darstellt, sondern schon in frühen Entwicklungsstadien verschiedene Anschwellungen zeigt; von diesen fiel
ihm besonders eine, nahe unter der Talgdrüseneinmündung gelegene,
durch ihr frühzeitiges Auftreten und ihre Beständigkeit auf. Während
von drei Anschwellungen, welche er an Haaranlagen aus den Augenbrauen eines 14 wöchentlichen Fötus beobachtete (Fig. 22), eine, die
zu oberst gelegene, sich ihm als eine inconstante und vergängliche
Bildung erwies und er eine andere, darunter gelegene, als Anlage der
Talgdrüse erkannte (diese würde meiner Fig. 4 c. entsprechen), fand
er noch weiter abwärts gelegen eine dritte Anschwellung (Fig. 22 und
23 wst′, meine Fig. 4 e), welche sich bei dem späteren Wachsthume
nicht wesentlich änderte, sondern als solche persistirte (Fig. 24 wst,
meine Fig. 6 e). Da er ausserdem den Zusammenhang des Haares mit
der äusseren Wurzelscheide, wie er sich bei dem Götte'schen Schalthaare findet, nur an der einen, dieser Anschwellung entsprechenden,
Stelle beobachtete, brachte er diese beiden Dinge, die Anschwellung
und das Götte'sche Schalthaar, mit einander in Verbindung und dachte
sich die Entwicklung des letzteren auf folgende Weise. Ein so, wie
ich es beim Haarschwunde als Unna's Ansicht referirt habe, von der
Papille abgelöstes und im Haarbalge aufsteigendes Haar soll, wenn es
mit seinem unteren Ende in den Bereich dieser Stelle kommt, von
hier aus einen sich ihm unmittelbar anschliessenden Nachschub erhalten, von neuem mit dem rete Malpighii des Haarbalges in Verbindung treten und abermals wachsen, also nach eingetretenem Absterben in einem neuen Lebensstadium wiederaufleben. Wegen dieser,
schon frühzeitig präformirten Bedeutung dieser Stelle für das Haar-
leben belegte Unna sie mit dem Namen „Haarbeet", nannte er das von
dieser Stelle aufgenommene Haar „Beethaar" und unterschied er in
Folge dessen zwischen einem Papillenstadium und einem Beetstadium
des Haarlebens. Meine Untersuchungen hierüber ergaben nun Folgendes: Zunächst muss ich die Existenz des Unna'schen Haarbeetes
genau so, wie er es beschreibt, bestätigen. Ich beobachtete es sogar
in einer noch früheren Zeit, als sie Unna's Fig. 22 entspricht; in
meiner Fig. 4 ist von einer Differenzirung des Haares noch nichts zu
bemerken. Ich fand aber, was Unna nicht gesehen hat, gleichzeitig,
dass diese Anschwellung der Insertionsstelle des M. arrector pili entspricht, welcher auch in der meiner Fig. 4 entsprechenden frühen Zeit

bereits angelegt ist (Fig. 4 f. vgl. auch Fig. 6 e.). Ich neige deshalb
dazu, diese Anschwellung mit der einen Zug ausübenden Action dieses
Muskels in Verbindung zu bringen, Ferner beobachtete ich, wie oben
beim Haarschwunde auseinandergesetzt, den Zusammenhang des Haares
mit der äusseren Wurzelscheide nicht nur entsprechend dem UNNA'schen
Haarbeete, sondern auch an allen möglichen anderen Stellen zwischen
Papille und Haarbeet. Ich fand das Haar allerdings auch öfters entsprechend dem UNNA'schen Haarbeete festsitzen, fand aber gar keine
Veranlassung, dieser Stelle eine besonders hervorragende Bedeutung
für den in Frage kommenden Process beizulegen. Das UNNA'sche Beethaar ist dasjenige Stadium des Haarschwundes, in welchem das Haar
gerade an der der Insertion des M. arrector pili entsprechenden verdickten Stelle der äusseren Wurzelscheide festsitzt. Die Möglichkeit,
dass dasselbe ausser der von mir geschilderten Entstehungsweise auch
noch auf die von UNNA angenommene entsteht, ist ja zunächst nicht
unbedingt abzuleugnen, eine solche Annahme ist aber bis jetzt durch
keinen Grund gestützt.

Ueber den Haarwechsel äussert UNNA sich folgendermassen. An
den Cilien und den äusseren Haaren der Nase beobachtete er (S. 58)
Fälle, welche er so deutete, dass sich einfach auf der dem Beethaare
unten anhängenden Papille ein junges Haar entwickelt habe (Fig. 17).
Den Beweis, dass es sich hier allein um den intacten alten Balg und
nicht um ein neugebildetes Stück handele oder um eine Verlängerung
des alten Balges, findet er in der Verbreiterung der homogenen Membran, der Ablösung des Epithels von derselben und in der eigenthümlichen Art, wie sich das Epithel mit Karmin färbt. Für den epithelialen Theil hält UNNA es dagegen für möglich, dass dieser ein vom
Haarbeete vorgeschobener Zellfortsatz sei, welcher sich eine neue Papille gebildet habe; doch will er keine sichere Entscheidung treffen.

An den Wollhaaren von der Schnauze des Kalbes fand UNNA Haarbälge, welche unten mit hellen Zellen erfüllt waren und oben ein Beethaar
enthielten. Einige von ihnen besassen ganz kleine, offenbar geschrumpfte,
andere dagegen grössere Papillen mit mächtigen ein- und austretenden
Blutgefässen und mit einem Belage stark rothgefärbter Zellen, die sich
in Gestalt eines kleinen Kegels über die Papille erhoben. Hier stammte
also das Zellenmaterial für das junge Haar entschieden von der Papille,
wenn auch die letztere vielleicht nicht mehr die alte genannt werden
konnte.

Endlich glaubt UNNA, die Angaben von LANGER, STEINLIN und STIEDA
bestätigen zu können, wenn man nur statt des alten, allmählich ganz
verhornenden, Haarkolbens, welchen diese Autoren in den alten Bälgen

voraussetzen, sein Beethaar, und statt der äusseren Scheide sein Haarbeet setzen wolle. Insbesondere der von Götte erhobene Einwand, dass nach diesen Darstellungen das untere Ende des Haares bald in die subcutane Schicht tief hinabsinken müsse, werde so vermieden, weil, wenn das Haarbeet einen produktiven Fortsatz in die Tiefe sende, der Balg alsdann keine grössere Länge anzunehmen brauche, als das ursprüngliche Papillenhaar schon gehabt habe.

Meine Untersuchungen über den Haarwechsel beschränken sich auf den Menschen und den Ochsen. Bei letzterem erhielt ich von der Bauchhaut eines Anfangs Juni getödteten Exemplares eine vollständige Serie, deren einzelne Stadien ich alle vielfach übereinstimmend beobachtet und in den Figg. 14—19 (Taf. XVII) abgebildet habe. In der Bauchhaut des Ochsen liegen die untern Enden der auf der Höhe der Entwicklung stehenden Haare alle ungefähr in gleicher Tiefe; Figg. 14—19 sind so gezeichnet, dass man, wenn man ihre obern Enden in gleiche Höhe bringt, die relative Lage der untern Enden der abgebildeten Haare zu der Ebene erkennt, in welcher die untern Enden der auf der Höhe der Entwicklung stehenden (Fig. 14) sich befinden. Der Haarwechsel beginnt, wie das auch ausser Kölliker alle Autoren annehmen, mit atrophischen Veränderungen. Fig. 14 stellt ein normales Haar des Ochsen dar; Figg. 15, 16 und 17 den Beginn und die Weiterentwicklung des Haarschwundes, von welchem ich hier nur noch einmal die Abflachung und das in die Höhe Steigen der Papille, sowie die Ausbildung des Bindegewebsfortsatzes (f) mit längsgestellten Kernen, in das Gedächtniss zurückrufen möchte. In dem in Fig. 17 dargestellten Stadium oder noch etwas später, beginnt die Entwicklung des jungen Haares, indem die Papille sich wieder senkt und ihre Wölbung wiedererlangt. Fig. 18 unterscheidet sich in folgenden Punkten von Fig. 17. Das alte Haar ist noch mehr in die Höhe gerückt. Während der epitheliale Theil der Fig. 17 nur eine Einschnürung zeigt, nahe unter dem Ende des alten Haares, finden sich in Fig. 18 deren zwei, eine unter dem alten Haare und eine noch weiter unten, dicht unterhalb einer ebensolchen epithelialen Kuppel (e), wie ich sie von Fig. 17 beschrieben habe. Unterhalb derselben findet sich in Fig. 18 ein epithelialer Theil, welcher in Fig. 17 kein Analogon hat, ein solider rundlicher Epithelcylinder, welcher mit seinem untern Ende weit tiefer in die cutis hinabragt, hier knopfförmig angeschwollen ist und in seinem Innern schon einen kleinen Kegel als erste Andeutung des Haares trägt. Ein wichtiger Unterschied liegt ferner in dem Verhalten der bindegewebigen Theile. Der in Fig. 17 zu sehende Bindegewebsfortsatz ist ebenfalls zu sehen, aber geschlängelt (f), als ob er von oben nach unten comprimirt würde, und ausserdem treten um das untere Ende des Epithelzapfens herum neue sehr kernreiche Züge auf, deren Kerne sämmtlich der Oberfläche desselben parallel verlaufen. Die Papille ist in Fig. 18 wieder gewölbt, aber noch sehr klein. In gewissem Sinne kann man hier allerdings von der Neubildung einer Papille reden, wenn man nur die Wölbung als Papille gelten lässt; der eigentliche Körper aber, in welchen sich jede Papille fortsetzt und der sich schon in den frühesten Stadien der Haarentwicklung zeigt, bleibt derselbe. Ferner tritt diese Abflachung niemals primär auf, sondern stets sekundär im weitern Fortgange der Atrophie und erst während des in die Höhe Steigens.

In Fig. 19 ist das junge Haar schon vollständig ausgebildet und ragt mit seiner Spitze neben dem jetzt noch höher hinaufgestiegenen untern Ende des alten Haares in die Höhe, in diesem Falle gestreckt, oft aber gebogen oder gewunden. Unter dem alten Haare findet sich eine massenhafte Anhäufung unverhornten Epithels. Die beiden Einschnürungen, unter dem alten Haare und entsprechend der früheren Lage der Papille, sind wenig ausgeprägt; die epitheliale Kuppe ist hier nicht sichtbar; in andern Fällen dagegen sah ich sie in noch weiter vorgeschrittenen Stadien seitlich neben dem Haare in der äussern Wurzelscheide. Die Papille ist jetzt wieder grösser, wenn sie auch noch nicht ihre vollständige Grösse wiedererlangt hat. Das untere Ende des jüngeren Haares enthält noch kein Pigment; dieses entwickelt sich erst später, nicht, wie viele Autoren annehmen, primär. In der Umgebung des untern Endes des jungen Haares finden sich noch reichliche, der Oberfläche desselben parallel verlaufende, Reihen von Kernen. Jener in der Verlängerung des Haares verlaufende Bindegewebsfortsatz ist noch immer zu sehen, aber stark geschlängelt.[1]

Beim Menschen habe ich den soeben vom Ochsen beschriebenen Modus des Haarwechsels an der Kopfhaut, den Augenbrauen, Cilien und der Lippe beobachtet, nur war der Schwund der Papille nie ein so vollständiger. Besonders schön waren diese Verhältnisse an den Augenbrauen eines neugeborenen Mädchens, in einer sich eben mit

---

[1] Eine hiervon wesentlich abweichende Darstellung des Haarwechsels beim Ochsen habe ich in den Sitzungsberichten der Gesellschaft zur Beförderung der gesammten Naturwissenschaften in Marburg 1876 Nr. 7 veröffentlicht. Dieselbe muss ich jetzt für unrichtig erklären. Der von dem untern Ende der äussern Wurzelscheide ausgehende Epithelfortsatz erwies sich mir später als ein in sehr täuschender Weise darüber liegendes Segment der äussern Wurzelscheide eines andern Haares und das Gebilde, welches ich als alte, allmählich atrophirende, Papille beschrieb, als einfach epitheliale Kuppe (Figg. 17 und 18 e).

Flaumhaaren bedeckenden Glatze eines 49jährigen Mannes und in der Umgebung von mehreren Epithelkrebsen der Lippe zu sehen.

Eine abweichende Form fand ich in der Achselhöhle eines 15jährigen Knaben. Hier gingen von der Stelle, wo das atrophirende Haar mit der äussern Wurzelscheide in Zusammenhang war, mehrere ebensolche solide Epithelzapfen in die Tiefe, wie man sie bei der primären Haarbildung von der Oberhaut ausgehen sieht (Fig. 20 g). Ich besitze dieses Verhalten an zwei einander ganz ähnlichen Präparaten, habe aber in Folge von Mangel an Material noch keine Untersuchungen über die weitere Entwicklung dieser Epithelzapfen anstellen können. Vermuthlich handelt es sich hier um die Entwicklung eines Haarbalges mit mehreren Haaren und dürften die oben erwähnten, von WERTHEIM beschriebenen Fälle vom Mons Veneris wohl spätere Entwicklungsstadien hiervon darstellen.

Meine Präparationsmethode bestand darin, dass ich der Verlaufsrichtung der Haare entsprechend gelegte Schnitte von in Alkohol erhärteter Haut mit Hämatoxylin oder Pikrokarmin färbte, diese Farbstoffe mit Salzsäure in Alkohol oder Glycerin (1:100) fixirte und die Präparate auf die gewöhnliche Weise in Kanadabalsam einschloss.

Erklärung der Abbildungen.

Tafel XVI.

Fig. 1. 3 aus einer gemeinsamen Oeffnung an der Hautoberfläche hervortretende Haare von der Kopfhaut eines 12jährigen Knaben; a und b im Beginne der Atrophie. $^1/_{40}$.

Fig. 2. Haarbalg mit 11 Haaren aus der Rückenhaut eines Hundes. $^1/_{40}$.
a. Talgdrüse.

Fig. 3. 2 Haaranlagen mit einer gemeinsamen Anlage für Papillen, aus der Kopfhaut eines Schaffötus.
c. Anlage der Talgdrüsen.
d. eine sekundäre Haaranlage.

Fig. 4. Haaranlage aus der Kopfhaut über dem Seitenbein eines 18 cm. langen menschlichen Fötus. $^1/_{150}$.
b. Die sich eben entwickelnde Papille.
c. Talgdrüsenanlage.
d. Sekundäre Haaranlage.

e. Anschwellung entsprechend der Insertion des M. arrector pili (UNNA's Haarwulst).

f. M. arrector pili.

Fig. 5. Entwicklung eines Haarbalges mit mehreren Haaren, aus der Rückenhaut eines beinahe ausgetragenen Hundsfötus. $^1/_{40}$.

Fig. 6. Kopfhaar eines 40 cm. langen menschlichen Fötus. $^1/_{40}$.

b. Papille.

c. Talgdrüse.

d. Sekundärer Haarkeim.

e. Anschwellung an der Insertionsstelle des M. arrector pili.

f. M. arrector pili.

g. Schweissdrüsenanlage.

Fig. 7. Kopfhaar eines sehr atrophischen 6jährigen Mädchens; Weiterentwicklung des Haarschwundes. $^1/_{60}$.

a. Papille.

b. Aeussere Wurzelscheide.

c. Innere Wurzelscheide.

d. Ein Riss in der verdickten homogenen Membran.

Fig. 8. Kopfhaar einer 60jährigen Frau; späteres Stadium des Haarschwundes. (GÖTTE's Schalthaar.) $^1/_{60}$.

a. Papille.

b. Aeussere Wurzelscheide.

c. Innere Wurzelscheide.

Fig. 9. Kopfhaar eines 10jährigen Knaben. Korkzieherartige Drehung des Epithelfortsatzes. $^1/_{60}$.

a. Papille.

b. Aeussere Wurzelscheide.

c. Innere Wurzelscheide.

Fig. 10. Kopfhaar eines 49jährigen Mannes aus der Nähe einer Glatze. $^1/_{40}$.

a. Papille.

b. Talgdrüse.

c. M. arrector pili.

f. Bindegewebsfortsatz.

Tafel XVII.

Fig. 11. Ganz spätes Stadium des Haarschwundes aus der Glatze einer 53jährigen Frau. $^1/_{150}$.

a. Papille.

b. Talgdrüse.

f. Bindegewebsfortsatz.

Fig. 12. Wollhaar von der Glatze eines 49jährigen Mannes, im Zustande von Atrophie. $^1/_{150}$.

a. Papille.

b. Talgdrüse.

f. Bindegewebsfortsatz.

Fig. 13. Schema des in die Höhe Steigens der Papille beim Haarschwunde.

Fig. 14—19. Der Haarwechsel des Ochsen. $^1/_{60}$.

a. Papille.

b. Aeussere Wurzelscheide.

c. Innere Wurzelscheide.

d. Haarkolben.

e. Epithelkuppe von der Stelle, wo sich früher die Papille befand.

f. Bindegewebsfortsatz.

Diese Figuren sollten eigentlich so in der Reihe nebeneinander stehen, dass ihre oberen Enden sich in gleicher Höhe befänden, um die relative Lage der einzelnen Theile zur Hautoberfläche zu demonstriren.

Fig. 20. Wollhaar aus der Achselhöhle eines 15jährigen Knaben. $^1/_{150}$.

a. Papille.

b. Aeussere Wurzelscheide.

c. Innere Wurzelscheide.

d. Haarkolben.

g. Epithelfortsätze (Haaranlagen).

XXVI.

Bericht über die anatomische Anstalt in Leipzig.

Von

Wilhelm His.

(Hierzu Tafel XVIII u. XIX.)

Mit Schluss dieses Wintersemesters vollendet die neue anatomische Anstalt in Leipzig ihr zweites Betriebsjahr. In dieser Frist ist es möglich gewesen zu beurtheilen, inwieweit deren Einrichtungen den an sie zu stellenden Anforderungen genügen und so scheint mir der Zeitpunkt gekommen, um den Fachgenossen einen kurzen Bericht darüber mitzutheilen. Die Frage von der Einrichtung und dem Betrieb einer derartigen Anstalt hängt mit der Frage von der Methodik des Unterrichtes innig zusammen und diese kann durch die öffentliche Discussion sicherlich nur gewinnen. Anweisungen zur Darstellung aller denkbaren anatomischen und histologischen Spezialverhältnisse werden Jahr für Jahr bis ins kleinlichste Detail publicirt. Wie aber die schwierige Aufgabe zu lösen sei, grössere Mengen junger Männer innerhalb vorgeschriebener Frist wirksam in eine, durchaus auf Anschauung beruhende Wissenschaft einzuführen, darüber kann man sich weder in Büchern noch in Zeitschriften Raths erholen. Ein Jeder der jener Aufgabe gegenüber gestellt wird, der hat, sofern er nicht das Glück guter Traditionen besitzt, seine Schule von vorn anzufangen, und, ohne auf gemeinsame Erfahrung sich stützen zu können, muss er zusehen, wie er von sich aus der Schwierigkeiten Herr wird.

Ich habe übrigens noch ein persönliches Motiv zur öffentlichen Berichterstattung: In grossartigster Weise hat die königl. sächsische Regierung die Mittel zur Erbauung und Einrichtung der Anstalt bewilligt, und indem sie eine den Anforderungen der Wissenschaft entsprechende Schöpfung verlangte, hat sie die Ausführung ihres Verlangens durch keinerlei beschränkende Nebenbedingungen eingeengt. Der von ihr bestellte Architekt Herr GUSTAV MÜLLER, über eine

ausgedehnte Erfahrung gebietend und speciell auch in wissenschaftlichen Bauten bewährt, hat sich der ihm gestellten Aufgabe mit
grösster Hingebung unterzogen, und eine nicht genug zu rühmende
Einsicht gerade darin an den Tag gelegt, dass er im Grossen, wie im
Kleinen die Bedürfnisse der Anstalt allen andern Rücksichten voran-
gestellt hat.   So sind die äussern Bedingungen für das Zustandekommen eines zweckmässigen Baues ungewöhnlich günstige gewesen
und auf meine Rechnung hätte ich es zu nehmen, falls das angestrebte
Ziel nicht wirklich erreicht worden wäre.

Ich gedenke in diesem Berichte offen hervorzuheben, welche von
den getroffenen Einrichtungen sich bewährt haben, welche als überflüssig, oder als verfehlt anzusehen sind. Die Eröffnungsrede lasse ich
vorausgehn, weil sie eine Art von Programm darstellt, an das sich
die weitern Auseinandersetzungen sachgemäss anfügen.

Eröffnungsrede gehalten den 26. April 1875.

H. A. Es sind nun etwas über 40 Jahre her, da sah sich die
Leipziger medicinische Facultät durch äussere Gründe veranlasst, über
den Stand der damaligen wissenschaftlichen Anstalten in einer kleinen
Druckschrift Bericht zu erstatten[1]). Bescheidene Institutskeime werden
uns da vorgeführt. Nur andeutungsweise verlautet die Wünschbarkeit
eines physikalischen Laboratoriums. Ein öffentliches chemisches Laboratorium, mit 100 Thalern Jahreszuschuss ausgestattet, besteht nur für
technische Chemie, der Professor der allgemeinen Chemie ist darauf
angewiesen aus seinem Gehalte von 200 Thalern ein Privatlaboratorium
zu miethen und zu unterhalten. — Ebenso mager lauten die Berichte
über den Stand der naturwissenschaftlichen Sammlungen und über die
Mittel zur Mehrung der medicinischen Bibliothek.

Ueber die anatomische Anstalt wird uns mitgetheilt, dass sie aus
einer Etage nebst Dachetage in einem kleinen Hause besteht. Ein
grosser unheizbarer Saal dient als Sammlungs- und als Vorlesungs-
raum, und im Winter werden in einem und demselben Zimmer die
Vorlesungen und die Präparirübungen abgehalten. Für die Reinlichkeit der Anstalt kann nur durch herbeigetragenes Wasser gesorgt, und
zur Belästigung der Nachbarschaft müssen auch alle Abwässer in Gefässen nach Aussen hin fortgetragen werden.

Heute, meine verehrten Anwesenden, befinden wir uns am Eingange einer Strasse, in welcher ein grossartiges Gebäude auf das an-

---

[1]) Ueber die Bedürfnisse und Mittel der Universität Leipzig mit vorzüglicher
Berücksichtigung des medicinischen Lehrfaches. Leipzig 1833, gedr. bei Staritz.

dere folgt, deren jedes einer besonderen Seite wissenschaftlichen Unterrichts und wissenschaftlicher Arbeit gewidmet ist. Wir finden uns inmitten eines umfänglichen Baues, welcher für den anatomischen Unterricht bestimmt, allein an überirdischen Räumen gegen 40 enthält. Helles Licht strömt uns durch lange Fensterreihen, reichliches Wasser aus allen Wänden entgegen, und die viel besprochene Esse an der Nürnbergerstrasse bietet Gewähr dafür, dass in jeder Jahreszeit für genügende Durchlüftung und Durchwärmung des Gebäudes gesorgt sei.

Der weitherzige Sinn, welchen die Regierung S. verstorbenen Majestät des Königs Johann dem Unterrichte, sowie der Pflege der Wissenschaften und Künste entgegengebracht hat, jener Sinn, welchem auch S. Majestät König Albert treu geblieben ist, und an dessen Segnungen die Universität Leipzig einen so reichen Theil hat, er hat sich von neuem bewährt bei Errichtung der Anstalt, welche heute dem Gebrauche übergeben wird.

Der lebhaften Beistimmung aller Universitätsgenossen glaube ich daher gewiss zu sein, wenn ich vor Allem den wärmsten Dank an die hohe Regierung ausspreche, von welcher die Schöpfung ausgegangen ist, sowie den Dank an die hohen Stände, welche deren Entstehung möglich gemacht haben.

Erlauben Sie mir, dass ich Ihnen mit wenigen Worten die Geschichte der jungen Anstalt vorführe und dass ich im Anschluss daran, Ihnen auseinandersetze, von welchen Gesichtspunkten aus die Anlage des Baues erfolgt ist.

Jene primitiven Zustände, von deren Existenz in dem alten Locale Sie soeben vernommen haben, haben in der Folge durch einen im Jahre 1858 erfolgten Umbau eine gewisse Verbesserung gefunden. Eingeschlossen zwischen andern Gebäuden konnte das alte Haus allerdings nur nach oben hin, durch Aufbau neuer Stockwerke erweitert werden, und auch die neuen Räume entbehrten grossentheils des erwünschten Lichtes und der nöthigen Luft.

Aus den engen und dunkeln Räumen heraus sind jedoch durch Decennien hindurch leuchtende Gedanken ausgegangen und grosse Gebiete anatomisch-physiologischen Wissens verdanken ihren heutigen Grad von Klarheit dem edlen Brüderpaare, welches jene Räume so lange, man darf wohl sagen, beseelt hat. Unter den Bedingungen geistiger Arbeit treten die äusseren nur in späte Linie und wir, die wir die neue glänzende Anstalt beziehen dürfen, würden schlecht mit unserer Rechnung bestehen, wollte man eben nach dem Maassstabe der äusseren Bedingungen unsere kommenden Leistungen messen.

Am 26. April 1869 (heute vor 6 Jahren) wurde die neue, seitdem schon so segensreich gewordene physiologische Anstalt eingeweiht, und schon am 28. April desselben Jahres erfolgte Seitens seiner Exc. des Ministers von Falkenstein eine Verordnung an die Facultät, worin der Wille der hohen Regierung ausgesprochen wurde, die bisherige unzweckmässig liegende Anatomie zu Gunsten der Bibliothek aufzugeben und in der Nähe der übrigen medicinischen Institute eine neue, den Anforderungen der Wissenschaft entsprechende Anstalt zu errichten.

Die nächsten Jahre wurden mit Entwerfung von Bauplänen verbracht, wobei der Gedanke massgebend war, die Anatomie mit der Zoologie in einem gemeinsamen Gebäude zu verbinden. Eine Reihe, theils mehr, theils minder eingehend durcharbeiteter Pläne, die in den Archiven des Rentamtes aufbewahrt werden, legen Zeugniss davon ab, mit welchem Eifer die Facultät den ihr vorgelegten Gedanken erfasst hat, zugleich aber auch davon, welche Schwierigkeiten sie gefunden hat, zwei in ihren Anforderungen so selbstständig dastehende Anstalten unter einem Dache zu vereinigen. Nachdem sich vor drei Jahren, gleich nach meiner Hieherberufung Gelegenheit ergeben hatte, Ihren Excellenzen den Herren Minister Dr. von Gerber und Geheimen Rath Dr. Hübel diese Schwierigkeiten vorzutragen, erfolgte, dank deren stets bereiter Fürsorge um Leipzigs wissenschaftliches Gedeihen, die Verordnung, welche den Bau der gegenwärtigen rein anatomischen Anstalt anbefahl.

Auf Grund der damals dem hohen Ministerium vorgelegten Skizzen fand nun die Ausführung der Pläne statt und in ununterbrochener Reihenfolge schloss sich daran diejenige des Baues selbst. Unter den vorübergehenden Schwierigkeiten waren die wichtigsten wohl die, welche sich aus der enorm raschen Steigerung der Baupreise im Winter 1872/3 ergeben haben. Es wurde dadurch eine völlige Umarbeitung der vorangegangenen Berechnungen und eine Nachforderung an die hohen Stände erforderlich.

In dieser ganzen Zeit habe ich mich glücklich geschätzt, an der Seite zweier so thätiger und so einsichtsvoller Männer wie der Herren Hofrath Graf und Architekt Müller arbeiten zu dürfen, welche in allen schwierigen Fällen immer wieder Rath und willfährigen Beistand zur Hand gehabt haben. Auch diesen Herren sage ich persönlich, sowie im Namen der Universität den herzlichsten Dank für ihre unausgesetzt wohlwollende Thätigkeit.

Je grossartiger die Mittel sind, welche für die Ausführung eines derartigen Baues beansprucht werden, um so schwerer lastet die Verantwortlichkeit der Anlage und der Einrichtung auf demjenigen, welcher für deren wissenschaftliche Zweckmässigkeit einzustehen hat.

Schon die eine Frage von der wünschbaren räumlichen Ausdehnung der Anstalt musste ja Sache ernster Erwägung sein. Mit der wachsenden Ausdehnung wächst in steigender Proportion die Sorge des äusseren Betriebes, und über eine gewisse Grenze hinaus wird man Gefahr laufen, einen unverhältnissmässigen Aufwand von Mitteln und von Arbeitskraft auf diese Aeusserlichkeiten verwenden zu müssen.

Wo liegt die Grenze zwischen der zu engen, binnen kurzem ungenügend werdenden und der übertrieben ausgedehnten Anlage? Die in Leipzig selbst und anderwärts gemachten Erfahrungen mussten auf das Bestimmteste davor warnen, zu dicht bei der Grenze des augenblicklichen Bedürfnisses stehen zu bleiben, und so wurde als Norm für die verschiedenen Raumberechnungen eine Frequenz der Anstalt von 150 Studirenden mit einem eventuellen Maximum von 200 angenommen. Die Zahl von 150 wurde bei den Vorlesungen bis dahin nicht erreicht, wohl aber bei den praktischen Arbeiten. Das Maximum von 200 hat meines Wissens bis dahin keine deutsche Anstalt erreicht. In einigen der grossen Sammeluniversitäten des Auslandes wird es erheblich überschritten. Die dabei zu Tage tretenden Uebelstände erweisen sich jedoch als sehr schwere [1]).

Ist die Frequenznorm einmal angenommen, so handelt es sich um die Feststellung und Disposition der zu erstellenden Räume. Da ist nun allerdings der individuellen Auffassung ein breiter Spielraum gelassen. Wie in andern Wissenschaften, so pflegen auch in der Anatomie Vertreter desselben Faches ihre Aufgaben in wechselndem Sinne aufzufassen. Dieser concentrirt sich auf die mit unbewaffnetem Auge durchführbare Zerlegung des menschlichen Körpers, jener legt ein Hauptgewicht auf den mikroskopischen Bau der Theile, ein dritter und vierter gravitiren nach Seiten der vergleichenden Anatomie, nach der experimentellen Physiologie, nach der Entwicklungsgeschichte oder nach der ethnographischen Anthropologie. Jede dieser Richtungen aber wird ihre besonderen Anforderungen an die zu schaffende Anstalt stellen. Nun soll allerdings an einer grossen Anstalt einer jeden dieser Richtungen ihr Recht werden, allein das Maass, nach welchem jeder Antheil zu bemessen ist, das ist ja kein fest normirtes. Und sollten wir wirklich dahin gelangen unter unseren heutigen Fachgenossen Einigung über die aufzustellenden Normen zu erzielen, so

---

[1]) Man vergl. das seitdem erschienene Buch TH. BILLROTH's: Ueber das Lehren und Lernen der medic. Wissenschaften. Wien 1875. S. 262 u. f.

würden doch sicherlich in 20 und in 40 Jahren unsere Nachfolger
zur Beantwortung neuer Fragen Hülfsmittel beanspruchen, auf welche
wir heute keinen Bedacht nehmen konnten.

Kann unter solchen Umständen eine, auch nur auf eine Reihe
von Jahrzehnten befriedigende wissenschaftliche Anstalt geschaffen
werden? Ich glaube, dass diese Frage bejaht und verneint werden
kann, je nachdem man sie auf die allgemeine Anlage, oder auf die
speciellen Einrichtungen bezieht. Letztere, selbst mit Einschluss der
Sammlungen, werden immer ein mehr oder minder wechselndes, von der
individuellen Richtung der an der Anstalt arbeitenden Männer und
von den herrschenden wissenschaftlichen Phasen abhängiges Gepräge
tragen. Die allgemeine Anlage aber einer Anstalt muss sich so gestalten lassen, dass sie auf lange Zeiträume hinaus den voraussicht-
lichen Bedürfnissen sich anpasst.

Grundforderung an eine anatomische Anstalt, mag sie eine Richtung verfolgen, welche sie will, werden in alle Jahrhunderte hinaus
gut gebaute, zum Sehen wohl eingerichtete Auditorien und helle,
luftige Arbeitsräume sein. Dass es aber unsern Herrn Architekten
gelungen sei, dieser einen Grundforderung in reichlichem Maasse gerecht zu werden, davon werden Sie sich, wie ich hoffe, bei der nachfolgenden Besichtigung der Anstalt vollauf überzeugen. In dem einen
Punkte der grossen Fenster ist bei uns Luxus getrieben worden, im
Uebrigen aber werden Sie jeglichen, durch die wissenschaftlichen
Zwecke nicht motivirten Aufwand vermissen. Wir sind darin der
vortrefflichen Tradition der Leipziger Institutsbauten gefolgt, welche
den unwesentlichen Aufwand bei Seite lässt, um dem wesentlichen
ein um so volleres Recht zu Theil werden zu lassen.

Unsere Anstalt soll, wie ihre Schwesteranstalten, zwei getrennte
Aufgaben erfüllen, sie soll der wissenschaftlichen Forschung und dem
wissenschaftlichen Unterrichte dienen. Die Forderungen, welche die
wissenschaftliche Forschung stellt, sind weitaus die bescheideneren.
Der Natur der Sache nach kann an einer und derselben Anstalt die
Zahl der als Forscher thätigen Arbeiter stets nur eine mässige sein.
Einige einfache Zimmer, die nöthigen Beobachtungsinstrumente und
das nach Maassgabe der Arbeit meistens besonders zu beschaffende
Beobachtungsmaterial reichen zu jeglicher anatomischen Forschung
aus, das Uebrige müssen die Sinne und der Sinn des Arbeitenden
selbst hinzubringen.

Um so bedeutendere Anforderungen an eine Anstalt stellt der
wissenschaftliche Unterricht und über diesen wichtigen Punkt mag
es mir vergönnt sein, etwas weiter auszuholen.

Das Problem der richtigen ärztlichen Erziehung ist ein brennendes, und Jeder, der in der einen, oder in der andern Weise an dessen Lösung Antheil nimmt, hat wohl schon seine schweren Gedanken darüber gehabt. Wir verlangen vom zukünftigen Arzte, dass er eine durchgreifende humane Bildung besitze. Auf naturwissenschaftlichem Gebiete soll er nicht allein allseitig orientirt sein in Zoologie, Botanik, Mineralogie, Geologie sowie in dem weiten Gebiete der Chemie, sondern er muss, falls er nicht an den allerersten Fundamenten Noth leiden will, sich eine sichere Herrschaft über jene Grundbegriffe zu eigen gemacht haben, auf welchen das Verständniss aller physischen Vorgänge beruht: Eine gediegene mathematisch-physikalische Schulung wird der Mediciner je länger, je weniger entbehren können. Selbstverständlich ist sodann die Nothwendigkeit einer genauen Kenntniss von der Körperorganisation nach ihrem gröberen und feineren Detail, sowie von dem, unserer Einsicht zugänglichen Spiele seiner Lebenserscheinungen. Es müssen dem Mediciner die Veränderungen geläufig sein, welche gröbere und feinere Gebilde des Körpers unter krankmachenden Bedingungen erfahren. Der Zusammenhang dieser Veränderungen mit dem Verlauf der Krankheiten, die Mittel zu deren Erkennung, zur Erkennung ihrer Ursachen und zu ihrer Bekämpfung muss er studirt haben, und, da er ja auch mit den Forderungen der allgemeinen Gesundheitspflege vertraut zu werden hat, so soll er genügende Einsicht in den verwickelten Mechanismus bürgerlichen und socialen Lebens erwerben, um zu erkennen, von wo dem allgemeinen Wohlsein Gefahren drohen, und wie sie zu beseitigen sind.

Neben alle dem hat sich der Mediciner eine Unzahl technischer Fertigkeiten anzueignen: die Technik anatomischer, mikroskopischer, chemischer Untersuchung, die Technik zahlreicher operativer Eingriffe und die täglich anwachsende Menge jener Verfahrungsweisen, welche nöthig sind, um den in der Tiefe liegenden Organen ihre Eigenschaften abzulauschen, oder abzusehen.

Die Zahl der Vorlesungen, Curse und praktischen Uebungen, worin dem angehenden Mediciner diese Kenntnisse und Fähigkeiten beigebracht werden, ist eine ausnehmend grosse. Eine mässige Zählung der absolut nothwendigen und der wünschbaren unter ihnen in unserem dermaligen Lectionscataloge gibt eine Zahl, welche 50 übersteigt. Auch bei der sorgfältigsten Ausnützung seiner Zeit hat der Studirende Mühe im knappen Rahmen der vier vorgeschriebenen Studienjahre sich durch das nothwendigste seines Pensums hindurchzuarbeiten, und nur ausnahmsweise werden sich receptive Capacitäten finden, welche es zur bleibenden Sicherung des während der vier Jahre eingespeicherten Vorrathes bringen.

Mit dem, an sich so erfreulichen Wachsthum unseres allgemeinen Wissensschatzes wächst aber auch die Zahl der zu dessen Darstellung nöthigen Lehrer und die von ihnen zur Mittheilung in Anspruch genommene Zeit. Dies Wachsthum erfolgt stetig und rasch. Wo noch vor wenig Jahrzehnten ein Lehrer ausreichte, da sehen wir heute meistentheils zwei und drei vollauf beschäftigt ihren Gegenstand zu bewältigen. Kaum zu ahnen sind die Dimensionen, welche die Zerspaltung der Fächer in einem halben Jahrhundert kann angenommen haben. Wollen wir auch die alsdann eintretenden Studiensorgen unsern Söhnen und Enkeln überlassen, so bleibt doch immer für uns die Frage bestehn, wie wir unter den heutigen Verhältnissen unseren Schülern das Bestmögliche bieten können?

Das Eine ist klar, dass auch der Bestgeschulte nach Beendigung seiner Studien aufhören muss, auf dem breiten Boden, auf welchem er bis dahin sich bewegt hat, gleichmässig weiter zu schreiten. Er wird sich nach der einen oder nach der anderen Seite hin sein Gebiet auswählen, auf welchem er sicher zu werden und zur vollen Freiheit der Erkenntniss und des Handelns zu gelangen strebt. Jetzt erst beginnt die eigentlich hohe Schule für ihn, und seine Lehrmittel sind von da ab die eigene Beobachtung und die kritische Verwerthung der ihm zugänglichen Litteratur.

Zu beobachten und zu urtheilen das sind die beiden Fähigkeiten, welche der Mediciner als bleibende Errungenschaften aus seiner Studienzeit ins Leben herübernehmen muss, und diese Fähigkeiten sollen sich anschliessen an einen Kern fester, durch selbstständiges Denken zu eigen gemachter Grundanschauungen.

Anatomisches Detail, physiologische Lehren und pathologische Einzelheiten können vergessen werden. Ist aber jener verlangte Kern festsitzender Fundamentalanschauungen und ist das Vermögen selbstständiger Geistesarbeit vorhanden, dann hat es auch keine Noth, jederzeit nach der Richtung weiter zu bauen, die eben das individuelle Entwicklungsbedürfniss des Betreffenden mit sich bringt.

Je breiter unser Unterrichtsstoff wird, um so mehr müssen wir darauf Bedacht nehmen, nicht allein selbst den Stoff in steigendem Maasse zu beherrschen, sondern auch in den Studirenden die Fähigkeiten zu wecken, welche ihn zu dessen eigentlicher Beherrschung zu führen vermögen: die Fähigkeit eigener Beobachtung und die Fähigkeit zu naturwissenschaftlichem Denken.

Diese Fähigkeiten sind keine selbstverständlichen, und bei aller

Anerkennung des hohen Werthes einer gründlichen classischen Bildung auch für die angehenden Naturforscher und Mediciner, kann nicht verkannt werden, dass die aus unseren Gymnasien mitgebrachte Vorbildung nach einer wichtigen Seite geistiger Entwicklung hin eine ungenügende ist.

Das pädagogische Laienurtheil, das sich mir im Verkehr mit den jungen Anfängern von Jahr zu Jahr wieder aufgedrängt hat, geht dahin, dass die rein formalen Operationen mit schulmässig festgeformten Begriffen zu sehr in den Vordergrund treten gegenüber der Entwicklung des Vermögens, frei aus gegebenem Denkstoff sich die eigenen Begriffe zu bilden und diese bei erweiterter Erfahrung aus- und umzuarbeiten. Selbst bei hervorragenden Männern der Wissenschaft lässt sich die Neigung zur rein formalen Bewältigung des Stoffes als Nachwirkung ihrer anerlernten Denkweise häufig noch in sehr bestimmter Weise erkennen, und der Scharfsinn ist immer noch eine verbreitetere Eigenschaft als der von dem Naturforscher und Arzte vor Allem zu erwerbende Scharfblick.

Gleich beim Eintritt in sein Studium empfängt den jungen Mediciner die Anatomie, welche durch ihren eminent positiven Inhalt, sowie durch ihre einfachen klaren Methoden in ganz besonderem Maasse geeignet ist, für ihn zu einer Schule des Beobachtens und des naturwissenschaftlichen Denkens zu werden, und welche in letzterer Hinsicht dem noch weiter führenden Einflusse ihrer Schwesterwissenschaft der Physiologie den Weg ebnet. Die Kenntnisse aber, welche der Studirende von der Anatomie entnimmt, sie sind der Boden, auf welchem durch alle nachfolgenden Stufen des Studiums hindurch immer und immer wieder weiter gebaut wird und je früher und je fester er sich daher jene Kenntniss zu eigen macht, mit um so mehr Sicherheit und Gewinn wird er sich auch durch alle die nachfolgenden Phasen seiner wissenschaftlichen Entwicklung durcharbeiten.

Es ist der Natur der Sache nach klar, dass der anatomische Unterricht an kleineren Anstalten mit sehr viel geringeren Schwierigkeiten zu kämpfen hat als an grösseren. An letzteren müssen daher alle erdenkbaren Unterstützungsmittel herbeigezogen werden, damit der Studirende nicht etwa nur einen geschriebenen Vortrag mit sich nehme, sondern einen gehörigen Betrag von Anschauungen und ein für Auffassung räumlicher Verhältnisse wohl geübtes Auge. Von diesem Gesichtspunkte aus mögen Sie eine Reihe von besonderen Einrichtungen betrachten, welche Ihnen unser Gebäude darbietet, die Einrichtung unseres Auditoriums, die des daranstossenden Demonstrationssaales und anderes mehr.

Um auf die Anordnung des Gebäudes einzugehen, erinnere ich zunächst daran, dass an unserer Anstalt zwei getrennte Abtheilungen vorhanden sind, deren eine, Herrn Prof. Braune unterstellt, ausschliesslich der topographischen Anatomie dient. In gleich durchgreifender Weise ist die Trennung der topographischen Anatomie vom Gesammtfache bis jetzt nur in Leipzig durchgeführt, und sie setzt allerdings jene nahen collegialen Beziehungen zwischen den zwei nebeneinander arbeitenden Vorstehern voraus, deren wir uns hier erfreuen. Im Präparirsaale der topographischen Abtheilung, einem in Leipzig zum ersten Male organisirten Institute, wird den Medicinern späterer Semester, welche nach Anhörung der Kliniken wieder mit ganz anderen Gesichtspunkten an die Anatomie herantreten, mit dem anatomischen Material die Gelegenheit geboten ihre Kenntnisse aufzufrischen und nach klinischen Gesichtspunkten hin zu erweitern.

Die Räume, welche der topographischen Abtheilung zufallen, finden Sie im vorliegenden Plane in der westlichen Hälfte des Erdgeschosses, sie bestehen aus einem kleineren Auditorium, aus einem Zurüste- und Arbeitszimmer für den Professor, aus der Sammlung und der Assistentenwohnung. An letztere stösst ein Examinandenzimmer an. Im Hintergebäude liegt sodann der topographisch-anatomische Präparirsaal und daneben ein Präparirzimmer für den Professor, die übrigen Räume des Erdgeschosses und die erste Etage des Hauptgebäudes fallen der Hauptabtheilung der Anstalt zu. Ausser dem
1) Auditorium mit seinen Nebenräumen sind es:
2) Sääle für die praktischen Uebungen der Studirenden an der Leiche,
3) Grössere Mikroskopirzimmer,
4) Sammlungsräume,
5) Laboratorien für die wissenschaftlichen Arbeiten der Anstaltsangestellten und der vorgerückteren Schüler,
6) Assistentenwohnungen und sonstige Nebenräume,
7) Mechanische und photographische Werkstätte.
Eine Reihe weiterer Räume, nämlich die Wohnungen für das Personal, die Injectionsküchen, die Waschküche, die Vorrathsräume, der Eiskeller und die Leichenkeller sind im Souterrain angebracht, und in einem besondern kleinen Anbau stehen der Dampfkessel und die Ventilationsanlage.

Die allgemeine Gliederung des Baues ist folgende;
Das besondere, der Brüderstrasse zugekehrte Gebäude enthält die sämmtlichen Präparirräume und im Souterrain die Leichenkammern, Injectionsküchen u. s. w.

Für das Präpariren der Studirenden sind bestimmt: der grosse 16 fenstrige Mittelsaal und die 2 Sääle an den Enden des Gebäudes, für dasjenige der Anstaltsangestellten die 3 dazwischen eingeschobenen besondern Zimmer. Von den Endsäälen ist, wie soeben mitgetheilt wurde, der westliche der topographisch-anatomischen Abtheilung zugewiesen, und derselbe dient während des Sommers auch zu den chirurgischen Operationsübungen.

Dadurch, dass das Präparirsaalgebäude weit vom Hauptgebäude abgerückt, durch zwei lange Gänge mit diesem verbunden und einstöckig gemacht wurde, ist es gelungen auch der Rückseite des Hauptgebäudes volles Licht zuzuführen.

Im Hauptgebäude ist an das östliche Ende, als das ruhigere von beiden, der amphitheatralische Hörsaal verlegt worden. Der steile, den Sehlinien der Zuschauer angepasste Aufbau seiner Sitze und die Anbringung der Zugänge in zwei Seitenthürmchen sind dem vorzüglichen Auditorium unseres, leider so früh verstorbenen Collegen Czermak entlehnt, während für die sonstige Anordnung unseres Hörsaales dessen besondere Bestimmung maassgebend gewesen ist.

Im Anschlusse an das Auditorium finden Sie einen, dem östlichen Verbindungsgange entlang laufenden Saal, den Demonstrationssaal. Bei dessen Construction sind wir von der Thatsache ausgegangen, dass es auch im bestgebauten Auditorium unmöglich sei, bei grösserer Zuhörerzahl feinere Objecte zur Anschauung zu bringen. Es sollen daher die Zuhörer zu den Objecten selbst geführt werden, welche, mit passenden schriftlichen oder bildlichen Erläuterungen versehen, im Nebensaale aufgestellt sind. Die im Demonstrationssaale befindliche Terrasse hat den doppelten Zweck: 1) die Demonstrationsreihe zu verdoppeln, 2) solche Gegenstände auf erhöhten Tischen aufzustellen, welche besser in Augenhöhe und von vorn her beleuchtet gesehen werden. Selbstverständlich gewähren die zahlreichen und breiten Fenster dieses Saales auch den Raum für ausgiebige Entfaltung von Mikroskopenreihen.

Ein, nach der Richtung des Hauptgebäudes an das Auditorium stossender Raum dient als Zurüstezimmer für die Vorlesungen, zum Zusammenstellen der Präparate u. s. w. Ausserdem enthält die östliche Erdgeschosshälfte des Hauptgebäudes: das Prosectorszimmer, ein kleines Geschäftszimmer, eine Assistentenwohnung, eine Hausmannsloge und auf der Nordseite die Mikroskopirzimmer.

In der obern Etage sind die Sammlungssääle, die verschiedenen besondern Laboratorien und Werkstätten für Zeichner, Modelleure und Mechaniker, für feinere Injection und für chemische Arbeiten, ferner

die Bibliothek, das Apparatenzimmer und das Arbeitszimmer des Vor-
stehers. Die leichte Verbindung mit den unteren Räumen ist durch
eine kleine Treppe und durch einen Aufzug gesichert.

Von den Räumen im und unter dem Souterrain verdienen der
Eiskeller und die Heiz- und Ventilationsanlage eine besondere Erwähnung. Der Eiskeller liegt unter dem Auditorium und fasst etwa 100
Wagenladungen oder 170 Cubikmeter. Sein Gewölbe reicht indess
nicht bis unter den Fussboden, sondern es ist von diesem durch ein
System zwischen geschobener Kammern getrennt. Es ist hierdurch
der Fussboden vor zu intensiver Abkühlung, der Keller vor Erwärmung
geschützt, und es sind sehr werthvolle kühle Räume gewonnen zur
Aufbewahrung vorhandener anatomischer Vorräthe.

Ein besonders wichtiges Organsystem unserer Anstalt ist die Heiz-
und Ventilationsanlage. Der treibende Mittelpunkt dieses Systems
liegt in dem kleinen Anbau am westlichen Verbindungsgange, hier
finden sich zwei mächtige Dampfkessel von denen aus die Heizröhren
gespeist und zugleich die luftbringende Dampfmaschine getrieben wird.
Weite, der Luftzufuhr dienende Kanäle ziehen sich unter dem ganzen
Gebäude entlang und münden mittelst ihrer Zweigkanäle in die zu
ventilirenden und zu heizenden Räume des Gebäudes ein. Ein von
der Dampfmaschine getriebenes Rad, der sogen. Ventilator, schöpft im
Hofe die frische Luft und treibt sie durch das dazu bestimmte Röhren-
system. Behufs der Heizung aber tritt die Luft bei ihrer Abzweigung
aus den Hauptkanälen in besondere von Dampfspiralen durchzogene
Kammern und von hier aus erst gelangt sie in erwärmtem Zustande
in die Räume des Gebäudes.

Die Einzelheiten der verwickelten Anlage werden diejenigen der
verehrten Anwesenden, welche sich dafür interessiren, in den Zeichnungen dargestellt finden, welche Herr Architekt Müller im Demonstrationssaale aufhängen zu lassen die Gefälligkeit gehabt hat.

Es ist, hochverehrte Anwesende, die Anstalt, zu deren nunmehrigen
Besichtigung ich Sie einlade, nach all ihren äusseren Entwicklungs-
bedingungen sehr reich ausgestattet. An uns, die wir daran zu arbeiten
berufen sind, ist es, dafür zu sorgen, dass das an ihr sich entwickelnde
Leben in einem den günstigen Bedingungen entsprechenden Maasse
sich entfalte. Und so möge denn die neu eröffnete Anstalt eine Stätte
strenger Arbeit werden, zum Nutzen der studirenden Jugend und zum
Frommen der Wissenschaft!

Die allgemeine Disposition des Baues und die wichtigsten Dimensionen seiner Räume. Das Grundstück, welches der anatomischen Anstalt zugewiesen worden ist, bildet ein Trapez mit abgestutzter, spitzer Ecke. Die beiden langen Seiten messen je 73, die kurzen je 62 m., der Winkel, unter dem jene zusammentreffen 75°.[1]) Nach Süden, Westen und Norden ist das Grundstück von Strassen, nach Osten von einer öffentlichen Anlage eingefasst, und da von den beiden die Langseiten einfassenden Strassen die eine, die westlich gelegene Nürnbergerstrasse, von hohen Häusern besetzt ist, war dieselbe von vornherein als Frontlinie des Baues auszuschliessen.

Wie oben schon angedeutet worden ist, so ist es durchaus nöthig, den zu wählenden Dimensionen der Auditorien, Präparirsäle u. s. w. eine bestimmte Frequenznorm zu Grunde zu legen. Die hieraus sich ergebenden Dimensionen jener Haupträume sind weiterhin bestimmend für die übrige Anlage des Baues. Ein Facultätsgutachten vom Jahre 1869 hatte 100—120 Studirende vorgesehen, indess war schon im Winter 1871/72 die Zahl der Präparanten auf 120 gekommen, und da sie während der letzten fünf Winter zwischen 140—160 hin- und hergeschwankt hat (ungerechnet die Theilnehmer an den besonders abgehaltenen sog. „Uebungen für Kliniker"), so ist allerdings die Norm von 150 gerechtfertigt.

Folgende Gruppen von Räumen waren in der Anstalt unterzubringen:

I. für den theoretischen Unterricht ein amphitheatralischer Hörsaal mit wenigstens 150 Sitzplätzen nebst Vorbereitungszimmer und langem vielfenstrigen Demonstrationssaal, dazu noch ein kleines, nicht amphitheatralisches Auditorium.

II. Für die praktischen Arbeiten der Studirenden: genügend grosse Präparirsääle nebst Nebenräumen, Sääle für mikroskopische Arbeiten und ein Zimmer für die Arbeiten der Examinanden.

III. Wissenschaftliche Arbeitsräume für das Anstaltspersonal und Werkstätten für Mechaniker, Zeichner, Photographen u. s. w.

IV. Sammlungssääle.

---

[1]) Die schiefe Gestalt des Grundstückes bildete insofern eine Schwierigkeit für den Bau, als der Rath der Stadt Leipzig anfangs die Concession an die Bedingung knüpfen wollte, dass alle Theile des Gebäudes parallel den umgebenden Strassen verliefen. Diese Forderung war unannehmbar, und es bedurfte wiederholter Eingaben und Unterhandlungen, um die Zurücknahme derselben zu erreichen.

V. Wohnungen für Assistenten und für Diener.

VI. Stallungen, Macerirkammer, Leichenkammer u. s. w.

Zu alle dem kamen die Räume für die topographische Abtheilung, deren Zahl und Ausdehnung nach der Stellung zu bemessen war,
welche diese Abtheilung zur übrigen Anstalt einzunehmen hat. Ueber
diesen Punkt mögen mir einige Worte gestattet sein. An demselben
Tag, an welchem ich meine Ernennung zum Professor der Anatomie
in Leipzig erhielt, ist auch ein Ordinariat für topographische Anatomie geschaffen und meinem nunmehrigen Collegen Braune übertragen worden. Ich habe von dieser Professur erst Kenntniss erhalten,
nachdem sie vollendete Thatsache war, und es handelte sich also darum,
nachträglich die richtigen Grenzen des beiderseitigen Arbeitsfeldes
abzustecken. Vom ersten Augenblicke an haben wir uns geeinigt,
das Princip gemeinsamer Arbeit vor Allem hoch zu halten. Dem
entsprechend ist unser Verhältniss durch die ganze Zeit hindurch ein
ungestört freundschaftliches geblieben. Immerhin sind wir, sowohl
was die Sammlungen, als was die Präparir-Uebungen und die Vorlesungen betrifft, erst nach mehrjährigen Versuchen zu einem geregelten
Modus vivendi gekommen, und ich möchte nicht garantiren, dass das
gleiche Experiment, öfters wiederholt, stets einen gleich guten Erfolg
haben wird. Das Zusammenschieben zweier gleichberechtigter, im
Grunde grossentheils sich deckender Professuren im gleichen Institute
und ihre Anweisung auf dasselbe Material ist als Organisation gefähr-
lich, und kann nur allzu leicht zur Quelle intensiver, das Anstalts-
leben schädigender Conflikte werden.

Ich hatte im Interesse scharfer Competenzscheidung Herrn Prof.
Braune vom Anfang ab vorgeschlagen, eine eigene Sammlung anzu-
legen und einen eigenen Präparirsaal zu führen. Im Laufe dieser vier
Jahre sind wir indess dahin gekommen, die strenge Scheidung sowohl der
Sammlungen, als der Präparirsääle fallen zu lassen, weil die eine wie
die andere sich als undurchführbar erwies. Es liegt in der Natur der
Sache, dass topographische Anatomie, falls sie nicht geradezu von
einem praktischen Chirurgen in Verbindung mit Operationslehre und
pathologischer Anatomie betrieben wird, von der systematischen Anatomie gar nicht zu scheiden ist. Eine systematische Vorlesung ohne
genauen Situs viscerum, ohne eingehende Beschreibung von Leisten-
und Schenkelkanal, oder ohne durchgreifende Berücksichtigung des
Gefässverlaufes ist undenkbar, und was Alles von sogenannter syste-
matischer Anatomie in einer Darstellung der topographischen Platz hat,
das zeigt am schlagendsten das classische Lehrbuch von Luschka,

welches bekanntlich zu allem übrigen Detail die ganze specielle Histologie mitumfasst.

Streng genommen war durch eine Verdoppelung der anatomischen Professur auch eine Verdoppelung der anatomischen Anstalt geboten. Um indess in der Hinsicht nicht zu weit zu gehen, hatten Herr Prof. BRAUNE und ich uns verständigt, dass ausser Arbeitszimmer, Sammlungssaäl und Assistentenwohnung noch ein kleiner, im Sommer dem Operationscurs dienender Präparirsaal und das kleinere der beiden Auditorien speciell der topographischen Abtheilung sollten zugewiesen werden, unter der weiteren Voraussetzung, dass beide Auditorien nach Bedarf von beiden Theilen benutzt werden könnten.

Sämmtliche oben aufgezählte Unterrichts-, Arbeits und Sammlungsräume bedürfen reichlicher Licht- und Luftzufuhr und so war von vornherein von allen Plandispositionen abzusehen, welche engeingeschlossene Höfe oder spitzwinklig zusammenstossende Gebäude voraussetzten. Kein Theil des Baues durfte den andern in seiner Lichtzufuhr beschränken, und ein Hof, falls vorhanden, musste so geräumig sein, dass er dieser Bedingung Genüge leistete. Ferner war es im Interesse der Salubrität und des öffentlichen Anstandes geboten, die Präparirsääle in möglichste Entfernung von der Strasse zu verlegen. Wir sind noch weiter gegangen und haben dieselben auch von dem das Auditorium, die Sammlungen und Laboratorien enthaltenden Hauptgebäude getrennt. Dadurch wurde es nämlich möglich, den in die Tiefe des Grundstückes vorgeschobenen Präparirsäälen von beiden Seiten her Licht zuzuführen, das Hauptgebäude fortdauernd rein zu halten und zugleich dem Auditorium einen mit langer Fensterfläche versehenen Demonstrationssal anzufügen. Der Raum zwischen der Fronte des Präparirsaalgebäudes und der Strasse ist mit Bäumen und Gebüsch angepflanzt.

Naturgemäss ergab sich dann weiterhin die Verlegung möglichst aller auf directen Leichenverkehr Bezug habenden Räume in das Souterrain des Präparirsaalgebäudes (Räume für Reinigung und Aufbewahrung der Leichen, Injectionsküche, Weingeistkisten mit den Leichenvorräthen u. s. w.). Die beiden langen Verbindungsgänge sind so angebracht, dass der eine, zum Operationssaal und topographischen Präparirsaal führende in der topographischen Abtheilung des Hauptgebäudes ausmündet, der andere aber neben dem grossen Auditorium, dem Mikroskopirzimmer, dem Prosectorzimmer und an der zum Directorzimmer führenden Nebentreppe. Im Hauptgebäude sind alle Räume, in welchen die Studenten zu verkehren haben, Auditorium, Demonstrirsaal, Mikroskopirzimmer und Prosectorzimmer im Erdgeschoss untergebracht, und die Etage ist den Sammlungen und Laboratorien reservirt. Den allerdings excentrisch liegenden Mittelpunkt bildet hier das Directorzimmer, das nach der einen Seite an Bibliothek und Auditorium, nach der andern an Apparatenzimmer und Sammlung anstösst und dem gegenüber die mechanische Werkstätte nebst dem chemischen Laboratorium und Injectionszimmer gelegen ist. Auch das photographische Atelier ist von hier aus in wenig Schritten zu erreichen und die oben erwähnte Nebentreppe verbindet den Knotenpunkt des ersten Stockes mit dem des Erdgeschosses.

Das Hauptgebäude überdeckt bei einer Tiefe von 16,5 m. 1155 □ m.
Das Präparirsaalgebäude bei einer Tiefe von 11,5 „ 675 „
Der östliche Verbindungsbau bei einer Tiefe von 9,7 „ 262 „
Der westliche Verbindungsbau bei einer Tiefe von 3,3 „ 89 „

Im Ganzen sind ausschliesslich des Hofraumes, des Kessel-
und des Ventilatorhauses überbaut 2181 □ m.
Da das Hauptgebäude einstöckig ist, so beträgt die Flächenausdehnung der überirdischen Räume einschliesslich der
Mauerdicken 3336 □ m.

So weitläufig auf den ersten Blick die Anlage des Baues aussieht, so haben wir uns während dieser zwei Jahre doch Alle recht wohl darin befunden und mit keinerlei aus der Weitläufigkeit hervorgehenden Uebelständen zu kämpfen gehabt.

Die vier Abtheilungen des Baues umschliessen einen viereckigen Hof von 27,8 m. Breite und 27,4 m. Tiefe mit einem für Thiere bestimmten Wasserbassin. In ihn tritt von der einen Seite her der nur dem Souterrain angehörige Anbau für den Ventilator vor, von der andern Seite ein schmales zum photographischen Atelier führendes Treppenhaus. Das der Heizung dienende Kesselhaus mit der Dampfesse ist in den kleinen der Nürnbergerstrasse zugewendeten Hof vorgeschoben. Man hat uns aus ästhetischen Gründen verdacht, dass wir die Esse auf die Strassenseite verlegt haben; hätten wir sie indess in den Hof gesetzt so wäre dadurch eine wichtige Reihe von Fenstern in ihrem Lichtbezuge verkürzt worden, ein Motiv, das für uns entscheidend war. Uebrigens hätte ich auch den kleinen, jetzt bestehenden Einbau in den Hof, wenn es möglich gewesen wäre, gern vermieden, denn ich musste mir sagen, dass in einem Anatomiehofe jeder einspringende Winkel Gefahr läuft, zum Sammelpunkt von Unreinigkeiten zu werden.

Ventilation und Heizung. Die Ausdehnung des Gebäudes, die bedeutende Zahl und theilweise die Grösse der zu heizenden

Räume liess nur ein Centralheizungssystem zu, und damit war eine genügende Ventilation zu verbinden. Bekanntlich ist dies ein subtiles Problem an dessen ungenügender Lösung gar zahlreiche grosse Gebände kranken. Ich freue mich, sagen zu können, dass die Techniker bei uns dies Problem in vorzüglicher Weise gelöst haben, indem unsere ausgedehnten Räume sehr gleichmässig temperirt und durchaus befriedigend ventilirt sind[1]). Allfälligen Nachfolgern zum Nutzen möchte ich bemerken, dass nach meiner Ueberzeugung der einzig zu ergreifende Weg der ist, dass man die Sache mit aller Verantwortlichkeit einer der paar, in diesem Fache bewährten Firmen übergiebt, nachdem man die Heiz- und Ventilationsforderungen für jeden Raum genau formulirt hat. Ich hatte mir früher auf Grund von eigenem Studium und von Berathungen mit befreundeten Physikern meine Ideen formulirt, allein wie ich mich bald überzeugt habe, so hält ein solches mehr dilettantisches Studium nicht Stich, sobald es sich darum handelt, die Verantwortlichkeit einer so wichtigen und kostbaren Anlage zu tragen.

Unsere Heizungs- und Ventilationsanlage ist von Gebrüder SULZER in Winterthur ausgeführt. Einen Bericht darüber hat Herr Architekt MÜLLER in dem sächsischen Ingenieur- und Architekten-Verein erstattet[2]), worauf ich in Betreff weiterer Details verweise. Die gestellten Bedingungen waren folgende: es sollte von den zu heizenden und zu ventilirenden Räumen (im Gesammtbetrage von 13860 Cubikmeter) ein Theil, die sämmtlichen Arbeitsräume bis 15° bez. 16° R., andere die Corridore und Sammlungen bis 10° gebracht werden. In den ersteren sollte auf jeden darin Arbeitenden mindestens 40 Cubikmeter Luft per Stunde einströmen; in den Sammlungen und Corridors die Luft stündlich dreimal erneuert werden. Kalt zu ventiliren waren die Leichenkeller und zugehörigen Räume. Ferner bestand die Forderung, dass gewisse Raumcomplexe, wie z. B. die Präparirsääle gemeinsam abstellbar und jeder Raum für sich regulirbar sein sollte. Wie schon aus der früheren Ausführung hervorgeht, beruht unser Ventilations-

---

[1]) Zu obigem Zeugnisse sehe ich mich um so mehr veranlasst, als die ersten Wochen der Functirung des Apparates unbefriedigende Ergebnisse geliefert hatten; dieselben hatten ihren Grund theils im Mangel an Erfahrung Seitens unseres Personals, theils in der anfänglichen Unvollendung gewisser Neueinrichtungen, wie der Umwicklung der Dampfröhren u. A. m. Das Auditorium, das anfangs unheizbar schien, bringen wir jetzt mit Leichtigkeit auf die verlangte Normaltemperatur.

[2]) s. Protokoll der 84. Hauptversammlung des sächs. Ingenieur- und Architekten-Vereins.

system auf Pulsion. Ein Ventilator von ca. 3 m. Durchmesser schöpft
die Luft im Hofe und treibt bei jeder Umdrehung etwa 5—6 Cubikmeter in die unter dem Hause sich verzweigenden Luftkanäle ein,
bei 125 Touren pro Minute, somit über 42,000 Cubikmeter pro Stunde.
Neben den 1,75 m. im Gevierte haltenden Luftkanälen sind an bestimmter Stelle die von Dampfspiralen durchzogenen Heizkammern
angebracht (im Ganzen 10), durch welche hindurch die Luft zu treten
hat bevor sie in die innerhalb der Wände senkrecht aufsteigenden
Kanäle gelangt. Indem der Dampfzufluss zu jeder Heizkammer für
sich abstellbar ist, hat man es in der Hand, einzelne Abschnitte des
Gebäudes von der Heizung auszuschalten, während die Regulirung für
das einzelne Zimmer durch Klappen möglich ist, welche an Ein- und
Ausströmungsöffnung angebracht sind.

Desinfection. Alle Leichenreste, welche nicht zu Weingeist-
präparaten Verwendung finden, werden beerdigt. In die Abzugskanäle
kommen somit nur die Spülreste, deren Menge selbst im Vergleich
zu den Abfällen eines beliebigen Wohnhauses sehr gering ist[1]; bei
reichlicher Spülung kommen die organischen Stoffe auch so verdünnt
in die Kanäle, dass, falls es sich nicht gerade um Macerationsjauche
handelt, eine Luftverunreinigung der Umgebung nicht in Frage kommt.
Infectionsstoffe fallen ferner so gut wie völlig ausser Betracht, weil
unsere Anstalt zum überwiegenden Theil Selbstmörderleichen und
nur äusserst wenige aus Krankenhäusern zugeführt erhält. Die Frage
der Desinfection der Abwässer ist sonach keine an und für sich
wichtige, sie wird es nur dadurch, dass eine inmitten bewohnter
Quartiere liegende anatomische Anstalt das Bestmögliche thun muss,
um jegliche üble Folgen ihrer Nachbarschaft abzuwenden und auch
den Verdacht von solchen zu beseitigen. Es ist für unsere Anstalt
das Süvern'sche Desinfectionsverfahren angenommen worden, hauptsächlich aus dem Grunde, weil es im hiesigen städtischen Kranken-
hause angenommen ist, und sich das Vertrauen der städtischen Be-
hörden erworben hat. Die Desinfectionsmasse wird theils in kleine
Sammelbassins der Schleusen (S. des Planes Taf. XVIII) eingegossen, theils
in einen Hauptsammler, welcher vor der Ausmündung unseres Schleu-
sensystems in das städtische gelegen ist.

---

[1] Bei den Sectionen im pathologischen Institute werden nach den Bestimmungen von Prof. Fr. Hoffmann im Durchschnitte pro Leiche 30—40 Liter
Wasser verbraucht und mit demselben 74 Gramm feste Bestandtheile weggeführt.
Auf 300 Leichen macht dies nicht einmal 23 Kilogramm im Jahre, viel weniger
als ein erwachsener Mensch in derselben Zeit ausgiebt.

Auditorium und Demonstrationssaal. Das Auditorium, die Höhe beider Stockwerke einnehmend, enthält in sieben amphitheatralisch ansteigenden Reihen 166 Sitzplätze. Ein um die obere Sitzreihe herumlaufender Gang mündet in zwei Gallerien aus, welche durch Nebenthüren mit den anstossenden Zimmern der ersten Etage (Bibliothek, bez. Directorzimmer und Gasbereitungszimmer) verbunden sind. Die Sitzreihen umschliessen den mit dem Demonstrationstische versehenen, nur 2,4 m. in der Breite messenden Mittelraum. Ihre Beziehung zu diesem und zu den ansteigenden Treppen ist aus dem Plane Taf. XIX leicht ersichtlich. Zu der obern Reihe kann man ausser durch die vom Mittelraum ansteigenden zwei Treppen durch die beiden angefügten Thürmchen gelangen, deren Zugang unterhalb der Sitze sich befindet. Im Uebrigen ist der von den oberen drei Sitzreihen und dem Rundgang überdeckte Raum zu einer Garderobe für die Studirenden hergerichtet. Von der dem Hauptgebäude zugewendeten flachen Wand ist der amphitheatralische Aufbau des Auditoriums durch einen 2,2 m. tiefen Quergang geschieden, die grösste Breite des Auditoriums misst 15,6 m.; seine grösste Tiefe 11,5 m., sein Flächenraum 238,7 □ m.

Die Beleuchtung eines solchen Amphitheaters bietet gewisse Schwierigkeiten, welche, wie der Augenschein lehrt, nicht überall mit Glück überwunden worden sind. Im Allgemeinen können die Architekten schwer der Versuchung widerstehen, die von Sitzen freie Wand als Fensterfläche zu benützen, ein Verfahren, das völlig verwerflich ist, weil es den Vortragenden mit Allem was er zeigen soll zum Schattenbilde macht. Es ist als Axiom für jeglichen Auditoriumsbau aufzustellen, dass die Fläche hinter dem Vortragenden dunkel sei, und dass dieser, sowie die Wandtafeln und sonstige Demonstrationsobjecte von vorn her müssen beleuchtet sein. Wo dies nicht beobachtet wird, da sind die Zuhörer und Zuschauer geblendet und bei Demonstrationen steht der Vortragende sich selbst fortwährend im Lichte. Ueberdies gewährt die fensterfreie Fläche hinter dem Vortragenden den einzig richtig gewählten und auf keine andere Weise zu ersetzenden Raum für Wandtafeln, Skelette und sonstige Demonstrationsmittel. Je freier und grösser die Fläche ist um so ergiebigere Entfaltung von Demonstrationsmitteln gestattet sie und um so vortheilhafter wird sie für den Unterrichtszweck.

Nimmt man das Licht nicht von der sitzfreien Wand, so bleiben zur Beleuchtung nur Oberlicht und hohes über den Sitzen einfallendes Seitenlicht übrig. Zur wirksamen Verwendung des letztern ist eine bedeutende Höhe der Auditorien erforderlich. Die Combination dieser beiden Beleuchtungsweisen hat in unserem Auditorium sehr befriedigende Resultate ergeben. Die drei über den Sitzen befindlichen Seitenfenster messen je 3,8 m. in der Breite, 3 m. in der Höhe und ergänzen sehr wirksam das 5,6 m. im Geviert fassende Oberlicht. Bei geringerer Zahl der Sitzreihen und geringerem Ansteigen derselben kann an Fensterhöhe gewonnen werden und, wie das vortreffliche, von uns mit als Muster benutzte Auditorium der anatomischen Anstalt in Freiburg [1]) zeigt, genügt alsdann das Seitenlicht vollständig für den verlangten Zweck.

Ueber die Ansteigecurve der Sitzreihen hat sich Czermak [2]) nach dem Vorgange von Lassez in der Eröffnungsrede seines Auditoriums eingehender ausgesprochen. Das Princip, das befolgt werden muss, lässt sich einfach so formuliren, dass jeder Sitzende über den Köpfen seiner Vormänner weg auf den Demonstrationstisch sehen soll. Die Tafel XIX enthält die bezügliche Construction für unser Auditorium. Die Steigung von einer Reihe zur andern wird dabei allerdings ziemlich steil und zwar von Reihe zu Reihe steiler, dies ist indess ein höchst untergeordneter Nachtheil gegenüber dem Vortheile, dass auch von den obersten Reihen aus die demonstrirten Objecte gut sichtbar sind.

Die Tiefe von einer Sitzreihe zur nächstfolgenden beträgt 80 cm. Bei der Wichtigkeit des Nachzeichnens in anatomischen Vorlesungen sind natürlich vor den Sitzen Tischbretter (24 cm. breit) angebracht. Die Möglichkeit des freien Durchgangs ist dadurch gewahrt, dass die Sitze, ähnlich wie im Theater, einzeln aufklappbar sind. Was die weiteren Einrichtungen des Auditoriums betrifft, so wird die Mitte der Rückwand durch zwei übereinander verschiebbare matt schwarze Holztafeln von je 2,2 m. Höhe und 3,4 m. Breite eingenommen. Eine grosse, leicht zu behandelnde Zeichnungsfläche bildet ja ein erstes Erforderniss anatomischen Unterrichtes. Darüber ist, nach Vorbild des Czermak'schen Auditoriums eine durch Kurbel auf- und abziehbare Querstange, 4,5 m. breit, angebracht zum Anhängen von gemalten Bildern, und noch höher befindet sich eine Walze, welche einen zur Aufnahme von Projectionsbildern dienenden weissen Vorhang trägt. Beiderseits von den Wandtafeln stehen in Glasschränken ein männliches und ein weibliches Skelett und weiterhin zwei Wasserhähne mit Waschbecken, während der darüber befindliche Raum zur Anbringung von passenden Statuen und von Büsten benutzt ist.

---

[1]) Ecker, Das neue Anatomiegebäude der Universität Freiburg. Festprogramm. Freiburg i. B. 1867.

[2]) Czermak, Ueber das physiol. Privatlaboratorium an der Universität Leipzig. Leipzig, Engelmann 1873, S. 19 u. f.

Der Demonstrationstisch, dessen Gestell von Eisen ist, besitzt ausser der Drehbarkeit um eine vertikale Axe Bewegung in einem grossen, nach der Idee von Herrn Architekt MÜLLER ausgeführten Nussgelenk, und so ist es möglich seine Fläche in der einen oder andern Richtung gegen den Horizont zu neigen, eine Einrichtung, die wichtig ist, so bald es sich z. B. darum handelt, Atlanten vorzuzeigen, den Einblick in Körperhöhlen möglich zu machen u. dergl. mehr. Bei seiner verhältnissmässig geringen Grösse (2 m. Länge, 70 cm. Breite) kann dieser Tisch nur dazu dienen die augenblicklich in Demonstration befindlichen Präparate oder Tafeln aufzunehmen, die Reserve wird auf Rolltischen in den Seitenhälften des Querganges untergebracht, und ist hier dem Vortragenden unmittelbar zur Hand.

Die Abendbeleuchtung des Auditoriums geschieht durch vier grosse (allerdings höchst unförmliche) Sonnenbrenner.

Eine wichtige Ergänzung des Auditoriums bildet der demselben seitlich angefügte Demonstrationssaal. Seine Länge beträgt 27 m. und seine Tiefe 5,5 m., an Flächeninhalt misst er 148,5 □ m.; und bei 150 Personen kommt somit auf jede noch nahezu 1 □ m., ein zur freien Bewegung ausreichendes Feld. Die östliche Langseite des Saales hat neun, je 1,6 m. breite Fenster, längs deren ein durchgehender Fenstertisch genügenden Raum zur Aufstellung von 27 Mikroskopen gewährt. Sollte eine grössere Zahl von Instrumenten nöthig sein, so könnten solche auf den sieben Tischen aufgestellt werden, welche auf einer der Rückwand des Saales entlang laufenden Terrasse stehen [1]). Ich bin indess bis jetzt kaum im Falle gewesen, von einer Vorlesung zur andern mehr als 20 Mikroskope aufzustellen, und ich habe daher diese zweite Tischreihe für mikroskopische Demonstration niemals nöthig gehabt. Um so werthvoller hat sie sich dagegen erwiesen für Aufstellung makroskopischer, die Vorlesung erläuternder Präparate. Hier

---

[1]) Während der Zeit, da ich im alten Institute keinen Raum zur Mikroskopenaufstellung hatte, bediene ich mich mit Vortheil der gegen das Licht zu haltenden Handmikroskope. Ich lernte derartige Instrumente zuerst in den s. Z. durch die Gebr. RAPPART in Wabern verbreiteten sogen. Salonmikroskopen kennen, und construirte mir dann ein für wissenschaftlichen Unterricht brauchbares Modell mit grosser Objectplatte und Scheibenblende. Dasselbe war für die Systeme I—VII von Hartnak eingerichtet, und die Objecte sowohl als der Tubus waren daran feststellbar. Bei festgestelltem Tubus konnte die Einstellung Seitens der Studirenden durch Ein- und Ausziehen der das Ocular tragenden Röhre geschehen. Für schwache Vergrösserung leisten STEINHEIL'sche Loupen mit einem gegen das Licht zu haltenden, das Object aufnehmenden Holzgestelle vortreffliche Dienste. Meines Wissens sind solche herumreichbare Loupenträger zuerst von J. GERLACH in Gebrauch gezogen worden.

können in passender Aufstellung eine Menge von Objecten den Studirenden zugänglich gemacht werden, deren Demonstration im Auditorium wegen der Feinheit oder der Complication nur unvollkommen geschehen kann, Knochenpräparate aller Art, Gefäss-, Nervenpräparate u. s. w. Durch den hohen Stand der Tische wird es möglich diese Objecte unbeschattet und in richtiger Höhe von vorn her zu sehen. Ferner erlaubt die lange Rückwand hinter den Tischen längs deren ein, mit verschiebbaren Haken versehener Eisenstab läuft, ein sehr ausgiebiges Aufhängen von Abbildungen, während die Kreideerläuterungen theils auf dem Fenstertische selbst, theils an den schwarzen, zwischen je zwei Fenstern befindlichen Tafeln geschehen können. Es hat sich die Einrichtung dieses Saales im bisherigen Gebrauche sehr wohl bewährt, und ich kann dieselbe für spätere ähnliche Bauten auf das beste empfehlen. Sind gleichzeitig eine grössere Zahl von Mikroskopen und von anderweitigen Objecten aufgestellt, so vertheilen sich auch bei einem besuchten Colleg die Leute genugsam, dass nirgends Gedränge oder Stauung entsteht.

Ehe ich Auditorium und Demonstrationssaal verlasse, habe ich mich noch über einige besondere Unterrichtsmittel auszusprechen, die Skeletttafeln und die Projection.

Bekanntlich ist von CHR. LUCAE warm empfohlen worden, beim anatomischen Unterrichte Tafeln von mattem Glas zu benutzen und denselben Skelettzeichnungen unterzulegen, welchen sodann mit farbiger Kreide die Muskeln, Gefässe, Nerven u. s. w. übergezeichnet werden. Der Studirende hat diese Darstellungen derart zu copiren, dass er reducirte im Handel zu beziehende Skelettfiguren[1]) mit Pauspapier überdeckt, und nun auf diesem ebenso zeichnet, wie der Lehrer auf der Glastafel. Ich zweifle nicht, dass in geschickten Händen diese Methode sehr erfolgreich ist. Nach wiederholten früher angestellten Versuchen musste ich indess von derselben abstehen. Einmal erlaubt das Material nur eine verhältnissmässig geringe Ausdehnung der Tafel, welche für grössere Auditorien nicht ausreicht. Sodann habe ich immer mit dem weissen Untergrunde zu kämpfen gehabt. Ist einmal ein Strich mit der Kohle oder mit der farbigen Kreide missrathen, so bleibt Nichts anderes übrig, als die Tafel gründlich abzuwaschen, denn jede Correctur wird zur Schmiererei. Es können also nur absolut sichere Zeichner saubere Zeichnungen erzielen. Ich habe mir

---

[1]) CHR. G. LUCAE's Abbildungen des menschlichen Skeletts für Studirende zum Nachzeichnen beim Unterrichte etc. gez. von P. und Fr. Wirsing. Frankfurt a. M. Keller 1860.

sodann nach dem Vorbilde anderer Anstalten (Freiburg i. B. und Gratz) in grossem Maassstabe das Skelett und seine Theile auf schwarzen Tafeln mit Oelfarbe aufmalen lassen, und befinde mich dabei allerdings weit besser, als bei der Glastafel. Besonders empfehlenswerth für den Zweck ist das sogenannte Schiefertuch der Firma MAYR & FESSLER in Wien, ein matter, die Kreide ausgezeichnet annehmender Stoff, den ich vor drei Jahren zum erstenmale in Gratz kennen gelernt habe. So brauchbar gut ausgeführte Skeletttafeln für viele Zwecke sind, so ist doch ihre Anwendbarkeit keine so ausgedehnte, als man auf den ersten Blick erwarten sollte, und wo es sich nicht gerade um sehr genaue Topographie handelt, wie z. B. bei Situszeichnungen des Herzens und der Eingeweide gebe ich, wohl in Uebereinstimmung mit den meisten Collegen, den einfachen Kreideskizzen den Vorzug. Der Hauptgrund davon liegt darin, dass das Formenverständniss beim Studirenden entschieden mehr gefördert, und dieser weit mehr zum Nachzeichnen angeregt wird, wenn der Aufbau der Zeichnung sich vollständig vor seinen Augen vollzieht, als wenn eine künstlich ausgeführte Tafel den nicht nachzuahmenden Grund der Vorlage bildet. Dazu kommt, dass eine Kreideskizze die wesentlichen Punkte, auf die es bei der vorliegenden Darstellung ankommt, viel mehr in den Vordergrund stellen wird, als die gemalte Tafel, und dass ferner bei letzterer die Einzeichnung der Muskeln, Gefässe u. s. w. nur dann harmonisch ausfällt, wenn sie mit einer im Vortrage nicht erreichbaren peinlichen Sorgfalt durchgeführt wird. Der anatomische Unterricht aber darf nicht ein Vormalen sein, sondern die Hand des Lehrers muss dabei dem Worte gleichen Schritt halten, und die Zeichnung in derselben Zeit sich vollenden, in der auch die Beschreibung sich vollführt.

Die Projection als Unterrichtsmittel beginnt erst in allerneuester Zeit Platz zu greifen, aber ich zweifle nicht, dass ihr auch im anatomischen Unterrichte eine bedeutende Zukunft bevorsteht. Für kleinere Räume mag das im Handel verbreitete Skioptikon ausreichen, grössere Auditorien bedürfen einer Projectionsvorrichtung mit intensiverer Lichtquelle. Das kleine an das Auditorium anstossende Zimmer Nr. 12 der ersten Etage enthält bei uns ein etwa 0,3 Cubikmeter enthaltendes Sauerstoffgasometer, von dem aus die Leitung zu der Projectionsterrasse im Auditorium hingeführt ist. Hier wird der durch Kalklicht erleuchtete Projectionsapparat aufgestellt und wirft seine Bilder auf eine mit weisser Farbe bemalte Leinwand an der gegenüberliegenden Wand. Die Verdunkelung des Oberlichtes geschieht in einer für den Zweck ausreichenden Weise durch einen von unten her regierbaren dicken Vorhang, ebenso

sind die Seitenfenster mit Vorhängen zu verschliessen. Unsere bisherigen Erfahrungen über Projection sind sehr günstig, ich gedenke
dieselben in nächster Zeit zu erweitern und dann darüber besonders
zu berichten. Die projicirten Bilder zeichnen sich besonders auch
durch ihre Körperlichkeit aus und zwar macht sich diese nicht allein
geltend bei Projection von Photographien, die nach körperlichen Objecten, sondern auch bei solchen die nach Durchschnitten aufgenommen
sind. Ein schräg durchschnittenes Gefäss z. B. giebt den Eindruck
als ob man in seine Höhle hineinblickte. Grössere Durchschnitte lassen
sich natürlicher Weise direct projiciren.

Die Präparirsääle und ihre Nebenräume. Unser grosser
Präparirsaal hat beiderseits je 8 Fenster von 1,6 m. Breite, seine
Länge beträgt 22 m., seine Tiefe 10 m., der Flächenraum somit
220 □ m. Der kleine Präparirsaal und der Operationssaal haben
je 9 Fenster bei einem Flächenraume von 90 □ m. Ohne die drei
zwischengeschobenen Präparirzimmer zu rechnen, verfügen wir im
Ganzen über 34 Fenster und 400 □ m. Bodenfläche, oder, unter Ab-
rechnung des Operationscurssaales über 25 Fenster mit 310 □ m.
Bodenfläche. [1])

Im grossen Saale sind 12 feste Leichentische aufgestellt. Rechnen
wir diese zu 6 Präparanten, die 16 Fenster zu je 2, so ergiebt dies
104 Plätze, die durch Aufstellung von Rolltischen an den freien Enden
des Saales leicht auf 120 sich steigern lassen. In Wirklichkeit sind
auch in den besuchtesten Stunden nie so viele zugleich (in der Regel
nicht über 90—100) thätig, weil von den einer Leiche, oder einem
Leichentheile zugetheilten Präparantengenossenschaften immer einzelne
wegbleiben. Der kleine Präparirsaal gewährt mit Leichtigkeit Raum
für 30 Präparanten. Feste Leichentische sind in ihnen nicht aufgestellt, sondern, ausser den Fenstertischplatten, eine nach Bedarf wechselnde Anzahl beweglicher Tische.

Der kleinere Präparirsaal wird vorzugsweise von den Nervenprä-
paranten benutzt. Dies Zusammensetzen dieser letzteren in nicht allzu
grossem Raume hat den unbestreitbaren Vortheil, dass sich bald ein
gewisser Wetteifer entwickelt und die besseren Präparanten die übrigen
mit sich reissen, so dass feinere Darstellungen wenigstens von Allen
versucht, wenn auch nicht von Allen mit Glück durchgeführt werden.

---

[1]) In Berlin hat der grössere Präparirsaal 210, der kleinere 140 □ m.; in
Bonn drei grosse aneinanderstossende Sääle zusammen 390 □ m., die Länge der
letzteren beträgt 50,7, die Tiefe 7,7 m., die Zahl der nach Aussen sich öffnen-
den Fenster 15 (überdies gehen sechs Fenster gegen einen kleinen Lichthof).

Anderntheils hat die Trennung der Präparirsääle den Nachtheil, dass dadurch für den Dirigenten die Uebersicht erschwert wird. Würde ich noch einmal zu bauen haben, so würde ich es vermeiden, Zwischenzimmer zwischen die Präparirsääle einzuschieben und ich würde diese durch breite Doppelthüren miteinander verbinden, etwa in der Art und Weise, wie dies in Bonn realisirt ist.

Die oben erwähnten festen Leichentische besitzen einen dem Boden aufgeschraubten hohlen eisernen Fuss, in welchem Wasserzu- und Abfluss sich befinden. Der obere Theil ist drehbar (pflegt übrigens durch einen, in Händen des Abwarts befindlichen Schlüssel festgestellt zu sein) und trägt eine abhebbare, feste, mit Zink ausgeschlagene Tischplatte, in deren Mitte eine Oeffnung zum Abfluss der Flüssigkeit angebracht ist. Diese zinkbeschlagenen Tischplatten passen genau auf die dem Verkehr dienenden eisernen Rolltische, sowie auch auf den Demonstrationstisch im Auditorium und in die zwischen den Stockwerken angebrachten Aufzüge. Eine sehr beliebte Ergänzung des Präparirsaalmobiliars bilden kleine nur 37 auf 32 cm. messende Tischchen, welche ich in grösserer Zahl habe anfertigen lassen, damit die Studirenden ihre Instrumente und Bücher darauf legen können.

Zwischen je zwei Fenstern sind schwarze, zum Kreidezeichnen dienende Tafeln angebracht und in der Hälfte der Interstitien Waschbecken mit Wasserhahn. An den freien fensterlosen Wänden befinden sich grosse mit vielen nummerirten und schliessbaren Fächern versehene Schränke, welche den Präparanten zur Aufbewahrung ihrer Utensilien dienen.

Der Fussboden ist hier, wie im Auditorium und in mehreren anderen Räumen, von gefirnisstem Eichenholz. Gegen den manchenorts angewandte Asphalt habe ich eine Abneigung, weil er den Säälen einen kellerhaften Charakter giebt. Nehmen sich überdies die Präparanten, wie ich dies an einer auswärtigen Universität gesehen habe, Strohdecken unter die Füsse, so leidet vollends die Reinlichkeit und Ordnung des Saales. Wir haben bis dahin unseren eichenen Boden recht zweckmässig gefunden. Flüssigkeitsansammlungen auf dem Boden werden überhaupt nicht geduldet, und das Ganze sieht stets verhältnissmässig reinlich aus.

Die Wände bildet bemalter Kalkbewurf. Wir hatten eine Zeit lang den üppigen Plan einer Bekleidung mit Porzellanplatten. Die Steigerung der Baupreise in der Gründerperiode bestimmte uns, diesen Luxus fallen zu lassen. Ich habe seitdem im Kopenhagener Präparirsaale eine derartige Bekleidung gesehen und sie sieht in der That sehr sauber aus. Indess ist bei uns dadurch, dass die Pfeiler schmal

sind und alternirende Waschbecken und Ventilationsöffnungen tragen,
die freie Wandfläche auf ein Minimum reduzirt.

Indem wir das Licht von beiden (in den kleinen Säälen sogar
von drei) Seiten her empfangen, ist die Beleuchtung in unsern Präparirsäälen sehr günstig und auch die an den innern Tischenden Arbeitenden können an nicht allzutrüben Wintertagen ordentlich sehen.
Für die Abendstunden ist jeder Präparirtisch durch einen darüber befindlichen auf- und abschiebbaren Doppelarm zu beleuchten, dessen
Licht durch Blechschirme auf den Tisch geworfen wird. Ein Uebel-
stand der Arbeit bei Gaslicht liegt übrigens im raschen Austrocknen
der bestrahlten Theile.

Aufbewahrung der Leichen. Die von der nördlich gelegenen
Brüderstrasse her angefahrenen Leichen werden in dem links neben
der Durchfahrt liegenden Keller gereinigt, mit Conservirungsflüssig-
keit injicirt und bis zu weiterer Verwendung aufgehoben. Für die
Aufbewahrung über Eis sind eine Anzahl besonderer Vorrichtungen
getroffen. Einmal findet sich, wie der Durchschnitt Taf. XIX zeigt, ein
grosser Eiskeller unter dem Auditorium und die darüber befindlichen
Kammern sollten, meiner ursprünglichen Absicht nach, als kühler Raum
zur Aufnahme von Leichen oder Leichentheilen, oder wenigstens von
den grossen mit solchen gefüllten Weingeistkisten dienen. Ausserdem
aber ist im Souterrain des Präparirsaalgebäudes nach dem Muster der
Gratzer anat. Anstalt eine Abtheilung zu einem grossen Eisschranke
hergerichtet (E Taf. XVIII), dessen drei Oeffnungen je zwei Leichen aufzunehmen vermögen. Hier sollten die in Arbeit befindlichen Leichen
Abends hingebracht und aufgehoben werden.

Ich bin nach der Erfahrung des ersten Jahres dahin gelangt,
die ganze complicirte Einrichtung unbenutzt zu lassen. So schön sie
in der Theorie ist, so wenig hat sie sich in der Praxis bewährt. Die
Füllung des Eiskellers, der hundert Wagenladungen fasst, ist an und
für sich enorm theuer; von Benutzung der über denselben befindlichen
Kammern musste ich nach längerem Kampfe mit meinem Personale
abstehen, weil in diesen aus Rücksicht auf die Eisconservirung der
Luftzufuhr entzogenen Räumen Alles schimmelte und verfaulte. Auch
die Füllung der Eiskästen unter dem Präparirsaale erforderte einen
Aufwand an Eis und an Arbeitskraft, welcher mit dem Nutzen in gar
keinem Verhältnisse stand. Die Injection der Leichen mit Conser-
virungsflüssigkeit (Alkohol, Glycerin und Carbolsäure), wie sie bei uns
nach dem Vorgange anderer Anstalten, speziell der Münchener anatomischen Anstalt geübt wird, leistet bei richtiger Handhabung weit

mehr, als die zeitweise Einschiebung der Leichen in einen kühlen Raum.

Für eigentliche Gefrierversuche hat Prof. BRAUNE die mit G. Taf. XVIII bezeichneten Räume einrichten lassen. Die Leiche wird in einem mit Deckel versehenen Zinkkasten ähnlich wie in einen Backofen eingeschoben, und der umgebende abgeschlossene Raum mit Kältegemisch angefüllt.

Zur Injection der Leichen mit Wachs dienen die Kammern am östlichen Ende des Souterrains. Auch bei deren Einrichtung mussten wir erst einiges Lehrgeld zahlen. Wir hatten eine Einrichtung ausgesonnen, wobei die Injectionswannen von einem Warmwasserstrome durchflossen wurden, während ein mit den Wannen durch ein Rohr festverbundener, hermetisch schliessbarer eiserner Topf die Masse enthielt. Letztere wurde mit Dampf erwärmt und durch den Druck einer regulirbaren Wassersäule in das Rohr und von da mittelst angefügten Schlauches in die Canäle getrieben.

Nachdem dieser Mechanismus in der ersten Anlage verunglückt war, haben wir die Einrichtung wesentlich vereinfacht. Ein im Vorraum befindlicher Wasserkessel speist die zwei eisernen mit Deckel versehenen Injectionswannen (W. Taf. XVIII), und die Injection wird, wie von Alters her, mit der Spritze vorgenommen. Zur Abkühlung dient eine dritte im gleichen Raume aufgestellte und mit der allgemeinen Wasserleitung verbundene eiserne Wanne.

Die an die Injectionsküche anstossenden Räume des Souterrains enthalten grosse Zinkkästen zur Aufbewahrung des Vorrathsmateriales. Es werden nämlich alle während der Ferien, oder eventuell während des Sommers eingehenden Leichen nach vorheriger Zertheilung, injicirt, oder uninjicirt in Weingeist aufbewahrt. Auf diese Weise bekommen wir das Gefäss- und Nervenmaterial für den ganzen Wintercursus schon vor dessen Beginn zusammen, und wir sind frei in Verwendung aller während des Wintersemesters eintreffenden Leichen zu Muskel- oder zu Vorlesungspräparaten [1]).

Mikroskopirzimmer. Zur Zeit meiner Berufung war der mikroskopische Unterricht völlig an das physiologische Institut übergegangen, welches besondere Räume hierfür enthält, und an dem eine nominell abhängige, in Wirklichkeit aber nahezu selbstständige, damals von Prof. SCHWALBE, z. Z. von Prof. FLECHSIG eingenommene Stelle für Histologie bestand und noch besteht. So gewinnbringend

---

[1]) Nach dem Gesammtweingeistverbrauch der Anstalt berechnen sich die Conservirungskosten für eine eingelegte Leiche auf 15—20 Mark.

es sicherlich für beide Wissenschaften ist, wenn Histologie und Physiologie in einem auch äusserlich festgestellten nahen Verbande zu einander stehen, so wenig darf sich doch ihrerseits die Anatomie von einem ihrer lebenskräftigsten Glieder trennen lassen. Im alten Institute allerdings war wegen der absolut ungünstigen Räume an ergiebigen mikroskopischen Unterricht nicht zu denken gewesen, im neuen dagegen musste jedenfalls für die Möglichkeit eines solchen Sorge getragen werden. Dies war um so mehr gerechtfertigt, als es der Natur der Sache nach nur vortheilhaft sein kann, wenn die Schüler auf zwei Anstalten sich vertheilen, indem ja mikroskopische Curse im Umfang von Präparircursen kaum durchführbar sind. Als eigentliche Mikroskopirzimmer sind die zwei nördlich gelegenen Zimmer des Erdgeschosses (13 und 14 des Planes, Taf. XVIII), zusammen 19 m. lang, in Aussicht genommen worden. Von den 14 schmalen Fenstern sollte je eines ein Arbeitsplatz sein (1,35 m. per Platz), und einige grosse Tische im Innern des Zimmers den weitern nothwendigen Raum gewähren. Es hat sich indess gezeigt, dass für eigentliche Unterrichtscurse diese beiden Zimmer zu eng bemessen sind. Wir benutzen jetzt das eine derselben als Arbeitslocal für vorgerücktere Schüler, das andere ist zum Repetirzimmer für Studirende eingerichtet, und es sind daselbst Knochen- und eventuell auch andere Präparate und Kupferwerke ausgelegt.

Für grössere mikroskopische Curse erweist sich der grosse Präparirsaal mit seinen zahlreichen breiten Fenstern sehr geeignet. Ein Conflict mit den Präparir-Uebungen ist dadurch ausgeschlossen, dass solche Curse nur im Sommer abgehalten werden. Im Winter sind sie schon deshalb kaum durchzuführen, weil das gesammte Personal durch den anderweitigen strengen Dienst in Anspruch genommen ist. Auch für die Studirenden ist es besser, wenn sie sich nicht zersplittern, sondern ihre verfügbare Zeit entweder der einen oder der anderen Thätigkeit voll zuwenden.

Sammlungen. Die Sammlungen für systematische Anatomie und für Entwicklungsgeschichte nehmen den grössten Theil des oberen Stockwerks des Hauptgebäudes ein, für topographische, vor allem für Durchschnittspräparate dient der Herrn Prof. Braune zugetheilte Saal am westlichen Ende des Erdgeschosses. Die oberen Sammlungsräume messen 333 ☐ m. mit 21 Fenstern, die topographische Sammlung 104 ☐ m. mit 7 Fenstern.

Sonstige Einrichtungen der Anstalt. Das erste Stockwerk enthält ausser dem Directorzimmer und seinen Nebenräumen und ausser den Sammlungssäälen nebst zwischengeschobener Glaskammer einige zu besonderen Zwecken eingerichtete Zimmer: zunächst eine mechanische Werkstätte, daran anstossend ein kleines chemisches Laboratorium, dann einen für Vornahme feinerer Injectionen bestimmten Raum und endlich ein kleines, ursprünglich für einen Zeichner bestimmtes Zimmer. Die mit den nöthigen Hülfsmitteln Drehbank, Hobelbank, Werktisch u. s. w. ausgestattete Werkstätte ist einem besondern Anstaltsmechaniker übergeben, welchem ausser der Sorge für die Präparatenaufstellung und ausser der Anfertigung und Instandhaltung von Apparaten vor allem auch die Oberaufsicht über den Heizapparat zukommt, für dessen besondere Bedienung ordnungsgemäss ein Heizer angestellt ist.

Das chemische Laboratorium, mit Arbeitstisch, Abdampfcapelle, Bunsen'scher Wasserluftpumpe u. s. w. ausgestattet, enthält zur Zeit auch einen grösseren, auf 200 Eier berechneten Brütofen, der durch zwei kleine Gasflammen sich heizt. Nach dem Vorgange neuerer Brütanstalten liegen darin die Eier unter Schläuchen, in welchen warmes Wasser circulirt, während im Uebrigen der sie umgebende Raum freien Luftzutritt hat.

Im Injectionsraume ist ein mit der Wasserleitung verbundener Ludwig'scher Injectionsapparat für constanten Druck aufgestellt.

Die Zimmer des Erdgeschosses ergeben sich, soweit sie oben noch nicht besprochen worden sind, in ihrer Bedeutung aus dem Plane.

Das Souterrain enthält im Präparirsaalgebäude ausser den bereits besprochenen Leichenkellern, Injectionsküchen u. s. w. eine an seinem westlichen Ende gelegene Wohnung für den Heizer und eine durch Dampf zu heizende Waschküche. Zwei fernere Dienstwohnungen für den Mechaniker und für einen Diener finden sich unter dem Demonstrationssaale, eine vierte für den Hausmann unter dem Hauptgebäude. An diese letztere stösst noch eine Tischlerwerkstätte an, während eine für die Reparaturen des Heizapparates bestimmte Schlosserwerkstätte in dem Raume vorhanden ist, der den kleinen, den Ventilator treibenden Dampfmotor enthält. In eben diesem Raume ist auch ein mit Dampfzuleitung versehener Destillationsapparat aufgestellt.

Das Souterrain des Hauptgebäudes enthält ferner eine Anzahl von Vorrathsräumen, die zum Theil den Dienstwohnungen zugewiesen sind, ausserdem die Thierstallungen sowie den Macerations- und den Entfettungsapparat. Diese beiden Apparate habe ich an der anatomischen Musteranstalt des Collegen von Planer in Gratz kennen gelernt. So viel ich weiss, kommt die Idee dazu von Prof. Heschl und von deren Leistungsfähigkeit geben die Knochenpräparate der normal-anatomischen und der pathologisch-anatomischen Anstalt jener Universität einen blendenden Beleg.

Der Macerationsapparat besteht aus einer Anzahl von dicht geschlossenen, durch Lufträhren mit der Esse verbundenen Trögen, durch welche von einem heizbaren Reservoir aus warmes Wasser geleitet wird. Nach Aussage der Gratzer Collegen dauert die sonst so langwierige Operation höchstens drei Tage. Hauptbestandtheil des Entfettungsapparates ist ein die Knochen aufnehmender Behälter, in welchen Benzindämpfe eingeleitet werden. Das sich condensirende, das Fett aufnehmende Benzin fliesst in das Abdampfgefäss zurück, um unter Zurücklassung des Fettes neuerdings in Dampfform aufzusteigen.

Wir sind bis jetzt noch nicht im Stande gewesen die schönen Erfolge der Gratzer Anstalt zu erreichen, hauptsächlich deshalb, weil durch ein Missverständniss die Tröge des Macerationsapparates in Eisen gebaut wurden, und den Knochen Rostflecken mittheilen. Wir beschäftigen uns damit, durch Umänderung der Tröge diesem Schaden abzuhelfen.

Endlich ist noch der über dem Demonstrationssaale befindlichen photographischen Werkstätte zu gedenken, die aus Aufnahmesalon, Dunkelkammer und Arbeitszimmer besteht. Die vielseitige Verwerthbarkeit der Photographie für Unterrichts- und für Forschungszwecke liess eine derartige Einrichtung als durchaus wünschbar erscheine,n und das Atelier befindet sich zur Zeit in den Händen des Herrn Photographen Honikel aus Würzburg, der sich schon früberhin durch wissenschaftliche Aufnahmen für die Herren Proff. VON KÖLLIKER und CZERMAK ausgezeichnet hatte. Von seiner Leistungsfähigkeit haben die der Londoner South Kensington Ausstellung eingesandten Bilder beredtes Zeugniss abgelegt, und Herr Honikel, welcher sich ausschliesslich der wissenschaftlichen Photographie und vor allem der Mikrophotographie widmet, hofft seinen Productionen allmählich auch an anderen Anstalten Eingang verschaffen zu können. Einen näheren Bericht über dieselben gedenke ich bei einem spätern Anlasse zu veröffentlichen.

In noch freierer Beziehung als Herr Honikel, welcher unser Atelier zur Miethe hat, stehen zur anatomischen Anstalt zwei andere an ihr ein- und ausgehende Künstler, die Herren Gypsmodelleur G. Steger und Wachsmodelleur R. Weisker. Es gewährt unserer Anstalt besondern Vortheil, dass sie im Stande ist, diesen mit der Anatomie Fühlung suchenden Männern Räume zuzuweisen, wo dieselben im fortlaufenden Verkehr mit uns nach der Leiche und nach

Präparaten arbeiten können. Dem gemeinsamen Arbeiten mit Herrn
Steger verdanken wir bereits ein ganzes Museum von Ab- und Ausgüssen aller Art und vor Allem eine Reihe höchst wichtiger Situs-
präparate, über welche ich demnächst gesondert werde zu berichten
haben. Ebenso hat uns die kunstfertige Hand des Herrn Weisker
um mehrere werthvolle Unterrichtspräparate bereichert, unter denen
ich ein in Lebensgrösse sehr sorgfältig gearbeitetes Modell des sympathischen Nervensystems speciell hervorhebe.

XXVII.

Beitrag zur Morphologie des Gehirnes.

Von

Dr. E. Zuckerkandl,

Prosector der Anatomie in Wien.

(Hierzu Tafel XX.)

————

An die Entwirrung der Faserung im Gehirne, und an die end-
gültige Bestimmung der Leistungen der verschiedenen Gehirnbezirke,
knüpfen die Physiologen Hoffnungen, von denen nur zu wünschen wäre,
dass sie auch bald in Erfüllung gingen. Der Physiologie muss naturgemäss eine detaillirte Kenntniss des betreffenden Körpers durch
anatomische Untersuchung vorausgegangen sein, und daher ist auch
in den letzten Jahrzehnten, wo man mit vereinten Kräften daran
ging, den Schleier zu lüften, der die Physiologie der Gehirnorgane
dicht umhüllte, der Morphologie des Gehirnes die Aufmerksamkeit
der Anatomen unablässig zugewendet worden, und der grosse Erfolg
den die Morphologie errungen, lässt uns hoffen, dass ein nicht min-
derer denen beschieden ist, die mit Zuhülfenahme der letzteren, die
Herde der qualitativ differenten Gehirnleistungen zu eruiren sich
bestreben.

Das Vorausgeschickte möge mir als Entschuldigung dienen, wenn
ich es unternehme, eine Stelle des menschlichen Gehirnes zu ver-
zeichnen, der weder in den Handbüchern der Anatomie noch in den
Specialwerken über Bau des Gehirnes eine Beachtung zu Theil wurde.
— Um die erwähnte Stelle bloszulegen, möge man sich folgenden
Verfahrens bedienen. — An einem aus der Schädelhöhle genommenen
Gehirne, welches auf seine obere Fläche gelagert werde, entferne man
den grössten Theil des Gehirnstockes; jedenfalls soviel, dass die untere
Fläche des Splenium corporis callosi, das Gewölbe mit seinen hinteren
Schenkeln, und deren Eintritt in die Unterhörner der Seitenventrikel

zu Tage liegen. Sodann löse man vom Subiculum cornu Ammonis — überhaupt von den nachbarlichen Windungen des Unterhornes die Hüllen ab — um rein präparirt die Region übersehen zu können. Ist dies geschehen, und untersucht man nun die Gegend des aufgesetzten Wulstes von vorne her, so zeigt sich folgendes: Um das Splenium corporis callosi schlägt sich rechts wie links der Gyrus fornicatus herum, der an der unteren Fläche des Schläfelappens Gyrus hypocampi genannt wird; doch findet sich im Bereiche des Splenium corporis callosi eine tiefe, der beschreibenden Anatomie längst bekannte Furche, welche den hinteren basalen Schenkel der Bogenwindung in eine hintere und vordere Partie theilt. — Erstere ist kleiner; vorne mehr zugespitzt auslaufend, und schiebt sich unter die zweite bedeutend grössere, die mit dem Namen Gyrus hypocampi oder Subiculum cornu Ammonis hinlänglich ihre topographischen Beziehungen kennzeichnet. — Jene Flächen der genannten Hirnwindungen, die gegen das Unterhorn gerichtet sind und zum grossen Theile auch deren basalen Flächen zeigen nicht mehr die charakteristische Farbe der Gyri, sondern besitzen einen mattweissen Beleg von Marksubstanz, dessen genaue Kenntniss wir Arnold zu verdanken haben.

In einiger Entfernung von den Bogenwindungen, mehr gegen die Mittellinie vorgeschoben, schlingen sich ferner beiderseits die platten Ausläufer der gezahnten Bänder um den aufgesetzten Wulst des Balkens herum (Fig. 1 der Taf. XX), und zwar, entweder einfach bogenförmig oder leicht S förmig geschlungen. Sie erstrecken sich bis auf die obere Fläche des Balkens und schliessen hier ab, oder hängen daselbst mit den Bogenwindungen in folgender Weise zusammen. — Die Bogenwindungen setzen sich oft gegen den Balken nicht scharfkantig ab, sondern an den Stellen, welche wir als ihre unteren Ränder bezeichnen, verdünnt sich die Rindenschicht der Gyri ganz ausnehmend, etwa bis auf das Maass einer feinen Papierplatte und diese verdünnten Ausläufer, welche sich vom Splenium bis unter das Knie des Balkens erstrecken, bedecken lateral dessen obere Fläche in sehr verschiedener Ausdehnung. Hebt man einen Gyrus fornicatus vom Balken ab, so reisst sich seine das Corpus callosum zum Theil deckende Schicht von diesem ab und zieht sich gegen die Bogenwindung zurück. In diese graue Deckschichte des Corpus callosum geht die Fascia dentata Tarini häufig über, und das Balkenstück derselben, welches Fasciola cinerea genannt wird, unterscheidet sich von jenem am Ammonshorne haftenden durch den Mangel einer Zähnelung.

Es ist nun wesentlich zu bemerken, dass die Fasciola cinerea nicht unmittelbar der Bogenwindung anliegt, sondern durch ihre mediane Stellung etwas abseits vom Gyrus fornicatus verläuft; dadurch etablirt sich zwischen dem letzteren und der Fasciola cinerea ein bis über 1 cm. langer und gegen 2—4 mm. breiter Raum, und die Ausfüllung des letzteren will ich mit dem Folgenden einer kurzen Beschreibung unterwerfen.

Es ist jedenfalls eigenthümlich, dass, während wir über die bisher beschriebene Ansicht des Gehirnes, zum Theil selbst ganz ausgezeichnete Abbildungen in F. Arnold's [1]), C. F. Burdach's [2]), M. Foville's [3]), J. Henle's [4]), Fr. Leuret's [5]), G. B. Reichert's [6]), Ph. C. Sappey's [7]) und Vicq. D'Azyr's [8]) Werken antreffen, gerade die von mir bezeichnete Stelle des Gehirnes, die doch auch in die Ansicht der Zeichnung hineinfällt, nirgends einen Platz gefunden hat.

Die erwähnte Stelle wird eingenommen von 1 bis 4 mehr oder minder halbkugelförmigen, durch deutliche Furchen von einander geschiedenen Wülsten, die überdies auch noch gegen die Fasciola cinerea, das gezähnte Band und den Gyrus fornicatus durch deutliche Rinnen sich abgrenzen. Ihre freien, den Unterhörnern zugewendeten convexen Flächen sind mit bläulichweisser Marksubstanz bedeckt, während der Durchschnitt lehrt, dass dieselben dem Hauptantheile nach aus grauer Gehirnsubstanz zusammengesetzt sind.

Bei Gegenwart mehrerer Wülste sind diese klein, eine bis zwei sitzen gewöhnlich noch auf der unteren Seite des Balkenwulstes, und die übrigen erst auf der Ventrikelfläche des Gyrus hypocampi. Sind ihrer nur zwei oder gar einer vorhanden, so gehören sie dem Anscheine nach dem letzteren an und zeichnen sich diesen Falles durch ihre stattliche Entwicklung aus. An einem Präparate sah ich dieselben durch schräg gerichtete Stränge mit der Fascia dentata Tarini im Zusammenhange stehen.

Zuweilen bemerkt man nichts von einer gewulsteten Stelle; aber es fehlen in diesem Falle blos die Convexitäten; denn zwischen der Fasciola cinerea und dem Gyrus fornicatus zeigt sich klar und deutlich ein mehr oder minder breites (bis 5 mm.), im inneren graues

---

[1]) Handbuch der Anatomie. Freiburg im Breisgau 1850.

[2]) Vom Bau und Leben des Gehirnes. Bd. II. Leipzig 1822.

[3]) Traité complet de l'Anatomie, de la Physiologie et de la Pathologie du Système nerveux cérébro-spinal. Atlas. Paris 1844.

[4]) Handbuch der Anatomie: Nervenlehre.

[5]) Anatomie comparée du Système nerveux. Paris 1839.

[6]) Der Bau des menschlichen Gehirnes. Leipzig 1861.

[7]) Traité d'Anatomie descriptive. Bd. III. Paris 1871.

[8]) Traité d'Anatomie et de Physiologie. Bd. I. Paris 1786.

Band eingeschaltet, dessen freie Fläche mit mattweisser Marksubstanz belegt ist. Auch kommt es gar nicht selten vor, dass diese Formation sich mit der von Wülsten combinirt; ist dem so, dann liegt das Band am Balkenwulst und demselben (dem Bande) folgen eine bis zwei Wülste.

Ich erwähne an dieser Stelle, dass ich die eben beschriebenen Wülste und deren Nebenformen als constante Gebilde bezeichnen muss; ihre Grösse und Anzahl unterliegt wohl einigen Variationen, aber selbst in dem Falle, wo sie zu fehlen scheinen, ist es stets leicht den Beweis zu führen, dass an der correspondirenden Stelle das Subiculum cornu Ammonis eine leichte Verdickung und Kräuselung, als Andeutung einer accessorischen Windung, zeigt. — Ich habe auch noch beizufügen, dass dieselben Formationen auch schon im Neugebornen vorkommen; wie und wann sie im Embryo auftreten, konnte ich leider wegen Mangel an Gelegenheit nicht constatiren.

Es soll nun entschieden werden, ob die Wülste in der That dem Rindensysteme, und speciell dem des Subiculum angehören, und schliesslich ob sie zum Ammonshorne in welche Beziehungen treten. Es ist klar, dass nur Durchschnitte und die mikroskopische Untersuchung hierüber Aufschluss geben können.

Bevor man jedoch an die Beantwortung der gestellten Frage schreitet, ist es nothwendig zu wissen, in welcher Art das Ammonshorn seinen Anfang nimmt.

Ueber das vordere und mittlere Stück und die Durchschnittsfigur des grossen Seepferdfusses besitzen wir eine genügende Anzahl von ganz vortrefflichen Abbildungen; über das hintere Ende derselben hingegen habe ich in keinem der Werke über Gehirnanatomie eine genügende Zeichnung gefunden, und dies wird um so unangenehmer vermisst, als gerade die Kenntniss dieser Stelle für das Verständniss des Ammonshornes von grossem Werthe ist. — Um hierüber klaren Aufschluss zu erhalten, habe ich an gut gehärteten Gehirnen das ganze Ammonshorn durch Entfernung der dasselbe bedeckenden Marksubstanz rein dargelegt. Da zeigt sich denn, dass dasselbe nach hinten im Höhen-, Tiefen- wie Breitendurchmesser schrittweise abnimmt, so dass sein vorderes Ende zum hinteren sich nahezu so verhält, wie der Kopf des Streifenhügels zu dessen Schweife.

An Stelle des Balkenwulstes ist vom Ammonshorne nur mehr ein dünnes Plättchen zugegen, welches sich der Bogenwindung anschliesst, während sein Hauptkörper diesen Ortes von der Fasciola cinerea gebildet wird. — Für die bereits beschriebenen Wülste ergiebt sich an einem in der angeführten Weise ausgearbeiteten Objecte, dass dieselben mit dem Ammonshorne nichts gemein. haben, sondern vielmehr, wie auch die Durchschnittsfigur zeigt, dem Subiculum anzugehören scheinen, womit auch das Ergebniss der mikroskopischen Untersuchung insofern übereinstimmt, als auch sie aus Elementen der Rinde aufgebaut sind. — Die folgende kurze vergleichende Skizze wird aber zeigen, dass wir es hier mit den verkümmerten Theilen einer am Balkenwulste unter dem Gyrus fornicatus gelagerten Windung zu thun haben.

Nachdem nämlich die Anatomie der Wülste sicher gestellt war, ging ich daran zu untersuchen, ob und in welcher Form sie bei anderen Thieren auftreten. Es standen mir Gehirne vom Hund, Hasen, Kalb und von der Katze zu Gebote, und ich beginne mit dem des Kalbes, weil an diesem Thiere die in Rede stehenden Theile am mächtigsten entwickelt sind (Fig. 4, Taf. XX.).

Entfernt man beim Kalbe den Gehirnstock, um in die Topographie der Ventrikel Einsicht zu erhalten, so zeigt sich vorerst, dass der Gyrus fornicatus, am Balkenwulste, aus dem Confluxe mehrerer — man kann sagen dreier — Windungen hervorgeht. Von diesen bilden nur zwei die Bogenwindung, während die sogenannte dritte sich etwas complicirter stellt. Es beginnt nämlich an der oberen Fläche des Corpus callosum ein sich im Verlaufe gegen das Unterhorn verstärkender Windungszug, der sich auf die untere Fläche des aufgesetzten Wulstes vom Balken legt und sich so weit am Eingange ins Unterhorn vorstreckt, dass die Fascia dentata Tarini, welche bei all' den angeführten Thieren diesen Namen nicht verdient, weil sie völlig glatt ist, vom Balkenrand und der Bogenwindung ganz besonders stark weggedrängt wird. — Dieser Windungszug nun giebt die dritte zugleich schwächste frontal gelagerte Wurzel für den Gyrus fornicatus ab und geht mit dem Reste in drei Wülste über, von denen die zwei lateralen sich unter das Subiculum cornu Ammonis schieben, und an Grösse, Farbe und Lage völlig denen im menschlichen Gehirne gefundenen gleichen. Dem Vergleiche nach muss also gesagt werden, dass im Menschen der unter dem Gyrus fornicatus gelegene Windungszug sich blos auf die Wülste, zuweilen noch auf einen glatten grauen Strang zwischen Gyrus und Fasciola cinerea reducirt, während am Kalbe dieselben Verhältnisse nach unserem Materiale die höchste Blüthe erreichen.

Besieht man daher in der Seitenansicht das Splenium corporis callosi des Kalbes, so liegt auf demselben unmittelbar die weit vorne zart beginnende sich allmälig verdickende Fasciola cinerea, oberhalb dieser als zweite Etage der beschriebene Windungs-

zug und jetzt erst folgt als dritte Etage der Gyrus fornicatus.

Der Durchschnitt des Windungszuges lehrt, dass der Gyrus hypocampi vor seiner Einrollung drei Windungen beschreibt, die ich hiermit schematisch versinnliche, davon ist 1 der eigentliche Gyrus fornicatus, 2 der oben erörterte Windungszug und 3 einer von den Wülsten. Lateral, wo der
Windungszug nicht mehr vorhanden ist, verhält es
sich genau so wie an der correspondirenden Stelle
des Menschengehirnes, wo in dieser Weise sich das
Subiculum zum Ammonshorne einrollt.

Im Hunde (Fig. 5, Taf. XX) stellt es sich so,
dass die gewulstete Region zu einer zungenförmigen
Windung zusammengebacken erscheint, die als unmittelbare Fortsetzung des Gyrus fornicatus imponirt, sich
weit gegen das Unterhorn vorstreckt und die Fascia
dentata Tarini vor sich herschickt.

Im Hasen (Fig. 6) und der Katze tritt auch ein Zapfen, jedoch
von mehr rundlicher Form und kleiner auf, und insbesondere im
ersteren ist das vorderste Ende desselben durch eine ziemlich markirte
Furche gegen den Gyrus fornicatus begrenzt. Der Durchschnitt dieser
Zapfen stellt ausser Zweifel, dass dieselben analog sind dem beschriebenen Windungszuge des Kalbes und den Wülsten an der Ventrikelfläche des Subiculum cornu Ammonis im menschlichen Gehirne.

Ich will diese Notiz nicht schliessen ohne vorher noch die Anatomie der Decke des Unterhornes und eine Anomalie im Bereiche
des Gehirnbalkens kurz besprochen zu haben.

Eröffnet man das Unterhorn von der Gehirnbasis aus und besich-
tigt dessen Decke, so erscheint auf derselben freiliegend die Cauda
des Streifenhügels. Sie erreicht das vordere Ende des Unterhornes
und setzt sich häufig durch einige graue Schleifen mit dem Mandel-
kerne in Verbindung. — Dieser Verlauf des Corpus striatum im Unterhorne ist bereits von A. Haller [1]) angedeutet worden. C. F. Burdach [2]),
der Begründer der neueren Gehirnanatomie, hat diesen Verlauf sehr
eingehend studirt, denn er schreibt darüber: „der Schwanz des Streifenhügels (Cauda corporis striati) ist hinten zwei Linien breit und noch
nicht ganz so dick, erstreckt sich mit nach oben gewendeter Wölbung
am äusseren Rande des Bodens der Seitenhöhle, wo dieser mit der
Decke desselben einen Winkel bildet, am äusseren Rande des Seh-

---

[1]) Elem. phys. Bd. IV.   [2]) l. c.

hügels, nicht nur um einige Linien weniger weit nach hinten, als Letzterer, schlägt sich dann nach hinten und unten um und läuft an der Decke des Unterhornes nach vorne, und lässt sich bis in die Spitze des Unterlappens verfolgen."

Vor ihm hat im Jahre 1814 dasselbe auch schon J. Döllinger [1]) beschrieben und an einem sagittal durchschnittenen Gehirne, wie später Leuret [2]), bildlich dargestellt, während der Verlauf des Corpus striatum im Querschnitte erst durch Reichert [3]) in ausgezeichnetster Weise illustrirt wurde.

Dieser Schilderung nach ist es nicht nothwendig, über den Verlauf des Streifenhügels im Unterhorne noch etwas zu sagen; es finden sich aber im Verhalten dieses Nervenknotens einige Variationen und diese glaube ich kurz verzeichnen zu müssen.

Ich fand das Corpus striatum zuweilen in der Mitte des Unterhornes oder gar wie beim Hunde schon am Eingange in dasselbe aufhören und 10 mm. weit vor demselben einen frei auf der Decke liegenden, bandförmigen, sich verbreiternden, grauen Kern nach vorne ziehen; oder es fanden sich mehrere kleinere Kerne oft auch nebeneinander gelagert, von denen der vorderste mit Fortsätzen des Mandel- und Linsenkernes, selbst mit dem Claustrum durch schmale, graue Stränge in Verbindung stand. Die übrigen Kerne sind selbstständig.

Es dürfte seine Richtigkeit haben, wenn man behauptet, dass die lose gelagerten grauen Kerne als isolirte Stücke der Cauda corporis striati anzusprechen sind. — Nach Alldem sehen wir also, dass für gewöhnlich die dem Gehirnmantel angehörenden Ganglien insgesammt zusammenhängen.

Auch die Stria cornea läuft auf der Decke des Unterhornes vorwärts, um die graue im vordersten Ende des Unterhornes convex vortretende hintere Fläche des Mandelkernes unvollständig zu bedecken. Insbesondere deutlich ist dies zu sehen an ödematösen oder hydrocephalen Gehirnen, deren Ependym und Marksubstanz gelockert sind.

---

[1]) Beiträge zur Entwicklungsgeschichte des menschlichen Gehirnes. Frankfurt am Main.
[2]) l. c.   [3]) l. c.

Ueber eine Bildungsabweichung in dem Gehirne eines 12jährigen Knabens.

An diesem Präparate gehen 4—5 mm. vor der Mitte des Corpus callosum, sowohl von dessen Raphe, wie auch von den Striae longitudinales, stärkere und schwächere Markbündel hervor, die zusammengefasst ein über 1 cm. breites Nervenband darstellen, welches vertikal zur Pia mater und Arachnoidea der Bogenwindung aufsteigt und hier ganz deutlich mit groben Endspitzen abschliesst.

Erklärung der Abbildungen.

Tafel XX.

Fig. 1. Gehirnbasis des Menschen nach Abtragung des Gehirnstockes.
a. Splenium corporis callosi.
b. Fimbria (hinterer Schenkel des Gewölbes).
c. Subiculum cornu Ammonis.
d. Fasciola cinerea.
e. Die zwischen Fasciola und Subiculum gelagerten Wülste.

Fig. 2. Unterhorn eines menschlichen Gehirnes von oben gesehen.
a. Ammonshorn wie es vorne anschwillt und rückwärts immer substanzärmer wird.
b. Subiculum cornu Ammonis.
c. Fascia dentata Tarini.
d. Die Wülste; um zu zeigen, dass sie einerseits dem Subiculum aufsitzen, und andererseits direct nichts mit dem Ammonshorne zu thun haben.

Fig. 3. Durchschnittsfigur der Wulstregion.
a. Subiculum.
b. Durchschnitt eines Wulstes (Fig. I. e).
c. Uebergang des Subiculum ins Ammonshorn.
d. Markbelag des Wulstes.

Fig. 4. Gehirnbasis des Kalbes nach Abtragung des Gehirnstockes.
a. Fimbria.
b. Subiculum cornu Ammonis, welches sich am Balkenwulste aus drei Windungen constituirt.
c. Fascia dentata Tarini.
d. Windungszug der die dritte Wurzel des Subiculum abgiebt und sonst drei Wülste bildet.

Fig. 5. Linke Gehirnhemisphäre eines Hundes nach Abtragung des Gehirnstockes.

    a. Fimbria.

    b. Subiculum.

    c. Fascia dentata Tarini.

    d, Zapfenförmiger Fortsatz der Bogenwindung, der morphologisch mit den
       Wülsten übereinstimmt.

Fig. 6. Linke Hemisphäre eines Kaninchens nach Abtragung des Gehirnstockes.

    a. Subiculum.

    b. Fimbria.

    c. Fascia dentata Tarini.

    d. Zapfen des Gyrus fornicatus, der sich gegen letzteren durch eine leichte
       Furche begrenzt und den Wülsten analog ist.

XXVIII.

Besprechungen.

1.

Die Leitungsbahnen im Gehirn und Rückenmark des Menschen auf Grund entwicklungsgeschichtlicher Untersuchungen dargestellt von Paul Flechsig. Mit 20 Tafeln. Leipzig 1876. W. Engelmann.

Besprochen von W. His.

Ein alter schweizerischer Spruch sagt: „Nit nahlah gwinnt" (Nicht nachlassen gewinnt). Die Wahrheit desselben haben wir zwar bei wissenschaftlichen Arbeiten oft genug Gelegenheit zu erproben, an wenig Orten aber tritt sie uns neuerdings in so schlagender Weise entgegen, als in den Arbeiten über Bau und Leistungen der nervösen Centralorgane. Die zähe Ausdauer, mit welcher während dieser letzten Jahrzehnte immer und immer wieder dem spröden Stoff zu Leib gegangen worden ist, hat, unter successiver Eröffnung neuer Angriffspunkte uns langsam zwar, aber stetig weiter geführt. Der Zerklüftungsmethode der älteren Anatomenschule folgte in STILLIG's bahnbrechenden Arbeiten die Einführung der successiven Schnitte, dann traten die Tinctions- und Macerationsmethoden in die Reihe. Auf vergleichend-anatomischer Betrachtung baute sich sodann die früher vernachlässigte, für Physiologie und Pathologie so bedeutsam gewordene Windungslehre auf, und mit den rein anatomischen Methoden combiniren sich mehr und mehr die experimentelle Forschung und die scharfe Analyse pathologischer Befunde. Noch sind wir weit vom Ziele weg, in seinen letzten Endpunkten ist es wohl überhaupt unerreichbar, allein es weht ein muthiger Hauch durch die Hirnforschung, der zu den bereits erreichten Erfolgen weitere nicht minder ungeahnte verspricht. — Versuche, wie der von MEYNERT unternommene, ein Gesammtbild der Hirnorganisation zu entwerfen, sind sicherlich noch auf lange Zeit hinaus hoffnungslos, allein den einen Werth kann man ihnen nicht absprechen, dass sie, von gewandter Hand durchgeführt, mächtig anregen und die für fernere Fortschritte erspriessliche Ordnung des weitläufigen Materials herbeiführen helfen.

Unter den rein anatomischen Methoden ist in neuerer Zeit keine so sehr in den Vordergrund getreten, wie die Schnittmethode. Die bezügliche Technik ist nunmehr, durch Einführung der grossen Mikrotome, auf einen Höhepunkt gebracht worden, den man noch vor wenigen Jahren kaum erhoffen durfte, und an der Hand derselben sind wir jetzt im Stande eine genaue Topographie der Centralorgane, eine bis ins Einzelnste gehende Darstellung von der grauen und weissen Substanz, von der Anordnung der Zellen und für die einzelnen Distrikte auch von der Verlaufsrichtung der Fasern zu geben. — Zu einer tiefergehenden Erforschung der Hirn und Rückenmarksorganisation reicht indess die Schnittmethode als solche nicht aus, denn ihre Ergebnisse sind überall da vieldeutig, wo Faserzüge umbiegen, wo sie sich zerklüften, oder wo sie in graue Substanzmassen eindringen. Die schon von STILLING viel benutzten Flächenmessungen werden zwar noch Manches, zur Zeit schwankende sicherer stellen, allein zu einer eingehenderen und zuverlässigeren Feststellung der Faserverknüpfungen wird die Methode an und für sich niemals ausreichen. So ist man trotz derselben über einen der am frühesten aufgegriffenen und einfachsten Abschnitte der Organisationslehre, die Lehre von den Nervenkernen noch bis heute zu keinem Abschlusse gelangt, und vollends bei verwickelteren Fragen lässt sie uns bald im Stiche. So wird sich auch jeder Unbefangene sagen, dass zu so complexen Verknüpfungen, wie z. B. den von MEYNERT für den Verlauf der Corpora restiformia gegebenen, die durch die Oliven und durch die Raphe hindurch in den Hinterstrang geleitet werden, die Grundlagen nicht entfernt ausreichen.

Sollen wir in der Organisationslehre um einen wesentlichen Schritt weiter kommen, so müssen wir Mittel finden die Faserzüge mit bestimmten Marken zu versehen, die denselben Zug auch bei anderer Vertheilung und in anderer Umgebung wieder zu erkennen erlauben. Diesem Desiderate würde z. B. ein Farbstoff abhelfen, der längs der Fasern sich ausbreitete, ohne jemals von den einmal gefärbten Fasern auf ihre Nachbarn überzugreifen. Einen solchen Farbstoff besitzen wir allerdings nicht, dagegen giebt es, wie wir nunmehr wissen, gewisse, durch das Auge wohl verfolgbare Prozesse, welche von gegebenen Endpunkten aus ganz bestimmte Faserzüge ergreifen, und längs derselben bis zu deren vorläufigen Endpunkten sich ausbreiten. Der eine von diesen Processen, den die Arbeiten TÜRK's vor mehr als einem Vierteljahrhundert aufgedeckt haben, ist die sogenannte secundäre Degeneration, der andere, auf dessen Tragweite wir eben durch die Arbeiten FLECHSIG's aufmerksam geworden sind, der Process der Markscheidenbildung.

Bekanntlich hatte TÜRK bei seinen Untersuchungen gefunden, dass nach Zerstörung von Streifenhügel und Linsenkern gewisse Faserzüge in absteigender Richtung degeneriren und durch Anhäufung reichlicher Körnchenzellen äusserlich sich kennzeichnen, während bei Verletzungen des Rückenmarkes andere gleichfalls scharf sich zeichnende Bahnen in aufsteigender Richtung sich verändern. TÜRK's Ergebnisse, obwohl von späteren Forschern insbesondere von BOUCHARD bestätigt, haben, wenigstens von Seiten der Anatomen und Physiologen nie den Grad von Beachtung gefunden, den sie, wie sich jetzt herausstellt, wirklich verdienen, und ebenso war es bis in die allerneueste Zeit hinein Niemandem geglückt, der bei peripherischen Nervenverfolgungen wohl bewährten WALLER'schen Methode für das Centralnervensystem brauchbare Ergebnisse abzugewinnen. Erst im verflossenen Jahre hat SCHIEFERDECKER in einer fast gleichzeitig mit FLECHSIG's Buch erschienenen Arbeit, die degenerativen Folgen beschrieben, welche die quere Durchschneidung des Rückenmarks nach sich zieht, und seine positiven Ergebnisse finden sich in erfreulichster Uebereinstimmung mit den von TÜRK und BOUCHARD einerseits und von FLECHSIG andererseits auf anderem Wege erhaltenen.

FLECHSIG bezeichnet den von ihm eingeschlagenen Weg der Markanalyse als den entwicklungsgeschichtlichen, die Grundlagen auf welchen er aufbaut, sind folgende: die Theile des Gehirns und Rückenmarks, welche aus Nervenfasern bestehen und die beim Erwachsenen von blendend weisser Farbe sind, sind beim Fötus bis in die Mitte der Schwangerschaft hinein noch gallertartig durchscheinend; die von da ab beginnende Markbildung erstreckt sich nun aber nicht gleichzeitig über die gesammte Fasermasse, sondern sie betrifft zunächst das eine, dann andere Fasersysteme und so zeigen sich bis zur Zeit vollendeter Markbildung d. h. bis ungefähr zum 5. Lebensmonat auf Durchschnitten durch das Rückenmark und das Gehirn neben einander weisse und blasse Faserterritorien scharf von einander abgegrenzt. Die Bestimmung der Territorialabgrenzung durch die Reihenfolge der Schnitte hindurch, gewährt das Mittel, verschiedene Hauptbahnen ihrer Länge nach zu verfolgen und klar von ihrer Umgebung zu sondern.

Den ersten Theil seines Werkes widmet FLECHSIG der chronologischen Beschreibung seiner Befunde. Die Reihenfolge in der das Markweiss auftritt ist folgende:

---

*) SCHIEFERDECKER, Ueber Regeneration, Degeneration und Architektur des Rückenmarks. VIRCHOW's Archiv. Bd. 67. S. 542.

1) in dem äusseren Theil der Hinterstränge bis in die Höhe der Oliven (Früchte von 25—30 cm.).

2) in den Vordersträngen mit Ausnahme der an die Fissur anstossenden Zone (Früchte von 35 cm.) und zwar zuerst im oberen Halsmark später im untern Hals- Dorsal- und Lendenmark; in den hintern Längsbündeln der Medulla obl. Auch die Nervenwurzeln von oculomotorius, facialis und acusticus, dann die aufsteigende Wurzel des seitlich gemischten Systems: glossopharyngeus, vagus und accessorius, sowie trigeminus, trochlearis, abducens und hypoglossus kommen an die Reihe, während der N. opticus bis nach der Geburt grau bleibt.

3) In den Seitensträngen hellt sich zuerst die vordere Hälfte auf, sowie die substantia reticularis und eine schmale peripherische Schicht. Ein von oben nach unten abnehmendes in der hintern Hälfte liegendes Feld bleibt grau. In der Medulla oblongata und Brücke werden weiss: die Schleifenschicht, die vordere Abtheilung des innern motorischen Feldes, sowie Verbindungszüge vom Oberwurm zur Brücke und zu den Vierhügeln.

4) Bei Neugebornen von 44 cm. werden nun auch die GOLL'schen Keilstränge des Rückenmarkes weiss, sodann im Cerebellum der Rest des Oberwurms, die Flocke und das Innere der Nuclei dentati, ebenso die Verbindungswege der Haube zwischen Gross- und Kleinhirn, die pedunculi cerebelli ad corpora quadrigemina, die brachia posteriora, die commissura posterior, die Bündel vom ganglion habenulae zur Haube. Später nimmt im Kleinhirn die weisse Masse in der Art zu, dass sich um die nuclei dentati herum eine immer dickere Schicht bildet.

5) Beginnt nach der Geburt die Markentwicklung der Hemisphären zunächst in der capsula interna, in den laminae medullares nuclei lentiformis, und in der hinteren Centralwindung[1]), gleichzeitig im äussern Theil der Basis pedunculi und in einzelnen Längsfasern der Brücke.

Dann tritt 6) ein von der innern Kapsel aus in den Hinterhauptslappen strebender Zug auf, dem sich in der Folge Abzweigungen in die Schläfenlappen anlegen. Auch dem in die Centralwindungen aufsteigenden Zuge legen sich vorn sowohl, als hinten neue Fasermassen an.

7) Erscheinen in der Hemisphärenrinde dicht unter der grauen Masse weisse Bogenfasern (Associationsfasern), zuerst wiederum in den Centralwindungen, dann im Schläfenlappen, und es bildet sich weisse Substanz im Balken, wobei die Verbindungsstücke bereits weisser Hemisphärentheile auch zuerst weiss werden.

---

[1]) Ueber die Faserzüge im Grosshirn s. die vorläufige Mittheilung von FLECHSIG (Med. Centralblatt 1877. Nr. 3, S. 35) und den Aufsatz im Archiv für Heilkunde. Bd. XVIII. Ueber Systemerkrankungen im Rückenmark.

Bei Kindern von 49—51 cm. sind die Stränge des Rückenmarkes und der Medulla oblongata, die Brücke und der grössere Theil des Kleinhirnmarkes entschieden weiss. Am längsten widersteht der Umbildung das Mark des Stirnlappens, das wie der Fornix und die Basis pedunculi erst nach Ablauf des vierten Monats gleichmässig weiss geworden ist.

Der zweite Theil des Werkes giebt eine eingehende mikroskopische Analyse des benützten Materiales und er präcisirt genauer ·einen grossen Theil der im ersten Abschnitte gemachten Angaben. Ausser der Entwicklung der Leitungsbahnen wird auch diejenige des Zwischengewebes behandelt. Das Auftreten des Markes in den Faftersträngen fällt, wie dies auch schon frühere Beobachter bemerkt haben, zusammen mit dem Auftreten reichlicher grossentheils fettkörnchenhaltiger Zellen, dieselben ordnen sich zwischen den Fasern in Reihen an und bilden unvollkommene Scheiden der Bündel. In den noch marklosen Strecken sind diese Elemente, vorab die fetthaltige sehr sparsam vorhanden, die Fasern liegen hier in einer (durch Gerinnung?) feinkörnigen weichen Zwischenmasse, die Bündel sind jedoch auch jetzt schon durch kleine Septa geschieden, welche aus Blutgefässen und fasrigem Bindegewebe bestehen und mit Endothel bekleidet sind.

Aus dem Complex der Längsstränge von Medulla obl. und Rückenmark scheidet sich am schärfsten die Pyramidenbahn aus, deren Geschichte von FLECHSIG sehr vollständig mitgetheilt wird. In der Medulla oblongata des 11—12 cm. langen menschlichen Fötus ist noch Nichts von Pyramiden zu sehen, und die der Mittellinie naheliegenden Oliven sind durch eine schmale Zwischenschichte geschieden; dagegen sind die Pyramiden beim Fötus von 25 cm. bereits vorhanden, obwohl noch marklos. Ihren Markgehalt bekommen sie erst gegen die Zeiten der Geburt (bei einer Körperlänge von circa 49 cm.) und da die übrigen Längsstränge des Markes mit Ausnahme eines kleinen Theils der C. restif. schon weit früher ihr Mark erhalten haben, so zeichnen sich die Pyramiden und ihre Fortsetzung ins Rückenmark während der Zwischenzeit (35 bis 49 cm.) äusserst scharf von ihrer Umgebung ab. Die Fortsetzung der Pyramiden, und darin sind FLECHSIG's Erfahrungen mit denen der Pathologen in absoluter Uebereinstimmung[1]), ist eine doppelte, ein Theil der Fasern tritt gekreuzt in den hintern Abschnitt des entgegengesetzten Seitenstranges, der andere bleibt im correspondirenden Vorderstrang, und bildet in diesem eine schmale der Fissur anliegende Platte. Das Verhältniss beider Portionen der Pyramidenbahn zu einander ist kein festes,

---

[1]) Es darf hier daran erinnert werden, dass auch die älteren Anatomen schon zu dem Resultate gekommen waren, dass die ungekreuzten Pyramidenfasern dem Vorderstrang derselben Seite, die gekreuzten dem Seitenstrang der entgegengesetzten angehören vergl. ARNOLD, Anat. II. 2. S. 703.

bald ist der Seitenstrangantheil grösser, bald geringer, als der Vorderstrang-
theil, es kommt auch zu assymmetrischer Vertheilung, und in einem einzelnen
Falle sah FLECHSIG, bei völligem Fehlen der Pyramidenkreuzung, die ganze
Bahn in den Vorderstrang, in einem anderen die ganze Bahn in den Seitenstrang übergehen. Vollständiges Fehlen der Pyramidenbahn wurde beobachtet
in einem Falle von Zerstörung der Hirnschenkel und bei Acranie. Die
Pyramidenbahn erstreckt sich, von oben nach abwärts im Durchmesser abnehmend, bis in den oberen Theil des Lendenmarks. Die Abnahme erfolgt
rasch im Halstheil, langsam im Rückentheil und dann wieder rasch im Len-
dentheile, ein Verhalten, das darauf hinweist, dass die Pyramidenbahnen das
Fasersystem sind, welches den Hirnschenkelfuss, bez. seine beiden Ganglien
mit der grauen Substanz des Rückenmarks verbindet. Wo diese entwickelter
ist, findet reichliche Abzweigung statt. Das Mark der Pyramiden entwickelt
sich von oben nach abwärts fortschreitend, anfangs nur in sehr dünner Schicht
um jede Faser herum. Nachdem einmal die Pyramidenfasern markhaltig geworden sind, bleiben sie anfangs noch sehr fein, und sind durch ihr feines
Kaliber während geraumer Zeit von den benachbarten Faserzügen zu unterscheiden.

Eine zweite, scharf sich ausscheidende Längsbahn ist jederseits im hintern Theil des Seitenstranges nach Aussen von der Pyramidenseitenstrangbahn
gelegen. FLECHSIG nennt sie die Kleinhirnseitenstrangbahn. Sie erhält ihren Markgehalt beim Fötus von 30—32 cm., früher als die Pyramiden, aber später als der vordere Theil der Seitenstränge (FLECHSIG's Seitenstrangreste), zeichnet sich aber bald durch das bedeutende Kaliber ihrer
Fasern von der Umgebung aus. Zu dieser Bahn gehören, wie dies SCHIEFER-
DECKER's Versuche bestätigen, zahlreich zerstreut liegende Fasern mit.
Auch diese Bahn erstreckt sich nur bis in den Beginn des Lendenmarkes.
Hier ist sie Anfangs durch einzelne Fasern vertreten, dann nimmt sie zu,
und ist bis in das Corpus restiforme verfolgbar, dessen oberen Abschnitt sie
bildete. TÜRK und SCHIEFERDECKER haben diese Bahn nach aufwärts de-
generiren sehen, halten sie sonach für eine centripetal leitende.

Die dritte scharf sich abgränzende Längsbahn ist die der GOLL'schen
Keilstränge die ihren Markgehalt später erhalten, als der übrige Theil, der
sogenannte BURDACH'sche Keilstrang, oder das Grundbündel des Hinter-
stranges. Für die GOLL'schen Stränge sind die Querschnittsverhältnisse
weniger ausgedehnt zu übersehen, weil sie erst vom obern Dorsalmark ab
sich scharf abgränzen; von hier aus bis ins obere Halsmark, findet von unten
nach oben Zunahme des Querschnittes statt.

Alle übrigen Längsfasermassen des Rückenmarks die sog. Grundbündel der Vorderstränge, die Seitenstrangreste bestehend aus der
vordern gemischten Seitenstrangzone und der seitlichen Grenz-

schicht der grauen Substanz sowie die BURDACH'schen Keilstränge
haben das gemein, dass ihr Querschnitt, entsprechend der Zahl der ins Rücken
mark eintretenden Nervenfasern in verschiedenen Höhen ab und zu nimmt, woraus
der Schluss zu ziehen ist, dass diese Fasern nicht auf lange Strecken in der
weissen Substanz verlaufen, und dass sie entweder aus aufsteigenden Wurzelfasern, welche später in die graue Substanz eintreten, oder aus vertikalen
Commissuren bestehen.

Zu den Wurzelfasern gehören die Fasern der Hinterstränge und ein
Theil der Vorderstrangfasern.[1]

Bei der ferneren Discussion seiner Ergebnisse sucht FLECHSIG, zum Theil
an der Hand der Literatur den Zeitpunkt zu bestimmen, in welchem die
einzelnen Fasersysteme auftreten, und er kommt zum vorläufigen Ergebniss,
dass die Nervenfasern nicht nur in systemweiser Gliederung markhaltig werden, sondern auch systemweise entstehen, und dass ferner ein Parallelismus
besteht zwischen dem ersten Auftreten der Bahnen und dem Auftreten ihrer
Markscheiden. Beide Vorgänge scheinen im Allgemeinen durch einen Zeitraum von ca. 4 Monaten geschieden zu sein. Speciell für die Pyramiden
theilt der Verfasser mit, wie er sich die Bildung der ersten Fasersysteme
denkt. Er ist gleich dem Referenten Anhänger der Auswachsungstheorie, und
wenn Referent die Ansicht formulirt hat, dass die auswachsenden Nervenfasern (ähnlich den wachsenden Gefässanlagen) den Bahnen geringsten
Widerstandes folgen, so kommt auch FLECHSIG zu ähnlichen Ergebnissen,
wie sich besonders bei seiner mechanischen Erklärung der Pyramidenkreuzung herausstellt. Die Geschichte der ersten Faserbildung bildet übrigens
zur Zeit ein dringendes Desiderat, das bei genügendem Material unschwer
zu erfüllen sein dürfte.[2]

Einen Anhang zum zweiten Theil des Werkes bildet die Vergleichung
der aus der Entwicklung erschlossenen Systemgliederung des Markes mit den

---

[1] Für ausschliessliche Wurzelfasern hält SCHIEFERDECKER die äussere, wie die
innere Abtheilung der Hinterstränge, und er stützt seine Annahme auf einen
Fall von LANG, in welchem Zerstörung der Cauda equina im Lendentheil des
Rückenmarks vollständige Degeneration der Hinterstränge zur Folge gehabt hat.
Bei seinen Markdurchschneidungen fand ferner SCH. dass die Grundbündel der
Vorderstränge und die vordere gemischte Seitenstrangzone weder in auf- noch
in absteigender Richtung degeneriren, was auf einen beiderseitigen Zusammen-
hang der fraglichen Fasern mit Nervenzellen hinweist.

[2] Ein Argument für die Auswachsungstheorie, das ich bis jetzt Nirgends
ins Feld geführt finde, ist der Bau der in Amputationsstümpfen vorhandenen
Nervenknoten; dass diese aus einem Faserknäuel bestehen, ist kaum anders verständlich, als durch ein fortgesetztes Auswachsen der zerschnittenen Fasern.

Ergebnissen der Pathologie, ein Capitel über das sich FLECHSIG neuerdings noch besonders ausgesprochen hat. [1]

Das Buch von FLECHSIG ist, ähnlich anderer grösserer Monographien, nicht aus einem Gusse geschrieben, sondern allmählich unter den Händen des Verfassers gewachsen, so dürfen wir uns nicht wundern, wenn das zweite Buch das erste, und das dritte wiederum das zweite weiter ausführt und ergänzt. Zunächst greift FLECHSIG im dritten Theile seines Buches wieder auf die Pyramidenbahn zurück; zahlreiche Messungen geben über die grosse Variabilität in der Vertheilung dieser Bahnen und über ihre allmähliche Verjüngung Auskunft. Mit Recht weist der Verfasser darauf hin, wie sehr die individuellen Schwankungen in der Strangvertheilung auf mechanische Entwicklungsmotive hinweisen, und er verknüpft in ansprechender Weise mit seinen bezüglich der Pyramidenbahnen gemachten Erfahrungen die Angaben über Fehlen des Chiasma opticum und über Fälle von gleichseitiger Lähmung bei Verletzung einer Hirnhemisphäre. Mit Hülfe einer modificirten Goldmethode verfolgt er sodann die Pyramidenstrangfasern bis in die Nähe der vordern Commissur, wo sie plötzlich wie abgeschnitten aufhören. Ueber das endliche Schicksal derselben lässt sich dagegen nichts bestimmtes ermitteln, eine nachträgliche Kreuzung derselben innerhalb der Commissura anterior hält FLECHSIG nicht für wahrscheinlich. Dieselbe Goldmethode bestätigte den schon von früheren Forschern (KÖLLIKER und GERLACH) gesehenen Zusammenhang der Kleinhirnseitenstrangbahn mit den CLARKE'schen Säulen, und es wird hiernach wahrscheinlich, dass jene die mittelbaren Fortsetzungen hinterer Wurzeln sind, eine Annahme die nach seinen Erfahrungen auch SCHIEFERDECKER für die wahrscheinlichste erklärt.

Die Fasern der vorderen gemischten Seitenstrangzone sind theils vordere, durch die graue Substanz direkt hindurch getretene Wurzelfasern (KÖLLIKER), theils stammen sie aus der vorderen Commissur und aus der Gegend der Zellen des Vorderhorns. Andere seiner Fasern entwickeln sich aus dem Gewirre feinster Fasern das in der grauen Substanz vorhanden ist. Die Fasern der sogenannten seitlichen Gränzschicht der grauen Substanz, sehr fein von Kaliber, lassen sich bis in die Gegend der vordern Commissur verfolgen, die sie jedoch nicht erreichen. Die meisten in den Seitenstrangrest eintretenden Fasern biegen sich in der weissen Substanz nach aufwärts, ein kleiner Theil nach abwärts. In der Medulla oblongata gehen nach vorheriger Zerklüftung die Fasern des seitlich gemischten Systemes in die Längsbündel der Formatio reticularis über.

Die Vorderstranggrundbündel bestehen aus feinen und stärkern Fasern. Letztere stammen zunächst aus der vorderen Commissur, aus Wurzelfasern und

---

[1] FLECHSIG im oben erwähnten Aufsatz im Archiv für Heilkunde.

aus der grauen Substanz der andern Seite, die feinen Fasern aus der grauen Substanz derselben Seite.

Die GOLL'schen Stränge bestehen aus Fasern die zu den CLARKE'schen Säulen und zur hintern Commissur verfolgbar sind; nach oben enden sie in den Kernen der zarten Stränge, den sogenannten Clavae. Die BURDACH'schen Keilstränge (hintere Grundbündel) sind grösstentheils, vielleicht sogar sämmtlich aufbiegende Wurzelfasern, und endigen in den Kernen des Keilstranges der Medulla oblongata.

Die nun folgende kritische Discussion der Medulla oblongata mag an Ort und Stelle nachgelesen werden, sie räumt mit einer Anzahl bisheriger Vorstellungen und, in einer vor allem einschneidenden Weise, mit dem MEYNERT'schen Organisationsschema auf. Die positiven Angaben des kurz gefassten Abschnittes können offenbar erst als Abschlagszahlungen angesehen werden, denen später eine eingehendere Behandlung zu folgen hat.

Die FLECHSIG'sche Schrift erhebt nicht den Anspruch die Organisationslehre der nervösen Centralorgane zu erschöpfen, aber sie führt uns einen sehr wesentlichen Schritt vorwärts und bringt Klarheit und präcise Methode im Gebiete, die derselben bis dahin entbehrten. Sie verräth darin auch ihrerseits den Geist der Anstalt, an welcher der Verfasser thätig ist.

2.

W. Henke, Zur Anatomie des Kindesalters. GERHARD's Handbuch der Kinderkrankheiten. I. S. 227—302. Mit 32 Holzschnitten. Tübingen 1877. Laupp.

Besprochen von G. Schwalbe.

Die Anatomie des kindlichen Körpers, die Geschichte der jugendlichen Formen und ihrer allmählichen Umbildung ist bis jetzt von der Forschung nur sehr stiefmütterlich behandelt worden. Mit Ausnahme weniger Kapitel, wie der Anatomie des Gefässsystems, vor allen Dingen aber des Skelets liegt noch so unvollkommenes Material vor, dass ohne neue auf den speciellen Zweck gerichtete Untersuchungen an eine übersichtliche, befriedigende Darstellung nicht zu denken ist. HENKE ist sich bei der Lösung seiner Aufgabe dieser mangelnden Grundlage in den meisten Kapiteln wohl bewusst. In seiner Darstellung der kindlichen Formen nimmt deshalb die

Beschreibung der Skeletverhältnisse den meisten Raum ein und nur ein kurzes Schlusskapitel (S. 294—302) ist den Gefässen und Eingeweiden gewidmet. Diese durch das mangelnde Material zunächst gebotene Einschränkung hat nun aber dem Verfasser Gelegenheit geboten, desto intensiver das kindliche Skelet und seine Wandlungen zu den erwachsenen Formen zu behandeln. Hier liegt ja ein Gebiet vor, in welchem schon vielfach gebaut wurde, in welchem nicht nur das rein descriptive Material nahezu vollständig beigebracht ist, sondern schon mancherlei Versuche angestellt sind, den Ursachen der Umbildungen der kindlichen Formen näher zu treten, ja den Wachsthumsbedingungen selbst nachzuspüren. Dies ist auch das Ziel der Untersuchungen Henke's. Auch er erstrebt eine Erklärung der Formerscheinungen, bescheidet sich aber den Umbildungen weit entwickelter Formen bis zur definitiven Gestalt in ihren nächst liegenden controlirbaren Ursachen zu folgen, im Allgemeinen den von W. His uns vorgezeichneten Weg betretend, auf welchem wir von einer gegebenen Form und gegebener Wachsthumsintensität ausgehen, welch letztere aber „durch äussere zum Theil bestimmbare Einflüsse modificirt oder mitbedingt werden kann". Volltönende Schlagworte und gewagte Hypothesen, wie sie der dogmatisch ausgebauten phylogenetischen Erklärungsweise angehören, sind dem Verfasser fremd.

Der speciellen Beschreibung der Skeletverhältnisse des Kindes schickt Henke ein allgemeines Kapitel über das Wachsthum des Skelets und seine Bedingungen voraus. Was zunächst den Modus des Wachsthums betrifft, so stellt sich Verfasser in dieser, in den letzten Jahren soviel discutirten Frage entschieden auf die Seite der Anhänger des Appositionswachsthums, erkennt ebenso eine physiologische Resorption als bestehend an. Die Versuche von Lieberkühn und Wegner sind in dieser Beziehung vollkommen überzeugend; auch den Ausführungen des Referenten über die Ursachen der Richtung der Ernährungskanäle und Havers'schen Kanäle des Knochens und den daraus für das Knochenwachsthum gezogenen Folgerungen stimmt Henke bei. In Betreff der Abhängigkeit der äusseren Knochenform von den Muskeln wird auf L. Fick's schöne Versuche verwiesen. Mit Bezug auf die vielfach angenommene Entstehung der Fortsätze und Kanten unter dem Zuge der hier sich inserirenden Muskeln macht Henke mit Recht darauf aufmerksam, dass an anderen Stellen Kanten entgegen der Richtung des an ihnen wirkenden Zuges wachsen (Kamm des Brustbeins der Vögel, des Schädels der Raubthiere). Auch das Längenwachsthum der Extremitätenknochen, der Wirbelsäule findet in einer Richtung statt, in welcher ein bedeutender Druck der Vergrösserung entgegensteht. Entgegen der Auffassung Jaeger's (Ueber das Längenwachsthum der Knochen. Jenaische Zeitschrift Bd. V), nach welcher dieser Druck als ein das Längenwachsthum befördernder Reiz anzusehen wäre, hält Verfasser diesen Druck für ein Hinderniss des Längenwachsthums, dem durch andere Einrichtungen entgegen gearbeitet werden muss. Diese Einrichtungen sind die Gelenkknorpel, welche den Druck von dem hinter ihnen liegenden Knochengewebe abhalten, resp. die noch nicht verknöcherten Epiphysen, welche wie Schutzknorpel zwischen Gelenk und Diaphyse sich etabliren: „Die Anordnung der Zellen im Knorpel und ihr Anschluss an die Markräume im Knochen ist eine Einrichtung, wodurch der Effect des Druckes als Hinderniss des Auswachsens der Diaphyse in die Länge unwirksam gemacht wird und sogar insofern die Fortsetzung dieses Längenwachsthums begünstigen muss, als er die Ossification der Knorpelfuge selbst noch verhindert." Aus diesen Voraussetzungen ergeben sich auch Gesichtspunkte für eine Erklärung des von OLLIER und HUMPHRY nachgewiesenen ungleichen Längenwachsthums der langen Röhrenknochen. Grosse Epiphysen, die längere Zeit isolirt bleiben, werden den Diaphysenenden mit stärkerem Längenwachsthum entsprechen (oberes Ende des Humerus, unteres des Femur); andererseits werden wir das geringste Längenwachsthum und die unbedeutendste Epiphysenbildung da finden, wo zu dem allgemeinen Drucke noch eine neue, die Gelenkenden zusammenpressende Kraft hinzu kommt. Dies ist nach HENKE der Fall für das untere Ende des Humerus, das obere der Ulna das untere der Tibia.[1]) Ellbogen und Sprunggelenk stehen unter einem ihre Gelenkflächen gegen einander drückenden Muskelzuge, von Muskeln, die die Gelenke überspringen und demnach auf die Bewegung derselben keine Wirkung haben, während an anderen Gelenken die das Gelenk in Bewegung setzenden Muskeln auf die Gelenkflächen nur alterirend einen Druck ausüben können. — Am Schluss des Kapitels finden sich einige Bemerkungen über die Bildung der Gelenke bei Kindern und deren spätere Veränderungen, welche sich im Wesentlichen auf des Verfassers eigene frühere Ermittlungen, sowie auf die Arbeiten von HÜTER und L. FICK beziehen.

In einem zweiten Abschnitte finden Rückgrat und Brustkorb eine Berücksichtigung. Einer Aufzählung der Knochenkerne folgt eine kurze Auseinandersetzung über das Zustandekommen der Wirbelsäule-Krümmungen, die auch nach HENKE beim Neugeborenen noch unfertig sind. Die Angaben über die Verschiedenheiten in der Form des Thorax beim Kinde und beim Erwachsenen stützen sich vorzugsweise auf HÜTER's Ermittlungen. In der Er-

---

[1]) Referent bemerkt hierzu, dass nach eigenen Untersuchungen das Wachsthum der Tibia am unteren Ende keineswegs ein so geringes ist, vielmehr bis zum ersten Lebensjahre sogar das des oberen Endes übertrifft, aber auch später nur um ein Geringes dem des oberen Endes nachsteht; vergl. die Arbeit des Referenten: Ueber die Ernährungskanäle der Knochen etc. Diese Zeitschr. Bd. I. S. 325. Genauere numerische Angaben der Wachsthumsverschiedenheiten an beiden Enden der Diaphysen des Röhrenknochen werden bald in einer grösseren Arbeit des Referenten erscheinen.

klärung der Thatsache, dass beim Kinde die Querfortsätze der Brustwirbel und mit ihnen die Rippenhälse mehr frontal, beim Erwachsenen mehr nach hinten gerichtet sind, weicht dagegen HENKE von HÜTER ab. Während letzterer diese Umformung aus dem sagittalen Effecte eines von vornher (wegen anfangs an der Seite des Thorax frontal gelegener Verbindungsfläche mit dem Knorpel) wirkenden Wachsthumsschubes erklärt, leitet HENKE jene Verschiebung der Spitzen der Querfortsätze nach hinten vielmehr aus einem transversalén Schube ab: „Wenn das Wachsthum an der Grenze von Knochen und Knorpel das vordere Ende des ersteren seitwärts drängt, während das hintere an der Wirbelsäule befestigt ist, muss dies wie eine Drehung um diesen Befestigungspunkt wirken und damit der Hals der Rippe gegen den Querfortsatz · des Wirbels angedrängt werden, und so kommen sie beide, sei es mehr durch eine Verbiegung oder durch Vorgänge von Apposition und Resorption in die mit dem Seitenende rückwärts gerichtete Gestalt und Lage." Das Anliegen der langen Rückenmuskeln bedingt das Auftreten des Angulus seitlich von ihnen.

In .dem dritten längsten Abschnitte: Der Schädel mit den Zähnen findet sich zunächst eine Zusammenstellung der bekannten Verschiedenheiten, welche zwischen der Gestalt des Schädels bei Kindern und ‾bei Erwachsenen bestehen, sodann eine Aufzählung der einzelnen Ossificationspunkte der Schädelknochen. Für die Knochen des Schädeldachs wird ein appositionelles Randwachsthum an den Näthen und eine Auflagerung an den Flächen „und zwar wohl an beiden" angenommen. Dieser Modus des Wachsthums wird nach HENKE durch die Beschaffenheit der Nähte illustrirt. Ausser der von HENLE hervorgehobenen inneren und äusseren Zone findet Verfasser vielfach auf der Grenze zwischen ihnen noch eine dritte Art, nämlich eine feine Reihe spitziger Zacken wie kleine Nägel. Letztere sind nach ihm Ueberreste oder die weiter ausgewachsenen Fortsetzungen der Spitzen, mit denen die anfangs dünnen, strahlenförmig auswachsenden Ränder der Knochen zuerst bei ihrer Berührung zwischen einander hineingestossen sind. Die äussere und innere Schicht sind dagegen Periostablagerungen. In den Seitentheilen der Kranznaht in der Schläfe · verlieren sich beide äussere Zonen und nur die innere bleibt zurück, indem hier wahrscheinlich durch den Druck des M. temporalis eine äussere Auflagerung verhindert oder sogar eine Resorption bedingt wurde. Als Correctionen, welche die Flächenkrümmung des kindlichen Schädeldaches in die des fertigen überführen, nimmt HENKE wie bei der Ausweitung des Thorax Appositionen und Resorptionen an. — Zu bemerkenswerthen Ergebnissen führte ferner eine Untersuchung des Wachsthums und Hervortretens der Zähne mit Rücksicht auf das Wachsthum des Ober- und Unterkiefers. Für die 20 Milchzähne ist abgesehen von den Eckzähnen der Raum schon auf der Linie der Alveolarränder beider Kiefer beim Neugeborenen gegeben; es ist also nur der Ort für je drei grosse bleibende Backzähne · zu schaffen, und dies geschieht durch Anwachsen des ganzen Knochentheils, in dem sie sich entwickeln, an das hintere Ende der schon vorhandenen Alveolarränder; im Unterkiefer schieben die Zähne sich einfach horizontal, einer hinter dem anderen vor, im Oberkiefer dagegen wächst jedesmal der nächste Zahn oberhalb des vorhergehenden und drängt sich dann allmählig zwischen ihm und der engen Verbindung des Kiefers mit den anstossenden Knochen hervor. Es ist also hier an beiden Kiefern ein Wachsthum durch Apposition in deutlichster Weise zu erkennen. Nun ist aber beim Auftreten des Milchzahngebisses für die Eckzähne nicht jedesmal von vornherein Platz auf dem Alveolarrande vorhanden. Es kann zuweilen durch ein Auswachsen dieser Zähne nach der äusseren Seite des Alveolarrandes Platz geschafft werden; auch die Sutur, die vom Foramen incisivum zur Alveole des Eckzahns verläuft, könnte durch Randwachsthum eine Vergrösserung des für den Eckzahn bestimmten Raumes schaffen, wenn sie nicht gerade hier unterbrochen wäre. Hier statuirt nun HENKE doch eine gewisse Expansion oder Zerrung, Dehnung, Sprengung (so zu sagen diffuse Zerreissung) „aus welcher, wenn sie sich dann wieder consolidirt, eine Art diffuser Apposition an der Stelle des auseinander gesprengten Gewebes resultirt." Damit bringt Verfasser die Schmerzen, die Reizungserscheinungen beim Auftreten jener Zähne in Verbindung.

Die Formentwicklung des Oberkiefers, welche ja die ganze Gesichtsbildung beeinflusst, ist einer der complicirtesten Processe. Die Ausbildung des Mittelstücks und die Bildung der Kieferhöhle, welch' letztere beim Neugeborenen nur aus einer kleinen Ausstülpung vom vorderen Ende des mittleren Nasenganges besteht, halten nicht gleichen Schritt. Erstere ist letzterer voraus und geschieht vorzugsweise durch Ansatz von schwellender, markreicher Knochenbildung, ähnlich wie an den Enden der Diaphysen langer Röhrenknochen, so hier an der Verbindungsfuge mit dem Jochbein in der Richtung nach hinten und oben. Dadurch wird dann auch die Lage der unteren Wand der Augenhöhle eine andere: aus der schräg nach aussen abschüssigen wird eine horizontale, indem die mediale Seite des Oberkieferkörpers nicht in demselben Masse an Höhe zunimmt. Zu diesem Wachsthum des Körpers, dessen Höhle durch Resorption vergrössert wird, kommt ein Auswachsen seiner Fortsätze nach allen Richtungen; die Alveolen wachsen in die Höhe mit den sich aus ihnen hervorschiebenden Zähnen. In Betreff des Wachsthums des Unterkiefers schliesst Verfasser sich an die Angaben von LIEBERKÜHN an.

Am Schlusse des Kapitels über den Schädel untersucht HENKE die Bedingungen des Schädelwachsthums. Für die Formung der Schädelkapsel ist die Spannung maassgebend, in welche dieselbe durch den Druck ihres Inhalts versetzt wird. Man kann sich vorstellen, dass die fortdauernde Spannung das Wachsen der Knochen an den Rändern ebenso begünstigt, wie der Zug eines Muskels an seiner Sehne das seines Insertionsfortsatzes. Ein zweites Moment ist die Existenz des M. temporalis, welche auf die Seitenwand des Schädels verdünnend wirkt (Versuch von L. Fick). Die Bildung des Gesichtsschädels steht unter dem Einfluss der verschiedensten Bedingungen. Von diesen spielt das Zahnwachsthum und die Ausdehnung der Kieferhöhle nur eine geringe formgestaltende Rolle. Die Zähne begünstigen bei ihrem Wachsthum nur das Wachsthum der Ränder ihrer Alveolen; die Kieferhöhle bewirkt eine Vorwölbung gegen eine freie Fläche, gegen Stellen des geringsten Widerstandes, ohne auf die Vergrösserung des Oberkiefers im Ganzen einzuwirken. Die Hauptursachen des Wachsthums am Gesichtsschädel sind vielmehr, wie L. Fick schon experimentell ermittelt hat, die Wirkung der Kaumuskeln und die Wachsthumsenergie der Nasenscheidewand. Die gegenseitige Abhängigkeit der Entwicklung der Schädelbasis und Gesichtsbildung wird schliesslich im Wesentlichen nach den Ausführungen Virchow's (Untersuchungen über die Entwicklung des Schädelgrundes) dargestellt.

Der vierte Abschnitt der Henke'schen Abhandlung: Extremitäten behandelt vorzugsweise das Auftreten der Ossificationskerne. Eine allgemeinere Bemerkung ist aus den speciellen Einzelheiten hervorzuheben, dass nämlich die Grenze der Diaphyse gegen den Epiphysenknorpel vielfach der Krümmung der Epiphysengelenkflächen ähnlich ist (unteres Ende des Humerus, unteres Ende des Femur, unteres Ende der Tibia). In Betreff der Verschiedenheiten welche die Gelenke in der Ausgiebigkeit der Bewegung bei Neugeborenen und Erwachsenen zeigen, führt Henke einmal die Hüter'schen Beobachtungen über die Umgestaltung der Fussgelenke an. In anderen Fällen kommt beim Erwachsenen eine Reduction der Bewegungen dadurch zu Stande, dass die Fleischfaserbündel später nicht mehr proportional der erfolgenden Bewegung zunehmen. Dies gilt besonders für zweigelenkige Muskeln, z. B. für die Mm. semitendinosus, semimembranosus und den langen Kopf des Biceps, deren Spannung eine vollkommene Streckung im Kniegelenk bei starker Beugung im Hüftgelenk verhindert, während beide Bewegungen beim Kinde noch leicht combinirt werden können.

In dem letzten Kapitel: Gefässe und Eingeweide finden zunächst die Circulationsverhältnisse des Kindes kurz vor der Geburt eine Besprechung, sowie die Ursachen, welche den fötalen Kreislauf nach der Geburt in den definitiven umwandeln. Bei der Beschreibung der Eingeweide des Kindes erwähnt Verfasser einen zwischen den hintern Rändern der von oben nach unten zu den Mundwinkeln convergirenden Muskeln und dem vorderen Rande des Masseter gelegenen breiten runden Fettklumpen, der offenbar einen beim Saugen ventilartig wirkenden Deckel für die Lücke zwischen den hinteren Theilen der Alveolarränder bildet, wenn die Warze vorn dazwischen steckt. Aus den übrigen kurzen Bemerkungen über die Eingeweide heben wir nur

noch hervor, dass der im Verhältniss zum sehr entwickelten Halse sehr un-
entwickelte Körper des Uterus statt nach vorn gegen die hintere Wand der
Blase geneigt ist, ein Verhältniss, welches durch die Abbildung eines Sagit-
talschnittes des Beckens von einem neugeborenen Mädchen illustrirt wird.

3.

L. Ranvier's technisches Lehrbuch der Histologie übersetzt von
Dr. W. Nicati und Dr. H. v.-Wyss in Zürich. 1. und 2. Lieferung. Leipzig,
1877. F. C. W. Vogel.

Besprochen von W. His.

Ranvier's Traité technique d'Histologie hat sich in Deutschland rasch
seine Freunde erworben und mit Recht. Ein begabter Forscher führt uns da
in durchaus origineller Weise durch das Gebiet der Histologie, von Demonstration zu Demonstration, von Versuch zu Versuch fortschreitend, uns vielfach Neues, oder doch Bekanntes in neuem Lichte zeigend. Ueberall folgen
wir mit Interesse, und was noch mehr werth ist, mit dem Gefühle, einen zu-
verlässigen Führer vor uns zu haben. So leistet das Buch im Grunde anderes und jedenfalls weit mehr, als man nach seinem anspruchslosen Titel
erwarten sollte. Man ist darauf gefasst, eine bequeme Sammlung von Re-
cepten, eine Art wissenschaftlichen Kochbuchs nach dem Vorbild anderer,
ähnlich betitelter Bücher zu erhalten, und findet statt dessen ein Werk, das
nach seinem Grundcharakter wohl am ehesten als demonstratives Handbuch
der Histologie zu bezeichnen sein dürfte. Rein technisch ist nur die Einleitung, während gleich der erste Special-Abschnitt über die Lymphe des Verfassers eigenthümliche Behandlungsweise in hellem Lichte zu Tag treten lässt.

Bei den angegebenen Eigenschaften ist eine Uebersetzung des Traité
technique wohl gerechtfertigt. · Neben den vorzüglichen Handbüchern der
Histologie, die wir bereits besitzen, und die soeben durch W. Krause um ein
neues vermehrt worden sind, wird das Ranvier'sche Buch stets seinen eigenthümlichen Werth behaupten. Zur Uebersetzung haben sich zweckmässigerweise
ein romanischer und ein deutscher Schweizer vereinigt, dieselbe ist, soweit sie
bis jetzt vorliegt, correct und fliessend ausgefallen, die Abbildungen erreichen
allerdings nicht die Zartheit der Originalausgabe.

Schlusswort der Redaction.

Mit dem nächsten Bande erfährt die

Zeitschrift für Anatomie und Entwicklungsgeschichte

eine Aenderung ihres Titels und ihrer Erscheinungsweise. Sie wird nämlich von nun an als

Archiv für Anatomie und Entwicklungsgeschichte

erscheinen und eine selbstständige Abtheilung des altbegründeten

Archives für Anatomie und Physiologie

bilden. Es hat sich die Verlagshandlung von VEIT & COMP. (H. CREDNER) in Leipzig, die Besitzerin des bisherigen Archives, entschlossen, dasselbe in zwei getrennten Abtheilungen, einer Anatomischen und einer Physiologischen, erscheinen zu lassen, und, nachdem uns von derselben der Vorschlag gemacht worden ist, die von uns redigirte Zeitschrift mit dem Anatomischen Theil zu verschmelzen, haben wir die dargebotene Gelegenheit zu grösserer wissenschaftlicher Sammlung nicht zurückweisen zu dürfen geglaubt.

Die Verlagshandlung des „Archives" gedenkt hinsichtlich der würdigen Ausstattung hinter derjenigen der „Zeitschrift" nicht zurückzubleiben.

Unsere bisherigen Herren Mitherausgeber wollen uns fernerhin ihre Theilnahme schenken, und so dürfen wir darauf zählen, dass auch die kommenden Bände ihren Antheil an der Entwicklung der Wissenschaft behaupten werden.

Unserem bisherigen Herrn Verleger aber hat die Redaction beim Scheiden den wärmsten Dank für seine aufopfernden, von freundschaftlichster Uneigennützigkeit geleiteten Bemühungen auszusprechen.

Leipzig, den 20. März 1877.

Druck von Metzger & Wittig in Leipzig.